等离子体介质电磁特性时域有限差分方法及应用

杨利霞 　郑召文 　施卫东
殷红成 　韦　笑 　　　著

科学出版社

北　京

内 容 简 介

复杂色散介质的电磁特性问题,特别是等离子体介质的研究是当前国内外研究的前沿热点之一,其研究对国家民用和国防应用领域具有重要价值。目前研究复杂等离子体介质主要的数值方法是时域有限差分(FDTD)方法。本书主要在前人研究 FDTD 方法的基础上提出了一种基于拉氏变换的 FDTD 方法,应用该方法分析了非时变及时变等离子体电磁特性。研究了 FDTD 方法中 NPML 吸收边界及其截断等离子体色散介质改进形式,并将 UPML 吸收边界条件推广应用于截断色散等离子体介质。提出了一种等离子体薄涂层电磁散射的 SIBCs-FDTD 方法。利用前面的方法分析了一维和二维(含空变)等离子体光子晶体的带隙特性及周期金属纳米结构表面等离子体激元的相关特性。

本书可供高/等院校和科研院所的电磁场与微波技术、无线电物理、电波传播、计算电磁学等专业及研究方向上的研究生、学科教师和科研工作者参考和使用。

图书在版编目 (CIP) 数据

等离子体介质电磁特性时域有限差分方法及应用/杨利霞等著. —北京:科学出版社,2015.11
ISBN 978-7-03-046160-5

Ⅰ.①等⋯ Ⅱ.①杨⋯ Ⅲ.①等离子体-介质-电磁场-计算-有限差分法 Ⅳ.①O441.2

中国版本图书馆 CIP 数据核字 (2015) 第 256509 号

责任编辑:钱 俊 刘信力 / 责任校对:邹慧卿
责任印制:徐晓晨 / 封面设计:铭轩堂

科 学 出 版 社 出版
北京东黄城根北街 16 号
邮政编码:100717
http://www.sciencep.com

北京中科印刷有限公司印刷
科学出版社发行 各地新华书店经销

*

2015 年 11 月第 一 版   开本:720×1000 B5
2019 年 11 月第五次印刷   印张:24 3/4
字数:486 000
定价:148.00 元
(如有印装质量问题,我社负责调换)

前　　言

在目前许多应用领域都涉及等离子体介质与电磁波的相互作用问题,需要分析和了解等离子体介质的电磁特性。时域有限差分(FDTD)方法作为一种计算复杂介质电磁特性的常用方法,自 Yee(1966 年)提出以来发展迅速,在工程电磁学各个领域倍受重视,并得到广泛应用。鉴于国内在介绍等离子体介质电磁特性计算方面的书籍较少,本书则在前人研究的基础上,结合我们的有关科研工作,总结和归纳了FDTD 方法在等离子体色散介质及相关领域的发展和实际应用。

本书共 12 章。第 1 章为简要介绍 FDTD 方法的基本原理,第 2 章～第 6 章主要讨论 NPML 吸收边界及其截断等离子体色散介质改进形式,并将 UPML 吸收边界条件推广应用于截断色散等离子体介质;第 7 章主要利用第 2 章基于拉氏变换的FDTD 方法分析非时变等离子体中电磁波的散射特性;第 8 章主要讨论一种等离子体薄涂层电磁散射的 SIBCs-FDTD 方法;第 9 章主要利用第 2 章的时域方法分析时变等离子体的电磁特性;第 10 章和第 11 章主要利用前面的方法分析一维和二维(含空变)等离子体光子晶体的带隙特性;第 12 章主要分析周期金属纳米结构表面等离子体激元的相关特性。

本书的形成与我所在课题组多年的科研工作是分不开的,在此我要感谢先后一道工作的同事和同学,他们是施丽娟博士、王祎君博士、谢应涛博士、梁庆硕士、于萍萍硕士、马辉硕士、李玲硕士、孙栋硕士、陈伟硕士、沈丹华硕士、石斌硕士等以及研究生许红蕾、于莉丽、冯雪健、李玲玲等。多年工作中还得到我的导师尊敬的葛德彪教授以及殷红成教授、李清亮研究员等的真诚支持合作与交流讨论。在此一并表示感谢。

限于作者学识水平,虽然一年多时间里几易书稿,书中难免仍有不足和疏漏,热忱欢迎专家、学者和读者对本书提出宝贵意见。

本书出版得到了国家自然科学基金和电磁散射重点实验室基金的支持。

作　者

2015 年 5 月 11 日

江苏大学

目　　录

第1章　FDTD 基本原理 ··· 1

1.1　麦克斯韦方程组及其离散化 ································· 1

1.2　FDTD 基本点及基本计算区 ································· 4

1.3　数值稳定性 ··· 6

参考文献 ··· 6

第2章　等离子体电磁特性的时域算法 ·························· 7

2.1　一维等离子体 FDTD 算法 ································· 7

2.1.1　磁化等离子体的 FDTD 算法 ···················· 7

2.1.2　CDLT-FDTD 算法 ································· 9

2.1.3　LTJEC-FDTD 算法 ································ 11

2.1.4　算例验证 ··· 14

2.1.5　非磁化等离子体的 FDTD 算法 ················· 15

2.2　三维等离子体 FDTD 算法 ································· 16

2.2.1　磁化等离子体的 FDTD 算法 ···················· 16

2.2.2　非时变磁化等离子体的 FDTD 算法 ············· 18

2.2.3　非时变磁化等离子体的 FDTD 算法的数值验证 ····· 19

2.2.4　时变磁化等离子体的 FDTD 算法 ··············· 20

2.2.5　时变磁化等离子体的 FDTD 算法的数值验证 ····· 22

2.2.6　非磁化等离子体的 FDTD 算法 ················· 25

参考文献 ··· 26

第3章　截断普通介质 NPML 吸收边界 ························· 28

3.1　NPML 方法 ··· 28

3.1.1　NPML 方法的提出 ································· 28

3.1.2　电磁波在 NPML 吸收边界中的传输特性 ········· 30

3.1.3　基于拉伸坐标系的 NPML 吸收边界正确性验证 ····· 32

3.1.4　NPML 吸收边界中不同区域的处理 ·············· 33

3.2　截断普通介质的一维 NPML 吸收边界条件 ············ 35

3.3　截断普通介质的二维 NPML 吸收边界条件 ············ 38

3.4　截断普通介质的三维 NPML 吸收边界条件 ············ 43

3.4.1　普通介质的 FDTD 递推式 ······················· 43

　　3.4.2 三维 NPML 吸收边界 FDTD 离散式的推导 ················· 45
　　3.4.3 算例验证与分析 ·· 48
　参考文献 ·· 50
第 4 章　截断色散介质 NPML 吸收边界 ······························· 52
　4.1 截断等离子体的一维 M-NPML 吸收边界条件 ················· 52
　　4.1.1 等离子体的一维 FDTD 递推式 ························· 52
　　4.1.2 基于拉普拉斯变换原理的电流密度 FDTD 迭代式 ······· 53
　　4.1.3 截断等离子体的一维 M-NPML 吸收边界递推式 ········· 55
　　4.1.4 算例验证与分析 ·· 56
　4.2 截断等离子体的二维 M-NPML 吸收边界条件 ··············· 58
　　4.2.1 等离子体的二维 FDTD 公式 ·························· 58
　　4.2.2 截断等离子体的二维 M-NPML 吸收边界的公式 ········ 60
　　4.2.3 算例验证与分析 ·· 64
　4.3 截断磁化等离子体的三维 M-NPML 吸收边界条件 ··········· 69
　　4.3.1 磁化等离子体的三维 FDTD 公式 ····················· 69
　　4.3.2 截断等离子体的三维 M-NPML 吸收边界公式 ·········· 73
　　4.3.3 算例验证与分析 ·· 76
　参考文献 ·· 81
第 5 章　截断各向异性介质 NPML 吸收边界 ·························· 83
　5.1 NPML 吸收边界截断半空间各向异性介质原理 ··············· 83
　5.2 截断半空间各向异性介质的一维 NPML 吸收边界条件 ········ 87
　　5.2.1 各向异性介质的一维 FDTD 递推式 ·················· 87
　　5.2.2 截断各向异性介质的一维 NPML 吸收边界 FDTD 电场分量
　　　　　递推式 ·· 90
　　5.2.3 截断各向异性介质的一维 NPML 吸收边界 FDTD 磁场分量
　　　　　递推式 ·· 91
　　5.2.4 截断各向异性介质的一维 NPML 吸收边界 FDTD 拉伸变量
　　　　　递推式 ·· 91
　　5.2.5 截断半空间各向异性介质算例分析 ······················· 92
　5.3 截断各向异性介质的二维 NPML 吸收边界条件 ·············· 95
　　5.3.1 各向异性介质的二维 FDTD 递推式 ··················· 95
　　5.3.2 截断各向异性介质的二维 TE 波 NPML 吸收边界递推式 ······· 100
　　5.3.3 截断各向异性介质的二维 TM 波 NPML 吸收边界递推式 ······· 102
　　5.3.4 截断各向异性介质的二维 NPML 吸收边界算例分析 ············ 104
　5.4 截断各向异性介质的三维 NPML 吸收边界条件 ·············· 109

5.4.1　各向异性介质的三维时域差分方程 ·············· 109

5.4.2　截断各向异性介质的三维 NPML 吸收边界:电场迭代式 ······· 110

5.4.3　截断各向异性介质的三维 NPML 吸收边界:磁场迭代式 ······· 114

5.4.4　NPML 中辅助方程的 FDTD 迭代式及不同区域的处理 ······· 118

5.4.5　数值算例验证 ···································· 120

参考文献 ·· 126

第 6 章　色散介质 M-UPML 吸收边界 ·························· 128

6.1　等离子体中麦克斯韦方程组 ························· 128

6.2　等离子体 M-UPML 吸收边界理论 ···················· 129

6.2.1　M-UPML 吸收边界电场公式 ······················ 129

6.2.2　M-UPML 吸收边界磁场公式 ······················ 132

6.3　卷积处理及公式离散 ······························ 133

6.3.1　卷积处理 ····································· 133

6.3.2　FDTD 离散公式 ·································· 134

6.4　算法验证与分析 ·································· 135

6.4.1　一维算例验证 ·································· 135

6.4.2　三维算例验证 ·································· 137

参考文献 ·· 142

第 7 章　非时变等离子体中电磁波的电磁散射特性 ················ 143

7.1　非磁化等离子体电磁散射特性 ······················ 143

7.1.1　不同等离子体碰撞频率下电磁散射特性分析 ··········· 143

7.1.2　不同等离子体频率下电磁散射特性分析 ·············· 144

7.2　磁化等离子体电磁散射特性 ························· 145

7.2.1　不同等离子体碰撞频率下电磁散射特性分析 ··········· 145

7.2.2　不同等离子体频率下电磁散射特性分析 ·············· 146

参考文献 ·· 153

第 8 章　等离子体薄层涂覆导体目标磁散射的 SIBCs-FDTD 方法 ······· 154

8.1　并置 SIBCs-FDTD 方法 ·························· 154

8.1.1　表面阻抗边界条件在 FDTD 方法中的运用 ············· 154

8.1.2　并置节点原理的提出 ····························· 156

8.2　电磁波垂直入射到涂覆导体的并置 SIBCs-FDTD 方法 ········· 159

8.2.1　涂覆导体的时域表面阻抗边界条件 ················· 159

8.2.2　表面阻抗边界条件在 FDTD 方法中的实现 ············· 162

8.2.3　电磁波垂直入射到涂覆导体的数值算例 ·············· 164

8.3　电磁波斜入射到涂覆导体的并置 SIBCs-FDTD 方法 ·········· 166

8.3.1 电磁波斜入射到涂覆导体的时域表面阻抗表达式 ……………… 166
8.3.2 并置节点表面阻抗边界条件公式在 FDTD 中的实现 ………… 169
8.3.3 平行极化电磁波斜入射到涂覆导体一维算例的验证 ………… 171
8.3.4 垂直极化电磁波斜入射到涂覆导体一维算例的验证 ………… 174
8.4 非磁化等离子体涂覆金属目标的并置 SIBCs-FDTD 方法 … 176
8.4.1 金属表面涂覆非磁化等离子体薄涂层的表面阻抗模型 … 176
8.4.2 表面阻抗边界条件公式在时域中的推导 …………………… 179
8.4.3 三维并置节点 SIBCs-FDTD 迭代公式 …………………… 180
8.4.4 算例验证与分析 ……………………………………………… 183
参考文献 ………………………………………………………………… 191
第9章 时变等离子体中电磁波电磁特性 …………………………… 193
9.1 一维瞬变等离子体的算法验证与数值分析 …………………… 193
9.1.1 一维瞬变等离子体电磁特性解析解的推导 ………………… 193
9.1.2 FDTD 算法验证与数值分析 ……………………………… 202
9.2 一维缓变磁化等离子体的算法验证与数值分析 ……………… 206
9.2.1 一维缓变等离子体电磁特性的理论分析 ………………… 206
9.2.2 FDTD 算法验证与数值分析 ……………………………… 213
9.3 一维复杂变化等离子体的算法验证与数值分析 ……………… 216
9.3.1 一维复杂变化等离子体电磁特性的理论分析 …………… 216
9.3.2 算法验证与数值分析 ………………………………………… 220
9.4 一维部分填充时变等离子体对电磁波的频域影响 ………… 222
9.4.1 部分填充非时变等离子体 ………………………………… 223
9.4.2 部分填充瞬变等离子体 …………………………………… 225
9.4.3 部分填充复杂时变非磁化等离子体 ……………………… 227
9.4.4 部分填充复杂时变磁化等离子体 ………………………… 230
9.5 三维谐振腔中填充时变等离子体后的特性 ………………… 232
9.5.1 瞬变非磁化等离子体情形 ………………………………… 232
9.5.2 瞬变磁化等离子体情形 …………………………………… 235
9.5.3 缓变非磁化等离子体情形 ………………………………… 238
9.5.4 缓变磁化等离子体情形 …………………………………… 242
9.6 时变等离子体目标的电磁散射特性分析 …………………… 245
9.6.1 时变非磁化等离子体球的电磁散射特性 ………………… 245
9.6.2 时变磁化等离子体球的电磁散射特性 …………………… 246
9.6.3 时变非磁化等离子体涂覆金属球的电磁散射特性 ……… 247
9.6.4 时变磁化等离子体涂覆金属球的电磁散射特性 ………… 248

　　9.6.5　时变非磁化等离子体涂覆导弹的电磁散射特性 ················· 249
　　9.6.6　时变磁化等离子体涂覆导弹的电磁散射特性 ··················· 250
　参考文献 ·· 252
第 10 章　一维等离子体光子晶体带隙特性 ······························· 254
　10.1　一维垂直入射等离子体光子晶体 ······································ 254
　　10.1.1　一维垂直入射等离子体光子晶体的模型 ····················· 254
　　10.1.2　非磁化等离子体光子晶体的带隙特性 ······················· 254
　　10.1.3　磁化等离子体光子晶体的带隙特性 ·························· 257
　10.2　一维斜入射等离子体光子晶体 ·· 262
　　10.2.1　一维斜入射等离子体光子晶体的模型 ······················· 262
　　10.2.2　斜入射情况的修正 FDTD 方法 ···························· 263
　　10.2.3　非磁化等离子体光子晶体的带隙特性 ······················· 273
　　10.2.4　磁化等离子体光子晶体的带隙特性 ·························· 280
　10.3　$\omega_{p}(z)$ 的空变函数关系式和图形 ····························· 294
　10.4　一维垂直入射空变等离子体光子晶体的带隙特性 ················· 295
　　10.4.1　一维垂直入射空变等离子体光子晶体的模型 ················ 295
　　10.4.2　非磁化等离子体光子晶体的带隙特性 ······················· 296
　　10.4.3　磁化等离子体光子晶体的带隙特性 ·························· 297
　10.5　一维斜入射空变等离子体光子晶体的带隙特性 ··················· 298
　　10.5.1　一维斜入射空变等离子体光子晶体的模型及数值分析 ······ 298
　　10.5.2　一维斜入射空变等离子体光子晶体的 FDTD 算法 ········· 299
　　10.5.3　非磁化等离子体光子晶体的带隙特性 ······················· 301
　　10.5.4　磁化等离子体光子晶体的带隙特性 ·························· 302
　参考文献 ·· 303
第 11 章　二维等离子体光子晶体带隙特性 ······························· 305
　11.1　周期边界条件 ·· 305
　　11.1.1　Floquet 定理 ··· 306
　　11.1.2　FDTD/PBC 规则 ·· 306
　　11.1.3　新型周期边界法 ·· 311
　11.2　二维垂直入射等离子体光子晶体带隙特性 ························· 313
　　11.2.1　二维等离子体光子晶体的模型 ································· 313
　　11.2.2　背景为普通介质的 PPC 带隙研究 ··························· 313
　　11.2.3　背景为等离子体的 PPC 带隙研究 ··························· 318
　11.3　二维斜入射等离子体光子晶体带隙研究 ···························· 322
　　11.3.1　二维斜入射等离子体光子晶体的模型及参数 ················ 322

  11.3.2 斜入射情况等离子体光子晶体带隙研究 ·················· 322
 11.4 二维空变等离子体光子晶体的带隙特性 ·················· 326
  11.4.1 二维等离子体光子晶体的模型及参数 ·················· 326
  11.4.2 散射体为矩形时非磁化空变等离子体光子晶体的带隙特性 ····· 327
  11.4.3 散射体为矩形时磁化空变等离子体光子晶体的带隙特性 ····· 329
  11.4.4 散射体为圆形时非磁化空变等离子体光子晶体的带隙特性 ····· 332
  11.4.5 散射体为圆形时磁化空变等离子体光子晶体的带隙特性 ····· 334
  11.4.6 散射体为椭圆形时非磁化空变等离子体光子晶体的带隙特性 ··· 336
  11.4.7 散射体为椭圆形时磁化空变等离子体光子晶体的带隙特性 ···· 338
 参考文献 ·················· 340
第 12 章 周期金属纳米结构表面等离子体激元 ·················· 342
 12.1 周期结构的金属纳米粒子阵列透射谱 ·················· 342
  12.1.1 金属色散介质的 FDTD 迭代式推导 ·················· 343
  12.1.2 数值验证 ·················· 344
  12.1.3 计算模型 ·················· 345
  12.1.4 金属纳米粒子阵列透射谱 ·················· 345
  12.1.5 引入缺陷的金属纳米粒子阵列透射谱 ·················· 352
 12.2 周期结构的薄膜太阳能电池光吸收效率 ·················· 355
  12.2.1 计算模型 ·················· 355
  12.2.2 仿真结果 ·················· 356
  12.2.3 综合分析 ·················· 364
 参考文献 ·················· 366
附录 A ·················· 368
附录 B ·················· 371
附录 C ·················· 376
附录 D ·················· 378
附录 E 等效输入阻抗公式推导 ·················· 380
附录 F 基于平面波的散射矩阵方法 ·················· 383
 F.1 TM$_z$ 波 ·················· 383
 F.2 TE$_z$ 波 ·················· 386

第 1 章   FDTD 基本原理

自从 1966 年 Yee 首次提出一种新型的电磁场数值计算方法——时域有限差分(FDTD)方法以来,这一便捷的方法得到了迅速的发展及广泛的应用。

1.1   麦克斯韦方程组及其离散化[1]

麦克斯韦旋度方程为

$$\nabla \times \boldsymbol{H} = \frac{\partial \boldsymbol{D}}{\partial t} + \boldsymbol{J} \tag{1.1}$$

$$\nabla \times \boldsymbol{E} = -\frac{\partial \boldsymbol{B}}{\partial t} - \boldsymbol{J}_{\mathrm{m}} \tag{1.2}$$

其中,$\boldsymbol{E}$ 为电场强度,单位为 V/m;$\boldsymbol{D}$ 为电通量密度,单位为 C/m²;$\boldsymbol{H}$ 为磁场强度,单位为 A/m;$\boldsymbol{B}$ 为磁通量密度,单位为 Wb/m²;$\boldsymbol{J}$ 为电流密度,单位为 A/m²;$\boldsymbol{J}_{\mathrm{m}}$ 为磁流密度,单位为 V/m²。

各向同性线性介质中的本构关系为

$$\boldsymbol{D} = \varepsilon \boldsymbol{E}, \quad \boldsymbol{B} = \mu \boldsymbol{H}, \quad \boldsymbol{J} = \sigma \boldsymbol{E}, \quad \boldsymbol{J}_{\mathrm{m}} = \sigma_{\mathrm{m}} \boldsymbol{H} \tag{1.3}$$

其中,ε 表示介质介电系数,单位为 F/m;μ 表示磁导系数,单位为 H/m;σ 表示电导率,单位为 S/m;σ_{m} 表示磁导率,单位为 Ω/m。σ 和 σ_{m} 分别为介质的电损耗和磁损耗。真空中 $\sigma = 0$,$\sigma_{\mathrm{m}} = 0$,$\varepsilon = \varepsilon_0 = 8.85 \times 10^{-12} \mathrm{F/m}$,$\mu = \mu_0 = 4\pi \times 10^{-7} \mathrm{H/m}$。

在直角坐标下式(1.1)、式(1.2)写为

$$\frac{\partial H_z}{\partial y} - \frac{\partial H_y}{\partial z} = \varepsilon \frac{\partial E_x}{\partial t} + \sigma E_x$$

$$\frac{\partial H_x}{\partial z} - \frac{\partial H_z}{\partial x} = \varepsilon \frac{\partial E_y}{\partial t} + \sigma E_y \tag{1.4}$$

$$\frac{\partial H_y}{\partial x} - \frac{\partial H_x}{\partial y} = \varepsilon \frac{\partial E_z}{\partial t} + \sigma E_z$$

以及

$$\frac{\partial E_z}{\partial y} - \frac{\partial E_y}{\partial z} = -\mu \frac{\partial H_x}{\partial t} - \sigma_m H_x$$

$$\frac{\partial E_x}{\partial z} - \frac{\partial E_z}{\partial x} = -\mu \frac{\partial H_y}{\partial t} - \sigma_m H_y \tag{1.5}$$

$$\frac{\partial E_y}{\partial x} - \frac{\partial E_x}{\partial y} = -\mu \frac{\partial H_z}{\partial t} - \sigma_m H_z$$

接下来对式(1.4)、式(1.5)进行差分离散。令 $f(x,y,z,t)$ 代表 $\boldsymbol{E}$ 或 $\boldsymbol{H}$ 在直角坐标系中某一分量,对空间和时间域中的离散可表示为

$$f(x,y,z,t)=f(i\Delta x,j\Delta y,k\Delta z,n\Delta t)=f^{n}(i,j,k) \tag{1.6}$$

对 $f(x,y,z,t)$ 取一阶偏导数的中心差分,近似可得

$$\partial f(x,y,z,t)/\partial x\big|_{x=i\Delta x}\approx\left(f^{n}\left(i+\frac{1}{2},j,k\right)-f^{n}\left(i-\frac{1}{2},j,k\right)\right)/\Delta x$$

$$\partial f(x,y,z,t)/\partial y\big|_{y=j\Delta y}\approx\left(f^{n}\left(i,j+\frac{1}{2},k\right)-f^{n}\left(i,j-\frac{1}{2},k\right)\right)/\Delta y$$

$$\partial f(x,y,z,t)/\partial z\big|_{z=k\Delta z}\approx\left(f^{n}\left(i,j,k+\frac{1}{2}\right)-f^{n}\left(i,j,k-\frac{1}{2}\right)\right)/\Delta z \tag{1.7}$$

$$\partial f(x,y,z,t)/\partial t\big|_{t=n\Delta t}\approx f^{n+\frac{1}{2}}(i,j,k)-f^{n-\frac{1}{2}}(i,j,k)/\Delta t$$

在 FDTD 差分离散中,电场和磁场各节点的空间排布如图 1.1 所示。这就是著名的 Yee 元胞。

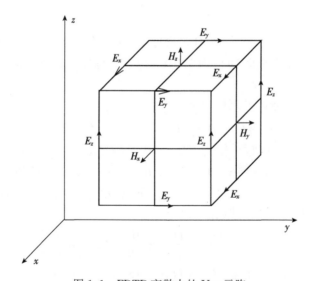

图 1.1　FDTD 离散中的 Yee 元胞

由图 1.1 可见,每一个磁场分量由 4 个电场分量环绕;同样,每一个电场分量由 4 个磁场分量环绕。这种电磁场分量的空间取样方式不仅符合法拉第电磁感应定律和安培环路定理的自然结构,而且这种电磁场各分量的空间相对位置也适合麦克斯韦方程的差分计算,因而 Yee 元胞的电磁场分量排布能够恰当地描述电磁场的传播特性。此外,电场和磁场在时间顺序上交替抽样,抽样时间间隔彼此相差半个时间步,使麦克斯韦旋度方程离散后构成显式差分方程,可以在时间上迭代求解,而不需要进行矩阵求逆运算。因此,由给定相应电磁问题的初始值及边界条件,FDTD 方法就可以逐步推进地求得以后各个时刻空间电磁场的分布。

设考察点 (x,y,z) 为 E_x 的节点,即 $\left(i+\dfrac{1}{2},j,k\right)$,将式(1.7)中的第一个方程在 $t=\left(n+\dfrac{1}{2}\right)\Delta t$ 时刻离散,经整理得

$$E_x^{n+1}\left(i+\frac{1}{2},j,k\right)=CA(m)\cdot E_x^n\left(i+\frac{1}{2},j,k\right)+CB(m)$$

$$\cdot\left[\left(H_z^{n+\frac{1}{2}}\left(i+\frac{1}{2},j+\frac{1}{2},k\right)-H_z^{n+\frac{1}{2}}\left(i+\frac{1}{2},j-\frac{1}{2},k\right)\right)/\Delta y\right.$$

$$\left.-\left(H_y^{n+\frac{1}{2}}\left(i+\frac{1}{2},j,k+\frac{1}{2}\right)-H_y^{n+\frac{1}{2}}\left(i+\frac{1}{2},j,k-\frac{1}{2}\right)\right)/\Delta z\right]\quad(1.8)$$

式中,系数 $CA(m)$ 和 $CB(m)$ 分别为

$$CA(m)=\frac{\dfrac{\varepsilon(m)}{\Delta t}-\dfrac{\sigma(m)}{2}}{\dfrac{\varepsilon(m)}{\Delta t}+\dfrac{\sigma(m)}{2}}=\frac{1-\dfrac{\sigma(m)\Delta t}{2\varepsilon(m)}}{1+\dfrac{\sigma(m)\Delta t}{2\varepsilon(m)}}\quad(1.9)$$

$$CB(m)=\frac{1}{\dfrac{\varepsilon(m)}{\Delta t}+\dfrac{\sigma(m)}{2}}=\frac{\dfrac{\Delta t}{\varepsilon(m)}}{1+\dfrac{\sigma(m)\Delta t}{2\varepsilon(m)}}\quad(1.10)$$

其中 $m=\left(i+\dfrac{1}{2},j,k\right)$。式(1.8)中的余下两个方程结果类似,不再重复。

同样,设考察点 (x,y,z) 为 H_x 的节点,即 $\left(i,j+\dfrac{1}{2},k+\dfrac{1}{2}\right)$ 和时刻 $t=n\Delta t$,对式(1.8)中的第一个方程离散后,经整理得

$$H_x^{n+\frac{1}{2}}\left(i,j+\frac{1}{2},k+\frac{1}{2}\right)=CP(m)\cdot H_x^{n-\frac{1}{2}}\left(i,j+\frac{1}{2},k+\frac{1}{2}\right)-CQ(m)$$

$$\cdot\left[\left(E_z^n\left(i,j+1,k+\frac{1}{2}\right)-E_z^n\left(i,j,k+\frac{1}{2}\right)\right)/\Delta y\right.$$

$$\left.-\left(E_y^n\left(i,j+\frac{1}{2},k+1\right)-E_y^n\left(i,j+\frac{1}{2},k\right)\right)/\Delta z\right]\quad(1.11)$$

式中,系数 $CP(m)$ 和 $CQ(m)$ 分别为

$$CP(m)=\frac{\dfrac{\mu(m)}{\Delta t}-\dfrac{\sigma_m(m)}{2}}{\dfrac{\mu(m)}{\Delta t}+\dfrac{\sigma_m(m)}{2}}=\frac{1-\dfrac{\sigma_m(m)\Delta t}{2\mu(m)}}{1+\dfrac{\sigma_m(m)\Delta t}{2\mu(m)}}$$

$$(1.12)$$

$$CQ(m)=\frac{1}{\dfrac{\mu(m)}{\Delta t}+\dfrac{\sigma_m(m)}{2}}=\frac{\dfrac{\Delta t}{\mu(m)}}{1+\dfrac{\sigma_m(m)\Delta t}{2\mu(m)}}$$

其中,$m=\left(i,j+\dfrac{1}{2},k+\dfrac{1}{2}\right)$。式(1.12)中的余下两个方程结果类似,不再重复。

通过以上的差分方程组,可以归纳得出利用 FDTD 方法计算电磁场的时域递推流程,如图 1.2 所示。

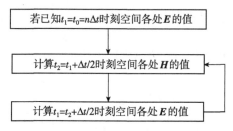

图 1.2　FDTD 在时域上的交叉半步逐步推进计算

一维情况下,设 TEM 波沿 z 方向传播,介质参数和场量均与 x,y 无关,即 $\partial/\partial x=0,\partial/\partial y=0$,于是麦克斯韦方程为

$$-\frac{\partial H_y}{\partial z}=\varepsilon\frac{\partial E_x}{\partial t}+\sigma E_x \tag{1.13}$$

$$\frac{\partial E_x}{\partial z}=-\mu\frac{\partial H_y}{\partial t}-\sigma_m H_y \tag{1.14}$$

一维情况下 E、H 分量空间节点取样如图 1.3 所示。

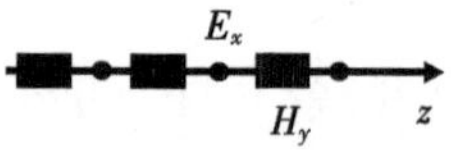

E_x ■—●—■—●—■—●— z H_y

图 1.3　一维情况下场分量空间节点取样

方程(1.13)和方程(1.14)的 FDTD 离散为

$$E_x^{n+1}(k)=CA(m)\cdot E_x^n(k)-CB(m)\cdot\left[\frac{H_y^{n+\frac{1}{2}}\left(k+\frac{1}{2}\right)-H_y^{n+\frac{1}{2}}\left(k-\frac{1}{2}\right)}{\Delta z}\right] \tag{1.15}$$

$$H_y^{n+\frac{1}{2}}\left(k+\frac{1}{2}\right)=CP(m)\cdot H_y^{n-\frac{1}{2}}\left(k+\frac{1}{2}\right)-CQ(m)\cdot\left[\frac{E_x^n(k+1)-E_x^n(k)}{\Delta z}\right] \tag{1.16}$$

其中,CA,CB,CP,CQ 同上。

如果介质为无耗,即 $\sigma=\sigma_m=0$,则以上两式简化为

$$E_x^{n+1}(k)=E_x^n(k)-\frac{\Delta t}{\varepsilon\Delta z}\left[H_y^{n+\frac{1}{2}}\left(k+\frac{1}{2}\right)-H_y^{n+\frac{1}{2}}\left(k-\frac{1}{2}\right)\right] \tag{1.17}$$

$$H_y^{n+\frac{1}{2}}\left(k+\frac{1}{2}\right)=H_y^{n-\frac{1}{2}}\left(k+\frac{1}{2}\right)-\frac{\Delta t}{\mu\Delta z}\left[E_x^n(k+1)-E_x^n(k)\right] \tag{1.18}$$

1.2　FDTD 基本点及基本计算区[1]

——Yee 元胞。最初由 Yee 提出,如 1.1 节的图 1.1 所示,它恰当地描述了电磁场的传播特性。

——FDTD区的划分。对于散射问题,通常在FDTD计算区域中引入总场边界(即连接边界),如图1.4所示。FDTD计算区域划分为总场区和散射场区。这样做的好处是:①应用惠更斯(Huygens)原理,可以在连接边界处设置入射波,使入射波的加入变得简单易行;②可以在截断边界(即吸收边界)处设置吸收边界条件,利用有限计算区域就能够模拟开域的电磁散射过程;③根据等效原理,应用数据存储边界(即输出边界)处的近区场便可以实现远场的外推计算。对于辐射问题,激励源直接加到辐射天线上,整个FDTD计算区域为辐射场,如图1.5所示,不再区分总场区和散射场区。

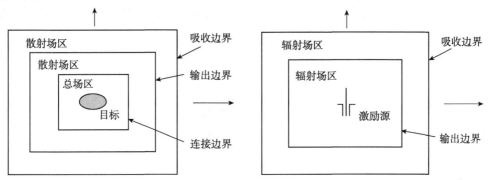

图1.4 散射计算时FDTD区域的划分　　图1.5 辐射计算时FDTD区域的划分

——吸收边界条件。为了在有限计算区域模拟无界空间中的电磁问题,必须在计算区域的截断边界上设置吸收边界条件。吸收边界从开始简单的插值边界,已经发展了多种吸收边界条件。目前比较广泛采用的有Mur吸收边界,以及近几年发展的完全匹配层(PML)和各向异性介质完全匹配层(UPML)吸收边界。

——总场边界条件(连接边界条件)的引入。总场边界条件的引入,使计算区域划分为总场区和散射场区。这样做可以使任意入射波的模拟变得简单易行,无论是平面波还是瞬态波;并且使只吸收单向波的吸收边界条件设置得以实现;此外还便于远场的外推计算。

——近-远场变换。FDTD的模拟只能限于有限空间,为了获得计算域以外的散射或辐射场,必须借助等效原理,应用计算区域内的近场数据实现计算区域以外远场的外推。对于时谐场和瞬态场分别采用不同的外推方法。

——网格剖分。通常的FDTD差分格式所能模拟的最小尺度为一个网格,对于小于一个网格的尺寸,需要近似为一个网格,这样会给计算带来误差。减小计算误差的方法有两种:一种是将整个计算区域的离散网格划分得更细,但这样需要更多的内存和计算时间;另一种是修正局部网格的差分格式。这些技术包括亚网格技术、共形网格技术以及细导线FDTD,这些技术的应用可以相应提高计算精度,同时不至于使计算内存和计算时间增加过大。

1.3　数值稳定性

　　FDTD 方法是用一组有限差分方程代替麦克斯韦旋度方程,即以差分方程组的解近似代替原偏微分方程组的解。但是,只有当差分方程组的解是收敛且稳定时,这种近似方法才是有价值的。收敛性是指当离散间隔趋于零时,差分方程组的解都逼近于原方程的解。稳定性是指确定一种离散间隔必须满足的条件,以使差分方程组的数值解与原方程的解析解的差是有界的。

　　根据 Courant 稳定性条件[2],可以得到空间和时间离散间隔之间应当满足的关系,即

$$c\Delta t \leqslant \cfrac{1}{\sqrt{\cfrac{1}{(\Delta x)^2} + \cfrac{1}{(\Delta y)^2} + \cfrac{1}{(\Delta z)^2}}} \tag{1.19}$$

以下是几种特殊的 Courant 稳定性条件的具体形式:

　　(1) 三维情况下,取 $\Delta x = \Delta y = \Delta z = \delta$ 时,式(1.19)可以简化为

$$c\Delta t \leqslant \frac{\delta}{\sqrt{3}} \tag{1.20}$$

　　(2) 对于二维情况,式(1.19)可变为

$$c\Delta t \leqslant \cfrac{1}{\sqrt{\cfrac{1}{(\Delta x)^2} + \cfrac{1}{(\Delta y)^2}}} \tag{1.21}$$

若 $\Delta x = \Delta y = \delta$,上式可化为

$$c\Delta t \leqslant \frac{\delta}{\sqrt{2}} \tag{1.22}$$

　　(3) 对于一维情况,式(1.19)变为

$$c\Delta t \leqslant \Delta x \tag{1.23}$$

上式表明,时间间隔不能大于波以光速通过一维 Yee 元胞所需的时间。

　　综上,在实际仿真计算时,一般取 $c\Delta t \leqslant \dfrac{\delta}{2}$,就可以满足稳定性和收敛性对时间和空间离散间隔的限制。

参 考 文 献

[1] 葛德彪,闫玉波. 电磁波时域有限差分方法. 第三版. 西安:西安电子科技大学出版社,2011.

[2] Courant R,Friedrichs K,Lewy H. On the Partial Difference Equations of Mathematical Physics. IBM Journal of Research and Development,1967,11(2):215-234.

第2章　等离子体电磁特性的时域算法

近几年,涌现了大量对色散介质进行电磁仿真的 FDTD 算法,其中包括递归卷积(RC)算法[1-3],Young 氏直接积分(DI)法[4-6],电流密度递推卷积(JEC)法[7]、分段线性递推卷积(PLRC)法[8]、分段线性电流密度递推卷积(PLJERC)法[9]和辅助方程(ADE)法[10-12]。此外还出现了交替隐式(ADI)法[13-15]以及高阶 FDTD 法[16-18]。

本章首先提出一种新的电磁仿真方法——电流密度拉普拉斯时域有限差分(CDLT-FDTD)法,该方法的主要优点在于解决了本构方程中电流密度矢量各个分量相互耦合的难点,使迭代式简单明了而易于编程实现;同时又避免了对卷积的处理,节约了内存的使用。在此基础上,将 CDLT 和 JEC 方法相结合提出一种改进的FDTD算法——基于拉普拉斯变换的电流密度卷积(LTJEC-FDTD)算法,然后通过相关算例验证该算法的可靠性,该方法为下面处理卷积提供了一种简单而有效的解决办法。

2.1　一维等离子体 FDTD 算法

2.1.1　磁化等离子体的 FDTD 算法

在各向异性色散介质碰撞磁化等离子体中,Maxwell(麦克斯韦)方程组和相关的本构方程为

$$\nabla \times \boldsymbol{E} = -\mu_0 \frac{\partial \boldsymbol{H}}{\partial t} \qquad (2.1)$$

$$\nabla \times \boldsymbol{H} = \varepsilon_0 \frac{\partial \boldsymbol{E}}{\partial t} + \boldsymbol{J} \qquad (2.2)$$

$$\frac{\mathrm{d}\boldsymbol{J}}{\mathrm{d}t} + v\boldsymbol{J} = \varepsilon_0 \omega_p^2(r,t)\boldsymbol{E} + \boldsymbol{\omega}_b \times \boldsymbol{J} \qquad (2.3)$$

式中,ε_0 为真空中的介电常数;μ_0 为真空中导磁率;$\omega_p(r,t)$ 为时变等离子体频率,是时间和空间的函数,表征了等离子体随时间和空间的变化情况,对于非时变等离子体,$\omega_p(r,t)$ 是常数,简记为 ω_p;$\omega_b = e\boldsymbol{B}_0/m_e$ 为电子旋转频率,$\boldsymbol{B}_0$ 为外部静态磁场,e 和 m_e 各自表示电子电量和电子质量。

在直角坐标系下,对于一维情况下的 TEM 波,并设外磁场的方向为 $+Z$ 方向,即 $\boldsymbol{\omega}_b = \omega_b \hat{z}$,在笛卡儿坐标下的各矢量表示如下:

$$\boldsymbol{E} = E_x \hat{x} + E_y \hat{y}, \quad \boldsymbol{H} = H_x \hat{x} + H_y \hat{y}, \quad \boldsymbol{J} = J_x \hat{x} + J_y \hat{y}, \quad \boldsymbol{\omega}_b = \omega_b \hat{z}$$

在上述坐标下,式(2.2)和式(2.3)可写成如下形式

$$\frac{\partial H_x}{\partial t}=-\frac{1}{\mu_0}\frac{\partial E_y}{\partial z} \tag{2.4}$$

$$\frac{\partial H_y}{\partial t}=-\frac{1}{\mu_0}\frac{\partial E_x}{\partial z} \tag{2.5}$$

$$\frac{\partial E_y}{\partial t}=\frac{1}{\varepsilon_0}\left(\frac{\partial H_x}{\partial z}-J_y\right) \tag{2.6}$$

$$\frac{\partial E_x}{\partial t}=\frac{1}{\varepsilon_0}\left(\frac{\partial H_y}{\partial z}-J_x\right) \tag{2.7}$$

将式(2.3)改写为矩阵可得

$$\frac{\mathrm{d}\boldsymbol{J}}{\mathrm{d}t}=\varepsilon_0\omega_\mathrm{p}^2(r,t)\boldsymbol{E}+\boldsymbol{\Omega J} \tag{2.8}$$

其中,$\boldsymbol{J}=\begin{bmatrix}J_x\\J_y\end{bmatrix}$,$\boldsymbol{E}=\begin{bmatrix}E_x\\E_y\end{bmatrix}$ 和 $\boldsymbol{\Omega}=\begin{pmatrix}-\nu&-\omega_\mathrm{b}\\\omega_\mathrm{b}&-\nu\end{pmatrix}$。

对于二维问题,设所有物理量均与 z 坐标无关,且等离子体沿$+Z$方向磁化时,即有$\partial/\partial z=0$,$\omega_{bx}=0$,$\omega_{by}=0$,$\omega_{bz}=\omega_b$。故二维情况下磁化等离子体的麦克斯韦方程(式(2.1)~式(2.3))可写为

$$\text{TE 波}\begin{cases}\frac{\partial H_z}{\partial y}=\varepsilon_0\frac{\partial E_x}{\partial t}+J_x\\-\frac{\partial H_z}{\partial x}=\varepsilon_0\frac{\partial E_y}{\partial t}+J_y\\\frac{\partial E_y}{\partial x}-\frac{\partial E_x}{\partial y}=-\mu_0\frac{\partial H_z}{\partial t}\end{cases} \tag{2.9}$$

本构方程改写为矩阵形式

$$\frac{\mathrm{d}\boldsymbol{J}}{\mathrm{d}t}=\varepsilon_0\omega_\mathrm{p}^2(r,t)\boldsymbol{E}+\boldsymbol{\Omega J} \tag{2.10}$$

其中,$\boldsymbol{J}=\begin{bmatrix}J_x\\J_y\end{bmatrix}$,$\boldsymbol{E}=\begin{bmatrix}E_x\\E_y\end{bmatrix}$ 和 $\boldsymbol{\Omega}=\begin{pmatrix}-\nu&-\omega_\mathrm{b}\\\omega_\mathrm{b}&-\nu\end{pmatrix}$。

以及

$$\text{TM 波}\begin{cases}\frac{\partial E_z}{\partial y}=-\mu_0\frac{\partial H_x}{\partial t}\\\frac{\partial E_z}{\partial x}=\mu_0\frac{\partial H_y}{\partial t}\\\frac{\partial H_y}{\partial x}-\frac{\partial H_x}{\partial y}=\varepsilon_0\frac{\partial E_z}{\partial t}+J_z\end{cases} \tag{2.11}$$

本构方程可写为

$$\frac{\mathrm{d}J_z}{\mathrm{d}t}=\varepsilon_0\omega_\mathrm{p}^2(r,t)E_z-\nu J_z \tag{2.12}$$

由等离子体的本构方程式(2.8)、式(2.10)以及式(2.12)可以看出,式(2.8)和式(2.10)是完全相同的,而公式(2.12)是式(2.8)和式(2.10)在 $\omega_b = 0$ 的一种简化情况。在推导其 FDTD 迭代式时,唯一的区别在于时间和空间的离散点不同,因此下面主要以一维为例进行说明。

对一维问题的 $\boldsymbol{E}, \boldsymbol{H}, \boldsymbol{J}$ 可按图 2.1 所示进行离散,由式(2.4)和式(2.5)知磁场的迭代方程为

$$H_x^{n+\frac{1}{2}}\left(k+\frac{1}{2}\right) = H_x^{n-\frac{1}{2}}\left(k+\frac{1}{2}\right) + \frac{\Delta t}{\mu_0 \Delta z}\left[E_y^n(k+1) - E_y^n(k)\right] \qquad (2.13)$$

$$H_y^{n+\frac{1}{2}}\left(k+\frac{1}{2}\right) = H_y^{n-\frac{1}{2}}\left(k+\frac{1}{2}\right) - \frac{\Delta t}{\mu_0 \Delta z}\left[E_x^n(k+1) - E_x^n(k)\right] \qquad (2.14)$$

其中,E_x 和 E_y 位于同一点用 $\boldsymbol{E}$ 表示;H_x 和 H_y 位于同一点用 $\boldsymbol{H}$ 表示;J_x 和 J_y 位于同一点用 $\boldsymbol{J}$ 表示。

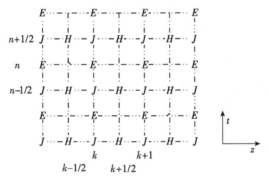

图 2.1　一维 Yee 元胞图

由式(2.6)和式(2.7)知电场的迭代方程为

$$E_x^{n+1}(k) = E_x^n(k) - \frac{\Delta t}{\varepsilon_0 \Delta z}\left[H_y^{n+\frac{1}{2}}\left(k+\frac{1}{2}\right) - H_y^{n+\frac{1}{2}}\left(k-\frac{1}{2}\right)\right] - \frac{\Delta t}{\varepsilon_0}J_x^{n+\frac{1}{2}}(k) \quad (2.15)$$

$$E_y^{n+1}(k) = E_y^n(k) + \frac{\Delta t}{\varepsilon_0 \Delta z}\left[H_x^{n+\frac{1}{2}}\left(k+\frac{1}{2}\right) - H_x^{n+\frac{1}{2}}\left(k-\frac{1}{2}\right)\right] - \frac{\Delta t}{\varepsilon_0}J_y^{n+\frac{1}{2}}(k) \quad (2.16)$$

如对式(2.8)直接进行离散,那么当 ω_b 或 ν 很大时,这种直接离散形式将会产生很大的误差,因此先对其做拉普拉斯变换到 S 域,再将结果进行逆拉普拉斯变换到时域,可以解决此问题。

2.1.2　CDLT-FDTD 算法

对一维时变磁化等离子体,在很短的时间 Δt 内,可以将 $\boldsymbol{E}$ 和 $\omega_p^2(r,t)$ 看成常量,用时间步中心处的值来代替,对式(2.8)进行拉普拉斯变换,等式两边各项的拉普拉斯变换为

$$\frac{\mathrm{d}\boldsymbol{J}}{\mathrm{d}t} \Rightarrow s\boldsymbol{J}(s) - \boldsymbol{J}_0 \qquad (2.17)$$

$$\varepsilon_0 \omega_p^2 \mathbf{E} \Rightarrow \frac{1}{s} \varepsilon_0 \omega_p^2 \mathbf{E} \tag{2.18}$$

$$\mathbf{\Omega J} \Rightarrow \mathbf{\Omega J}(s) \tag{2.19}$$

则式(2.8)可以写成

$$s\mathbf{J}(s) - \mathbf{J}_0 = \frac{1}{s} \varepsilon_0 \omega_p^2 \mathbf{E} + \mathbf{\Omega J}(s) \tag{2.20}$$

整理可得

$$\mathbf{J}(s) = (s\mathbf{I} - \mathbf{\Omega})^{-1} \mathbf{J}_0 + \varepsilon_0 \omega_p^2 \frac{1}{s} (s\mathbf{I} - \mathbf{\Omega})^{-1} \mathbf{E} \tag{2.21}$$

将式(2.21)改写为

$$\mathbf{J}(s) = \mathbf{A} \cdot \mathbf{J}_0 + \varepsilon_0 \omega_p^2 \frac{1}{s} \mathbf{A} \cdot \mathbf{E} \tag{2.22}$$

其中

$$\mathbf{A} = (s\mathbf{I} - \mathbf{\Omega})^{-1} = \frac{1}{(s+\nu)^2 + \omega_b^2} \begin{bmatrix} s+\nu & -\omega_b \\ \omega_b & s+\nu \end{bmatrix} \tag{2.23}$$

对式(2.22)进行逆拉普拉斯变换过渡到时域,过程如下。

对 $\mathbf{A}$ 的各项求逆拉普拉斯变换,将 $\mathbf{A}$ 写成如下形式

$$\mathbf{A} = \begin{bmatrix} a_{11} & a_{12} \\ a_{21} & a_{22} \end{bmatrix} \tag{2.24}$$

对比式(2.23)和式(2.24),可得

$$a_{11} = a_{22} = \frac{s+\nu}{(s+\nu)^2 + \omega_b^2} \tag{2.25}$$

$$a_{21} = -a_{12} = \frac{\omega_b}{(s+\nu)^2 + \omega_b^2} \tag{2.26}$$

由已知的拉普拉斯变换对

$$\cos\omega_b t \Leftrightarrow \frac{s}{s^2 + \omega_b^2} \tag{2.27}$$

$$\sin\omega_b t \Leftrightarrow \frac{1}{s^2 + \omega_b^2} \tag{2.28}$$

又由频移性质可得

$$e^{-\nu t} \cos\omega_b t \Leftrightarrow \frac{s+\nu}{(s+\nu)^2 + \omega_b^2} \tag{2.29}$$

$$e^{-\nu t} \sin\omega_b t \Leftrightarrow \frac{1}{(s+\nu)^2 + \omega_b^2} \tag{2.30}$$

则 $\mathbf{A}$ 的逆拉普拉斯变换形式为

$$\mathbf{A}(t) = \mathcal{L}^{-1}(\mathbf{A}(s)) = e^{-\nu t} \begin{bmatrix} \cos\omega_b t & -\sin\omega_b t \\ \sin\omega_b t & \cos\omega_b t \end{bmatrix} \tag{2.31}$$

同理,对 $\dfrac{1}{s}\boldsymbol{A}$ 的各项进行逆拉普拉斯变换。由拉普拉斯变换的积分性质已知 $f(t)$ 与 $F(s)$ 是拉普拉斯变换对,则有

$$\boldsymbol{\mathscr{L}}\left[\int_0^t f(\tau)\mathrm{d}\tau\right]=\frac{1}{s}F(s) \tag{2.32}$$

由上述性质可得

$$\boldsymbol{K}(t)=\boldsymbol{\mathscr{L}}^{-1}\left[\frac{1}{s}\boldsymbol{A}(s)\right]=\int_0^t \boldsymbol{A}(\tau)\mathrm{d}\tau$$

$$=\frac{\mathrm{e}^{-\nu t}}{\omega_{\mathrm{b}}^2+\nu^2}\begin{bmatrix}\nu(\mathrm{e}^{\nu t}-\cos\omega_{\mathrm{b}}t)+\omega_{\mathrm{b}}\sin\omega_{\mathrm{b}}t & -\omega_{\mathrm{b}}(\mathrm{e}^{\nu t}-\cos\omega_{\mathrm{b}}t)+\nu\sin\omega_{\mathrm{b}}t \\ \omega_{\mathrm{b}}(\mathrm{e}^{\nu t}-\cos\omega_{\mathrm{b}}t)-\nu\sin\omega_{\mathrm{b}}t & \nu(\mathrm{e}^{\nu t}-\cos\omega_{\mathrm{b}}t)+\omega_{\mathrm{b}}\sin\omega_{\mathrm{b}}t\end{bmatrix} \tag{2.33}$$

则 $J(t)$ 的表达式为

$$\boldsymbol{J}(t)=\boldsymbol{A}(t)\boldsymbol{J}_0+\varepsilon_0\omega_{\mathrm{p}}^2\boldsymbol{K}(t)\boldsymbol{E}$$

$$=\mathrm{e}^{-\nu t}\begin{bmatrix}\cos\omega_{\mathrm{b}}t & -\sin\omega_{\mathrm{b}}t \\ \sin\omega_{\mathrm{b}}t & \cos\omega_{\mathrm{b}}t\end{bmatrix}\boldsymbol{J}_0$$

$$+\varepsilon_0\omega_{\mathrm{p}}{}^2\frac{\mathrm{e}^{-\nu t}}{\omega_{\mathrm{b}}{}^2+\nu^2}\begin{bmatrix}\nu(\mathrm{e}^{\nu t}-\cos\omega_{\mathrm{b}}t)+\omega_{\mathrm{b}}\sin\omega_{\mathrm{b}}t & -\omega_{\mathrm{b}}(\mathrm{e}^{\nu t}-\cos\omega_{\mathrm{b}}t)+\nu\sin\omega_{\mathrm{b}}t \\ \omega_{\mathrm{b}}(\mathrm{e}^{\nu t}-\cos\omega_{\mathrm{b}}t)-\nu\sin\omega_{\mathrm{b}}t & \nu(\mathrm{e}^{\nu t}-\cos\omega_{\mathrm{b}}t)+\omega_{\mathrm{b}}\sin\omega_{\mathrm{b}}t\end{bmatrix}\boldsymbol{E} \tag{2.34}$$

由上面可知, $\boldsymbol{J}$ 的离散形式为

$$\begin{bmatrix}J_x\big|_k^{n+\frac{1}{2}} \\ J_y\big|_k^{n+\frac{1}{2}}\end{bmatrix}=\boldsymbol{A}(\Delta t)\begin{bmatrix}J_x\big|_k^{n-\frac{1}{2}} \\ J_y\big|_k^{n-\frac{1}{2}}\end{bmatrix}+\varepsilon_0\omega_{\mathrm{p}}^2\boldsymbol{K}(\Delta t)\begin{bmatrix}E_x\big|_k^n \\ E_y\big|_k^n\end{bmatrix} \tag{2.35}$$

其中

$$\boldsymbol{A}(\Delta t)=\mathrm{e}^{-\nu\Delta t}\begin{bmatrix}\cos\omega_{\mathrm{b}}\Delta t & -\sin\omega_{\mathrm{b}}\Delta t \\ \sin\omega_{\mathrm{b}}\Delta t & \cos\omega_{\mathrm{b}}\Delta t\end{bmatrix}$$

$$\boldsymbol{K}(\Delta t)=\frac{\mathrm{e}^{-\nu\Delta t}}{\omega_{\mathrm{b}}^2+\nu^2}\begin{bmatrix}\nu(\mathrm{e}^{\nu\Delta t}-\cos\omega_{\mathrm{b}}\Delta t)+\omega_{\mathrm{b}}\sin\omega_{\mathrm{b}}\Delta t & -\omega_{\mathrm{b}}(\mathrm{e}^{\nu\Delta t}-\cos\omega_{\mathrm{b}}\Delta t)+\nu\sin\omega_{\mathrm{b}}\Delta t \\ \omega_{\mathrm{b}}(\mathrm{e}^{\nu\Delta t}-\cos\omega_{\mathrm{b}}\Delta t)-\nu\sin\omega_{\mathrm{b}}\Delta t & \nu(\mathrm{e}^{\nu\Delta t}-\cos\omega_{\mathrm{b}}\Delta t)+\omega_{\mathrm{b}}\sin\omega_{\mathrm{b}}\Delta t\end{bmatrix}$$

上述一维 CDLT-FDTD 算法的推导中,因为把 $\omega_{\mathrm{p}}^2(r,t)$ 看成常量,所以上述的算法同样适用于一维非时变磁化等离子体。

2.1.3　LTJEC-FDTD 算法

CDLT-FDTD 算法避免了在时域中卷积的处理,极大地简化了迭代式。但是在通常情况下,卷积的处理又是必须的,因此简化卷积的处理成为需要研究的问题。下面介绍的 LTJEC-FDTD 算法将是对卷积处理 JEC 算法和拉普拉斯变换的一种完美结合,完全继承了两种方法的优点。

将 $\boldsymbol{E}$ 看成随时间变化的函数,而不再是在 CDLT 中的常量。重复上述过程,对式(2.8)进行拉普拉斯变换可得

$$\frac{\mathrm{d}\boldsymbol{J}(t)}{\mathrm{d}t} \Leftrightarrow s\boldsymbol{J}(s) - \boldsymbol{J}_0 \tag{2.36}$$

$$\varepsilon_0 \omega_\mathrm{p}^2 \boldsymbol{E}(t) \Leftrightarrow \varepsilon_0 \omega_\mathrm{p}^2 \boldsymbol{E}(s) \tag{2.37}$$

$$\boldsymbol{\Omega} \boldsymbol{J}(t) \Leftrightarrow \boldsymbol{\Omega} \boldsymbol{J}(s) \tag{2.38}$$

整理可得

$$\boldsymbol{J}(s) = \boldsymbol{A} \cdot \boldsymbol{J}_0 + \varepsilon_0 \omega_\mathrm{p}^2 \boldsymbol{A} \cdot \boldsymbol{E}(s) \tag{2.39}$$

其中

$$\boldsymbol{A} = \frac{1}{(s+\nu)^2 + \omega_\mathrm{b}^2} \begin{pmatrix} s+\nu & -\omega_\mathrm{b} \\ \omega_\mathrm{b} & s+\nu \end{pmatrix}$$

再对式(2.39)进行逆拉普拉斯变换可得

$$\boldsymbol{J}(t) = \boldsymbol{A}(t)\boldsymbol{J}_0 + \varepsilon_0 \omega_\mathrm{p}^2 \boldsymbol{K}(t) \tag{2.40}$$

其中

$$\boldsymbol{A}(t) = \mathrm{e}^{-\nu t} \begin{pmatrix} \cos\omega_\mathrm{b}t & -\sin\omega_\mathrm{b}t \\ \sin\omega_\mathrm{b}t & \cos\omega_\mathrm{b}t \end{pmatrix}, \quad \boldsymbol{K}(t) = \boldsymbol{A}(t) * \boldsymbol{E}(t)$$

先对式(2.40)在时间上进行离散可得

$$\begin{bmatrix} J_x^n \\ J_y^n \end{bmatrix} = \boldsymbol{A}(\Delta t) \begin{bmatrix} J_x^{n-1} \\ J_y^{n-1} \end{bmatrix} + \varepsilon_0 \omega_\mathrm{p}^2 \boldsymbol{K}(\Delta t) \tag{2.41}$$

其中

$$\boldsymbol{A}(\Delta t) = \mathrm{e}^{-\nu \Delta t} \begin{pmatrix} \cos\omega_\mathrm{b}\Delta t & -\sin\omega_\mathrm{b}\Delta t \\ \sin\omega_\mathrm{b}\Delta t & \cos\omega_\mathrm{b}\Delta t \end{pmatrix}, \quad \boldsymbol{K}(\Delta t) = \int_{(n-1)\Delta t}^{n\Delta t} \boldsymbol{A}(n\Delta t - \tau)\boldsymbol{E}(\tau)\mathrm{d}\tau$$

而对于 $\boldsymbol{F}(t)$ 利用泰勒级数展开可得

$$\int_{(n-1)\Delta t}^{n\Delta t} \boldsymbol{F}(t)\mathrm{d}t = \int_{(n-1)\Delta t}^{n\Delta t} \left[\boldsymbol{F}\left(\left(n-\frac{1}{2}\right)\Delta t\right) + \boldsymbol{F}'\left(\left(n-\frac{1}{2}\right)\Delta t\right)\left(\tau - \left(n-\frac{1}{2}\right)\Delta t\right) \right.$$

$$\left. + \boldsymbol{F}''(n\Delta t)\frac{\left(\tau - \left(n-\frac{1}{2}\right)\Delta t\right)^2}{2} + O(\Delta t^3) \right]\mathrm{d}\tau$$

$$= \boldsymbol{F}\left(\left(n-\frac{1}{2}\right)\Delta t\right)\Delta t + 0 + \boldsymbol{F}''\left(\left(n-\frac{1}{2}\right)\Delta t\right)\frac{\Delta t^3}{24} + O(\Delta t^4)$$

$$= \boldsymbol{F}\left(\left(n-\frac{1}{2}\right)\Delta t\right)\Delta t + O(\Delta t^3) \approx \boldsymbol{F}\left(\left(n-\frac{1}{2}\right)\Delta t\right)\Delta t \tag{2.42}$$

因此

$$\boldsymbol{K}(\Delta t) = \Delta t \cdot \mathrm{e}^{-\frac{\nu\Delta t}{2}} \begin{pmatrix} \cos\dfrac{\omega_\mathrm{b}\Delta t}{2} & -\sin\dfrac{\omega_\mathrm{b}\Delta t}{2} \\ \sin\dfrac{\omega_\mathrm{b}\Delta t}{2} & \cos\dfrac{\omega_\mathrm{b}\Delta t}{2} \end{pmatrix} \begin{pmatrix} E_x^n \\ E_y^n \end{pmatrix}$$

在空间上离散同 CDLT-FDTD 方法。

同理,对于二维情况的 Yee 元胞排列如图 2.2 所示。

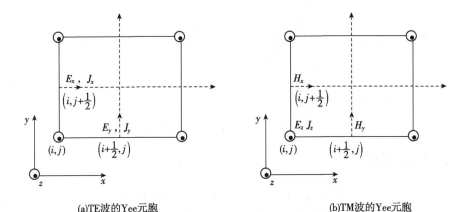

(a)TE波的Yee元胞　　　　　　　　　(b)TM波的Yee元胞

图 2.2　二维 Yee 元胞图

因此,对 TE 波而言,其 FDTD 离散形式为

$$E_x\big|_{i,j+\frac{1}{2}}^{n+\frac{1}{2}}=E_x\big|_{i,j+\frac{1}{2}}^{n-\frac{1}{2}}+\frac{\Delta t}{\varepsilon_0}\left[\frac{H_z\big|_{i,j+1}^{n}-H_z\big|_{i,j}^{n}}{\Delta y}\right]-\frac{\Delta t}{\varepsilon_0}\cdot J_x\big|_{i,j+\frac{1}{2}}^{n} \tag{2.43}$$

$$E_y\big|_{i+\frac{1}{2},j}^{n+\frac{1}{2}}=E_y\big|_{i+\frac{1}{2},j}^{n-\frac{1}{2}}-\frac{\Delta t}{\varepsilon_0}\left[\frac{H_z\big|_{i+1,j}^{n}-H_z\big|_{i,j}^{n}}{\Delta x}\right]-\frac{\Delta t}{\varepsilon_0}\cdot J_y\big|_{i+\frac{1}{2},j}^{n} \tag{2.44}$$

$$H_z\big|_{i,j}^{n+1}=H_z\big|_{i,j}^{n}-\frac{\Delta t}{\mu_0}\left[\frac{E_y\big|_{i+\frac{1}{2},j}^{n+\frac{1}{2}}-E_y\big|_{i-\frac{1}{2},j}^{n+\frac{1}{2}}}{\Delta x}-\frac{E_x\big|_{i,j+\frac{1}{2}}^{n+\frac{1}{2}}-E_x\big|_{i,j-\frac{1}{2}}^{n+\frac{1}{2}}}{\Delta y}\right] \tag{2.45}$$

本构方程基于 LTJEC-FDTD 方法所得的 FDTD 迭代式为

$$J_x\big|_{i,j+\frac{1}{2}}^{n}=e^{-\nu\Delta t}\left[\cos\omega_b\Delta t\cdot J_x\big|_{i,j+\frac{1}{2}}^{n-1}-\sin\omega_b\Delta t\times0.25\times\left(J_y\big|_{i+\frac{1}{2},j}^{n-1}+J_y\big|_{i+\frac{1}{2},j+1}^{n-1}\right.\right.$$
$$\left.+J_y\big|_{i-\frac{1}{2},j}^{n-1}+J_y\big|_{i-\frac{1}{2},j+1}^{n-1}\right)\right]+\varepsilon_0\omega_p^2\Delta t e^{-\frac{\Delta t}{2}}\cdot\left[\cos\frac{\omega_b\Delta t}{2}\cdot E_x\big|_{i,j+\frac{1}{2}}^{n-\frac{1}{2}}-\sin\frac{\omega_b\Delta t}{2}\right.$$
$$\left.\times0.25\times\left(E_y\big|_{i+\frac{1}{2},j}^{n-\frac{1}{2}}+E_y\big|_{i+\frac{1}{2},j+1}^{n-\frac{1}{2}}+E_y\big|_{i-\frac{1}{2},j}^{n-\frac{1}{2}}+E_y\big|_{i-\frac{1}{2},j+1}^{n-\frac{1}{2}}\right)\right] \tag{2.46}$$

$$J_y\big|_{i+\frac{1}{2},j}^{n}=e^{-\nu\Delta t}\left[\cos\omega_b\Delta t\cdot J_y\big|_{i+\frac{1}{2},j}^{n-1}+\sin\omega_b\Delta t\times0.25\times\left(J_x\big|_{i,j-\frac{1}{2}}^{n-1}+J_x\big|_{i,j+\frac{1}{2}}^{n-1}\right.\right.$$
$$\left.+J_x\big|_{i+1,j-\frac{1}{2}}^{n-1}+J_x\big|_{i+1,j+\frac{1}{2}}^{n-1}\right)\right]+\varepsilon_0\omega_p^2\Delta t e^{-\frac{\Delta t}{2}}\cdot\left[\cos\frac{\omega_b\Delta t}{2}\cdot E_y\big|_{i+\frac{1}{2},j}^{n-\frac{1}{2}}\right.$$
$$\left.+\sin\frac{\omega_b\Delta t}{2}\times0.25\times\left(E_x\big|_{i,j-\frac{1}{2}}^{n-\frac{1}{2}}+E_x\big|_{i,j+\frac{1}{2}}^{n-\frac{1}{2}}+E_x\big|_{i+1,j-\frac{1}{2}}^{n-\frac{1}{2}}+E_x\big|_{i+1,j+\frac{1}{2}}^{n-\frac{1}{2}}\right)\right] \tag{2.47}$$

对于 TM 波,其 FDTD 离散公式为

$$H_x\big|_{i,j+\frac{1}{2}}^{n+\frac{1}{2}}=H_x\big|_{i,j+\frac{1}{2}}^{n-\frac{1}{2}}-\frac{\Delta t}{\mu_0}\frac{E_z\big|_{i,j+1}^{n}-E_z\big|_{i,j}^{n}}{\Delta y} \tag{2.48}$$

$$H_y\big|_{i+\frac{1}{2},j}^{n+\frac{1}{2}}=H_y\big|_{i+\frac{1}{2},j}^{n-\frac{1}{2}}+\frac{\Delta t}{\mu_0}\frac{E_z\big|_{i+1,j}^{n}-E_z\big|_{i,j}^{n}}{\Delta x} \tag{2.49}$$

$$E_z \big|_{i,j}^{n+1} = E_z \big|_{i,j}^{n} + \frac{\Delta t}{\varepsilon_0} \left[\frac{H_y \big|_{i+\frac{1}{2},j}^{n+\frac{1}{2}} - H_y \big|_{i-\frac{1}{2},j}^{n+\frac{1}{2}}}{\Delta x} - \frac{H_x \big|_{i,j+\frac{1}{2}}^{n+\frac{1}{2}} - H_x \big|_{i,j-\frac{1}{2}}^{n+\frac{1}{2}}}{\Delta y} \right] - \frac{\Delta t}{\varepsilon_0} J_z \big|_{i,j}^{n+\frac{1}{2}}$$

$$(2.50)$$

本构方程的 FDTD 离散公式为

$$J_z \big|_{i,j}^{n+\frac{1}{2}} = \mathrm{e}^{-\nu \Delta t} J_z \big|_{i,j}^{n-\frac{1}{2}} + \varepsilon_0 \omega_\mathrm{p}^2 \Delta t \mathrm{e}^{-\frac{\nu \Delta t}{2}} E_z \big|_{i,j}^{n} \tag{2.51}$$

2.1.4　算例验证

　　分别用 CDLT-FDTD 和 LTJEC-FDTD 方法模拟电磁波垂直入射到磁化等离子平板中的电磁波传播。等离子体层的两边为自由空间,电磁波的传播方向和外加磁场的方向相同,电磁波为圆极化波,即可分解为 x 轴和 y 轴两个方向的线极化波。等离子体的参数为 $\omega_\mathrm{b} = 100\mathrm{GHz}, \nu = 10\mathrm{GHz}, \omega_\mathrm{p} = 2\pi \times 28.7 \times 10^9 \mathrm{rad/s}$。计算时,FDTD 的计算空间为 7.5cm,磁化等离子体占据 3~4.5cm 的区域,其余为真空。计算空间步长为 75μm,时间步长为 0.125ps。因此,计算空间分为 1000 个计算网格,为了防止边界所产生的电磁波反射,两端采用 Mur 吸收边界,等离子体占中间 200 个网格,其余为真空。模拟的时间步为 10000 步。入射波为微分高斯脉冲。

　　图 2.3 和图 2.4 分别给出用该算法计算的 1.5cm 厚的磁化等离子体平板的反射系数,也给出了解析结果。其中,图 2.3(a)和(b)分别为右旋圆极化(RCP)波和左旋圆极化(LCP)波的反射系数,图 2.4(a)和(b)分别为右旋圆极化波和左旋圆极化波的反射系数相位变化。

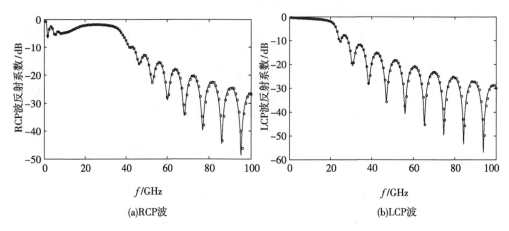

(a)RCP波　　　　　　　　　　　　　　　　(b)LCP波

图 2.3　RCP 波和 LCP 波的反射系数振幅图
"o"表示 CDLT-FDTD 和 LTJEC-FDTD;"—"表示解析解

　　图 2.3 和图 2.4 中数值结果与解析结果完美一致,表明 CDLT-FDTD 和 LTJEC-FDTD 算法的正确性,同时也表明该算法具有很高的精度。

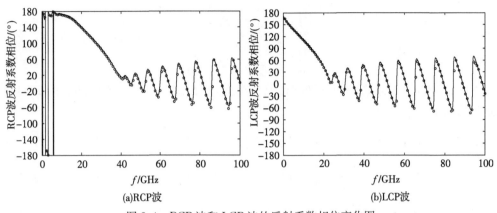

图 2.4　RCP 波和 LCP 波的反射系数相位变化图

"o"表示 CDLT-FDTD 和 LTJEC-FDTD 算法;"—"表示解析解

2.1.5　非磁化等离子体的 FDTD 算法

对于非磁化等离子体,没有外在磁场的存在,即当外加静磁场B_0为 0 时,电子旋转频率$\omega_b = 0$。当碰撞频率ν不为 0 时,仍可利用 2.1.1 节所示的迭代式进行 FDTD 方法计算。当碰撞频率ν为 0 时,真空中的麦克斯韦方程组和相关的本构方程可退化为

$$\nabla \times \boldsymbol{E} = -\mu_0 \frac{\partial \boldsymbol{H}}{\partial t} \tag{2.52}$$

$$\nabla \times \boldsymbol{H} = \varepsilon_0 \frac{\partial \boldsymbol{E}}{\partial t} + \boldsymbol{J} \tag{2.53}$$

$$\frac{\mathrm{d}\boldsymbol{J}}{\mathrm{d}t} = \varepsilon_0 \omega_p^2(r, t) \boldsymbol{E} \tag{2.54}$$

一维情况下,$\omega_p(r, t)$可表达为$\omega_p(z, t)$。

在直角坐标系下,对于一维情况下的电磁波,各矢量分别表示如下

$$\boldsymbol{E} = E_x \hat{x} + E_y \hat{y}$$

$$\boldsymbol{H} = H_x \hat{x} + H_y \hat{y}$$

$$\boldsymbol{J} = J_x \hat{x} + J_y \hat{y}$$

则式(2.52)～式(2.54)可写为如下形式

$$\frac{\partial H_x}{\partial t} = -\frac{1}{\mu_0} \frac{\partial E_y}{\partial z} \tag{2.55}$$

$$\frac{\partial H_y}{\partial t} = -\frac{1}{\mu_0} \frac{\partial E_x}{\partial z} \tag{2.56}$$

$$\frac{\partial E_y}{\partial t} = \frac{1}{\varepsilon_0} \left(\frac{\partial H_x}{\partial z} - J_y \right) \tag{2.57}$$

$$\frac{\partial E_x}{\partial t} = \frac{1}{\varepsilon_0} \left(\frac{\partial H_y}{\partial z} - J_x \right) \tag{2.58}$$

$$\frac{\mathrm{d}J_x}{\mathrm{d}t} = \varepsilon_0 \omega_{\mathrm{p}}^2(z,t) \cdot E_x \tag{2.59}$$

$$\frac{\mathrm{d}J_y}{\mathrm{d}t} = \varepsilon_0 \omega_{\mathrm{p}}^2(z,t) \cdot E_y \tag{2.60}$$

对式(2.55)~式(2.60)分别进行差分离散,可得式(2.55)~式(2.60)的 FDTD 迭代方程为

$$H_x^{n+\frac{1}{2}}\left(k+\frac{1}{2}\right) = H_x^{n-\frac{1}{2}}\left(k+\frac{1}{2}\right) + \frac{\Delta t}{\mu_0 \Delta z}\left[E_y^n(k+1) - E_y^n(k)\right] \tag{2.61}$$

$$H_y^{n+\frac{1}{2}}\left(k+\frac{1}{2}\right) = H_y^{n-\frac{1}{2}}\left(k+\frac{1}{2}\right) - \frac{\Delta t}{\mu_0 \Delta z}\left[E_x^n(k+1) - E_x^n(k)\right] \tag{2.62}$$

$$E_x^{n+1}(k) = E_x^n(k) - \frac{\Delta t}{\varepsilon_0 \Delta z}\left[H_y^{n+\frac{1}{2}}\left(k+\frac{1}{2}\right) - H_y^{n+\frac{1}{2}}\left(k-\frac{1}{2}\right)\right] - \frac{\Delta t}{\varepsilon_0}J_x^{n+\frac{1}{2}}(k) \tag{2.63}$$

$$E_y^{n+1}(k) = E_y^n(k) + \frac{\Delta t}{\varepsilon_0 \Delta z}\left[H_x^{n+\frac{1}{2}}\left(k+\frac{1}{2}\right) - H_x^{n+\frac{1}{2}}\left(k-\frac{1}{2}\right)\right] - \frac{\Delta t}{\varepsilon_0}J_y^{n+\frac{1}{2}}(k) \tag{2.64}$$

$$J_x^{n+\frac{1}{2}}(k) = J_x^{n-\frac{1}{2}}(k) + \varepsilon_0 \Delta t \cdot \omega_{\mathrm{p}}^2\big|_k^n \cdot E_x^n(k) \tag{2.65}$$

$$J_y^{n+\frac{1}{2}}(k) = J_y^{n-\frac{1}{2}}(k) + \varepsilon_0 \Delta t \cdot \omega_{\mathrm{p}}^2\big|_k^n \cdot E_y^n(k) \tag{2.66}$$

2.2　三维等离子体 FDTD 算法

2.2.1　磁化等离子体的 FDTD 算法

对于三维问题的 $\boldsymbol{E}, \boldsymbol{H}, \boldsymbol{J}$,可按图 2.5 所示位置进行离散。

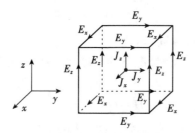

图 2.5　Yee 元胞中电场、磁场和电流密度的空间分布

设外磁场为任意方向:$\omega_{\mathrm{b}} = \omega_{\mathrm{bx}}\boldsymbol{e}_x + \omega_{\mathrm{by}}\boldsymbol{e}_y + \omega_{\mathrm{bz}}\boldsymbol{e}_z$。在直角坐标下,式(2.3)可以写成矩阵形式

$$\begin{bmatrix} \dfrac{\mathrm{d}J_x}{\mathrm{d}t} \\[2mm] \dfrac{\mathrm{d}J_y}{\mathrm{d}t} \\[2mm] \dfrac{\mathrm{d}J_z}{\mathrm{d}t} \end{bmatrix} = \varepsilon_0 \omega_{\mathrm{p}}^2(r,t)\begin{bmatrix} E_x \\ E_y \\ E_z \end{bmatrix} + \boldsymbol{\Omega}\begin{bmatrix} J_x \\ J_y \\ J_z \end{bmatrix} \tag{2.67}$$

其中

$$\boldsymbol{\Omega} = \begin{pmatrix} -\nu & -\omega_{bz} & \omega_{by} \\ \omega_{bz} & -\nu & -\omega_{bx} \\ -\omega_{by} & \omega_{bx} & -\nu \end{pmatrix} \tag{2.68}$$

由麦克斯韦旋度方程 (2.1) 和 (2.2) 可知,用 FDTD 方法处理这种介质的电磁散射时,磁场三个分量的 FDTD 迭代式与常规磁场的时间推进计算公式相同,即

$$H_x \Big|_{i,j+\frac{1}{2},k+\frac{1}{2}}^{n+\frac{1}{2}} = H_x \Big|_{i,j+\frac{1}{2},k+\frac{1}{2}}^{n-\frac{1}{2}} - \frac{\Delta t}{\mu_0}$$
$$\cdot \left[\frac{E_z \big|_{i,j+1,k+\frac{1}{2}}^{n} - E_z \big|_{i,j,k+\frac{1}{2}}^{n}}{\Delta y} - \frac{E_y \big|_{i,j+\frac{1}{2},k+1}^{n} - E_y \big|_{i,j+\frac{1}{2},k}^{n}}{\Delta z} \right] \tag{2.69}$$

$$H_y \Big|_{i+\frac{1}{2},j,k+\frac{1}{2}}^{n+\frac{1}{2}} = H_y \Big|_{i+\frac{1}{2},j,k+\frac{1}{2}}^{n-\frac{1}{2}} - \frac{\Delta t}{\mu_0}$$
$$\cdot \left[\frac{E_x \big|_{i+\frac{1}{2},j,k+1}^{n} - E_x \big|_{i+\frac{1}{2},j,k}^{n}}{\Delta z} - \frac{E_z \big|_{i+1,j,k+\frac{1}{2}}^{n} - E_z \big|_{i,j,k+\frac{1}{2}}^{n}}{\Delta x} \right] \tag{2.70}$$

$$H_z \Big|_{i+\frac{1}{2},j+\frac{1}{2},k}^{n+\frac{1}{2}} = H_z \Big|_{i+\frac{1}{2},j+\frac{1}{2},k}^{n-\frac{1}{2}} - \frac{\Delta t}{\mu_0}$$
$$\cdot \left[\frac{E_y \big|_{i+1,j+\frac{1}{2},k}^{n} - E_y \big|_{i,j+\frac{1}{2},k}^{n}}{\Delta x} - \frac{E_x \big|_{i+\frac{1}{2},j+1,k}^{n} - E_x \big|_{i+\frac{1}{2},j,k}^{n}}{\Delta y} \right] \tag{2.71}$$

由式 (2.67) 可知,电流密度 $\boldsymbol{J}$ 的三个分量相互耦合,在计算 J_x 时需要用到 J_y 和 J_z 的值。然而,要在同一时刻计算 J_y 和 J_z 的值是非常复杂的。此外,如果 $\boldsymbol{J}$ 在边界上,那么涉及它的计算还会用到一些边界外的值,而这对求解来说是困难的。因此,我们采用在 Yee 元胞的中心放置 $\boldsymbol{J}$ 的办法来克服这些困难。如图 2.5 所示,$\boldsymbol{J}$ 的三个分量分布在空间的同一个点上,此时 $\boldsymbol{J}$ 的三个分量的值就容易求得,且计算时也不涉及元胞外面的值,上面的问题也就迎刃而解了。根据图 2.5 所示的 Yee 元胞离散方式,对某一节点进行空间离散时,若某些场量不在离散节点位置,需要将相邻节点的场量进行空间插值过渡到该节点。例如,在计算 $E_x \big|_{i+\frac{1}{2},j,k}^{n+1}$ 时,$J_x \big|_{i+\frac{1}{2},j,k}^{n+\frac{1}{2}}$ 需作如下处理:

$$J_x \Big|_{i+\frac{1}{2},j,k}^{n+\frac{1}{2}} = \frac{1}{4} \left(J_x \Big|_{i+\frac{1}{2},j+\frac{1}{2},k+\frac{1}{2}}^{n+\frac{1}{2}} + J_x \Big|_{i+\frac{1}{2},j+\frac{1}{2},k-\frac{1}{2}}^{n+\frac{1}{2}} \right.$$
$$\left. + J_x \Big|_{i+\frac{1}{2},j-\frac{1}{2},k+\frac{1}{2}}^{n+\frac{1}{2}} + J_x \Big|_{i+\frac{1}{2},j-\frac{1}{2},k-\frac{1}{2}}^{n+\frac{1}{2}} \right) \tag{2.72}$$

电场三个分量的 FDTD 迭代式则要做如下处理:设电流密度 $\boldsymbol{J}$ 分量位于半整数时间步,利用中心差分和式 (2.2) 求出磁场强度 $\boldsymbol{H}$ 与电场强度 $\boldsymbol{E}$ 之间的迭代式,即

$$E_x \Big|_{i+\frac{1}{2},j,k}^{n+1} = E_x \Big|_{i+\frac{1}{2},j,k}^{n} + \frac{1}{\varepsilon_0} \left[\frac{\Delta t}{\Delta y} \left(H_z \Big|_{i+\frac{1}{2},j+\frac{1}{2},k}^{n+\frac{1}{2}} - H_z \Big|_{i+\frac{1}{2},j-\frac{1}{2},k}^{n+\frac{1}{2}} \right) \right.$$
$$\left. - \frac{\Delta t}{\Delta z} \left(H_y \Big|_{i+\frac{1}{2},j,k+\frac{1}{2}}^{n+\frac{1}{2}} - H_y \Big|_{i+\frac{1}{2},j,k-\frac{1}{2}}^{n+\frac{1}{2}} \right) \right]$$

$$-\frac{\Delta t}{\varepsilon_0}\cdot\frac{1}{4}\cdot\left[\begin{array}{c}J_x\Big|_{i+\frac{1}{2},j+\frac{1}{2},k+\frac{1}{2}}^{n+\frac{1}{2}}+J_x\Big|_{i+\frac{1}{2},j+\frac{1}{2},k-\frac{1}{2}}^{n+\frac{1}{2}}\\[2mm]+J_x\Big|_{i+\frac{1}{2},j-\frac{1}{2},k+\frac{1}{2}}^{n+\frac{1}{2}}+J_x\Big|_{i+\frac{1}{2},j-\frac{1}{2},k-\frac{1}{2}}^{n+\frac{1}{2}}\end{array}\right] \tag{2.73}$$

$$E_y\Big|_{i,j+\frac{1}{2}/2,k}^{n+1}=E_y\Big|_{i,j+\frac{1}{2}/2,k}^{n}+\frac{1}{\varepsilon_0}\left[\frac{\Delta t}{\Delta z}\left(H_x\Big|_{i,j+\frac{1}{2},k+\frac{1}{2}}^{n+\frac{1}{2}}-H_x\Big|_{i,j+\frac{1}{2},k-\frac{1}{2}}^{n+\frac{1}{2}}\right)\right.$$
$$\left.-\frac{\Delta t}{\Delta x}\left(H_z\Big|_{i+\frac{1}{2},j+\frac{1}{2},k}^{n+\frac{1}{2}}-H_z\Big|_{i-\frac{1}{2},j+\frac{1}{2},k}^{n+\frac{1}{2}}\right)\right]$$

$$-\frac{\Delta t}{\varepsilon_0}\cdot\frac{1}{4}\cdot\left[\begin{array}{c}J_y\Big|_{i+\frac{1}{2},j+\frac{1}{2},k+\frac{1}{2}}^{n+\frac{1}{2}}+J_y\Big|_{i+\frac{1}{2},j+\frac{1}{2},k-\frac{1}{2}}^{n+\frac{1}{2}}\\[2mm]+J_y\Big|_{i-\frac{1}{2},j+\frac{1}{2},k+\frac{1}{2}}^{n+\frac{1}{2}}+J_y\Big|_{i-\frac{1}{2},j+\frac{1}{2},k-\frac{1}{2}}^{n+\frac{1}{2}}\end{array}\right] \tag{2.74}$$

$$E_z\Big|_{i,j,k+\frac{1}{2}}^{n+1}=E_z\Big|_{i,j,k+\frac{1}{2}}^{n}+\frac{1}{\varepsilon_0}\left[\frac{\Delta t}{\Delta x}\left(H_y\Big|_{i+\frac{1}{2},j,k+\frac{1}{2}}^{n+\frac{1}{2}}-H_y\Big|_{i-\frac{1}{2},j,k+\frac{1}{2}}^{n+\frac{1}{2}}\right)\right.$$
$$\left.-\frac{\Delta t}{\Delta y}\left(H_x\Big|_{i,j+\frac{1}{2},k+\frac{1}{2}}^{n+\frac{1}{2}}-H_x\Big|_{i,j-\frac{1}{2},k+\frac{1}{2}}^{n+\frac{1}{2}}\right)\right]$$

$$-\frac{\Delta t}{\varepsilon_0}\cdot\frac{1}{4}\cdot\left[\begin{array}{c}J_z\Big|_{i+\frac{1}{2},j+\frac{1}{2},k+\frac{1}{2}}^{n+\frac{1}{2}}+J_z\Big|_{i+\frac{1}{2},j-\frac{1}{2},k+\frac{1}{2}}^{n+\frac{1}{2}}\\[2mm]+J_z\Big|_{i-\frac{1}{2},j+\frac{1}{2},k+\frac{1}{2}}^{n+\frac{1}{2}}+J_z\Big|_{i-\frac{1}{2},j-\frac{1}{2},k+\frac{1}{2}}^{n+\frac{1}{2}}\end{array}\right] \tag{2.75}$$

对于三维情况下电流密度矢量 $\boldsymbol{J}$ 的迭代计算,尤其是在解决仿真谐振问题时,需要的计算量更大,对稳定性的要求更高。下面针对非时变磁化等离子体和时变磁化等离子体两种情况分别进行讨论。

2.2.2 非时变磁化等离子体的 FDTD 算法

如果对式(2.67)直接进行常规 FDTD 的中心差分离散,那么当 ω_b 或 ν 很大时,这种直接离散形式将会产生很大的误差,因此先将其进行拉普拉斯变换到 s 域,再将其进行逆拉普拉斯变换到时域的办法,并结合指数差分,就可以解决此问题。

在分析电场 $\boldsymbol{E}$ 时,在很短的时间 Δt 内,可以把 ω_b,ν 和 ω_p 都看成常量。对式(2.67)进行拉普拉斯变换到 s 域,则有

$$\frac{\mathrm{d}\boldsymbol{J}}{\mathrm{d}t}\Rightarrow sJ(s)-J_0$$

$$\varepsilon_0\omega_p^2\boldsymbol{E}\Rightarrow\frac{1}{s}\varepsilon_0\omega_p^2\boldsymbol{E}$$

$$\boldsymbol{\Omega J}\Rightarrow\boldsymbol{\Omega J}(s)$$

则式(2.67)经过移项整理可以写成

$$\boldsymbol{J}(s)=(s\boldsymbol{I}-\boldsymbol{\Omega})^{-1}J_0+\varepsilon_0\omega_p^2\frac{1}{s}(s\boldsymbol{I}-\boldsymbol{\Omega})^{-1}\boldsymbol{E} \tag{2.76}$$

至此拉普拉斯变换完成。其中 $\boldsymbol{I}$ 是单位矩阵。

令

$$A^{-1}=(sI-\mathit{\Omega})^{-1}, \quad K^{-1}=\frac{1}{s}(sI-\mathit{\Omega})^{-1}$$

则式(2.76)可写为

$$J(s)=A^{-1}J_0+\varepsilon_0\omega_{\rm p}^2 K^{-1}E \tag{2.77}$$

下面对式(2.77)进行拉普拉斯逆变换,从而能够得到一个时域的 $J(t)$ 。

$$J(t)=A(t)J_0+\varepsilon_0\omega_{\rm p}^2 K(t)E \tag{2.78}$$

对式(2.77)进行逆拉普拉斯变换可以将其拆分成两个部分,一部分是 A^{-1} ,另一部分是 K^{-1} 。具体推导见附录 A。最终得到矩阵 A^{-1} 和 K^{-1} 的时域表达式为

$$A^{-1}=A(t)={\rm e}^{\mathit{\Omega}t}$$

$$={\rm e}^{-\nu t}\begin{bmatrix} C_1\omega_{\rm bx}^2+\cos\omega_{\rm b}t & C_1\omega_{\rm bx}\omega_{\rm by}-S_1\omega_{\rm bz} & C_1\omega_{\rm bx}\omega_{\rm bz}+S_1\omega_{\rm by} \\ C_1\omega_{\rm bx}\omega_{\rm by}+S_1\omega_{\rm bz} & C_1\omega_{\rm by}^2+\cos\omega_{\rm b}t & C_1\omega_{\rm by}\omega_{\rm bz}-S_1\omega_{\rm bx} \\ C_1\omega_{\rm bx}\omega_{\rm bz}-S_1\omega_{\rm by} & C_1\omega_{\rm by}\omega_{\rm bz}+S_1\omega_{\rm bx} & C_1\omega_{\rm bz}^2+\cos\omega_{\rm b}t \end{bmatrix} \tag{2.79}$$

$$K^{-1}=K(t)=\mathit{\Omega}^{-1}({\rm e}^{\mathit{\Omega}t}-I)$$

$$=\frac{{\rm e}^{-\nu t}}{\omega_{\rm b}^2+\nu^2}\begin{bmatrix} C_2\omega_{\rm bx}\omega_{\rm by}+C_3 & C_2\omega_{\rm bx}\omega_{\rm by}-C_4\omega_{\rm bz} & C_2\omega_{\rm bx}\omega_{\rm bz}+C_4\omega_{\rm by} \\ C_2\omega_{\rm by}\omega_{\rm bx}+C_4\omega_{\rm bz} & C_2\omega_{\rm by}\omega_{\rm by}+C_3 & C_2\omega_{\rm by}\omega_{\rm bz}-C_4\omega_{\rm bx} \\ C_2\omega_{\rm bx}\omega_{\rm bz}-C_4\omega_{\rm by} & C_2\omega_{\rm bz}\omega_{\rm by}+C_4\omega_{\rm bx} & C_2\omega_{\rm bz}\omega_{\rm bz}+C_3 \end{bmatrix} \tag{2.80}$$

其中

$$S_1=\frac{\sin\omega_{\rm b}t}{\omega_{\rm b}}, \quad C_1=\frac{1-\cos\omega_{\rm b}t}{\omega_{\rm b}^2}$$

$$C_2=({\rm e}^{\nu t}-1)/\nu-\nu C_1-S_1, \quad C_3=\nu({\rm e}^{\nu t}-\cos\omega_{\rm b}t)+\omega_{\rm b}\sin\omega_{\rm b}t$$

$$C_4={\rm e}^{\nu t}-\cos\omega_{\rm b}t-\nu S_1$$

对式(2.78)在 $t=n\Delta t$ 时刻进行离散得

$$\begin{bmatrix} J_x\big|_{i,j,k}^{n+\frac{1}{2}} \\ J_y\big|_{i,j,k}^{n+\frac{1}{2}} \\ J_z\big|_{i,j,k}^{n+\frac{1}{2}} \end{bmatrix}=A(\Delta t)\begin{bmatrix} J_x\big|_{i,j,k}^{n-\frac{1}{2}} \\ J_y\big|_{i,j,k}^{n-\frac{1}{2}} \\ J_z\big|_{i,j,k}^{n-\frac{1}{2}} \end{bmatrix}+\frac{\varepsilon_0}{4}\omega_{\rm p}^2 K(\Delta t)$$

$$\cdot\begin{bmatrix} E_x\big|_{i+\frac{1}{2},j,k}^n+E_x\big|_{i+\frac{1}{2},j,k-1}^n+E_x\big|_{i+\frac{1}{2},j-1,k}^n+E_x\big|_{i+\frac{1}{2},j-1,k-1}^n \\ E_y\big|_{i,j+\frac{1}{2},k}^n+E_y\big|_{i,j+\frac{1}{2},k-1}^n+E_y\big|_{i-1,j+\frac{1}{2},k}^n+E_y\big|_{i-1,j+\frac{1}{2},k-1}^n \\ E_z\big|_{i,j,k+\frac{1}{2}}^n+E_z\big|_{i-1,j,k+\frac{1}{2}}^n+E_z\big|_{i,j-1,k+\frac{1}{2}}^n+E_z\big|_{i-1,j-1,k+\frac{1}{2}}^n \end{bmatrix} \tag{2.81}$$

其中,矩阵中的 t 离散为 Δt 。至此,得到了非时变磁化等离子体的电流密度 J 的迭代式。

2.2.3　非时变磁化等离子体的 FDTD 算法的数值验证

算例 2.1　计算半径 $r=3.75\times10^{-3}\,{\rm m}$ 的非磁化等离子球的后向雷达散射截面(RCS)。等离子体电子回旋频率 $\omega_{\rm b}=0$,等离子碰撞频率 $\nu=20{\rm GHz}$,等离子体角频率 $\omega_{\rm p}=2\pi\times28.7\times10^9\,{\rm rad/s}$ 。计算空间离散网格 $\delta=5\times10^{-5}\,{\rm mm}$,等离子体球半径

75δ，$\Delta t=\delta/2c_0$，入射波为高斯脉冲，$\tau=30\Delta t$。图 2.6 为等离子体球的后向 RCS,圆圈表示由 Mie 级数所得的解析结果,实线表示本书计算结果。从图可以看出两者结果吻合得很好。

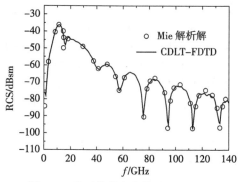

图 2.6 非磁化等离子体球后向 RCS

2.2.4 时变磁化等离子体的 FDTD 算法

对于三维时变磁化等离子体,电场 E 和时变等离子体频率可以看成随时间变化的函数,因此不能采用在很短的时间内把它们看成常量的一维情况处理方法。直接对公式(2.3)进行拉普拉斯变换,由于时域和 s 域有如下变换对

$$\frac{\mathrm{d}J}{\mathrm{d}t}\Leftrightarrow sJ(s)-J_0 \tag{2.82}$$

$$\varepsilon_0\omega_\mathrm{p}^2E\Leftrightarrow\varepsilon_0\omega_\mathrm{p}^2(s)*E(s) \tag{2.83}$$

$$\Omega J\Leftrightarrow\Omega J(s) \tag{2.84}$$

成立,则式(2.3)的拉普拉斯变换可以写成

$$sJ(s)-J_0=\varepsilon_0\omega_\mathrm{p}^2(s)*E(s)+\Omega J(s) \tag{2.85}$$

经整理得

$$J(s)=(sI-\Omega)^{-1}J_0+\varepsilon_0\omega_\mathrm{p}^2(s)*(sI-\Omega)^{-1}E(s) \tag{2.86}$$

式中,I 是单位矩阵。

为了分析方便,令

$$A^{-1}=(sI-\Omega)^{-1}=\frac{1}{|A|}A^*$$

$$=\frac{1}{(s+\nu)^3+(s+\nu)\omega_\mathrm{b}^2}\begin{bmatrix}(s+\nu)^2+\omega_\mathrm{bx}^2 & \omega_\mathrm{bx}\omega_\mathrm{by}-(s+\nu)\omega_\mathrm{bz} & \omega_\mathrm{bx}\omega_\mathrm{bz}+(s+\nu)\omega_\mathrm{by}\\ \omega_\mathrm{bx}\omega_\mathrm{by}+(s+\nu)\omega_\mathrm{bz} & (s+\nu)^2+\omega_\mathrm{by}^2 & \omega_\mathrm{by}\omega_\mathrm{bz}-(s+\nu)\omega_\mathrm{bx}\\ \omega_\mathrm{bx}\omega_\mathrm{bz}-(s+\nu)\omega_\mathrm{by} & \omega_\mathrm{by}\omega_\mathrm{bz}+(s+\nu)\omega_\mathrm{bx} & (s+\nu)^2+\omega_\mathrm{bz}^2\end{bmatrix} \tag{2.87}$$

于是式(2.86)变为

$$J(s)=A^{-1}J_0+\varepsilon_0\omega_\mathrm{p}^2(s)*A^{-1}E(s) \tag{2.88}$$

为了在时域里得到关于 $J(t)$ 和 E 之间的显示表达式,对式(2.86)进行逆拉普拉斯变

换得

$$\boldsymbol{J}(t)=\boldsymbol{A}(t)\boldsymbol{J}_0+\varepsilon_0\omega_p^2(t)\boldsymbol{K}(t) \tag{2.89}$$

通过拉普拉斯变换对和拉普拉斯变换的有关性质对式(2.87)进行拉普拉斯变换可得

$$\boldsymbol{A}(t)=\mathrm{e}^{-\nu t}\begin{bmatrix} C_1\omega_{bx}^2+\cos\omega_bt & C_1\omega_{bx}\omega_{by}-S_1\omega_{bz} & C_1\omega_{bx}\omega_{bz}+S_1\omega_{by} \\ C_1\omega_{bx}\omega_{by}+S_1\omega_{bz} & C_1\omega_{by}^2+\cos\omega_bt & C_1\omega_{by}\omega_{bz}-S_1\omega_{bx} \\ C_1\omega_{bx}\omega_{bz}-S_1\omega_{by} & C_1\omega_{by}\omega_{bz}+S_1\omega_{bx} & C_1\omega_{bz}^2+\cos\omega_bt \end{bmatrix} \tag{2.90}$$

其中

$$\begin{cases} C_1=\dfrac{1-\cos\omega_bt}{\omega_b^2} \\ S_1=\dfrac{\sin\omega_bt}{\omega_b} \end{cases} \tag{2.91}$$

并且

$$\boldsymbol{K}(t)=\boldsymbol{A}(t)*\boldsymbol{E}(t) \tag{2.92}$$

即

$$\boldsymbol{K}(\Delta t)=\int_{(n-1)\Delta t}^{n\Delta t}\boldsymbol{A}(n\Delta t-\tau)\boldsymbol{E}(\tau)\mathrm{d}\tau \tag{2.93}$$

对式(2.93)采取 JEC 方式进行处理。举例说明如下具体过程：

用 $F(\tau)$ 统一表示函数 $\boldsymbol{A}(n\Delta t-\tau)\boldsymbol{E}(\tau)$，对 $F(\tau)$ 在 $\tau=\left(n-\dfrac{1}{2}\right)\Delta t$ 时刻进行泰勒展开,则有

$$\begin{aligned}\int_{(n-1)\Delta t}^{n\Delta t}F(\tau)\mathrm{d}\tau&=\int_{(n-1)\Delta t}^{n\Delta t}\left\{F\left(\left(n-\frac{1}{2}\right)\Delta t\right)+F'\left(\left(n-\frac{1}{2}\right)\Delta t\right)\left[\tau-\left(n-\frac{1}{2}\right)\Delta t\right]\right.\\ &\quad\left.+F''\left(\left(n-\frac{1}{2}\right)\Delta t\right)\frac{\left[\tau-\left(n-\frac{1}{2}\right)\Delta t\right]^2}{2}+O(\Delta t^3)\right\}\mathrm{d}\tau\\ &=F\left(\left(n-\frac{1}{2}\right)\Delta t\right)\Delta t+0+F''\left(\left(n-\frac{1}{2}\right)\Delta t\right)\frac{\Delta t^3}{24}+O(\Delta t^4)\\ &=F\left(\left(n-\frac{1}{2}\right)\Delta t\right)\Delta t+O(\Delta t^3)\\ &\approx F\left(\left(n-\frac{1}{2}\right)\Delta t\right)\Delta t \end{aligned} \tag{2.94}$$

由此可得

$$\boldsymbol{K}(\Delta t)=\Delta t\cdot\boldsymbol{A}\left(\frac{1}{2}\Delta t\right)\boldsymbol{E}\left[\left(n-\frac{1}{2}\right)\Delta t\right] \tag{2.95}$$

由式(2.87)可知

$$\boldsymbol{A}\left(\frac{1}{2}\Delta t\right)=\mathrm{e}^{-\frac{\nu\Delta t}{2}}\begin{bmatrix} C\omega_{bx}^2+\cos\dfrac{\omega_b\Delta t}{2} & C\omega_{bx}\omega_{by}-S\omega_{bz} & C\omega_{bx}\omega_{bz}+S\omega_{by} \\ C\omega_{bx}\omega_{by}+S\omega_{bz} & C\omega_{by}^2+\cos\dfrac{\omega_b\Delta t}{2} & C\omega_{by}\omega_{bz}-S\omega_{bx} \\ C\omega_{bx}\omega_{bz}-S\omega_{by} & C\omega_{by}\omega_{bz}+S\omega_{bx} & C\omega_{bz}^2+\cos\dfrac{\omega_b\Delta t}{2} \end{bmatrix} \tag{2.96}$$

其中

$$
\begin{cases}
C = \dfrac{1 - \cos \dfrac{\omega_{\mathrm{b}} \Delta t}{2}}{\omega_{\mathrm{b}}^2} \\
S = \dfrac{\sin \dfrac{\omega_{\mathrm{b}} \Delta t}{2}}{\omega_{\mathrm{b}}}
\end{cases}
\tag{2.97}
$$

故式(2.93)可写成

$$
\boldsymbol{K}(\Delta t) = \Delta t \cdot \mathrm{e}^{-\frac{\nu \Delta t}{2}} \cdot
\begin{bmatrix} E_x^{n-\frac{1}{2}} \\ E_y^{n-\frac{1}{2}} \\ E_z^{n-\frac{1}{2}} \end{bmatrix} \cdot
\begin{bmatrix}
C\omega_{\mathrm{b}x}^2 + \cos \dfrac{\omega_{\mathrm{b}} \Delta t}{2} & C\omega_{\mathrm{b}x}\omega_{\mathrm{b}y} - S\omega_{\mathrm{b}z} & C\omega_{\mathrm{b}x}\omega_{\mathrm{b}z} + S\omega_{\mathrm{b}y} \\
C\omega_{\mathrm{b}x}\omega_{\mathrm{b}y} + S\omega_{\mathrm{b}z} & C\omega_{\mathrm{b}y}^2 + \cos \dfrac{\omega_{\mathrm{b}} \Delta t}{2} & C\omega_{\mathrm{b}y}\omega_{\mathrm{b}z} - S\omega_{\mathrm{b}x} \\
C\omega_{\mathrm{b}x}\omega_{\mathrm{b}z} - S\omega_{\mathrm{b}y} & C\omega_{\mathrm{b}y}\omega_{\mathrm{b}z} + S\omega_{\mathrm{b}x} & C\omega_{\mathrm{b}z}^2 + \cos \dfrac{\omega_{\mathrm{b}} \Delta t}{2}
\end{bmatrix}
\tag{2.98}
$$

于是,式(2.67)向前移半个时间步的 FDTD 迭代式可表示如下

$$
\begin{bmatrix} J_x \big|_{i,j,k}^{n+\frac{1}{2}} \\ J_y \big|_{i,j,k}^{n+\frac{1}{2}} \\ J_z \big|_{i,j,k}^{n+\frac{1}{2}} \end{bmatrix}
= \boldsymbol{A}(\Delta t)
\begin{bmatrix} J_x \big|_{i,j,k}^{n-\frac{1}{2}} \\ J_y \big|_{i,j,k}^{n-\frac{1}{2}} \\ J_z \big|_{i,j,k}^{n-\frac{1}{2}} \end{bmatrix}
+ \varepsilon_0 \, \omega_{\mathrm{p}}^2 \big|_{i,j,k}^{n} \boldsymbol{K}'(\Delta t)
$$

$$
\times \frac{1}{4}
\begin{bmatrix}
E_x \big|_{i+\frac{1}{2},j,k}^{n} + E_x \big|_{i+\frac{1}{2},j,k-1}^{n} + E_x \big|_{i+\frac{1}{2},j-1,k}^{n} + E_x \big|_{i+\frac{1}{2},j-1,k-1}^{n} \\
E_y \big|_{i,j+\frac{1}{2},k}^{n} + E_y \big|_{i,j+\frac{1}{2},k-1}^{n} + E_y \big|_{i-1,j+\frac{1}{2},k}^{n} + E_y \big|_{i-1,j+\frac{1}{2},k-1}^{n} \\
E_z \big|_{i,j,k+\frac{1}{2}}^{n} + E_z \big|_{i-1,j,k+\frac{1}{2}}^{n} + E_z \big|_{i,j-1,k+\frac{1}{2}}^{n} + E_z \big|_{i-1,j-1,k+\frac{1}{2}}^{n}
\end{bmatrix}
\tag{2.99}
$$

其中

$$
\boldsymbol{K}'(\Delta t) = \Delta t \cdot \mathrm{e}^{-\frac{\nu \Delta t}{2}}
\begin{bmatrix}
C\omega_{\mathrm{b}x}^2 + \cos \dfrac{\omega_{\mathrm{b}} \Delta t}{2} & C\omega_{\mathrm{b}x}\omega_{\mathrm{b}y} - S\omega_{\mathrm{b}z} & C\omega_{\mathrm{b}x}\omega_{\mathrm{b}z} + S\omega_{\mathrm{b}y} \\
C\omega_{\mathrm{b}x}\omega_{\mathrm{b}y} + S\omega_{\mathrm{b}z} & C\omega_{\mathrm{b}y}^2 + \cos \dfrac{\omega_{\mathrm{b}} \Delta t}{2} & C\omega_{\mathrm{b}y}\omega_{\mathrm{b}z} - S\omega_{\mathrm{b}x} \\
C\omega_{\mathrm{b}x}\omega_{\mathrm{b}z} - S\omega_{\mathrm{b}y} & C\omega_{\mathrm{b}y}\omega_{\mathrm{b}z} + S\omega_{\mathrm{b}x} & C\omega_{\mathrm{b}z}^2 + \cos \dfrac{\omega_{\mathrm{b}} \Delta t}{2}
\end{bmatrix}
\tag{2.100}
$$

至此,得到了时变磁化等离子体的电流密度 $\boldsymbol{J}$ 的迭代式。

2.2.5 时变磁化等离子体的 FDTD 算法的数值验证

利用模式匹配方法,选取一些简单情况,对三维时变等离子体的 FDTD 方法进行验证。谐振腔中产生等离子体后有如下方程:

$$
(\partial_t^2 - c^2 \, \nabla^2) \boldsymbol{E} = -\omega_{\mathrm{p}}^2 \boldsymbol{E}
\tag{2.101}
$$

在快速产生的瞬变等离子体中,上式可表达为

$$\boldsymbol{E}(\boldsymbol{r},t)=\sum_l a_l(t)\,\boldsymbol{E}_l(\boldsymbol{r}) \tag{2.102}$$

其中,$\boldsymbol{E}_l(\boldsymbol{r})$ 是矩形谐振腔中各个模式下的电场,由矩形腔的尺寸决定,$l=(m,n,p)$;$a_l(t)$ 表达了各模式随时间变化的情况。

由于在矩形谐振腔中有

$$\int_V \boldsymbol{E}_l(\boldsymbol{r})\cdot\boldsymbol{E}_{l'}^*(\boldsymbol{r})\,\mathrm{d}\boldsymbol{r}=\delta_{ll'} \tag{2.103}$$

其中,$\boldsymbol{E}_{l'}^*(\boldsymbol{r})$ 是 $\boldsymbol{E}_{l'}(\boldsymbol{r})$ 的共轭。

由式(2.101)~式(2.103)可得

$$[\partial_t^2+\omega_l^2(t)]a_l=-\sum C_{ll'}(t)a_{l'} \tag{2.104}$$

其中

$$C_{ll'}(t)=\int_V \omega_\mathrm{p}^2(\boldsymbol{r},t)\boldsymbol{E}_l(\boldsymbol{r})\cdot\boldsymbol{E}_{l'}(\boldsymbol{r})\,\mathrm{d}\boldsymbol{r} \tag{2.105}$$

$$\omega_l^2(t)=k_l^2 c^2 \tag{2.106}$$

$$k_l^2=k_{m,n,p}^2=\left(\frac{m\pi}{L_x}\right)^2+\left(\frac{n\pi}{L_y}\right)^2+\left(\frac{p\pi}{L_z}\right)^2 \tag{2.107}$$

选取矩形谐振腔的尺寸为:$L_x=5\mathrm{cm}$,$L_y=3\mathrm{cm}$,$L_z=6\mathrm{cm}$,谐振腔中只存在的主模是 TE_{101} 模,则

$$[\partial_t^2+\omega_l^2(t)]a_l=-\sum C_{ll}(t)a_l \tag{2.108}$$

矩形空腔谐振器的主模是 TE_{101} 模,其场分量表达式为

$$\begin{cases} E_y=E_0\sin\dfrac{\pi x}{L_x}\sin\dfrac{\pi z}{L_z}\\[2mm] H_x=-\mathrm{j}\,\dfrac{E_0}{Z_{\mathrm{TE}}}\sin\dfrac{\pi x}{L_x}\cos\dfrac{\pi z}{L_z}\\[2mm] H_z=\mathrm{j}\,\dfrac{\pi E_0}{k\eta L_x}\sin\dfrac{\pi x}{L_x}\sin\dfrac{\pi z}{L_z}\\[2mm] H_y=E_x=E_z=0,\quad \eta=\sqrt{\mu/\varepsilon} \end{cases} \tag{2.109}$$

时变等离子体频率的函数为

$$\omega_\mathrm{p}^2(t)=\begin{cases}0, & t<t_0\\ \omega_{\mathrm{p\_max}}^2, & t\geqslant t_0\end{cases} \tag{2.110}$$

对于 TE_{101} 模,式(2.104)可写为

$$\frac{\partial^2 a_{101}}{\partial t^2}+[\omega_{101}^2+C_{ll}(t)]\cdot a_{101}=0 \tag{2.111}$$

将式(2.110)代入式(2.105)中,有

$$C_u(t) = \begin{cases} 0, & t < t_0 \\ \omega_{p\_max}^2, & t \geqslant t_0 \end{cases} \tag{2.112}$$

在进行 FDTD 数值计算时,首先求出 a_{101} 在矩形腔中心一点处随时间变化的值,方法如下:

$$a_{101}(t) = a_{101}(n\Delta t) = \int_V \boldsymbol{E}[(0,0,0),n\Delta t] \cdot \boldsymbol{E}_{101}^*(0,0,0) \, \mathrm{d}\boldsymbol{r} \tag{2.113}$$

加入的源为正弦波

$$\boldsymbol{E}_{y\_souse} = \sin\omega_0 t \tag{2.114}$$

最后计算出 $a_{101}(t)$。

由式(2.111),用 FDTD 计算出的结果对 $a_{101}(t)$ 求二阶差分

$$a''(n) = \frac{a(n+1) - 2a(n) - a(n-1)}{\Delta t^2} \tag{2.115}$$

再与理论值 $-[\omega_{101}^2 + C_u(t)] \cdot a_{101}$ 进行对比,令 $A = a''(n)$,$B = -[\omega_{101}^2 + C_u(t)] \times a_{101}$,对比结果如图 2.7 所示。

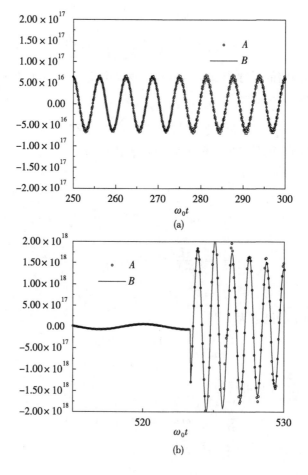

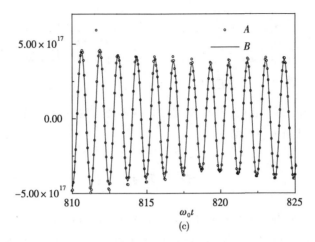

图 2.7　数值解与解析解的对比

从图 2.7 可以看出,FDTD 数值解与解析解吻合得很好,由此可证明所用的计算时变等离子体的 FDTD 方法是正确的。

2.2.6　非磁化等离子体的 FDTD 算法

对非磁化情况,仍可按照 2.2.1 节中所示方法进行网格剖分,电磁与磁场的 FDTD 迭代式也可继续利用式(2.69)~式(2.71)和式(2.73)~式(2.75)。对于电流密度矢量部分,由于无外加磁场,ω_b 等于 0 时,式(2.87)可退化为

$$\boldsymbol{A}^{-1}=(s\boldsymbol{I}-\boldsymbol{\Omega})^{-1}=\frac{1}{|\boldsymbol{A}|}\boldsymbol{A}^{*}=\begin{bmatrix}\dfrac{1}{s+\nu} & 0 & 0 \\[2mm] 0 & \dfrac{1}{s+\nu} & 0 \\[2mm] 0 & 0 & \dfrac{1}{s+\nu}\end{bmatrix} \qquad (2.116)$$

对上式进行拉普拉斯逆变换可得

$$\boldsymbol{A}(t)=\mathrm{e}^{-\nu t}\begin{bmatrix}1 & 0 & 0 \\ 0 & 1 & 0 \\ 0 & 0 & 1\end{bmatrix} \qquad (2.117)$$

由于

$$\boldsymbol{J}(t)=\boldsymbol{A}(t)\boldsymbol{J}_0+\varepsilon_0\omega_{\mathrm{p}}^2(r,t)\boldsymbol{K}(t) \qquad (2.118)$$

利用 2.2.4 节的结论式(2.95),可得时变非磁化等离子体的电流密度的迭代式为

$$\begin{bmatrix}J_x\big|_{i,j,k}^{n+\frac{1}{2}} \\[2mm] J_y\big|_{i,j,k}^{n+\frac{1}{2}} \\[2mm] J_z\big|_{i,j,k}^{n+\frac{1}{2}}\end{bmatrix}=\mathrm{e}^{-\nu\Delta t}\begin{bmatrix}J_x\big|_{i,j,k}^{n-\frac{1}{2}} \\[2mm] J_y\big|_{i,j,k}^{n-\frac{1}{2}} \\[2mm] J_z\big|_{i,j,k}^{n-\frac{1}{2}}\end{bmatrix}+\varepsilon_0\Delta t\cdot\mathrm{e}^{-\frac{\nu\Delta t}{2}}\cdot\omega_{\mathrm{p}}^2\big|_{i,j,k}^n$$

$$\cdot \frac{1}{4} \begin{bmatrix} E_x \big|_{i+\frac{1}{2},j,k}^n + E_x \big|_{i+\frac{1}{2},j,k-1}^n + E_x \big|_{i+\frac{1}{2},j-1,k}^n + E_x \big|_{i+\frac{1}{2},j-1,k-1}^n \\ E_y \big|_{i,j+\frac{1}{2},k}^n + E_y \big|_{i,j+\frac{1}{2},k-1}^n + E_y \big|_{i-1,j+\frac{1}{2},k}^n + E_y \big|_{i-1,j+\frac{1}{2},k-1}^n \\ E_z \big|_{i,j,k+\frac{1}{2}}^n + E_z \big|_{i-1,j,k+\frac{1}{2}}^n + E_z \big|_{i,j-1,k+\frac{1}{2}}^n + E_z \big|_{i-1,j-1,k+\frac{1}{2}}^n \end{bmatrix} \tag{2.119}$$

因此,可利用式(2.69)～式(2.71),式(2.73)～式(2.75),式(2.119)作为计算时变非磁化等离子体的时间推进计算公式。

参 考 文 献

[1] Luebbers R J, Hunsberger F, Kunz K S, et al. A frequency dependent finite-difference time-domain formulation for dispersive material. IEEE Transactions on Electromagnetic Compatibility, 1990,32(3):222-227.

[2] Luebbers R J, Hunsberger F, Kunz K S. A frequency dependent finite difference time-domain formulation for transient propagation in Plasma. IEEE Transactions on Antennas and Propagation,1991,39(1):29-34.

[3] Siushansian R, LoVetri J. A comparison of numerical techniques for modeling electromagnetic dispersive media. IEEE Mic owave Guided Wave Letters,1995,5:426-428.

[4] Young J L. A full finite difference time domain implementation for radio wave propagation in a plasma. Radio Science,1992,29:1513-1522.

[5] Yong L J. Propagation in linear dispersive media. finite difference time-domain methodologies. IEEE Transactions on Antennas and Propagation,1995,43(4):422-426.

[6] Young J L. Highter order FDTD method for EM propagation in collisionless cold plasma. IEEE Transactions on Antennas and Propagation,1996,44(9):1283-1289.

[7] Chen Q, Katsurai M, Aoyagi P H. A FDTD formulation for dispersive media using a current density. IEEE Transactions on Antennas and Propagation,1998,46(11):1739-1746.

[8] Kelley D F, Luebbers R J. Piecewise linear recursive convolution for disper-sive media using FDTD. IEEE Transactions on Antennas and Propagation,1996,44(6):792-797.

[9] Liu S B, Yuan N C, Mo J J. A novel FDTD formulation for dispersive media. IEEE Microwave and Wireless Components Letters,2003,13(5):187-189

[10] Kashiwa T, Yoshida N Y, Fukai I. Transient analysis of a magnetized plasma in three-dimensional space. IEEE Transactions on Antennas and Propagation,1988,36(8):1096-1105.

[11] Nickisch L J, Franke P M. Finite-difference time-domain solution of maxwell's equations for the dispersive ionosphere. IEEE Transactions on Antennas and Propagation, 1992, 34(1): 33-39.

[12] Gandhi O P, Gao B Q, Chen T Y. A Frequency-dependent finite-difference time-domain for general dispersive media. IEEE Transactions on Microwave Theory and Techniques, 1993, 41(4):658-665.

[13] Namiki T. A new FDTD algorithm based on alternating direction implicit method. IEEE Transactions on Microwave Theory and Techniques,1999,47(10):2003-2007.

[14] Namiki T. 3D ADI-FDTD method-unconditionally stable time domain algorithm for solving full vector Maxwell's equations. IEEE Transactions on Microwave Theory and Techniques,2000, 48(10):1743-1748.

[15] Zheng F H,Chen Z Z,Zhang J Z. Toward the development of three-dimensional unconditionally stable finite difference time domain method. IEEE Transactions on Microwave Theory and Techniques,2000,48(9):1550-1558.

[16] Young J L,Gaitonde D,Shang J S. Toward of the construction of a four-order difference scheme for transient EM wave simulation:Staggered grid approach. IEEE Transactions on Antennas and Propagation,1997,45(11):1573-1580.

[17] Georgakopouls S V,Renaut R A. A hybrid four-order utilizing a second-order FDTD subgrid. IEEE Microwave and Wireless Components Letters,2001,11(11):462-464.

[18] Hirono T,Liu W,Yoshikuni Y. A three dimensional four-order finite difference time-domain scheme using asymplectic propagator. IEEE Transactions on Microwave Theory and Techniques,2001,49(9):1640-1647.

[19] 杨利霞,谢应涛,王祎君,等. 一种适于一维磁等离子体电磁波传输特性的 FDTD 分析. 强激光与粒子束,2009,21(11):1710-1714.

[20] 葛德彪,闫玉波. 电磁波时域有限差分方法. 第二版. 西安:西安电子科技大学出版社,2005.

[21] 刘少斌,莫锦军,袁乃昌. 各向异性磁化等离子体 JEC-FDTD 算法. 物理学报,2004,53(3):783-787.

[22] Mendonca J T,Oliveira L,Silva E. Mode coupling theory of flash ionization in a cavity. IEEE Trans. Plasma Sci. ,1996,24:147-151.

[23] Banos A,Jr Mori W B,Dawson J M. Computation of the electric and magnetic fields induced in a plasma created by ionization lasting a finite interval of time. IEEE Trans. Plasma Sci. ,1993,21:57-69.

[24] 王祎君. 等离子体电磁散射 CDLT-FDTD 算法及 M-UPML 吸收边界研究. 江苏大学硕士学位论文,2010.

[25] 于萍萍. 基于 FDTD 的时变等离子体中电磁波传输特性研究. 江苏大学硕士学位论文,2012.

[26] 谢应涛. 等离子体光子晶体电磁带隙分析及时域算法研究. 江苏大学硕士学位论文,2011.

[27] 杨利霞,谢应涛,孔娃,等. 斜入射分层线性各向异性等离子体电磁散射 FDTD 分析. 物理学报,2010,59(9):6089-6095.

[28] 杨利霞,王祎君,王刚. 基于拉氏变换原理的三维磁化等离子体电磁散射 FDTD 分析. 电子学报,2009,37(12):2711-2715.

[29] 杨利霞,谢应涛. 电磁波传输时域有限差分方法及仿真. 计算机仿真,2009,26(11):360-362.

第 3 章　截断普通介质 NPML 吸收边界

3.1　NPML 方法

用 FDTD 方法处理开域电磁问题时,主要的难题之一是必须利用吸收边界条件来截断计算区域。吸收边界最开始是简单的插值边界,后来 Mur(1981 年)提出了被广泛采用的一阶和二阶 Mur 吸收边界条件;1994 年 Berenger 提出了完全匹配层(PML)吸收边界条件;1996 年 Gedney 提出各向异性介质完全匹配层(UPML)吸收边界条件;1997 年 Chew 和 Weedon 建立拉伸坐标 PML 等。针对各种新目的和情况的吸收边界条件得到了不断改进与发展,其吸收效果越来越好。

2003 年 Cummer 在拉伸坐标完全匹配层(stretched coordinate nearly perfectly matched layer,SC-PML)基础之上提出了一种新的非分裂场完全匹配层理论,称为近似完全匹配层(nearly perfectly matched layer,NPML)。

NPML 与 PML 在本质上是相同的,并且 NPML 具有更易于在 FDTD 方法中实现的优点。由于不需要引入额外的中间变量,这对于复杂色散介质,尤其是各向异性介质的数值仿真是一个显著优势。运用 NPML 吸收边界条件能够较大程度降低编程的复杂度,并且在计算效率与精度上与 PML 吸收边界条件相比也毫不逊色。

3.1.1　NPML 方法的提出

NPML 的思想是:在吸收边界内,利用拉伸坐标系对麦克斯韦方程组进行变换,在满足电磁波在入射层和吸收层相位连续的情况下,使得吸收层内的电磁波迅速衰减,进而达到吸收边界的效果。

在频域下,变换后的麦克斯韦方程为

$$\nabla_e \times \boldsymbol{E} = \mathrm{j}\omega\mu\boldsymbol{H} \tag{3.1}$$

$$\nabla_h \times \boldsymbol{H} = -\mathrm{j}\omega\mu\boldsymbol{E} \tag{3.2}$$

上式运用了拉伸坐标,其中

$$\nabla_e = \hat{x}\frac{1}{e_x}\frac{\partial}{\partial x} + \hat{y}\frac{1}{e_y}\frac{\partial}{\partial y} + \hat{z}\frac{1}{e_z}\frac{\partial}{\partial z} \tag{3.3}$$

$$\nabla_h = \hat{x}\frac{1}{h_x}\frac{\partial}{\partial x} + \hat{y}\frac{1}{h_y}\frac{\partial}{\partial y} + \hat{z}\frac{1}{h_z}\frac{\partial}{\partial z} \tag{3.4}$$

为研究一般情况,可将电场记为

$$\boldsymbol{E} = \boldsymbol{E}_0 \mathrm{e}^{\mathrm{i}\boldsymbol{k}\cdot\boldsymbol{r}} \tag{3.5}$$

磁场记为

$$\boldsymbol{H} = \boldsymbol{H}_0 \, \mathrm{e}^{\mathrm{i}\boldsymbol{k} \cdot \boldsymbol{r}} \tag{3.6}$$

其中,$\boldsymbol{k} = \hat{x}k_x + \hat{y}k_y + \hat{z}k_z$,$\boldsymbol{r} = \hat{x} + \hat{y} + \hat{z}$。

记

$$\boldsymbol{k}_e = \hat{x} \frac{k_x}{e_x} + \hat{y} \frac{k_y}{e_y} + \hat{z} \frac{k_z}{e_z} \tag{3.7}$$

$$\boldsymbol{k}_h = \hat{x} \frac{k_x}{h_x} + \hat{y} \frac{k_y}{h_y} + \hat{z} \frac{k_z}{h_z} \tag{3.8}$$

则式(3.1)、式(3.2)可写成

$$\boldsymbol{k}_e \times \boldsymbol{E} = \omega \mu \boldsymbol{H} \tag{3.9}$$

$$\boldsymbol{k}_h \times \boldsymbol{H} = -\omega \mu \boldsymbol{E} \tag{3.10}$$

以沿 z 方向传播的 TE 波为例,如图 3.1 所示,定义反射系数为 R^{TE},折射系数为 T^{TE}。

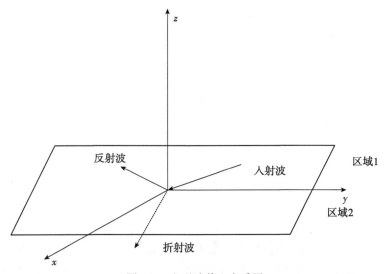

图 3.1　电磁波传入介质层

入射波的电场为

$$\boldsymbol{E}_i = \boldsymbol{E}_0 \, \mathrm{e}^{\mathrm{i}\boldsymbol{k}_i \cdot \boldsymbol{r}} \tag{3.11}$$

反射场为

$$\boldsymbol{E}_r = R^{\mathrm{TE}} \boldsymbol{E}_0 \, \mathrm{e}^{\mathrm{i}\boldsymbol{k}_r \cdot \boldsymbol{r}} \tag{3.12}$$

区域 1 内

$$\boldsymbol{E}_1 = \boldsymbol{E}_i + \boldsymbol{E}_r \tag{3.13}$$

折射场为

$$\boldsymbol{E}_t = T^{\mathrm{TE}} \boldsymbol{E}_0 \, \mathrm{e}^{\mathrm{i}\boldsymbol{k}_t \cdot \boldsymbol{r}} \tag{3.14}$$

区域 2 内

$$\boldsymbol{E}_2 = \boldsymbol{E}_t \tag{3.15}$$

如使相位连续,则有

$$k_{ix}=k_{rx}=k_{tx}, \quad k_{iy}=k_{ry}=k_{ty}$$

利用边界条件:电场切向分量连续 $E_{1t}=E_{2t}$,则沿 z 方向传播的 TE 波有

$$1+R^{TE}=T^{TE} \tag{3.16}$$

对于磁场,根据式(3.9),有:

区域 1 内

$$\boldsymbol{H}_1=\frac{\boldsymbol{k}_{ie}\times\boldsymbol{E}_0\,\mathrm{e}^{\mathrm{i}\boldsymbol{k}_i\cdot\boldsymbol{r}}}{\omega\mu_1}+R^{TE}\frac{\boldsymbol{k}_{re}\times\boldsymbol{E}_0\,\mathrm{e}^{\mathrm{i}\boldsymbol{k}_r\cdot\boldsymbol{r}}}{\omega\mu_1} \tag{3.17}$$

区域 2 内

$$\boldsymbol{H}_2=T^{TE}\frac{\boldsymbol{k}_{te}\times\boldsymbol{E}_0\,\mathrm{e}^{\mathrm{i}\boldsymbol{k}_r\cdot\boldsymbol{r}}}{\omega\mu_2} \tag{3.18}$$

另外,令 $k_{1z}=k_{iz}$,$k_{2z}=k_{tz}$,则有 $k_{rz}=-k_{1z}$。利用边界条件,易得出

$$k_{1z}e_{2z}\mu_2(1-R^{TE})=T^{TE}k_{2z}e_{1z}\mu_1 \tag{3.19}$$

与式(3.16)联立,则可得出

$$R^{TE}=\frac{k_{1z}e_{2z}\mu_2-k_{2z}e_{1z}\mu_1}{k_{1z}e_{2z}\mu_2+k_{2z}e_{1z}\mu_1} \tag{3.20}$$

$$T^{TE}=\frac{2k_{1z}e_{2z}\mu_2}{k_{1z}e_{2z}\mu_2+k_{2z}e_{1z}\mu_1} \tag{3.21}$$

同理,对于二维 TM 波,可得出

$$R^{TM}=\frac{k_{1z}h_{2z}\varepsilon_2-k_{2z}h_{1z}\varepsilon_1}{k_{1z}h_{2z}\varepsilon_2+k_{2z}h_{1z}\varepsilon_1} \tag{3.22}$$

$$T^{TM}=\frac{2k_{1z}h_{2z}\varepsilon_2}{k_{1z}h_{2z}\varepsilon_2+k_{2z}h_{1z}\varepsilon_1} \tag{3.23}$$

若区域 1 为自由空间,有$(e_{1x},e_{1y},e_{1z},h_{1x},h_{1y},h_{1z})=(1,1,1,1,1,1)$,区域 2 为吸收层,若令 $\varepsilon_1=\varepsilon_2$,$\mu_1=\mu_2$,为使反射系数 R 为 0,则需要 $k_{2z}=k_{1z}e_{2z}$,$k_{2z}=k_{1z}h_{2z}$。所以,合理地运用拉伸坐标系,可以使电磁波通过吸收层时保持相位连续并且反射系数为 0。

3.1.2　电磁波在 NPML 吸收边界中的传输特性

以二维 TE 波为例,如图 3.2 所示。

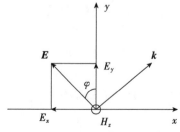

图 3.2　NPML 中的 TE 波

其电场幅值为 E_0，电场与 y 轴的夹角为 φ。为分析方便，电磁场可具体地写成

$$E_x = -E_0\sin\varphi\exp[j\omega(t-\alpha x-\beta y)] \tag{3.24}$$

$$E_y = E_0\cos\varphi\exp[j\omega(t-\alpha x-\beta y)] \tag{3.25}$$

$$H_z = H_0\exp[j\omega(t-\alpha x-\beta y)] \tag{3.26}$$

并且定义介质的波阻抗为电场与磁场之比，则有

$$Z = \frac{E_0}{H_0} \tag{3.27}$$

将式(3.24)～式(3.26)代入麦克斯韦方程组中，得出

$$\frac{H_0\beta}{1+\dfrac{\sigma_{hy}}{j\omega\mu_0}} = \varepsilon_0 E_0\sin\varphi \tag{3.28}$$

$$\frac{H_0\alpha}{1+\dfrac{\sigma_{hx}}{j\omega\mu_0}} = \varepsilon_0 E_0\cos\varphi \tag{3.29}$$

$$\frac{\alpha E_0\cos\varphi}{1+\dfrac{\sigma_{ex}}{j\omega\varepsilon_0}} + \frac{\beta E_0\sin\varphi}{1+\dfrac{\sigma_{ey}}{j\omega\varepsilon_0}} = \mu_0 H_0 \tag{3.30}$$

将式(3.28)～式(3.30)联立，解得

$$\alpha = \frac{\sqrt{\varepsilon_0\mu_0}}{G}\left(1-j\frac{\sigma_{hx}}{\mu_0\omega}\right)\cos\varphi \tag{3.31}$$

$$\beta = \frac{\sqrt{\varepsilon_0\mu_0}}{G}\left(1-j\frac{\sigma_{hy}}{\mu_0\omega}\right)\sin\varphi \tag{3.32}$$

其中

$$G = \sqrt{w_x\cos^2\varphi + w_y\sin^2\varphi} \tag{3.33}$$

$$w_x = \frac{1-j\dfrac{\sigma_{hx}}{\mu_0\omega}}{1-j\dfrac{\sigma_{ex}}{\varepsilon_0\omega}}, \quad w_y = \frac{1-j\dfrac{\sigma_{hy}}{\mu_0\omega}}{1-j\dfrac{\sigma_{ey}}{\varepsilon_0\omega}} \tag{3.34}$$

若用 Ψ 表示任意场分量，Ψ_0 表示振幅，c 代表光速$\left(\text{真空中 } c=\dfrac{1}{\sqrt{\varepsilon_0\mu_0}}\right)$，并假设

$$\frac{\sigma_{ex}}{\varepsilon_0} = \frac{\sigma_{hx}}{\mu_0} = \sigma_x$$

$$\frac{\sigma_{ey}}{\varepsilon_0} = \frac{\sigma_{hy}}{\mu_0} = \sigma_y \tag{3.35}$$

式(3.35)即为匹配条件，则 $w_x=w_y=1$，$G=1$，各场分量可以统一写为

$$\Psi = \Psi_0\exp\left\{j\omega\left[t - \frac{\sqrt{\varepsilon_0\mu_0}}{G}\cos\varphi\left(1-j\frac{\sigma_{\mu x}}{\mu_0\omega}\right)x - \frac{\sqrt{\varepsilon_0\mu_0}}{G}\sin\varphi\left(1-j\frac{\sigma_{\mu y}}{\mu_0\omega}\right)y\right]\right\}$$

$$= \Psi_0\exp\left[j\omega\left(t - \frac{x\cos\varphi + y\sin\varphi}{c}\right)\right]\exp\left(-\frac{\sigma_x\cos\varphi}{c}x\right)\exp\left(-\frac{\sigma_y\sin\varphi}{c}y\right) \tag{3.36}$$

式(3.36)表明电磁波在 NPML 中的传播是呈指数衰减的。

3.1.3　基于拉伸坐标系的 NPML 吸收边界正确性验证

以二维 TE 波为例,在直角坐标系中,二维 TE 波只有 E_x、E_y、H_z 三个分量,频域里,真空中的麦克斯韦方程为

$$\frac{\partial H_z}{\partial y}=\varepsilon_0 j\omega E_x \tag{3.37}$$

$$-\frac{\partial H_z}{\partial x}=\varepsilon_0 j\omega E_y \tag{3.38}$$

$$\frac{\partial E_y}{\partial x}-\frac{\partial E_x}{\partial y}=-\mu j\omega H_z \tag{3.39}$$

根据拉伸坐标系原理,以上方程中对空间偏导的变量进行坐标变换,则标准 PML 方程可以写为

$$\begin{cases} j\omega\varepsilon_0 E_x=\dfrac{1}{1+\dfrac{\sigma(y)}{j\omega}}\dfrac{\partial H_z}{\partial y} \\[4mm] j\omega\varepsilon_0 E_y=-\dfrac{1}{1+\dfrac{\sigma(x)}{j\omega}}\dfrac{\partial H_z}{\partial x} \\[4mm] j\omega\mu_0 H_z=\dfrac{1}{1+\dfrac{\sigma(y)}{j\omega}}\dfrac{\partial E_x}{\partial y}-\dfrac{1}{1+\dfrac{\sigma(x)}{j\omega}}\dfrac{\partial E_y}{\partial x} \end{cases} \tag{3.40}$$

NPML 方程为

$$\frac{\partial H_z/\left(1+\dfrac{\sigma(y)}{j\omega}\right)}{\partial y}=\varepsilon_0 j\omega E_x \tag{3.41}$$

$$-\frac{\partial H_z/\left(1+\dfrac{\sigma(x)}{j\omega}\right)}{\partial x}=\varepsilon_0 j\omega E_y \tag{3.42}$$

$$\frac{\partial E_y/\left(1+\dfrac{\sigma(x)}{j\omega}\right)}{\partial x}-\frac{\partial E_x/\left(1+\dfrac{\sigma(y)}{j\omega}\right)}{\partial y}=-\mu j\omega H_z \tag{3.43}$$

将式(3.41)~式(3.43)简写为

$$j\omega\varepsilon_0 E_x=\frac{\partial \widetilde{H}_{zy}}{\partial y} \tag{3.44}$$

$$j\omega\varepsilon_0 E_y=-\frac{\partial \widetilde{H}_{zx}}{\partial x} \tag{3.45}$$

$$j\omega\mu_0 H_z=\frac{\partial \widetilde{E}_{xy}}{\partial y}-\frac{\partial \widetilde{E}_{yx}}{\partial x} \tag{3.46}$$

其中

$$\widetilde{H}_{zx} = H_z \Big/ \Big(1 + \frac{\sigma(x)}{\mathrm{j}\omega}\Big) \tag{3.47}$$

$$\widetilde{H}_{zy} = H_z \Big/ \Big(1 + \frac{\sigma(y)}{\mathrm{j}\omega}\Big) \tag{3.48}$$

$$\widetilde{E}_{yx} = E_y \Big/ \Big(1 + \frac{\sigma(x)}{\mathrm{j}\omega}\Big) \tag{3.49}$$

$$\widetilde{E}_{xy} = E_x \Big/ \Big(1 + \frac{\sigma(y)}{\mathrm{j}\omega}\Big) \tag{3.50}$$

将式(3.47)～式(3.50)代入式(3.44)～式(3.46),有

$$\mathrm{j}\omega\varepsilon_0 \Big(1 + \frac{\sigma(y)}{\mathrm{j}\omega}\Big)\widetilde{E}_x = \frac{\partial \widetilde{H}_{zy}}{\partial y} \tag{3.51}$$

$$\mathrm{j}\omega\varepsilon_0 \Big(1 + \frac{\sigma(x)}{\mathrm{j}\omega}\Big)\widetilde{E}_y = -\frac{\partial \widetilde{H}_{zx}}{\partial x} \tag{3.52}$$

$$\mathrm{j}\omega\mu_0 \Big(1 + \frac{\sigma}{\mathrm{j}\omega}\Big)\widetilde{H}_z = \frac{\partial \widetilde{E}_{xy}}{\partial y} - \frac{\partial \widetilde{E}_{yx}}{\partial x} \tag{3.53}$$

整理得

$$\begin{cases} \mathrm{j}\omega\varepsilon_0 \widetilde{E}_x = \dfrac{1}{1 + \dfrac{\sigma(y)}{\mathrm{j}\omega}} \dfrac{\partial \widetilde{H}_z}{\partial y} \\[3mm] \mathrm{j}\omega\varepsilon_0 \widetilde{E}_y = -\dfrac{1}{1 + \dfrac{\sigma(x)}{\mathrm{j}\omega}} \dfrac{\partial \widetilde{H}_z}{\partial x} \\[3mm] \mathrm{j}\omega\mu_0 \widetilde{H}_z = \dfrac{1}{1 + \dfrac{\sigma(y)}{\mathrm{j}\omega}} \dfrac{\partial \widetilde{E}_x}{\partial y} - \dfrac{1}{1 + \dfrac{\sigma(x)}{\mathrm{j}\omega}} \dfrac{\partial \widetilde{E}_y}{\partial x} \end{cases} \tag{3.54}$$

可知式(3.54)与式(3.40)形式上完全相同,表明基于拉伸坐标系的 NPML 吸收边界是一种完全匹配吸收边界,坐标拉伸的方法是可行的。

3.1.4　NPML 吸收边界中不同区域的处理

对于二维 TE 波在二维 NPML 边界内,在 x 方向,只需取麦克斯韦方程仅对 x 方向有偏导;同理,在 y 方向,只需取麦克斯韦方程仅对 y 方向有偏导;在角点处,既对 x 方向有偏导,又对 y 方向有偏导(图 3.3),所以在 x 方向棱边区域内的方程为

$$\frac{\partial H_z}{\partial y} = \varepsilon_0 \frac{\partial E_x}{\partial t} \tag{3.55}$$

$$-\frac{\partial H_z}{\partial \widetilde{x}} = \varepsilon_0 \frac{\partial E_y}{\partial t} \tag{3.56}$$

$$\frac{\partial E_y}{\partial \widetilde{x}} - \frac{\partial E_x}{\partial y} = -\mu_0 \frac{\partial H_z}{\partial t} \tag{3.57}$$

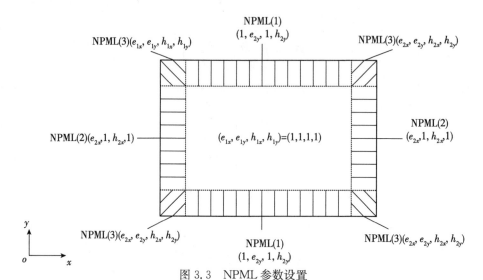

图 3.3　NPML 参数设置

在 NPML 吸收边界中,可将式(3.55)~式(3.57)写成

$$\frac{\partial H_z}{\partial y}=\varepsilon_0\frac{\partial E_x}{\partial t} \tag{3.58}$$

$$-\frac{\partial\left[H_z\Big/\left(1+\frac{\sigma}{\mathrm{j}\omega\varepsilon_0}\right)\right]}{\partial x}=\varepsilon_0\frac{\partial E_y}{\partial t} \tag{3.59}$$

$$\frac{\partial\left[E_y\Big/\left(1+\frac{\sigma_{hy}}{\mathrm{j}\omega\mu_0}\right)\right]}{\partial x}-\frac{\partial E_x}{\partial y}=-\mu_0\frac{\partial H_z}{\partial t} \tag{3.60}$$

设

$$\widetilde{H}_{zx}=H_z\Big/\left(1+\frac{\sigma_{ey}}{\mathrm{j}\omega\varepsilon_0}\right) \tag{3.61}$$

$$\widetilde{E}_{yx}=E_y\Big/\left(1+\frac{\sigma_{hy}}{\mathrm{j}\omega\mu_0}\right) \tag{3.62}$$

故可得在 x 方向棱边内的方程为

$$\frac{\partial H_z}{\partial y}=\varepsilon_0\frac{\partial E_x}{\partial t} \tag{3.63}$$

$$-\frac{\partial\widetilde{H}_{zx}}{\partial x}=\varepsilon_0\frac{\partial E_y}{\partial t} \tag{3.64}$$

$$\frac{\partial\widetilde{E}_{yx}}{\partial x}-\frac{\partial E_x}{\partial y}=-\mu_0\frac{\partial H_z}{\partial t} \tag{3.65}$$

同理,y 方向棱边内的方程为

$$\frac{\partial\widetilde{H}_{zy}}{\partial y}=\varepsilon\frac{\partial E_x}{\partial t} \tag{3.66}$$

$$-\frac{\partial H_z}{\partial x}=\varepsilon\frac{\partial E_y}{\partial t} \tag{3.67}$$

$$\frac{\partial E_y}{\partial x}-\frac{\partial \widetilde{E}_{xy}}{\partial y}=-\mu\frac{\partial H_z}{\partial t} \tag{3.68}$$

角点区内的方程为

$$\frac{\partial \widetilde{H}_{zy}}{\partial y}=\varepsilon\frac{\partial E_x}{\partial t} \tag{3.69}$$

$$-\frac{\partial H_{zx}}{\partial x}=\varepsilon_0\frac{\partial E_y}{\partial t} \tag{3.70}$$

$$\frac{\partial \widetilde{E}_{yx}}{\partial x}-\frac{\partial \widetilde{E}_{xy}}{\partial y}=-\mu\frac{\partial H_z}{\partial t} \tag{3.71}$$

同理可知,在直角坐标系中,二维 TM 波只有 E_z、H_x、H_y 三个分量,其各个变量可依照以上方法进行分析,这里不再一一赘述。

根据以上分析可知,在三维条件下,NPML 吸收边界可分为角顶区、棱边区和面区,如图 3.4 所示。

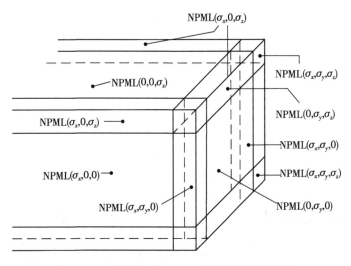

图 3.4　三维情况下 NPML 吸收边界的区域划分

因此,在处理吸收边界的过程中,可以根据以上所述方式对不同区域进行处理。

3.2　截断普通介质的一维 NPML 吸收边界条件

一维情况下的麦克斯韦方程为

$$\frac{\partial E_x}{\partial z}=-\mu\frac{\partial H_y}{\partial t}-\sigma_m H_y \tag{3.72}$$

$$-\frac{\partial H_y}{\partial z}=\varepsilon\frac{\partial E_x}{\partial t}+\sigma E_x \tag{3.73}$$

真空中,σ 与 σ_m 均为 0,故式(3.72)、式(3.73)简化为

$$\frac{\partial E_x}{\partial z}=-\mathrm{j}\omega\mu H_y \tag{3.74}$$

$$\frac{\partial H_y}{\partial z}=-\mathrm{j}\omega\varepsilon E_x \tag{3.75}$$

直接将式(3.74)和式(3.75)离散可得

$$E_x^{n+1}(k)=E_x^n(k)-\frac{\Delta t}{\varepsilon_0\Delta z}\Big[H_y^{n+\frac{1}{2}}\Big(k+\frac{1}{2}\Big)-H_y^{n+\frac{1}{2}}\Big(k-\frac{1}{2}\Big)\Big]-\frac{\Delta t}{\varepsilon_0}J_x^{n+\frac{1}{2}}(k) \tag{3.76}$$

$$H_y^{n+\frac{1}{2}}\Big(k+\frac{1}{2}\Big)=H_y^{n-\frac{1}{2}}\Big(k+\frac{1}{2}\Big)-\frac{\Delta t}{\mu_0\Delta z}\big[E_x^n(k+1)-E_x^n(k)\big] \tag{3.77}$$

由式(3.74)和式(3.75),根据 NPML 理论的坐标变化规则可知,将 ∂z 变为

$$\partial\tilde{z}=\Big[1+\frac{\sigma_z(z)}{\mathrm{j}\omega}\Big]\partial z \tag{3.78}$$

将式(3.78)代入式(3.74)式(3.75),得

$$\frac{\partial E_x}{\partial\tilde{z}}=-\mathrm{j}\omega\mu H_y \tag{3.79}$$

$$\frac{\partial H_y}{\partial\tilde{z}}=-\mathrm{j}\omega\varepsilon\frac{\partial E_x}{\partial t} \tag{3.80}$$

并设

$$\widetilde{E}_{xz}=\frac{E_x}{1+\dfrac{\sigma_z}{\mathrm{j}\omega}} \tag{3.81}$$

$$\widetilde{H}_{yz}=\frac{H_y}{1+\dfrac{\sigma_z}{\mathrm{j}\omega}} \tag{3.82}$$

式(3.79)和式(3.80)可化为

$$\frac{\partial\widetilde{E}_{xz}}{\partial z}=-\mathrm{j}\omega\mu H_y \tag{3.83}$$

$$\frac{\partial\widetilde{H}_{yz}}{\partial z}=-\mathrm{j}\omega\varepsilon\frac{\partial E_x}{\partial t} \tag{3.84}$$

对式(3.83)和式(3.84)离散,可得一维条件下截断普通介质的 NPML 递推式

$$\widetilde{E}_{xz}^{n+1}(k)=\widetilde{E}_{xz}^n(k)-\frac{\Delta t}{\varepsilon_0\Delta z}\Big[H_y^{n+\frac{1}{2}}\Big(k+\frac{1}{2}\Big)-H_y^{n+\frac{1}{2}}\Big(k-\frac{1}{2}\Big)\Big]-\frac{\Delta t}{\varepsilon_0}J_x^{n+\frac{1}{2}}(k) \tag{3.85}$$

$$\widetilde{H}_{yz}^{n+\frac{1}{2}}\Big(k+\frac{1}{2}\Big)=\widetilde{H}_{yz}^{n-\frac{1}{2}}\Big(k+\frac{1}{2}\Big)-\frac{\Delta t}{\mu_0\Delta z}\big[E_x^n(k+1)-E_x^n(k)\big] \tag{3.86}$$

由式(3.81)可知

$$\widetilde{E}_{xz} + \frac{\sigma_z}{\mathrm{j}\omega}\widetilde{E}_{xz} = E_x$$

变换到时域

$$\frac{\partial \widetilde{E}_{xz}}{\partial t} + \sigma_z \widetilde{E}_{xz} = \frac{\partial E_x}{\partial t} \tag{3.87}$$

对式(3.87)进行差分离散,得

$$\frac{\widetilde{E}_{xz}(k) - \widetilde{E}_{xz}^{n-1}(k)}{\Delta t} + \sigma_z \widetilde{E}_{xz}^{n-\frac{1}{2}}(k) = \frac{E_x^n(k) - E_x^{n-1}(k)}{\Delta t} \tag{3.88}$$

对于 $\widetilde{E}_{xz}^{n-\frac{1}{2}}(k)$,令其近似等于 $\frac{\widetilde{E}_{xz}^n(k) + \widetilde{E}_{xz}^{n-1}(k)}{2}$,则式(3.88)整理后为

$$\widetilde{E}_{xz}^n(k) = \frac{1 - \frac{\Delta t \sigma_z}{2}}{1 + \frac{\Delta t \sigma_z}{2}}\widetilde{E}_{xz}^{n-1}(k) + \frac{1}{1 + \frac{\Delta t \sigma_z}{2}}\left[E_x^n(k) - E_x^{n-1}(k)\right] \tag{3.89}$$

同理

$$\widetilde{H}_{yz}^{n+\frac{1}{2}}\left(k+\frac{1}{2}\right) = \frac{1 - \frac{\Delta t \sigma_z}{2}}{1 + \frac{\Delta t \sigma_z}{2}}\widetilde{H}_{yz}^{n-\frac{1}{2}}\left(k+\frac{1}{2}\right) + \frac{1}{1 + \frac{\Delta t \sigma_z}{2}}H_y^{n+\frac{1}{2}}\left(k+\frac{1}{2}\right) - H_y^{n-\frac{1}{2}}\left(k+\frac{1}{2}\right) \tag{3.90}$$

在 FDTD 计算中,以自由空间为 NPML 层的内侧截断边界,记 δ 为 FDTD 元胞尺寸。在反射系数 R 为 0 时,有如下关系式

$$R(0) = \mathrm{e}^{-\frac{2}{n+1}\frac{\sigma_{\max}\delta}{\varepsilon_0 c}} \tag{3.91}$$

可以得到

$$\sigma_{\max} = -\frac{(n+1)\varepsilon_0 c}{2\delta}\ln R(0) \tag{3.92}$$

$\sigma(\rho) = \sigma_{\max}\left(\frac{\rho}{d}\right)^n$, $(n=1,2)$,其中 d 为 NPML 层的厚度,ρ 为 NPML 层内一点到 NPML 与介质分界面的距离。研究表明,当 n 取 2 时为最佳。

综上所述,可以得到 NPML 吸收边界的 FDTD 迭代计算的推进过程如下

$$\widetilde{E}_{xz} \Rightarrow H_y \Rightarrow \widetilde{H}_{yz} \Rightarrow E_x \Rightarrow \widetilde{E}_{xz}$$

算例 3.1　数值仿真与 UPML 方法及解析值对比验证。

为了验证 NPML 的准确性,本算例分别计算了 NPML、UPML 和理论情况下电磁波垂直入射到普通介质板的反射系数,如图 3.5 所示。

通过与理论值的对比,可发现 NPML 的准确性很好;与 UPML 进行对比,可发现 NPML 与 UPML 的吸收特性基本相同。

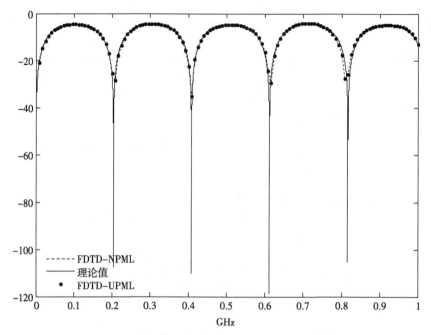

图 3.5　电磁波垂直入射到普通介质板的反射系数

3.3　截断普通介质的二维 NPML 吸收边界条件

二维情况下真空中 TE 波的麦克斯韦方程为

$$\frac{\partial H_z}{\partial y} = \varepsilon_0 \mathrm{j} \omega E_x \tag{3.93}$$

$$-\frac{\partial H_z}{\partial x} = \varepsilon_0 \mathrm{j} \omega E_y \tag{3.94}$$

$$\frac{\partial E_y}{\partial x} - \frac{\partial E_x}{\partial y} = -\mu \mathrm{j} \omega H_z \tag{3.95}$$

将式(3.93)~式(3.95)离散,可得

$$E_x^{n+1}\left(i+\frac{1}{2},j\right) = E_x^n\left(i+\frac{1}{2},j\right)$$

$$+ \frac{\Delta t}{\varepsilon_0} \cdot \left[\frac{H_z^{n+\frac{1}{2}}\left(i+\frac{1}{2},j+\frac{1}{2}\right) - H_z^{n-\frac{1}{2}}\left(i+\frac{1}{2},j-\frac{1}{2}\right)}{\Delta y}\right] \tag{3.96}$$

$$E_y^{n+1}\left(i,j+\frac{1}{2}\right) = E_y^n\left(i,j+\frac{1}{2}\right)$$

$$- \frac{\Delta t}{\varepsilon_0} \cdot \left[\frac{H_z^{n+\frac{1}{2}}\left(i+\frac{1}{2},j+\frac{1}{2}\right) - H_z^{n+\frac{1}{2}}\left(i-\frac{1}{2},j+\frac{1}{2}\right)}{\Delta x}\right] \tag{3.97}$$

$$H_z^{n+\frac{1}{2}}\left(i+\frac{1}{2},j+\frac{1}{2}\right)=H_z^{n-\frac{1}{2}}\left(i+\frac{1}{2},j+\frac{1}{2}\right)$$

$$-\frac{\Delta t}{\mu_0}\cdot\left[\frac{E_y^{n+1}\left(i+1,j+\frac{1}{2}\right)-E_y^n\left(i,j+\frac{1}{2}\right)}{\Delta x}\right.$$

$$\left.-\frac{E_x^n\left(i+\frac{1}{2},j+1\right)-E_x^n\left(i+\frac{1}{2},j\right)}{\Delta y}\right] \tag{3.98}$$

根据 3.1.4 节分析可知，NPML 吸收边界区域可分为角顶区和棱边区，其中棱边区又分为 x 方向和 y 方向。下面以 x 方向的棱边为例，对式(3.66)～式(3.68)进行离散，可得

$$E_x^{n+1}\left(i+\frac{1}{2},j\right)=E_x^n\left(i+\frac{1}{2},j\right)$$

$$+\frac{\Delta t}{\varepsilon_0}\cdot\left[\frac{H_z^{n+\frac{1}{2}}\left(i+\frac{1}{2},j+\frac{1}{2}\right)-H_z^{n-\frac{1}{2}}\left(i+\frac{1}{2},j-\frac{1}{2}\right)}{\Delta y}\right] \tag{3.99}$$

$$E_y^{n+1}\left(i,j+\frac{1}{2}\right)=E_y^n\left(i,j+\frac{1}{2}\right)$$

$$-\frac{\Delta t}{\varepsilon_0}\cdot\left[\frac{\widetilde{H}_{zx}^{n+\frac{1}{2}}\left(i+\frac{1}{2},j+\frac{1}{2}\right)-\widetilde{H}_{zx}^{n-\frac{1}{2}}\left(i-\frac{1}{2},j+\frac{1}{2}\right)}{\Delta x}\right] \tag{3.100}$$

$$H_z^{n+\frac{1}{2}}\left(i+\frac{1}{2},j+\frac{1}{2}\right)=H_z^{n-\frac{1}{2}}\left(i+\frac{1}{2},j+\frac{1}{2}\right)$$

$$-\frac{\Delta t}{\mu_0}\cdot\left[\frac{\widetilde{E}_{yx}^{n+1}\left(i+1,j+\frac{1}{2}\right)-\widetilde{E}_{yx}^n\left(i,j+\frac{1}{2}\right)}{\Delta x}\right.$$

$$\left.-\frac{E_x^n\left(i+\frac{1}{2},j+1\right)-E_x^n\left(i+\frac{1}{2},j\right)}{\Delta y}\right] \tag{3.101}$$

$$\widetilde{E}_{yx}^n\left(i,j+\frac{1}{2}\right)=\frac{1-\frac{\Delta t\sigma_x}{2}}{1+\frac{\Delta t\sigma_x}{2}}\widetilde{E}_{yx}^{n-1}\left(i,j+\frac{1}{2}\right)+\frac{1}{1+\frac{\Delta t\sigma_x}{2}}\left[E_y^n\left(i,j+\frac{1}{2}\right)-E_y^{n-1}\left(i,j+\frac{1}{2}\right)\right]$$

$$\tag{3.102}$$

$$\widetilde{H}_{zx}^{n+\frac{1}{2}}\left(i+\frac{1}{2},j+\frac{1}{2}\right)=\frac{1-\frac{\Delta t\sigma_x}{2}}{1+\frac{\Delta t\sigma_x}{2}}\widetilde{H}_{zx}^{n-\frac{1}{2}}\left(i+\frac{1}{2},j+\frac{1}{2}\right)$$

$$+\frac{1}{1+\frac{\Delta t\sigma_x}{2}}\left[H_z^{n+\frac{1}{2}}\left(i+\frac{1}{2},j+\frac{1}{2}\right)-H_z^{n-\frac{1}{2}}\left(i+\frac{1}{2},j+\frac{1}{2}\right)\right]$$

$$\tag{3.103}$$

同理可得，y 方向棱边的 FDTD 迭代式为

$$E_x^{n+1}\left(i+\frac{1}{2},j\right)=E_x^n\left(i+\frac{1}{2},j\right)$$

$$+\frac{\Delta t}{\varepsilon_0}\cdot\left[\frac{\widetilde{H}_{zy}^{n+\frac{1}{2}}\left(i+\frac{1}{2},j+\frac{1}{2}\right)-\widetilde{H}_{zy}^{n-\frac{1}{2}}\left(i+\frac{1}{2},j-\frac{1}{2}\right)}{\Delta y}\right] \tag{3.104}$$

$$E_y^{n+1}\left(i,j+\frac{1}{2}\right)=E_y^n\left(i,j+\frac{1}{2}\right)$$

$$-\frac{\Delta t}{\varepsilon_0}\cdot\left[\frac{H_z^{n+\frac{1}{2}}\left(i+\frac{1}{2},j+\frac{1}{2}\right)-H_z^{n+\frac{1}{2}}\left(i-\frac{1}{2},j+\frac{1}{2}\right)}{\Delta x}\right] \tag{3.105}$$

$$H_z^{n+\frac{1}{2}}\left(i+\frac{1}{2},j+\frac{1}{2}\right)=H_z^{n-\frac{1}{2}}\left(i+\frac{1}{2},j+\frac{1}{2}\right)$$

$$-\frac{\Delta t}{\mu_0}\cdot\left[\frac{E_y^{n+1}\left(i+1,j+\frac{1}{2}\right)-E_y^n\left(i,j+\frac{1}{2}\right)}{\Delta x}\right.$$

$$\left.-\frac{\widetilde{E}_{xy}^{n+1}\left(i+\frac{1}{2},j+1\right)-\widetilde{E}_{xy}^n\left(i+\frac{1}{2},j\right)}{\Delta y}\right] \tag{3.106}$$

$$\widetilde{E}_{xy}^n\left(i,j+\frac{1}{2}\right)=\frac{1-\dfrac{\Delta t\sigma}{2}}{1+\dfrac{\Delta t\sigma}{2}}\widetilde{E}_{xy}^{n-1}\left(i,j+\frac{1}{2}\right)+\frac{1}{1+\dfrac{\Delta t\sigma}{2}}\left[E_x^n\left(i,j+\frac{1}{2}\right)-E_x^{n-1}\left(i,j+\frac{1}{2}\right)\right]$$

$$\tag{3.107}$$

$$\widetilde{H}_{zy}^{n+\frac{1}{2}}\left(i+\frac{1}{2},j+\frac{1}{2}\right)=\frac{1-\dfrac{\Delta t\sigma}{2}}{1+\dfrac{\Delta t\sigma}{2}}\widetilde{H}_{zy}^{n-\frac{1}{2}}\left(i+\frac{1}{2},j+\frac{1}{2}\right)$$

$$+\frac{1}{1+\dfrac{\Delta t\sigma}{2}}\left[H_z^{n+\frac{1}{2}}\left(i+\frac{1}{2},j+\frac{1}{2}\right)-H_z^{n-\frac{1}{2}}\left(i+\frac{1}{2},j+\frac{1}{2}\right)\right]$$

$$\tag{3.108}$$

角顶区的表达式为

$$E_x^{n+1}\left(i+\frac{1}{2},j\right)=E_x^n\left(i+\frac{1}{2},j\right)$$

$$+\frac{\Delta t}{\varepsilon_0}\cdot\frac{\widetilde{H}_{zy}^{n+\frac{1}{2}}\left(i+\frac{1}{2},j+\frac{1}{2}\right)-\widetilde{H}_{zy}^{n-\frac{1}{2}}\left(i+\frac{1}{2},j-\frac{1}{2}\right)}{\Delta y} \tag{3.109}$$

$$E_y^{n+1}\left(i,j+\frac{1}{2}\right)=E_y^n\left(i,j+\frac{1}{2}\right)$$

$$-\frac{\Delta t}{\varepsilon_0} \cdot \frac{\widetilde{H}_{zx}^{n+\frac{1}{2}}\left(i+\frac{1}{2},j+\frac{1}{2}\right)-\widetilde{H}_{zx}^{n-\frac{1}{2}}\left(i-\frac{1}{2},j+\frac{1}{2}\right)}{\Delta x} \tag{3.110}$$

$$H_z^{n+\frac{1}{2}}\left(i+\frac{1}{2},j+\frac{1}{2}\right)=H_z^{n-\frac{1}{2}}\left(i+\frac{1}{2},j+\frac{1}{2}\right)$$

$$-\frac{\Delta t}{\mu_0} \cdot \left[\frac{\widetilde{E}_{yx}^{n+1}\left(i+1,j+\frac{1}{2}\right)-\widetilde{E}_{yx}^{n}\left(i,j+\frac{1}{2}\right)}{\Delta x}\right.$$

$$\left.-\frac{\widetilde{E}_{xy}^{n+1}\left(i+\frac{1}{2},j+1\right)-\widetilde{E}_{xy}^{n}\left(i+\frac{1}{2},j\right)}{\Delta y}\right] \tag{3.111}$$

$\widetilde{E}_{yx},\widetilde{H}_{zx},\widetilde{E}_{xy}^{n},\widetilde{H}_{zy}$ 的表达式和上面相同。

对于二维 TM 波,只有 E_z、H_x、H_y 三个分量,其真空中的麦克斯韦方程如下。

x 方向的棱边区:

$$H_x^{n+\frac{1}{2}}\left(i,j+\frac{1}{2}\right)=H_x^{n-\frac{1}{2}}\left(i,j+\frac{1}{2}\right)-\frac{\Delta t}{\mu_0} \cdot \frac{\widetilde{E}_{zy}^{n}(i,j+1)-\widetilde{E}_{zy}^{n}(i,j)}{\Delta y} \tag{3.112}$$

$$H_y^{n+\frac{1}{2}}\left(i+\frac{1}{2},j\right)=H_y^{n-\frac{1}{2}}\left(i+\frac{1}{2},j\right)+\frac{\Delta t}{\mu_0} \cdot \frac{\widetilde{E}_z^{n}(i+1,j)-\widetilde{E}_z^{n}(i,j)}{\Delta x} \tag{3.113}$$

$$\widetilde{H}_{yx}^{n}(k)=\frac{1-\dfrac{\Delta t\sigma}{2}}{1+\dfrac{\Delta t\sigma}{2}}\widetilde{H}_y^{n-1}(k)+\frac{1}{1+\dfrac{\Delta t\sigma}{2}}\left[H_y^{n}(k)-H_y^{n-1}(k)\right] \tag{3.114}$$

$$E_z^{n+1}(i,j)=E_z^{n}(i,j)+\frac{\Delta t}{\varepsilon_0} \cdot \left[\frac{\widetilde{H}_{yx}^{n+\frac{1}{2}}\left(i+\frac{1}{2},j\right)-\widetilde{H}_{yx}^{n+\frac{1}{2}}\left(i-\frac{1}{2},j\right)}{\Delta x}\right.$$

$$\left.-\frac{H_x^{n+\frac{1}{2}}\left(i,j+\frac{1}{2}\right)-H_x^{n+\frac{1}{2}}\left(i,j-\frac{1}{2}\right)}{\Delta y}\right] \tag{3.115}$$

$$\widetilde{E}_{zx}^{n}(k)=\frac{1-\dfrac{\Delta t\sigma}{2}}{1+\dfrac{\Delta t\sigma}{2}}\widetilde{E}_{zx}^{n-1}(k)+\frac{1}{1+\dfrac{\Delta t\sigma}{2}}\left[E_z^{n}(k)-E_z^{n-1}(k)\right] \tag{3.116}$$

y 方向的棱边区:

$$H_x^{n+\frac{1}{2}}\left(i,j+\frac{1}{2}\right)=H_x^{n-\frac{1}{2}}\left(i,j+\frac{1}{2}\right)-\frac{\Delta t}{\mu_0} \cdot \frac{\widetilde{E}_{zy}^{n}(i,j+1)-\widetilde{E}_{zy}^{n}(i,j)}{\Delta y} \tag{3.117}$$

$$\widetilde{H}_{xy}^{n}(k)=\frac{1-\dfrac{\Delta t\sigma}{2}}{1+\dfrac{\Delta t\sigma}{2}}\widetilde{H}_{xy}^{n-1}(k)+\frac{1}{1+\dfrac{\Delta t\sigma}{2}}\left[H_x^{n}(k)-H_x^{n-1}(k)\right] \tag{3.118}$$

$$H_y^{n+\frac{1}{2}}\left(i+\frac{1}{2},j\right)=H_y^{n-\frac{1}{2}}\left(i+\frac{1}{2},j\right)+\frac{\Delta t}{\mu_0} \cdot \frac{E_z^{n}(i+1,j)-E_z^{n}(i,j)}{\Delta x} \tag{3.119}$$

$$E_z^{n+1}(i,j) = E_z^n(i,j) + \frac{\Delta t}{\varepsilon_0} \cdot \left[\frac{H_y^{n+\frac{1}{2}}\left(i+\frac{1}{2},j\right) - H_y^{n+\frac{1}{2}}\left(i-\frac{1}{2},j\right)}{\Delta x} \right.$$
$$\left. - \frac{\widetilde{H}_{xy}^{n+\frac{1}{2}}\left(i,j+\frac{1}{2}\right) - \widetilde{H}_{xy}^{n+\frac{1}{2}}\left(i,j-\frac{1}{2}\right)}{\Delta y} \right] \tag{3.120}$$

$$\widetilde{E}_{zy}^n(k) = \frac{1-\frac{\Delta t\sigma}{2}}{1+\frac{\Delta t\sigma}{2}}\widetilde{E}_{zy}^{n-1}(k) + \frac{1}{1+\frac{\Delta t\sigma}{2}}\left[E_z^n(k) - E_z^{n-1}(k)\right] \tag{3.121}$$

角点处的迭代式为

$$H_x^{n+\frac{1}{2}}\left(i,j+\frac{1}{2}\right) = H_x^{n-\frac{1}{2}}\left(i,j+\frac{1}{2}\right) - \frac{\Delta t}{\mu_0} \cdot \frac{\widetilde{E}_{zy}^n(i,j+1) - \widetilde{E}_{zy}^n(i,j)}{\Delta y} \tag{3.122}$$

$$H_y^{n+\frac{1}{2}}\left(i+\frac{1}{2},j\right) = H_y^{n-\frac{1}{2}}\left(i+\frac{1}{2},j\right) + \frac{\Delta t}{\mu_0} \cdot \frac{\widetilde{E}_z^n(i+1,j) - \widetilde{E}_z^n(i,j)}{\Delta x} \tag{3.123}$$

$$E_z^{n+1}(i,j) = E_z^n(i,j) + \frac{\Delta t}{\varepsilon_0} \cdot \left[\frac{H_{yx}^{n+\frac{1}{2}}\left(i+\frac{1}{2},j\right) - H_{yx}^{n+\frac{1}{2}}\left(i-\frac{1}{2},j\right)}{\Delta x} \right.$$
$$\left. - \frac{\widetilde{H}_{xy}^{n+\frac{1}{2}}\left(i,j+\frac{1}{2}\right) - \widetilde{H}_{xy}^{n+\frac{1}{2}}\left(i,j-\frac{1}{2}\right)}{\Delta y} \right] \tag{3.124}$$

$\widetilde{H}_{xy}, \widetilde{H}_{yx}, \widetilde{E}_{zy}, \widetilde{E}_{zx}$ 的迭代式同上。

在编程实现 NPML 吸收边界过程中,可以将角顶区的迭代式作为一般公式,通过对 σ 取不同的值来实现不同区域的表达式。σ 的取值同式(3.91)和式(3.92)。

算例 3.2 计算金属方柱的 RCS。设金属方柱边长为 2.5cm,计算平面波垂直于柱体侧面入射时的后向散射。入射波为高斯脉冲平面波,设 $\delta=0.025$cm,取 $\tau=60\Delta t$,$\Delta t=\delta/2c$,$t_0=0.8\tau$,NPML 层占 4 个 FDTD 网格。计算结果如图 3.6 和图 3.7 所示,其中图 3.6 为 TM 极化波的 RCS 图,图 3.7 为 TE 极化波的 RCS 图。为了进行比较,图中还给出了矩量法(MoM)的结果,两者符合得很好,表明 NPML 的吸收效果良好。

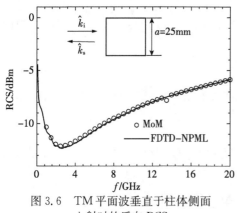

图 3.6　TM 平面波垂直于柱体侧面
入射时的后向 RCS

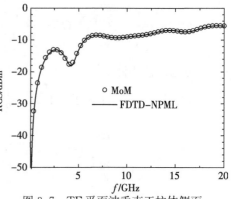

图 3.7　TE 平面波垂直于柱体侧面
入射时的后向 RCS

算例 3.3　计算金属圆柱的 RCS。金属圆柱半径为 2.5cm，入射波为高斯脉冲平面波。设 $\delta=0.025$cm，取 $\tau=60\Delta t$，$\Delta t=\delta/2c$，$t_0=0.8\tau$，即入射波上限频率为 30GHz，NPML 层占 4 个 FDTD 网格。图 3.8 和图 3.9 为金属圆柱的后向 RCS 随频率的变化，其中图 3.8 为 TM 极化波的 RCS，图 3.9 为 TE 极化波的 RCS。图中将 NPML 方法计算得到的结果与矩量法的计算结果进行了比较，两者吻合得很好，表明 NPML 的吸收效果良好。

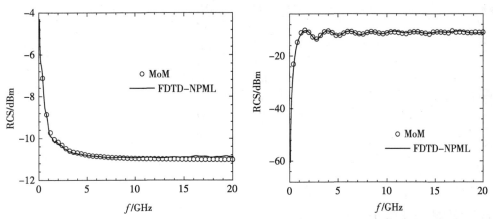

图 3.8　TM 波入射到金属圆柱的后向 RCS　　　图 3.9　TE 波入射到金属圆柱的后向 RCS

3.4　截断普通介质的三维 NPML 吸收边界条件

3.4.1　普通介质的 FDTD 递推式

麦克斯韦旋度方程为

$$\nabla\times\boldsymbol{H}=\varepsilon\frac{\partial\boldsymbol{E}}{\partial t}+\boldsymbol{J}\tag{3.125}$$

$$\nabla\times\boldsymbol{E}=-\mu\frac{\partial\boldsymbol{H}}{\partial t}-\boldsymbol{J}_{\mathrm{m}}\tag{3.126}$$

在直角坐标系中麦克斯韦旋度方程写为

$$\frac{\partial H_z}{\partial y}-\frac{\partial H_y}{\partial z}-\sigma E_x=\varepsilon\frac{\partial E_x}{\partial t}\tag{3.127}$$

$$\frac{\partial H_x}{\partial z}-\frac{\partial H_z}{\partial x}-\sigma E_y=\varepsilon\frac{\partial E_y}{\partial t}\tag{3.128}$$

$$\frac{\partial H_y}{\partial x}-\frac{\partial H_x}{\partial y}-\sigma E_z=\varepsilon\frac{\partial E_z}{\partial t}\tag{3.129}$$

$$\frac{\partial E_z}{\partial y}-\frac{\partial E_y}{\partial z}+\sigma_{\mathrm{m}}H_x=-\mu\frac{\partial H_x}{\partial t}\tag{3.130}$$

$$\frac{\partial E_x}{\partial z}-\frac{\partial E_z}{\partial x}+\sigma_{\mathrm{m}}H_y=-\mu\frac{\partial H_y}{\partial t} \tag{3.131}$$

$$\frac{\partial E_y}{\partial x}-\frac{\partial E_x}{\partial y}+\sigma_{\mathrm{m}}H_z=-\mu\frac{\partial H_z}{\partial t} \tag{3.132}$$

真空状态下 σ 和 σ_{m} 都为 0,则式(3.127)~式(3.132)可写为

$$\frac{\partial H_z}{\partial y}-\frac{\partial H_y}{\partial z}=\varepsilon_0\frac{\partial E_x}{\partial t} \tag{3.133}$$

$$\frac{\partial H_x}{\partial z}-\frac{\partial H_z}{\partial x}=\varepsilon_0\frac{\partial E_y}{\partial t} \tag{3.134}$$

$$\frac{\partial H_y}{\partial x}-\frac{\partial H_x}{\partial y}=\varepsilon_0\frac{\partial E_z}{\partial t} \tag{3.135}$$

$$\frac{\partial E_z}{\partial y}-\frac{\partial E_y}{\partial z}=-\mu_0\frac{\partial H_x}{\partial t} \tag{3.136}$$

$$\frac{\partial E_x}{\partial z}-\frac{\partial E_z}{\partial x}=-\mu_0\frac{\partial H_y}{\partial t} \tag{3.137}$$

$$\frac{\partial E_y}{\partial x}-\frac{\partial E_x}{\partial y}=-\mu_0\frac{\partial H_z}{\partial t} \tag{3.138}$$

则式(3.133)~式(3.138)可离散为

$$E_x^{n+1}\left(i+\frac{1}{2},j,k\right)=E_x^n\left(i+\frac{1}{2},j,k\right)$$
$$+\frac{\Delta t}{\varepsilon_0}\cdot\left[\frac{H_z^{n+\frac{1}{2}}\left(i+\frac{1}{2},j+\frac{1}{2},k\right)-H_z^{n+\frac{1}{2}}\left(i+\frac{1}{2},j-\frac{1}{2},k\right)}{\Delta y}\right.$$
$$\left.-\frac{H_y^{n+\frac{1}{2}}\left(i+\frac{1}{2},j,k+\frac{1}{2}\right)-H_y^{n+\frac{1}{2}}\left(i+\frac{1}{2},j,k-\frac{1}{2}\right)}{\Delta z}\right] \tag{3.139}$$

$$E_y^{n+1}\left(i,j+\frac{1}{2},k\right)=E_y^n\left(i,j+\frac{1}{2},k\right)$$
$$+\frac{\Delta t}{\varepsilon_0}\cdot\left[\frac{H_x^{n+\frac{1}{2}}\left(i,j+\frac{1}{2},k+\frac{1}{2}\right)-H_x^{n+\frac{1}{2}}\left(i,j+\frac{1}{2},k-\frac{1}{2}\right)}{\Delta z}\right.$$
$$\left.-\frac{H_z^{n+\frac{1}{2}}\left(i+\frac{1}{2},j+\frac{1}{2},k\right)-H_z^{n+\frac{1}{2}}\left(i-\frac{1}{2},j+\frac{1}{2},k\right)}{\Delta x}\right] \tag{3.140}$$

$$E_z^{n+1}\left(i,j,k+\frac{1}{2}\right)=E_z^n\left(i,j,k+\frac{1}{2}\right)$$
$$+\frac{\Delta t}{\varepsilon_0}\cdot\left[\frac{H_y^{n+\frac{1}{2}}\left(i+\frac{1}{2},j,k+\frac{1}{2}\right)-H_y^{n+\frac{1}{2}}\left(i-\frac{1}{2},j,k+\frac{1}{2}\right)}{\Delta x}\right.$$
$$\left.-\frac{H_x^{n+\frac{1}{2}}\left(i,j+\frac{1}{2},k+\frac{1}{2}\right)-H_x^{n+\frac{1}{2}}\left(i,j-\frac{1}{2},k+\frac{1}{2}\right)}{\Delta y}\right] \tag{3.141}$$

类似地,式(3.130)~式(3.132)可离散为

$$
\begin{aligned}
H_x^{n+\frac{1}{2}}\left(i,j+\frac{1}{2},k+\frac{1}{2}\right)=&H_x^{n-\frac{1}{2}}\left(i,j+\frac{1}{2},k+\frac{1}{2}\right)\\
&-\frac{\Delta t}{\mu_0}\cdot\left[\frac{E_z^n\left(i,j+1,k+\frac{1}{2}\right)-E_z^n\left(i,j,k+\frac{1}{2}\right)}{\Delta y}\right.\\
&\left.-\frac{E_y^n\left(i,j+\frac{1}{2},k+1\right)-E_y^n\left(i,j+\frac{1}{2},k\right)}{\Delta z}\right]
\end{aligned}
\tag{3.142}
$$

$$
\begin{aligned}
H_y^{n+\frac{1}{2}}\left(i+\frac{1}{2},j,k+\frac{1}{2}\right)=&H_y^{n-\frac{1}{2}}\left(i+\frac{1}{2},j,k+\frac{1}{2}\right)\\
&-\frac{\Delta t}{\mu_0}\cdot\left[\frac{E_x^n\left(i+\frac{1}{2},j,k+1\right)-E_x^n\left(i+\frac{1}{2},j,k\right)}{\Delta z}\right.\\
&\left.-\frac{E_z^n\left(i+1,j,k+\frac{1}{2}\right)-E_z^n\left(i,j,k+\frac{1}{2}\right)}{\Delta x}\right]
\end{aligned}
\tag{3.143}
$$

$$
\begin{aligned}
H_z^{n+\frac{1}{2}}\left(i+\frac{1}{2},j+\frac{1}{2},k\right)=&H_z^{n-\frac{1}{2}}\left(i+\frac{1}{2},j+\frac{1}{2},k\right)\\
&-\frac{\Delta t}{\mu_0}\cdot\left[\frac{E_y^n\left(i+1,j+\frac{1}{2},k\right)-E_y^n\left(i,j+\frac{1}{2},k\right)}{\Delta x}\right.\\
&\left.-\frac{E_x^n\left(i+\frac{1}{2},j+1,k\right)-E_x^n\left(i+\frac{1}{2},j,k\right)}{\Delta y}\right]
\end{aligned}
\tag{3.144}
$$

3.4.2　三维 NPML 吸收边界 FDTD 离散式的推导

在直角坐标系 FDTD 计算中,NPML 吸收边界可以分为棱边区、面区和角顶区三种情况。首先以 x,y 方向交叉的棱边为例进行分析。依据如下坐标变换规则

$$
\partial\tilde{x}=(1+\sigma_x/\mathrm{j}\omega\varepsilon_0)\partial x,\quad \partial\tilde{y}=(1+\sigma_y/\mathrm{j}\omega\varepsilon_0)\partial y
\tag{3.145}
$$

分别用 $\partial\tilde{x}$ 和 $\partial\tilde{y}$ 代替 ∂x 和 ∂y,依据式(3.145)的处理方式,在时域,棱边区的电磁场的麦克斯韦支配方程可以写为

$$
\varepsilon\frac{\partial}{\partial t}E_x=\frac{\partial H_z}{\partial\tilde{y}}-\frac{\partial H_y}{\partial z}-\sigma E_x
\tag{3.146}
$$

$$
\varepsilon\frac{\partial}{\partial t}E_y=\frac{\partial H_x}{\partial z}-\frac{\partial H_z}{\partial\tilde{x}}-\sigma E_y
\tag{3.147}
$$

$$
\varepsilon\frac{\partial}{\partial t}E_z=\frac{\partial H_y}{\partial\tilde{x}}-\frac{\partial H_x}{\partial\tilde{y}}-\sigma E_z
\tag{3.148}
$$

$$
\mu\frac{\partial}{\partial t}H_x=\frac{\partial E_y}{\partial z}-\frac{\partial E_z}{\partial\tilde{y}}-\sigma_\mathrm{m}H_x
\tag{3.149}
$$

$$\mu \frac{\partial}{\partial t} H_y = \frac{\partial E_z}{\partial \tilde{x}} - \frac{\partial E_x}{\partial z} - \sigma_m H_y \tag{3.150}$$

$$\mu \frac{\partial}{\partial t} H_z = \frac{\partial E_x}{\partial \tilde{y}} - \frac{\partial E_y}{\partial \tilde{x}} - \sigma_m H_z \tag{3.151}$$

以式(3.146)为例,令 $s_x = 1 + \sigma_x / j\omega\varepsilon_0$,$s_y = 1 + \sigma_y / j\omega\varepsilon_0$,则有

$$\partial \tilde{x} = \left(1 + \frac{\sigma_x}{j\omega\varepsilon_0}\right) \partial x = s_x \cdot \partial x$$

故式(3.146)可化为

$$\varepsilon \frac{\partial}{\partial t} E_x = \frac{\partial H_z}{s_y \cdot \partial y} - \frac{\partial H_y}{\partial z} - \sigma E_x \tag{3.152}$$

又

$$\frac{\partial H_z}{s_y \cdot \partial y} = \frac{\partial (H_z / s_y)}{\partial y}$$

因此,式(3.152)可以写为

$$\varepsilon \frac{\partial}{\partial t} E_x = \frac{\partial (H_z / s_y)}{\partial y} - \frac{\partial H_y}{\partial z} - \sigma E_x \tag{3.153}$$

引入新变量 $\widetilde{H}_{zy}$,并令

$$\widetilde{H}_{zy} = \frac{H_z}{s_y} \tag{3.154}$$

同理,可以引入其他几个新变量 $\widetilde{E}_{xy}$,$\widetilde{E}_{yx}$,$\widetilde{E}_{zx}$,$\widetilde{E}_{zy}$,$\widetilde{H}_{yx}$,$\widetilde{H}_{xy}$,$\widetilde{H}_{zx}$,$\widetilde{H}_{zy}$。

式(3.146)可化为

$$\varepsilon \frac{\partial}{\partial t} E_x = \frac{\partial \widetilde{H}_{zy}}{\partial y} - \frac{\partial H_y}{\partial z} - \sigma E_x \tag{3.155}$$

同理,式(3.147)~式(3.151)可化为

$$\varepsilon \frac{\partial}{\partial t} E_y = \frac{\partial H_x}{\partial z} - \frac{\partial \widetilde{H}_{zx}}{\partial x} - \sigma E_y \tag{3.156}$$

$$\varepsilon \frac{\partial}{\partial t} E_z = \frac{\partial \widetilde{H}_{yx}}{\partial x} - \frac{\partial \widetilde{H}_{xy}}{\partial y} - \sigma E_z \tag{3.157}$$

$$\mu \frac{\partial}{\partial t} H_x = \frac{\partial E_y}{\partial z} - \frac{\partial \widetilde{E}_{zy}}{\partial y} - \sigma_m H_x \tag{3.158}$$

$$\mu \frac{\partial}{\partial t} H_y = \frac{\partial \widetilde{E}_{zx}}{\partial x} - \frac{\partial E_x}{\partial z} - \sigma_m H_y \tag{3.159}$$

$$\mu \frac{\partial}{\partial t} H_z = \frac{\partial \widetilde{E}_{xy}}{\partial y} - \frac{\partial \widetilde{E}_{yx}}{\partial x} - \sigma_m H_z \tag{3.160}$$

下面以式(3.155)为例进行中心差分离散,有

$$E_x^{n+1}\left(i+\frac{1}{2},j,k\right)=CA(m) \cdot E_x^n\left(i+\frac{1}{2},j,k\right)$$

$$+CB(m)\left[\frac{\widetilde{H}_{zy}^{n+\frac{1}{2}}\left(i+\frac{1}{2},j+\frac{1}{2},k\right)-\widetilde{H}_{zy}^{n+\frac{1}{2}}\left(i+\frac{1}{2},j-\frac{1}{2},k\right)}{\Delta y}\right.$$

$$\left.-\frac{H_y^{n+\frac{1}{2}}\left(i+\frac{1}{2},j,k+\frac{1}{2}\right)-H_y^{n+\frac{1}{2}}\left(i+\frac{1}{2},j,k-\frac{1}{2}\right)}{\Delta z}\right] \quad (3.161)$$

同理,对式(3.156)～式(3.160)离散可得到

$$E_y^{n+1}(i,j+\frac{1}{2},k)=CA(m) \cdot E_y^n\left(i,j+\frac{1}{2},k\right)$$

$$+CB(m)\left[\frac{H_x^{n+\frac{1}{2}}\left(i,j+\frac{1}{2},k+\frac{1}{2}\right)-H_x^{n+\frac{1}{2}}\left(i,j+\frac{1}{2},k-\frac{1}{2}\right)}{\Delta z}\right.$$

$$\left.-\frac{\widetilde{H}_{zx}^{n+\frac{1}{2}}\left(i+\frac{1}{2},j+\frac{1}{2},k\right)-\widetilde{H}_{zx}^{n+\frac{1}{2}}\left(i-\frac{1}{2},j+\frac{1}{2},k\right)}{\Delta x}\right] \quad (3.162)$$

$$E_z^{n+1}\left(i,j+\frac{1}{2},k\right)=CA(m) \cdot E_z^n\left(i,j+\frac{1}{2},k\right)$$

$$+CB(m)\left[\frac{\widetilde{H}_{yx}^{n+\frac{1}{2}}\left(i+\frac{1}{2},j+\frac{1}{2},k\right)-\widetilde{H}_{yx}^{n+\frac{1}{2}}\left(i-\frac{1}{2},j+\frac{1}{2},k\right)}{\Delta x}\right.$$

$$\left.-\frac{\widetilde{H}_{xy}^{n+\frac{1}{2}}\left(i,j+\frac{1}{2},k+\frac{1}{2}\right)-\widetilde{H}_{xy}^{n+\frac{1}{2}}\left(i,j+\frac{1}{2},k-\frac{1}{2}\right)}{\Delta y}\right] \quad (3.163)$$

$$H_x^{n+\frac{1}{2}}\left(i,j+\frac{1}{2},k+\frac{1}{2}\right)=CP(m) \cdot H_x^{n-\frac{1}{2}}\left(i,j+\frac{1}{2},k+\frac{1}{2}\right)$$

$$+CQ(m)\left[\frac{E_y^n\left(i,j+\frac{1}{2},k+1\right)-E_y^n\left(i,j+\frac{1}{2},k\right)}{\Delta z}\right.$$

$$\left.-\frac{\widetilde{E}_{zy}^n\left(i,j+1,k+\frac{1}{2}\right)-\widetilde{E}_{zy}^n\left(i,j,k+\frac{1}{2}\right)}{\Delta y}\right] \quad (3.164)$$

$$H_y^{n+\frac{1}{2}}\left(i+\frac{1}{2},j,k+\frac{1}{2}\right)=CP(m) \cdot H_y^{n-\frac{1}{2}}\left(i+\frac{1}{2},j,k+\frac{1}{2}\right)$$

$$-CQ(m)\left[\frac{E_x^n\left(i+\frac{1}{2},j,k+1\right)-E_x^n\left(i+\frac{1}{2},j,k\right)}{\Delta z}\right.$$

$$\left.-\frac{\widetilde{E}_{zx}^n\left(i+1,j,k+\frac{1}{2}\right)-\widetilde{E}_{zx}^n\left(i,j,k+\frac{1}{2}\right)}{\Delta x}\right] \quad (3.165)$$

$$H_z^{n+\frac{1}{2}}\left(i+\frac{1}{2},j+\frac{1}{2},k\right)=CP(m)\cdot H_z^{n-\frac{1}{2}}\left(i+\frac{1}{2},j+\frac{1}{2},k\right)$$

$$-CQ(m)\left[\frac{\widetilde{E}_{yx}^n\left(i+1,j+\frac{1}{2},k\right)-\widetilde{E}_{yx}^n\left(i,j+\frac{1}{2},k\right)}{\Delta x}\right.$$

$$\left.-\frac{\widetilde{E}_{xy}^n\left(i+\frac{1}{2},j+1,k\right)-\widetilde{E}_{xy}^n\left(i+\frac{1}{2},j,k\right)}{\Delta y}\right] \tag{3.166}$$

其中

$$CA(m)=\frac{\dfrac{\varepsilon}{\Delta t}-\dfrac{\sigma(m)}{2}}{\dfrac{\varepsilon}{\Delta t}+\dfrac{\sigma(m)}{2}},\quad CB(m)=\frac{1}{\dfrac{\varepsilon}{\Delta t}+\dfrac{\sigma(m)}{2}}$$

$$CP(m)=\frac{\dfrac{\mu}{\Delta t}-\dfrac{\sigma(m)}{2}}{\dfrac{\mu}{\Delta t}+\dfrac{\sigma(m)}{2}},\quad CQ(m)=\frac{1}{\dfrac{\mu}{\Delta t}+\dfrac{\sigma(m)}{2}}$$

m 代表观察点 (x,y,z) 处的一组整数或半整数,而引入变量的离散方式也可以按照中心差分方式进行离散

$$\widetilde{E}_{mn}^{n+1}=\frac{1-\dfrac{\sigma\Delta t}{2\varepsilon_0}}{1+\dfrac{\sigma\Delta t}{2\varepsilon_0}}\widetilde{E}_{mn}^n+\frac{1}{1+\dfrac{\sigma\Delta t}{2\varepsilon_0}}\left(E_m^{n+1}-E_m^n\right),\quad \begin{cases}m=x,y,z\\n=x,y\\m\neq n\end{cases} \tag{3.167}$$

$$\widetilde{H}_{mn}^{n+\frac{1}{2}}=\frac{1-\dfrac{\sigma\Delta t}{2\varepsilon_0}}{1+\dfrac{\sigma\Delta t}{2\varepsilon_0}}\widetilde{H}_{mn}^{n-\frac{1}{2}}+\frac{1}{1+\dfrac{\sigma\Delta t}{2\varepsilon_0}}\left(H_m^{n+\frac{1}{2}}-H_m^{n-\frac{1}{2}}\right),\quad \begin{cases}m=x,y,z\\n=x,y\\m\neq n\end{cases} \tag{3.168}$$

综上所述,可以得到三维情况下 NPML 吸收边界的 FDTD 迭代计算的推进过程如下:

$$H\rightarrow\widetilde{H}_{mn}\begin{cases}m=x,y,z\\n=x,y,z\\m\neq n\end{cases}\rightarrow E\rightarrow\widetilde{E}_{mn}\rightarrow H$$

NPML 其他区域的 FDTD 公式可参照以上形式进行推导,角顶区的坐标变换规则是将 $\partial x,\partial y,\partial z$ 同时进行变换 $\partial\widetilde{x},\partial\widetilde{y},\partial\widetilde{z}$,棱边区则变换其中两个方向,而面区则只变换一个方向,根据这种变换方式可以将 NPML 吸收边界的递推公式分别推导出来,这里就不再赘述。

3.4.3　算例验证与分析

算例 3.4　计算金属球的 RCS。

计算模型如图 3.10 所示,金属球半径为 1m,$\delta=0.05$m,$\Delta t=\delta/2c$,目标区域为 $40\times$

$40 \times 40\delta^3$，入射波采用高斯脉冲波。图 3.11 为球的后向远区散射电场随时间的变化图。图 3.12 为金属球的单站 RCS 随频率的变化图。作为比较，图 3.12 中还给出了 Mie 级数解以及用 UPML 方法得到的 RCS 图。在 0～350MHz 范围内三者符合得都很好。

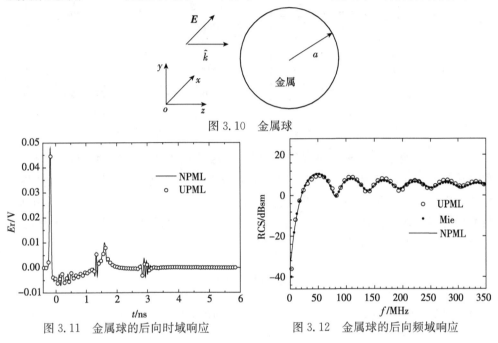

图 3.10　金属球

图 3.11　金属球的后向时域响应　　　　　　图 3.12　金属球的后向频域响应

算例 3.5　计算金属平板的 RCS。

如图 3.13 所示，平板为方形，边长为 29cm，厚度为 1cm。FDTD 网格 $\delta = 1$cm，$\Delta t = \delta / 2c$，入射波为高斯脉冲，入射波沿 z 方向，电场 E 分量沿 $+x$ 方向。图 3.14 给出其后向远区散射电场随时间的变化。图 3.15 为将计算结果经傅里叶变换后得到的后向 RCS 随频率的变化。为了对照，图 3.15 中还给出了矩量法的结果以及 UPML 方法的结果，可见三者符合得很好。

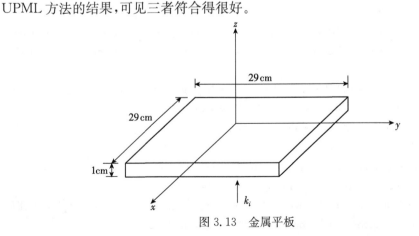

图 3.13　金属平板

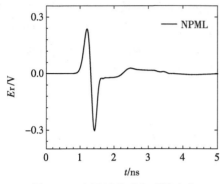

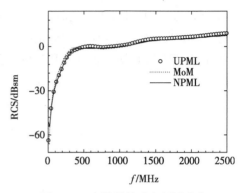

图 3.14　金属板的后向时域响应　　　　图 3.15　金属板的后向频域响应

　　通过以上两个三维算例可以看出,NPML 吸收边界能够很好地达到吸收要求,程序编制实现比较简单。通过将 NPML 吸收边界的计算结果与 UPML 吸收边界及相关解析计算结果比较,可以看出在低频部分,采用 NPML、UPML 的两个算例都能与解析解很好地吻合,但在高频部分,NPML 方法得到的结果与 MOM 方法的结果吻合得比 UPML 方法好。

参 考 文 献

[1] Hu W Y,Stever A. Cummer. The nearly perfectly matched layer is a perfectly matched layer. IEEE Antennas and Wireless Propagation Letters,2004,13(3):137-141.

[2] Siushansian R,LoVetri J. A comparison of numerical techniques for modeling electromagnetic dispersive media. IEEE Microwave Guided Wave Letters,1995,5:426-428.

[3] Luebbers R J,Hunsberger F P,Kunz K S. A frequency-dependent finite difference time-domain formulation for transient propagation in plasma. IEEE Transactions on Antennas and Propagation,1991,39(1):29-34.

[4] Luebbers R,Hunsberger F. FDTD for Nth-order dispersive media. IEEE Transactions on Antennas and Propagation,1992,40(11):1297-1301.

[5] Hunsberger R,Luebbers R,Kunz K. Finite-difference time-domain analysis of gyrotropicmedia. I. magnetized plasma. IEEE Transactions on Antennas and Propagation, 1992, 40 (12): 1489-1495.

[6] Kelley D F,Luebbers R J. Piecewise linear recursive convolution for dispersive media using FDTD. IEEE Transations on Antennas and Propagation,1996,44(6):792-797.

[7] Young J L. A full finite difference time domain implementation for radio wave propagation in a plasma. Radio Science,1992,29:1513-1522.

[8] Yong L J. Propagation in linear dispersive media:finite difference time-domain methodologies. IEEE Transactions on Antennas and Propagation,1995,43(4):422-426.

[9] Young J L. Highter order FDTD method for EM propagation in collisionless cold plasma. IEEE Transactions on Antennas and Propagation,1996,44(9):1283-1289.

[10] Chen Q, Katsurai M, Aoyagi P H. A FDTD formulation for dispersive media using a current density. IEEE Transactions on Antennas and Propagation, 1998, 46(11): 1739-1746.

[11] Kelley D F, Luebbers R J. Piecewise linear recursive convolution for dispersive media using FDTD. IEEE Transactions on Antennas and Propagation, 1996, 44(6): 792-797.

[12] Liu S B, Yuan N C, Mo J J. A novel FDTD formulation for dispersive media. IEEE Microwave and Wireless Components Letters, 2003.

[13] Kashiwa T, Yoshida N Y, Fukai I. Transient analysis of a magnetized plasma in three-dimensional space. IEEE Transactions on Antennas and Propagation, 1988, 36(8): 1096-1105.

[14] Nickisch L J, Franke P M. Finite-difference time-domain solution of Maxwell's equations for the dispersive ionosphere. IEEE Transactions on Antennas and Propagation, 1992, 34(1): 33-39.

[15] Gandhi O P, Gao B Q, Chen T Y. A frequency-dependent finite-difference time-domain for general dispersive media. IEEE Transactions on Microwave Theory and Techniques, 1993, 41(4): 658-665.

[16] Namiki T. A new FDTD algorithm based on alternating direction implicit method. IEEE Transactions on Microwave Theory and Techniques, 1999, 47(10): 2003-2007.

[17] 梁庆. 基于 FDTD 方法的新型非分裂场的 NPML 吸收边界算法研究. 江苏大学硕士学位论文, 2011.

[18] 杨利霞, 梁庆, 于萍萍, 等. 三维新型 FDTD 非分裂场完全匹配层吸收界条件. 电波科学学报, 2011, 26(1): 67-72.

[19] 姜彦南, 杨利霞, 于新华. 基于半空间 FDTD 的近远场外推方法: TE 情形. 计算物理, 2013, 30(4): 554-558.

[20] Yang L X. 3D FDTD implementation for scattering of electric anisotropic dispersive medium using recursive convolution method. International Journal of Infrared and Millimeter Waves, 2007, 28(7): 557-565.

第 4 章　截断色散介质 NPML 吸收边界

本章结合第 3 章截断常规普通介质的 NPML 吸收边界理论,推导并分析截断磁化与非磁化等离子体的一维、二维和三维情况下修正的 M-NPML 吸收边界,并推导截断磁化与非磁化色散等离子体的 M-NPML 吸收边界的 FDTD 迭代式,通过编程实现上述各种情形下的 NPML 吸收边界,并进行验证。

4.1　截断等离子体的一维 M-NPML 吸收边界条件

4.1.1　等离子体的一维 FDTD 递推式

在各向异性色散碰撞磁化等离子体中,麦克斯韦方程组和相关的本构方程为

$$\nabla \times \boldsymbol{E} = -\mu_0 \frac{\partial \boldsymbol{H}}{\partial t} \tag{4.1}$$

$$\nabla \times \boldsymbol{H} = \varepsilon_0 \frac{\partial \boldsymbol{E}}{\partial t} + \boldsymbol{J} \tag{4.2}$$

$$\frac{\mathrm{d}\boldsymbol{J}}{\mathrm{d}t} + \nu \boldsymbol{J} = \varepsilon_0 \omega_p^2 \boldsymbol{E} + \boldsymbol{\omega}_b \times \boldsymbol{J} \tag{4.3}$$

式中,ε_0 为真空中介电常数;μ_0 为真空中导磁率;ω_p 为等离子体频率;$\boldsymbol{\omega}_b = e\boldsymbol{B}_0/m_e$ 为电子旋转频率,$\boldsymbol{B}_0$ 为外部静态磁场,e 和 m_e 分别为电子电量和电子质量。

对于一维情况下的 TEM 波,设外磁场方向为 $+z$ 方向,即 $\boldsymbol{\omega}_b = \omega_b \hat{z}$,在笛卡儿坐标下各矢量表示如下

$$\boldsymbol{E} = E_x \hat{x} + E_y \hat{y}$$
$$\boldsymbol{H} = H_x \hat{x} + H_y \hat{y}$$
$$\boldsymbol{J} = J_x \hat{x} + J_y \hat{y}$$
$$\boldsymbol{\omega}_b = \omega_b \hat{z}$$

在直角坐标系下,式(4.1)和式(4.2)可写为如下形式

$$\frac{\partial H_x}{\partial t} = \frac{1}{\mu_0} \frac{\partial E_y}{\partial z} \tag{4.4}$$

$$\frac{\partial H_y}{\partial t} = -\frac{1}{\mu_0} \frac{\partial E_x}{\partial z} \tag{4.5}$$

$$\frac{\partial E_y}{\partial t} = \frac{1}{\varepsilon_0} \left(\frac{\partial H_x}{\partial z} - J_y \right) \tag{4.6}$$

$$\frac{\partial E_x}{\partial t} = -\frac{1}{\varepsilon_0}\left(\frac{\partial H_y}{\partial z} + J_x\right) \tag{4.7}$$

式(4.3)可写为

$$\begin{bmatrix} \dfrac{\mathrm{d}J_x}{\mathrm{d}t} \\ \dfrac{\mathrm{d}J_y}{\mathrm{d}t} \end{bmatrix} = \varepsilon_0 \omega_p^2 \begin{bmatrix} E_x \\ E_y \end{bmatrix} + \boldsymbol{\Omega} \begin{bmatrix} J_x \\ J_y \end{bmatrix} \tag{4.8}$$

其中

$$\boldsymbol{\Omega} = \begin{bmatrix} -\nu & -\omega_b \\ \omega_b & -\nu \end{bmatrix}$$

即

$$\frac{\mathrm{d}\boldsymbol{J}}{\mathrm{d}t} = \varepsilon_0 \omega_p^2 \boldsymbol{E} + \boldsymbol{\Omega}\boldsymbol{J} \tag{4.9}$$

由式(4.4)和式(4.5)知磁场的 FDTD 迭代方程为

$$H_x^{n+\frac{1}{2}}\left(k+\frac{1}{2}\right) = H_x^{n-\frac{1}{2}}\left(k+\frac{1}{2}\right) + \frac{\Delta t}{\mu_0 \Delta z}\left[E_y^n(k+1) - E_y^n(k)\right] \tag{4.10}$$

$$H_y^{n+\frac{1}{2}}\left(k+\frac{1}{2}\right) = H_y^{n-\frac{1}{2}}\left(k+\frac{1}{2}\right) - \frac{\Delta t}{\mu_0 \Delta z}\left[E_x^n(k+1) - E_x^n(k)\right] \tag{4.11}$$

由式(4.6)和式(4.7)知电场的 FDTD 迭代方程为

$$E_x^{n+1}(k) = E_x^n(k) - \frac{\Delta t}{\varepsilon_0 \Delta z}\left[H_y^{n+\frac{1}{2}}\left(k+\frac{1}{2}\right) - H_y^{n+\frac{1}{2}}\left(k-\frac{1}{2}\right)\right] - \frac{\Delta t}{\varepsilon_0}J_x^{n+\frac{1}{2}}(k) \tag{4.12}$$

$$E_y^{n+1}(k) = E_y^n(k) + \frac{\Delta t}{\varepsilon_0 \Delta z}\left[H_x^{n+\frac{1}{2}}\left(k+\frac{1}{2}\right) - H_x^{n+\frac{1}{2}}\left(k-\frac{1}{2}\right)\right] - \frac{\Delta t}{\varepsilon_0}J_y^{n+\frac{1}{2}}(k) \tag{4.13}$$

4.1.2　基于拉普拉斯变换原理的电流密度 FDTD 迭代式

由式(4.8)知 J_x 和 J_y 相互耦合,其迭代公式不易直接离散,因此采用电流密度 (LT-JEC)方法进行处理。

对式(4.9)做拉普拉斯变换,由于时域和 s 域有如下变换对

$$\frac{\mathrm{d}\boldsymbol{J}}{\mathrm{d}t} \Leftrightarrow sJ(s) - J_0 \tag{4.14}$$

$$\varepsilon_0 \omega_p^2 \boldsymbol{E} \Leftrightarrow \varepsilon_0 \omega_p^2 \boldsymbol{E}(s) \tag{4.15}$$

$$\boldsymbol{\Omega}\boldsymbol{J} \Leftrightarrow \boldsymbol{\Omega}J(s) \tag{4.16}$$

成立,则式(4.9)的拉普拉斯变换可以写成

$$s\boldsymbol{J}(s) - \boldsymbol{J}_0 = \varepsilon_0 \omega_p^2 \boldsymbol{E}(s) + \boldsymbol{\Omega}J(s) \tag{4.17}$$

整理得

$$\boldsymbol{J}(s) = (s\boldsymbol{I} - \boldsymbol{\Omega})^{-1}\boldsymbol{J}_0 + \varepsilon_0 \omega_p^2 (s\boldsymbol{I} - \boldsymbol{\Omega})^{-1}\boldsymbol{E}(s) \tag{4.18}$$

式中,$\boldsymbol{I}$ 是单位矩阵。

为分析方便,令

$$\boldsymbol{A}=(s\boldsymbol{I}-\boldsymbol{\Omega})=\begin{bmatrix} s+\nu & \omega_{b} \\ -\omega_{b} & s+\nu \end{bmatrix}$$

$$\boldsymbol{A}^{-1}=(s\boldsymbol{I}-\boldsymbol{\Omega})^{-1}=\frac{1}{|\boldsymbol{A}|}\boldsymbol{A}^{*}=\frac{1}{(s+\nu)^{2}+\omega_{b}^{2}}\begin{bmatrix} s+\nu & -\omega_{b} \\ \omega_{b} & s+\nu \end{bmatrix}$$

于是式(4.18)变为

$$\boldsymbol{J}(s)=\boldsymbol{A}^{-1}\boldsymbol{J}_{0}+\varepsilon_{0}\omega_{p}^{2}\boldsymbol{A}^{-1}\boldsymbol{E}(s) \tag{4.19}$$

为了在时域内得到关于 $\boldsymbol{J}(t)$ 和 $\boldsymbol{E}$ 之间的显示表达式,对式(4.18)进行逆拉普拉斯变换得

$$\boldsymbol{J}(t)=\boldsymbol{A}(t)\boldsymbol{J}_{0}+\varepsilon_{0}\omega_{p}^{2}\boldsymbol{K}(t) \tag{4.20}$$

其中

$$\boldsymbol{A}(t)=e^{-\nu t}\begin{bmatrix} \cos\omega_{b}t & -\sin\omega_{b}t \\ \sin\omega_{b}t & \cos\omega_{b}t \end{bmatrix} \tag{4.21}$$

$$\boldsymbol{K}(t)=\boldsymbol{A}(t)*\boldsymbol{E}(t) \tag{4.22}$$

结合指数差分可得离散时域 $\boldsymbol{J}$ 的 FDTD 迭代式

$$\begin{bmatrix} J_{x}|_{k}^{n+\frac{1}{2}} \\ J_{y}|_{k}^{n+\frac{1}{2}} \end{bmatrix}=\boldsymbol{A}(\Delta t)\begin{bmatrix} J_{x}|_{k}^{n-\frac{1}{2}} \\ J_{y}|_{k}^{n-\frac{1}{2}} \end{bmatrix}+\varepsilon_{0}\omega_{p}^{2}\boldsymbol{K}(\Delta t) \tag{4.23}$$

其中

$$\boldsymbol{A}(\Delta t)=e^{-\nu\Delta t}\begin{bmatrix} \cos\omega_{b}\Delta t & -\sin\omega_{b}\Delta t \\ \sin\omega_{b}\Delta t & \cos\omega_{b}\Delta t \end{bmatrix} \tag{4.24}$$

$$\boldsymbol{K}(\Delta t)=\int_{(n-\frac{1}{2})\Delta t}^{(n+\frac{1}{2})\Delta t}\boldsymbol{A}\left[\left(n+\frac{1}{2}\right)\Delta t-\tau\right]\boldsymbol{E}(\tau)d\tau \tag{4.25}$$

对式(4.25)根据文献[10]进行处理,可得

$$\boldsymbol{K}(\Delta t)=\Delta t\cdot e^{-\frac{\nu\Delta t}{2}}\begin{bmatrix} \cos\frac{\omega_{b}\Delta t}{2} & -\sin\frac{\omega_{b}\Delta t}{2} \\ \sin\frac{\omega_{b}\Delta t}{2} & \cos\frac{\omega_{b}\Delta t}{2} \end{bmatrix}\begin{bmatrix} E_{x}^{n} \\ E_{y}^{n} \end{bmatrix} \tag{4.26}$$

将式(4.26)代入式(4.23),最终可以写成如下形式

$$\begin{bmatrix} J_{x}|_{k}^{n+\frac{1}{2}} \\ J_{y}|_{k}^{n+\frac{1}{2}} \end{bmatrix}=e^{-\nu\Delta t}\begin{bmatrix} \cos\omega_{b}\Delta t & -\sin\omega_{b}\Delta t \\ \sin\omega_{b}\Delta t & \cos\omega_{b}\Delta t \end{bmatrix}\begin{bmatrix} J_{x}|_{k}^{n-\frac{1}{2}} \\ J_{y}|_{k}^{n-\frac{1}{2}} \end{bmatrix}$$

$$+\varepsilon_{0}\omega_{p}^{2}\Delta t\cdot e^{-\frac{\nu\Delta t}{2}}\begin{bmatrix} \cos\frac{\omega_{b}\Delta t}{2} & -\sin\frac{\omega_{b}\Delta t}{2} \\ \sin\frac{\omega_{b}\Delta t}{2} & \cos\frac{\omega_{b}\Delta t}{2} \end{bmatrix}\begin{bmatrix} E_{x}|_{k}^{n} \\ E_{y}|_{k}^{n} \end{bmatrix} \tag{4.27}$$

将式(4.27)代入式(4.12)和式(4.13),可得一维条件下等离子体的 FDTD 迭代式。

4.1.3　截断等离子体的一维 M-NPML 吸收边界递推式

根据 NPML 坐标变换规则,$\partial \tilde{z}=(1+\sigma_z/\mathrm{j}\omega\varepsilon_0)\partial z$,因此式(4.4)~式(4.7)可化为

$$\frac{\partial H_x}{\partial t}=\frac{1}{\mu_0}\frac{\partial E_y}{\partial \tilde{z}} \tag{4.28}$$

$$\frac{\partial H_y}{\partial t}=-\frac{1}{\mu_0}\frac{\partial E_x}{\partial \tilde{z}} \tag{4.29}$$

$$\frac{\partial E_y}{\partial t}=\frac{1}{\varepsilon_0}\left(\frac{\partial H_x}{\partial \tilde{z}}-J_y\right) \tag{4.30}$$

$$\frac{\partial E_x}{\partial t}=-\frac{1}{\varepsilon_0}\left(\frac{\partial H_y}{\partial \tilde{z}}+J_x\right) \tag{4.31}$$

根据 3.1 节内容可知

$$\frac{\partial E_y}{\partial \tilde{z}}=\frac{\partial E_y}{(1+\sigma_z/\mathrm{j}\omega\varepsilon_0)\partial z}=\frac{\partial(E_y/(1+\sigma_z/\mathrm{j}\omega\varepsilon_0))}{\partial z}$$

设 $\tilde{E}_{yz}=E_y/(1+\sigma_z/\mathrm{j}\omega\varepsilon_0)$,则式(4.28)~式(4.31)可写为

$$\frac{\partial H_x}{\partial t}=\frac{1}{\mu_0}\frac{\partial \tilde{E}_{yz}}{\partial z} \tag{4.32}$$

$$\frac{\partial H_y}{\partial t}=-\frac{1}{\mu_0}\frac{\partial \tilde{E}_{xz}}{\partial z} \tag{4.33}$$

$$\frac{\partial E_y}{\partial t}=\frac{1}{\varepsilon_0}\left(\frac{\partial \tilde{H}_{xz}}{\partial z}-J_y\right) \tag{4.34}$$

$$\frac{\partial E_x}{\partial t}=-\frac{1}{\varepsilon_0}\left(\frac{\partial \tilde{H}_{yz}}{\partial z}+J_x\right) \tag{4.35}$$

由式(4.34)和式(4.35)知,磁场的 FDTD 迭代方程为

$$H_x^{n+\frac{1}{2}}\left(k+\frac{1}{2}\right)=H_x^{n-\frac{1}{2}}\left(k+\frac{1}{2}\right)+\frac{\Delta t}{\mu_0\Delta z}[\tilde{E}_{yz}^n(k+1)-\tilde{E}_{yz}^n(k)] \tag{4.36}$$

$$H_y^{n+\frac{1}{2}}\left(k+\frac{1}{2}\right)=H_y^{n-\frac{1}{2}}\left(k+\frac{1}{2}\right)-\frac{\Delta t}{\mu_0\Delta z}[\tilde{E}_{xz}^n(k+1)-\tilde{E}_{xz}^n(k)] \tag{4.37}$$

由式(4.32)和式(4.33)知电场的 FDTD 迭代方程为

$$E_x^{n+1}(k)=E_x^n(k)-\frac{\Delta t}{\varepsilon_0\Delta z}\left[\tilde{H}_{yz}^{n+\frac{1}{2}}\left(k+\frac{1}{2}\right)-\tilde{H}_{yz}^{n+\frac{1}{2}}\left(k-\frac{1}{2}\right)\right]-\frac{\Delta t}{\varepsilon_0}J_x^{n+\frac{1}{2}}(k) \tag{4.38}$$

$$E_y^{n+1}(k)=E_y^n(k)+\frac{\Delta t}{\varepsilon_0\Delta z}\left[\tilde{H}_{xz}^{n+\frac{1}{2}}\left(k+\frac{1}{2}\right)-\tilde{H}_{xz}^{n+\frac{1}{2}}\left(k-\frac{1}{2}\right)\right]-\frac{\Delta t}{\varepsilon_0}J_y^{n+\frac{1}{2}}(k) \tag{4.39}$$

又

$$\widetilde{H}_{xz} = \frac{H_x}{s_z} = \frac{H_x}{1 + \dfrac{\sigma_z}{j\omega\varepsilon_0}} \tag{4.40}$$

将式(4.40)进行整理,有

$$\left(1 + \frac{\sigma_z}{j\omega\varepsilon_0}\right)\widetilde{H}_{xz} = H_x$$

$$(j\omega\varepsilon_0 + \sigma_z)\widetilde{H}_{xz} = j\omega\varepsilon_0 H_x$$

$$j\omega\varepsilon_0 \widetilde{H}_{xz} + \sigma_z \widetilde{H}_{xz} = j\omega\varepsilon_0 H_x \tag{4.41}$$

由 $j\omega \Rightarrow \dfrac{\partial}{\partial t}$,将式(4.41)变换到时域,可得

$$\frac{\partial \widetilde{H}_{xz}}{\partial t} + \sigma_z \widetilde{H}_{xz} = \frac{\partial H_x}{\partial t} \tag{4.42}$$

将式(4.42)进行中心差分离散,可得

$$\widetilde{H}_{xz}^{n+\frac{1}{2}} = \frac{1 - \dfrac{\sigma_{2z}\Delta t}{2\varepsilon_0}}{1 + \dfrac{\sigma_{2z}\Delta t}{2\varepsilon_0}}\widetilde{H}_{xz}^{n-\frac{1}{2}} + \frac{1}{1 + \dfrac{\sigma_{2z}\Delta t}{2\varepsilon_0}}\left(H_x^{n+\frac{1}{2}} - H_x^{n-\frac{1}{2}}\right) \tag{4.43}$$

同理,有

$$\widetilde{E}_{xz}^{n+1} = \frac{1 - \dfrac{\sigma_{1z}\Delta t}{2\varepsilon_0}}{1 + \dfrac{\sigma_{1z}\Delta t}{2\varepsilon_0}}\widetilde{E}_{xz}^{n} + \frac{1}{1 + \dfrac{\sigma_{1z}\Delta t}{2\varepsilon_0}}(E_x^{n+1} - E_x^{n}) \tag{4.44}$$

$$\widetilde{E}_{yz}^{n+1} = \frac{1 - \dfrac{\sigma_{1z}\Delta t}{2\varepsilon_0}}{1 + \dfrac{\sigma_{1z}\Delta t}{2\varepsilon_0}}\widetilde{E}_{yz}^{n} + \frac{1}{1 + \dfrac{\sigma_{1z}\Delta t}{2\varepsilon_0}}(E_y^{n+1} - E_y^{n}) \tag{4.45}$$

$$\widetilde{H}_{yz}^{n+\frac{1}{2}} = \frac{1 - \dfrac{\sigma_{2z}\Delta t}{2\varepsilon_0}}{1 + \dfrac{\sigma_{2z}\Delta t}{2\varepsilon_0}}\widetilde{H}_{yz}^{n-\frac{1}{2}} + \frac{1}{1 + \dfrac{\sigma_{2z}\Delta t}{2\varepsilon_0}}\left(H_y^{n+\frac{1}{2}} - H_y^{n-\frac{1}{2}}\right) \tag{4.46}$$

4.1.4　算例验证与分析

　　为了检验上述算法的正确性,本节计算电磁波垂直入射到充满等离子体的半空间的反射系数,并与解析解进行比较。入射电磁波为高斯脉冲的导数,峰值在频率为50GHz、100GHz 时下降 10dB。计算空间步长为 75μm,时间步长为 0.125ps。等离子体占 200 网格,紧邻的 NPML 为 6 个网格,其余为真空。

算例 4.1　磁化等离子体的反射系数验证,所给参数为 $\omega_b=300\text{GHz}$,$\nu=200\text{GHz}$,$\omega_p=2\pi\times28.7\times10^9\,\text{rad/s}$。图 4.1 和图 4.2 分别给出了右旋圆极化(RCP)和左旋圆极化(LCP)波的磁化等离子体 FDTD 解和解析解的反射系数。从图中可知两者完全吻合,验证了该算法的正确性。

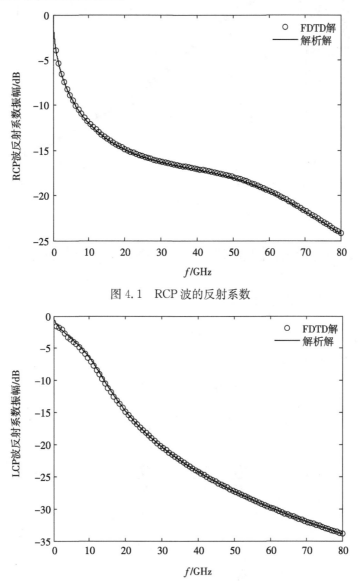

图 4.1　RCP 波的反射系数

图 4.2　LCP 波的反射系数

算例 4.2　非磁化等离子体反射系数验证,所给参数为 $\nu=200\text{GHz}$,$\omega_p=2\pi\times28.7\times10^9\,\text{rad/s}$。图 4.3 给出了非磁化等离子体情况下的 FDTD 解和解析解的反射系数。从图 4.3 中可知两者完全吻合,表明该算法是有效的。

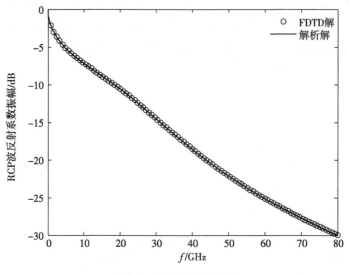

图 4.3 反射系数频谱图

4.2 截断等离子体的二维 M-NPML 吸收边界条件

4.2.1 等离子体的二维 FDTD 公式

1. TM 波情形

二维情况下 TM 波在直角坐标系中的麦克斯韦方程为

$$\frac{\partial E_z}{\partial y} = -\mu_0 \frac{\partial H_x}{\partial t} \tag{4.47}$$

$$\frac{\partial E_z}{\partial x} = \mu_0 \frac{\partial H_y}{\partial t} \tag{4.48}$$

$$\frac{\partial H_y}{\partial x} - \frac{\partial H_x}{\partial y} = \varepsilon_0 \frac{\partial E_z}{\partial t} + J_z \tag{4.49}$$

式(4.3)可写为

$$\frac{\mathrm{d}J_z}{\mathrm{d}t} + \nu J_z = \varepsilon_0 \omega_{\mathrm{p}}^2 E_z \tag{4.50}$$

对式(4.47)~式(4.50)离散可得

$$H_x^{n+\frac{1}{2}}\left(i,j+\frac{1}{2}\right) = H_x^{n-\frac{1}{2}}\left(i,j+\frac{1}{2}\right) - \frac{\Delta t}{\mu_0} \cdot \left[\frac{E_z^n(i,j+1) - E_z^n(i,j)}{\Delta y}\right] \tag{4.51}$$

$$H_y^{n+\frac{1}{2}}\left(i+\frac{1}{2},j\right) = H_y^{n-\frac{1}{2}}\left(i+\frac{1}{2},j\right) - \frac{\Delta t}{\mu_0} \cdot \left[\frac{E_z^n(i+1,j) - E_z^n(i,j)}{\Delta x}\right] \tag{4.52}$$

$$E_z^{n+1}(i,j)=E_z^n(i,j)+\frac{\Delta t}{\varepsilon_0}\cdot\left[\frac{H_y^{n+\frac{1}{2}}\left(i+\frac{1}{2},j\right)-H_y^{n+\frac{1}{2}}\left(i-\frac{1}{2},j\right)}{\Delta x}\right.$$

$$\left.-\frac{H_x^{n+\frac{1}{2}}\left(i,j+\frac{1}{2}\right)-H_x^{n+\frac{1}{2}}\left(i,j-\frac{1}{2}\right)}{\Delta y}\right]-\frac{\Delta t}{\varepsilon_0}J_z^{n+\frac{1}{2}}(i,j) \tag{4.53}$$

由 LT-JEC 方法,式(4.50)可写成

$$J_z^{n+\frac{1}{2}}(i,j)=\mathrm{e}^{-\nu\Delta t}J_z^{n-\frac{1}{2}}(i,j)+\varepsilon_0\omega_\mathrm{p}^2\Delta t\mathrm{e}^{-\frac{\nu\Delta t}{2}}E_z^n(i,j) \tag{4.54}$$

2. TE 波情形

二维情况下 TE 波在直角坐标系中的麦克斯韦方程为

$$\frac{\partial H_z}{\partial y}=\varepsilon_0\frac{\partial E_x}{\partial t}+J_x \tag{4.55}$$

$$-\frac{\partial H_z}{\partial x}=\varepsilon_0\frac{\partial E_y}{\partial t}+J_y \tag{4.56}$$

$$\frac{\partial E_y}{\partial x}-\frac{\partial E_x}{\partial y}=-\mu_0\frac{\partial H_z}{\partial t} \tag{4.57}$$

式(4.3)可写为

$$\begin{bmatrix}\dfrac{\mathrm{d}J_x}{\mathrm{d}t}\\[2mm]\dfrac{\mathrm{d}J_y}{\mathrm{d}t}\end{bmatrix}=\varepsilon_0\omega_\mathrm{p}^2\begin{bmatrix}E_x\\E_y\end{bmatrix}+\boldsymbol{\Omega}\begin{bmatrix}J_x\\J_y\end{bmatrix} \tag{4.58}$$

其中

$$\boldsymbol{\Omega}=\begin{pmatrix}-\nu & -\omega_\mathrm{b}\\\omega_\mathrm{b} & -\nu\end{pmatrix}$$

即

$$\frac{\mathrm{d}\boldsymbol{J}}{\mathrm{d}t}=\varepsilon_0\omega_\mathrm{p}^2\boldsymbol{E}+\boldsymbol{\Omega}\boldsymbol{J} \tag{4.59}$$

将式(4.55)~式(4.57)进行离散,可得

$$E_x^{n+1}\left(i+\frac{1}{2},j\right)=E_x^n\left(i+\frac{1}{2},j\right)$$

$$+\frac{\Delta t}{\varepsilon_0}\cdot\left[\frac{H_z^{n+\frac{1}{2}}\left(i+\frac{1}{2},j+\frac{1}{2}\right)-H_z^{n+\frac{1}{2}}\left(i+\frac{1}{2},j-\frac{1}{2}\right)}{\Delta y}\right]$$

$$-\frac{\Delta t}{\varepsilon_0}\cdot J_x^{n+\frac{1}{2}}\left(i+\frac{1}{2},j\right) \tag{4.60}$$

$$H_z^{n+\frac{1}{2}}\left(i+\frac{1}{2},j+\frac{1}{2}\right)=H_z^{n-\frac{1}{2}}\left(i+\frac{1}{2},j+\frac{1}{2}\right)$$

$$-\frac{\Delta t}{\mu_0} \cdot \left[\frac{E_y^n\left(i+1,j+\frac{1}{2}\right)-E_y^n\left(i,j+\frac{1}{2}\right)}{\Delta x} \right.$$

$$\left. -\frac{E_x^n\left(i+\frac{1}{2},j+1\right)-E_x^n\left(i+\frac{1}{2},j\right)}{\Delta y} \right] \tag{4.61}$$

对式(4.59)采用 LT-JEC 方法,并离散有

$$J_x^{n+\frac{1}{2}}\left(i,j+\frac{1}{2}\right)$$

$$=e^{-\nu\Delta t}\left\{\cos\omega_b\Delta t \cdot J_x^{n+\frac{1}{2}}\left(i,j+\frac{1}{2}\right)-\sin\frac{\omega_b\Delta t}{4} \cdot \left[J_y^{n+\frac{1}{2}}\left(i+\frac{1}{2},j\right)+J_y^{n+\frac{1}{2}}\left(i+\frac{1}{2},j+1\right)\right.\right.$$

$$\left.\left. +J_y^{n+\frac{1}{2}}\left(i-\frac{1}{2},j\right)+J_y^{n+\frac{1}{2}}\left(i-\frac{1}{2},j+1\right)\right]\right\}$$

$$+\varepsilon_0\omega_p^2\Delta t e^{-\frac{\nu\Delta t}{2}} \cdot \left\{\cos\frac{\omega_b\Delta t}{2} \cdot E_x^n\left(i,j+\frac{1}{2}\right)\right.$$

$$-\frac{\sin\frac{\omega_b\Delta t}{2}}{4} \cdot \left[E_y^n\left(i+\frac{1}{2},j\right)+E_y^n\left(i+\frac{1}{2},j+1\right)\right.$$

$$\left.\left. +E_y^n\left(i-\frac{1}{2},j\right)+E_y^n\left(i-\frac{1}{2},j+1\right)\right]\right\} \tag{4.62}$$

$$J_y^{n+\frac{1}{2}}\left(i+\frac{1}{2},j\right)$$

$$=e^{-\nu\Delta t}\left\{\cos\omega_b\Delta t \cdot J_y^{n+\frac{1}{2}}\left(i+\frac{1}{2},j\right)+\sin\frac{\omega_b\Delta t}{4} \cdot \left[J_x^{n+\frac{1}{2}}\left(i,j-\frac{1}{2}\right)+J_x^{n+\frac{1}{2}}\left(i,j+\frac{1}{2}\right)\right.\right.$$

$$\left.\left. +J_x^{n+\frac{1}{2}}\left(i+1,j-\frac{1}{2}\right)+J_x^{n+\frac{1}{2}}\left(i+1,j+\frac{1}{2}\right)\right]\right\}$$

$$+\varepsilon_0\omega_p^2\Delta t e^{-\frac{\nu\Delta t}{2}} \cdot \left\{\cos\frac{\omega_b\Delta t}{2} \cdot E_y^n\left(i+\frac{1}{2},j\right)\right.$$

$$+\frac{\sin\frac{\omega_b\Delta t}{2}}{4} \cdot \left[E_x^n\left(i,j-\frac{1}{2}\right)+E_x^n\left(i,j+\frac{1}{2}\right)\right.$$

$$\left.\left. +E_x^n\left(i+1,j-\frac{1}{2}\right)+E_x^n\left(i+1,j+\frac{1}{2}\right)\right]\right\} \tag{4.63}$$

4.2.2　截断等离子体的二维 M-NPML 吸收边界的公式

二维情况下 TM 波在直角坐标系中的麦克斯韦方程为式(4.47)~式(4.50)。根据上述 NPML 吸收边界原理,易得角点处对应的截断色散介质的 NPML 吸收边界的麦克斯韦方程为

$$\frac{\partial\widetilde{E}_{zy}}{\partial y}=-\mu_0\frac{\partial H_x}{\partial t} \tag{4.64}$$

$$\frac{\partial \widetilde{E}_{zx}}{\partial x} = \mu_0 \frac{\partial H_y}{\partial t} \tag{4.65}$$

$$\frac{\partial \widetilde{H}_{yx}}{\partial x} - \frac{\partial \widetilde{H}_{xy}}{\partial y} = \varepsilon_0 \frac{\partial E_z}{\partial t} + J_z \tag{4.66}$$

$$\frac{\mathrm{d}J_z}{\mathrm{d}t} + \nu J_z = \varepsilon_0 \omega_\mathrm{p}^2 E_z \tag{4.67}$$

其中

$$\begin{cases} \widetilde{E}_z^x = (1 + \sigma_x(x)/\mathrm{j}\omega)^{-1} \cdot E_z \\[2mm] \widetilde{E}_z^y = (1 + \sigma_y(y)/\mathrm{j}\omega)^{-1} \cdot E_z \\[2mm] \widetilde{H}_y = (1 + \sigma_x(x)/\mathrm{j}\omega)^{-1} \cdot H_y \\[2mm] \widetilde{H}_x = (1 + \sigma_y(y)/\mathrm{j}\omega)^{-1} \cdot H_x \end{cases} \tag{4.68}$$

将式(4.68)转换到时域有

$$\begin{cases} \dfrac{\partial E_x}{\partial t} = \dfrac{\partial \widetilde{E}_{zx}}{\partial t} + \sigma_x \widetilde{E}_z^x \\[3mm] \dfrac{\partial E_y}{\partial t} = \dfrac{\partial \widetilde{E}_{zy}}{\partial t} + \sigma_y \widetilde{E}_z^y \\[3mm] \dfrac{\partial H_y}{\partial t} = \dfrac{\partial \widetilde{H}_{yx}}{\partial t} + \sigma_x \widetilde{H}_y \\[3mm] \dfrac{\partial H_x}{\partial t} = \dfrac{\partial \widetilde{H}_{xy}}{\partial t} + \sigma_y \widetilde{H}_x \end{cases} \tag{4.69}$$

将式(4.64)～式(4.67)作中心差分离散,则有

$$H_x^{n+\frac{1}{2}}\left(i, j+\frac{1}{2}\right) = H_x^{n-\frac{1}{2}}\left(i, j+\frac{1}{2}\right) - \frac{\Delta t}{\mu_0} \cdot \frac{\widetilde{E}_{zy}^n(i, j+1) - \widetilde{E}_{zy}^n(i, j)}{\Delta y} \tag{4.70}$$

$$H_y^{n+\frac{1}{2}}\left(i+\frac{1}{2}, j\right) = H_y^{n-\frac{1}{2}}\left(i+\frac{1}{2}, j\right) - \frac{\Delta t}{\mu_0} \cdot \frac{\widetilde{E}_{zx}^n(i+1, j) - \widetilde{E}_{zx}^n(i, j)}{\Delta x} \tag{4.71}$$

$$\begin{aligned} \widetilde{H}_{xy}^{n+\frac{1}{2}}\left(i+\frac{1}{2}, j\right) = {} & \frac{1 - \dfrac{\Delta t \sigma}{2}}{1 + \dfrac{\Delta t \sigma}{2}} \widetilde{H}_{xy}^{n-\frac{1}{2}}\left(i+\frac{1}{2}, j\right) \\[3mm] & + \frac{1}{1 + \dfrac{\Delta t \sigma}{2}} \left[H_x^{n+\frac{1}{2}}\left(i+\frac{1}{2}, j\right) - H_x^{n-\frac{1}{2}}\left(i+\frac{1}{2}, j\right) \right] \end{aligned} \tag{4.72}$$

$$\widetilde{H}_{yx}^{n+\frac{1}{2}}\left(i+\frac{1}{2}, j\right) = \frac{1 - \dfrac{\Delta t \sigma}{2}}{1 + \dfrac{\Delta t \sigma}{2}} \widetilde{H}_{yx}^{n-\frac{1}{2}}\left(i+\frac{1}{2}, j\right)$$

$$+\frac{1}{1+\frac{\Delta t\sigma}{2}}\left[H_y^{n+\frac{1}{2}}\left(i+\frac{1}{2},j\right)-H_y^{n-\frac{1}{2}}\left(i+\frac{1}{2},j\right)\right] \tag{4.73}$$

$$E_z^{n+1}(i,j)=E_z^n(i,j)+\frac{\Delta t}{\varepsilon_0}\cdot\left[\frac{\widetilde{H}_{yx}^{n+\frac{1}{2}}\left(i+\frac{1}{2},j\right)-\widetilde{H}_{yx}^{n+\frac{1}{2}}\left(i-\frac{1}{2},j\right)}{\Delta x}\right.$$

$$\left.-\frac{\widetilde{H}_{xy}^{n+\frac{1}{2}}\left(i,j+\frac{1}{2}\right)-\widetilde{H}_{xy}^{n+\frac{1}{2}}\left(i,j-\frac{1}{2}\right)}{\Delta y}\right]-\frac{\Delta t}{\varepsilon_0}J_z^{n+\frac{1}{2}}(i,j) \tag{4.74}$$

$$\widetilde{E}_{zx}^n(i,j)=\frac{1-\frac{\Delta t\sigma}{2}}{1+\frac{\Delta t\sigma}{2}}\widetilde{E}_{zx}^{n-1}(i,j)+\frac{1}{1+\frac{\Delta t\sigma}{2}}\left[E_z^n(i,j)-E_z^{n-1}(i,j)\right] \tag{4.75}$$

$$\widetilde{E}_{zy}^n(i,j)=\frac{1-\frac{\Delta t\sigma}{2}}{1+\frac{\Delta t\sigma}{2}}\widetilde{E}_{zy}^{n-1}(i,j)+\frac{1}{1+\frac{\Delta t\sigma}{2}}\left[E_z^n(i,j)-E_z^{n-1}(i,j)\right] \tag{4.76}$$

J_z 的表达式同式(4.54)。

　　同理,二维情况下 TE 波在直角坐标的麦克斯韦方程为式(4.55)~式(4.58),根据 NPML 吸收边界原理,可得对应的截断色散介质的 NPML 吸收边界的麦克斯韦方程为

$$\frac{\partial\widetilde{H}_{zy}}{\partial y}=\varepsilon_0\frac{\partial E_x}{\partial t}+J_x \tag{4.77}$$

$$-\frac{\partial\widetilde{H}_{zx}}{\partial x}=\varepsilon_0\frac{\partial E_y}{\partial t}+J_y \tag{4.78}$$

$$\frac{\partial\widetilde{E}_{yx}}{\partial x}-\frac{\partial\widetilde{E}_{xy}}{\partial y}=-\mu_0\frac{\partial H_z}{\partial t} \tag{4.79}$$

其中

$$\begin{cases}\dfrac{\partial H_z}{\partial t}=\dfrac{\partial\widetilde{H}_{zx}}{\partial t}+\sigma_x\widetilde{H}_z^x\\[2mm]\dfrac{\partial H_z}{\partial t}=\dfrac{\partial\widetilde{H}_{zy}}{\partial t}+\sigma_y\widetilde{H}_z^y\\[2mm]\dfrac{\partial E_y}{\partial t}=\dfrac{\partial\widetilde{E}_{yx}}{\partial t}+\sigma_x\widetilde{E}_y\\[2mm]\dfrac{\partial E_x}{\partial t}=\dfrac{\partial\widetilde{E}_{xy}}{\partial t}+\sigma_y\widetilde{E}_x\end{cases} \tag{4.80}$$

将上述 NPML 吸收边界内的微分方程采用中心差分离散,可以得

$$E_x^{n+1}\left(i+\frac{1}{2},j\right)=E_x^n\left(i+\frac{1}{2},j\right)$$

$$+\frac{\Delta t}{\varepsilon_0}\cdot\frac{\widetilde{H}_{zy}^{n+\frac{1}{2}}\left(i+\frac{1}{2},j+\frac{1}{2}\right)-\widetilde{H}_{zy}^{n+\frac{1}{2}}\left(i+\frac{1}{2},j-\frac{1}{2}\right)}{\Delta y}$$

$$-\frac{\Delta t}{\varepsilon_0}\cdot J_x^{n+\frac{1}{2}}\left(i+\frac{1}{2},j\right)\tag{4.81}$$

$$E_y^{n+1}\left(i,j+\frac{1}{2}\right)=E_y^n\left(i,j+\frac{1}{2}\right)-\frac{\Delta t}{\varepsilon_0}\cdot\frac{\widetilde{H}_{zx}^{n+\frac{1}{2}}\left(i+\frac{1}{2},j+\frac{1}{2}\right)-\widetilde{H}_{zx}^{n+\frac{1}{2}}\left(i-\frac{1}{2},j+\frac{1}{2}\right)}{\Delta x}$$

$$-\frac{\Delta t}{\varepsilon_0}\cdot J_y^{n+\frac{1}{2}}\left(i,j+\frac{1}{2}\right)\tag{4.82}$$

$$\widetilde{E}_{xy}^n\left(i+\frac{1}{2},j\right)=\frac{\left(1-\frac{\Delta t\sigma_y}{2}\right)\widetilde{E}_{xy}^{n-1}\left(i+\frac{1}{2},j\right)+E_x^n\left(i+\frac{1}{2},j\right)-E_x^{n-1}\left(i+\frac{1}{2},j\right)}{1+\frac{\Delta t\sigma_y}{2}}$$

$$\tag{4.83}$$

$$\widetilde{E}_{yx}^n\left(i,j+\frac{1}{2}\right)=\frac{\left(1-\frac{\Delta t\sigma_x}{2}\right)\widetilde{E}_{yx}^{n-1}\left(i,j+\frac{1}{2}\right)+E_y^n\left(i,j+\frac{1}{2}\right)-E_y^{n-1}\left(i,j+\frac{1}{2}\right)}{1+\frac{\Delta t\sigma_x}{2}}$$

$$\tag{4.84}$$

$$H_z^{n+\frac{1}{2}}\left(i+\frac{1}{2},j+\frac{1}{2}\right)=H_z^{n-\frac{1}{2}}\left(i+\frac{1}{2},j+\frac{1}{2}\right)-\frac{\Delta t}{\mu_0}\cdot\left[\frac{\widetilde{E}_y^n\left(i+1,j+\frac{1}{2}\right)-\widetilde{E}_y^n\left(i,j+\frac{1}{2}\right)}{\Delta x}\right.$$

$$\left.-\frac{\widetilde{E}_x^n\left(i+\frac{1}{2},j+1\right)-\widetilde{E}_x^n\left(i+\frac{1}{2},j\right)}{\Delta y}\right]\tag{4.85}$$

$$\widetilde{H}_{zx}^{n+\frac{1}{2}}\left(i+\frac{1}{2},j+\frac{1}{2}\right)$$

$$=\frac{\left(1-\frac{\Delta t\sigma_x}{2}\right)\widetilde{H}_{zx}^{n-\frac{1}{2}}\left(i+\frac{1}{2},j+\frac{1}{2}\right)+H_z^{n+\frac{1}{2}}\left(i+\frac{1}{2},j+\frac{1}{2}\right)-H_z^{n-\frac{1}{2}}\left(i+\frac{1}{2},j+\frac{1}{2}\right)}{1+\frac{\Delta t\sigma_x}{2}}$$

$$\tag{4.86}$$

$$\widetilde{H}_{zy}^n\left(i+\frac{1}{2},j+\frac{1}{2}\right)$$

$$=\frac{\left(1-\frac{\Delta t\sigma_y}{2}\right)\widetilde{H}_{zy}^{n-1}\left(i+\frac{1}{2},j+\frac{1}{2}\right)+H_z^n\left(i+\frac{1}{2},j+\frac{1}{2}\right)-H_z^{n-1}\left(i+\frac{1}{2},j+\frac{1}{2}\right)}{1+\frac{\Delta t\sigma_y}{2}}\tag{4.87}$$

J_x 和 J_y 的表达式同式(4.62)和式(4.63)。

4.2.3　算例验证与分析

如图 4.4 所示,最内层为空气方柱,中间层为等离子体方柱,最外层为 NPML 吸收边界,点 A 为左边界观察点,点 B 为角点观察点,点 C 为下边界观察点,↑表示入射源。入射波为微分高斯脉冲源,设 $\delta=0.025\mathrm{cm}$,取 $\tau=60\Delta t$,$\Delta t=\delta/2c$,$t_0=0.8\tau$,NPML 层占 4 个网格。

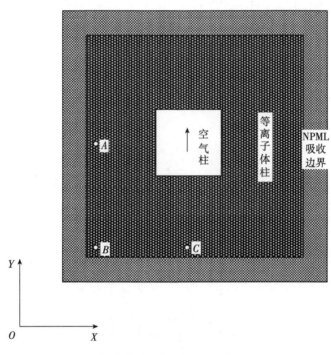

图 4.4　吸收边界验证模型

验证方法:空气方柱 X 轴占$[-10,10]$,Y 轴占$[-10,10]$网格;等离子体方柱 X 轴为$(-20,20)$网格,Y 轴为$(-20,20)$网格;NPML 层占 4 个网格;观察点在 XOY 面的坐标为点 $A(-18,0)$,点 $B(-18,-18)$,点 $C(0,-18)$,观察这些点的电场分量 E_z 的时域波形,并记为小空间波形。然后扩大等离子体方柱的区域 X 轴$(-200,200)$网格,Y 轴$(-200,200)$网格,而空气方柱和 NPML 吸收边界大小不变,仍然记录此时点$A(-18,0)$,点 $B(-18,-18)$,点 $C(0,-18)$的电场分量 E_z 的时域波形,对比两次记录观察点的时域波形。

算例 4.3　验证 M-NPML 截断非磁化等离子体的吸收效果。等离子体参数为 $\omega_p=2\pi\times28.7\mathrm{Grad/s}$,$\nu=200\mathrm{GHz}$,$\omega_b=0\mathrm{GHz}$。

图 4.5~图 4.7 分别为 TM 波情形下,点 A、B、C 的两次时域波形比较图。

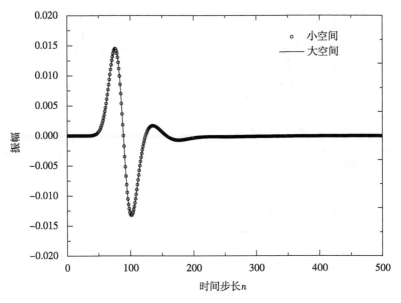

图 4.5　非磁化等离子体 TM 波点 A 时域波形比较图

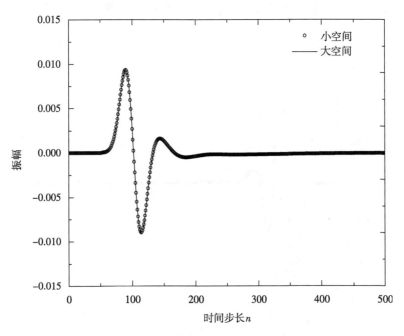

图 4.6　非磁化等离子体 TM 波点 B 时域波形比较图

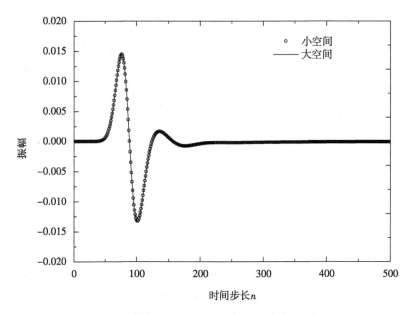

图 4.7　非磁化等离子体 TM 波点 C 时域波形比较图

图 4.8～图 4.10 分别为 TE 波情形下,点 A、B、C 的两次时域波形比较图。

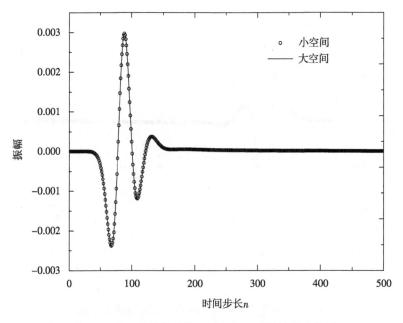

图 4.8　非磁化等离子体 TE 波点 A 时域波形比较图

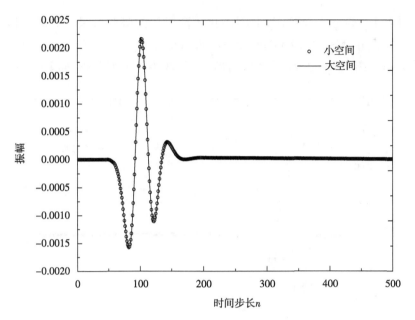

图 4.9 非磁化等离子体 TE 波点 B 时域波形比较图

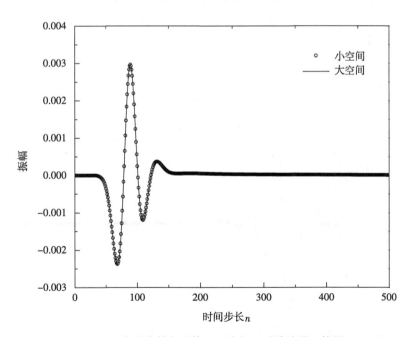

图 4.10 非磁化等离子体 TE 波点 C 时域波形比较图

由上面两组图可知,对于非磁化等离子体,无论是 TM 波还是 TE 波,同一观察点的两次时域波形完全重合,表明吸收边界具有很好的吸收效果,从而达到预期目的。

算例 4.4   验证 M-NPML 截断磁化等离子体的吸收效果。等离子体参数为 $\omega_p = 2\pi \times 28.7 \mathrm{Grad/s}, \nu = 200\mathrm{GHz}, \omega_b = 100\mathrm{GHz}$。

图 4.11～图 4.13 为分别 TE 波情形下,点 A、B、C 的两次时域波形比较图。

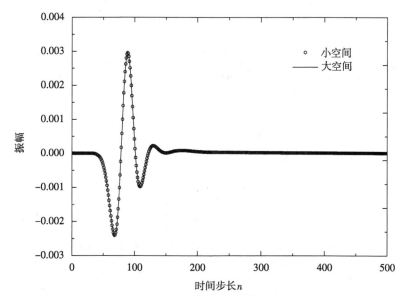

图 4.11   磁化等离子体 TE 波点 A 时域波形比较图

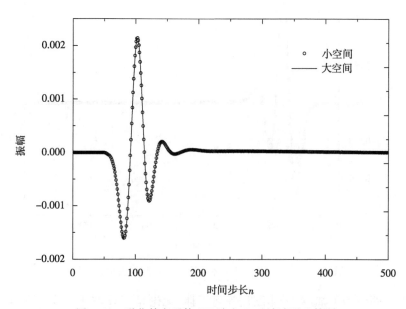

图 4.12   磁化等离子体 TE 波点 B 时域波形比较图

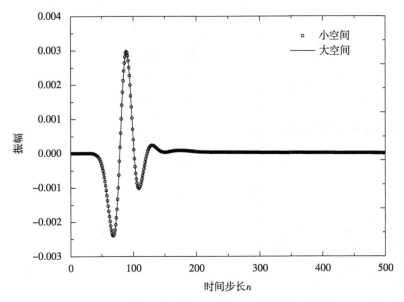

图 4.13　磁化等离子体 TE 波点 C 时域波形比较图

由图 4.11～图 4.13 可知,对于磁化等离子体,同一观察点的两次时域波形完全重合,表明吸收边界具有很好的吸收效果,从而达到预期目的。

4.3　截断磁化等离子体的三维 M-NPML 吸收边界条件

4.3.1　磁化等离子体的三维 FDTD 公式

在笛卡儿坐标下场分布如下

$$\boldsymbol{E} = E_x\hat{x} + E_y\hat{y} + E_z\hat{z} \tag{4.88}$$

$$\boldsymbol{H} = H_x\hat{x} + H_y\hat{y} + H_z\hat{z} \tag{4.89}$$

$$\boldsymbol{J} = J_x\hat{x} + J_y\hat{y} + J_z\hat{z} \tag{4.90}$$

$$\omega_b = \omega_{bx}\hat{x} + \omega_{by}\hat{y} + \omega_{bz}\hat{z} \tag{4.91}$$

将式(4.88)～式(4.90)代入式(4.1)～式(4.3),根据麦克斯韦旋度方程

$$\nabla \times \boldsymbol{E} = -\mu_0 \frac{\partial \boldsymbol{H}}{\partial t} \tag{4.92}$$

$$\frac{\partial \boldsymbol{H}}{\partial t} = -\frac{1}{\mu_0} \nabla \times \boldsymbol{E} \tag{4.93}$$

$$\nabla \times \boldsymbol{E} = \begin{vmatrix} x & y & z \\ \dfrac{\partial}{\partial x} & \dfrac{\partial}{\partial y} & \dfrac{\partial}{\partial z} \\ E_x & E_y & E_z \end{vmatrix} \tag{4.94}$$

得到以下方程

$$\frac{\partial H_x}{\partial t} = -\frac{1}{\mu_0} \left(\frac{\partial E_z}{\partial y} - \frac{\partial E_y}{\partial z} \right) \tag{4.95}$$

$$\frac{\partial H_y}{\partial t} = -\frac{1}{\mu_0} \left(\frac{\partial E_x}{\partial z} - \frac{\partial E_z}{\partial x} \right) \tag{4.96}$$

$$\frac{\partial H_z}{\partial t} = -\frac{1}{\mu_0} \left(\frac{\partial E_y}{\partial x} - \frac{\partial E_x}{\partial y} \right) \tag{4.97}$$

同理,根据麦克斯韦旋度方程

$$\nabla \times \boldsymbol{H} = \varepsilon_0 \frac{\partial \boldsymbol{E}}{\partial t} + \boldsymbol{J} \tag{4.98}$$

$$\frac{\partial \boldsymbol{E}}{\partial t} = \frac{1}{\varepsilon_0} (\nabla \times \boldsymbol{H} - \boldsymbol{J}) \tag{4.99}$$

$$\nabla \times \boldsymbol{H} = \begin{vmatrix} x & y & z \\ \dfrac{\partial}{\partial x} & \dfrac{\partial}{\partial y} & \dfrac{\partial}{\partial z} \\ H_x & H_y & H_z \end{vmatrix} \tag{4.100}$$

得到以下方程

$$\frac{\partial E_x}{\partial t} = \frac{1}{\varepsilon_0} \left(\frac{\partial H_z}{\partial y} - \frac{\partial H_y}{\partial z} - J_x \right) \tag{4.101}$$

$$\frac{\partial E_y}{\partial t} = \frac{1}{\varepsilon_0} \left(\frac{\partial H_x}{\partial z} - \frac{\partial H_z}{\partial x} - J_y \right) \tag{4.102}$$

$$\frac{\partial E_z}{\partial t} = \frac{1}{\varepsilon_0} \left(\frac{\partial H_y}{\partial x} - \frac{\partial H_x}{\partial y} - J_z \right) \tag{4.103}$$

对于磁等离子来说存在如下公式

$$\frac{\mathrm{d}\boldsymbol{J}}{\mathrm{d}t} + \nu\boldsymbol{J} = \varepsilon_0 \omega_\mathrm{p}^2 \boldsymbol{E} + \omega_\mathrm{b} \times \boldsymbol{J} \tag{4.104}$$

将式(4.104)移项得

$$\frac{\mathrm{d}\boldsymbol{J}}{\mathrm{d}t} = \varepsilon_0 \omega_\mathrm{p}^2 \boldsymbol{E} + \omega_\mathrm{b} \times \boldsymbol{J} - \nu\boldsymbol{J} \tag{4.105}$$

式(4.105)也可以写成

$$\begin{bmatrix} \dfrac{\mathrm{d}J_x}{\mathrm{d}t} \\ \dfrac{\mathrm{d}J_y}{\mathrm{d}t} \\ \dfrac{\mathrm{d}J_z}{\mathrm{d}t} \end{bmatrix} = \varepsilon_0 \omega_\mathrm{p}^2 \begin{bmatrix} E_x \\ E_y \\ E_z \end{bmatrix} + \boldsymbol{\Omega} \begin{bmatrix} J_x \\ J_y \\ J_z \end{bmatrix} \tag{4.106}$$

其中,$\boldsymbol{\Omega} = \begin{bmatrix} -\nu & -\omega_\mathrm{bz} & \omega_\mathrm{by} \\ \omega_\mathrm{bz} & -\nu & -\omega_\mathrm{bx} \\ -\omega_\mathrm{by} & \omega_\mathrm{bx} & -\nu \end{bmatrix}$,即

$$\frac{\mathrm{d}\boldsymbol{J}}{\mathrm{d}t} = \varepsilon_0 \omega_\mathrm{p}^2 \boldsymbol{E} + \boldsymbol{\Omega}\boldsymbol{J} \tag{4.107}$$

由式(4.106)可知,电流密度 $\boldsymbol{J}$ 的三个分量相互耦合,在计算 J_x 时需要用到 J_y 和 J_z 的值。要在同一时刻计算 J_y 和 J_z 的值,是非常复杂的,且如果 $\boldsymbol{J}$ 在边界上,那么涉及它的计算还会用到一些边界外的值,增加了求解过程的难度。因此,我们采用在 Yee 元胞的中心放置 $\boldsymbol{J}$ 来克服这些困难[9],如图 4.14 所示,$\boldsymbol{J}$ 的三个分量分布在空间的同一个点上,此时 $\boldsymbol{J}$ 的三个分量的值容易求得,且计算时也不涉及元胞外面的值,上面的问题也就迎刃而解。

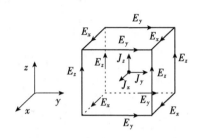

图 4.14　Yee 元胞中电场、磁场和电流密度的空间分布

根据图 4.14 所示的 Yee 元胞离散方式,对某一节点进行空间离散时,若某些场量不在离散节点的位置,则需要将相邻节点的场量进行空间插值过渡到该节点,如在计算 $E_x\big|_{i+\frac{1}{2},j,k}^{n+1}$ 时 $J_x\big|_{i+\frac{1}{2},j,k}^{n+\frac{1}{2}}$ 需作如下处理:

$$J_x\big|_{i+\frac{1}{2},j,k}^{n+\frac{1}{2}}=\frac{1}{4}\Big(J_x\big|_{i+\frac{1}{2},j+\frac{1}{2},k+\frac{1}{2}}^{n+\frac{1}{2}}+J_x\big|_{i+\frac{1}{2},j+\frac{1}{2},k-\frac{1}{2}}^{n+\frac{1}{2}}+J_x\big|_{i+\frac{1}{2},j-\frac{1}{2},k+\frac{1}{2}}^{n+\frac{1}{2}}$$
$$+J_x\big|_{i+\frac{1}{2},j-\frac{1}{2},k-\frac{1}{2}}^{n+\frac{1}{2}}\Big)$$

对式(4.101)~式(4.103)进行离散,可得

$$\frac{E_x\big|_{i+\frac{1}{2},j,k}^{n+1}-E_x\big|_{i+\frac{1}{2},j,k}^{n}}{\Delta t}=\frac{1}{\varepsilon_0}\left[\frac{H_z\big|_{i+\frac{1}{2},j+\frac{1}{2},k}^{n+\frac{1}{2}}-H_z\big|_{i+\frac{1}{2},j-\frac{1}{2},k}^{n+\frac{1}{2}}}{\Delta y}\right.$$
$$-\frac{H_y\big|_{i+\frac{1}{2},j,k+\frac{1}{2}}^{n+\frac{1}{2}}-H_y\big|_{i+\frac{1}{2},j,k-\frac{1}{2}}^{n+\frac{1}{2}}}{\Delta z}$$
$$-\frac{1}{4}\Big(J_x\big|_{i+\frac{1}{2},j+\frac{1}{2},k+\frac{1}{2}}^{n+\frac{1}{2}}+J_x\big|_{i+\frac{1}{2},j+\frac{1}{2},k-\frac{1}{2}}^{n+\frac{1}{2}}$$
$$\left.+J_x\big|_{i+\frac{1}{2},j-\frac{1}{2},k+\frac{1}{2}}^{n+\frac{1}{2}}+J_x\big|_{i+\frac{1}{2},j-\frac{1}{2},k-\frac{1}{2}}^{n+\frac{1}{2}}\Big)\right] \tag{4.108}$$

移项并整理得

$$E_x\big|_{i+\frac{1}{2},j,k}^{n+1}=E_x\big|_{i+\frac{1}{2},j,k}^{n}+\frac{\Delta t}{\varepsilon_0}\left[\frac{H_z\big|_{i+\frac{1}{2},j+\frac{1}{2},k}^{n+\frac{1}{2}}-H_z\big|_{i+\frac{1}{2},j-\frac{1}{2},k}^{n+\frac{1}{2}}}{\Delta y}\right.$$
$$\left.-\frac{H_y\big|_{i+\frac{1}{2},j,k+\frac{1}{2}}^{n+\frac{1}{2}}-H_y\big|_{i+\frac{1}{2},j,k-\frac{1}{2}}^{n+\frac{1}{2}}}{\Delta z}\right]-\frac{\Delta t}{4\varepsilon_0}\Big(J_x\big|_{i+\frac{1}{2},j+\frac{1}{2},k+\frac{1}{2}}^{n+\frac{1}{2}}$$
$$+J_x\big|_{i+\frac{1}{2},j+\frac{1}{2},k-\frac{1}{2}}^{n+\frac{1}{2}}+J_x\big|_{i+\frac{1}{2},j-\frac{1}{2},k+\frac{1}{2}}^{n+\frac{1}{2}}+J_x\big|_{i+\frac{1}{2},j-\frac{1}{2},k-\frac{1}{2}}^{n+\frac{1}{2}}\Big) \tag{4.109}$$

同理可得 E_y,E_z。

$$E_y\big|_{i,j+\frac{1}{2},k}^{n+1}=E_y\big|_{i,j+\frac{1}{2},k}^{n}+\frac{\Delta t}{\varepsilon_0}\left[\frac{H_x\big|_{i,j+\frac{1}{2},k+\frac{1}{2}}^{n+\frac{1}{2}}-H_x\big|_{i,j+\frac{1}{2},k-\frac{1}{2}}^{n+\frac{1}{2}}}{\Delta z}\right.$$

$$
\left.-\frac{H_z\big|_{i+\frac{1}{2},j+\frac{1}{2},k}^{n+\frac{1}{2}}-H_z\big|_{i-\frac{1}{2},j+\frac{1}{2},k}^{n+\frac{1}{2}}}{\Delta x}\right]-\frac{\Delta t}{4\varepsilon_0}\Big(J_y\big|_{i+\frac{1}{2},j+\frac{1}{2},k+\frac{1}{2}}^{n+\frac{1}{2}}
$$

$$
+J_y\big|_{i-\frac{1}{2},j+\frac{1}{2},k+\frac{1}{2}}^{n+\frac{1}{2}}+J_y\big|_{i+\frac{1}{2},j+\frac{1}{2},k-\frac{1}{2}}^{n+\frac{1}{2}}+J_y\big|_{i-\frac{1}{2},j+\frac{1}{2},k-\frac{1}{2}}^{n+\frac{1}{2}}\Big) \tag{4.110}
$$

$$
E_z\big|_{i,j,k+\frac{1}{2}}^{n+1}=E_z\big|_{i,j,k+\frac{1}{2}}^{n}+\frac{\Delta t}{\varepsilon_0}\left[\frac{H_y\big|_{i+\frac{1}{2},j,k+\frac{1}{2}}^{n+\frac{1}{2}}-H_y\big|_{i-\frac{1}{2},j,k+\frac{1}{2}}^{n+\frac{1}{2}}}{\Delta x}\right.
$$

$$
\left.-\frac{H_x\big|_{i,j+\frac{1}{2},k+\frac{1}{2}}^{n+\frac{1}{2}}-H_x\big|_{i,j-\frac{1}{2},k+\frac{1}{2}}^{n+\frac{1}{2}}}{\Delta y}\right]-\frac{\Delta t}{4\varepsilon_0}\Big(J_z\big|_{i+\frac{1}{2},j+\frac{1}{2},k+\frac{1}{2}}^{n+\frac{1}{2}}
$$

$$
+J_z\big|_{i-\frac{1}{2},j+\frac{1}{2},k+\frac{1}{2}}^{n+\frac{1}{2}}+J_z\big|_{i+\frac{1}{2},j-\frac{1}{2},k+\frac{1}{2}}^{n+\frac{1}{2}}+J_z\big|_{i-\frac{1}{2},j-\frac{1}{2},k-\frac{1}{2}}^{n+\frac{1}{2}}\Big) \tag{4.111}
$$

同理,对式(4.95)~式(4.97)离散,可得

$$
\frac{H_x\big|_{i,j+\frac{1}{2},k+\frac{1}{2}}^{n+\frac{1}{2}}-H_x\big|_{i,j+\frac{1}{2},k+\frac{1}{2}}^{n-\frac{1}{2}}}{\Delta t}=-\frac{1}{\mu_0}\left[\frac{E_z\big|_{i,j+1,k+\frac{1}{2}}^{n}-E_z\big|_{i,j,k+\frac{1}{2}}^{n}}{\Delta y}\right.
$$

$$
\left.-\frac{E_y\big|_{i,j+\frac{1}{2},k+1}^{n}-E_y\big|_{i,j+\frac{1}{2},k}^{n}}{\Delta z}\right] \tag{4.112}
$$

移项并整理得

$$
H_x\big|_{i,j+\frac{1}{2},k+\frac{1}{2}}^{n+\frac{1}{2}}=H_x\big|_{i,j+\frac{1}{2},k+\frac{1}{2}}^{n-\frac{1}{2}}-\frac{1}{\mu_0}\left[\frac{\Delta t}{\Delta y}\Big(E_z\big|_{i,j+1,k+\frac{1}{2}}^{n}-E_z\big|_{i,j,k+\frac{1}{2}}^{n}\Big)\right.
$$

$$
\left.-\frac{\Delta t}{\Delta z}\Big(E_y\big|_{i,j+\frac{1}{2},k+1}^{n}-E_y\big|_{i,j+\frac{1}{2},k}^{n}\Big)\right] \tag{4.113}
$$

同理可得 H_y,H_z 如下

$$
H_y\big|_{i+\frac{1}{2},j,k+\frac{1}{2}}^{n+\frac{1}{2}}=H_y\big|_{i+\frac{1}{2},j,k+\frac{1}{2}}^{n-\frac{1}{2}}-\frac{1}{\mu_0}\left[\frac{\Delta t}{\Delta z}\Big(E_x\big|_{i+\frac{1}{2},j,k+1}^{n}-E_x\big|_{i+\frac{1}{2},j,k}^{n}\Big)\right.
$$

$$
\left.-\frac{\Delta t}{\Delta x}\Big(E_z\big|_{i+1,j,k+\frac{1}{2}}^{n}-E_z\big|_{i,j,k+\frac{1}{2}}^{n}\Big)\right] \tag{4.114}
$$

$$
H_z\big|_{i+\frac{1}{2},j+\frac{1}{2},k}^{n+\frac{1}{2}}=H_z\big|_{i+\frac{1}{2},j+\frac{1}{2},k}^{n-\frac{1}{2}}-\frac{1}{\mu_0}\left[\frac{\Delta t}{\Delta x}\Big(E_y\big|_{i+1,j+\frac{1}{2},k}^{n}-E_y\big|_{i,j+\frac{1}{2},k}^{n}\Big)\right.
$$

$$
\left.-\frac{\Delta t}{\Delta y}\Big(E_x\big|_{i+\frac{1}{2},j+1,k}^{n}-E_x\big|_{i+\frac{1}{2},j,k}^{n}\Big)\right] \tag{4.115}
$$

按照 LT-JEC 方法对 $\boldsymbol{J}$ 进行离散可得其 FDTD 迭代式

$$
\begin{pmatrix} J_x\big|_{i,j,k}^{n+\frac{1}{2}} \\ J_y\big|_{i,j,k}^{n+\frac{1}{2}} \\ J_z\big|_{i,j,k}^{n+\frac{1}{2}} \end{pmatrix}=\boldsymbol{A}(\Delta t)\begin{pmatrix} J_x\big|_{i,j,k}^{n-\frac{1}{2}} \\ J_y\big|_{i,j,k}^{n-\frac{1}{2}} \\ J_z\big|_{i,j,k}^{n+\frac{1}{2}} \end{pmatrix}+\varepsilon_0\omega_p^2\boldsymbol{K}(\Delta t) \tag{4.116}
$$

其中

$$
\boldsymbol{A}(t)=\boldsymbol{A}^{-1}=\mathrm{e}^{-\nu t}
\begin{bmatrix}
C_1\omega_{\mathrm{bx}}^2+\cos\omega_{\mathrm{b}}t & C_1\omega_{\mathrm{bx}}\omega_{\mathrm{by}}-S_1\omega_{\mathrm{bz}} & C_1\omega_{\mathrm{bx}}\omega_{\mathrm{bz}}+S_1\omega_{\mathrm{by}} \\
C_1\omega_{\mathrm{bx}}\omega_{\mathrm{by}}+S_1\omega_{\mathrm{bz}} & C_1\omega_{\mathrm{by}}^2+\cos\omega_{\mathrm{b}}t & C_1\omega_{\mathrm{by}}\omega_{\mathrm{bz}}-S_1\omega_{\mathrm{bx}} \\
C_1\omega_{\mathrm{bx}}\omega_{\mathrm{bz}}-S_1\omega_{\mathrm{by}} & C_1\omega_{\mathrm{by}}\omega_{\mathrm{bz}}+S_1\omega_{\mathrm{bx}} & C_1\omega_{\mathrm{bz}}^2+\cos\omega_{\mathrm{b}}t
\end{bmatrix}
$$

$$
\boldsymbol{K}(\Delta t)=\int_{(n-\frac{1}{2})\Delta t}^{(n+\frac{1}{2})\Delta t}\boldsymbol{A}\left[\left(n+\frac{1}{2}\right)\Delta t-\tau\right]\boldsymbol{E}(\tau)\mathrm{d}\tau
$$

$$
=\Delta t\cdot\boldsymbol{A}\left(\frac{1}{2}\Delta t\right)\boldsymbol{E}(n\Delta t) \tag{4.117}
$$

又有

$$
\boldsymbol{A}\left(\frac{1}{2}\Delta t\right)=\mathrm{e}^{-\frac{\nu\Delta t}{2}}
\begin{bmatrix}
C_1\omega_{\mathrm{bx}}^2+\cos\dfrac{\omega_{\mathrm{b}}\Delta t}{2} & C_1\omega_{\mathrm{bx}}\omega_{\mathrm{by}}-S_1\omega_{\mathrm{bz}} & C_1\omega_{\mathrm{bx}}\omega_{\mathrm{bz}}+S_1\omega_{\mathrm{by}} \\[2mm]
C_1\omega_{\mathrm{bx}}\omega_{\mathrm{by}}+S_1\omega_{\mathrm{bz}} & C_1\omega_{\mathrm{by}}^2+\cos\dfrac{\omega_{\mathrm{b}}\Delta t}{2} & C_1\omega_{\mathrm{by}}\omega_{\mathrm{bz}}-S_1\omega_{\mathrm{bx}} \\[2mm]
C_1\omega_{\mathrm{bx}}\omega_{\mathrm{bz}}-S_1\omega_{\mathrm{by}} & C_1\omega_{\mathrm{by}}\omega_{\mathrm{bz}}+S_1\omega_{\mathrm{bx}} & C_1\omega_{\mathrm{bz}}^2+\cos\dfrac{\omega_{\mathrm{b}}\Delta t}{2}
\end{bmatrix} \tag{4.118}
$$

其中,$C_1=\dfrac{1-\cos\omega_{\mathrm{b}}t}{\omega_{\mathrm{b}}^2}$;$S_1=\dfrac{\sin\omega_{\mathrm{b}}t}{\omega_{\mathrm{b}}}$。根据式(4.117)可得

$$
\boldsymbol{K}(\Delta t)=\Delta t\cdot\mathrm{e}^{-\frac{\nu\Delta t}{2}}
\begin{bmatrix}
WC_1\omega_{\mathrm{bx}}^2+\cos\dfrac{\omega_{\mathrm{b}}\Delta t}{2} & WC_1\omega_{\mathrm{bx}}\omega_{\mathrm{by}}-WS_1\omega_{\mathrm{bz}} & WC_1\omega_{\mathrm{bx}}\omega_{\mathrm{bz}}+WS_1\omega_{\mathrm{by}} \\[2mm]
WC_1\omega_{\mathrm{bx}}\omega_{\mathrm{by}}+WS_1\omega_{\mathrm{bz}} & WC_1\omega_{\mathrm{by}}^2+\cos\dfrac{\omega_{\mathrm{b}}\Delta t}{2} & WC_1\omega_{\mathrm{by}}\omega_{\mathrm{bz}}-WS_1\omega_{\mathrm{bx}} \\[2mm]
WC_1\omega_{\mathrm{bx}}\omega_{\mathrm{bz}}-WS_1\omega_{\mathrm{by}} & WC_1\omega_{\mathrm{by}}\omega_{\mathrm{bz}}+WS_1\omega_{\mathrm{bx}} & WC_1\omega_{\mathrm{bz}}^2+\cos\dfrac{\omega_{\mathrm{b}}\Delta t}{2}
\end{bmatrix}
\begin{bmatrix}
E_x^n \\ E_y^n \\ E_z^n
\end{bmatrix}
$$

$$\tag{4.119}$$

其中,$WC_1=\dfrac{1-\cos\dfrac{\omega_{\mathrm{b}}\Delta t}{2}}{\omega_b^2}$;$WS_1=\dfrac{\sin\dfrac{\omega_{\mathrm{b}}\Delta t}{2}}{\omega_{\mathrm{b}}}$。故三维情况下 J 的表达式可写成如下形式

$$
\begin{bmatrix}
J_x\big|_{i,j,k}^{n+\frac{1}{2}} \\[1mm]
J_y\big|_{i,j,k}^{n+\frac{1}{2}} \\[1mm]
J_z\big|_{i,j,k}^{n+\frac{1}{2}}
\end{bmatrix}
=\boldsymbol{A}(\Delta t)
\begin{bmatrix}
J_x\big|_{i,j,k}^{n-\frac{1}{2}} \\[1mm]
J_y\big|_{i,j,k}^{n-\frac{1}{2}} \\[1mm]
J_z\big|_{i,j,k}^{n-\frac{1}{2}}
\end{bmatrix}
+\frac{\varepsilon_0\omega_{\mathrm{p}}^2}{2}\Big|_{i,j,k}^n\boldsymbol{K}(\Delta t)\cdot
\begin{bmatrix}
E_x\big|_{i+\frac{1}{2},j,k}^n+E_x\big|_{i-\frac{1}{2},j,k}^n \\[1mm]
E_y\big|_{i,j+\frac{1}{2},k}^n+E_y\big|_{i,j-\frac{1}{2},k}^n \\[1mm]
E_z\big|_{i,j,k+\frac{1}{2}}^n+E_z\big|_{i,j,k-\frac{1}{2}}^n
\end{bmatrix}
$$

$$\tag{4.120}$$

将式(4.120)代入式(4.109)~式(4.111)可得等离子体的 FDTD 递推式。

4.3.2　截断等离子体的三维 M-NPML 吸收边界公式

依据 NPML 理论,对式(4.101)~式(4.103)和式(4.95)~式(4.97)进行坐标拉伸。三维计算空间可以分为角顶、棱边和面,这里以 xy 方向交叉的棱边为例。依据坐标变换规则,用 $\partial\widetilde{x}=(1+\sigma/\mathrm{j}\omega\varepsilon_0)\partial x,\partial\widetilde{y}=(1+\sigma/\mathrm{j}\omega\varepsilon_0)\partial y$ 分别代替 ∂x 和 ∂y,则棱边

区的麦克斯韦旋度方程(4.101)~(4.103)可化为

$$\frac{\partial E_x}{\partial t}=\frac{1}{\varepsilon_0}\left(\frac{\partial H_z}{\partial \tilde{y}}-\frac{\partial H_y}{\partial z}-J_x\right) \tag{4.121}$$

$$\frac{\partial E_y}{\partial t}=\frac{1}{\varepsilon_0}\left(\frac{\partial H_x}{\partial z}-\frac{\partial H_z}{\partial \tilde{x}}-J_y\right) \tag{4.122}$$

$$\frac{\partial E_z}{\partial t}=\frac{1}{\varepsilon_0}\left(\frac{\partial H_y}{\partial \tilde{x}}-\frac{\partial H_x}{\partial \tilde{y}}-J_z\right) \tag{4.123}$$

同理,式(4.95)~式(4.97)可化为

$$\mu_0\frac{\partial}{\partial t}H_x=\frac{\partial E_y}{\partial z}-\frac{\partial E_z}{\partial \tilde{y}} \tag{4.124}$$

$$\mu_0\frac{\partial}{\partial t}H_y=\frac{\partial E_z}{\partial \tilde{x}}-\frac{\partial E_x}{\partial z} \tag{4.125}$$

$$\mu_0\frac{\partial}{\partial t}H_z=\frac{\partial E_x}{\partial \tilde{y}}-\frac{\partial E_y}{\partial \tilde{x}} \tag{4.126}$$

以式(4.121)为例,令 $s_x=1+\sigma/\mathrm{j}\omega\varepsilon_0$,$s_y=1+\sigma/\mathrm{j}\omega\varepsilon_0$,则有

$$\partial\tilde{x}=\left(1+\frac{\sigma}{\mathrm{j}\omega\varepsilon_0}\right)\partial x=s_x\cdot\partial x$$

故该式可化为

$$\varepsilon_0\frac{\partial}{\partial t}E_x=\frac{\partial H_z}{s_y\cdot\partial y}-\frac{\partial H_y}{\partial z}-J_x \tag{4.127}$$

又因为 $\dfrac{\partial H_z}{s_y\cdot\partial y}=\dfrac{\partial(H_z/s_y)}{\partial y}$,因此,式(4.127)又可以写为

$$\varepsilon_0\frac{\partial}{\partial t}E_x=\frac{\partial(H_z/s_y)}{\partial y}-\frac{\partial H_y}{\partial z}-J_x \tag{4.128}$$

设 $\widetilde{H}_{zy}=\dfrac{H_z}{s_y}$,依照此例可以得到其他几个变量 $\widetilde{E}_{xy}$,$\widetilde{E}_{yx}$,$\widetilde{E}_{zx}$,$\widetilde{E}_{zy}$,$\widetilde{H}_{yx}$,$\widetilde{H}_{xy}$,$\widetilde{H}_{zx}$,$\widetilde{H}_{zy}$,
因此式(4.121)可化为

$$\varepsilon_0\frac{\partial}{\partial t}E_x=\frac{\partial \widetilde{H}_{zy}}{\partial y}-\frac{\partial H_y}{\partial z}-J_x \tag{4.129}$$

依照此例式(4.122)~式(4.126)可化为

$$\varepsilon_0\frac{\partial}{\partial t}E_y=\frac{\partial H_x}{\partial z}-\frac{\partial \widetilde{H}_{zx}}{\partial x}-J_y \tag{4.130}$$

$$\varepsilon_0\frac{\partial}{\partial t}E_z=\frac{\partial \widetilde{H}_{yx}}{\partial x}-\frac{\partial \widetilde{H}_{xy}}{\partial y}-J_z \tag{4.131}$$

$$\mu_0\frac{\partial}{\partial t}H_x=\frac{\partial E_y}{\partial z}-\frac{\partial \widetilde{E}_{zy}}{\partial y} \tag{4.132}$$

$$\mu_0\frac{\partial}{\partial t}H_y=\frac{\partial \widetilde{E}_{zx}}{\partial x}-\frac{\partial E_x}{\partial z} \tag{4.133}$$

$$\mu_0\frac{\partial}{\partial t}H_z=\frac{\partial \widetilde{E}_{xy}}{\partial y}-\frac{\partial \widetilde{E}_{yx}}{\partial x} \tag{4.134}$$

下面以式(4.129)为例进行离散,可得

$$
E_x^{n+1}\left(i+\frac{1}{2},j,k\right)=E_x^n\left(i+\frac{1}{2},j,k\right)
$$

$$
+\frac{\Delta t}{\varepsilon_0}\left[\frac{\widetilde{H}_{zy}^{n+\frac{1}{2}}\left(i+\frac{1}{2},j+\frac{1}{2},k\right)-\widetilde{H}_{zy}^{n+\frac{1}{2}}\left(i+\frac{1}{2},j-\frac{1}{2},k\right)}{\Delta y}\right.
$$

$$
\left.-\frac{H_y^{n+\frac{1}{2}}\left(i+\frac{1}{2},j,k+\frac{1}{2}\right)-H_y^{n+\frac{1}{2}}\left(i+\frac{1}{2},j,k-\frac{1}{2}\right)}{\Delta z}\right]
$$

$$
-\frac{\Delta t}{4\varepsilon_0}\left(\left.J_x\right|_{i+\frac{1}{2},j+\frac{1}{2},k+\frac{1}{2}}^{n+\frac{1}{2}}+\left.J_x\right|_{i+\frac{1}{2},j+\frac{1}{2},k-\frac{1}{2}}^{n+\frac{1}{2}}+\left.J_x\right|_{i+\frac{1}{2},j-\frac{1}{2},k+\frac{1}{2}}^{n+\frac{1}{2}}\right.
$$

$$
\left.+\left.J_x\right|_{i+\frac{1}{2},j-\frac{1}{2},k-\frac{1}{2}}^{n+\frac{1}{2}}\right) \tag{4.135}
$$

同理,对式(4.130)~式(4.134)离散可得到

$$
E_y^{n+1}\left(i,j+\frac{1}{2},k\right)=E_y^n\left(i,j+\frac{1}{2},k\right)
$$

$$
+\frac{\Delta t}{\varepsilon_0}\left[\frac{H_x^{n+\frac{1}{2}}\left(i,j+\frac{1}{2},k+\frac{1}{2}\right)-H_x^{n+\frac{1}{2}}\left(i,j+\frac{1}{2},k-\frac{1}{2}\right)}{\Delta z}\right.
$$

$$
\left.-\frac{\widetilde{H}_{zx}^{n+\frac{1}{2}}\left(i+\frac{1}{2},j+\frac{1}{2},k\right)-\widetilde{H}_{zx}^{n+\frac{1}{2}}\left(i-\frac{1}{2},j+\frac{1}{2},k\right)}{\Delta x}\right]
$$

$$
-\frac{\Delta t}{4\varepsilon_0}\left(\left.J_y\right|_{i+\frac{1}{2},j+\frac{1}{2},k+\frac{1}{2}}^{n+\frac{1}{2}}+\left.J_y\right|_{i-\frac{1}{2},j+\frac{1}{2},k+\frac{1}{2}}^{n+\frac{1}{2}}+\left.J_y\right|_{i+\frac{1}{2},j+\frac{1}{2},k-\frac{1}{2}}^{n+\frac{1}{2}}\right.
$$

$$
\left.+\left.J_y\right|_{i-\frac{1}{2},j+\frac{1}{2},k-\frac{1}{2}}^{n+\frac{1}{2}}\right) \tag{4.136}
$$

$$
E_z^{n+1}\left(i,j+\frac{1}{2},k\right)=E_z^n\left(i,j+\frac{1}{2},k\right)
$$

$$
+\frac{\Delta t}{\varepsilon_0}\left[\frac{\widetilde{H}_{yx}^{n+\frac{1}{2}}\left(i+\frac{1}{2},j+\frac{1}{2},k\right)-\widetilde{H}_{yx}^{n+\frac{1}{2}}\left(i-\frac{1}{2},j+\frac{1}{2},k\right)}{\Delta x}\right.
$$

$$
\left.-\frac{\widetilde{H}_{xy}^{n+\frac{1}{2}}\left(i,j+\frac{1}{2},k+\frac{1}{2}\right)-\widetilde{H}_{xy}^{n+\frac{1}{2}}\left(i,j+\frac{1}{2},k-\frac{1}{2}\right)}{\Delta y}\right]
$$

$$
-\frac{\Delta t}{4\varepsilon_0}\left(\left.J_z\right|_{i+\frac{1}{2},j+\frac{1}{2},k+\frac{1}{2}}^{n+\frac{1}{2}}+\left.J_z\right|_{i-\frac{1}{2},j+\frac{1}{2},k+\frac{1}{2}}^{n+\frac{1}{2}}+\left.J_z\right|_{i+\frac{1}{2},j-\frac{1}{2},k+\frac{1}{2}}^{n+\frac{1}{2}}\right.
$$

$$
\left.+\left.J_z\right|_{i-\frac{1}{2},j-\frac{1}{2},k-\frac{1}{2}}^{n+\frac{1}{2}}\right) \tag{4.137}
$$

$$
H_x^{n+\frac{1}{2}}\left(i,j+\frac{1}{2},k+\frac{1}{2}\right)=H_x^{n-\frac{1}{2}}\left(i,j+\frac{1}{2},k+\frac{1}{2}\right)
$$

$$
+\frac{\Delta t}{\mu_0}\left[\frac{E_y^n\left(i,j+\frac{1}{2},k+1\right)-E_y^n\left(i,j+\frac{1}{2},k\right)}{\Delta z}\right.
$$

$$\left. -\frac{\widetilde{E}_{zy}^n\left(i,j+1,k+\frac{1}{2}\right)-\widetilde{E}_{zy}^n\left(i,j,k+\frac{1}{2}\right)}{\Delta y}\right] \tag{4.138}$$

$$H_y^{n+\frac{1}{2}}\left(i+\frac{1}{2},j,k+\frac{1}{2}\right)=H_y^{n-\frac{1}{2}}\left(i+\frac{1}{2},j,k+\frac{1}{2}\right)$$

$$-\frac{\Delta t}{\mu_0}\left[\frac{E_x^n\left(i+\frac{1}{2},j,k+1\right)-E_x^n\left(i+\frac{1}{2},j,k\right)}{\Delta z}\right.$$

$$\left. -\frac{\widetilde{E}_{zx}^n\left(i+1,j,k+\frac{1}{2}\right)-\widetilde{E}_{zx}^n\left(i,j,k+\frac{1}{2}\right)}{\Delta x}\right] \tag{4.139}$$

$$H_z^{n+\frac{1}{2}}\left(i+\frac{1}{2},j+\frac{1}{2},k\right)=H_z^{n-\frac{1}{2}}\left(i+\frac{1}{2},j+\frac{1}{2},k\right)$$

$$-\frac{\Delta t}{\mu_0}\left[\frac{\widetilde{E}_{yx}^n\left(i+1,j+\frac{1}{2},k\right)-\widetilde{E}_{yx}^n\left(i,j+\frac{1}{2},k\right)}{\Delta x}\right.$$

$$\left. -\frac{\widetilde{E}_{xy}^n\left(i+\frac{1}{2},j+1,k\right)-\widetilde{E}_{xy}^n\left(i+\frac{1}{2},j,k\right)}{\Delta y}\right] \tag{4.140}$$

$$\widetilde{E}_{mn}^{n+1}=\frac{1-\frac{\sigma_{npml}\Delta t}{2\varepsilon_0}}{1+\frac{\sigma_{npml}\Delta t}{2\varepsilon_0}}\widetilde{E}_{mn}^n+\frac{1}{1+\frac{\sigma_{npml}\Delta t}{2\varepsilon_0}}(E_m^{n+1}-E_m^n)\quad\begin{Bmatrix}m=x,y,z\\n=x,y\\m\neq n\end{Bmatrix} \tag{4.141}$$

$$\widetilde{H}_{mn}^{n+\frac{1}{2}}=\frac{1-\frac{\sigma_{npml}\Delta t}{2\varepsilon_0}}{1+\frac{\sigma_{npml}\Delta t}{2\varepsilon_0}}\widetilde{H}_{mn}^{n-\frac{1}{2}}+\frac{1}{1+\frac{\sigma_{npml}\Delta t}{2\varepsilon_0}}(H_m^{n+\frac{1}{2}}-H_m^{n-\frac{1}{2}})\quad\begin{Bmatrix}m=x,y,z\\n=x,y\\m\neq n\end{Bmatrix} \tag{4.142}$$

其 FDTD 计算的推进过程为

$$H\rightarrow\widetilde{H}_{mn}\begin{Bmatrix}m=x,y,z\\n=x,y,z\\m\neq n\end{Bmatrix}\rightarrow E\rightarrow\widetilde{E}_{mn}\rightarrow H$$

　　NPML 其他区域的 FDTD 公式可参照以上形式进行推导,角顶区的坐标变换规则是将$\partial x,\partial y,\partial z$分别变为$\partial\widetilde{x},\partial\widetilde{y},\partial\widetilde{z}$,棱边区则变换其中两个方向,而面区则只变换一个方向,根据此种变换方式可以分别推导出 NPML 吸收边界的递推公式,这里就不再赘述。

4.3.3　算例验证与分析

　　如图 4.15 所示,设置 FDTD 计算区域为 $40\times40\times40$ 个元胞网格,四周被 M-NPML 吸收层包围,吸收层厚度为 6 个元胞网格。计算区域中心为空气,空间为 $4\times4\times4$ 个元胞网格,剩余区域为等离子体。

　　参考解:这里采用 $200\times200\times200$ 个网格的计算区域。截断边界引起的反射到

达 Q 点所需的时间步数为 $t_9=(200-18)\times2\times2=728$,也就是说,当 $t<t_9$ 时,由截断边界引起的反射波尚未到达 Q 点,此时可以认为所得结果没有被截断边界反射波干扰,是真正等离子体中电偶极子辐射的 FDTD 解,我们称这种解为参考解。

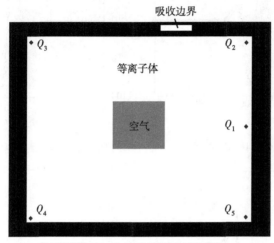

图 4.15 空间计算区域示意图

垂直电偶极子设置在计算区域的中心处 $E_z(0,0,0)$,考察距离辐射源 18 个网格处 Q_1 点的电场 $E_z(0,0,18)$,及整个计算空间中四个角顶的电场,即 Q_2 点电场 $E_z(18,18,18)$,Q_3 点电场 $E_z(-18,-18,-18)$,Q_4 点电场 $E_z(18,-18,18)$,Q_5 点电场 $E_z(-18,18,18)$。计算空间离散网格为 $\delta=7.5\times10^{-7}\mathrm{m}$,时间间隔 $\Delta t=\delta/2c$。在计算中,辐射源采用微分高斯脉冲,$\tau=40\mathrm{d}t$,$t_0=0.8\tau$,

$$E_i(t)=10^6 \cdot \frac{t-t_0}{\tau} \cdot \exp\left[-\frac{4\pi(t-t_0)^2}{\tau^2}\right] \tag{4.143}$$

算例 4.5 非磁化非碰撞等离子体验证。等离子回旋频率为 $\omega_b=0$,等离子碰撞频率为 $\nu=0$。其他参数如上说明。图 4.16~图 4.20 表示各点电场的时域波形。可以看出,不管是在计算区域的面上还是在计算区域的角点上,M-NPML 吸收层的吸收效果都比较理想,与参考解吻合得很好。

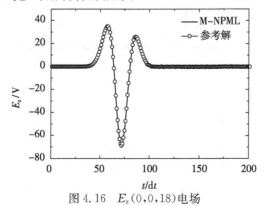

图 4.16 $E_z(0,0,18)$ 电场

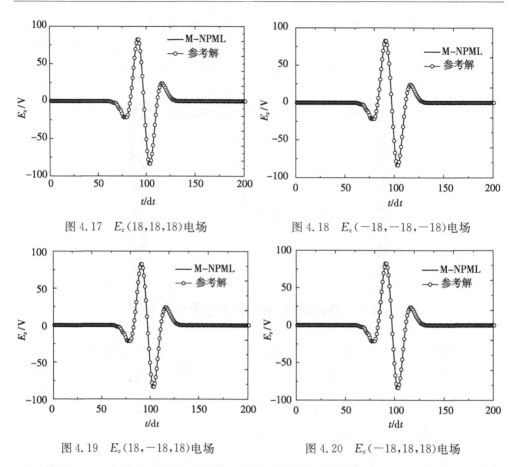

图 4.17　$E_z(18,18,18)$电场　　　　　　图 4.18　$E_z(-18,-18,-18)$电场

图 4.19　$E_z(18,-18,18)$电场　　　　　　图 4.20　$E_z(-18,18,18)$电场

算例 4.6　非磁化碰撞等离子体验证。等离子回旋频率为 $\omega_b=0$,等离子碰撞频率为 $\nu=500\mathrm{GHz}$。图 4.21~图 4.25 表示各点电场的时域波形。可以看出,不管是在计算区域的面上还是在计算区域的角点上,M-NPML 吸收层的吸收效果都比较理想,与参考解吻合得很好。

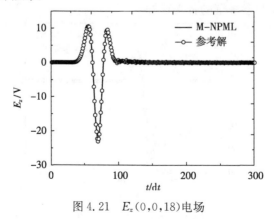

图 4.21　$E_z(0,0,18)$电场

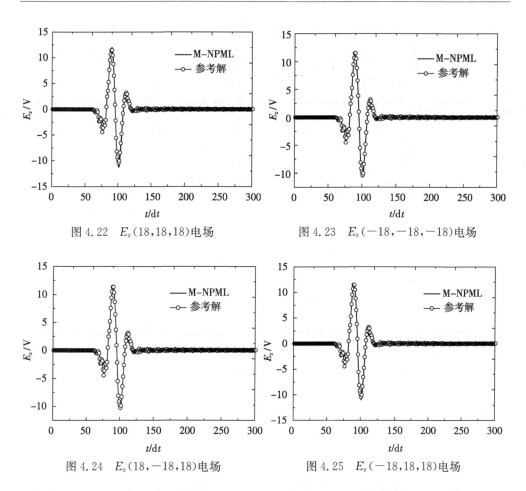

图 4.22　$E_z(18,18,18)$电场　　　　图 4.23　$E_z(-18,-18,-18)$电场

图 4.24　$E_z(18,-18,18)$电场　　　　图 4.25　$E_z(-18,18,18)$电场

算例 4.7　磁化非碰撞等离子体验证。参数为 $\omega_b=500\text{GHz}$；$\nu=0$。图 4.26～图 4.30表示各点电场的时域波形。可以看出,不管是在计算区域的面上还是在计算区域的角点上,M-NPML 吸收层的吸收效果都比较理想,与参考解吻合得很好。

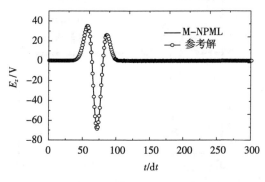

图 4.26　$E_z(0,0,18)$电场

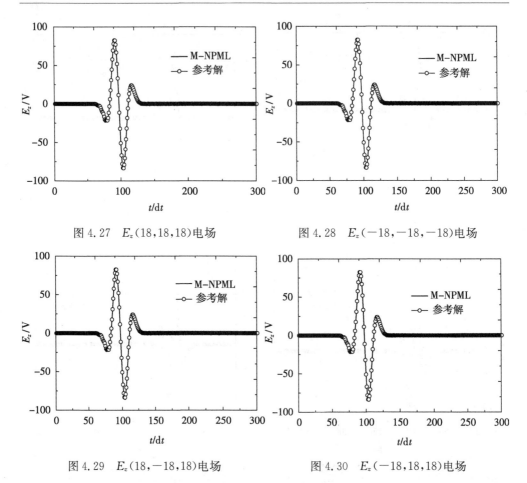

图 4.27　$E_z(18,18,18)$电场　　　　图 4.28　$E_z(-18,-18,-18)$电场

图 4.29　$E_z(18,-18,18)$电场　　　　图 4.30　$E_z(-18,18,18)$电场

算例 4.8　磁化碰撞等离子体验证。参数为 $\omega_b=500\text{GHz}$；$\nu=500\text{GHz}$。图 4.31～图 4.35 表示各点电场的时域波形。可以看出,不管是在计算区域的面上还是在计算区域的角点上,M-NPML吸收层的吸收效果都比较理想,与参考解吻合得很好。

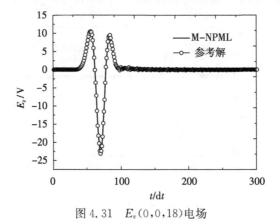

图 4.31　$E_z(0,0,18)$电场

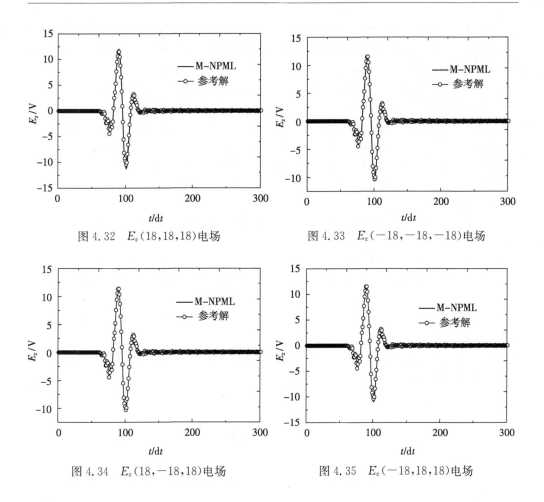

图 4.32　$E_z(18,18,18)$电场　　　　　图 4.33　$E_z(-18,-18,-18)$电场

图 4.34　$E_z(18,-18,18)$电场　　　　　图 4.35　$E_z(-18,18,18)$电场

参 考 文 献

[1] Namiki T. 3D ADI-FDTD method-unconditionally stable time domain algorithm for solving full vector Maxwell's equations. IEEE Transactions on Microwave Theory and Techniques, 2000, 48(10):1743-1748.

[2] Zheng F H, Chen Z Z, Zhang J Z. Toward the development of three-dimensional unconditionally stable finite difference time domain method. IEEE Transactions on Microwave Theory and Techniques, 2000, 48(9):1550-1558.

[3] Young J L, Gaitonde D, Shang J S. Toward of the construction of a four-order difference scheme for transient EM wave simulation: Staggered grid approach. IEEE Transactions on Antennas and Propagation, 1997, 45(11):1573-1580.

[4] Georgakopouls S V, Renaut R A. A hybrid four-order utilizing a second-order FDTD subgrid. IEEE Microwave and Wireless Components Letters, 2001, 11(11):462-464.

［5］ Hirono T, Liu W, Yoshikuni Y. A three dimensional four-order finite differen-cetime-domain scheme using asymplectic propagator. IEEE Transactions on Microwave Theory and Techniques, 2001, 49(9): 1640-1647.

［6］ Holland R, Cable V P, Wilson L C. Finite-volume time-domain technique (FVTD) for EM scattering. IEEE Transactions on Antennas and Propagation, 1991, 39(4): 281-294.

［7］ Yang M, Chen Y, Mittra R. Hybrid finite-difference finite-volume time-domain analysis on microwave integrated circuits with curved PEC surfaces using a non-uniform rectangular grid. IEEE Transactions on Microwave Theory and Techniques, 2000, 48(6): 969-975.

［8］ Murphy E L. Reduction of electromagnetic back scatter from a plasma clad conducting body. Journal of Applied Physics, 1965, 44(6): 665-771.

［9］ 杨利霞, 王袆君, 王刚. 基于拉氏变换原理的三位磁化等离子体电磁散射 FDTD 分析. 电子学报. 2009, 37(12): 2711-2716.

［10］ 杨利霞, 谢应涛. 电磁波传输时域有限差分方法及仿真. 计算机仿真, 2009, 11(26): 360-363.

［11］ 孙爱萍, 童洪辉, 等. 磁化碰撞等离子体对雷达波的共振吸收. 核聚变与等离子体物理, 2001, 21(4): 224-230.

［12］ 杨利霞, 葛德彪. 复杂介质电磁散射的 FDTD 方法研究. 西安电子科技大学博士学位论文, 2006.

［13］ 李建雄, 杨闽, 戴居丰, 等. 基于 Z 变换的拉伸坐标完全匹配层的改进算法. 电波科学学报, 2007, 22(6): 1033-1037.

［14］ 褚言正, 杨晓非, 白健民. 关于信号单边拉普拉斯变换与傅里叶变换关系的研究. 重庆科技学院学报(自然科学版), 2007, 9(2): 114-115.

［15］ 袁忠才, 时家明. 非磁化等离子体中的电子碰撞频率. 核聚变与等离子体物理, 2004, 24(2): 157-160.

［16］ 梁庆. 基于 FDTD 方法的新型非分裂场的 NPML 吸收边界算法研究. 江苏大学硕士学位论文, 2011.

［17］ 杨利霞, 梁庆, 于萍萍, 等. 三维新型 FDTD 非分裂场完全匹配层吸收界条件. 电波科学学报, 2011, 26(1): 67-72.

［18］ 姜彦南, 杨利霞, 于新华. 基于半空间 FDTD 的近远场外推方法: TE 情形. 计算物理, 2013, 30(4): 554-558.

［19］ Yang L X. 3D FDTD Implementation for scattering of electric anisotropic dispersive medium using recursive convolution method. International Journal of Infrared and Millimeter Waves, 2007, 28(7): 557-565.

第 5 章　截断各向异性介质 NPML 吸收边界

各向异性介质在很多领域有着广泛的应用,分析其电磁特性具有着重要的现实意义。由于时域有限差分方法对激励源、介质特性和形状没有特定的限制,因此可以用于有效分析各向异性介质的电磁波散射等问题。

本章基于近似完全匹配层(NPML)原理和各向异性介质时域有限差分法,提出了一种截断各向异性介质的时域有限差分(FDTD)吸收边界条件(ABC);通过运用 NPML 理论中复坐标拉伸方法,并结合空间插值方法推导出具体的吸收边界条件公式;利用这种吸收边界条件数值模拟了电偶极子辐射场及对应的反射系数,并通过与参考解对比验证了算法的正确性;同时,模拟了时谐场的辐射相位分布,计算结果进一步表明 NPML 吸收边界可以有效地吸收各向异性介质中的电磁波。

5.1　NPML 吸收边界截断半空间各向异性介质原理

半空间模型如图 5.1 所示,区域 1 为各向异性介质,区域 2 为 NPML 吸收边界,电磁波从区域 1 入射到区域 2。电磁波在区域 1 中传播时,会分解为 I 型波和 II 型波。当电磁波由区域 1 入射到区域 2 时,在两种介质分界面上,一种波入射会同时产生两种波的反射和透射。这种情形比较难处理,为了研究电磁波在各向异性介质中的传播特性,构造了关于场的横向分量的状态方程,通过求解状态方程中耦合矩阵的本征值和本征矢量,得到状态方程的通解;然后应用界面上场的相位匹配条件,推导出介电常数和导磁率均为张量的各向异性介质的 M-NPML 完全匹配条件的一般形式,由这个条件可导出各种各向异性介质中的 M-NPML 介质参数和方程。

各向异性介质和 NPML 吸收边界的分界面为 xoy 平面,z 方向为分界面的法向,x 方向和 y 方向为分界面的横向。区域 1 中无源麦克斯韦旋度方程为

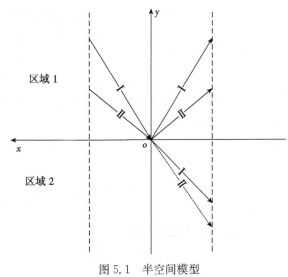

图 5.1　半空间模型

$$\nabla \times \boldsymbol{H} = \boldsymbol{\varepsilon} \frac{\partial \boldsymbol{E}}{\partial t} \tag{5.1}$$

$$\nabla \times \boldsymbol{E} = -\boldsymbol{\mu} \frac{\partial \boldsymbol{H}}{\partial t} \tag{5.2}$$

式中,$\boldsymbol{\varepsilon}$、$\boldsymbol{\mu}$分别为介电系数、电导率张量。根据坐标拉伸变换规则,对式(5.1)和式(5.2)作变量替换,可得

$$\frac{\partial H_m}{\partial n'} = \frac{\partial H_m}{s_n \partial n} \approx \frac{\partial (H_m / s_n)}{\partial n}$$

其中,$s_n = 1 + \frac{\sigma_n}{\mathrm{j}\omega}$,且$\left(\begin{array}{c} m \in \{x, y, z\} \\ n \in \{x, y, z\}, n \neq m \end{array} \right)$,并引入记号$\widetilde{H}_{mn}$表示$H_m / s_n$。则区域2中的麦克斯韦旋度方程可写为

$$\nabla_n \times \boldsymbol{H} = \boldsymbol{\varepsilon} \frac{\partial \boldsymbol{E}}{\partial t} \tag{5.3}$$

$$\nabla_n \times \boldsymbol{E} = -\boldsymbol{\mu} \frac{\partial \boldsymbol{H}}{\partial t} \tag{5.4}$$

$$\nabla_n = \hat{x} \frac{\partial}{\partial x'} + \hat{y} \frac{\partial}{\partial y'} + \hat{z} \frac{\partial}{\partial z'} \tag{5.5}$$

其中,$x' = s_x x$、$y' = s_y y$、$z' = s_z z$。由于z轴垂直于半空间界面,可将算子∇_λ分解为横向分量$\nabla_{ns} = \hat{x} \frac{\partial}{\partial x'} + \hat{y} \frac{\partial}{\partial y'}$和法向分量$\hat{z} \frac{\partial}{\partial z'}$,即

$$\nabla_n = \nabla_{ns} + \hat{z} \frac{\partial}{\partial z'} \tag{5.6}$$

同理,将场分量分解为横向分量和法向分量的形式,即

$$\boldsymbol{E} = \boldsymbol{E}'_s + \boldsymbol{E}'_z \tag{5.7}$$

$$\boldsymbol{H} = \boldsymbol{H}'_s + \boldsymbol{H}'_z \tag{5.8}$$

介电系数张量$\boldsymbol{\varepsilon}$和电导率张量$\boldsymbol{\mu}$分解为$\boldsymbol{\varepsilon} = \begin{bmatrix} \boldsymbol{\varepsilon}_s & \boldsymbol{\varepsilon}_{sz} \\ \boldsymbol{\varepsilon}_{zs} & \boldsymbol{\varepsilon}_z \end{bmatrix}$,$\boldsymbol{\mu} = \begin{bmatrix} \boldsymbol{\mu}_s & \boldsymbol{\mu}_{sz} \\ \boldsymbol{\mu}_{zs} & \boldsymbol{\mu}_z \end{bmatrix}$,其中$\boldsymbol{\varepsilon}_s$和$\boldsymbol{\mu}_s$是$2 \times 2$阶矩阵,$\boldsymbol{\varepsilon}_{sz}$和$\boldsymbol{\mu}_{sz}$是$2 \times 1$阶矩阵,$\boldsymbol{\varepsilon}_{zs}$和$\boldsymbol{\mu}_{zs}$是$1 \times 2$阶矩阵,$\varepsilon_z$和$\mu_z$是标量元素。

引入记号$\boldsymbol{V}$表示区域1中电磁场的横向分量,引入记号$\boldsymbol{V}'$表示区域2中电磁场的横向分量,则有

$$\boldsymbol{V} = \begin{bmatrix} \boldsymbol{E}_s & \boldsymbol{H}_s \end{bmatrix}^\mathrm{T} = \begin{bmatrix} E_x & E_y & H_x & H_y \end{bmatrix}^\mathrm{T} \tag{5.9}$$

$$\boldsymbol{V}' = \begin{bmatrix} \boldsymbol{E}'_s & \boldsymbol{H}'_s \end{bmatrix}^\mathrm{T} = \begin{bmatrix} E'_x & E'_y & H'_x & H'_y \end{bmatrix}^\mathrm{T} \tag{5.10}$$

并假定在区域2中所有z值的横向场$\boldsymbol{E}'_s$、$\boldsymbol{H}'_s$有$\mathrm{e}^{-\mathrm{j} k'_s r_s}$的函数关系,其中$\boldsymbol{k}'_s = (k'_x, k'_y)$,$\boldsymbol{r}_s = (r_x, r_y)$。由式(5.3)、式(5.4)消去电场法向分量和磁场法向分量,对于NPML介质,可得出如下状态方程

$$\frac{\mathrm{d}}{\mathrm{d}z'} \boldsymbol{V}' = \boldsymbol{C}' \boldsymbol{V}' = \boldsymbol{C}'(k_{s\lambda}) \boldsymbol{V}' \tag{5.11}$$

展开可以表示为

$$\frac{\mathrm{d}}{\mathrm{d}z'}\begin{bmatrix} \boldsymbol{E}'_s \\ \boldsymbol{H}'_s \end{bmatrix} = \begin{bmatrix} C'_{11}(k_{s\lambda}) & C'_{12}(k_{s\lambda}) \\ C'_{21}(k_{s\lambda}) & C'_{22}(k_{s\lambda}) \end{bmatrix}\begin{bmatrix} \boldsymbol{E}'_s \\ \boldsymbol{H}'_s \end{bmatrix}$$

$$= \begin{bmatrix} C'_{11}\left(\dfrac{k'_x}{s_x}\hat{x}+\dfrac{k'_y}{s_y}\hat{y}\right) & C'_{12}\left(\dfrac{k'_x}{s_x}\hat{x}+\dfrac{k'_y}{s_y}\hat{y}\right) \\ C'_{21}\left(\dfrac{k'_x}{s_x}\hat{x}+\dfrac{k'_y}{s_y}\hat{y}\right) & C'_{22}\left(\dfrac{k'_x}{s_x}\hat{x}+\dfrac{k'_y}{s_y}\hat{y}\right) \end{bmatrix}\begin{bmatrix} \boldsymbol{E}'_s \\ \boldsymbol{H}'_s \end{bmatrix} \tag{5.12}$$

同理,假设区域 1 中所有 z 值的横向场 $\boldsymbol{E}_s$、$\boldsymbol{H}_s$ 有 $\mathrm{e}^{-\mathrm{j}k_s r_s}$ 的函数关系,其中 $\boldsymbol{k}_s = (k_x,k_y)$,$\boldsymbol{r}_s = (r_x,r_y)$,则对于区域 1 中可导出如下状态方程

$$\frac{\mathrm{d}}{\mathrm{d}z}\boldsymbol{V} = \boldsymbol{C}\boldsymbol{V} = \boldsymbol{C}(k_s)\boldsymbol{V} \tag{5.13}$$

展开可以表示为

$$\frac{\mathrm{d}}{\mathrm{d}z}\begin{bmatrix} \boldsymbol{E}_s \\ \boldsymbol{H}_s \end{bmatrix} = \begin{bmatrix} C_{11}(k_s) & C_{12}(k_s) \\ C_{21}(k_s) & C_{22}(k_s) \end{bmatrix}\begin{bmatrix} \boldsymbol{E}_s \\ \boldsymbol{H}_s \end{bmatrix}$$

$$= \begin{bmatrix} C_{11}(k_x\hat{x}+k_y\hat{y}) & C_{12}(k_x\hat{x}+k_y\hat{y}) \\ C_{21}(k_x\hat{x}+k_y\hat{y}) & C_{22}(k_x\hat{x}+k_y\hat{y}) \end{bmatrix}\begin{bmatrix} \boldsymbol{E}_s \\ \boldsymbol{H}_s \end{bmatrix} \tag{5.14}$$

若令 $\boldsymbol{V}' = \boldsymbol{V}'_0\mathrm{e}^{\lambda'z'}$,$\boldsymbol{V} = \boldsymbol{V}_0\mathrm{e}^{\lambda z}$,分别代入式(5.11)和式(5.13),可得

$$(\boldsymbol{C}' - \lambda'\boldsymbol{I})\boldsymbol{V}'_0 = 0 \tag{5.15}$$

$$(\boldsymbol{C} - \lambda\boldsymbol{I})\boldsymbol{V}_0 = 0 \tag{5.16}$$

这是两个关于本征值 λ,λ' 的本征方程。由于 $\boldsymbol{C},\boldsymbol{C}'$ 是四阶矩阵,从每个方程可得 4 个本征值和 4 个本征矢量,因此区域 1 中状态方程的通解为

$$\boldsymbol{V} = A_1\,\boldsymbol{a}_1\exp(-\mathrm{j}k_{z1}z) + A_2\,\boldsymbol{a}_2\exp(-\mathrm{j}k_{z2}z) + A_3\,\boldsymbol{a}_3\exp(\mathrm{j}k_{z3}z) + A_4\,\boldsymbol{a}_4\exp(\mathrm{j}k_{z4}z) \tag{5.17}$$

式(5.17)还可以写成以下紧凑形式

$$V = \overline{\overline{a}}\,\overline{\overline{\mathrm{e}^{-\mathrm{j}k_z z}}}\,\overline{A} \tag{5.18}$$

展开成矩阵,可表示为

$$V = \begin{bmatrix} \boldsymbol{a}_1 & \boldsymbol{a}_2 & \boldsymbol{a}_3 & \boldsymbol{a}_4 \end{bmatrix}\begin{bmatrix} \mathrm{e}^{-\mathrm{j}k_{z1}z} & & & \\ & \mathrm{e}^{-\mathrm{j}k_{z2}z} & & \\ & & \mathrm{e}^{-\mathrm{j}k_{z3}z} & \\ & & & \mathrm{e}^{-\mathrm{j}k_{z4}z} \end{bmatrix}\begin{bmatrix} A_1 \\ A_2 \\ A_3 \\ A_4 \end{bmatrix} \tag{5.19}$$

式中,$\boldsymbol{a}_i$ 是对应第 i 个本征值的本征矢量,令 $\boldsymbol{a} = \begin{bmatrix} \boldsymbol{a}_1 & \boldsymbol{a}_2 & \boldsymbol{a}_3 & \boldsymbol{a}_4 \end{bmatrix}$ 是一个 4×4 本征矩阵;$-k_{z1}$,$-k_{z2}$,k_{z3},k_{z4} 是 C 矩阵的四个本征值,可写成对角阵 $\exp(-\mathrm{j}k_z z)$。$-k_{z1}$,$-k_{z2}$ 对应沿 z 轴正向传播的 Ⅰ 型波和 Ⅱ 型波(上行波),k_{z3},k_{z4} 对应沿 z 轴负向传播的 Ⅰ 型波和 Ⅱ 型波(下行波)。$\boldsymbol{A}$ 是包含 A_i 的列矢量,A_1、A_2 代表了向上传播

的Ⅰ型波和Ⅱ型波的幅值，A_3、A_4代表了向下传播的Ⅰ型波和Ⅱ型波的幅值。

区域 2 中状态方程的通解为

$$V' = A'_1 \boldsymbol{a}'_1 \exp(-\mathrm{j}k'_{z1}z') + A'_2 \boldsymbol{a}'_2 \exp(-\mathrm{j}k'_{z2}z') + A'_3 \boldsymbol{a}'_3 \exp(\mathrm{j}k'_{z3}z')$$
$$+ A'_4 \boldsymbol{a}'_4 \exp(\mathrm{j}k'_{z4}z') \tag{5.20}$$

将 $z' = \lambda_z z$ 代入上式，得

$$V' = A'_1 \boldsymbol{a}'_1 \exp(-\mathrm{j}k'_{z1}\lambda_z z) + A'_2 \boldsymbol{a}'_2 \exp(-\mathrm{j}k'_{z2}\lambda_z z) + A'_3 \boldsymbol{a}'_3 \exp(\mathrm{j}k'_{z3}\lambda_z z)$$
$$+ A'_4 \boldsymbol{a}'_4 \exp(\mathrm{j}k'_{z4}\lambda_z z) \tag{5.21}$$

式(5.21)还可以写成以下紧凑形式

$$V' = \overline{\overline{a'}} \, \overline{\overline{\mathrm{e}^{-\mathrm{j}k'_z \lambda_z z}}} \, \overline{\overline{A'}} \tag{5.22}$$

$$V' = \begin{bmatrix} a'_1 & a'_2 & a'_3 & a'_4 \end{bmatrix} \begin{bmatrix} \mathrm{e}^{-\mathrm{j}k'_{z1}\lambda_z z} & & & \\ & \mathrm{e}^{-\mathrm{j}k'_{z2}\lambda_z z} & & \\ & & \mathrm{e}^{-\mathrm{j}k'_{z3}\lambda_z z} & \\ & & & \mathrm{e}^{-\mathrm{j}k'_{z4}\lambda_z z} \end{bmatrix} \begin{bmatrix} A'_1 \\ A'_2 \\ A'_3 \\ A'_4 \end{bmatrix} \tag{5.23}$$

现在推导 NPML 完全匹配条件。由于在各向异性介质中存在平面界面时，Ⅰ型波和Ⅱ型波在界面上是互相耦合的，即一种波的入射将产生两种波的反射和透射，因此普通介质中的反射系数的概念在这里将被反射矩阵 $\overline{\overline{R}}$ 所替代。反射矩阵 $\overline{\overline{R}}$ 可定义为将各向异性介质中的反射波和入射波联系起来的矩阵，即

$$\begin{bmatrix} A_1 \\ A_2 \end{bmatrix} = \overline{\overline{R}} \begin{bmatrix} A_3 \\ A_4 \end{bmatrix} \tag{5.24}$$

式中，A_1，A_2 为反射波；A_3，A_4 为入射波。利用上式，可将 $V = \overline{\overline{a}} \, \overline{\overline{\mathrm{e}^{-\mathrm{j}k_z z}}} \overline{\overline{A}}$ 改写成

$$V = \overline{\overline{a}} \, \overline{\overline{\mathrm{e}^{-\mathrm{j}k_z z}}} \begin{bmatrix} \overline{\overline{R}} \\ \overline{\overline{I}} \end{bmatrix} \begin{bmatrix} A_3 \\ A_4 \end{bmatrix} \tag{5.25}$$

为使 $\overline{\overline{R}} = 0$，假设在 NPML 中仅存在透射波。同样可定义一个传输矩阵来表示 NPML 中的状态矢量 V'，即

$$V' = \overline{\overline{a'}} \overline{\overline{\mathrm{e}^{-\mathrm{j}k'_z \lambda_z z}}} \begin{bmatrix} 0 \\ \overline{\overline{T}} \end{bmatrix} \begin{bmatrix} A_3 \\ A_4 \end{bmatrix} \tag{5.26}$$

式中，$\overline{\overline{T}}$ 为传输矩阵，它的定义为 $\begin{bmatrix} A'_3 \\ A'_4 \end{bmatrix} = \overline{\overline{T}} \begin{bmatrix} A_3 \\ A_4 \end{bmatrix}$

在区域 1 和区域 2 的交界面处，切向分量相等，即 $V(0) = V'(0)$，因此有

$$\overline{\overline{a}} \begin{bmatrix} \overline{\overline{R}} \\ \overline{\overline{I}} \end{bmatrix} = \overline{\overline{a'}} \begin{bmatrix} 0 \\ \overline{\overline{T}} \end{bmatrix} \tag{5.27}$$

由上式显见，只要 $\overline{\overline{a}} = \overline{\overline{a'}}$，则有 $\overline{\overline{R}} = 0$。因为边界上的反射系数矩阵为零矩阵，使 $\overline{\overline{a}} = \overline{\overline{a'}}$ 成立的条件就是完全匹配条件。

根据分界面上场的相位匹配条件(切向波数相等)可得

$$k_x = k'_x, \quad k_y = k'_y \tag{5.28}$$

将上式代入 $\dfrac{\mathrm{d}}{\mathrm{d}z}V = C(k_s)V$ 和 $\dfrac{\mathrm{d}}{\mathrm{d}z}V' = C'(k_{s\lambda})V'$,不难发现,当 $\lambda_x = \lambda_y = 1$ 时,必有 $C(k_s) = C'(k_{s\lambda})$。显然,这时本征方程 $(C' - \lambda'I)V'_0 = 0$ 和 $(C - \lambda I)V_0 = 0$ 是完全相同的,它们所对应的本征值和本征矢量也相同,即 $\bar{\bar{a}} = \bar{\bar{a}'}$,$k_{zi} = k'_{zi}(i=1,2,3,4)$,因此满足匹配条件。

将 $k_{zi} = k'_{zi}$ 代入 $V' = A'_1\bar{a'}_1 e^{-jk'_{z1}\lambda_z z} + A'_2\bar{a'}_2 e^{-jk'_{z2}\lambda_z z} + A'_3\bar{a'}_3 e^{-jk'_{z3}\lambda_z z} + A'_4\bar{a'}_4 e^{-jk'_{z4}\lambda_z z}$,并考虑到 NPML 中只有下行波,可得 NPML 中状态矢量为

$$V' = A'_3\bar{a'}_3 e^{-jk_{z3}\lambda_z z} + A'_4\bar{a'}_4 e^{-jk_{z4}\lambda_z z} \tag{5.29}$$

由于 $\lambda_z = 1 + \dfrac{\sigma_z}{\mathrm{j}\omega}$,则由上式可见,传输波进入 NPML 吸收边界后,沿着波传播方向(负 z 方向)迅速衰减。

5.2　截断半空间各向异性介质的一维 NPML 吸收边界条件

5.2.1　各向异性介质的一维 FDTD 递推式

设平面波垂直入射,$\dfrac{\partial}{\partial x} = 0, \dfrac{\partial}{\partial y} = 0$。一维情况下的麦克斯韦方程为

$$\begin{bmatrix} -\dfrac{\partial H_y}{\partial z} \\ \dfrac{\partial H_x}{\partial z} \end{bmatrix} = \begin{bmatrix} \varepsilon_{11} & \varepsilon_{12} \\ \varepsilon_{21} & \varepsilon_{22} \end{bmatrix} \begin{bmatrix} \dfrac{\partial E_x}{\partial t} \\ \dfrac{\partial E_y}{\partial t} \end{bmatrix} + \begin{bmatrix} \sigma_{11} & \sigma_{12} \\ \sigma_{21} & \sigma_{22} \end{bmatrix} \begin{bmatrix} E_x \\ E_y \end{bmatrix} \tag{5.30}$$

$$\begin{bmatrix} -\dfrac{\partial E_y}{\partial z} \\ \dfrac{\partial E_x}{\partial z} \end{bmatrix} = -\begin{bmatrix} \mu_{11} & \mu_{12} \\ \mu_{21} & \mu_{22} \end{bmatrix} \begin{bmatrix} \dfrac{\partial H_x}{\partial t} \\ \dfrac{\partial H_y}{\partial t} \end{bmatrix} - \begin{bmatrix} \sigma_{m11} & \sigma_{m12} \\ \sigma_{m21} & \sigma_{m22} \end{bmatrix} \begin{bmatrix} H_x \\ H_y \end{bmatrix} \tag{5.31}$$

1. 各向异性介质的一维 FDTD 电场分量递推式

直接将式(5.30)中场分量的时间导数进行中心差分离散可得

$$\begin{bmatrix} E_x \\ E_y \end{bmatrix}^{n+1} = \left(\dfrac{\varepsilon}{\Delta t} + \dfrac{\sigma}{2}\right)^{-1} \left(\dfrac{\varepsilon}{\Delta t} - \dfrac{\sigma}{2}\right) \begin{bmatrix} E_x \\ E_y \end{bmatrix}^n + \left(\dfrac{\varepsilon}{\Delta t} + \dfrac{\sigma}{2}\right)^{-1} \begin{bmatrix} -\dfrac{\partial H_y}{\partial z} \\ \dfrac{\partial H_x}{\partial z} \end{bmatrix}^{n+\frac{1}{2}} \tag{5.32}$$

式中,$\nu = \left(\dfrac{\varepsilon}{\Delta t} + \dfrac{\sigma}{2}\right)^{-1}\left(\dfrac{\varepsilon}{\Delta t} - \dfrac{\sigma}{2}\right)$,$\kappa = \left(\dfrac{\varepsilon}{\Delta t} + \dfrac{\sigma}{2}\right)^{-1}$。

将式(5.32)按时间点和空间点进行离散,可表示如下

$$E^{n+1} = \nu E^n + \kappa (\nabla \times H)^{n+\frac{1}{2}} \tag{5.33}$$

并且写为矩阵形式

$$\begin{bmatrix} E_x(k) \\ E_y(k) \end{bmatrix}^{n+1} = \begin{bmatrix} \nu_{11} & \nu_{12} \\ \nu_{21} & \nu_{22} \end{bmatrix} \begin{bmatrix} E_x(k) \\ E_y(k) \end{bmatrix}^{n} + \begin{bmatrix} \kappa_{11} & \kappa_{12} \\ \kappa_{21} & \kappa_{22} \end{bmatrix} \begin{bmatrix} -\dfrac{\partial H_y}{\partial z} \\ \dfrac{\partial H_x}{\partial z} \end{bmatrix}^{n+\frac{1}{2}} \tag{5.34}$$

其中

$$\delta = \left(\frac{\varepsilon_{11}}{\Delta t} + \frac{\sigma_{11}}{2} \right) \left(\frac{\varepsilon_{22}}{\Delta t} + \frac{\sigma_{22}}{2} \right) - \left(\frac{\varepsilon_{12}}{\Delta t} + \frac{\sigma_{12}}{2} \right) \left(\frac{\varepsilon_{21}}{\Delta t} + \frac{\sigma_{21}}{2} \right)$$

$$\nu_{11} = \frac{1}{\delta} \left[\left(\frac{\varepsilon_{11}}{\Delta t} - \frac{\sigma_{11}}{2} \right) \left(\frac{\varepsilon_{22}}{\Delta t} + \frac{\sigma_{22}}{2} \right) - \left(\frac{\varepsilon_{21}}{\Delta t} - \frac{\sigma_{21}}{2} \right) \left(\frac{\varepsilon_{12}}{\Delta t} + \frac{\sigma_{12}}{2} \right) \right]$$

$$\nu_{12} = \frac{1}{\delta} \left[\left(\frac{\varepsilon_{12}}{\Delta t} - \frac{\sigma_{12}}{2} \right) \left(\frac{\varepsilon_{22}}{\Delta t} + \frac{\sigma_{22}}{2} \right) - \left(\frac{\varepsilon_{22}}{\Delta t} - \frac{\sigma_{22}}{2} \right) \left(\frac{\varepsilon_{12}}{\Delta t} + \frac{\sigma_{12}}{2} \right) \right]$$

$$\nu_{21} = \frac{1}{\delta} \left[\left(\frac{\varepsilon_{21}}{\Delta t} - \frac{\sigma_{21}}{2} \right) \left(\frac{\varepsilon_{11}}{\Delta t} + \frac{\sigma_{11}}{2} \right) - \left(\frac{\varepsilon_{11}}{\Delta t} - \frac{\sigma_{11}}{2} \right) \left(\frac{\varepsilon_{21}}{\Delta t} + \frac{\sigma_{21}}{2} \right) \right]$$

$$\nu_{22} = \frac{1}{\delta} \left[\left(\frac{\varepsilon_{22}}{\Delta t} - \frac{\sigma_{22}}{2} \right) \left(\frac{\varepsilon_{11}}{\Delta t} + \frac{\sigma_{11}}{2} \right) - \left(\frac{\varepsilon_{12}}{\Delta t} - \frac{\sigma_{12}}{2} \right) \left(\frac{\varepsilon_{21}}{\Delta t} + \frac{\sigma_{21}}{2} \right) \right]$$

$$\kappa_{11} = \frac{1}{\delta} \left(\frac{\varepsilon_{22}}{\Delta t} + \frac{\sigma_{22}}{2} \right), \quad \kappa_{12} = -\frac{1}{\delta} \left(\frac{\varepsilon_{12}}{\Delta t} + \frac{\sigma_{12}}{2} \right)$$

$$\kappa_{21} = -\frac{1}{\delta} \left(\frac{\varepsilon_{21}}{\Delta t} + \frac{\sigma_{21}}{2} \right), \quad \kappa_{22} = \frac{1}{\delta} \left(\frac{\varepsilon_{11}}{\Delta t} + \frac{\sigma_{11}}{2} \right)$$

对式(5.34)中的场分量的空间偏导进行中心差分变换,可得

$$\begin{bmatrix} E_x(k) \\ E_y(k) \end{bmatrix}^{n+1} = \begin{bmatrix} \nu_{11} & \nu_{12} \\ \nu_{21} & \nu_{22} \end{bmatrix} \begin{bmatrix} E_x(k) \\ E_y(k) \end{bmatrix}^{n} + \begin{bmatrix} \kappa_{11} & \kappa_{12} \\ \kappa_{21} & \kappa_{22} \end{bmatrix} \begin{bmatrix} -\dfrac{H_y\left(k+\frac{1}{2}\right) - H_y\left(k-\frac{1}{2}\right)}{\Delta z} \\ \dfrac{H_x\left(k+\frac{1}{2}\right) - H_x\left(k-\frac{1}{2}\right)}{\Delta z} \end{bmatrix}^{n+\frac{1}{2}}$$

$$\tag{5.35}$$

由式(5.35)可得 $E_x^{n+1}(k)$ 和 $E_y^{n+1}(k)$ 的迭代式为

$$E_x^{n+1}(k) = \nu_{11} E_x^{n}(k) + \nu_{12} E_y^{n}(k)$$

$$-\kappa_{11} \frac{H_y^{n+\frac{1}{2}}\left(k+\frac{1}{2}\right) - H_y^{n+\frac{1}{2}}\left(k-\frac{1}{2}\right)}{\Delta z} + \kappa_{12} \frac{H_x^{n+\frac{1}{2}}\left(k+\frac{1}{2}\right) - H_x^{n+\frac{1}{2}}\left(k-\frac{1}{2}\right)}{\Delta z}$$

$$\tag{5.36}$$

$$E_y^{n+1}(k) = \nu_{21} E_x^{n}(k) + \nu_{22} E_y^{n}(k)$$

$$-\kappa_{21} \frac{H_y^{n+\frac{1}{2}}\left(k+\frac{1}{2}\right) - H_y^{n+\frac{1}{2}}\left(k-\frac{1}{2}\right)}{\Delta z} + \kappa_{22} \frac{H_x^{n+\frac{1}{2}}\left(k+\frac{1}{2}\right) - H_x^{n+\frac{1}{2}}\left(k-\frac{1}{2}\right)}{\Delta z}$$

$$\tag{5.37}$$

2. 各向异性介质的一维 FDTD 磁场分量递推式

直接将式(5.31)中场分量的时间导数差分离散可得

$$
\begin{bmatrix} H_x \\ H_y \end{bmatrix}^{n+\frac{1}{2}} = \left(\frac{\mu}{\Delta t}+\frac{\sigma_m}{2}\right)^{-1}\left(\frac{\mu}{\Delta t}-\frac{\sigma_m}{2}\right)\begin{bmatrix} H_x \\ H_y \end{bmatrix}^{n-\frac{1}{2}} - \left(\frac{\mu}{\Delta t}+\frac{\sigma_m}{2}\right)^{-1}\begin{bmatrix} -\dfrac{\partial E_y}{\partial z} \\ \dfrac{\partial E_x}{\partial z} \end{bmatrix}^{n} \tag{5.38}
$$

其中，$\nu_m=\left(\dfrac{\mu}{\Delta t}+\dfrac{\sigma_m}{2}\right)^{-1}\left(\dfrac{\mu}{\Delta t}-\dfrac{\sigma_m}{2}\right)$，　$\kappa_m=\left(\dfrac{\mu}{\Delta t}+\dfrac{\sigma_m}{2}\right)^{-1}$。

将上式按时间点和空间点进行离散，可表示如下

$$
H^{n+\frac{1}{2}}=\nu_m H^{n-\frac{1}{2}}-\kappa_m\,(\nabla\times E)^n \tag{5.39}
$$

并且写为矩阵形式

$$
\begin{bmatrix} H_x\left(k+\dfrac{1}{2}\right) \\ H_y\left(k+\dfrac{1}{2}\right) \end{bmatrix}^{n+\frac{1}{2}} = \begin{bmatrix} \nu_{m11} & \nu_{m12} \\ \nu_{m21} & \nu_{m22} \end{bmatrix} \begin{bmatrix} H_x\left(k+\dfrac{1}{2}\right) \\ H_y\left(k+\dfrac{1}{2}\right) \end{bmatrix}^{n-\frac{1}{2}} - \begin{bmatrix} \kappa_{m11} & \kappa_{m12} \\ \kappa_{m21} & \kappa_{m22} \end{bmatrix} \begin{bmatrix} -\dfrac{\partial E_y}{\partial z} \\ \dfrac{\partial E_x}{\partial z} \end{bmatrix}^{n}
$$

$$\tag{5.40}$$

其中

$$
\lambda=\left(\frac{\mu_{11}}{\Delta t}+\frac{\sigma_{m11}}{2}\right)\left(\frac{\mu_{22}}{\Delta t}+\frac{\sigma_{m22}}{2}\right)-\left(\frac{\mu_{12}}{\Delta t}+\frac{\sigma_{m12}}{2}\right)\left(\frac{\mu_{21}}{\Delta t}+\frac{\sigma_{m21}}{2}\right)
$$

$$
\nu_{m11}=\frac{1}{\lambda}\left[\left(\frac{\mu_{11}}{\Delta t}-\frac{\sigma_{m11}}{2}\right)\left(\frac{\mu_{22}}{\Delta t}+\frac{\sigma_{m22}}{2}\right)-\left(\frac{\mu_{21}}{\Delta t}-\frac{\sigma_{m21}}{2}\right)\left(\frac{\mu_{12}}{\Delta t}+\frac{\sigma_{m12}}{2}\right)\right]
$$

$$
\nu_{m12}=\frac{1}{\lambda}\left[\left(\frac{\mu_{12}}{\Delta t}-\frac{\sigma_{m12}}{2}\right)\left(\frac{\mu_{22}}{\Delta t}+\frac{\sigma_{m22}}{2}\right)-\left(\frac{\mu_{22}}{\Delta t}-\frac{\sigma_{m22}}{2}\right)\left(\frac{\mu_{12}}{\Delta t}+\frac{\sigma_{m12}}{2}\right)\right]
$$

$$
\nu_{m21}=\frac{1}{\lambda}\left[\left(\frac{\mu_{21}}{\Delta t}-\frac{\sigma_{m21}}{2}\right)\left(\frac{\mu_{11}}{\Delta t}+\frac{\sigma_{m11}}{2}\right)-\left(\frac{\mu_{11}}{\Delta t}-\frac{\sigma_{m11}}{2}\right)\left(\frac{\mu_{21}}{\Delta t}+\frac{\sigma_{m21}}{2}\right)\right]
$$

$$
\nu_{m22}=\frac{1}{\lambda}\left[\left(\frac{\mu_{22}}{\Delta t}-\frac{\sigma_{m22}}{2}\right)\left(\frac{\mu_{11}}{\Delta t}+\frac{\sigma_{m11}}{2}\right)-\left(\frac{\mu_{12}}{\Delta t}-\frac{\sigma_{m12}}{2}\right)\left(\frac{\mu_{21}}{\Delta t}+\frac{\sigma_{m21}}{2}\right)\right]
$$

$$
\kappa_{m11}=\frac{1}{\lambda}\left(\frac{\mu_{22}}{\Delta t}+\frac{\sigma_{m22}}{2}\right),\quad \kappa_{m12}=-\frac{1}{\lambda}\left(\frac{\mu_{12}}{\Delta t}+\frac{\sigma_{m12}}{2}\right)
$$

$$
\kappa_{m21}=-\frac{1}{\lambda}\left(\frac{\mu_{21}}{\Delta t}+\frac{\sigma_{m21}}{2}\right),\quad \kappa_{m22}=\frac{1}{\lambda}\left(\frac{\mu_{11}}{\Delta t}+\frac{\sigma_{m11}}{2}\right)
$$

对式(5.40)中场分量的空间偏导采用中心差分格式离散

$$
\begin{bmatrix} H_x\left(k+\dfrac{1}{2}\right) \\ H_y\left(k+\dfrac{1}{2}\right) \end{bmatrix}^{n+\frac{1}{2}} = \begin{bmatrix} \nu_{m11} & \nu_{m12} \\ \nu_{m21} & \nu_{m22} \end{bmatrix} \begin{bmatrix} H_x\left(k+\dfrac{1}{2}\right) \\ H_y\left(k+\dfrac{1}{2}\right) \end{bmatrix}^{n-\frac{1}{2}} - \begin{bmatrix} \kappa_{m11} & \kappa_{m12} \\ \kappa_{m21} & \kappa_{m22} \end{bmatrix} \begin{bmatrix} -\dfrac{E_y(k+1)-E_y(k)}{\Delta z} \\ \dfrac{E_x(k+1)-E_x(k)}{\Delta z} \end{bmatrix}^{n}
$$

$$\tag{5.41}$$

由式(5.41)可得磁场分量的递推式为

$$H_x^{n+\frac{1}{2}}\left(k+\frac{1}{2}\right)=\nu_{m11}H_x^{n-\frac{1}{2}}\left(k+\frac{1}{2}\right)+\nu_{m12}H_y^{n-\frac{1}{2}}\left(k+\frac{1}{2}\right)$$
$$+\kappa_{m11}\frac{E_y^n(k+1)-E_y^n(k)}{\Delta z}-\kappa_{m12}\frac{E_x^n(k+1)-E_x^n(k)}{\Delta z} \tag{5.42}$$

$$H_y^{n+\frac{1}{2}}\left(k+\frac{1}{2}\right)=\nu_{m21}H_x^{n-\frac{1}{2}}\left(k+\frac{1}{2}\right)+\nu_{m22}H_y^{n-\frac{1}{2}}\left(k+\frac{1}{2}\right)$$
$$+\kappa_{m21}\frac{E_y^n(k+1)-E_y^n(k)}{\Delta z}-\kappa_{m22}\frac{E_x^n(k+1)-E_x^n(k)}{\Delta z} \tag{5.43}$$

5.2.2 截断各向异性介质的一维 NPML 吸收边界 FDTD 电场分量递推式

对式(5.34)中的空间偏导作 NPML 拉伸变换,可得

$$\frac{\partial H_m}{\partial \tilde{z}}=\frac{\partial H_m}{s_z \partial z}\approx\frac{\partial(H_m/s_z)}{\partial z}$$

其中,$s_z=1+\frac{\sigma_z}{\mathrm{j}\omega}$,且 $m\in\{x,y\}$,并引入记号 $\widetilde{H}_{mz}=\frac{H_m}{s_z}$,则式(5.34)可写为

$$\begin{bmatrix}E_x(k)\\E_y(k)\end{bmatrix}^{n+1}=\begin{bmatrix}\nu_{11}&\nu_{12}\\\nu_{21}&\nu_{22}\end{bmatrix}\begin{bmatrix}E_x(k)\\E_y(k)\end{bmatrix}^n+\begin{bmatrix}\kappa_{11}&\kappa_{12}\\\kappa_{21}&\kappa_{22}\end{bmatrix}\begin{bmatrix}-\dfrac{\partial\widetilde{H}_{yz}}{\partial z}\\[2mm]\dfrac{\partial\widetilde{H}_{xz}}{\partial z}\end{bmatrix}^{n+\frac{1}{2}} \tag{5.44}$$

对式(5.44)空间偏导进行中心差分变换,可得

$$\begin{bmatrix}E_x(k)\\E_y(k)\end{bmatrix}^{n+1}=\begin{bmatrix}\nu_{11}&\nu_{12}\\\nu_{21}&\nu_{22}\end{bmatrix}\begin{bmatrix}E_x(k)\\E_y(k)\end{bmatrix}^n+\begin{bmatrix}\kappa_{11}&\kappa_{12}\\\kappa_{21}&\kappa_{22}\end{bmatrix}\begin{bmatrix}-\dfrac{\widetilde{H}_{yz}\left(k+\frac{1}{2}\right)-\widetilde{H}_{yz}\left(k-\frac{1}{2}\right)}{\Delta z}\\[4mm]\dfrac{\widetilde{H}_{xz}\left(k+\frac{1}{2}\right)-\widetilde{H}_{xz}\left(k-\frac{1}{2}\right)}{\Delta z}\end{bmatrix}^{n+\frac{1}{2}} \tag{5.45}$$

由式(5.45)可得吸收边界内 $E_x^{n+1}(k)$ 和 $E_y^{n+1}(k)$ 的迭代式为

$$E_x^{n+1}(k)=\nu_{11}E_x^n(k)+\nu_{12}E_y^n(k)$$
$$-\kappa_{11}\frac{\widetilde{H}_{yz}^{n+\frac{1}{2}}\left(k+\frac{1}{2}\right)-\widetilde{H}_{yz}^{n+\frac{1}{2}}\left(k-\frac{1}{2}\right)}{\Delta z}+\kappa_{12}\frac{\widetilde{H}_{xz}^{n+\frac{1}{2}}\left(k+\frac{1}{2}\right)-\widetilde{H}_{xz}^{n+\frac{1}{2}}\left(k-\frac{1}{2}\right)}{\Delta z} \tag{5.46}$$

$$E_y^{n+1}(k)=\nu_{21}E_x^n(k)+\nu_{22}E_y^n(k)$$
$$-\kappa_{21}\frac{\widetilde{H}_{yz}^{n+\frac{1}{2}}\left(k+\frac{1}{2}\right)-\widetilde{H}_{yz}^{n+\frac{1}{2}}\left(k-\frac{1}{2}\right)}{\Delta z}+\kappa_{22}\frac{\widetilde{H}_{xz}^{n+\frac{1}{2}}\left(k+\frac{1}{2}\right)-\widetilde{H}_{xz}^{n+\frac{1}{2}}\left(k-\frac{1}{2}\right)}{\Delta z} \tag{5.47}$$

5.2.3　截断各向异性介质的一维 NPML 吸收边界 FDTD 磁场分量递推式

根据 NPML 坐标变换规则,对式(5.40)中的空间偏导作拉伸变换,可得

$$\frac{\partial E_m}{\partial z}=\frac{\partial E_m}{s_z \partial z}\approx\frac{\partial(E_m/s_z)}{\partial z}$$

其中,$s_z=1+\dfrac{\sigma_z}{j\omega}$,且 $m\in\{x,y\}$。并引入记号 $\widetilde{E}_{mz}=\dfrac{E_m}{s_z}$,则式(5.40)可写为

$$\begin{bmatrix} H_x\left(k+\dfrac{1}{2}\right) \\ H_y\left(k+\dfrac{1}{2}\right) \end{bmatrix}^{n+\frac{1}{2}}=\begin{bmatrix} \nu_{m11} & \nu_{m12} \\ \nu_{m21} & \nu_{m22} \end{bmatrix}\begin{bmatrix} H_x\left(k+\dfrac{1}{2}\right) \\ H_y\left(k+\dfrac{1}{2}\right) \end{bmatrix}^{n-\frac{1}{2}}-\begin{bmatrix} \kappa_{m11} & \kappa_{m12} \\ \kappa_{m21} & \kappa_{m22} \end{bmatrix}\begin{bmatrix} -\dfrac{\partial \widetilde{E}_{yz}}{\partial z} \\ \dfrac{\partial \widetilde{E}_{xz}}{\partial z} \end{bmatrix}^{n} \quad (5.48)$$

对式(5.48)中的空间偏导进行中心差分变换,可得

$$\begin{bmatrix} H_x\left(k+\dfrac{1}{2}\right) \\ H_y\left(k+\dfrac{1}{2}\right) \end{bmatrix}^{n+\frac{1}{2}}=\begin{bmatrix} \nu_{m11} & \nu_{m12} \\ \nu_{m21} & \nu_{m22} \end{bmatrix}\begin{bmatrix} H_x\left(k+\dfrac{1}{2}\right) \\ H_y\left(k+\dfrac{1}{2}\right) \end{bmatrix}^{n-\frac{1}{2}}-\begin{bmatrix} \kappa_{m11} & \kappa_{m12} \\ \kappa_{m21} & \kappa_{m22} \end{bmatrix}\begin{bmatrix} -\dfrac{\widetilde{E}_{yz}(k+1)-\widetilde{E}_{yz}(k)}{\Delta z} \\ \dfrac{\widetilde{E}_{xz}(k+1)-\widetilde{E}_{xz}(k)}{\Delta z} \end{bmatrix}^{n}$$

$$(5.49)$$

由式(5.49)可得吸收边界内 $H_x^{n+\frac{1}{2}}\left(k+\dfrac{1}{2}\right)$ 和 $H_y^{n+\frac{1}{2}}\left(k+\dfrac{1}{2}\right)$ 的递推式为

$$H_x^{n+\frac{1}{2}}\left(k+\frac{1}{2}\right)=\nu_{m11}H_x^{n-\frac{1}{2}}\left(k+\frac{1}{2}\right)+\nu_{m12}H_y^{n-\frac{1}{2}}\left(k+\frac{1}{2}\right)$$
$$+\kappa_{m11}\frac{\widetilde{E}_{yz}^n(k+1)-\widetilde{E}_{yz}^n(k)}{\Delta z}-\kappa_{m12}\frac{\widetilde{E}_{xz}^n(k+1)-\widetilde{E}_{xz}^n(k)}{\Delta z} \quad (5.50)$$

$$H_y^{n+\frac{1}{2}}\left(k+\frac{1}{2}\right)=\nu_{m21}H_x^{n-\frac{1}{2}}\left(k+\frac{1}{2}\right)+\nu_{m22}H_y^{n-\frac{1}{2}}\left(k+\frac{1}{2}\right)$$
$$+\kappa_{m21}\frac{\widetilde{E}_{yz}^n(k+1)-\widetilde{E}_{yz}^n(k)}{\Delta z}-\kappa_{m22}\frac{\widetilde{E}_{xz}^n(k+1)-\widetilde{E}_{xz}^n(k)}{\Delta z} \quad (5.51)$$

5.2.4　截断各向异性介质的一维 NPML 吸收边界 FDTD 拉伸变量递推式

磁场拉伸变量 $\widetilde{H}_{mz}=H_m/s_z$,可写为

$$H_m=s_z\widetilde{H}_{mz}=\left(1+\frac{\sigma_z}{j\omega}\right)\widetilde{H}_{mz} \quad (5.52)$$

变换到时域可得

$$\frac{\partial}{\partial t}H_m=\frac{\partial}{\partial t}\widetilde{H}_{mz}+\sigma_z\widetilde{H}_{mz} \quad (5.53)$$

将上式按时间作差分离散,可表示如下

$$\widetilde{H}_{mz}\Big|_{k+\frac{1}{2}}^{n+\frac{1}{2}}=\frac{1-\dfrac{\sigma_z\Delta t}{2}}{1+\dfrac{\sigma_z\Delta t}{2}}\widetilde{H}_{mz}\Big|_{k+\frac{1}{2}}^{n-\frac{1}{2}}+\frac{1}{1+\dfrac{\sigma_z\Delta t}{2}}\left(H_m\Big|_{k+\frac{1}{2}}^{n+\frac{1}{2}}-H_m\Big|_{k+\frac{1}{2}}^{n-\frac{1}{2}}\right),\quad m\in\{x,y\} \quad (5.54)$$

所以磁场拉伸变量的递推式为

$$\widetilde{H}_{xz}\Big|_{k+\frac{1}{2}}^{n+\frac{1}{2}}=\frac{1-\dfrac{\sigma_z\Delta t}{2}}{1+\dfrac{\sigma_z\Delta t}{2}}\widetilde{H}_{xz}\Big|_{k+\frac{1}{2}}^{n-\frac{1}{2}}+\frac{1}{1+\dfrac{\sigma_z\Delta t}{2}}\Big(H_x\Big|_{k+\frac{1}{2}}^{n+\frac{1}{2}}-H_x\Big|_{k+\frac{1}{2}}^{n-\frac{1}{2}}\Big) \tag{5.55}$$

$$\widetilde{H}_{yz}\Big|_{k+\frac{1}{2}}^{n+\frac{1}{2}}=\frac{1-\dfrac{\sigma_z\Delta t}{2}}{1+\dfrac{\sigma_z\Delta t}{2}}\widetilde{H}_{yz}\Big|_{k+\frac{1}{2}}^{n-\frac{1}{2}}+\frac{1}{1+\dfrac{\sigma_z\Delta t}{2}}\Big(H_y\Big|_{k+\frac{1}{2}}^{n+\frac{1}{2}}-H_y\Big|_{k+\frac{1}{2}}^{n-\frac{1}{2}}\Big) \tag{5.56}$$

同理,电场拉伸变量 $\widetilde{E}_{mz}=E_m/s_z$,可写为

$$E_m=s_z\widetilde{E}_{mz}=\Big(1+\frac{\sigma_z}{\mathrm{j}\omega}\Big)\widetilde{E}_{mz} \tag{5.57}$$

变换到时域可得

$$\frac{\partial}{\partial t}E_m=\frac{\partial}{\partial t}\widetilde{E}_{mz}+\sigma_z\widetilde{E}_{mz} \tag{5.58}$$

将上式按时间作差分离散,可表示如下

$$\widetilde{E}_{mz}\Big|_{k}^{n+1}=\frac{1-\dfrac{\sigma_z\Delta t}{2}}{1+\dfrac{\sigma_z\Delta t}{2}}\widetilde{E}_{mz}\Big|_{k}^{n}+\frac{1}{1+\dfrac{\sigma_z\Delta t}{2}}(E_m\Big|_{k}^{n+1}-E_m\Big|_{k}^{n}),\quad m\in\{x,y\} \tag{5.59}$$

所以电场拉伸变量的递推式为

$$\widetilde{E}_{xz}\Big|_{k}^{n+1}=\frac{1-\dfrac{\sigma_z\Delta t}{2}}{1+\dfrac{\sigma_z\Delta t}{2}}\widetilde{E}_{xz}\Big|_{k}^{n}+\frac{1}{1+\dfrac{\sigma_z\Delta t}{2}}(E_x\Big|_{k}^{n+1}-E_x\Big|_{k}^{n}) \tag{5.60}$$

$$\widetilde{E}_{yz}\Big|_{k}^{n+1}=\frac{1-\dfrac{\sigma_z\Delta t}{2}}{1+\dfrac{\sigma_z\Delta t}{2}}\widetilde{E}_{yz}\Big|_{k}^{n}+\frac{1}{1+\dfrac{\sigma_z\Delta t}{2}}(E_y\Big|_{k}^{n+1}-E_y\Big|_{k}^{n}) \tag{5.61}$$

综上所述,可以得到 NPML 吸收边界截断一维各向异性介质时场分量在时间上的递推过程

$$\widetilde{E}_{xz}\Big|_{k}^{n},\widetilde{E}_{xz}\Big|_{k}^{n}\Rightarrow H_x^{n+\frac{1}{2}}\Big(k+\frac{1}{2}\Big),H_y^{n+\frac{1}{2}}\Big(k+\frac{1}{2}\Big)\Rightarrow\widetilde{H}_{xz}\Big|_{k+\frac{1}{2}}^{n+\frac{1}{2}},\widetilde{H}_{yz}\Big|_{k+\frac{1}{2}}^{n+\frac{1}{2}}$$
$$\Rightarrow E_x^{n+1}(k),E_y^{n+1}(k)\Rightarrow\widetilde{E}_{xz}\Big|_{k}^{n+1},\widetilde{E}_{xz}\Big|_{k}^{n+1}$$

5.2.5　截断半空间各向异性介质算例分析

算例 5.1　该算例用于 NPML 吸收边界截断单轴各向异性介质的有效性。假设 TEM 波垂直入射到半空间单轴各向异性介质,各向异性介质的参数为 $\varepsilon_{11}=4,\varepsilon_{22}=4,\varepsilon_{33}=16$。入射波为高斯脉冲,其频谱范围为 $0\sim6\mathrm{GHz}$。空间步长 $\Delta z=750\mu\mathrm{m}$,

时间步长 $\Delta t = \Delta z / 2c = 1.25\text{ps}$,其中 c 是真空中电磁波的速度。左边区域为真空,占 250 个网格,右边区域为单轴各向异性介质,占 150 个网格,毗邻的 6 格为 NPML 吸收边界。单轴晶体的反射系数仿真结果如图 5.2 所示,图中分别给出了电磁波垂直入射到单轴晶体介质板的反射系数的数值解和解析解,结果表明 NPML 吸收边界截断单轴晶体与理论推导分析结果吻合。

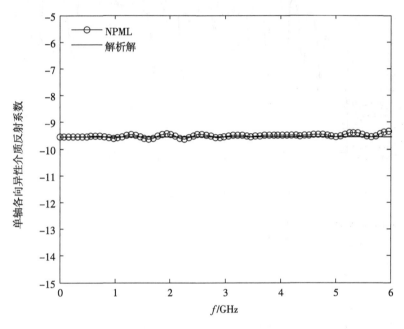

图 5.2　单轴晶体的反射系数

单轴晶体反射系数解析解与数值解的误差由公式 $R_{na} = 20\log10 \, | \, \{R_a(f) - R_n(f)\} / R_a(f) \, |$ 衡量,其中 $Ra(f)$ 是双轴各向异性介质反射系数的解析解,$R_n(f)$ 是 NPML 吸收边界截断各向异性介质反射系数的数值解。如图 5.3 所示,在 $0 \sim 6\text{GHz}$,修正的 NPML 吸收边界的相对误差为 $-70 \sim -30\text{dB}$。由此得出,数值解和解析解吻合良好,NPML 吸收边界截断单轴晶体具有很好的效果。

算例 5.2　该例验证 NPML 吸收边界截断双轴各向异性介质的有效性。假设 TEM 波垂直入射到半空间双轴各向异性介质,各向异性介质的参数为 $\varepsilon_{11} = 9, \varepsilon_{22} = 4, \varepsilon_{33} = 16$,入射波为高斯脉冲,其频谱范围为 $0 \sim 6\text{GHz}$。空间步长 $\Delta z = 750\mu\text{m}$,时间步长 $\Delta t = \Delta z / 2c = 1.25\text{ps}$,其中 c 是真空中电磁波的速度。真空区域占 250 个网格,与其相邻的双轴各向异性介质占 150 个网格,毗邻的 6 格为 NPML 吸收边界。双轴晶体的反射系数仿真结果如图 5.4 所示,图中分别给出了电磁波垂直入射到双轴晶体介质板的反射系数的数值解和解析解,结果表明 NPML 吸收边界截断双轴晶体与理论推导分析结果吻合。

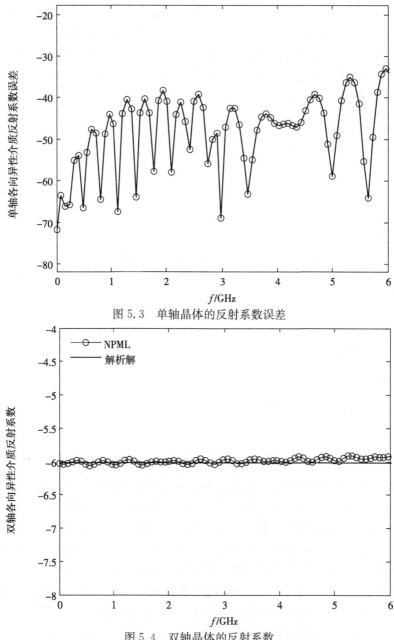

图 5.3　单轴晶体的反射系数误差

图 5.4　双轴晶体的反射系数

双轴晶体反射系数解析解与数值解的误差由公式 $R_{na} = 20\log 10 \, | \, \{R_a(f) - R_n(f)\}/R_a(f) \, |$ 衡量,其中 $R_a(f)$ 是双轴各向异性介质反射系数的解析解,$R_n(f)$ 是 NPML 吸收边界截断各向异性介质反射系数的数值解。如图 5.5 所示,在 0～6GHz,修正的 NPML 吸收边界的相对误差为 -80～-40db,由此得出,数值解和解析解吻合良好,NPML 吸收边界截断双轴各向异性介质具有很好的效果。

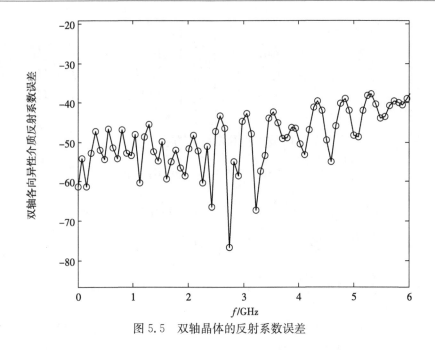

图 5.5　双轴晶体的反射系数误差

5.3　截断各向异性介质的二维 NPML 吸收边界条件

5.3.1　各向异性介质的二维 FDTD 递推式

在二维各向异性介质中,麦克斯韦旋度方程为

$$\nabla \times \boldsymbol{H} = \boldsymbol{\varepsilon} \frac{\partial \boldsymbol{E}}{\partial t} + \boldsymbol{\sigma} \boldsymbol{E} \tag{5.62}$$

$$\nabla \times \boldsymbol{E} = -\boldsymbol{\mu} \frac{\partial \boldsymbol{H}}{\partial t} - \boldsymbol{\sigma}_{\mathrm{m}} \boldsymbol{H} \tag{5.63}$$

式中,$\boldsymbol{\varepsilon}$、$\boldsymbol{\sigma}$、$\boldsymbol{\mu}$、$\boldsymbol{\sigma}_{\mathrm{m}}$ 分别为介电系数、电导率、磁导系数、导磁率张量,分别取为

$$\boldsymbol{\varepsilon} = \begin{bmatrix} \varepsilon_{11} & \varepsilon_{12} & 0 \\ \varepsilon_{21} & \varepsilon_{22} & 0 \\ 0 & 0 & \varepsilon_{33} \end{bmatrix}, \boldsymbol{\sigma} = \begin{bmatrix} \sigma_{11} & \sigma_{12} & 0 \\ \sigma_{21} & \sigma_{22} & 0 \\ 0 & 0 & \sigma_{33} \end{bmatrix}, \boldsymbol{\mu} = \begin{bmatrix} \mu_{11} & \mu_{12} & 0 \\ \mu_{21} & \mu_{22} & 0 \\ 0 & 0 & \mu_{33} \end{bmatrix}, \boldsymbol{\sigma}_{\mathrm{m}} = \begin{bmatrix} \sigma_{\mathrm{m}11} & \sigma_{\mathrm{m}12} & 0 \\ \sigma_{\mathrm{m}21} & \sigma_{\mathrm{m}22} & 0 \\ 0 & 0 & \sigma_{\mathrm{m}33} \end{bmatrix}$$

二维情况下,所有场分量均与 Z 坐标无关,即 $\partial/\partial z = 0$,将麦克斯韦旋度方程在笛卡儿坐标系下展开可得

$$\begin{bmatrix} \dfrac{\partial H_z}{\partial y} \\[2mm] -\dfrac{\partial H_z}{\partial x} \\[2mm] \dfrac{\partial H_y}{\partial x} - \dfrac{\partial H_x}{\partial y} \end{bmatrix} = \begin{bmatrix} \varepsilon_{11} & \varepsilon_{12} & 0 \\ \varepsilon_{21} & \varepsilon_{22} & 0 \\ 0 & 0 & \varepsilon_{33} \end{bmatrix} \begin{bmatrix} \dfrac{\partial E_x}{\partial t} \\[2mm] \dfrac{\partial E_y}{\partial t} \\[2mm] \dfrac{\partial E_z}{\partial t} \end{bmatrix} + \begin{bmatrix} \sigma_{11} & \sigma_{12} & 0 \\ \sigma_{21} & \sigma_{22} & 0 \\ 0 & 0 & \sigma_{33} \end{bmatrix} \begin{bmatrix} E_x \\ E_y \\ E_z \end{bmatrix} \tag{5.64}$$

$$
\begin{bmatrix} \dfrac{\partial E_z}{\partial y} \\[2mm] -\dfrac{\partial E_z}{\partial x} \\[2mm] \dfrac{\partial E_y}{\partial x} - \dfrac{\partial E_x}{\partial y} \end{bmatrix} = -\begin{bmatrix} \mu_{11} & \mu_{12} & 0 \\ \mu_{21} & \mu_{22} & 0 \\ 0 & 0 & \mu_{33} \end{bmatrix} \begin{bmatrix} \dfrac{\partial H_x}{\partial t} \\[2mm] \dfrac{\partial H_y}{\partial t} \\[2mm] \dfrac{\partial H_z}{\partial t} \end{bmatrix} - \begin{bmatrix} \sigma_{m11} & \sigma_{m12} & 0 \\ \sigma_{m21} & \sigma_{m22} & 0 \\ 0 & 0 & \sigma_{m33} \end{bmatrix} \begin{bmatrix} H_x \\ H_y \\ H_z \end{bmatrix} \quad (5.65)
$$

二维情况下,上式可划分为横电波方程和横磁波方程,即

$$
\left.\begin{aligned} \frac{\partial H_z}{\partial y} &= \varepsilon_{11} \frac{\partial E_x}{\partial t} + \varepsilon_{12} \frac{\partial E_y}{\partial t} + \sigma_{11} E_x + \sigma_{12} E_y \\ -\frac{\partial H_z}{\partial x} &= \varepsilon_{21} \frac{\partial E_x}{\partial t} + \varepsilon_{22} \frac{\partial E_y}{\partial t} + \sigma_{21} E_x + \sigma_{22} E_y \\ \frac{\partial E_y}{\partial x} - \frac{\partial E_x}{\partial y} &= -\mu_{33} \frac{\partial H_z}{\partial t} - \sigma_{m33} H_z \end{aligned}\right\} \quad \text{TE 波} \quad (5.66)
$$

$$
\left.\begin{aligned} \frac{\partial E_z}{\partial y} &= -\mu_{11} \frac{\partial H_x}{\partial t} - \mu_{12} \frac{\partial H_y}{\partial t} - \sigma_{m11} H_x - \sigma_{m12} H_y \\ -\frac{\partial E_z}{\partial x} &= -\mu_{21} \frac{\partial H_x}{\partial t} - \mu_{22} \frac{\partial H_y}{\partial t} - \sigma_{m21} H_x - \sigma_{m22} H_y \\ \frac{\partial H_y}{\partial x} - \frac{\partial H_x}{\partial y} &= \varepsilon_{33} \frac{\partial E_z}{\partial t} + \sigma_{33} E_z \end{aligned}\right\} \quad \text{TM 波} \quad (5.67)
$$

1. 各向异性介质的二维 TE 波 FDTD 递推式

TE 波方程可写为

$$
\left.\begin{aligned} \frac{\partial E_y}{\partial x} - \frac{\partial E_x}{\partial y} &= -\mu_{33} \frac{\partial H_z}{\partial t} - \sigma_{m33} H_z \\ \begin{bmatrix} \dfrac{\partial H_z}{\partial y} \\[2mm] -\dfrac{\partial H_z}{\partial x} \end{bmatrix} &= \boldsymbol{\varepsilon}_{TE} \begin{bmatrix} \dfrac{\partial E_x}{\partial t} \\[2mm] \dfrac{\partial E_y}{\partial t} \end{bmatrix} + \boldsymbol{\sigma}_{TE} \begin{bmatrix} E_x \\ E_y \end{bmatrix} \end{aligned}\right\} \quad (5.68)
$$

其中

$$
\boldsymbol{\varepsilon}_{TE} = \begin{bmatrix} \varepsilon_{11} & \varepsilon_{12} \\ \varepsilon_{21} & \varepsilon_{22} \end{bmatrix}, \quad \boldsymbol{\sigma}_{TE} = \begin{bmatrix} \sigma_{11} & \sigma_{12} \\ \sigma_{21} & \sigma_{22} \end{bmatrix} \quad (5.69)
$$

对式(5.68)在坐标点(i,j)进行中心差分离散,得到如下方程组

$$
\begin{bmatrix} E_x \mid_{i,j}^{n+\frac{1}{2}} \\[2mm] E_y \mid_{i,j}^{n+\frac{1}{2}} \end{bmatrix} = \nu \begin{bmatrix} E_x \mid_{i,j}^{n-\frac{1}{2}} \\[2mm] E_y \mid_{i,j}^{n-\frac{1}{2}} \end{bmatrix} + \kappa \left[\frac{\partial H_z}{\partial y} \Big|_{i,j}^{n} - \frac{\partial H_z}{\partial x} \Big|_{i,j}^{n} \right] \quad (5.70)
$$

$$
\frac{\partial E_y}{\partial x} \Big|_{i,j}^{n+\frac{1}{2}} - \frac{\partial E_x}{\partial y} \Big|_{i,j}^{n+\frac{1}{2}} = \left(\frac{\varepsilon_{33}}{\Delta t} + \frac{\sigma_{33}}{2} \right) H_z \mid_{i,j}^{n+1} - \left(\frac{\varepsilon_{33}}{\Delta t} - \frac{\sigma_{33}}{2} \right) H_z \mid_{i,j}^{n} \quad (5.71)
$$

其中,$\kappa = \left(\dfrac{\boldsymbol{\varepsilon}_{TE}}{\Delta t} + \dfrac{\boldsymbol{\sigma}_{TE}}{2} \right)^{-1} = \begin{bmatrix} \kappa_{11} & \kappa_{12} \\ \kappa_{21} & \kappa_{22} \end{bmatrix}$,$\nu = \kappa \cdot \left(\dfrac{\boldsymbol{\varepsilon}_{TE}}{\Delta t} - \dfrac{\boldsymbol{\sigma}_{TE}}{2} \right) = \begin{bmatrix} \nu_{11} & \nu_{12} \\ \nu_{21} & \nu_{22} \end{bmatrix}$ 为二阶矩阵。

由于 E_x、E_y 在 Yee 元胞的棱上，式(5.83)中 E_x 在 Yee 元胞中的值取为 $E_x\big|_{i+\frac{1}{2},j}^{n+1}$，其迭代式为

$$E_x\big|_{i+\frac{1}{2},j}^{n+1}=\left[\nu_{11}E_x+\nu_{12}E_y\right]_{i+\frac{1}{2},j}^{n}+\left[\kappa_{11}\frac{\partial H_z}{\partial y}-\kappa_{12}\frac{\partial H_z}{\partial x}\right]_{i+\frac{1}{2},j}^{n+\frac{1}{2}} \tag{5.72}$$

式(5.72)等号右边第二项中的 $E_y\big|_{i+\frac{1}{2},j}^{n}$ 分量在 $\left(i+\frac{1}{2},j\right)$ 点上的值在 Yee 元胞没有给出，采用空间插值将该点的值用其周围四点的值来平均地表示，即

$$E_y\big|_{i+\frac{1}{2},j}^{n}=\frac{1}{4}\left[E_y\big|_{i,j+\frac{1}{2}}^{n}+E_y\big|_{i,j-\frac{1}{2}}^{n}+E_y\big|_{i+1,j+\frac{1}{2}}^{n}+E_y\big|_{i+1,j-\frac{1}{2}}^{n}\right] \tag{5.73}$$

式(5.72)等号右边第三项 $\dfrac{\partial H_z}{\partial y}\big|_{i+\frac{1}{2},j}^{n+\frac{1}{2}}$ 在 Yee 元胞上，$\dfrac{\partial H_z}{\partial y}\big|_{i+\frac{1}{2},j}^{n+\frac{1}{2}}$ 可直接进行中心差分离散，其迭代式为

$$\frac{\partial H_z}{\partial y}\Big|_{i+\frac{1}{2},j}^{n+\frac{1}{2}}=\frac{1}{\Delta y}\left[H_z\big|_{i+\frac{1}{2},j+\frac{1}{2}}^{n+\frac{1}{2}}-H_z\big|_{i+\frac{1}{2},j-\frac{1}{2}}^{n+\frac{1}{2}}\right] \tag{5.74}$$

式(5.72)等号右边第四项 $\dfrac{\partial H_z}{\partial x}\big|_{i+\frac{1}{2},j}^{n+\frac{1}{2}}$ 分量在 $\left(i+\frac{1}{2},j\right)$ 点上的值在 Yee 元胞没有给出，仍采用空间插值将 $\dfrac{\partial H_z}{\partial x}\big|_{i+\frac{1}{2},j}^{n+\frac{1}{2}}$ 用其周围四点的值来平均地表示。$\dfrac{\partial H_z}{\partial x}\big|_{i+\frac{1}{2},j}^{n+\frac{1}{2}}$ 的迭代式为

$$\frac{\partial H_z}{\partial x}\Big|_{i+\frac{1}{2},j}^{n+\frac{1}{2}}=\frac{1}{4\Delta x}\left[H_z\big|_{i+\frac{3}{2},j+\frac{1}{2}}^{n+\frac{1}{2}}+H_z\big|_{i+\frac{3}{2},j-\frac{1}{2}}^{n+\frac{1}{2}}-H_z\big|_{i-\frac{1}{2},j+\frac{1}{2}}^{n+\frac{1}{2}}-H_z\big|_{i-\frac{1}{2},j-\frac{1}{2}}^{n+\frac{1}{2}}\right] \tag{5.75}$$

所以电场分量 $E_x\big|_{i+\frac{1}{2},j}^{n}$ 的递推式可写为

$$E_x\big|_{i+\frac{1}{2},j}^{n+1}=\nu_{11}E_x\big|_{i+\frac{1}{2},j}^{n}+\frac{\nu_{12}}{4}\left[E_y\big|_{i,j+\frac{1}{2}}^{n}+E_y\big|_{i,j-\frac{1}{2}}^{n}+E_y\big|_{i+1,j+\frac{1}{2}}^{n}+E_y\big|_{i+1,j-\frac{1}{2}}^{n}\right]$$
$$+\frac{\kappa_{11}}{\Delta y}\left[H_z\big|_{i+\frac{1}{2},j+\frac{1}{2}}^{n+\frac{1}{2}}-H_z\big|_{i+\frac{1}{2},j-\frac{1}{2}}^{n+\frac{1}{2}}\right]-\frac{\kappa_{12}}{4\Delta x}\left[H_z\big|_{i+\frac{3}{2},j+\frac{1}{2}}^{n+\frac{1}{2}}+H_z\big|_{i+\frac{3}{2},j-\frac{1}{2}}^{n+\frac{1}{2}}\right.$$
$$\left.-H_z\big|_{i-\frac{1}{2},j+\frac{1}{2}}^{n+\frac{1}{2}}-H_z\big|_{i-\frac{1}{2},j-\frac{1}{2}}^{n+\frac{1}{2}}\right] \tag{5.76}$$

同理，可得 $E_y\big|_{i,j+\frac{1}{2}}^{n+1}$ 的表达式为

$$E_y\big|_{i,j+\frac{1}{2}}^{n+1}=\left[\nu_{21}E_x+\nu_{22}E_y\right]_{i,j+\frac{1}{2}}^{n}+\left[\kappa_{21}\frac{\partial H_z}{\partial y}-\kappa_{22}\frac{\partial H_z}{\partial x}\right]_{i,j+\frac{1}{2}}^{n+\frac{1}{2}} \tag{5.77}$$

式中

$$E_x\big|_{i,j+\frac{1}{2}}^{n}=\frac{1}{4}\left[E_x\big|_{i+\frac{1}{2},j}^{n}+E_x\big|_{i-\frac{1}{2},j}^{n}+E_x\big|_{i+\frac{1}{2},j+1}^{n}+E_x\big|_{i-\frac{1}{2},j+1}^{n}\right]$$

$$\frac{\partial H_z}{\partial y}\Big|_{i,j+\frac{1}{2}}^{n+\frac{1}{2}}=\frac{1}{4\Delta y}\left[H_z\big|_{i-\frac{1}{2},j+\frac{3}{2}}^{n+\frac{1}{2}}+H_z\big|_{i+\frac{1}{2},j+\frac{3}{2}}^{n+\frac{1}{2}}-H_z\big|_{i-\frac{1}{2},j-\frac{1}{2}}^{n+\frac{1}{2}}-H_z\big|_{i+\frac{1}{2},j-\frac{1}{2}}^{n+\frac{1}{2}}\right]$$

$$\frac{\partial H_z}{\partial x}\Big|_{i,j+\frac{1}{2}}^{n+\frac{1}{2}}=\frac{1}{\Delta x}\left[H_z\big|_{i+\frac{1}{2},j+\frac{1}{2}}^{n+\frac{1}{2}}-H_z\big|_{i-\frac{1}{2},j+\frac{1}{2}}^{n+\frac{1}{2}}\right]$$

所以电场分量 $E_y|_{i,j+\frac{1}{2}}^{n+1}$ 的递推式可写为

$$
\begin{aligned}
E_y|_{i,j+\frac{1}{2}}^{n+1}=&\frac{\nu_{21}}{4}\Big[E_x|_{i+\frac{1}{2},j}^{n}+E_x|_{i-\frac{1}{2},j}^{n}+E_x|_{i+\frac{1}{2},j+1}^{n}+E_x|_{i-\frac{1}{2},j+1}^{n}\Big]+\nu_{22}E_y|_{i,j+\frac{1}{2}}^{n}\\
&+\frac{\kappa_{21}}{4\Delta y}\Big[H_z|_{i-\frac{1}{2},j+\frac{3}{2}}^{n+\frac{1}{2}}+H_z|_{i+\frac{1}{2},j+\frac{3}{2}}^{n+\frac{1}{2}}-H_z|_{i-\frac{1}{2},j-\frac{1}{2}}^{n+\frac{1}{2}}-H_z|_{i+\frac{1}{2},j-\frac{1}{2}}^{n+\frac{1}{2}}\Big]\\
&-\frac{\kappa_{22}}{\Delta x}\Big[H_z|_{i+\frac{1}{2},j+\frac{1}{2}}^{n+\frac{1}{2}}-H_z|_{i-\frac{1}{2},j+\frac{1}{2}}^{n+\frac{1}{2}}\Big]
\end{aligned}
\tag{5.78}
$$

同理,可得 $H_z|_{i+\frac{1}{2},j+\frac{1}{2}}^{n+\frac{1}{2}}$ 的表达式为

$$
H_z|_{i+\frac{1}{2},j+\frac{1}{2}}^{n+\frac{1}{2}}=\nu_{\mathrm{m}33}H_z|_{i+\frac{1}{2},j+\frac{1}{2}}^{n-\frac{1}{2}}-\kappa_{\mathrm{m}33}\Big(\frac{\partial E_y}{\partial x}-\frac{\partial E_x}{\partial y}\Big)\Big|_{i+\frac{1}{2},j+\frac{1}{2}}^{n}
\tag{5.79}
$$

其中,$\nu_{\mathrm{m}33}=\Big(\dfrac{\mu_{33}}{\Delta t}-\dfrac{\sigma_{\mathrm{m}33}}{2}\Big)\Big/\Big(\dfrac{\mu_{33}}{\Delta t}+\dfrac{\sigma_{\mathrm{m}33}}{2}\Big)$,$\kappa_{\mathrm{m}33}=1\Big/\Big(\dfrac{\mu_{33}}{\Delta t}+\dfrac{\sigma_{\mathrm{m}33}}{2}\Big)$。

$$
\frac{\partial E_y}{\partial x}\Big|_{i+\frac{1}{2},j+\frac{1}{2}}^{n}=\frac{1}{\Delta x}\Big[E_y|_{i+1,j+\frac{1}{2}}^{n}-E_y|_{i,j+\frac{1}{2}}^{n}\Big]
$$

$$
\frac{\partial E_x}{\partial y}\Big|_{i+\frac{1}{2},j+\frac{1}{2}}^{n}=\frac{1}{\Delta y}\Big[E_x|_{i+\frac{1}{2},j+1}^{n}-E_x|_{i+\frac{1}{2},j}^{n}\Big]
$$

所以磁场分量 $H_z|_{i+\frac{1}{2},j+\frac{1}{2}}^{n+\frac{1}{2}}$ 的递推式可写为

$$
\begin{aligned}
H_z|_{i+\frac{1}{2},j+\frac{1}{2}}^{n+\frac{1}{2}}=&\nu_{\mathrm{m}33}H_z|_{i+\frac{1}{2},j+\frac{1}{2}}^{n-\frac{1}{2}}\\
&-\frac{\kappa_{\mathrm{m}33}}{\Delta x}\Big[E_y|_{i+1,j+\frac{1}{2}}^{n}-E_y|_{i,j+\frac{1}{2}}^{n}\Big]+\frac{\kappa_{\mathrm{m}33}}{\Delta y}\Big[E_x|_{i+\frac{1}{2},j+1}^{n}-E_x|_{i+\frac{1}{2},j}^{n}\Big]
\end{aligned}
\tag{5.80}
$$

2. 各向异性介质的二维 TM 波 FDTD 递推式

TM 波方程可写为

$$
\left.
\begin{aligned}
&\frac{\partial H_y}{\partial x}-\frac{\partial H_x}{\partial y}=\varepsilon_{33}\frac{\partial E_z}{\partial t}+\sigma_{33}E_z\\
&\begin{bmatrix}\dfrac{\partial E_z}{\partial y}\\[2mm]-\dfrac{\partial E_z}{\partial x}\end{bmatrix}=-\boldsymbol{\mu}_{\mathrm{TM}}\begin{bmatrix}\dfrac{\partial H_x}{\partial t}\\[2mm]\dfrac{\partial H_y}{\partial t}\end{bmatrix}-\boldsymbol{\sigma}_{\mathrm{mTM}}\begin{bmatrix}H_x\\H_y\end{bmatrix}
\end{aligned}
\right\}
\tag{5.81}
$$

其中

$$
\boldsymbol{\mu}_{\mathrm{TM}}=\begin{bmatrix}\mu_{11}&\mu_{12}\\\mu_{21}&\mu_{22}\end{bmatrix},\quad\boldsymbol{\sigma}_{\mathrm{mTM}}=\begin{bmatrix}\sigma_{\mathrm{m}11}&\sigma_{\mathrm{m}12}\\\sigma_{\mathrm{m}21}&\sigma_{\mathrm{m}22}\end{bmatrix}
\tag{5.82}
$$

对式(5.81)在坐标点(i,j)进行中心差分离散,可得如下方程组

$$
\begin{bmatrix}H_x|_{i,j}^{n+\frac{1}{2}}\\[2mm]H_y|_{i,j}^{n+\frac{1}{2}}\end{bmatrix}=\nu_{\mathrm{m}}\begin{bmatrix}H_x|_{i,j}^{n-\frac{1}{2}}\\[2mm]H_y|_{i,j}^{n-\frac{1}{2}}\end{bmatrix}-\kappa_{\mathrm{m}}\begin{bmatrix}\dfrac{\partial E_z}{\partial y}\Big|_{i,j}^{n}\\[3mm]-\dfrac{\partial E_z}{\partial x}\Big|_{i,j}^{n}\end{bmatrix}
\tag{5.83}
$$

$$\left.\frac{\partial H_y}{\partial x}\right|_{i,j}^{n+\frac{1}{2}} - \left.\frac{\partial H_x}{\partial y}\right|_{i,j}^{n+\frac{1}{2}} = \left(\frac{\varepsilon_{33}}{\Delta t} + \frac{\sigma_{33}}{2}\right)E_z\Big|_{i,j}^{n+1} - \left(\frac{\varepsilon_{33}}{\Delta t} - \frac{\sigma_{33}}{2}\right)E_z\Big|_{i,j}^{n} \qquad (5.84)$$

其中，$\kappa_m = \left(\dfrac{\boldsymbol{\mu}_{TM}}{\Delta t} + \dfrac{\boldsymbol{\sigma}_{mTM}}{2}\right)^{-1} = \begin{bmatrix} \kappa_{m11} & \kappa_{m12} \\ \kappa_{m21} & \kappa_{m22} \end{bmatrix}$，$\nu_m = \kappa_m \cdot \left(\dfrac{\boldsymbol{\mu}_{TM}}{\Delta t} - \dfrac{\boldsymbol{\sigma}_{mTM}}{2}\right) = \begin{bmatrix} \nu_{m11} & \nu_{m12} \\ \nu_{m21} & \nu_{m22} \end{bmatrix}$ 为
二阶矩阵。

　　磁场分量 H_x、H_y 在 Yee 元胞的棱上，式(5.83)中 H_x 在 Yee 元胞中的值取为
$H_x\big|_{i,j+\frac{1}{2}}^{n+\frac{1}{2}}$，其迭代式为

$$H_x\Big|_{i,j+\frac{1}{2}}^{n+\frac{1}{2}} = \left[\nu_{m11}H_x + \nu_{m12}H_y\right]_{i,j+\frac{1}{2}}^{n-\frac{1}{2}} - \left[\kappa_{m11}\frac{\partial E_z}{\partial y} - \kappa_{m12}\frac{\partial E_z}{\partial x}\right]_{i,j+\frac{1}{2}}^{n} \qquad (5.85)$$

式(5.85)等号右边第二项中的 $H_y\big|_{i,j+\frac{1}{2}}^{n-\frac{1}{2}}$ 分量在 $\left(i,j+\frac{1}{2}\right)$ 点上的值在 Yee 元胞没有
给出，采用空间插值将该点的值用其周围四点的值来平均地表示，即

$$H_y\Big|_{i,j+\frac{1}{2}}^{n-\frac{1}{2}} = \frac{1}{4}\left[H_y\Big|_{i+\frac{1}{2},j+1}^{n-\frac{1}{2}} + H_y\Big|_{i+\frac{1}{2},j}^{n-\frac{1}{2}} + H_y\Big|_{i-\frac{1}{2},j}^{n-\frac{1}{2}} + H_y\Big|_{i-\frac{1}{2},j+1}^{n-\frac{1}{2}}\right] \qquad (5.86)$$

式(5.85)等号右边第三项 $\dfrac{\partial E_z}{\partial y}\Big|_{i,j+\frac{1}{2}}^{n}$ 在 Yee 元胞上，$\dfrac{\partial E_z}{\partial y}\Big|_{i,j+\frac{1}{2}}^{n}$ 可直接进行中心差分离
散，其迭代式为

$$\frac{\partial E_z}{\partial y}\Big|_{i,j+\frac{1}{2}}^{n} = \frac{1}{\Delta y}\left[E_z\big|_{i,j+1}^{n} - E_z\big|_{i,j}^{n}\right] \qquad (5.87)$$

而式(5.85)等号右边第四项 $\dfrac{\partial E_z}{\partial x}\Big|_{i,j+\frac{1}{2}}^{n}$ 分量在 $\left(i,j+\frac{1}{2}\right)$ 点上的值在 Yee 元胞没有给
出，仍采用空间插值将 $\dfrac{\partial E_z}{\partial x}\Big|_{i,j+\frac{1}{2}}^{n}$ 用其周围四点的值来平均地表示。$\dfrac{\partial E_z}{\partial x}\Big|_{i,j+\frac{1}{2}}^{n}$ 的迭代
式为

$$\frac{\partial E_z}{\partial x}\Big|_{i,j+\frac{1}{2}}^{n} = \frac{1}{4\Delta x}\left[E_z\big|_{i+1,j+1}^{n} + E_z\big|_{i+1,j}^{n} - E_z\big|_{i-1,j}^{n} - E_z\big|_{i-1,j+1}^{n}\right] \qquad (5.88)$$

所以磁场分量 $H_x\big|_{i,j+\frac{1}{2}}^{n+\frac{1}{2}}$ 迭代式为

$$H_x\Big|_{i,j+\frac{1}{2}}^{n+\frac{1}{2}} = \nu_{m11}H_x\Big|_{i,j+\frac{1}{2}}^{n-\frac{1}{2}} + \frac{\nu_{m12}}{4}\left[H_y\Big|_{i+\frac{1}{2},j+1}^{n-\frac{1}{2}} + H_y\Big|_{i+\frac{1}{2},j}^{n-\frac{1}{2}} + H_y\Big|_{i-\frac{1}{2},j}^{n-\frac{1}{2}} + H_y\Big|_{i-\frac{1}{2},j+1}^{n-\frac{1}{2}}\right]$$

$$-\frac{\kappa_{m11}}{\Delta y}\left[E_z\big|_{i,j+1}^{n} - E_z\big|_{i,j}^{n}\right] + \frac{\kappa_{m12}}{4\Delta x}\left[E_z\big|_{i+1,j+1}^{n} + E_z\big|_{i+1,j}^{n} - E_z\big|_{i-1,j}^{n} - E_z\big|_{i-1,j+1}^{n}\right]$$

$$\qquad (5.89)$$

同理，可得磁场分量 $H_y\big|_{i+\frac{1}{2},j}^{n+\frac{1}{2}}$ 的表达式为

$$H_y\Big|_{i+\frac{1}{2},j}^{n+\frac{1}{2}} = \left[\nu_{m21}H_x + \nu_{m22}H_y\right]_{i+\frac{1}{2},j}^{n-\frac{1}{2}} - \left[\kappa_{m21}\frac{\partial E_z}{\partial y} - \kappa_{m22}\frac{\partial E_z}{\partial x}\right]_{i+\frac{1}{2},j}^{n} \qquad (5.90)$$

式中

$$H_x \big|_{i+\frac{1}{2},j}^{n-\frac{1}{2}} = \frac{1}{4}\left[H_x \big|_{i+1,j+\frac{1}{2}}^{n-\frac{1}{2}} + H_x \big|_{i+1,j-\frac{1}{2}}^{n-\frac{1}{2}} + H_x \big|_{i,j-\frac{1}{2}}^{n-\frac{1}{2}} + H_x \big|_{i,j+\frac{1}{2}}^{n-\frac{1}{2}} \right]$$

$$\frac{\partial E_z}{\partial y}\bigg|_{i+\frac{1}{2},j}^{n} = \frac{1}{4\Delta y}\left[E_z \big|_{i+1,j+1}^{n} + E_z \big|_{i,j+1}^{n} - E_z \big|_{i,j-1}^{n} - E_z \big|_{i+1,j-1}^{n} \right]$$

$$\frac{\partial E_z}{\partial x}\bigg|_{i+\frac{1}{2},j}^{n} = \frac{1}{\Delta x}\left[E_z \big|_{i+1,j}^{n} - E_z \big|_{i,j}^{n} \right]$$

所以磁场分量 $H_y \big|_{i+\frac{1}{2},j}^{n+\frac{1}{2}}$ 的表达式为

$$H_y \big|_{i+\frac{1}{2},j}^{n+\frac{1}{2}} = \frac{\nu_{m21}}{4}\left[H_x \big|_{i+1,j+\frac{1}{2}}^{n-\frac{1}{2}} + H_x \big|_{i+1,j-\frac{1}{2}}^{n-\frac{1}{2}} + H_x \big|_{i,j-\frac{1}{2}}^{n-\frac{1}{2}} + H_x \big|_{i,j+\frac{1}{2}}^{n-\frac{1}{2}} \right] + \nu_{m22} H_y \big|_{i+\frac{1}{2},j}^{n-\frac{1}{2}}$$

$$- \frac{\kappa_{m21}}{4\Delta y}\left[E_z \big|_{i+1,j+1}^{n} + E_z \big|_{i,j+1}^{n} - E_z \big|_{i,j-1}^{n} - E_z \big|_{i+1,j-1}^{n} \right] + \frac{\kappa_{m22}}{\Delta x}\left[E_z \big|_{i+1,j}^{n} - E_z \big|_{i,j}^{n} \right] \tag{5.91}$$

同理,可得电场分量 $E_z \big|_{i,j}^{n+1}$ 的表达式为

$$E_z \big|_{i,j}^{n+1} = \nu_{33} E_z \big|_{i,j}^{n} + \kappa_{33}\left(\frac{\partial H_y}{\partial x} - \frac{\partial H_x}{\partial y} \right)\bigg|_{i,j}^{n+\frac{1}{2}} \tag{5.92}$$

其中,$\nu_{33} = \left(\frac{\varepsilon_{33}}{\Delta t} - \frac{\sigma_{33}}{2} \right) \bigg/ \left(\frac{\varepsilon_{33}}{\Delta t} + \frac{\sigma_{33}}{2} \right)$,$\kappa_{33} = 1 \bigg/ \left(\frac{\varepsilon_{33}}{\Delta t} + \frac{\sigma_{33}}{2} \right)$。

$$\frac{\partial H_y}{\partial x}\bigg|_{i,j}^{n+\frac{1}{2}} = \frac{1}{\Delta x}\left[H_y \big|_{i+\frac{1}{2},j}^{n+\frac{1}{2}} - H_y \big|_{i-\frac{1}{2},j}^{n+\frac{1}{2}} \right]$$

$$\frac{\partial H_x}{\partial y}\bigg|_{i,j}^{n+\frac{1}{2}} = \frac{1}{\Delta y}\left[H_x \big|_{i,j+\frac{1}{2}}^{n+\frac{1}{2}} - H_x \big|_{i,j-\frac{1}{2}}^{n+\frac{1}{2}} \right]$$

所以电场分量 $E_z \big|_{i,j}^{n+1}$ 的迭代式可写为

$$E_z \big|_{i,j}^{n+1} = \nu_{33} E_z \big|_{i,j}^{n} + \frac{\kappa_{33}}{\Delta x}\left[H_y \big|_{i+\frac{1}{2},j}^{n+\frac{1}{2}} - H_y \big|_{i-\frac{1}{2},j}^{n+\frac{1}{2}} \right] - \frac{\kappa_{33}}{\Delta y}\left[H_x \big|_{i,j+\frac{1}{2}}^{n+\frac{1}{2}} - H_x \big|_{i,j-\frac{1}{2}}^{n+\frac{1}{2}} \right] \tag{5.93}$$

5.3.2　截断各向异性介质的二维 TE 波 NPML 吸收边界递推式

以 TE 波为例进行分析。根据 NPML 坐标变换规则对空间偏导作如下变换

$$\frac{\partial H_m}{\partial n} = \frac{\partial H_m}{s_n \partial n} \approx \frac{\partial (H_m/s_n)}{\partial n}, \quad \frac{\partial E_m}{\partial n} = \frac{\partial E_m}{s_n \partial n} \approx \frac{\partial (E_m/s_n)}{\partial n} \tag{5.94}$$

其中,$s_n = 1 + \frac{\sigma_n}{j\omega}$,且 $\begin{pmatrix} m \in \{x, y, z\} \\ n \in \{x, y, z\}, n \neq m \end{pmatrix}$。并引入记号 $\widetilde{H}_{mn} = \frac{H_m}{s_n}$、$\widetilde{E}_{mn} = \frac{E_m}{s_n}$,则在 NPML 吸收边界中的二维 TE 波方程可写为

$$\left. \begin{array}{l} \dfrac{\partial \widetilde{E}_{yx}}{\partial x} - \dfrac{\partial \widetilde{E}_{xy}}{\partial y} = -\mu_{33} \dfrac{\partial H_z}{\partial t} - \sigma_{m33} H_z \\[2mm] \begin{bmatrix} \dfrac{\partial \widetilde{H}_{zy}}{\partial y} \\ -\dfrac{\partial \widetilde{H}_{zx}}{\partial x} \end{bmatrix} = \boldsymbol{\varepsilon}_{TE} \begin{bmatrix} \dfrac{\partial E_x}{\partial t} \\ \dfrac{\partial E_y}{\partial t} \end{bmatrix} + \boldsymbol{\sigma}_{TE} \begin{bmatrix} E_x \\ E_y \end{bmatrix} \end{array} \right\} \tag{5.95}$$

对式 (5.95) 在坐标点 $\left(i, j+\dfrac{1}{2}\right)$ 进行差分离散,得到如下迭代式

$$E_x \mid_{i+\frac{1}{2},j}^{n+1} = \nu_{11} E_x \mid_{i+\frac{1}{2},j}^{n} + \frac{\nu_{12}}{4}\left[E_y \mid_{i,j+\frac{1}{2}}^{n} + E_y \mid_{i,j-\frac{1}{2}}^{n} + E_y \mid_{i+1,j+\frac{1}{2}}^{n} + E_y \mid_{i+1,j-\frac{1}{2}}^{n}\right]$$
$$+ \frac{\kappa_{11}}{\Delta y}\left[\widetilde{H}_{zy} \mid_{i+\frac{1}{2},j+\frac{1}{2}}^{n+\frac{1}{2}} - \widetilde{H}_{zy} \mid_{i+\frac{1}{2},j-\frac{1}{2}}^{n+\frac{1}{2}}\right] - \frac{\kappa_{12}}{4\Delta x}\left[\widetilde{H}_{zx} \mid_{i+\frac{3}{2},j+\frac{1}{2}}^{n+\frac{1}{2}} + \widetilde{H}_{zx} \mid_{i+\frac{3}{2},j-\frac{1}{2}}^{n+\frac{1}{2}}\right.$$
$$\left. - \widetilde{H}_{zx} \mid_{i-\frac{1}{2},j+\frac{1}{2}}^{n+\frac{1}{2}} - \widetilde{H}_{zx} \mid_{i-\frac{1}{2},j-\frac{1}{2}}^{n+\frac{1}{2}}\right] \tag{5.96}$$

$$E_y \mid_{i,j+\frac{1}{2}}^{n+1} = \frac{\nu_{21}}{4}\left[E_x \mid_{i+\frac{1}{2},j}^{n} + E_x \mid_{i-\frac{1}{2},j}^{n} + E_x \mid_{i+\frac{1}{2},j+1}^{n} + E_x \mid_{i-\frac{1}{2},j+1}^{n}\right] + \nu_{22} E_y \mid_{i,j+\frac{1}{2}}^{n}$$
$$+ \frac{\kappa_{21}}{4\Delta y}\left[\widetilde{H}_{zy} \mid_{i-\frac{1}{2},j+\frac{3}{2}}^{n+\frac{1}{2}} + \widetilde{H}_{zy} \mid_{i+\frac{1}{2},j+\frac{3}{2}}^{n+\frac{1}{2}} - \widetilde{H}_{zy} \mid_{i-\frac{1}{2},j-\frac{1}{2}}^{n+\frac{1}{2}} - \widetilde{H}_{zy} \mid_{i+\frac{1}{2},j-\frac{1}{2}}^{n+\frac{1}{2}}\right]$$
$$- \frac{\kappa_{22}}{\Delta x}\left[\widetilde{H}_{zx} \mid_{i+\frac{1}{2},j+\frac{1}{2}}^{n+\frac{1}{2}} - \widetilde{H}_{zx} \mid_{i-\frac{1}{2},j+\frac{1}{2}}^{n+\frac{1}{2}}\right] \tag{5.97}$$

$$H_z \mid_{i+\frac{1}{2},j+\frac{1}{2}}^{n+\frac{1}{2}} = \nu_{m33} H_z \mid_{i+\frac{1}{2},j+\frac{1}{2}}^{n-\frac{1}{2}}$$
$$- \frac{\kappa_{m33}}{\Delta x}\left[\widetilde{E}_{yx} \mid_{i+1,j+\frac{1}{2}}^{n} - \widetilde{E}_{yx} \mid_{i,j+\frac{1}{2}}^{n}\right] + \frac{\kappa_{m33}}{\Delta y}\left[\widetilde{E}_{xy} \mid_{i+\frac{1}{2},j+1}^{n} - \widetilde{E}_{xy} \mid_{i+\frac{1}{2},j}^{n}\right] \tag{5.98}$$

电场拉伸变量 $\widetilde{E}_{yx} = E_y/s_x$,可写为

$$E_y = s_x \widetilde{E}_{yx} = \left(1 + \frac{\sigma_x}{j\omega}\right)\widetilde{E}_{yx} \tag{5.99}$$

变换到时域可得

$$\frac{\partial}{\partial t}E_y = \frac{\partial}{\partial t}\widetilde{E}_{yx} + \sigma_z \widetilde{E}_{yx} \tag{5.100}$$

将上式按时间作差分离散,可表示如下

$$\widetilde{E}_{yx} \mid_{i,j+\frac{1}{2}}^{n} = \frac{1 - \dfrac{\sigma_x \Delta t}{2}}{1 + \dfrac{\sigma_x \Delta t}{2}}\widetilde{E}_{yx} \mid^{n-1} + \frac{1}{1 + \dfrac{\sigma_x \Delta t}{2}}\left(E_y \mid^{n} - E_y \mid^{n-1}\right) \tag{5.101}$$

同理,对于电场拉伸变量 $\widetilde{E}_{xy} = E_x/s_y$,有如下关系式

$$\widetilde{E}_{xy} \mid_{i+\frac{1}{2},j}^{n} = \frac{1 - \dfrac{\sigma_y \Delta t}{2}}{1 + \dfrac{\sigma_y \Delta t}{2}}\widetilde{E}_{xy} \mid^{n-1} + \frac{1}{1 + \dfrac{\sigma_y \Delta t}{2}}\left(E_x \mid^{n} - E_x \mid^{n-1}\right) \tag{5.102}$$

对于磁场拉伸变量 $\widetilde{H}_{zx} = \dfrac{H_z}{s_x}$,有如下关系式

$$H_z = s_x \widetilde{H}_{zx} = \left(1 + \frac{\sigma_x}{j\omega}\right)\widetilde{H}_{zx} \tag{5.103}$$

变换到时域可得

$$\frac{\partial}{\partial t}H_z = \frac{\partial}{\partial t}\widetilde{H}_{zx} + \sigma_x \widetilde{H}_{zx} \tag{5.104}$$

将上式按时间作差分离散,可表示如下

$$\widetilde{H}_{zx}\big|_{i+\frac{1}{2},j+\frac{1}{2}}^{n+\frac{1}{2}}=\frac{1-\frac{\sigma_x\Delta t}{2}}{1+\frac{\sigma_x\Delta t}{2}}\widetilde{H}_{zx}\big|_{i+\frac{1}{2},j+\frac{1}{2}}^{n-\frac{1}{2}}+\frac{1}{1+\frac{\sigma_x\Delta t}{2}}\Big(H_z\big|_{i+\frac{1}{2},j+\frac{1}{2}}^{n+\frac{1}{2}}-H_z\big|_{i+\frac{1}{2},j+\frac{1}{2}}^{n-\frac{1}{2}}\Big) \tag{5.105}$$

同理,对于磁场拉伸变量 $\widetilde{H}_{zy}=\dfrac{H_z}{s_y}$,有如下关系式

$$\widetilde{H}_{zy}\big|_{i+\frac{1}{2},j+\frac{1}{2}}^{n+\frac{1}{2}}=\frac{1-\frac{\sigma_y\Delta t}{2}}{1+\frac{\sigma_y\Delta t}{2}}\widetilde{H}_{zy}\big|_{i+\frac{1}{2},j+\frac{1}{2}}^{n-\frac{1}{2}}+\frac{1}{1+\frac{\sigma_y\Delta t}{2}}\Big(H_z\big|_{i+\frac{1}{2},j+\frac{1}{2}}^{n+\frac{1}{2}}-H_z\big|_{i+\frac{1}{2},j+\frac{1}{2}}^{n-\frac{1}{2}}\Big) \tag{5.106}$$

综上所述,NPML 吸收边界截断二维各向异性介质时,TE 波情形下 FDTD 时间递推过程如下

$$\widetilde{E}_{yx},\widetilde{E}_{xy}\Rightarrow H_z\Rightarrow\widetilde{H}_{zx},\widetilde{H}_{zy}\Rightarrow E_x,E_y\Rightarrow\widetilde{E}_{yx},\widetilde{E}_{xy}$$

5.3.3　截断各向异性介质的二维 TM 波 NPML 吸收边界递推式

以 TM 波为例进行分析。根据 NPML 坐标变换规则对空间偏导作如下变换

$$\frac{\partial H_m}{\partial n}=\frac{\partial H_m}{s_n\partial n}\approx\frac{\partial(H_m/s_n)}{\partial n}$$
$$\frac{\partial E_m}{\partial n}=\frac{\partial E_m}{s_n\partial n}\approx\frac{\partial(E_m/s_n)}{\partial n} \tag{5.107}$$

其中 $s_n=1+\dfrac{\sigma_n}{\mathrm{j}\omega}$,且 $\begin{pmatrix}m\in\{x,y,z\}\\n\in\{x,y,z\},n\neq m\end{pmatrix}$。并引入记号 $\widetilde{H}_{mn}=\dfrac{H_m}{s_n}$,$\widetilde{E}_{mn}=\dfrac{E_m}{s_n}$,则在 NPML 吸收边界中的二维 TM 波方程可写为

$$\left.\begin{array}{l}\dfrac{\partial\widetilde{H}_{yx}}{\partial x}-\dfrac{\partial\widetilde{H}_{xy}}{\partial y}=\varepsilon_{33}\dfrac{\partial E_z}{\partial t}+\sigma_{33}E_z\\[4mm]\begin{bmatrix}\dfrac{\partial\widetilde{E}_{zy}}{\partial y}\\[3mm]-\dfrac{\partial\widetilde{E}_{zx}}{\partial x}\end{bmatrix}=-\boldsymbol{\mu}_{\mathrm{TM}}\begin{bmatrix}\dfrac{\partial H_x}{\partial t}\\[3mm]\dfrac{\partial H_y}{\partial t}\end{bmatrix}-\boldsymbol{\sigma}_{\mathrm{mTM}}\begin{bmatrix}H_x\\H_y\end{bmatrix}\end{array}\right\} \tag{5.108}$$

对式(5.108)在坐标点 (i,j) 进行差分离散,得到如下迭代式

$$H_x\big|_{i,j+\frac{1}{2}}^{n+\frac{1}{2}}=\nu_{\mathrm{m11}}H_x\big|_{i,j+\frac{1}{2}}^{n-\frac{1}{2}}+\frac{\nu_{\mathrm{m12}}}{4}\Big[H_y\big|_{i+\frac{1}{2},j+1}^{n-\frac{1}{2}}+H_y\big|_{i+\frac{1}{2},j}^{n-\frac{1}{2}}+H_y\big|_{i-\frac{1}{2},j}^{n-\frac{1}{2}}+H_y\big|_{i-\frac{1}{2},j+1}^{n-\frac{1}{2}}\Big]$$

$$-\frac{\kappa_{\mathrm{m11}}}{\Delta y}\big[\widetilde{E}_{zy}\big|_{i,j+1}^{n}-\widetilde{E}_{zy}\big|_{i,j}^{n}\big]+\frac{\kappa_{\mathrm{m12}}}{4\Delta x}\big[\widetilde{E}_{zx}\big|_{i+1,j+1}^{n}+\widetilde{E}_{zx}\big|_{i+1,j}^{n}-\widetilde{E}_{zx}\big|_{i-1,j}^{n}$$

$$-\widetilde{E}_{zx}\big|_{i-1,j+1}^{n}\big] \tag{5.109}$$

$$H_y\big|_{i+\frac{1}{2},j}^{n+\frac{1}{2}}=\frac{\nu_{\mathrm{m21}}}{4}\Big[H_x\big|_{i+1,j+\frac{1}{2}}^{n-\frac{1}{2}}+H_x\big|_{i+1,j-\frac{1}{2}}^{n-\frac{1}{2}}+H_x\big|_{i,j-\frac{1}{2}}^{n-\frac{1}{2}}+H_x\big|_{i,j+\frac{1}{2}}^{n-\frac{1}{2}}\Big]+\nu_{\mathrm{m22}}H_y\big|_{i+\frac{1}{2},j}^{n-\frac{1}{2}}$$

$$-\frac{\kappa_{m21}}{4\Delta y}\big[\widetilde{E}_{zy}\mid_{i+1,j+1}^{n}+\widetilde{E}_{zy}\mid_{i,j+1}^{n}-\widetilde{E}_{zy}\mid_{i,j-1}^{n}-\widetilde{E}_{zy}\mid_{i+1,j-1}^{n}\big]$$

$$+\frac{\kappa_{m22}}{\Delta x}\big[\widetilde{E}_{zx}\mid_{i+1,j}^{n}-\widetilde{E}_{zx}\mid_{i,j}^{n}\big] \tag{5.110}$$

$$E_{z}\mid_{i,j}^{n+1}=\nu_{33}E_{z}\mid_{i,j}^{n}+\frac{\kappa_{33}}{\Delta x}\Big[\widetilde{H}_{yx}\mid_{i+\frac{1}{2},j}^{n+\frac{1}{2}}-\widetilde{H}_{yx}\mid_{i-\frac{1}{2},j}^{n+\frac{1}{2}}\Big]-\frac{\kappa_{33}}{\Delta y}\Big[\widetilde{H}_{xy}\mid_{i,j+\frac{1}{2}}^{n+\frac{1}{2}}-\widetilde{H}_{xy}\mid_{i,j-\frac{1}{2}}^{n+\frac{1}{2}}\Big] \tag{5.111}$$

对于磁场拉伸变量 $\widetilde{H}_{yx}=\dfrac{H_{y}}{s_{x}}$,有如下关系式

$$H_{y}=s_{x}\widetilde{H}_{yx}=\Big(1+\frac{\sigma_{x}}{j\omega}\Big)\widetilde{H}_{yx} \tag{5.112}$$

变换到时域可得

$$\frac{\partial}{\partial t}H_{y}=\frac{\partial}{\partial t}\widetilde{H}_{yx}+\sigma_{x}\widetilde{H}_{yx} \tag{5.113}$$

将上式按时间作差分离散,可表示如下

$$\widetilde{H}_{yx}\mid_{i+\frac{1}{2},j}^{n+\frac{1}{2}}=\frac{1-\frac{\sigma_{x}\Delta t}{2}}{1+\frac{\sigma_{x}\Delta t}{2}}\widetilde{H}_{yx}\mid_{i+\frac{1}{2},j}^{n-\frac{1}{2}}+\frac{1}{1+\frac{\sigma_{x}\Delta t}{2}}\Big(H_{y}\mid_{i+\frac{1}{2},j}^{n+\frac{1}{2}}-H_{y}\mid_{i+\frac{1}{2},j}^{n-\frac{1}{2}}\Big) \tag{5.114}$$

同理,对于磁场拉伸变量 $\widetilde{H}_{xy}=\dfrac{H_{x}}{s_{y}}$,有如下关系式

$$\widetilde{H}_{xy}\mid_{i,j+\frac{1}{2}}^{n+\frac{1}{2}}=\frac{1-\frac{\sigma_{y}\Delta t}{2}}{1+\frac{\sigma_{y}\Delta t}{2}}\widetilde{H}_{xy}\mid_{i,j+\frac{1}{2}}^{n-\frac{1}{2}}+\frac{1}{1+\frac{\sigma_{y}\Delta t}{2}}\Big(H_{x}\mid_{i,j+\frac{1}{2}}^{n+\frac{1}{2}}-H_{x}\mid_{i,j+\frac{1}{2}}^{n-\frac{1}{2}}\Big) \tag{5.115}$$

电场拉伸变量 $\widetilde{E}_{zy}=E_{z}/s_{y}$,可写为

$$E_{z}=s_{y}\widetilde{E}_{zy}=\Big(1+\frac{\sigma_{y}}{j\omega}\Big)\widetilde{E}_{zy} \tag{5.116}$$

变换到时域可得

$$\frac{\partial}{\partial t}E_{z}=\frac{\partial}{\partial t}\widetilde{E}_{zy}+\sigma_{z}\widetilde{E}_{zy} \tag{5.117}$$

将上式按时间作差分离散,可表示如下

$$\widetilde{E}_{zy}\mid^{n+1}=\frac{1-\frac{\sigma_{y}\Delta t}{2}}{1+\frac{\sigma_{y}\Delta t}{2}}\widetilde{E}_{zy}\mid^{n}+\frac{1}{1+\frac{\sigma_{y}\Delta t}{2}}(E_{z}\mid^{n+1}-E_{z}\mid^{n}) \tag{5.118}$$

同理,对于电场拉伸变量 $\widetilde{E}_{zx}=E_{z}/s_{x}$,有如下关系式

$$\widetilde{E}_{zx}\mid^{n+1}=\frac{1-\frac{\sigma_{x}\Delta t}{2}}{1+\frac{\sigma_{x}\Delta t}{2}}\widetilde{E}_{zx}\mid^{n}+\frac{1}{1+\frac{\sigma_{x}\Delta t}{2}}(E_{z}\mid^{n+1}-E_{z}\mid^{n}) \tag{5.119}$$

综上所述,可以得到 TM 波情形下 NPML 吸收边界截断二维各向异性介质的时间递推过程如下

$$\widetilde{E}_{zx},\widetilde{E}_{zy}\Rightarrow H_x,H_y\Rightarrow\widetilde{H}_{yx},\widetilde{H}_{xy}\Rightarrow E_z\Rightarrow\widetilde{E}_{zx},\widetilde{E}_{zy}$$

由此可知在二维条件下,参数 σ_x、σ_y 在吸收边界的取值如图 5.6 所示。

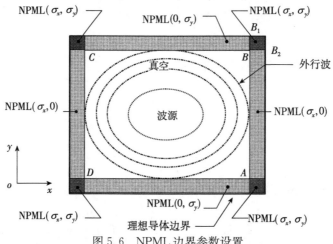

图 5.6　NPML 边界参数设置

将各区域 σ_x、σ_y 的值代入 $s_n=1+\dfrac{\sigma_n}{\mathrm{j}\omega}$,可求出对应区域 $\widetilde{H}_{mn}$ 和 $\widetilde{E}_{mn}$ 的值。为使形式更为简洁、统一,可将整个计算区域(包含总场区、散射场区和吸收边界)的迭代方程均写成其在 NPML 角点处的形式,只是拉伸坐标分量取值不同而已。

5.3.4　截断各向异性介质的二维 NPML 吸收边界算例分析

如图 5.7 所示,箭头 ↑ 表示激励源(高斯脉冲源),频谱范围为 $0\sim80\mathrm{GHz}$,放置在二维区域的中心。最内层为空气方柱,空气方柱在 X 坐标轴的范围为 $[-10,10]$,Y 坐标轴的范围为 $[-10,10]$;网格中间层为各向异性介质方柱,方柱在 X 坐标轴的范围为 $[-20,20]$,Y 坐标轴的范围为 $[-20,20]$;最外层为 NPML 吸收边界,NPML 层占 6 个网格。各向异性介质参数为 $\varepsilon_{11}=2.05$,$\varepsilon_{12}=0.0866$,$\varepsilon_{21}=0.0866$,$\varepsilon_{22}=2.15$。空间步长大小为 $\delta=0.025\mathrm{cm}$,时间步长为 $\Delta t=\delta/2c$。在不同的观察点记录电场分量 E_z 的时域波形,在 XOY 平面上,假设点 $A(-18,0)$ 为左边界观察点,点 $B(-18,-18)$ 为角点观察点,点 $C(0,-18)$ 为下边界观察点,E_z 分量在这些观察点的时域波形记为小空间波形。

然后扩大各向异性方柱的所占区域,X 坐标轴范围为 $[-400,400]$,Y 坐标轴范围为 $[-400,400]$,而最内层的空气方柱所占区域和最外层的 NPML 吸收边界所占区域的大小保持不变,大空间的反射波到达 B 点所需的时间步数为 $t_9=(400-18)\times2\times2=1528$,所以当 $t<t_9$ 时,B 点没有被由截断边界传来的反射波干扰,我们称这种解为参考解。记录电场分量 E_z 的时域波形,又称为大空间波形。

图 5.8～图 5.10 分别为 TE 波情况下大空间和小空间时域波形在左边界观察点 (A)、角点观察点(B)和下边界观察点(C)三个观察点的比较图。

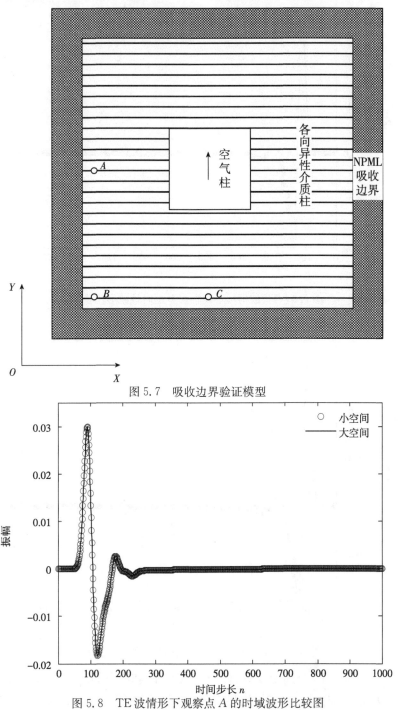

图 5.7　吸收边界验证模型

图 5.8　TE 波情形下观察点 A 的时域波形比较图

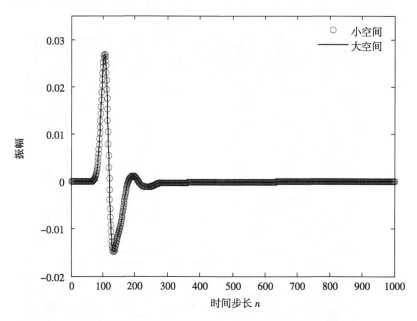

图 5.9　TE 波情形下观察点 B 的时域波形比较图

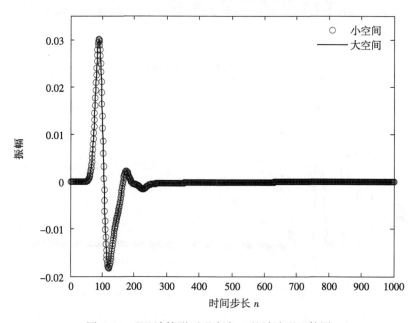

图 5.10　TE 波情形下观察点 C 的域波形比较图

　　图 5.11～图 5.13 分别为 TM 波情形下大空间和小空间时域波形在为左边界观察点(A)、为角点观察点(B)和下边界观察点(C)三个观察点的比较图。

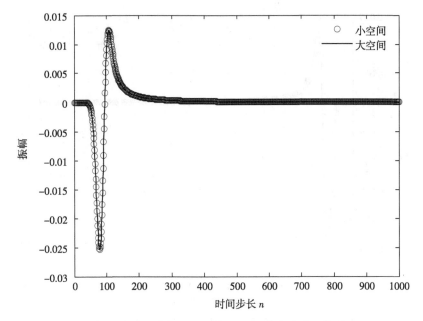

图 5.11　TM 波情形下观察点 A 的时域波形比较图

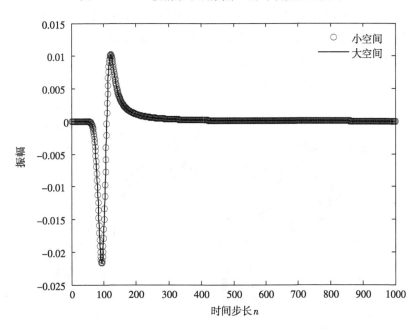

图 5.12　TM 波情形下观察点 B 的时域波形比较图

由图 5.8～图 5.13 可知,大空间时域波形和小空间时域波形在同一观察点上基本吻合,表明 NPML 吸收边界截断二维各向异性介质效果良好。

图 5.14 为频域下 A、B、C 三点的反射系数误差图。反射系数误差公式为

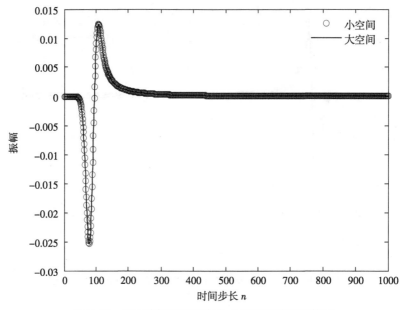

图 5.13　TM 波情形下观察点 C 的时域波形比较图

$20\log_{10}\left|F\{E_z^R(t)-E_z^T(t)\}/F\{E_z^R(t)\}\right|$,其中 $F\{\cdot\}$ 为傅里叶算子。从图中可以看出,修正的 NPML 吸收边界的反射误差为 $-100\sim-65$dB,因此,用 NPML 吸收边界截断各向异性介质具有很好的吸收效果。

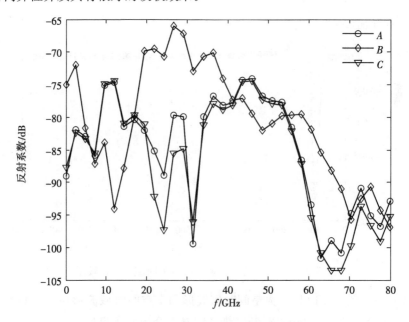

图 5.14　A、B、C 三点处的反射系数误差图

5.4　截断各向异性介质的三维 NPML 吸收边界条件

5.4.1　各向异性介质的三维时域差分方程

在外场作用下,各向异性介质的电极化强度矢量 $\boldsymbol{P}$ 不再与电场强度矢量 $\boldsymbol{E}$ 平行,磁化强度矢量 $\boldsymbol{M}$ 也不再与磁感应强度矢量 $\boldsymbol{B}$ 平行。这时,介质的电极化率、磁化率、介电系数以及磁导率都需用张量表示,介质内部的场也变得更为复杂。

对于三维均质各向异性介质,时域麦克斯韦旋度方程为

$$\nabla \times \boldsymbol{H} = \bar{\bar{\varepsilon}} \cdot \frac{\partial \boldsymbol{E}}{\partial t} + \bar{\bar{\sigma}} \cdot \boldsymbol{E}$$

$$\nabla \times \boldsymbol{E} = -\bar{\bar{\mu}} \cdot \frac{\partial \boldsymbol{H}}{\partial t} - \bar{\bar{\sigma}}_{\mathrm{m}} \cdot \boldsymbol{H} \tag{5.120}$$

式中, $\boldsymbol{E}$ 为电场强度; $\boldsymbol{H}$ 为磁场强度; $\bar{\bar{\varepsilon}}$、$\bar{\bar{\sigma}}$、$\bar{\bar{\mu}}$ 和 $\bar{\bar{\sigma}}_{\mathrm{m}}$ 分别为 3×3 阶介电系数张量、电导率张量、磁导系数张量和导磁率张量,表示如下

$$\bar{\bar{\varepsilon}} = \begin{bmatrix} \varepsilon_{11} & \varepsilon_{12} & \varepsilon_{13} \\ \varepsilon_{21} & \varepsilon_{22} & \varepsilon_{23} \\ \varepsilon_{31} & \varepsilon_{32} & \varepsilon_{33} \end{bmatrix}, \quad \bar{\bar{\sigma}} = \begin{bmatrix} \sigma_{11} & \sigma_{12} & \sigma_{13} \\ \sigma_{21} & \sigma_{22} & \sigma_{23} \\ \sigma_{31} & \sigma_{32} & \sigma_{33} \end{bmatrix}$$

$$\bar{\bar{\mu}} = \begin{bmatrix} \mu_{11} & \mu_{12} & \mu_{13} \\ \mu_{21} & \mu_{22} & \mu_{23} \\ \mu_{31} & \mu_{32} & \mu_{33} \end{bmatrix}, \quad \bar{\bar{\sigma}}_{\mathrm{m}} = \begin{bmatrix} \sigma_{\mathrm{m}11} & \sigma_{\mathrm{m}12} & \sigma_{\mathrm{m}13} \\ \sigma_{\mathrm{m}21} & \sigma_{\mathrm{m}22} & \sigma_{\mathrm{m}23} \\ \sigma_{\mathrm{m}31} & \sigma_{\mathrm{m}32} & \sigma_{\mathrm{m}33} \end{bmatrix} \tag{5.121}$$

将麦克斯韦方程组中安培环路方程,即式(5.120)中的第一个式子在时域做差分离散,可以得到如下形式

$$\boldsymbol{E}|_{i,j,k}^{n+1} = \left(\frac{\bar{\bar{\varepsilon}}}{\Delta t} + \frac{\bar{\bar{\sigma}}}{2}\right)^{-1} \left(\frac{\bar{\bar{\varepsilon}}}{\Delta t} - \frac{\bar{\bar{\sigma}}}{2}\right) \cdot \boldsymbol{E}|_{i,j,k}^{n} + \left(\frac{\bar{\bar{\varepsilon}}}{\Delta t} + \frac{\bar{\bar{\sigma}}}{2}\right)^{-1} \cdot (\nabla \times \boldsymbol{H})|_{i,j,k}^{n+\frac{1}{2}} \tag{5.122}$$

将式(5.122)在直角坐标系中按时间点和空间点作离散,并用矩阵形式表示如下

$$\begin{bmatrix} E_x|_{i,j,k}^{n+1} \\ E_y|_{i,j,k}^{n+1} \\ E_z|_{i,j,k}^{n+1} \end{bmatrix} = \bar{\bar{\nu}} \begin{bmatrix} E_x|_{i,j,k}^{n} \\ E_y|_{i,j,k}^{n} \\ E_z|_{i,j,k}^{n} \end{bmatrix} + \bar{\bar{\kappa}} \begin{bmatrix} \dfrac{\partial H_z}{\partial y}\Big|_{i,j,k}^{n+\frac{1}{2}} - \dfrac{\partial H_y}{\partial z}\Big|_{i,j,k}^{n+\frac{1}{2}} \\ \dfrac{\partial H_x}{\partial z}\Big|_{i,j,k}^{n+\frac{1}{2}} - \dfrac{\partial H_z}{\partial x}\Big|_{i,j,k}^{n+\frac{1}{2}} \\ \dfrac{\partial H_y}{\partial x}\Big|_{i,j,k}^{n+\frac{1}{2}} - \dfrac{\partial H_x}{\partial y}\Big|_{i,j,k}^{n+\frac{1}{2}} \end{bmatrix} \tag{5.123}$$

其中

$$\bar{\bar{\nu}} = \left(\frac{\bar{\bar{\varepsilon}}}{\Delta t} + \frac{\bar{\bar{\sigma}}}{2}\right)^{-1} \left(\frac{\bar{\bar{\varepsilon}}}{\Delta t} - \frac{\bar{\bar{\sigma}}}{2}\right), \quad \bar{\bar{\kappa}} = \left(\frac{\bar{\bar{\varepsilon}}}{\Delta t} + \frac{\bar{\bar{\sigma}}}{2}\right)^{-1} \tag{5.124}$$

将麦克斯韦方程组中的法拉第电磁方程,即式(5.120)中的第二个式子对时间的导数做差分离散,可以得到如下形式

$$\boldsymbol{H}\big|_{i,j,k}^{n+\frac{1}{2}}=\left(\frac{\bar{\bar{\mu}}}{\Delta t}+\frac{\bar{\bar{\sigma}}_{\mathrm{m}}}{2}\right)^{-1}\left(\frac{\bar{\bar{\mu}}}{\Delta t}-\frac{\bar{\bar{\sigma}}_{\mathrm{m}}}{2}\right)\boldsymbol{\cdot}\boldsymbol{H}\big|_{i,j,k}^{n-\frac{1}{2}}-\left(\frac{\bar{\bar{\mu}}}{\Delta t}+\frac{\bar{\bar{\sigma}}_{\mathrm{m}}}{2}\right)^{-1}\boldsymbol{\cdot}(\nabla\times\boldsymbol{E})\big|_{i,j,k}^{n} \quad (5.125)$$

令

$$\bar{\bar{\nu}}_{\mathrm{m}}=\left(\frac{\bar{\bar{\mu}}}{\Delta t}+\frac{\bar{\bar{\sigma}}_{\mathrm{m}}}{2}\right)^{-1}\left(\frac{\bar{\bar{\mu}}}{\Delta t}-\frac{\bar{\bar{\sigma}}_{\mathrm{m}}}{2}\right),\quad \bar{\bar{\kappa}}_{\mathrm{m}}=\left(\frac{\bar{\bar{\mu}}}{\Delta t}+\frac{\bar{\bar{\sigma}}_{\mathrm{m}}}{2}\right)^{-1} \quad (5.126)$$

将式(5.125)按时间点和空间点作离散,并且写为矩阵形式,可表示如下

$$\begin{bmatrix} H_x\big|_{i,j,k}^{n+\frac{1}{2}} \\ H_y\big|_{i,j,k}^{n+\frac{1}{2}} \\ H_z\big|_{i,j,k}^{n+\frac{1}{2}} \end{bmatrix}=\bar{\bar{\nu}}_{\mathrm{m}}\begin{bmatrix} H_x\big|_{i,j,k}^{n-\frac{1}{2}} \\ H_y\big|_{i,j,k}^{n-\frac{1}{2}} \\ H_z\big|_{i,j,k}^{n-\frac{1}{2}} \end{bmatrix}-\bar{\bar{\kappa}}_{\mathrm{m}}\begin{bmatrix} \frac{\partial E_z}{\partial y}\big|_{i,j,k}^{n}-\frac{\partial E_y}{\partial z}\big|_{i,j,k}^{n} \\ \frac{\partial E_x}{\partial z}\big|_{i,j,k}^{n}-\frac{\partial E_z}{\partial x}\big|_{i,j,k}^{n} \\ \frac{\partial E_y}{\partial x}\big|_{i,j,k}^{n}-\frac{\partial E_x}{\partial y}\big|_{i,j,k}^{n} \end{bmatrix} \quad (5.127)$$

5.4.2　截断各向异性介质的三维 NPML 吸收边界:电场迭代式

在三维 FDTD 计算区域的截断边界处设置 NPML 时,如图 5.15 所示,共有 6 个平面 NPML 区、12 个棱边区和 8 个角顶区。根据 NPML 坐标拉伸理论,平面区只需进行一个方向的坐标拉伸变换,棱边区需要对两个方向同时进行坐标拉伸变换,而角顶区则需要同时对三个方向进行坐标拉伸。本节就以最具代表性的角顶区为例,对截断各向异性介质的 NPML 三维 FDTD 公式进行详细推导。

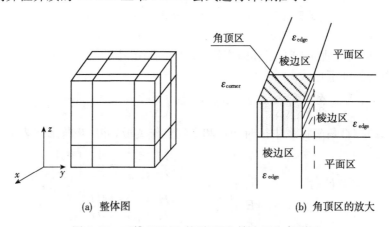

图 5.15　三维 NPML 的平面区、棱边区和角顶区

首先,对式(5.123)中磁场分量的空间偏导数同时进行三个方向的坐标拉伸变换

$$\frac{\partial H_\alpha}{\partial \beta}=\frac{\partial}{\partial \beta}\left(\frac{1}{1+\sigma_\beta/\mathrm{j}\omega}H_\alpha\right)=\frac{\partial \widetilde{H}_{\alpha\beta}}{\partial \beta} \quad (5.128)$$

式中

$$\widetilde{H}_{\alpha\beta}=\frac{1}{1+\sigma_\beta/\mathrm{j}\omega}H_\alpha \quad (5.129)$$

$$\alpha \in \{x,y,z\}, \quad \beta \in \{x,y,z\}, \quad \alpha \neq \beta$$

且 σ_β 为沿 β 方向的电导率分布,则式(5.123)变为

$$
\begin{bmatrix}
E_x \big|_{i,j,k}^{n+1} \\[4pt]
E_y \big|_{i,j,k}^{n+1} \\[4pt]
E_z \big|_{i,j,k}^{n+1}
\end{bmatrix}
= \bar{\bar{\nu}}
\begin{bmatrix}
E_x \big|_{i,j,k}^{n} \\[4pt]
E_y \big|_{i,j,k}^{n} \\[4pt]
E_z \big|_{i,j,k}^{n}
\end{bmatrix}
+ \bar{\bar{\kappa}}
\begin{bmatrix}
\dfrac{\partial \widetilde{H}_{zy}}{\partial y}\Big|_{i,j,k}^{n+\frac{1}{2}} - \dfrac{\partial \widetilde{H}_{yz}}{\partial z}\Big|_{i,j,k}^{n+\frac{1}{2}} \\[10pt]
\dfrac{\partial \widetilde{H}_{xz}}{\partial z}\Big|_{i,j,k}^{n+\frac{1}{2}} - \dfrac{\partial \widetilde{H}_{zx}}{\partial x}\Big|_{i,j,k}^{n+\frac{1}{2}} \\[10pt]
\dfrac{\partial \widetilde{H}_{yx}}{\partial x}\Big|_{i,j,k}^{n+\frac{1}{2}} - \dfrac{\partial \widetilde{H}_{xy}}{\partial y}\Big|_{i,j,k}^{n+\frac{1}{2}}
\end{bmatrix}
\tag{5.130}
$$

对比式(5.123)和式(5.130)可以明显看出,坐标拉伸前后的两个式子在形式上完全一致。由于在 Yee 元胞中 E_x 分量的空间取样点为 $\left(i+\frac{1}{2}, j, k\right)$,所以实际计算过程中 E_x 应取元胞中对应节点位置处的值 $E_x \big|_{i+\frac{1}{2}, j, k}^{n+1}$,即用 $i+\frac{1}{2}$ 取代 i,其表达式为

$$
\begin{aligned}
E_x \big|_{i+\frac{1}{2},j,k}^{n+1} = & \left[\nu_{11} E_x \big|_{i+\frac{1}{2},j,k}^{n} + \nu_{12} E_y \big|_{i+\frac{1}{2},j,k}^{n} + \nu_{13} E_z \big|_{i+\frac{1}{2},j,k}^{n} \right] \\
& + \left[\kappa_{11} \left(\frac{\partial \widetilde{H}_{zy}}{\partial y}\Big|_{i+\frac{1}{2},j,k}^{n+\frac{1}{2}} - \frac{\partial \widetilde{H}_{yz}}{\partial z}\Big|_{i+\frac{1}{2},j,k}^{n+\frac{1}{2}} \right) \right. \\
& + \kappa_{12} \left(\frac{\partial \widetilde{H}_{xz}}{\partial z}\Big|_{i+\frac{1}{2},j,k}^{n+\frac{1}{2}} - \frac{\partial \widetilde{H}_{zx}}{\partial x}\Big|_{i+\frac{1}{2},j,k}^{n+\frac{1}{2}} \right) \\
& \left. + \kappa_{13} \left(\frac{\partial \widetilde{H}_{yx}}{\partial x}\Big|_{i+\frac{1}{2},j,k}^{n+\frac{1}{2}} - \frac{\partial \widetilde{H}_{xy}}{\partial y}\Big|_{i+\frac{1}{2},j,k}^{n+\frac{1}{2}} \right) \right]
\end{aligned}
\tag{5.131}
$$

式(5.131)等号右边第一项中 $E_y \big|_{i+\frac{1}{2},j,k}^{n}$ 和 $E_z \big|_{i+\frac{1}{2},j,k}^{n}$ 分量在节点 $\left(i+\frac{1}{2}, j, k\right)$ 上的值在做迭代计算时不可知,可以采用空间插值方法用其周围相邻的四个场分量表示如下

$$
E_y \big|_{i+\frac{1}{2},j,k}^{n} = \frac{1}{4}\left[E_y \big|_{i,j+\frac{1}{2},k}^{n} + E_y \big|_{i,j-\frac{1}{2},k}^{n} + E_y \big|_{i+1,j+\frac{1}{2},k}^{n} + E_y \big|_{i+1,j-\frac{1}{2},k}^{n} \right]
\tag{5.132}
$$

$$
E_z \big|_{i+\frac{1}{2},j,k}^{n} = \frac{1}{4}\left[E_z \big|_{i,j,k+\frac{1}{2}}^{n} + E_z \big|_{i,j,k-\frac{1}{2}}^{n} + E_z \big|_{i+1,j,k+\frac{1}{2}}^{n} + E_z \big|_{i+1,j,k-\frac{1}{2}}^{n} \right]
\tag{5.133}
$$

同样,对于 $\dfrac{\partial \widetilde{H}_{xz}}{\partial z}\Big|_{i+\frac{1}{2},j,k}^{n+\frac{1}{2}}$, $\dfrac{\partial \widetilde{H}_{zx}}{\partial x}\Big|_{i+\frac{1}{2},j,k}^{n+\frac{1}{2}}$, $\dfrac{\partial \widetilde{H}_{yx}}{\partial x}\Big|_{i+\frac{1}{2},j,k}^{n+\frac{1}{2}}$ 和 $\dfrac{\partial \widetilde{H}_{xy}}{\partial y}\Big|_{i+\frac{1}{2},j,k}^{n+\frac{1}{2}}$,其相应的磁场分量在 $\left(i+\frac{1}{2}, j, k\right)$ 点上并未给出,仍用空间插值方法将这四个值用其周围相邻的场分量表示为

$$
\frac{\partial \widetilde{H}_{xz}}{\partial z}\Big|_{i+\frac{1}{2},j,k}^{n+\frac{1}{2}} = \frac{1}{4\Delta z}\left[\widetilde{H}_{xz} \big|_{i,j+\frac{1}{2},k+\frac{1}{2}}^{n+\frac{1}{2}} + \widetilde{H}_{xz} \big|_{i+1,j+\frac{1}{2},k+\frac{1}{2}}^{n+\frac{1}{2}} \right.
$$

$$
\left. + \widetilde{H}_{xz} \big|_{i,j-\frac{1}{2},k+\frac{1}{2}}^{n+\frac{1}{2}} + \widetilde{H}_{xz} \big|_{i+1,j-\frac{1}{2},k+\frac{1}{2}}^{n+\frac{1}{2}} \right.
$$

$$\left. \qquad\qquad -\widetilde{H}_{xz}\,\right|_{i,j+\frac{1}{2},k-\frac{1}{2}}^{n+\frac{1}{2}} -\widetilde{H}_{xz}\,\Big|_{i+1,j+\frac{1}{2},k-\frac{1}{2}}^{n+\frac{1}{2}}$$
$$\left. \qquad\qquad -\widetilde{H}_{xz}\,\right|_{i,j-\frac{1}{2},k-\frac{1}{2}}^{n+\frac{1}{2}} -\widetilde{H}_{xz}\,\Big|_{i+1,j-\frac{1}{2},k-\frac{1}{2}}^{n+\frac{1}{2}} \Bigg] \qquad (5.134)$$

$$\frac{\partial \widetilde{H}_{zx}}{\partial x}\bigg|_{i+\frac{1}{2},j,k}^{n+\frac{1}{2}} = \frac{1}{4\Delta x}\Bigg[\widetilde{H}_{zx}\,\Big|_{i+\frac{3}{2},j+\frac{1}{2},k}^{n+\frac{1}{2}} +\widetilde{H}_{zx}\,\Big|_{i+\frac{3}{2},j-\frac{1}{2},k}^{n+\frac{1}{2}} -\widetilde{H}_{zx}\,\Big|_{i-\frac{1}{2},j+\frac{1}{2},k}^{n+\frac{1}{2}} -\widetilde{H}_{zx}\,\Big|_{i-\frac{1}{2},j-\frac{1}{2},k}^{n+\frac{1}{2}} \Bigg]$$
$$(5.135)$$

$$\frac{\partial \widetilde{H}_{yx}}{\partial x}\bigg|_{i+\frac{1}{2},j,k}^{n+\frac{1}{2}} = \frac{1}{4\Delta x}\Bigg[\widetilde{H}_{yx}\,\Big|_{i+\frac{3}{2},j,k+\frac{1}{2}}^{n+\frac{1}{2}} +\widetilde{H}_{yx}\,\Big|_{i+\frac{3}{2},j,k-\frac{1}{2}}^{n+\frac{1}{2}} -\widetilde{H}_{yx}\,\Big|_{i-\frac{1}{2},j,k+\frac{1}{2}}^{n+\frac{1}{2}} -\widetilde{H}_{yx}\,\Big|_{i-\frac{1}{2},j,k-\frac{1}{2}}^{n+\frac{1}{2}} \Bigg]$$
$$(5.136)$$

$$\frac{\partial \widetilde{H}_{xy}}{\partial y}\bigg|_{i+\frac{1}{2},j,k}^{n+\frac{1}{2}} = \frac{1}{4\Delta y}\Bigg[\widetilde{H}_{xy}\,\Big|_{i,j+\frac{1}{2},k+\frac{1}{2}}^{n+\frac{1}{2}} +\widetilde{H}_{xy}\,\Big|_{i+1,j+\frac{1}{2},k+\frac{1}{2}}^{n+\frac{1}{2}}$$
$$\left. \qquad\qquad +\widetilde{H}_{xy}\,\right|_{i,j+\frac{1}{2},k-\frac{1}{2}}^{n+\frac{1}{2}} +\widetilde{H}_{xy}\,\Big|_{i+1,j+\frac{1}{2},k-\frac{1}{2}}^{n+\frac{1}{2}}$$
$$\left. \qquad\qquad -\widetilde{H}_{xy}\,\right|_{i,j-\frac{1}{2},k+\frac{1}{2}}^{n+\frac{1}{2}} -\widetilde{H}_{xy}\,\Big|_{i+1,j-\frac{1}{2},k+\frac{1}{2}}^{n+\frac{1}{2}}$$
$$\left. \qquad\qquad -\widetilde{H}_{xy}\,\right|_{i,j-\frac{1}{2},k-\frac{1}{2}}^{n+\frac{1}{2}} -\widetilde{H}_{xy}\,\Big|_{i+1,j-\frac{1}{2},k-\frac{1}{2}}^{n+\frac{1}{2}} \Bigg] \qquad (5.137)$$

最后，剩余两项 $\dfrac{\partial \widetilde{H}_{zy}}{\partial y}\Big|_{i+\frac{1}{2},j,k}^{n+\frac{1}{2}}$ 和 $\dfrac{\partial \widetilde{H}_{yz}}{\partial z}\Big|_{i+\frac{1}{2},j,k}^{n+\frac{1}{2}}$ 的值，可以直接应用 Yee 理论中的迭代计算公式求出，分别表示如下

$$\frac{\partial \widetilde{H}_{zy}}{\partial y}\bigg|_{i+\frac{1}{2},j,k}^{n+\frac{1}{2}} = \frac{1}{\Delta y}\Bigg[\widetilde{H}_{zy}\,\Big|_{i+\frac{1}{2},j+\frac{1}{2},k}^{n+\frac{1}{2}} -\widetilde{H}_{zy}\,\Big|_{i+\frac{1}{2},j-\frac{1}{2},k}^{n+\frac{1}{2}} \Bigg] \qquad (5.138)$$

$$\frac{\partial \widetilde{H}_{yz}}{\partial z}\bigg|_{i+\frac{1}{2},j,k}^{n+\frac{1}{2}} = \frac{1}{\Delta z}\Bigg[\widetilde{H}_{yz}\,\Big|_{i+\frac{1}{2},j,k+\frac{1}{2}}^{n+\frac{1}{2}} -\widetilde{H}_{yz}\,\Big|_{i+\frac{1}{2},j,k-\frac{1}{2}}^{n+\frac{1}{2}} \Bigg] \qquad (5.139)$$

用同样的方法对式（5.130）中其余两个分量进行处理，可得 $E_y\big|_{i,j+\frac{1}{2},k}^{n+1}$ 分量的表达式为

$$E_y\big|_{i,j+\frac{1}{2},k}^{n+1} = \Bigg[\nu_{21} E_x\big|_{i,j+\frac{1}{2},k}^{n} +\nu_{22} E_y\big|_{i,j+\frac{1}{2},k}^{n} +\nu_{23} E_z\big|_{i,j+\frac{1}{2},k}^{n} \Bigg]$$
$$+ \Bigg[\kappa_{21}\left(\frac{\partial \widetilde{H}_{zy}}{\partial y}\bigg|_{i,j+\frac{1}{2},k}^{n+\frac{1}{2}} -\frac{\partial \widetilde{H}_{yz}}{\partial z}\bigg|_{i,j+\frac{1}{2},k}^{n+\frac{1}{2}} \right)$$
$$+ \kappa_{22}\left(\frac{\partial \widetilde{H}_{xz}}{\partial z}\bigg|_{i,j+\frac{1}{2},k}^{n+\frac{1}{2}} -\frac{\partial \widetilde{H}_{zx}}{\partial x}\bigg|_{i,j+\frac{1}{2},k}^{n+\frac{1}{2}} \right)$$
$$+ \kappa_{23}\left(\frac{\partial \widetilde{H}_{yx}}{\partial x}\bigg|_{i,j+\frac{1}{2},k}^{n+\frac{1}{2}} -\frac{\partial \widetilde{H}_{xy}}{\partial y}\bigg|_{i,j+\frac{1}{2},k}^{n+\frac{1}{2}} \right) \Bigg] \qquad (5.140)$$

式中

$$E_x\big|_{i,j+\frac{1}{2},k}^{n} = \frac{1}{4}\Bigg[E_x\big|_{i+\frac{1}{2},j,k}^{n} +E_x\big|_{i-\frac{1}{2},j,k}^{n} +E_x\big|_{i+\frac{1}{2},j+1,k}^{n} +E_x\big|_{i-\frac{1}{2},j+1,k}^{n} \Bigg] \quad (5.141)$$

$$E_z \big|_{i,j+\frac{1}{2},k}^{n} = \frac{1}{4}\Big[E_z \big|_{i,j,k+\frac{1}{2}}^{n} + E_z \big|_{i,j,k-\frac{1}{2}}^{n} + E_z \big|_{i,j+1,k+\frac{1}{2}}^{n} + E_z \big|_{i,j+1,k-\frac{1}{2}}^{n} \Big] \quad (5.142)$$

$$\frac{\partial \widetilde{H}_{zy}}{\partial y}\bigg|_{i,j+\frac{1}{2},k}^{n+\frac{1}{2}} = \frac{1}{4\Delta y}\Big[\widetilde{H}_{zy} \big|_{i-\frac{1}{2},j+\frac{3}{2},k}^{n+\frac{1}{2}} + \widetilde{H}_{zy} \big|_{i+\frac{1}{2},j+\frac{3}{2},k}^{n+\frac{1}{2}} - \widetilde{H}_{zy} \big|_{i-\frac{1}{2},j-\frac{1}{2},k}^{n+\frac{1}{2}} - \widetilde{H}_{zy} \big|_{i+\frac{1}{2},j-\frac{1}{2},k}^{n+\frac{1}{2}} \Big]$$

$$(5.143)$$

$$\frac{\partial \widetilde{H}_{yz}}{\partial z}\bigg|_{i,j+\frac{1}{2},k}^{n+\frac{1}{2}} = \frac{1}{4\Delta z}\Big[\widetilde{H}_{yz} \big|_{i-\frac{1}{2},j,k+\frac{1}{2}}^{n+\frac{1}{2}} + \widetilde{H}_{yz} \big|_{i+\frac{1}{2},j,k+\frac{1}{2}}^{n+\frac{1}{2}}$$

$$+ \widetilde{H}_{yz} \big|_{i-\frac{1}{2},j+1,k+\frac{1}{2}}^{n+\frac{1}{2}} + \widetilde{H}_{yz} \big|_{i+\frac{1}{2},j+1,k+\frac{1}{2}}^{n+\frac{1}{2}}$$

$$- \widetilde{H}_{yz} \big|_{i-\frac{1}{2},j,k-\frac{1}{2}}^{n+\frac{1}{2}} - \widetilde{H}_{yz} \big|_{i+\frac{1}{2},j,k-\frac{1}{2}}^{n+\frac{1}{2}}$$

$$- \widetilde{H}_{yz} \big|_{i-\frac{1}{2},j+1,k-\frac{1}{2}}^{n+\frac{1}{2}} - \widetilde{H}_{yz} \big|_{i+\frac{1}{2},j+1,k-\frac{1}{2}}^{n+\frac{1}{2}} \Big] \quad (5.144)$$

$$\frac{\partial \widetilde{H}_{xz}}{\partial z}\bigg|_{i,j+\frac{1}{2},k}^{n+\frac{1}{2}} = \frac{1}{\Delta y}\Big[\widetilde{H}_{xz} \big|_{i,j+\frac{1}{2},k+\frac{1}{2}}^{n+\frac{1}{2}} - \widetilde{H}_{xz} \big|_{i,j+\frac{1}{2},k-\frac{1}{2}}^{n+\frac{1}{2}} \Big] \quad (5.145)$$

$$\frac{\partial \widetilde{H}_{zx}}{\partial x}\bigg|_{i,j+\frac{1}{2},k}^{n+\frac{1}{2}} = \frac{1}{\Delta z}\Big[\widetilde{H}_{zx} \big|_{i+\frac{1}{2},j+\frac{1}{2},k}^{n+\frac{1}{2}} - \widetilde{H}_{zx} \big|_{i-\frac{1}{2},j+\frac{1}{2},k}^{n+\frac{1}{2}} \Big] \quad (5.146)$$

$$\frac{\partial \widetilde{H}_{yx}}{\partial x}\bigg|_{i,j+\frac{1}{2},k}^{n+\frac{1}{2}} = \frac{1}{4\Delta x}\Big[\widetilde{H}_{yx} \big|_{i+\frac{1}{2},j,k+\frac{1}{2}}^{n+\frac{1}{2}} + \widetilde{H}_{yx} \big|_{i+\frac{1}{2},j,k-\frac{1}{2}}^{n+\frac{1}{2}}$$

$$+ \widetilde{H}_{yx} \big|_{i+\frac{1}{2},j+1,k+\frac{1}{2}}^{n+\frac{1}{2}} + \widetilde{H}_{yx} \big|_{i+\frac{1}{2},j+1,k-\frac{1}{2}}^{n+\frac{1}{2}}$$

$$- \widetilde{H}_{yx} \big|_{i-\frac{1}{2},j,k+\frac{1}{2}}^{n+\frac{1}{2}} - \widetilde{H}_{yx} \big|_{i-\frac{1}{2},j,k-\frac{1}{2}}^{n+\frac{1}{2}}$$

$$- \widetilde{H}_{yx} \big|_{i-\frac{1}{2},j+1,k+\frac{1}{2}}^{n+\frac{1}{2}} - \widetilde{H}_{yx} \big|_{i-\frac{1}{2},j+1,k-\frac{1}{2}}^{n+\frac{1}{2}} \Big] \quad (5.147)$$

$$\frac{\partial \widetilde{H}_{xy}}{\partial y}\bigg|_{i,j+\frac{1}{2},k}^{n+\frac{1}{2}} = \frac{1}{4\Delta y}\Big[\widetilde{H}_{xy} \big|_{i,j+\frac{3}{2},k+\frac{1}{2}}^{n+\frac{1}{2}} + \widetilde{H}_{xy} \big|_{i,j+\frac{3}{2},k-\frac{1}{2}}^{n+\frac{1}{2}} - \widetilde{H}_{xy} \big|_{i,j-\frac{1}{2},k+\frac{1}{2}}^{n+\frac{1}{2}} - \widetilde{H}_{xy} \big|_{i,j-\frac{1}{2},k-\frac{1}{2}}^{n+\frac{1}{2}} \Big]$$

$$(5.148)$$

同理,可得 $E_z \big|_{i,j,k+\frac{1}{2}}^{n+1}$ 的表达式为

$$E_z \big|_{i,j,k+\frac{1}{2}}^{n+1} = \Big[\nu_{31} E_x \big|_{i,j,k+\frac{1}{2}}^{n} + \nu_{32} E_y \big|_{i,j,k+\frac{1}{2}}^{n} + \nu_{33} E_z \big|_{i,j,k+\frac{1}{2}}^{n} \Big]$$

$$+ \Big[\kappa_{31}\Big(\frac{\partial \widetilde{H}_{zy}}{\partial y}\bigg|_{i,j,k+\frac{1}{2}}^{n+\frac{1}{2}} - \frac{\partial \widetilde{H}_{yz}}{\partial z}\bigg|_{i,j,k+\frac{1}{2}}^{n+\frac{1}{2}} \Big)$$

$$+ \kappa_{32}\Big(\frac{\partial \widetilde{H}_{xz}}{\partial z}\bigg|_{i,j,k+\frac{1}{2}}^{n+\frac{1}{2}} - \frac{\partial \widetilde{H}_{zx}}{\partial x}\bigg|_{i,j,k+\frac{1}{2}}^{n+\frac{1}{2}} \Big)$$

$$+ \kappa_{33}\Big(\frac{\partial \widetilde{H}_{yx}}{\partial x}\bigg|_{i,j,k+\frac{1}{2}}^{n+\frac{1}{2}} - \frac{\partial \widetilde{H}_{xy}}{\partial y}\bigg|_{i,j,k+\frac{1}{2}}^{n+\frac{1}{2}} \Big) \Big] \quad (5.149)$$

式中

$$E_x\Big|_{i,j,k+\frac{1}{2}}^{n}=\frac{1}{4}\Big[E_x\Big|_{i+\frac{1}{2},j,k}^{n}+E_x\Big|_{i-\frac{1}{2},j,k}^{n}+E_x\Big|_{i+\frac{1}{2},j,k+1}^{n}+E_x\Big|_{i-\frac{1}{2},j,k+1}^{n}\Big] \quad (5.150)$$

$$E_y\Big|_{i,j,k+\frac{1}{2}}^{n}=\frac{1}{4}\Big[E_y\Big|_{i,j+\frac{1}{2},k+1}^{n}+E_y\Big|_{i,j+\frac{1}{2},k}^{n}+E_y\Big|_{i,j-\frac{1}{2},k+1}^{n}+E_y\Big|_{i,j-\frac{1}{2},k}^{n}\Big] \quad (5.151)$$

$$\frac{\partial \widetilde{H}_{zy}}{\partial y}\Big|_{i,j,k+\frac{1}{2}}^{n+\frac{1}{2}}=\frac{1}{4\Delta y}\Big[\widetilde{H}_{zy}\Big|_{i-\frac{1}{2},j+\frac{1}{2},k+1}^{n+\frac{1}{2}}+\widetilde{H}_{zy}\Big|_{i+\frac{1}{2},j+\frac{1}{2},k+1}^{n+\frac{1}{2}}$$
$$+\widetilde{H}_{zy}\Big|_{i+\frac{1}{2},j+\frac{1}{2},k}^{n+\frac{1}{2}}+\widetilde{H}_{zy}\Big|_{i-\frac{1}{2},j+\frac{1}{2},k}^{n+\frac{1}{2}}$$
$$-\widetilde{H}_{zy}\Big|_{i-\frac{1}{2},j-\frac{1}{2},k+1}^{n+\frac{1}{2}}-\widetilde{H}_{zy}\Big|_{i+\frac{1}{2},j-\frac{1}{2},k+1}^{n+\frac{1}{2}}$$
$$-\widetilde{H}_{zy}\Big|_{i+\frac{1}{2},j-\frac{1}{2},k}^{n+\frac{1}{2}}-\widetilde{H}_{zy}\Big|_{i-\frac{1}{2},j-\frac{1}{2},k}^{n+\frac{1}{2}}\Big] \quad (5.152)$$

$$\frac{\partial \widetilde{H}_{yz}}{\partial y}\Big|_{i,j,k+\frac{1}{2}}^{n+\frac{1}{2}}=\frac{1}{4\Delta z}\Big[\widetilde{H}_{yz}\Big|_{i-\frac{1}{2},j,k+\frac{3}{2}}^{n+\frac{1}{2}}+\widetilde{H}_{yz}\Big|_{i+\frac{1}{2},j,k+\frac{3}{2}}^{n+\frac{1}{2}}-\widetilde{H}_{yz}\Big|_{i-\frac{1}{2},j,k-\frac{1}{2}}^{n+\frac{1}{2}}-\widetilde{H}_{yz}\Big|_{i+\frac{1}{2},j,k-\frac{1}{2}}^{n+\frac{1}{2}}\Big]$$
$$(5.153)$$

$$\frac{\partial \widetilde{H}_{xz}}{\partial z}\Big|_{i,j,k+\frac{1}{2}}^{n+\frac{1}{2}}=\frac{1}{4\Delta z}\Big[\widetilde{H}_{xz}\Big|_{i,j+\frac{1}{2},k+\frac{3}{2}}^{n+\frac{1}{2}}+\widetilde{H}_{xz}\Big|_{i,j-\frac{1}{2},k+\frac{3}{2}}^{n+\frac{1}{2}}-\widetilde{H}_{xz}\Big|_{i,j+\frac{1}{2},k-\frac{1}{2}}^{n+\frac{1}{2}}-\widetilde{H}_{xz}\Big|_{i,j-\frac{1}{2},k-\frac{1}{2}}^{n+\frac{1}{2}}\Big]$$
$$(5.154)$$

$$\frac{\partial \widetilde{H}_{zx}}{\partial x}\Big|_{i,j,k+\frac{1}{2}}^{n+\frac{1}{2}}=\frac{1}{4\Delta x}\Big[\widetilde{H}_{zx}\Big|_{i+\frac{1}{2},j+\frac{1}{2},k+1}^{n+\frac{1}{2}}+\widetilde{H}_{zx}\Big|_{i+\frac{1}{2},j+\frac{1}{2},k}^{n+\frac{1}{2}}$$
$$+\widetilde{H}_{zx}\Big|_{i+\frac{1}{2},j-\frac{1}{2},k+1}^{n+\frac{1}{2}}+\widetilde{H}_{zx}\Big|_{i+\frac{1}{2},j-\frac{1}{2},k}^{n+\frac{1}{2}}$$
$$-\widetilde{H}_{zx}\Big|_{i-\frac{1}{2},j+\frac{1}{2},k+1}^{n+\frac{1}{2}}-\widetilde{H}_{zx}\Big|_{i-\frac{1}{2},j+\frac{1}{2},k}^{n+\frac{1}{2}}$$
$$-\widetilde{H}_{zx}\Big|_{i-\frac{1}{2},j-\frac{1}{2},k+1}^{n+\frac{1}{2}}-\widetilde{H}_{zx}\Big|_{i-\frac{1}{2},j-\frac{1}{2},k}^{n+\frac{1}{2}}\Big] \quad (5.155)$$

$$\frac{\partial \widetilde{H}_{yx}}{\partial x}\Big|_{i,j,k+\frac{1}{2}}^{n+\frac{1}{2}}=\frac{1}{\Delta x}\Big[\widetilde{H}_{yx}\Big|_{i+\frac{1}{2},j,k+\frac{1}{2}}^{n+\frac{1}{2}}-\widetilde{H}_{yx}\Big|_{i-\frac{1}{2},j,k+\frac{1}{2}}^{n+\frac{1}{2}}\Big] \quad (5.156)$$

$$\frac{\partial \widetilde{H}_{xy}}{\partial y}\Big|_{i,j,k+\frac{1}{2}}^{n+\frac{1}{2}}=\frac{1}{\Delta y}\Big[\widetilde{H}_{xy}\Big|_{i,j+\frac{1}{2},k+\frac{1}{2}}^{n+\frac{1}{2}}-\widetilde{H}_{xy}\Big|_{i,j-\frac{1}{2},k+\frac{1}{2}}^{n+\frac{1}{2}}\Big] \quad (5.157)$$

5.4.3 截断各向异性介质的三维 NPML 吸收边界:磁场迭代式

同样,根据 NPML 理论对式(5.127)中电场分量的空间偏导数做如下变换

$$\frac{\partial E_\alpha}{\partial \beta}=\frac{\partial}{\partial \beta}\Big(\frac{1}{1+\sigma_\beta/\mathrm{j}\omega}E_\alpha\Big)=\frac{\partial \widetilde{E}_{\alpha\beta}}{\partial \beta} \quad (5.158)$$

其中

$$\widetilde{E}_{\alpha\beta}=\frac{1}{1+\sigma_\beta/\mathrm{j}\omega}E_\alpha \quad (5.159)$$

$\alpha\in\{x,y,z\}$,$\beta\in\{x,y,z\}$,且 $\alpha\neq\beta$,则式(5.127)可写为

$$\begin{bmatrix} H_x\big|_{i,j,k}^{n+\frac{1}{2}} \\[2mm] H_y\big|_{i,j,k}^{n+\frac{1}{2}} \\[2mm] H_z\big|_{i,j,k}^{n+\frac{1}{2}} \end{bmatrix} = \bar{\bar{\nu}}_{\mathrm{m}} \begin{bmatrix} H_x\big|_{i,j,k}^{n-\frac{1}{2}} \\[2mm] H_y\big|_{i,j,k}^{n-\frac{1}{2}} \\[2mm] H_z\big|_{i,j,k}^{n-\frac{1}{2}} \end{bmatrix} - \bar{\bar{\kappa}}_{\mathrm{m}} \begin{bmatrix} \dfrac{\partial \widetilde{E}_z}{\partial y}\Big|_{i,j,k}^{n} - \dfrac{\partial \widetilde{E}_y}{\partial z}\Big|_{i,j,k}^{n} \\[3mm] \dfrac{\partial \widetilde{E}_x}{\partial z}\Big|_{i,j,k}^{n} - \dfrac{\partial \widetilde{E}_z}{\partial x}\Big|_{i,j,k}^{n} \\[3mm] \dfrac{\partial \widetilde{E}_y}{\partial x}\Big|_{i,j,k}^{n} - \dfrac{\partial \widetilde{E}_x}{\partial y}\Big|_{i,j,k}^{n} \end{bmatrix} \tag{5.160}$$

式中，H_x 应取对应元胞中结点位置的值 $H_x\big|_{i,j+\frac{1}{2},k+\frac{1}{2}}^{n+\frac{1}{2}}$，按照 5.4.2 节的推导方法，可得其表达式为

$$\begin{aligned} H_x\big|_{i,j+\frac{1}{2},k+\frac{1}{2}}^{n+\frac{1}{2}} =& \left[\nu_{\mathrm{m}11} H_x\big|_{i,j+\frac{1}{2},k+\frac{1}{2}}^{n-\frac{1}{2}} + \nu_{\mathrm{m}12} H_y\big|_{i,j+\frac{1}{2},k+\frac{1}{2}}^{n-\frac{1}{2}} + \nu_{\mathrm{m}13} H_z\big|_{i,j+\frac{1}{2},k+\frac{1}{2}}^{n-\frac{1}{2}} \right] \\ &- \left[\kappa_{\mathrm{m}11}\left(\frac{\partial \widetilde{E}_{zy}}{\partial y}\Big|_{i,j+\frac{1}{2},k+\frac{1}{2}}^{n} - \frac{\partial \widetilde{E}_{yz}}{\partial z}\Big|_{i,j+\frac{1}{2},k+\frac{1}{2}}^{n} \right) \right. \\ &+ \kappa_{\mathrm{m}12}\left(\frac{\partial \widetilde{E}_{xz}}{\partial z}\Big|_{i,j+\frac{1}{2},k+\frac{1}{2}}^{n} - \frac{\partial \widetilde{E}_{zx}}{\partial x}\Big|_{i,j+\frac{1}{2},k+\frac{1}{2}}^{n} \right) \\ &+ \left. \kappa_{\mathrm{m}13}\left(\frac{\partial \widetilde{E}_{yx}}{\partial x}\Big|_{i,j+\frac{1}{2},k+\frac{1}{2}}^{n} - \frac{\partial \widetilde{E}_{xy}}{\partial y}\Big|_{i,j+\frac{1}{2},k+\frac{1}{2}}^{n} \right) \right] \end{aligned} \tag{5.161}$$

其中

$$H_y\big|_{i,j+\frac{1}{2},k+\frac{1}{2}}^{n-\frac{1}{2}} = \frac{1}{4}\left[H_y\big|_{i+\frac{1}{2},j+1,k+\frac{1}{2}}^{n-\frac{1}{2}} + H_y\big|_{i,j+\frac{1}{2},k+\frac{1}{2}}^{n-\frac{1}{2}} + H_y\big|_{i-\frac{1}{2},j,k+\frac{1}{2}}^{n-\frac{1}{2}} + H_y\big|_{i-\frac{1}{2},j+1,k+\frac{1}{2}}^{n-\frac{1}{2}} \right] \tag{5.162}$$

$$H_z\big|_{i,j+\frac{1}{2},k+\frac{1}{2}}^{n-\frac{1}{2}} = \frac{1}{4}\left[H_z\big|_{i+\frac{1}{2},j+\frac{1}{2},k+1}^{n-\frac{1}{2}} + H_z\big|_{i+\frac{1}{2},j+\frac{1}{2},k}^{n-\frac{1}{2}} + H_z\big|_{i-\frac{1}{2},j+\frac{1}{2},k+1}^{n-\frac{1}{2}} + H_z\big|_{i-\frac{1}{2},j+\frac{1}{2},k}^{n-\frac{1}{2}} \right] \tag{5.163}$$

$$\frac{\partial \widetilde{E}_{zy}}{\partial y}\Big|_{i,j+\frac{1}{2},k+\frac{1}{2}}^{n} = \frac{1}{\Delta y}\left[\widetilde{E}_{zy}\big|_{i,j+1,k+\frac{1}{2}}^{n} - \widetilde{E}_{zy}\big|_{i,j,k+\frac{1}{2}}^{n} \right] \tag{5.164}$$

$$\frac{\partial \widetilde{E}_{yz}}{\partial z}\Big|_{i,j+\frac{1}{2},k+\frac{1}{2}}^{n} = \frac{1}{\Delta z}\left[\widetilde{E}_{yz}\big|_{i,j+\frac{1}{2},k+1}^{n} - \widetilde{E}_{yz}\big|_{i,j+\frac{1}{2},k}^{n} \right] \tag{5.165}$$

$$\begin{aligned} \frac{\partial \widetilde{E}_{xz}}{\partial z}\Big|_{i,j+\frac{1}{2},k+\frac{1}{2}}^{n} =& \frac{1}{4\Delta z}\left[\widetilde{E}_{xz}\big|_{i+\frac{1}{2},j+1,k+1}^{n} + \widetilde{E}_{xz}\big|_{i+\frac{1}{2},j,k+1}^{n} \right. \\ &+ \widetilde{E}_{xz}\big|_{i-\frac{1}{2},j+1,k+1}^{n} + \widetilde{E}_{xz}\big|_{i-\frac{1}{2},j,k+1}^{n} \\ &- \widetilde{E}_{xz}\big|_{i+\frac{1}{2},j+1,k}^{n} - \widetilde{E}_{xz}\big|_{i+\frac{1}{2},j,k}^{n} \\ &- \left. \widetilde{E}_{xz}\big|_{i-\frac{1}{2},j+1,k}^{n} - \widetilde{E}_{xz}\big|_{i-\frac{1}{2},j,k}^{n} \right] \end{aligned} \tag{5.166}$$

$$\frac{\partial \widetilde{E}_{zx}}{\partial x}\Big|_{i,j+\frac{1}{2},k+\frac{1}{2}}^{n} = \frac{1}{4\Delta x}\left[\widetilde{E}_{zx}\big|_{i+1,j+1,k+\frac{1}{2}}^{n} + \widetilde{E}_{zx}\big|_{i+1,j,k+\frac{1}{2}}^{n} - \widetilde{E}_{zx}\big|_{i-1,j,k+\frac{1}{2}}^{n} - \widetilde{E}_{zx}\big|_{i-1,j+1,k+\frac{1}{2}}^{n} \right] \tag{5.167}$$

$$\frac{\partial \widetilde{E}_{yx}}{\partial x}\Big|_{i,j+\frac{1}{2},k+\frac{1}{2}}^{n} = \frac{1}{4\Delta x}\Big[\widetilde{E}_{yx}\Big|_{i+1,j+\frac{1}{2},k+1}^{n} + \widetilde{E}_{yx}\Big|_{i+1,j+\frac{1}{2},k}^{n} - \widetilde{E}_{yx}\Big|_{i-1,j+\frac{1}{2},k}^{n} - \widetilde{E}_{yx}\Big|_{i-1,j+\frac{1}{2},k+1}^{n} \Big]$$

$$(5.168)$$

$$\frac{\partial \widetilde{E}_{xy}}{\partial y}\Big|_{i,j+\frac{1}{2},k+\frac{1}{2}}^{n} = \frac{1}{4\Delta y}\Big[\widetilde{E}_{xy}\Big|_{i+\frac{1}{2},j+1,k+1}^{n} + \widetilde{E}_{xy}\Big|_{i-\frac{1}{2},j,k+1}^{n}$$
$$+ \widetilde{E}_{xy}\Big|_{i+\frac{1}{2},j+1,k}^{n} + \widetilde{E}_{xy}\Big|_{i-\frac{1}{2},j+1,k}^{n}$$
$$- \widetilde{E}_{xy}\Big|_{i+\frac{1}{2},j,k+1}^{n} - \widetilde{E}_{xy}\Big|_{i-\frac{1}{2},j,k+1}^{n}$$
$$- \widetilde{E}_{xy}\Big|_{i+\frac{1}{2},j,k}^{n} - \widetilde{E}_{xy}\Big|_{i-\frac{1}{2},j,k}^{n} \Big]$$

$$(5.169)$$

同理,可得 $H_y\Big|_{i+\frac{1}{2},j,k+\frac{1}{2}}^{n+\frac{1}{2}}$ 的表达式为

$$H_y\Big|_{i+\frac{1}{2},j,k+\frac{1}{2}}^{n+\frac{1}{2}} = \Big[\nu_{m21}H_x\Big|_{i+\frac{1}{2},j,k+\frac{1}{2}}^{n-\frac{1}{2}} + \nu_{m22}H_y\Big|_{i+\frac{1}{2},j,k+\frac{1}{2}}^{n-\frac{1}{2}} + \nu_{m23}H_z\Big|_{i+\frac{1}{2},j,k+\frac{1}{2}}^{n-\frac{1}{2}} \Big]$$
$$- \Big[\kappa_{m21}\Big(\frac{\partial \widetilde{E}_{zy}}{\partial y}\Big|_{i+\frac{1}{2},j,k+\frac{1}{2}}^{n} - \frac{\partial \widetilde{E}_{yz}}{\partial z}\Big|_{i+\frac{1}{2},j,k+\frac{1}{2}}^{n} \Big)$$
$$+ \kappa_{m22}\Big(\frac{\partial \widetilde{E}_{xz}}{\partial z}\Big|_{i+\frac{1}{2},j,k+\frac{1}{2}}^{n} - \frac{\partial \widetilde{E}_{zx}}{\partial x}\Big|_{i+\frac{1}{2},j,k+\frac{1}{2}}^{n} \Big)$$
$$+ \kappa_{m23}\Big(\frac{\partial \widetilde{E}_{yx}}{\partial x}\Big|_{i+\frac{1}{2},j,k+\frac{1}{2}}^{n} - \frac{\partial \widetilde{E}_{xy}}{\partial y}\Big|_{i+\frac{1}{2},j,k+\frac{1}{2}}^{n} \Big) \Big]$$

$$(5.170)$$

其中

$$H_x\Big|_{i+\frac{1}{2},j,k+\frac{1}{2}}^{n-\frac{1}{2}} = \frac{1}{4}\Big[H_x\Big|_{i+1,j+\frac{1}{2},k+\frac{1}{2}}^{n-\frac{1}{2}} + H_x\Big|_{i+1,j-\frac{1}{2},k+\frac{1}{2}}^{n-\frac{1}{2}} + H_x\Big|_{i,j-\frac{1}{2},k+\frac{1}{2}}^{n-\frac{1}{2}} + H_x\Big|_{i,j+\frac{1}{2},k+\frac{1}{2}}^{n-\frac{1}{2}} \Big]$$

$$(5.171)$$

$$H_z\Big|_{i+\frac{1}{2},j,k+\frac{1}{2}}^{n-\frac{1}{2}} = \frac{1}{4}\Big[H_z\Big|_{i+\frac{1}{2},j+\frac{1}{2},k+1}^{n-\frac{1}{2}} + H_z\Big|_{i+\frac{1}{2},j+\frac{1}{2},k}^{n-\frac{1}{2}} + H_z\Big|_{i+\frac{1}{2},j-\frac{1}{2},k+1}^{n-\frac{1}{2}} + H_z\Big|_{i+\frac{1}{2},j-\frac{1}{2},k}^{n-\frac{1}{2}} \Big]$$

$$(5.172)$$

$$\frac{\partial \widetilde{E}_{zy}}{\partial y}\Big|_{i+\frac{1}{2},j,k+\frac{1}{2}}^{n} = \frac{1}{4\Delta y}\Big[\widetilde{E}_{zy}\Big|_{i+1,j+1,k+\frac{1}{2}}^{n} + \widetilde{E}_{zy}\Big|_{i,j+1,k+\frac{1}{2}}^{n} - \widetilde{E}_{zy}\Big|_{i,j-1,k+\frac{1}{2}}^{n} - \widetilde{E}_{zy}\Big|_{i+1,j-1,k+\frac{1}{2}}^{n} \Big]$$

$$(5.173)$$

$$\frac{\partial \widetilde{E}_{yz}}{\partial z}\Big|_{i+\frac{1}{2},j,k+\frac{1}{2}}^{n} = \frac{1}{4\Delta z}\Big[\widetilde{E}_{yz}\Big|_{i,j+\frac{1}{2},k+1}^{n} + \widetilde{E}_{yz}\Big|_{i,j-\frac{1}{2},k+1}^{n}$$
$$+ \widetilde{E}_{yz}\Big|_{i+1,j-\frac{1}{2},k+1}^{n} + \widetilde{E}_{yz}\Big|_{i+1,j+\frac{1}{2},k+1}^{n}$$
$$- \widetilde{E}_{yz}\Big|_{i,j-\frac{1}{2},k}^{n} - \widetilde{E}_{yz}\Big|_{i,j+\frac{1}{2},k}^{n}$$
$$- \widetilde{E}_{yz}\Big|_{i+1,j-\frac{1}{2},k}^{n} - \widetilde{E}_{yz}\Big|_{i+1,j+\frac{1}{2},k}^{n} \Big]$$

$$(5.174)$$

$$\frac{\partial \widetilde{E}_{xz}}{\partial z}\Big|_{i+\frac{1}{2},j,k+\frac{1}{2}}^{n} = \frac{1}{\Delta z}\Big[\widetilde{E}_{xz}\Big|_{i+\frac{1}{2},j,k+\frac{1}{2}}^{n} - \widetilde{E}_{xz}\Big|_{i+\frac{1}{2},j,k}^{n} \Big] \quad (5.175)$$

$$\frac{\partial \widetilde{E}_{zx}}{\partial x}\bigg|_{i+\frac{1}{2},j,k+\frac{1}{2}}^{n} = \frac{1}{\Delta x}\Big[\widetilde{E}_{zx}\big|_{i+1,j,k+\frac{1}{2}}^{n} - \widetilde{E}_{zx}\big|_{i,j,k+\frac{1}{2}}^{n}\Big] \tag{5.176}$$

$$\begin{aligned}\frac{\partial \widetilde{E}_{yx}}{\partial x}\bigg|_{i+\frac{1}{2},j,k+\frac{1}{2}}^{n} = \frac{1}{4\Delta x}\Big[&\widetilde{E}_{yx}\big|_{i+1,j+\frac{1}{2},k+1}^{n} + \widetilde{E}_{yx}\big|_{i+1,j+\frac{1}{2},k}^{n}\\ &+\widetilde{E}_{yx}\big|_{i+1,j-\frac{1}{2},k}^{n} + \widetilde{E}_{yx}\big|_{i+1,j-\frac{1}{2},k+1}^{n}\\ &-\widetilde{E}_{yx}\big|_{i,j+\frac{1}{2},k+1}^{n} - \widetilde{E}_{yx}\big|_{i,j+\frac{1}{2},k}^{n}\\ &-\widetilde{E}_{yx}\big|_{i,j-\frac{1}{2},k}^{n} - \widetilde{E}_{yx}\big|_{i,j-\frac{1}{2},k+1}^{n}\Big]\end{aligned} \tag{5.177}$$

$$\frac{\partial \widetilde{E}_{xy}}{\partial y}\bigg|_{i+\frac{1}{2},j,k+\frac{1}{2}}^{n} = \frac{1}{4\Delta y}\Big[\widetilde{E}_{xy}\big|_{i+\frac{1}{2},j+1,k+1}^{n} + \widetilde{E}_{xy}\big|_{i+\frac{1}{2},j+1,k}^{n} - \widetilde{E}_{xy}\big|_{i+\frac{1}{2},j-1,k+1}^{n} - \widetilde{E}_{xy}\big|_{i+\frac{1}{2},j-1,k}^{n}\Big] \tag{5.178}$$

同理,可得 $H_z\big|_{i+\frac{1}{2},j+\frac{1}{2},k}^{n+\frac{1}{2}}$ 的表达式为

$$\begin{aligned}H_z\big|_{i+\frac{1}{2},j+\frac{1}{2},k}^{n+\frac{1}{2}} = \Big[&\nu_{m31}H_x\big|_{i+\frac{1}{2},j+\frac{1}{2},k}^{n-\frac{1}{2}} + \nu_{m32}H_y\big|_{i+\frac{1}{2},j+\frac{1}{2},k}^{n-\frac{1}{2}} + \nu_{m33}H_z\big|_{i+\frac{1}{2},j+\frac{1}{2},k}^{n-\frac{1}{2}}\Big]\\ &-\Big[\kappa_{m31}\Big(\frac{\partial \widetilde{E}_{zy}}{\partial y}\bigg|_{i+\frac{1}{2},j+\frac{1}{2},k}^{n} - \frac{\partial \widetilde{E}_{yz}}{\partial z}\bigg|_{i+\frac{1}{2},j+\frac{1}{2},k}^{n}\Big)\\ &+\kappa_{m32}\Big(\frac{\partial \widetilde{E}_{xz}}{\partial z}\bigg|_{i+\frac{1}{2},j+\frac{1}{2},k}^{n} - \frac{\partial \widetilde{E}_{zx}}{\partial x}\bigg|_{i+\frac{1}{2},j+\frac{1}{2},k}^{n}\Big)\\ &+\kappa_{m33}\Big(\frac{\partial \widetilde{E}_{yx}}{\partial x}\bigg|_{i+\frac{1}{2},j+\frac{1}{2},k}^{n} - \frac{\partial \widetilde{E}_{xy}}{\partial y}\bigg|_{i+\frac{1}{2},j+\frac{1}{2},k}^{n}\Big)\Big]\end{aligned} \tag{5.179}$$

其中

$$H_x\big|_{i+\frac{1}{2},j+\frac{1}{2},k}^{n-\frac{1}{2}} = \frac{1}{4}\Big[H_x\big|_{i+1,j+\frac{1}{2},k+\frac{1}{2}}^{n-\frac{1}{2}} + H_x\big|_{i+1,j+\frac{1}{2},k-\frac{1}{2}}^{n-\frac{1}{2}} + H_x\big|_{i,j+\frac{1}{2},k+\frac{1}{2}}^{n-\frac{1}{2}} + H_x\big|_{i,j+\frac{1}{2},k-\frac{1}{2}}^{n-\frac{1}{2}}\Big] \tag{5.180}$$

$$H_y\big|_{i+\frac{1}{2},j+\frac{1}{2},k}^{n-\frac{1}{2}} = \frac{1}{4}\Big[H_y\big|_{i+\frac{1}{2},j+1,k+\frac{1}{2}}^{n-\frac{1}{2}} + H_y\big|_{i+\frac{1}{2},j+1,k-\frac{1}{2}}^{n-\frac{1}{2}} + H_y\big|_{i+\frac{1}{2},j,k+\frac{1}{2}}^{n-\frac{1}{2}} + H_y\big|_{i+\frac{1}{2},j+1,k-\frac{1}{2}}^{n-\frac{1}{2}}\Big] \tag{5.181}$$

$$\begin{aligned}\frac{\partial \widetilde{E}_{zy}}{\partial y}\bigg|_{i+\frac{1}{2},j+\frac{1}{2},k}^{n} = \frac{1}{4\Delta y}\Big[&\widetilde{E}_{zy}\big|_{i+1,j+1,k+\frac{1}{2}}^{n} + \widetilde{E}_{zy}\big|_{i+1,j+1,k+\frac{1}{2}}^{n}\\ &+\widetilde{E}_{zy}\big|_{i,j+1,k+\frac{1}{2}}^{n} + \widetilde{E}_{zy}\big|_{i,j+1,k-\frac{1}{2}}^{n}\\ &-\widetilde{E}_{zy}\big|_{i+1,j,k-\frac{1}{2}}^{n} - \widetilde{E}_{zy}\big|_{i+1,j,k+\frac{1}{2}}^{n}\\ &-\widetilde{E}_{zy}\big|_{i,j,k-\frac{1}{2}}^{n} - \widetilde{E}_{zy}\big|_{i,j,k+\frac{1}{2}}^{n}\Big]\end{aligned} \tag{5.182}$$

$$\frac{\partial \widetilde{E}_{yz}}{\partial z}\bigg|_{i+\frac{1}{2},j+\frac{1}{2},k}^{n} = \frac{1}{4\Delta z}\Big[\widetilde{E}_{yz}\big|_{i+1,j+\frac{1}{2},k+1}^{n} + \widetilde{E}_{yz}\big|_{i,j+\frac{1}{2},k+1}^{n} - \widetilde{E}_{yz}\big|_{i+1,j+\frac{1}{2},k-1}^{n} - \widetilde{E}_{yz}\big|_{i+1,j+\frac{1}{2},k-1}^{n}\Big] \tag{5.183}$$

$$\frac{\partial \widetilde{E}_{xz}}{\partial z}\bigg|^{n}_{i+\frac{1}{2},j+\frac{1}{2},k} = \frac{1}{\Delta z}\Big[\widetilde{E}_{xz}\big|^{n}_{i+\frac{1}{2},j+1,k+1} + \widetilde{E}_{xz}\big|^{n}_{i+\frac{1}{2},j,k+1} - \widetilde{E}_{xz}\big|^{n}_{i+\frac{1}{2},j+1,k-1} - \widetilde{E}_{xz}\big|^{n}_{i+\frac{1}{2},j,k-1}\Big]$$

$$(5.184)$$

$$\begin{aligned}\frac{\partial \widetilde{E}_{zx}}{\partial z}\bigg|^{n}_{i+\frac{1}{2},j+\frac{1}{2},k} = \frac{1}{4\Delta x}\Big[&\widetilde{E}_{zx}\big|^{n}_{i+1,j+1,k+\frac{1}{2}} + \widetilde{E}_{zx}\big|^{n}_{i+1,j+1,k-\frac{1}{2}}\\ &+\widetilde{E}_{zx}\big|^{n}_{i+1,j,k+\frac{1}{2}} + \widetilde{E}_{zx}\big|^{n}_{i+1,j,k-\frac{1}{2}}\\ &-\widetilde{E}_{zx}\big|^{n}_{i,j+1,k+\frac{1}{2}} - \widetilde{E}_{zx}\big|^{n}_{i,j+1,k-\frac{1}{2}}\\ &-\widetilde{E}_{zx}\big|^{n}_{i,j,k+\frac{1}{2}} - \widetilde{E}_{zx}\big|^{n}_{i,j,k-\frac{1}{2}}\Big]\end{aligned}$$

$$(5.185)$$

$$\frac{\partial \widetilde{E}_{yx}}{\partial x}\bigg|^{n}_{i+\frac{1}{2},j+\frac{1}{2},k} = \frac{1}{\Delta x}\Big[\widetilde{E}_{yx}\big|^{n}_{i+1,j+\frac{1}{2},k} - \widetilde{E}_{yx}\big|^{n}_{i,j+\frac{1}{2},k}\Big]$$

$$(5.186)$$

$$\frac{\partial \widetilde{E}_{xy}}{\partial y}\bigg|^{n}_{i+\frac{1}{2},j+\frac{1}{2},k} = \frac{1}{4\Delta y}\Big[\widetilde{E}_{xy}\big|^{n}_{i+\frac{1}{2},j+1,k} - \widetilde{E}_{xy}\big|^{n}_{i+\frac{1}{2},j,k}\Big]$$

$$(5.187)$$

5.4.4　NPML 中辅助方程的 FDTD 迭代式及不同区域的处理

对式(5.129)和式(5.159)分别利用频域、时域变换关系 $j\omega \rightarrow \partial/\partial t$,可得

$$\frac{\partial}{\partial t}H_{\alpha} = \frac{\partial}{\partial t}\widetilde{H}_{\alpha\beta} + \sigma_{\beta}\widetilde{H}_{\alpha\beta}$$

$$(5.188)$$

$$\frac{\partial}{\partial t}E_{\alpha} = \frac{\partial}{\partial t}\widetilde{E}_{\alpha\beta} + \sigma_{\beta}\widetilde{E}_{\alpha\beta}$$

$$(5.189)$$

其中,$\alpha \in \{x,y,z\}$,$\beta \in \{x,y,z\}$,且 $\alpha \neq \beta$。

显然,常微分方程(5.188)和(5.189)将坐标拉伸前后的场分量紧密联系在一起。将式(5.188)和式(5.189)分别对时间作差分离散,对各个场分量节点选取在 Yee 元胞中对应节点的位置,可得到辅助方程的 12 组 FDTD 迭代式,具体表示为

$$\widetilde{H}_{xy}\big|^{n+\frac{1}{2}}_{i,j+\frac{1}{2},k+\frac{1}{2}} = \frac{1-\dfrac{\sigma_{y}\Delta t}{2}}{1+\dfrac{\sigma_{y}\Delta t}{2}}\widetilde{H}_{xy}\big|^{n-\frac{1}{2}}_{i,j+\frac{1}{2},k+\frac{1}{2}} + \frac{1}{1+\dfrac{\sigma_{y}\Delta t}{2}}\Big(H_{x}\big|^{n+\frac{1}{2}}_{i,j+\frac{1}{2},k+\frac{1}{2}} - H_{x}\big|^{n-\frac{1}{2}}_{i,j+\frac{1}{2},k+\frac{1}{2}}\Big)$$

$$(5.190)$$

$$\widetilde{H}_{xz}\big|^{n+\frac{1}{2}}_{i,j+\frac{1}{2},k+\frac{1}{2}} = \frac{1-\dfrac{\sigma_{z}\Delta t}{2}}{1+\dfrac{\sigma_{z}\Delta t}{2}}\widetilde{H}_{xz}\big|^{n-\frac{1}{2}}_{i,j+\frac{1}{2},k+\frac{1}{2}} + \frac{1}{1+\dfrac{\sigma_{z}\Delta t}{2}}\Big(H_{x}\big|^{n+\frac{1}{2}}_{i,j+\frac{1}{2},k+\frac{1}{2}} - H_{x}\big|^{n-\frac{1}{2}}_{i,j+\frac{1}{2},k+\frac{1}{2}}\Big)$$

$$(5.191)$$

$$\widetilde{H}_{yx}\big|^{n+\frac{1}{2}}_{i+\frac{1}{2},j,k+\frac{1}{2}} = \frac{1-\dfrac{\sigma_{x}\Delta t}{2}}{1+\dfrac{\sigma_{x}\Delta t}{2}}\widetilde{H}_{yx}\big|^{n-\frac{1}{2}}_{i+\frac{1}{2},j,k+\frac{1}{2}} + \frac{1}{1+\dfrac{\sigma_{x}\Delta t}{2}}\Big(H_{y}\big|^{n+\frac{1}{2}}_{i+\frac{1}{2},j,k+\frac{1}{2}} - H_{y}\big|^{n-\frac{1}{2}}_{i+\frac{1}{2},j,k+\frac{1}{2}}\Big)$$

$$(5.192)$$

$$\widetilde{H}_{yz}\,|_{i+\frac{1}{2},j,k+\frac{1}{2}}^{n+\frac{1}{2}}=\frac{1-\dfrac{\sigma_z\Delta t}{2}}{1+\dfrac{\sigma_z\Delta t}{2}}\widetilde{H}_{yx}\,|_{i+\frac{1}{2},j,k+\frac{1}{2}}^{n-\frac{1}{2}}+\frac{1}{1+\dfrac{\sigma_z\Delta t}{2}}\Big(H_y\,|_{i+\frac{1}{2},j,k+\frac{1}{2}}^{n+\frac{1}{2}}-H_y\,|_{i+\frac{1}{2},j,k+\frac{1}{2}}^{n-\frac{1}{2}}\Big)$$

$$(5.193)$$

$$\widetilde{H}_{zx}\,|_{i+\frac{1}{2},j+\frac{1}{2},k}^{n+\frac{1}{2}}=\frac{1-\dfrac{\sigma_x\Delta t}{2}}{1+\dfrac{\sigma_x\Delta t}{2}}\widetilde{H}_{zx}\,|_{i+\frac{1}{2},j+\frac{1}{2},k}^{n-\frac{1}{2}}+\frac{1}{1+\dfrac{\sigma_x\Delta t}{2}}\Big(H_z\,|_{i+\frac{1}{2},j+\frac{1}{2},k}^{n+\frac{1}{2}}-H_z\,|_{i+\frac{1}{2},j+\frac{1}{2},k}^{n-\frac{1}{2}}\Big)$$

$$(5.194)$$

$$\widetilde{H}_{zy}\,|_{i+\frac{1}{2},j+\frac{1}{2},k}^{n+\frac{1}{2}}=\frac{1-\dfrac{\sigma_y\Delta t}{2}}{1+\dfrac{\sigma_y\Delta t}{2}}\widetilde{H}_{zy}\,|_{i+\frac{1}{2},j+\frac{1}{2},k}^{n-\frac{1}{2}}+\frac{1}{1+\dfrac{\sigma_y\Delta t}{2}}\Big(H_z\,|_{i+\frac{1}{2},j+\frac{1}{2},k}^{n+\frac{1}{2}}-H_z\,|_{i+\frac{1}{2},j+\frac{1}{2},k}^{n-\frac{1}{2}}\Big)$$

$$(5.195)$$

和

$$\widetilde{E}_{xy}\,|_{i+\frac{1}{2},j,k}^{n+1}=\frac{1-\dfrac{\sigma_y\Delta t}{2}}{1+\dfrac{\sigma_y\Delta t}{2}}\widetilde{E}_{xy}\,|_{i+\frac{1}{2},j,k}^{n}+\frac{1}{1+\dfrac{\sigma_y\Delta t}{2}}\Big(E_x\,|_{i+\frac{1}{2},j,k}^{n+1}-E_x\,|_{i+\frac{1}{2},j,k}^{n}\Big)\quad(5.196)$$

$$\widetilde{E}_{xz}\,|_{i+\frac{1}{2},j,k}^{n+1}=\frac{1-\dfrac{\sigma_z\Delta t}{2}}{1+\dfrac{\sigma_z\Delta t}{2}}\widetilde{E}_{xz}\,|_{i+\frac{1}{2},j,k}^{n}+\frac{1}{1+\dfrac{\sigma_z\Delta t}{2}}\Big(E_x\,|_{i+\frac{1}{2},j,k}^{n+1}-E_x\,|_{i+\frac{1}{2},j,k}^{n}\Big)\quad(5.197)$$

$$\widetilde{E}_{yx}\,|_{i,j+\frac{1}{2},k}^{n+1}=\frac{1-\dfrac{\sigma_x\Delta t}{2}}{1+\dfrac{\sigma_x\Delta t}{2}}\widetilde{E}_{yx}\,|_{i,j+\frac{1}{2},k}^{n}+\frac{1}{1+\dfrac{\sigma_x\Delta t}{2}}\Big(E_y\,|_{i,j+\frac{1}{2},k}^{n+1}-E_y\,|_{i,j+\frac{1}{2},k}^{n}\Big)\quad(5.198)$$

$$\widetilde{E}_{yz}\,|_{i,j+\frac{1}{2},k}^{n+1}=\frac{1-\dfrac{\sigma_z\Delta t}{2}}{1+\dfrac{\sigma_z\Delta t}{2}}\widetilde{E}_{yz}\,|_{i,j+\frac{1}{2},k}^{n}+\frac{1}{1+\dfrac{\sigma_z\Delta t}{2}}\Big(E_y\,|_{i,j+\frac{1}{2},k}^{n+1}-E_y\,|_{i,j+\frac{1}{2},k}^{n}\Big)\quad(5.199)$$

$$\widetilde{E}_{zx}\,|_{i,j,k+\frac{1}{2}}^{n+1}=\frac{1-\dfrac{\sigma_x\Delta t}{2}}{1+\dfrac{\sigma_x\Delta t}{2}}\widetilde{E}_{zx}\,|_{i,j,k+\frac{1}{2}}^{n}+\frac{1}{1+\dfrac{\sigma_x\Delta t}{2}}\Big(E_z\,|_{i,j,k+\frac{1}{2}}^{n+1}-E_z\,|_{i,j,k+\frac{1}{2}}^{n}\Big)\quad(5.200)$$

$$\widetilde{E}_{zy}\,|_{i,j,k+\frac{1}{2}}^{n+1}=\frac{1-\dfrac{\sigma_y\Delta t}{2}}{1+\dfrac{\sigma_y\Delta t}{2}}\widetilde{E}_{zy}\,|_{i,j,k+\frac{1}{2}}^{n}+\frac{1}{1+\dfrac{\sigma_y\Delta t}{2}}\Big(E_z\,|_{i,j,k+\frac{1}{2}}^{n+1}-E_z\,|_{i,j,k+\frac{1}{2}}^{n}\Big)\quad(5.201)$$

综合以上分析, 可以得到三维情形下用 NPML 吸收边界截断各向异性介质时算法实现的具体推进过程如下

$$H \Rightarrow \widetilde{H}_{\alpha\beta} \Rightarrow E \Rightarrow \widetilde{E}_{\alpha\beta} \Rightarrow H \tag{5.202}$$

在三维情况下，NPML 吸收边界可分为角顶区、棱边区和面区，在不同区域内，σ_x、σ_y、σ_z 取值如图 5.16 所示。

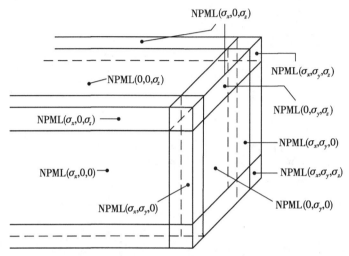

图 5.16　三维 NPML 吸收边界的区域划分

通过对上图的观察容易发现，在 NPML 吸收边界算法的编程实现过程中，可将角顶区的迭代式作为统一的公式。各个区域的拉伸场分量表达式可以通过对该区域中 σ 的不同取值得出。在 FDTD 方法中，通常以自由空间为 NPML 层的内侧截断边界。当反射系数 R 为 0 时，满足如下关系式

$$R(0) = \exp\left(-\frac{2}{n+1}\frac{\sigma_{\max}\delta}{\varepsilon_0 c}\right) \tag{5.203}$$

其中，δ 为 FDTD 元胞尺寸。

由上式可以得到

$$\sigma_{\max} = -\frac{(n+1)\varepsilon_0 c}{2\delta}\ln R(0) \tag{5.204}$$

根据文献[1]进一步得出

$$\sigma(\rho) = \sigma_{\max}\left(\frac{\rho}{d_{\text{NPML}}}\right)^n, \quad n \in \{1, 2\} \tag{5.205}$$

其中，d_{NPML} 为 NPML 层的厚度；ρ 为 NPML 层内某一点到 NPML 层与介质分界面处的距离。通过研究表明，当 n 取 2 时，以抛物线形式增大，吸收效果最好。

5.4.5　数值算例验证

为了验证本章所提出的 NPML 吸收边界条件截断各向异性介质的有效性，这里给出了两个三维算例。第一个算例中我们计算了电偶极子的辐射。计算区域的方形截面如图 5.17 所示，在计算区域中心位置处的 $\otimes$ 表示激励源。最里层为空气方柱，

包含 4×4×4 个 FDTD 网格。中间层填充各向异性介质。最里层和中间层这两个区域共包含 40×40×40 个 FDTD 网格,用 NPML 吸收边界截断计算区域的 6 个面,其中 NPML 层占 6 个 FDTD 网格。这里设置了三个具有代表性的场观察点,其中

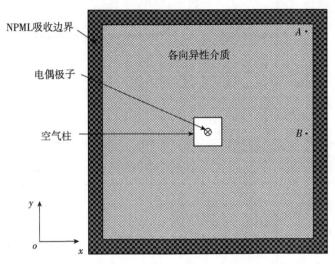

图 5.17 NPML 吸收边界性能验证模型截面图

两个场观察点 $A(18\Delta x, 18\Delta y, 0)$ 和 $B(18\Delta x, 0, 0)$ 在 xoy 平面上,第三个观察点 $C(18\Delta x, 18\Delta y, 18\Delta z)$ 在模型的角点附近。在不同观察点处对电场分量 E_z 的时域波形进行计算。计算中电偶极子辐射源采用微分高斯脉冲

$$P(t) = 10^6 \cdot \frac{t - t_0}{\tau} \cdot \exp\left[-\frac{4\pi(t - t_0)^2}{\tau^2}\right] \tag{5.206}$$

其中,脉冲参数为 $\tau = 40\Delta t$ 和 $t_0 = 0.8\tau$。

为了进行对比,将计算区域扩大至 200×200×200 个 FDTD 网格,其中空气方柱的尺寸保持不变,四周 NPML 吸收层厚度仍为 6 个元胞网格,三个场观察点 A、B、C 位置不变。由于参考空间足够大,在我们感兴趣的时间范围内,NPML 吸收层产生的反射尚未到达观察点,这时计算得到的电场分量结果没有被截断边界产生的反射波干扰,从而可将此时观察点处的电场分量作为参考解,并用符号 E_z^R 表示。计算时考虑两种情形:单轴各向异性介质和双轴各向异性介质。

图 5.18 为利用 NPML 吸收边界条件截断三维单轴各向异性介质的算例。单轴各向异性介质参数为 $\bar{\varepsilon} = \varepsilon_0 \begin{bmatrix} 4.0 & 0.0 & 0.0 \\ 0.0 & 4.0 & 0.0 \\ 0.0 & 0.0 & 2.0 \end{bmatrix}$,磁导率设为 μ_0。FDTD 元胞尺寸为 $\Delta x = \Delta y = \Delta z = 0.25\text{mm}$,时间步长为 $\Delta t = \Delta x / 2c_0$,其中 c_0 为光速。图 5.18(a)~(c) 分别为测试空间电场分量 E_z^T 与参考空间中时域电场分量 E_z^R 在 A、B 和 C 三个观察点处的比较图。从图中可以明显看出三个观察点处两者吻合得很好。同时,频域下各

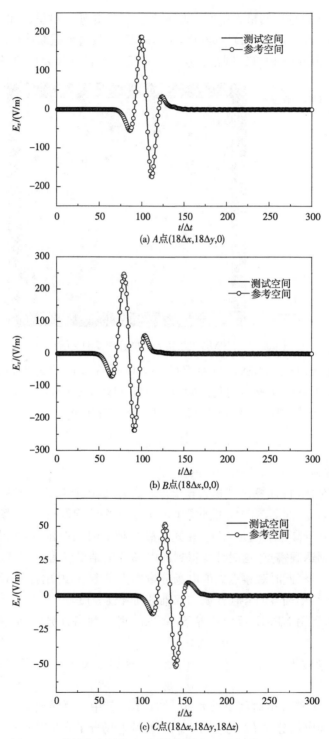

图 5.18　单轴各向异性介质中场观察点处电场分量 E_z 对比图

观察点相对反射误差可由下式计算得出

$$R_{dB} = 20 \log_{10} | F\{E_z^R(t) - E_z^T(t)\} / F\{E_z^R(t)\} | \tag{5.207}$$

其中，$F\{\cdot\}$为傅里叶算子。

图 5.19 为频域下单轴各向异性介质中 A、B、C 三点的 NPML 反射系数误差图。从图中可以看出，频谱范围为 20~80 GHz 时，NPML 吸收边界的反射误差为 -100~-40dB，因此，NPML 吸收边界对于三维单轴各向异性介质中的电磁波具有很好的吸收效果。

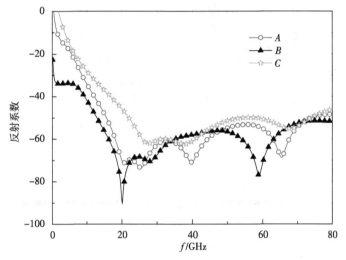

图 5.19　频域下单轴各向异性介质中 A、B、C 三点的 NPML 反射系数频谱图

图 5.20 为利用 NPML 吸收边界条件截断三维双轴各向异性介质的算例。双轴各向异性介质参数为 $\bar{\varepsilon} = \varepsilon_0 \begin{bmatrix} 3.15 & 0.266 & 0.024 \\ 0.266 & 3.05 & 0.052 \\ 0.024 & 0.052 & 1.08 \end{bmatrix}$，$\bar{\sigma} = \begin{bmatrix} 0.375 & 0.038 & 0.022 \\ 0.038 & 0.294 & 0.054 \\ 0.022 & 0.054 & 0.231 \end{bmatrix}$。

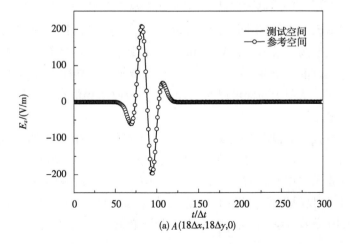

(a) $A(18\Delta x, 18\Delta y, 0)$

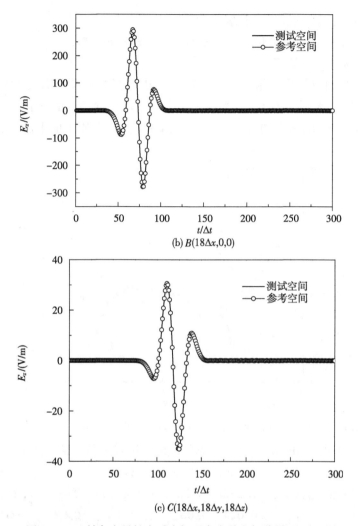

(b) $B(18\Delta x,0,0)$

(c) $C(18\Delta x,18\Delta y,18\Delta z)$

图 5.20　双轴各向异性介质中场观察点处电场分量 E_z 对比图

FDTD 参数与图 5.18 算例相同。图 5.20(a)～(c)分别为测试空间电场分量 E_z^T 与参考空间中时域电场分量 E_z^R 在 A、B 和 C 三个观察点处的比较图。由图可见两者仍保持了很好的数值一致性。图 5.21 为频域下双轴各向异性介质中 A、B、C 三点的反射系数误差图。从图中同样可以看出，NPML 吸收边界能有效吸收三维双轴各向异性介质中的电磁波。

　　下面再来检验本节提出的吸收边界条件对电偶极子时谐场的吸收效果。计算模型截面图如图 5.22 所示，各向异性介质区域包含 $200\times200\times200$ 个 FDTD 元胞，电偶极子位于计算区域中心位置$(100\Delta x,100\Delta y,0)$。计算区域的 6 个面全部被 6 个元胞的 NPML 吸收层包围。FDTD 元胞尺寸为 $\Delta x=\Delta y=\Delta z=0.06\text{mm}$，时间步长为 $\Delta t=0.1\times10^{-12}\text{s}$。计算中辐射源采用时谐场电源

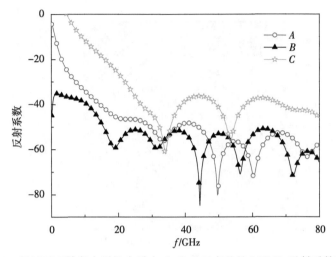

图 5.21　频域下双轴各向异性介质中 A、B、C 三点处的 NPML 反射系数频谱图

$$P(t) = \hat{e}_z \sin\omega t \tag{5.208}$$

其中，$\omega = \pi/20$。图 5.23 为双轴各向异性介质 $z = 0$ 平面上，正弦变化点源辐射时 E_z 分量的相位分布。对于双轴各向异性介质，其介质参数为

$$\bar{\bar{\varepsilon}} = \varepsilon_0 \begin{bmatrix} 3.15 & 0.266 & 0.024 \\ 0.266 & 3.05 & 0.052 \\ 0.024 & 0.052 & 1.08 \end{bmatrix}, \bar{\bar{\sigma}} = \begin{bmatrix} 0.375 & 0.038 & 0.022 \\ 0.038 & 0.294 & 0.054 \\ 0.022 & 0.054 & 0.231 \end{bmatrix}$$。可以看出，图中的相位

等值线都是以点源为中心的同心圆，表明包括角点在内的吸收边界具有良好的吸收外向行波的性能，从而进一步验证了 NPML 吸收边界条件截断双轴各向异性介质的有效性。

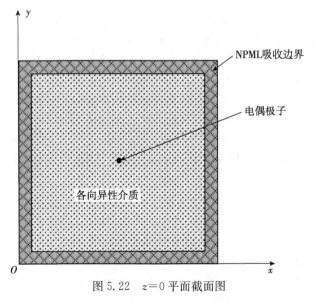

图 5.22　$z = 0$ 平面截面图

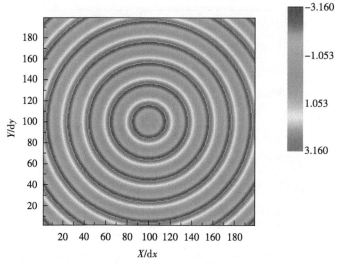

图 5.23　双轴各向异性介质 $z=0$ 平面处电偶极子辐射相位分布

参 考 文 献

[1] 葛德彪,闫玉波. 电磁波时域有限差分方法(第三版). 西安:西安电子科技大学出版社,2011.

[2] Yang L X,Ge D B,Zheng K S,et al. Study of parallel FDTD algorithm for anisotropic medium on a PC cluster system. Chinese Journal of Radio Science,2006,21(1):43-48.

[3] Kaneda N,Houshm B,Itoh T. FDTD analysis of dielectric resonators with curved surfaces. IEEE Trans. Microwave Theory Tech. ,1997,45(9):1645-1649.

[4] Dey S,Mittra R. A conformal finite-difference time-domain technique for modeling cylindrical dielectric resonators. IEEE Trans. Microwave Theory Tech. ,1999,47(9):1737-1739.

[5] Yu W,Mittra R. A conformal finite difference time domain technique for modeling curved dielectric surfaces. Microwave and Wireless Components Letters,2001,11(1):25-27.

[6] Jurgens T,Taflove A,Moore K. Finite-difference time-domain modeling of curved surfaces. IEEE Transactions on Antennas and Propagation,1992,40(4):357-366.

[7] Dey S,Mittra R. A locally conformal finite-difference time-domain(FDTD)algorithm for model-ing three-dimensional perfectly conducting objects. IEEE Microwave and Guided Wave Letters, 1997,7(9):273-275.

[8] Yu W,Mittra R. A conformal FDTD software package for modeling of antennas and microstrip circuit components. IEEE Antennas and Propagation Magazine,2000,42(5):28-39.

[9] Yu W,Mittra R. Conformal Finite-Difference Time-Domain Maxwell's Equations Solver:Soft-ware and User's Guide. Norwood :Artech House,Inc,2004.

[10] Rogorodnov I,Schuhmmann R,Weiland T. A uniformly stable conformal FDTD method in cartesian grids. International Journal of Numerical Modeling:Electronic Networks,Devices and

Fields,2003,16 (2):127-130.

[11] Xiao T,Liu Q. Enlarged cells for the conformal FDTD method to avoid the time step reduction. IEEE Mircowave and Components Letters,2004,14(12):551-553.

[12] Courant R,Friedrichs K,Lewy H. On the partial difference equations of mathematical physics. IBM Journal of Research and Development,1967,11(2):215-234.

[13] Chen H C. Theory of Electromagnetic Waves:A Coordinate Free Approach. New York: McGraw-Hill,1983:280.

[14] Wang Y P. 电磁场与波理论基础. 西安:西安电子科技大学出版社,2006:201.

[15] 魏 兵,葛德彪. 导电平板上任意缝隙填充各向异性介质时 TM 波散射和传输特性分析. 计算物理,2003,20(5):223-228.

[16] Schneider J,Hudson S. The finite-difference time-domain method applied to anisotropic material. IEEE Trans. Antennas Propagat. ,1993,41:994-999.

[17] 蔡志超. 截断各向异性介质的 NPML 吸收边界条件研究. 江苏大学硕士学位论文,2014.

[18] 施丽娟. 基于并置节点表面阻抗边界条件的改进 FDTD 方法研究. 江苏大学博士学位论文,2014.

[19] 杨利霞,葛德彪,魏兵,等. FDTD 并行算法研究:电和磁均为各向异性情形. 电子学报,2006,34(9):170-1707.

[20] 杨利霞,梁庆,于萍萍,等. 三维新型非分裂场完全匹配层吸收边界条件. 电波科学学报,2011,26(1):67-72.

[21] 杨利霞,王祎君,谢应涛,等. 截断各向异性等离子体的修正各向异性完全匹配层吸收边界. 强激光与电子束,2011,23(1):156-160.

[22] 郑召文,杨利霞,蔡志超,等. 一维等离子体非分裂场 PML 吸收边界条件研究. 江苏大学学报(自然科学版),2013,34(2):156-160.

[23] 郑召文,杨利霞. 截断磁等离子体三维 M-NPML 吸收边界条件. 计算物理,2013,30(6):895-901.

第6章 色散介质 M-UPML 吸收边界

吸收边界条件是 FDTD 法中非常关键的一个环节,寻求一种理想的吸收边界,可使得截断面的反射最小。因此,吸收边界条件的效果直接关系 FDTD 计算的正确性和精确度,是影响 FDTD 计算品质的决定因素。本章推导了一种新的截断色散介质即磁化等离子体的 M-UPML 吸收边界,经过验证吸收效果较好。

6.1 等离子体中麦克斯韦方程组

对于各向异性等离子体来说,麦克斯韦和等离子体本构方程基本关系如下:

$$\nabla \times \boldsymbol{E} = -\mathrm{j}\omega\boldsymbol{\mu} \cdot \boldsymbol{H} \tag{6.1}$$

$$\nabla \times \boldsymbol{H} = \mathrm{j}\omega\boldsymbol{\varepsilon} \cdot \boldsymbol{E} + \boldsymbol{J} \tag{6.2}$$

$$\frac{\mathrm{d}\boldsymbol{J}}{\mathrm{d}t} + \nu\boldsymbol{J} = \varepsilon_0\omega_\mathrm{p}^2\boldsymbol{E} + \boldsymbol{\omega}_\mathrm{b} \times \boldsymbol{J} \tag{6.3}$$

式中,$\boldsymbol{E}$ 为电场强度;$\boldsymbol{H}$ 为磁场强度;$\boldsymbol{J}$ 为电流密度;ε_0 是真空中的介电常数;ε 是介电常数,u 是磁导率;ω_p 为等离子体频率;ν 为等离子体碰撞频率;$\boldsymbol{\omega}_\mathrm{b} = e\boldsymbol{B}_0/m_\mathrm{e}$ 为电子回旋频率,$\boldsymbol{B}_0$ 为外部静态磁场,e 和 m_e 分别表示电子电量和质量。

设外磁场为任意方向:$\boldsymbol{\omega}_\mathrm{b} = \omega_\mathrm{bx}\boldsymbol{e}_x + \omega_\mathrm{by}\boldsymbol{e}_y + \omega_\mathrm{bz}\boldsymbol{e}_z$,式(6.3)可以写成

$$\frac{\mathrm{d}\boldsymbol{J}}{\mathrm{d}t} = \varepsilon_0\omega_\mathrm{p}^2\boldsymbol{E} + \boldsymbol{\Omega}\boldsymbol{J} \tag{6.4}$$

其中

$$\boldsymbol{\Omega} = \begin{bmatrix} -\nu & -\omega_\mathrm{bz} & \omega_\mathrm{by} \\ \omega_\mathrm{bz} & -\nu & -\omega_\mathrm{bx} \\ -\omega_\mathrm{by} & \omega_\mathrm{bx} & -\nu \end{bmatrix}$$

利用时域频域对应关系:$\dfrac{\partial f(t)}{\partial t} \Rightarrow \mathrm{j}\omega f(\omega)$,对式(6.4)进行改写

$$\mathrm{j}\omega\boldsymbol{J}(\omega) = \varepsilon_0\omega_\mathrm{p}^2\boldsymbol{E}(\omega) + \boldsymbol{\Omega}\boldsymbol{J}(\omega)$$

$$(\mathrm{j}\omega\boldsymbol{I} - \boldsymbol{\Omega})\boldsymbol{J}(\omega) = \varepsilon_0\omega_\mathrm{p}^2\boldsymbol{E}(\omega) \tag{6.5}$$

$$\boldsymbol{J}(\omega) = (\mathrm{j}\omega\boldsymbol{I} - \boldsymbol{\Omega})^{-1}\varepsilon_0\omega_\mathrm{p}^2\boldsymbol{E}(\omega)$$

令 $\boldsymbol{A} = \mathrm{j}\omega\boldsymbol{I} - \boldsymbol{\Omega}$,则式(6.5)变为

$$\boldsymbol{J}(\omega) = \boldsymbol{A}^{-1}\varepsilon_0\omega_\mathrm{p}^2\boldsymbol{E}(\omega) \tag{6.6}$$

其中

$$A = (\mathrm{j}\omega \boldsymbol{I} - \boldsymbol{\Omega}) = \begin{pmatrix} \mathrm{j}\omega + \nu & \omega_{bz} & -\omega_{by} \\ -\omega_{bz} & \mathrm{j}\omega + \nu & \omega_{bx} \\ \omega_{by} & -\omega_{bx} & \mathrm{j}\omega + \nu \end{pmatrix}$$

把式(6.6)代入式(6.2)并利用时域频域对应关系可得

$$\nabla \times \boldsymbol{H} = \mathrm{j}\omega\varepsilon_0 \boldsymbol{E} + \boldsymbol{A}^{-1}\varepsilon_0 \omega_{\mathrm{p}}^2 \boldsymbol{E}(\omega)$$
$$\nabla \times \boldsymbol{H} = (\mathrm{j}\omega\varepsilon_0 + \boldsymbol{A}^{-1}\varepsilon_0 \omega_{\mathrm{p}}^2) \boldsymbol{E}(\omega) \tag{6.7}$$
$$\nabla \times \boldsymbol{H} = \mathrm{j}\omega\varepsilon_1 \boldsymbol{E}(\omega)$$

其中

$$\boldsymbol{\varepsilon}_1 = \varepsilon_0 \cdot \boldsymbol{I} + \boldsymbol{A}^{-1}\varepsilon_0 \omega_{\mathrm{p}}^2/\mathrm{j}\omega \tag{6.8}$$

其中，$\boldsymbol{I}$ 为单位矩阵。

6.2　等离子体 M-UPML 吸收边界理论

根据导体 UPML 吸收边界条件，无源麦克斯韦方程为

$$\nabla \times \boldsymbol{H} = \mathrm{j}\omega\boldsymbol{\varepsilon} \cdot \boldsymbol{E} \tag{6.9}$$
$$\nabla \times \boldsymbol{E} = -\mathrm{j}\omega\boldsymbol{\mu} \cdot \boldsymbol{H} \tag{6.10}$$

其中

$$\boldsymbol{\varepsilon} = \varepsilon_1 \cdot \boldsymbol{S}_x \cdot \boldsymbol{S}_y \cdot \boldsymbol{S}_z = \varepsilon_1 \cdot \begin{bmatrix} \dfrac{s_y s_z}{s_x} & 0 & 0 \\ 0 & \dfrac{s_x s_z}{s_y} & 0 \\ 0 & 0 & \dfrac{s_x s_y}{s_z} \end{bmatrix} \tag{6.11}$$

$$\boldsymbol{\mu} = \mu_1 \cdot \boldsymbol{S}_x \cdot \boldsymbol{S}_y \cdot \boldsymbol{S}_z = \mu_1 \cdot \begin{bmatrix} \dfrac{s_y s_z}{s_x} & 0 & 0 \\ 0 & \dfrac{s_x s_z}{s_y} & 0 \\ 0 & 0 & \dfrac{s_x s_y}{s_z} \end{bmatrix} \tag{6.12}$$

$$s_x = \kappa_x + \frac{\sigma_x}{\mathrm{j}\omega\varepsilon_0}, \quad s_y = \kappa_y + \frac{\sigma_y}{\mathrm{j}\omega\varepsilon_0}, \quad s_z = \kappa_z + \frac{\sigma_z}{\mathrm{j}\omega\varepsilon_0} \tag{6.13}$$

6.2.1　M-UPML 吸收边界电场公式

通过观察式(6.8)和式(6.9)可以发现，等离子的电流密度 J 可以通过介电常数 $\boldsymbol{\varepsilon}$ 的形式引入到普通 UPML 中，由此得到修正后的 M-UPML 吸收边界。

$$\nabla \times \boldsymbol{H} = \mathrm{j}\omega\boldsymbol{\varepsilon} \cdot \boldsymbol{E} \tag{6.14}$$

其中

$$\boldsymbol{\varepsilon}=\varepsilon_1 \cdot \boldsymbol{S}_x \cdot \boldsymbol{S}_y \cdot \boldsymbol{S}_z=\left(\varepsilon_0 \cdot \boldsymbol{I}+\frac{\boldsymbol{A}^{-1}\varepsilon_0\omega_p^2}{j\omega}\right)\begin{bmatrix}\frac{s_y s_z}{s_x} & 0 & 0 \\ 0 & \frac{s_x s_z}{s_y} & 0 \\ 0 & 0 & \frac{s_x s_y}{s_z}\end{bmatrix} \tag{6.15}$$

将式(6.15)代入式(6.14)并离散,得

$$\begin{bmatrix}\frac{\partial H_z}{\partial y}-\frac{\partial H_y}{\partial z} \\ \frac{\partial H_x}{\partial z}-\frac{\partial H_z}{\partial x} \\ \frac{\partial H_y}{\partial x}-\frac{\partial H_x}{\partial y}\end{bmatrix}=j\omega\left(\varepsilon_0 \cdot \boldsymbol{I}+\frac{\boldsymbol{A}^{-1}\varepsilon_0\omega_p^2}{j\omega}\right)\begin{bmatrix}\frac{s_y s_z}{s_x} & 0 & 0 \\ 0 & \frac{s_x s_z}{s_y} & 0 \\ 0 & 0 & \frac{s_x s_y}{s_z}\end{bmatrix} \cdot \begin{bmatrix}E_x \\ E_y \\ E_z\end{bmatrix} \tag{6.16}$$

引入中间变量 $\boldsymbol{P}'$,令

$$P'_x=\frac{s_y s_z}{s_x}E_x, \quad P'_y=\frac{s_x s_z}{s_y}E_y, \quad P'_z=\frac{s_x s_y}{s_z}E_z \tag{6.17}$$

则式(6.16)变为

$$\begin{bmatrix}\frac{\partial H_z}{\partial y}-\frac{\partial H_y}{\partial z} \\ \frac{\partial H_x}{\partial z}-\frac{\partial H_z}{\partial x} \\ \frac{\partial H_y}{\partial x}-\frac{\partial H_x}{\partial y}\end{bmatrix}=j\omega\left(\varepsilon_0 \cdot \boldsymbol{I}+\frac{\boldsymbol{A}^{-1}\varepsilon_0\omega_p^2}{j\omega}\right)\begin{bmatrix}P'_x \\ P'_y \\ P'_z\end{bmatrix} \tag{6.18}$$

$$\begin{bmatrix}\frac{\partial H_z}{\partial y}-\frac{\partial H_y}{\partial z} \\ \frac{\partial H_x}{\partial z}-\frac{\partial H_z}{\partial x} \\ \frac{\partial H_y}{\partial x}-\frac{\partial H_x}{\partial y}\end{bmatrix}=j\omega\varepsilon_0\begin{bmatrix}P'_x \\ P'_y \\ P'_z\end{bmatrix}+\boldsymbol{A}^{-1}\varepsilon_0\omega_p^2\begin{bmatrix}P'_x \\ P'_y \\ P'_z\end{bmatrix} \tag{6.19}$$

应用时域频域对应关系:$j\omega f(\omega)\Rightarrow\frac{\partial f(t)}{\partial t}$,过渡到时域得

$$\begin{bmatrix}\frac{\partial H_z}{\partial y}-\frac{\partial H_y}{\partial z} \\ \frac{\partial H_x}{\partial z}-\frac{\partial H_z}{\partial x} \\ \frac{\partial H_y}{\partial x}-\frac{\partial H_x}{\partial y}\end{bmatrix}=\varepsilon_0\frac{\partial}{\partial t}\begin{bmatrix}P'_x \\ P'_y \\ P'_z\end{bmatrix}+\varepsilon_0\omega_p^2 \cdot \boldsymbol{A}(t)*\begin{bmatrix}P'_x \\ P'_y \\ P'_z\end{bmatrix} \tag{6.20}$$

式(6.20)同导电介质 UMPL 吸收边界中相比,等式右端第二项系数由 σ_1 变成一个耦合矩阵。关于 $\boldsymbol{A}(t)$ 时域形式的推导参见附录 B。

　　引入中间变量 $\boldsymbol{P}$,这样

$$P_x = \frac{1}{s_y} P'_x, \quad P_y = \frac{1}{s_z} P'_y, \quad P_z = \frac{1}{s_x} P'_z \tag{6.21}$$

将式(6.13)代入式(6.21)并应用时域频域对应关系 $j\omega f(\omega) \Rightarrow \frac{\partial f(t)}{\partial t}$，可得 x 分量为

$$P'_x = \left(\kappa_y + \frac{\sigma_y}{j\omega\varepsilon_0} \right) P_x \tag{6.22}$$

$$j\omega P'_x = \left(j\omega\kappa_y + \frac{\sigma_y}{\varepsilon_0} \right) P_x \tag{6.23}$$

$$\frac{\partial P'_x}{\partial t} = \kappa_y \frac{\partial P_x}{\partial t} + \frac{\sigma_y}{\varepsilon_0} P_x \tag{6.24}$$

同理得到 y、z 分量

$$\frac{\partial P'_y}{\partial t} = \kappa_z \frac{\partial P_y}{\partial t} + \frac{\sigma_z}{\varepsilon_0} P_y \tag{6.25}$$

$$\frac{\partial P'_z}{\partial t} = \kappa_x \frac{\partial P_z}{\partial t} + \frac{\sigma_x}{\varepsilon_0} P_z \tag{6.26}$$

由式(6.17)和式(6.21)可得

$$P_x = \frac{s_z}{s_x} E_x, \quad P_y = \frac{s_x}{s_y} E_y, \quad P_z = \frac{s_y}{s_z} E_z \tag{6.27}$$

将式(6.13)代入式(6.27)，可得 x 分量为

$$P_x = \frac{\kappa_z + \frac{\sigma_z}{j\omega\varepsilon_0}}{\kappa_x + \frac{\sigma_x}{j\omega\varepsilon_0}} E_x \tag{6.28}$$

$$\left(\kappa_x + \frac{\sigma_x}{j\omega\varepsilon_0} \right) P_x = \left(\kappa_z + \frac{\sigma_z}{j\omega\varepsilon_0} \right) E_x \tag{6.29}$$

$$\left(j\omega\kappa_x + \frac{\sigma_x}{\varepsilon_0} \right) P_x = \left(j\omega\kappa_z + \frac{\sigma_z}{\varepsilon_0} \right) E_x \tag{6.30}$$

同理得到 y、z 分量

$$\left(j\omega\kappa_y + \frac{\sigma_y}{\varepsilon_0} \right) P_y = \left(j\omega\kappa_x + \frac{\sigma_x}{\varepsilon_0} \right) E_y \tag{6.31}$$

$$\left(j\omega\kappa_z + \frac{\sigma_z}{\varepsilon_0} \right) P_z = \left(j\omega\kappa_y + \frac{\sigma_y}{\varepsilon_0} \right) E_z \tag{6.32}$$

对式(6.30)～式(6.32)应用时域、频域对应关系 $j\omega f(\omega) \Rightarrow \frac{\partial f(t)}{\partial t}$，得

$$\kappa_x \frac{\partial P_x}{\partial t} + \frac{\sigma_x}{\varepsilon_0} P_x = \kappa_z \frac{\partial E_x}{\partial t} + \frac{\sigma_z}{\varepsilon_0} E_x \tag{6.33}$$

$$\kappa_y \frac{\partial P_y}{\partial t} + \frac{\sigma_y}{\varepsilon_0} P_y = \kappa_x \frac{\partial E_y}{\partial t} + \frac{\sigma_x}{\varepsilon_0} E_y \tag{6.34}$$

$$\kappa_z \frac{\partial P_z}{\partial t} + \frac{\sigma_z}{\varepsilon_0} P_z = \kappa_y \frac{\partial E_z}{\partial t} + \frac{\sigma_y}{\varepsilon_0} E_z \tag{6.35}$$

式(6.20)、式(6.24)、式(6.33)给出了 $\boldsymbol{H} \to \boldsymbol{P}' \to \boldsymbol{P} \to \boldsymbol{E}$ 的时间递推计算公式。

6.2.2　M-UPML 吸收边界磁场公式

将式(6.12)代入式(6.10)并离散得到

$$
\begin{bmatrix}
\dfrac{\partial E_z}{\partial y}-\dfrac{\partial E_y}{\partial z}\\[2mm]
\dfrac{\partial E_x}{\partial z}-\dfrac{\partial E_z}{\partial x}\\[2mm]
\dfrac{\partial E_y}{\partial x}-\dfrac{\partial E_x}{\partial y}
\end{bmatrix}
=-\mathrm{j}\omega\mu_1
\begin{bmatrix}
\dfrac{s_y s_z}{s_x} & 0 & 0\\[2mm]
0 & \dfrac{s_x s_z}{s_y} & 0\\[2mm]
0 & 0 & \dfrac{s_x s_y}{s_z}
\end{bmatrix}
\cdot
\begin{bmatrix}
H_x\\ H_y\\ H_z
\end{bmatrix}
\tag{6.36}
$$

式中，s_x、s_y、s_z 取值如式(6.13)所示。参照式(6.27)，引入中间变量 $\boldsymbol{B}$

$$
B_x=\mu_1\frac{s_z}{s_x}H_x,\quad B_y=\mu_1\frac{s_x}{s_y}H_y,\quad B_z=\mu_1\frac{s_y}{s_z}H_z
\tag{6.37}
$$

于是式(6.36)变为

$$
\begin{bmatrix}
\dfrac{\partial E_z}{\partial y}-\dfrac{\partial E_y}{\partial z}\\[2mm]
\dfrac{\partial E_x}{\partial z}-\dfrac{\partial E_z}{\partial x}\\[2mm]
\dfrac{\partial E_y}{\partial x}-\dfrac{\partial E_x}{\partial y}
\end{bmatrix}
=-\mathrm{j}\omega
\begin{bmatrix}
\dfrac{s_y s_z}{s_x} & 0 & 0\\[2mm]
0 & \dfrac{s_x s_z}{s_y} & 0\\[2mm]
0 & 0 & \dfrac{s_x s_y}{s_z}
\end{bmatrix}
\cdot
\begin{bmatrix}
B_x\\ B_y\\ B_z
\end{bmatrix}
\tag{6.38}
$$

应用时域频域对应关系 $\mathrm{j}\omega f(\omega)\Rightarrow\dfrac{\partial f(t)}{\partial t}$ 和式(6.13)，式(6.38)的时域形式为

$$
\begin{bmatrix}
\dfrac{\partial E_z}{\partial y}-\dfrac{\partial E_y}{\partial z}\\[2mm]
\dfrac{\partial E_x}{\partial z}-\dfrac{\partial E_z}{\partial x}\\[2mm]
\dfrac{\partial E_y}{\partial x}-\dfrac{\partial E_x}{\partial y}
\end{bmatrix}
=-\frac{\partial}{\partial t}
\begin{bmatrix}
\kappa_y & 0 & 0\\ 0 & \kappa_z & 0\\ 0 & 0 & \kappa_x
\end{bmatrix}
\cdot
\begin{bmatrix}
B_x\\ B_y\\ B_z
\end{bmatrix}
-\frac{1}{\varepsilon_0}
\begin{bmatrix}
\kappa_y & 0 & 0\\ 0 & \kappa_z & 0\\ 0 & 0 & \kappa_x
\end{bmatrix}
\cdot
\begin{bmatrix}
B_x\\ B_y\\ B_z
\end{bmatrix}
\tag{6.39}
$$

以 x 分量为例

$$
\frac{\partial E_z}{\partial y}-\frac{\partial E_y}{\partial z}=-\kappa_y\frac{\partial B_x}{\partial t}-\frac{\sigma_y}{\varepsilon_0}B_x
\tag{6.40}
$$

将式(6.13)代入式(6.37)的第一式

$$
\left(\kappa_x+\frac{\sigma_x}{\mathrm{j}\omega\varepsilon_0}\right)B_x=\mu_1\left(\kappa_z+\frac{\sigma_z}{\mathrm{j}\omega\varepsilon_0}\right)H_x
\tag{6.41}
$$

应用时域、频域对应关系 $\mathrm{j}\omega f(\omega)\Rightarrow\dfrac{\partial f(t)}{\partial t}$ 过渡到时域形式，可得 x 分量为

$$
\kappa_x\frac{\partial B_x}{\partial t}+\frac{\sigma_x}{\varepsilon_0}B_x=\mu_1\kappa_z\frac{\partial H_x}{\partial t}+\frac{\mu_1}{\varepsilon_0}\sigma_z H_x
\tag{6.42}
$$

同理得到 y、z 分量

$$
\kappa_y\frac{\partial B_y}{\partial t}+\frac{\sigma_y}{\varepsilon_0}B_y=\mu_1\kappa_x\frac{\partial H_y}{\partial t}+\frac{\mu_1}{\varepsilon_0}\sigma_x H_y
\tag{6.43}
$$

$$\kappa_z \frac{\partial B_z}{\partial t} + \frac{\sigma_z}{\varepsilon_0} B_z = \mu_1 \kappa_y \frac{\partial H_z}{\partial t} + \frac{\mu_1}{\varepsilon_0} \sigma_y H_z \tag{6.44}$$

式(6.40)、式(6.42)给出了 $\boldsymbol{E} \to \boldsymbol{B} \to \boldsymbol{H}$ 的时间递推计算公式。

6.3　卷积处理及公式离散

6.3.1　卷积处理

在对式(6.20)进行离散时,最重要一步就是对 $\boldsymbol{A}(t) * \boldsymbol{P}'$ 卷积处理问题,因此如何简单而有效地处理好卷积就成了解决这个问题的关键。

令

$$\boldsymbol{A}(t) * \boldsymbol{P}'(t) = \boldsymbol{L}(t) \tag{6.45}$$

根据卷积原理

$$\boldsymbol{L}(t) = \int_0^t \boldsymbol{A}(t-\tau) \boldsymbol{P}'(\tau) \mathrm{d}\tau \tag{6.46}$$

根据式(2.79),$\boldsymbol{A}(t) = \mathrm{e}^{\boldsymbol{\Omega} t}$,所以上式可以变为

$$\boldsymbol{L}(t) = \int_0^t \mathrm{e}^{\boldsymbol{\Omega}(t-\tau)} \boldsymbol{P}'(\tau) \mathrm{d}\tau$$

$$= \mathrm{e}^{\boldsymbol{\Omega} t} \int_0^t \mathrm{e}^{-\boldsymbol{\Omega}\tau} \boldsymbol{P}'(\tau) \mathrm{d}\tau \tag{6.47}$$

把式(6.47)在 $\left(n+\dfrac{1}{2}\right)\Delta t$ 时刻进行离散

$$\boldsymbol{L}\left[\left(n+\frac{1}{2}\right)\Delta t\right] = \mathrm{e}^{\boldsymbol{\Omega}(n+\frac{1}{2})\Delta t} \int_0^{(n+\frac{1}{2})\Delta t} \mathrm{e}^{-\boldsymbol{\Omega}\tau} \boldsymbol{P}'(\tau) \mathrm{d}\tau \tag{6.48}$$

改写式(6.48)

$$\boldsymbol{L}\left[\left(n+\frac{1}{2}\right)\Delta t\right] = \mathrm{e}^{\boldsymbol{\Omega}(n+\frac{1}{2})\Delta t} \int_0^{(n-\frac{1}{2})\Delta t} \mathrm{e}^{-\boldsymbol{\Omega}\tau} \boldsymbol{P}'(\tau) \mathrm{d}\tau$$

$$+ \mathrm{e}^{\boldsymbol{\Omega}(n+\frac{1}{2})\Delta t} \int_{(n-\frac{1}{2})\Delta t}^{(n+\frac{1}{2})\Delta t} \mathrm{e}^{-\boldsymbol{\Omega}\tau} \boldsymbol{P}'(\tau) \mathrm{d}\tau \tag{6.49}$$

将式(6.47)在 $\left(n-\dfrac{1}{2}\right)\Delta t$ 时刻进行离散

$$\boldsymbol{L}\left[\left(n-\frac{1}{2}\right)\Delta t\right] = \mathrm{e}^{\boldsymbol{\Omega}(n-\frac{1}{2})\Delta t} \int_0^{(n-\frac{1}{2})\Delta t} \mathrm{e}^{-\boldsymbol{\Omega}\tau} \boldsymbol{P}'(\tau) \mathrm{d}\tau \tag{6.50}$$

在式(6.50)两边同乘以 $\mathrm{e}^{\boldsymbol{\Omega}\Delta t}$ 得

$$\mathrm{e}^{\boldsymbol{\Omega}\Delta t} \boldsymbol{L}\left[\left(n-\frac{1}{2}\right)\Delta t\right] = \mathrm{e}^{\boldsymbol{\Omega}(n+\frac{1}{2})\Delta t} \int_0^{(n-\frac{1}{2})\Delta t} \mathrm{e}^{-\boldsymbol{\Omega}\tau} \boldsymbol{P}'(\tau) \mathrm{d}\tau \tag{6.51}$$

把式(6.51)代入式(6.49)得

$$\boldsymbol{L}\left[\left(n+\frac{1}{2}\right)\Delta t\right] = \mathrm{e}^{\boldsymbol{\Omega}\Delta t} \boldsymbol{L}\left[\left(n-\frac{1}{2}\right)\Delta t\right] + \mathrm{e}^{\boldsymbol{\Omega}(n+\frac{1}{2})\Delta t} \int_{(n-\frac{1}{2})\Delta t}^{(n+\frac{1}{2})\Delta t} \mathrm{e}^{-\boldsymbol{\Omega}\tau} \boldsymbol{P}'(\tau) \mathrm{d}\tau \tag{6.52}$$

式(6.52)就是关于 $\boldsymbol{L}$ 在时间上的递推式。

对式(6.52)采取与文献[1]相同的处理方式,具体过程如下:

令

$$\boldsymbol{F}(t)=\mathrm{e}^{-\boldsymbol{\Omega}t}\boldsymbol{P}'(t)$$

式(6.52)可以改写为

$$\boldsymbol{L}\left[\left(n+\frac{1}{2}\right)\Delta t\right]=\mathrm{e}^{\boldsymbol{\Omega}\Delta t}\boldsymbol{L}\left[\left(n-\frac{1}{2}\right)\Delta t\right]+\mathrm{e}^{\boldsymbol{\Omega}\left(n+\frac{1}{2}\right)\Delta t}\int_{\left(n-\frac{1}{2}\right)\Delta t}^{\left(n+\frac{1}{2}\right)\Delta t}\boldsymbol{F}(t)\mathrm{d}t \tag{6.53}$$

对 $\boldsymbol{F}(t)$ 在 $t=n\Delta t$ 进行泰勒展开,则有

$$\int_{\left(n-\frac{1}{2}\right)\Delta t}^{\left(n+\frac{1}{2}\right)\Delta t}\boldsymbol{F}(t)\mathrm{d}t$$

$$=\int_{\left(n-\frac{1}{2}\right)\Delta t}^{\left(n+\frac{1}{2}\right)\Delta t}\boldsymbol{F}(n\Delta t)+\boldsymbol{F}'(n\Delta t)(t-n\Delta t)+\boldsymbol{F}''(n\Delta t)\frac{(t-n\Delta t)^{2}}{2}+O(\Delta t^{3})$$

$$=\boldsymbol{F}(n\Delta t)\cdot\Delta t+0+\boldsymbol{F}''(n\Delta t)\frac{\Delta t^{3}}{24}+O(\Delta t^{4})$$

$$=\boldsymbol{F}(n\Delta t)\cdot\Delta t+O(\Delta t^{3})$$

$$=\mathrm{e}^{-\boldsymbol{\Omega}n\Delta t}\boldsymbol{P}'(n\Delta t)\cdot\Delta t \tag{6.54}$$

则式(6.53)右边第二项变为

$$\mathrm{e}^{\boldsymbol{\Omega}\left(n+\frac{1}{2}\right)\Delta t}\int_{\left(n-\frac{1}{2}\right)\Delta t}^{\left(n+\frac{1}{2}\right)\Delta t}\boldsymbol{F}(t)\mathrm{d}t=\mathrm{e}^{\boldsymbol{\Omega}\left(n+\frac{1}{2}\right)\Delta t}\cdot\mathrm{e}^{-\boldsymbol{\Omega}n\Delta t}\boldsymbol{P}'(n\Delta t)\cdot\Delta t$$

$$=\mathrm{e}^{\boldsymbol{\Omega}\frac{1}{2}\Delta t}\boldsymbol{P}'(n\Delta t)\cdot\Delta t \tag{6.55}$$

因此式(6.53)可以写成

$$\boldsymbol{L}\left[\left(n+\frac{1}{2}\right)\Delta t\right]=\mathrm{e}^{\boldsymbol{\Omega}\Delta t}\boldsymbol{L}\left[\left(n-\frac{1}{2}\right)\Delta t\right]+\mathrm{e}^{\boldsymbol{\Omega}\frac{1}{2}\Delta t}\boldsymbol{P}'(n\Delta t)\cdot\Delta t \tag{6.56}$$

式(6.56)即为 $\boldsymbol{L}$ 在时间上的递推公式。

6.3.2 FDTD 离散公式

将电流 $\boldsymbol{L}$ 置于元胞体中心,与电流 $\boldsymbol{J}$ 的位置相对应,若该点无值,则使用空间插值。对式(6.56)在 $\left(n+\frac{1}{2}\right)\Delta t$ 时刻离散得

$$\begin{bmatrix} L_x\big|_{i+\frac{1}{2},j+\frac{1}{2},k+\frac{1}{2}}^{n+\frac{1}{2}} \\ L_y\big|_{i+\frac{1}{2},j+\frac{1}{2},k+\frac{1}{2}}^{n+\frac{1}{2}} \\ L_z\big|_{i+\frac{1}{2},j+\frac{1}{2},k+\frac{1}{2}}^{n+\frac{1}{2}} \end{bmatrix} = A(\Delta t)\begin{bmatrix} L_x\big|_{i+\frac{1}{2},j+\frac{1}{2},k+\frac{1}{2}}^{n-\frac{1}{2}} \\ L_y\big|_{i+\frac{1}{2},j+\frac{1}{2},k+\frac{1}{2}}^{n-\frac{1}{2}} \\ L_z\big|_{i+\frac{1}{2},j+\frac{1}{2},k+\frac{1}{2}}^{n-\frac{1}{2}} \end{bmatrix} + \Delta t\cdot A\left(\frac{1}{2}\Delta t\right)\begin{bmatrix} P_x'\big|_{i+\frac{1}{2},j,k}^{n} \\ P_y'\big|_{i,j+\frac{1}{2},k}^{n} \\ P_z'\big|_{i,j,k+\frac{1}{2}}^{n} \end{bmatrix} \tag{6.57}$$

其中

$$P_x'\big|_{i+\frac{1}{2},j,k}^{n}=\frac{1}{4}\left(P_x'\big|_{i+\frac{1}{2},j,k}^{n}+P_x'\big|_{i+\frac{1}{2},j,k+1}^{n}+P_x'\big|_{i+\frac{1}{2},j+1,k}^{n}+P_x'\big|_{i+\frac{1}{2},j+1,k+1}^{n}\right)$$

$$P_y'\big|_{i,j+\frac{1}{2},k}^{n}=\frac{1}{4}\left(P_y'\big|_{i,j+\frac{1}{2},k}^{n}+P_y'\big|_{i+1,j+\frac{1}{2},k}^{n}+P_y'\big|_{i,j+\frac{1}{2},k+1}^{n}+P_y'\big|_{i+1,j+\frac{1}{2},k+1}^{n}\right)$$

$$P'_z\big|^n_{i,j,k+\frac{1}{2}}=\frac{1}{4}\left(P'_z\big|^n_{i,j,k+\frac{1}{2}}+P'_z\big|^n_{i+1,j,k+\frac{1}{2}}+P'_z\big|^n_{i,j+1,k+\frac{1}{2}}+P'_z\big|^n_{i+1,j+1,k+\frac{1}{2}}\right)$$

把式(6.20)在 $\left(n+\dfrac{1}{2}\right)\Delta t$ 时刻离散,可得 x 分量为

$$\frac{\partial H_z}{\partial y}-\frac{\partial H_y}{\partial z}=\varepsilon_1\frac{\partial P'_x}{\partial t}+\varepsilon_0\omega_{\mathrm{p}}^2 \boldsymbol{A}(t)*\boldsymbol{P}'(t) \tag{6.58}$$

$$\frac{\partial H_z}{\partial y}-\frac{\partial H_y}{\partial z}=\varepsilon_1\frac{\partial P'_x}{\partial t}+\varepsilon_0\omega_{\mathrm{p}}^2 L(t) \tag{6.59}$$

$$\frac{H_z\big|^{n+\frac{1}{2}}_{i+\frac{1}{2},j+\frac{1}{2},k}-H_z\big|^{n+\frac{1}{2}}_{i+\frac{1}{2},j-\frac{1}{2},k}}{\Delta y}-\frac{H_y\big|^{n+\frac{1}{2}}_{i+\frac{1}{2},j,k+\frac{1}{2}}-H_y\big|^{n+\frac{1}{2}}_{i+\frac{1}{2},j,k-\frac{1}{2}}}{\Delta z} \tag{6.60}$$

$$=\frac{\varepsilon_0}{\Delta t}(P'_x\big|^{n+1}_{i+\frac{1}{2},j,k}-P'_x\big|^n_{i+\frac{1}{2},j,k})+\varepsilon_0\omega_{\mathrm{p}}^2 L_x\big|^{n+\frac{1}{2}}_{i+\frac{1}{2},j+\frac{1}{2},k+\frac{1}{2}}$$

整理后得

$$P'_x\big|^{n+1}_{i+\frac{1}{2},j,k}=P'_x\big|^n_{i+\frac{1}{2},j,k}$$

$$+\frac{\Delta t}{\varepsilon_0}\left[\frac{H_z\big|^{n+\frac{1}{2}}_{i+\frac{1}{2},j+\frac{1}{2},k}-H_z\big|^{n+\frac{1}{2}}_{i+\frac{1}{2},j-\frac{1}{2},k}}{\Delta y}-\frac{H_y\big|^{n+\frac{1}{2}}_{i+\frac{1}{2},j,k+\frac{1}{2}}-H_y\big|^{n+\frac{1}{2}}_{i+\frac{1}{2},j,k-\frac{1}{2}}}{\Delta z}\right]$$

$$-\Delta t\omega_{\mathrm{p}}^2\cdot L_x\big|^{n+\frac{1}{2}}_{i+\frac{1}{2},j+\frac{1}{2},k+\frac{1}{2}} \tag{6.61}$$

其他 y 和 z 分量公式可以通过 x,y,z 的循环代替得到。

关于 $\boldsymbol{P}'{\to}\boldsymbol{P}{\to}\boldsymbol{E}$ 及 $\boldsymbol{E}{\to}\boldsymbol{B}{\to}\boldsymbol{H}$ 的递推公式,与 UPML 吸收边界的 FDTD 公式相同,可以参照 2.3.5 节。

以上是在三维情况下的 FDTD 迭代式。在一维情况下矩阵 $\boldsymbol{A}(t)$ 在附录 B 中给出,$\boldsymbol{A}(t)*\boldsymbol{P}'$ 处理方式同上,则与式(6.57)相对应的 L 为

$$\begin{bmatrix}L_x\big|^{n+\frac{1}{2}}_k\\ L_y\big|^{n+\frac{1}{2}}_k\end{bmatrix}=A(\Delta t)\begin{bmatrix}L_x\big|^{n+\frac{1}{2}}_k\\ L_y\big|^{n+\frac{1}{2}}_k\end{bmatrix}+\Delta t\cdot A\left(\frac{1}{2}\Delta t\right)\begin{bmatrix}P_x\big|^n_k\\ P_y\big|^n_k\end{bmatrix} \tag{6.62}$$

与式(6.61)相对应的 P 为

$$\begin{bmatrix}P_x\big|^{n+1}_k\\ P_y\big|^{n+1}_k\end{bmatrix}=\begin{bmatrix}P_x\big|^n_k\\ P_y\big|^n_k\end{bmatrix}-\frac{\Delta t}{\varepsilon_0\Delta z}\begin{bmatrix}H_y\big|^n_{k+\frac{1}{2}}-H_y\big|^n_{k-\frac{1}{2}}\\ H_x\big|^n_{k+\frac{1}{2}}-H_x\big|^n_{k-\frac{1}{2}}\end{bmatrix}-\Delta t\omega_{\mathrm{p}}^2\begin{bmatrix}L_x\big|^{n+\frac{1}{2}}_k\\ L_y\big|^{n+\frac{1}{2}}_k\end{bmatrix} \tag{6.63}$$

关于 $\boldsymbol{P}{\to}\boldsymbol{E}$ 和 $\boldsymbol{E}{\to}\boldsymbol{H}$ 的递推公式与一维 M-UPML 公式相同。

6.4 算法验证与分析

6.4.1 一维算例验证

为了验证上述算法的正确性,计算电场波垂直入射到充满等离子体的半空间的

反射系数,并与解析解进行比较。入射电磁波为微分高斯脉冲,计算空间离散网格为 $\delta=7.5\times10^{-5}\,\mathrm{m}$,时间步长为 $\delta/2c$。等离子体占 200 网格,紧邻的 M-UPML 为 6 个网格,其余为真空。

算例 6.1　磁化等离子体的反射系数验证。等离子回旋频率 $\omega_b=300\mathrm{GHz}$,等离子碰撞频率 $\nu=200\mathrm{GHz}$,等离子频率 $\omega_p=2\pi\times2\times10^9\,\mathrm{rad/s}$。图 6.1 和图 6.2 给出了磁化等离子体右旋圆极化(RCP)波和左旋圆极化(LCP)波的反射系数 FDTD 解和解析解。从图中可知,两者完全吻合,验证了该算法的正确性。

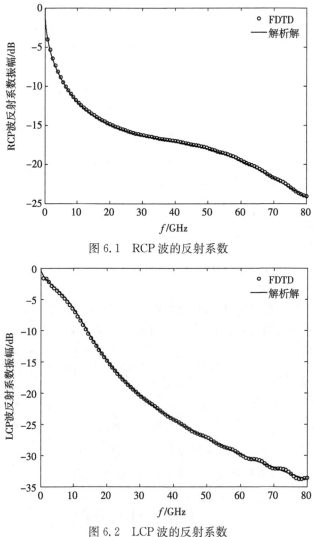

图 6.1　RCP 波的反射系数

图 6.2　LCP 波的反射系数

算例 6.2　非磁化等离子体反射系数验证。等离子回旋频率 $\omega_b=0$,其他参数同算例 6.1 一致。图 6.3 给出了非磁化等离子体反射系数 FDTD 解和解析解。从图中可知,两者完全吻合,表明该算法的有效性。

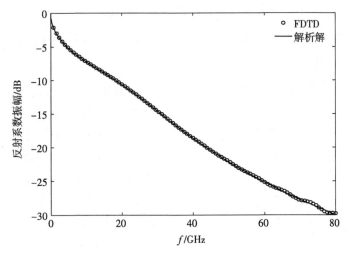

图 6.3　非磁化等离子体情况下的 FDTD 解和解析解的反射系数

6.4.2　三维算例验证

为了检验 M-UPML 在作为截断边界时对电磁波的吸收性能,本节将它用作 FDTD 方法中的吸收边界条件,计算中间区域为空气、周围区域为等离子体的电偶极子辐射场,由于目前还没有找到在等离子体中直接加入电偶极子的方式,在这种情况下无法得到解析解,因此采用参考解的方式来验证。

计算空间区域示意图如图 6.4 所示,设置 FDTD 计算区域为 $40\times40\times40$ 个元胞网格,四周被 M-UPML 吸收层包围,M-UPML 层厚度为 6 个元胞网格。计算区域中心为空气,空间为 $4\times4\times4$ 个元胞网格,剩余区域为等离子体。

参考解:这里采用 $120\times120\times120$ 个网格的计算区域。截断边界引起的反射到达 Q 点所需的时间步数为 $t_{\vartheta}=(120-18)\times2\times2=408$,也就是说,当 $t<t_{\vartheta}$ 时,由截断边界引

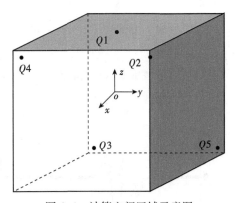

图 6.4　计算空间区域示意图

起的反射波尚未到达 Q 点,此时可以认为所得结果没有被截断边界反射波干扰,是真正等离子体中电偶极子辐射的 FDTD 的解,我们称这种解为参考解。

垂直电偶极子设置在计算区域的中心处 $E_z(0,0,0)$,考察距离辐射源 18 个网格处 $Q1$ 点的电场 $E_z(0,0,18)$,及整个计算空间中四个角顶的电场,即 $Q2$ 点电场 $E_z(18,18,18)$,$Q3$ 点电场 $E_z(-18,-18,-18)$,$Q4$ 点电场 $E_z(18,-18,18)$,$Q5$ 点电场 $E_z(-18,18,18)$。计算空间离散网格为 $\delta=7.5\times10^{-7}\text{m}$,时间间隔为 $\Delta t=\delta/2c$。

在计算中,辐射源采用微分高斯脉冲,$\tau=40\mathrm{d}t$,$t_0=0.8\tau$,

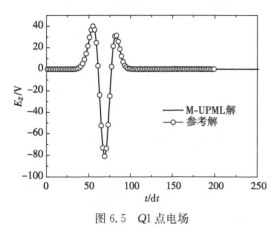

图 6.5　$Q1$ 点电场

$$E_i(t)=10^6 \cdot \frac{t-t_0}{\tau} \cdot \exp\left[-\frac{4\pi(t-t_0)^2}{\tau^2}\right]$$

$$(6.64)$$

算例 6.3　非磁化非碰撞等离子体验证。等离子回旋频率 $\omega_b=0$,等离子碰撞频率 $\nu=0$。其他参数如说明。图 6.5～图 6.9 表示各点电场的时域波形。可以看出,不管是在计算区域的面上还是在计算区域的角点上,M-UPML 吸收层的吸收效果都比较理想,与参考解吻合得很好。

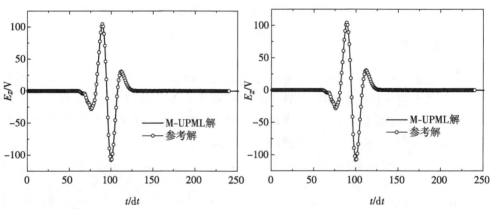

图 6.6　$Q2$ 点电场　　　　　　图 6.7　$Q3$ 点电场

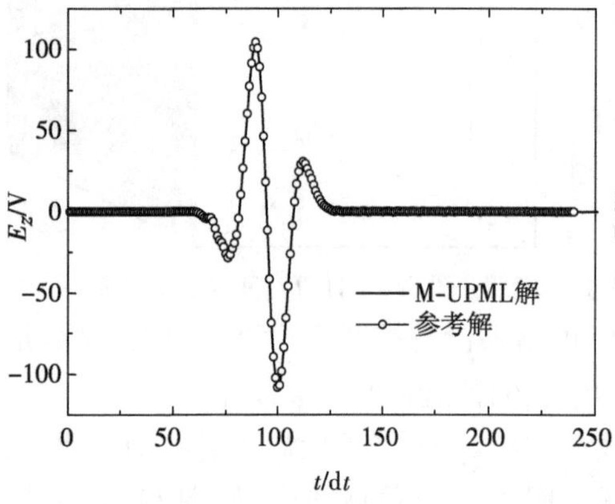

图 6.8　$Q4$ 点电场 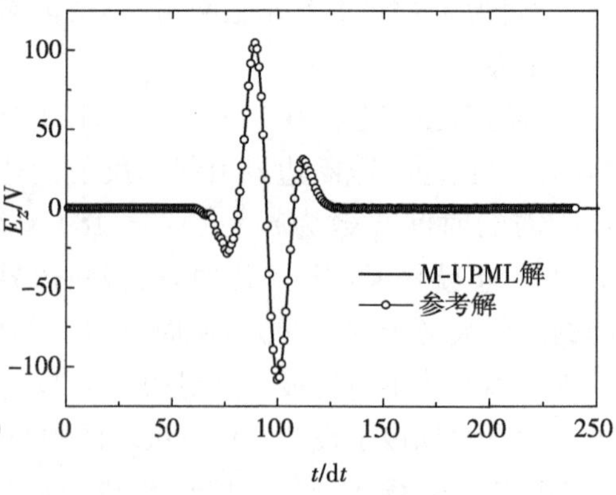　　　　　　图 6.9　$Q5$ 点电场

算例 6.4　非磁化碰撞等离子体验证。等离子回旋频率 $\omega_b=0$,等离子碰撞频率

$\nu=300\mathrm{GHz}$。图 6.10~图 6.14 表示各点电场的时域波形。可以看出,不管是在计算区域的面上还是在计算区域的角点上,M-UPML 吸收层的吸收效果都比较理想,与参考解吻合得很好。

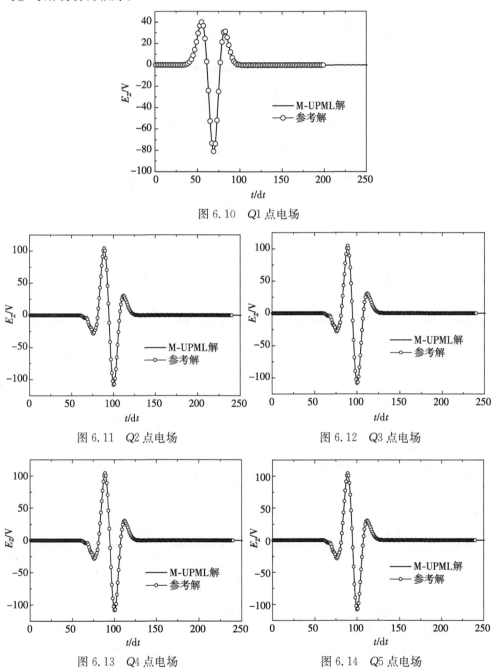

图 6.10　$Q1$ 点电场

图 6.11　$Q2$ 点电场　　　　　　　　　图 6.12　$Q3$ 点电场

图 6.13　$Q4$ 点电场　　　　　　　　　图 6.14　$Q5$ 点电场

算例 6.5 磁化非碰撞等离子体验证。参数为 $\omega_b = 300\text{GHz};\nu = 0$。图 6.15~图 6.19表示各点电场的时域波形。可以看出,不管是在计算区域的面上还是在计算区域的角点上,M-UPML 吸收层的吸收效果都比较理想,与参考解吻合得很好。

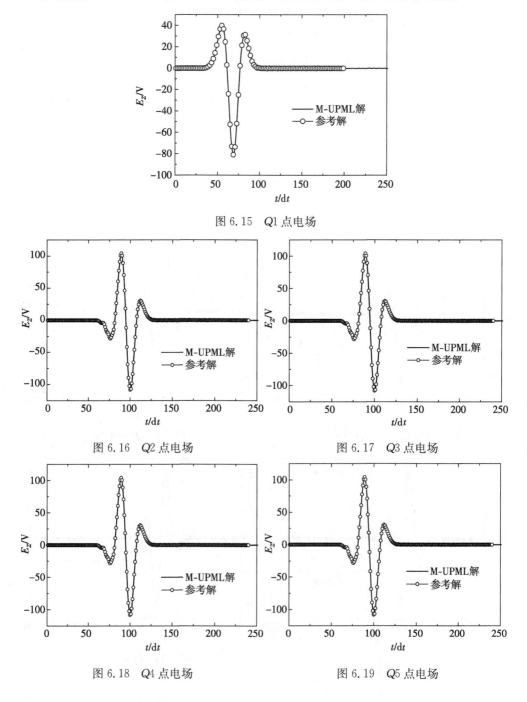

图 6.15　Q1 点电场

图 6.16　Q2 点电场

图 6.17　Q3 点电场

图 6.18　Q4 点电场

图 6.19　Q5 点电场

算例 6.6　磁化碰撞等离子体验证。参数为 $\omega_b = 300\text{GHz}$；$\nu = 300\text{GHz}$。图 6.20～图 6.24 表示各点电场的时域波形。可以看出,不管是在计算区域的面上还是在计算区域的角点上,M-UPML 吸收层的吸收效果都比较理想,和参考解吻合得很好。

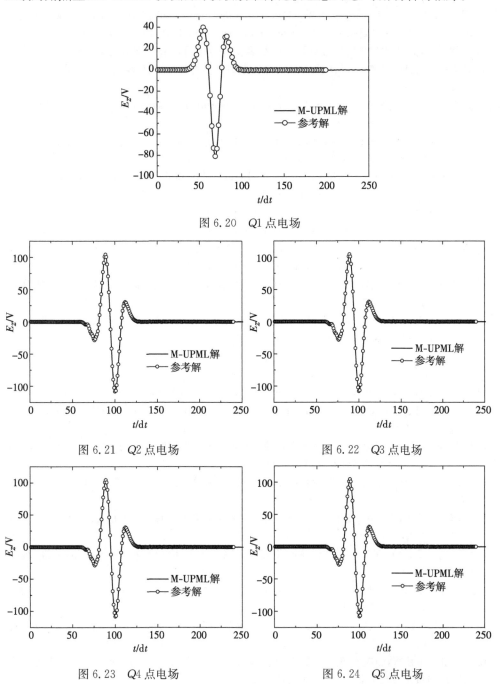

图 6.20　$Q1$ 点电场

图 6.21　$Q2$ 点电场　　　　　　　　　　　图 6.22　$Q3$ 点电场

图 6.23　$Q4$ 点电场　　　　　　　　　　　图 6.24　$Q5$ 点电场

参 考 文 献

[1] Chen Q, Katsurai M, Aoyagi P H. A FDTD formulation for dispersive media using a current density. IEEE Transactions on Antennas and Propagation, 1998, 46(11):1739-1746.

[2] 葛德彪,闫玉波. 电磁波时域有限差分方法. 西安:西安电子科技大学出版社, 2005.

[3] 黄兴中,吕善伟. 等离子体层的导体圆柱空间散射特性的分析. 北京航空航天大学学报, 1998, 24(3):260-262.

[4] Berenger J P. A perfectly matched layer for the absorption of electromagne-tic waves. J Comput Phys, 1994, 114(2):185-200.

[5] Berenger J P. Three-dimensional perfectly matched layer for the absorption of electromagnetic waves. J. Comput. Phys. , 1996, 127(2):363-379.

[6] Berenger J P. Perfectly matched layer for the FDTD solution of wave-structure interaction problem. IEEE Transactions on Antennas and Propagation, 1996, 44(1):110-117.

[7] Gedney S D. An anisotropic perfectly matched layer absorbing media for the truncation of FDTD lattices. IEEE Transactions on Antennas and Propagation, 1996, 44(12):1630-1639.

[8] Roden J A, Gendney S D. Convolutional PML(CPML):an efficient FDTD implementation of the CFS-PML for arbitrary media. Microw Opt Tech Lett, 2000, 27(5):334-339.

[9] 李建雄,杨闽,戴居丰,等. 基于 Z 变换的拉伸坐标完全匹配层的改进算法. 电波科学学报, 2007, 22(6):1033-1037.

[10] Cummer S A. A simple nearly perfectly matched layer for general electromagnetic media. IEEE Microwave Wireless Components Letters, 2003, 13:28-130.

[11] Hu W Y, Steven A. The nearly perfectly matched layer is a perfectly matched layer. IEEE Antennas and Wireless Propagation Letters, 2004, 2:137-140.

[12] Sacks Z S, Kingsland D M, Lee D M, et al. A perfectly matched anisotropic absorber for use as an absorbing boundary condition. IEEE Transactions on Antennas and Propagation, 1995, 43(12):1460-1463.

[13] 褚言正,杨晓非,白健民. 关于信号单边拉普拉斯变换与傅里叶变换关系的研究. 重庆科技学院学报(自然科学版), 2007, 9(2):114-115.

[14] 袁忠才,时家明. 非磁化等离子体中的电子碰撞频率. 核聚变与等离子体物理, 2004, 24(2):157-160.

[15] 李毅,徐立军,袁乃昌. 磁化等离子体的并行三维 JEC-FDTD 算法及其应用. 电子学报, 2008, 36(6):1119-1123.

[16] 王祎君,杨利霞,谢应涛,等. 任意磁化方向下磁等离子体电磁散射分析. 微波学报, 2010, 26(4):24-26.

[17] 杨利霞,王祎君,王刚. 基于拉氏变换原理的三维磁化等离子体电磁散射 FDTD 分析. 电子学报, 2009, 37(12):2711-2715.

[18] 王祎君. 等离子体电磁散射 CDLT-FDTD 算法及 M-UPML 吸收边界研究. 江苏大学硕士学位论文, 2010.

[19] 杨利霞,王祎君,谢应涛,等. 一维修正的截断各向异性等离子体介质的 M-UPML 吸收边界研究. 强激光与粒子束, 2011, 23(1):156-160.

第7章 非时变等离子体中电磁波的电磁散射特性

根据第 2 章提出的基于拉普拉斯变换的电流密度拉普拉斯变换算法(CDLT-FDTD)分析了不同情况下等离子体的电磁散射特性,给出了 RCS 随等离子体参数变化的情况。

7.1 非磁化等离子体电磁散射特性

7.1.1 不同等离子体碰撞频率下电磁散射特性分析

算例 7.1 在等离子频率 ω_p 不变情况下,比较等离子体球电磁散射特性随碰撞频率 ν 的变化情况。等子离体球半径为 $r=1\times10^{-2}\,\mathrm{m}$,等离子体回旋频率为 $\omega_b=0$,等离子体角频率为 $\omega_p=2\pi\times28.7\times10^9\,\mathrm{rad/s}$。空间离散网格 $\delta=5\times10^{-4}\,\mathrm{m}$,入射波为高斯脉冲,沿 z 轴入射。等离子体碰撞频率分别取 $\nu=10\,\mathrm{GHz}$,$\nu=100\,\mathrm{GHz}$,$\nu=300\,\mathrm{GHz}$,非磁化等离子体球同极化后向 RCS 的计算结果如图 7.1 所示。从图中计算结果可以看出,在非磁化条件下,等离子体球的同极化后向 RCS 随着等离子体碰撞频率的增大而减小。

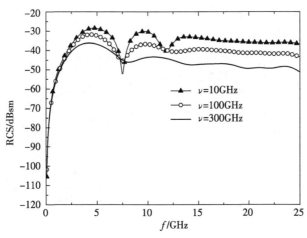

图 7.1 非磁化等离子体球的后向 RCS

算例 7.2 在等离子频率 ω_p 不变情况下,比较表面涂覆等离子涂层金属球的电磁散射特性随碰撞频率 ν 的变化情况。金属球的半径为 $r=1\times10^{-2}\,\mathrm{m}$,涂覆等离子体层厚度为 5δ。其他参数同算例 7.1 一致。表面涂覆非磁化等离子薄涂层金属球的电磁散射同极化后向 RCS 如图 7.2 所示。从图中结果可以看出,在非磁化条件下,表面涂覆等离子薄涂层金属球的同极化后向 RCS 随着等离子体碰撞频率的增大而减小。

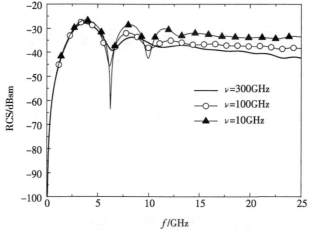

图 7.2　涂覆非磁化等离子体薄涂层金属球的后向 RCS

7.1.2　不同等离子体频率下电磁散射特性分析

算例 7.3　在等离子碰撞频率 ν 不变情况下,比较等离子体球电磁散射特性随等离子角频率 ω_p 的变化情况。等子离体球半径为 $r=1\times10^{-2}\,\mathrm{m}$,等离子体回旋频率为 $\omega_b=0$,等离子体碰撞频率为 $\nu=300\mathrm{GHz}$。计算空间离散网格 $\delta=5\times10^{-4}\,\mathrm{m}$,入射波为高斯脉冲,沿 Z 轴入射。等离子体角频率分别取 $\omega_p=2\pi\times10\times10^9\,\mathrm{rad/s}$,$\omega_p 2\pi\times20\times10^9\,\mathrm{rad/s}$,$\omega_p 2\pi\times28.7\times10^9\,\mathrm{rad/s}$。非磁化等离子体球的同极化后向 RCS 计算结果如图 7.3 所示。可以看出,非磁化等离子体球在同极化后向 RCS 随着等离子体角频率的增大而增大。

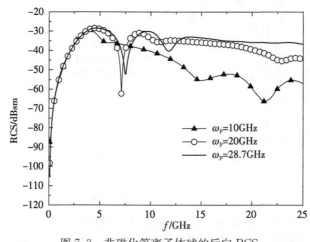

图 7.3　非磁化等离子体球的后向 RCS

算例 7.4　在等离子碰撞频率 ν 不变情况下,比较表面涂覆等离子涂层金属球的电磁散射特性随等离子频率 ω_p 的变化情况。金属球半径为 $r=1\times10^{-2}\,\mathrm{m}$,涂覆等

离子体层厚度为 5δ。其他参数同算例 7.3 一致。涂覆非磁化等离子体层金属球的同极化后向 RCS 结果如图 7.4 所示。可以看出,涂覆非磁化等离子体层金属球同极化后向 RCS 随着等离子体角频率的增大而增大。

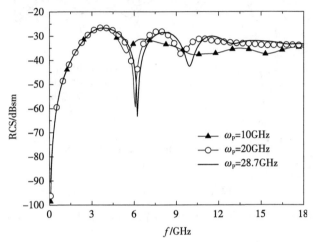

图 7.4　涂覆非磁化等离子体层金属球的后向 RCS

7.2　磁化等离子体电磁散射特性

7.2.1　不同等离子体碰撞频率下电磁散射特性分析

算例 7.5　在等离子频率 ω_p 不变情况下,等离子体球电磁散射特性随碰撞频率 ν 的变化情况。等离子体回旋频率为 $\omega_b = 300\text{GHz}$,其他参数同算例 7.1 一致。磁化等离子体球的同极化和交叉极化的后向 RCS 计算结果如图 7.5 和图 7.6 所示。可

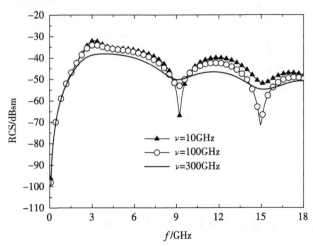

图 7.5　磁化等离子体球的同极化后向 RCS

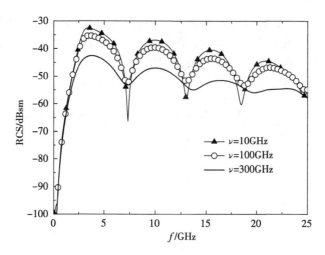

图 7.6　磁化等离子体球的交叉极化后向 RCS

以看出,在 0~18GHz 内,随着碰撞频率的增加,同极化和交叉极化 RCS 都呈现出减小的趋势。

　　算例 7.6　比较表面涂覆等离子体金属球的电磁散射。金属球半径为 $r=1\times 10^{-2}$m,涂覆等离子体层厚度为 5δ。等离子体回旋频率为 $\omega_b=300$GHz,其他参数同算例 7.1 一致,涂覆磁化等离子体金属球的同极化和交叉极化的后向散射雷达散射截面 RCS 计算结果如图 7.7 和图 7.8 所示。可以看出,随着碰撞频率的增加,同极化 RCS 变化不明显,而交叉极化 RCS 呈现出减小趋势。

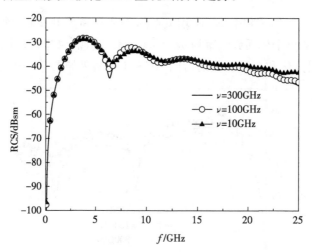

图 7.7　涂覆磁化等离子体金属球的同极化后向 RCS

7.2.2　不同等离子体频率下电磁散射特性分析

　　算例 7.7　在等离子碰撞频率 ν 不变情况下,等离子体球电磁散射特性随等离

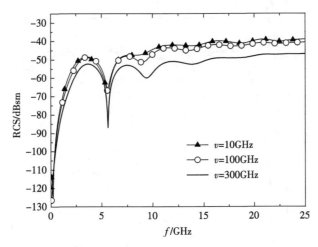

图 7.8　涂覆磁化等离子体金属球的交叉极化后向 RCS

子频率 ω_p 的变化情况。等离子体回旋频率为 $\omega_b=300\mathrm{GHz}$,等离子体角频率分别取 $\omega_p=2\pi\times20\times10^9\,\mathrm{rad/s},2\pi\times28.7\times10^9\,\mathrm{rad/s},2\pi\times33\times10^9\,\mathrm{rad/s}$,其他参数同算例 7.2 一致。磁化等离子体球的同极化和交叉极化后向 RCS 计算结果如图 7.9 和图 7.10 所示。从图中较难得到有规律性的结论。

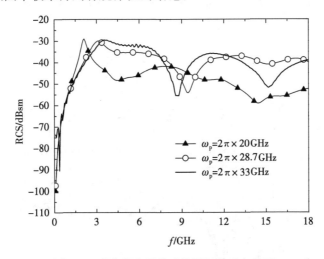

图 7.9　磁化等离子体球的同极化后向 RCS

算例 7.8　在等离子碰撞频率 ν 不变情况下,比较涂覆磁化等离子体涂层金属球电磁散射特性随等离子频率 ω_p 的变化情况。金属球半径为 $r=1\times10^{-2}\mathrm{m}$,涂覆等离子体层厚度为 5δ。其他参数同算例 7.7 一致。涂覆磁化等离子体涂层金属球的同极化和交叉极化的后向 RCS 计算结果如图 7.11、图 7.12 所示。可以看出,同极化后向 RCS 随着等离子频率的增大而减少,但交叉极化分量 RCS 随等离子频率的增大而增大。

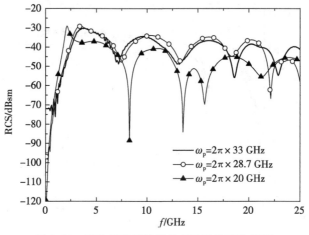

图 7.10　磁化等离子体球的交叉极化后向 RCS

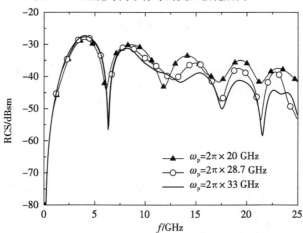

图 7.11　涂覆磁化等离子层金属球的同极化后向 RCS

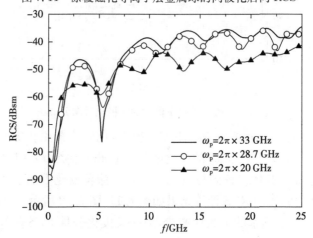

图 7.12　涂覆磁化等离子层金属球的交叉极化后向 RCS

算例 7.9　计算不同等离子回旋频率情况下磁等离子体球电磁散射特性。等离子球半径为 $r=1\times10^{-2}$ m，等离子体碰撞频率为 $\nu=300$ GHz，等离子体角频率为 $\omega_p=2\pi\times28.7\times10^9$ rad/s。计算空间离散网格 $\delta=5\times10^{-4}$ m，入射波为高斯脉冲，沿 Z 轴入射，等离子体回旋频率分别取 $\omega_b=50$ GHz，100 GHz，300 GHz，400 GHz。磁化等离子体球的后向同极化和交叉极化的后向 RCS 计算结果如图 7.13、图 7.14 所示。可以看出，同极化向后 RCS 随着等离子回旋频率的增大而减少，但交叉极化后向 RCS 随等离子回旋频率的增大而增大。

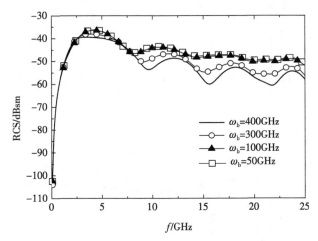

图 7.13　不同等离子回旋频率的磁化等离子体球同极化后向 RCS

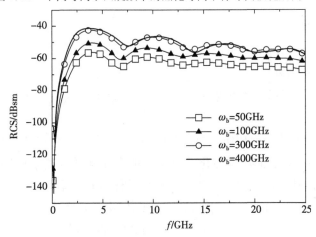

图 7.14　不同等离子回旋频率的磁化等离子体球交叉极化后向 RCS

算例 7.10　计算不同等离子体回旋频率情况下涂覆磁化等离子体层金属球的电磁散射。金属球半径为 $r=1\times10^{-2}$ m，等离子涂层厚度为 5δ。其他参数同算例 7.9 一致。涂覆磁化等离子体涂层金属球的同极化和交叉极化的后向 RCS 计算结果如图 7.15、图 7.16 所示。可以看出，同极化后向 RCS 随着等离子回旋频率的增大变化不明显,但交叉极化后向 RCS 随等离子回旋频率的增大而增大。

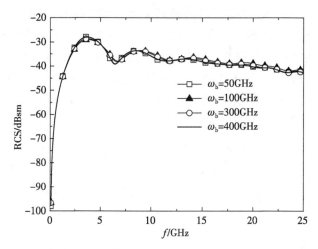

图 7.15　涂覆磁化等离子体涂层金属球同极化后向 RCS

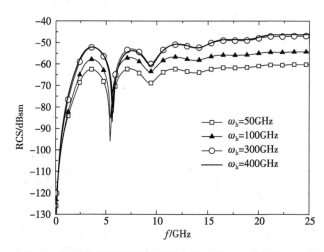

图 7.16　涂覆磁化等离子体涂层金属球的交叉极化后向 RCS

算例 7.11　计算表面涂覆磁化等离子层的金属球随等离子层厚度变化的电磁散射特性。金属导体球半径为 $r=0.1\text{m}$,等离子体回旋频率为 $\omega_b=100\text{GHz}$,等离子体角频率为 $\omega_p=2\pi\times15\times10^9\text{rad/s}$,等离子体碰撞频率为 $\nu=100\text{GHz}$。计算中 FDTD 元胞尺寸为 $\delta=2.5\times10^{-3}\text{m}$,入射波为高斯脉冲,沿 z 轴入射。等离子体层厚度分别取 $0\delta,3\delta,5\delta,7\delta$,涂覆磁化等离子体金属球的同极化和交叉极化后向 RCS 如图 7.17、图 7.18 所示。从图中可以看出:由于等离子体高通滤波的特性使等离子体涂层在低频端(2GHz 以下)不能减小球体的 RCS 这个结果与文献[15]的结果是一致的。在 2GHz 以上部分,球体的同极化 RCS 分量随着涂层厚度的增加而减小,但超过某个厚度(5δ)之后,RCS 随涂层厚度增加而减小趋势变缓,甚至会增加。造成这个现象的原因可以从物理方面进行解释:随着涂层厚度的增加,整个球体的目标逐渐变大,当等离子体吸收电磁波使 RCS 减小量小于涂层变厚而导致的球体目标变大引起的 RCS 增大量时,RCS 就不再减小了。这表明,利用等离子体涂覆实现目标隐身时,需要选取适当的等离子体涂层厚度。从图 7.18 中看出,未涂覆等离子层的金属导体球的交叉极化 RCS 分量远小于涂覆磁化等离子体的金属球的 RCS 分量,这表明磁化的等离子体对交叉极化分量作用明显,与其物理意义相符。因此,改变等离子层厚度对减小交叉极化 RCS 分量作用不大。

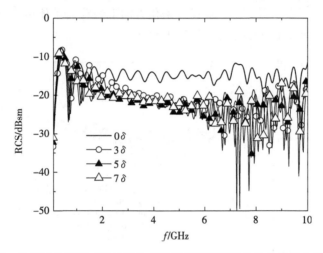

图 7.17　涂覆磁化等离子层的导体球随等离子层厚度变化的同极化后向 RCS

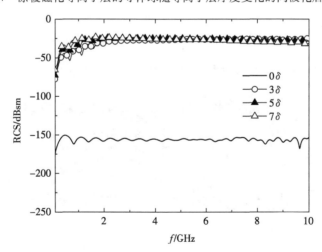

图 7.18　涂覆磁化等离子层的导体球随等离子层厚度变化的交叉极化后向 RCS

　　算例 7.12　比较任意磁化方向下磁等离子体涂覆金属球锥体的电磁散射情况。金属球锥体如图 7.19 所示。未涂敷尺寸:球半径 $a=13\delta$,锥高 $h=45\delta$;涂敷等离子体后尺寸:球半径 $a=18\delta$,锥高 $h=50\delta$。计算中离散网格尺寸为 $\delta=2.5\times10^{-3}$ m。

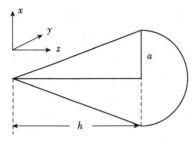

图 7.19　金属球锥体示意图

入射波为高斯脉冲,迎头部入射,等离子体碰撞频率 $\nu=30\text{GHz}$,等离子体角频率 $\omega_\text{p}=2\pi\times28.7\times10^9\,\text{rad/s}$,电子回旋频率在三个方向的分量分别取 0GHz,30GHz,40GHz,以保证总的电子回旋频率 $\omega_\text{b}=50\text{GHz}$ 不变。任意磁化方向下磁等离子体涂覆金属球锥体的 RCS,其同极化和交叉极化后向 RCS 如图 7.20、图 7.21 所示。计算结果表明,在涂覆任意磁化方向下磁等离子体后,球锥体的同极化后向 RCS 明显减小,而交叉极化后向 RCS 增大。

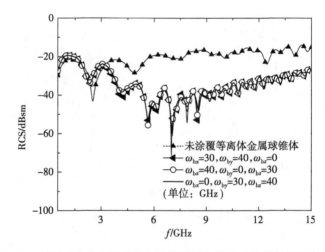

图 7.20　任意磁化方向下磁等离子体涂覆金属球锥体同极化后向 RCS

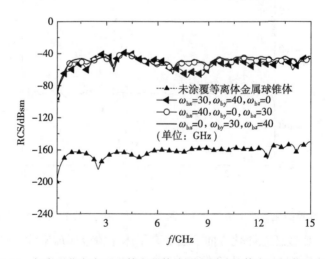

图 7.21　任意磁化方向下磁等离子体涂覆金属球锥体交叉极化后向 RCS

参 考 文 献

[1] 袁忠才,时家明. 非磁化等离子体中的电子碰撞频率. 核聚变与等离子体物理,2004,24(2): 157-160.

[2] 王祎君,杨利霞,谢应涛,等. 任意磁化方向下磁等离子体电磁散射分析. 微波学报,2010, 26(4):24-26.

[3] 杨利霞,王祎君,王刚. 基于拉氏变换原理的三维磁化等离子体电磁散射 FDTD 分析. 电子学报,2009,37(12):2711-2715.

[4] 王祎君. 等离子体电磁散射 CDLT-FDTD 算法及 M-UPML 吸收边界研究. 江苏大学硕士学位论文,2010.

第 8 章　等离子体薄层涂覆导体目标磁散射的 SIBCs-FDTD 方法

8.1　并置 SIBCs-FDTD 方法

时域有限差分(FDTD)方法在计算介质目标的电磁散射问题时,常规的处理方法是将计算区域包含界面两侧的介质。当电磁波从自由空间入射到半空间有耗介质时,由于电磁波在有耗介质中的波长远小于其在真空中的波长,为了保证计算精度,网格尺寸要非常小,计算所需的内存会急剧增大,往往超出现有计算机的承受能力。因此,这种直接剖分网格的方法对数值计算要求很高。为了解决这种内存需求和计算精度之间的矛盾,表面阻抗边界条件(SIBC)被引入 FDTD 方法中[1-5]用于简化电磁问题,使得可以将目标直接从计算区域中移除,避开研究其内部复杂的电磁问题,只需在其外部区域进行常规的粗网格剖分,在很大程度上节省内存需求和计算时间。

8.1.1　表面阻抗边界条件在 FDTD 方法中的运用

在两种介质分界面处,总电场 $\boldsymbol{E}_{\text{total}}$ 的边界条件可表示为

$$\hat{n} \times \boldsymbol{E}_{\text{total}} = \hat{n} \times (\boldsymbol{E}_i + \boldsymbol{E}_r) \tag{8.1}$$

式中,$\boldsymbol{E}_i$ 表示入射电场;$\boldsymbol{E}_r$ 表示反射电场;$\hat{n}$ 表示分界面处的单位法向矢量。为了将界面处切向总电场与切向总磁场联系起来,需引入

$$\boldsymbol{E}_{\tan}(\omega) = [\hat{n} \times \boldsymbol{H}_{\tan}(\omega)] \cdot Z_s(\omega) \tag{8.2}$$

其中

$$\hat{n} \times \boldsymbol{H}_{\tan}(\omega) = \boldsymbol{J}_s(\omega) \tag{8.3}$$

且 $Z_s(\omega)$ 表示表面阻抗。

然后将式(8.2)由频域转化到时域,可得

$$\boldsymbol{E}_{\tan}(t) = Z_s(t) * [\hat{n} \times \boldsymbol{H}_{\tan}(t)] \tag{8.4}$$

即频域中的乘积变成了时域中的卷积。根据卷积的定义,上式可进一步表示为

$$\boldsymbol{E}_{\tan}(t) = \int_{-\infty}^{t} Z_s(\tau)[\hat{n} \times \boldsymbol{H}_{\tan}(t-\tau)]\mathrm{d}\tau$$
$$= \int_{-\infty}^{t} Z_s(\tau)\boldsymbol{J}_s(t-\tau)\mathrm{d}\tau \tag{8.5}$$

式(8.4)和式(8.5)分别为表面阻抗在频域和时域中的表达式。

　　我们以典型的双介质区域问题为例,简要阐述 FDTD 方法中运用表面阻抗边界条件有效节省计算量的基本原理。如图 8.1 所示,区域 1 为自由空间,其介电常数为 $\varepsilon_1 = \varepsilon_0$,磁导率为 $\mu_1 = \mu_0$,电导率为 $\sigma_1 = 0$;区域 2 为有耗介质,其介电常数为 $\varepsilon_2 = \varepsilon_{2r}\varepsilon_0$,磁导率为 $\mu_2 = \mu_0$,电导率为 $\sigma_2 \neq 0$。在我们所关注的频率范围内,设有耗介质的损耗正切 $p_2 = \sigma_2/\omega\varepsilon_2 > 1$。

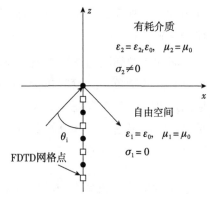

图 8.1　典型的双区域电磁问题:
平面波从自由空间以 θ_i 角度
入射到有耗介质半空间

　　如图 8.2(a) 所示,常规 FDTD 的处理方法是将计算区域包含界面两侧的介质,直接对该计算区域进行网格剖分,并且在剖分过程中需要同时考虑空间离散间隔 Δs 和时间离散间隔 Δt 的取值大小。一般而言,空间离散间隔必须取足够小的数值才能求解出介质中的电磁场。在有耗电介质区域中场的空间变化最大,它随着介质的特征波长 δ 呈指数规律衰减,透入深度为

$$\delta = \sqrt{\frac{2}{\omega\mu_2\sigma_2}} = \frac{\lambda_0}{\sqrt{2\pi^2 p_2\varepsilon_{2r}}} \tag{8.6}$$

其中,λ_0 为真空中的波长。

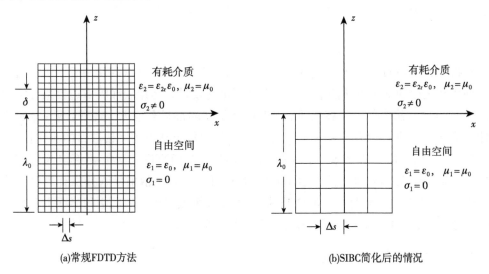

(a)常规FDTD方法　　　　　　　　　　　　(b)SIBC简化后的情况

图 8.2　计算需求对比图

空间离散间隔取透入深度的 $1/N_s$,即

$$\Delta s = \frac{\delta}{N_s} = \frac{\lambda_0}{N_s\sqrt{2\pi^2 p_2\varepsilon_{2r}}} \tag{8.7}$$

其中, N_s 一般取 8~16。自由空间中的网格离散间隔与有耗介质中的网格离散间隔保持一致。

时间离散间隔的选取必须使得 Courant 稳定性条件 $\nu\Delta t/\Delta s \leqslant 1/\sqrt{D}$ (其中 D 是计算空间的维数)在计算空间中的每一个区域得到满足。由于电磁波在自由空间区域的速度大于其在有耗介质区域的速度,所以时间离散间隔以自由空间区域设置就足以同时满足这两个区域的 Courant 条件。通常 FDTD 算法中选取

$$c\Delta t = \frac{\Delta s}{2} \tag{8.8}$$

其中, c 为电磁波在真空中的传播速度。因此,时间步长 Δt 为

$$\Delta t = \frac{\delta}{2cN_s} = \frac{\lambda_0}{2cN_s\sqrt{2\pi^2 p_2\varepsilon_{2r}}} \tag{8.9}$$

如图 8.2(b)所示,在 FDTD 方法中运用表面阻抗边界条件时,有耗介质半空间则被表面阻抗边界条件取代。我们只需要对自由空间中计算区域进行网格剖分,这样 FDTD 计算区域的空间离散间隔和时间离散间隔的取值相比常规直接剖分网格方法要大得多。在这种情况下,场的空间变化只需通过自由空间中的波长 λ_0 来描述。此时,空间离散间隔为

$$\Delta s = \frac{\lambda_0}{N_s} \tag{8.10}$$

其中, N_s 一般取 8~16。这样,自由空间中的时间离散间隔可表示为

$$\Delta t = \frac{\lambda_0}{2cN_s} \tag{8.11}$$

将式(8.7)和式(8.10),式(8.9)和式(8.11)进行对比,可以发现用表面阻抗边界条件代替之前的常规方法能够达到节省计算量的效果。运用表面阻抗边界条件可以使得 FDTD 方法中的空间离散间隔和时间离散间隔都显著增大。此外,图 8.2 示意性地给出了常规 FDTD 方法和运用表面阻抗 FDTD 方法所需网格数目的对比情况。显然,常规 FDTD 方法比运用表面阻抗边界条件的 FDTD 方法需要更多的空间网格。这是由于在 FDTD 方法中运用表面阻抗条件,可以将散射体直接从计算区域中移除,避开研究其内部复杂的电磁问题,只需要计算散射体与周围空间界面上和外部的电磁场,从而极大地节省了内存需求和计算时间。

8.1.2　并置节点原理的提出

根据表面阻抗的时域公式(8.5),容易发现,界面上的切向电场与相同位置处的切向磁场有关。然而,常规 FDTD 方法中电场和磁场分量各节点并不是并置排列的,而是按照如图 8.3 所示的 Yee 元胞模型进行空间排布[1]。此外,电场和磁场分量在时间顺序上交替取样,取样时间间隔相差半个时间步,即采用的是时间步和空间节

点位置交错排列的形式。表 8.1 给出了 Yee 元胞中 **E**、**H** 各分量节点位置和时间轴取样[1]。

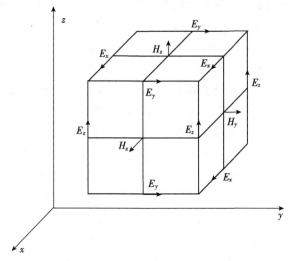

图 8.3　FDTD 离散中的 Yee 元胞

表 8.1　Yee 元胞中 E、H 各分量节点位置和时间轴取样

电磁场分量		空间分量取样			时间轴 t 取样
		x 坐标	y 坐标	z 坐标	
E 节点	E_x	$i+\dfrac{1}{2}$	i	k	n
	E_y	i	$j+\dfrac{1}{2}$	k	
	E_z	i	j	$k+\dfrac{1}{2}$	
H 节点	H_x	i	$j+\dfrac{1}{2}$	$k+\dfrac{1}{2}$	$n+\dfrac{1}{2}$
	H_y	$i+\dfrac{1}{2}$	j	$k+\dfrac{1}{2}$	
	H_z	$i+\dfrac{1}{2}$	$j+\dfrac{1}{2}$	k	

当表面阻抗公式应用于 FDTD 方法中时,为了解决 SIBCs 公式中并置排列的场分量和 FDTD 方法中非并置排列的网格之间的矛盾,通常会采用一种准平面波假设处理方法,即以 $t=n\Delta t$ 时刻交界面处为切向电场的节点,利用界面外半个网格距离处和半个时间步之差的磁场分量近似等于界面上的切向磁场分量。例如,设界面上 $(x,y,k)=\left(\left(i+\dfrac{1}{2}\right)\Delta x,j\Delta y,k\Delta z\right)$ 为电场切向分量 E_x 的节点,离散时刻为 $t=n\Delta t$,记为 $E_x|_{i+\frac{1}{2},j,k}^{n}$。以界面上方 $z=\Delta z/2$ 处,$t=\left(n-\dfrac{1}{2}\right)\Delta t$ 时刻的磁场 H_y 近似等于界面上 $t=n\Delta t$ 时刻的磁场,即

$$H_y\Big|_{i+\frac{1}{2},j,k}^{n} = H_y\Big|_{i+\frac{1}{2},j,k+\frac{1}{2}}^{n-\frac{1}{2}} \tag{8.12}$$

在某些情况中,这种近似方法仅对反射系数产生百分之几的较小误差。但在其他一些情况下,它往往会导致较大的误差,甚至会造成较大范围表面边界条件参数的不稳定。

并置 SIBCs-FDTD(collocated surface impedance boundary conditions in FDTD) 方法是在理想导磁体(PMC)并置节点表面阻抗边界条件实现的基础上提出来的。该方法通过 FDTD 迭代方程与 PMC 条件的巧妙结合,使得分界面处的场分量实现并置排列。下面简要介绍并置 SIBCs-FDTD 的原理[8]。

众所周知,磁导率为无限大的介质称为理想导磁体,在理想导磁体内部不存在磁场强度,并且其表面上的磁场强度切向分量为 0。在 FDTD 方法中,Yee 元胞边界面的切向方向和电场分量的方向一致,而切向磁场分量在 Yee 元胞边界面上不可知。我们可以通过对 FDTD 迭代体系中边界面上离散的电场分量时间推进公式做一定的改进,来代替之前对磁场分量空间节点进行人为移动的方法。理想导磁体边界面上的切向电场分量的计算,建立在边界面上切向磁场分量 H_0 为 0 的假定条件之上。就直角坐标系中的三维问题而言,运用了磁场的切向分量 $\boldsymbol{H}_t = -\hat{\boldsymbol{n}} \times \hat{\boldsymbol{n}} \times \boldsymbol{H}$,其中 $\hat{\boldsymbol{n}}$ 为边界面上的单位法向矢量。如图 8.4 所示,边界面处切向磁场分量沿法向的空间导数 $\partial \boldsymbol{H}_t / \partial n$ 可以近似等于 $(H_1 - H_0)/\Delta h/2$。

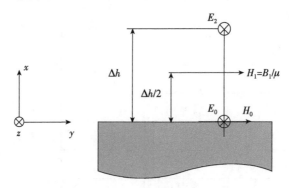

图 8.4　理想磁导体并置 SIBCs 示意图

以一维情况为例,设图 8.4 中电场沿 z 方向极化,磁场方向为 y 方向,电磁波沿 x 方向传播,界面法向分量为 $\hat{\boldsymbol{n}} = \hat{\boldsymbol{x}}$。此时界面上切向电场分量 E_0 的一维通用 FDTD 迭代方程可表示为[8]

$$\left(\frac{\varepsilon}{\Delta t} + \frac{\sigma}{2}\right) E_0^{n+1} = \left(\frac{\varepsilon}{\Delta t} - \frac{\sigma}{2}\right) E_0^n + \frac{2}{\Delta x} \cdot \frac{B_1^{n+\frac{1}{2}}}{\mu_0 \mu_r} \tag{8.13}$$

其中,ε,μ_r,σ 和 μ_0 分别为 SIBCs 建模物体外部介质的介电常数、相对磁导率、电导率以及真空中的磁导率。

根据以上相同的推导过程,对于导体表面涂覆有耗介质薄涂层的情况,如图 8.5 所示,容易得出界面上切向电场分量的一维 FDTD 迭代方程为[8]

$$\left(\frac{\varepsilon}{\Delta t}+\frac{\sigma}{2}\right)E_0^{n+1}=\left(\frac{\varepsilon}{\Delta t}-\frac{\sigma}{2}\right)E_0^n+\frac{2}{\Delta x}\left(\frac{B_1^{n+\frac{1}{2}}}{\mu_0\mu_r}-H_0^{n+\frac{1}{2}}\right) \tag{8.14}$$

由上式可以发现,涂覆导体界面上的切向电场分量 E_0 和切向磁场分量 H_0 位于相同节点处,有效地实现了并置排列结构。

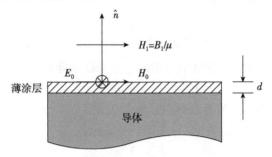

图 8.5　涂覆导体并置 SIBCs 示意图

8.2　电磁波垂直入射到涂覆导体的并置 SIBCs-FDTD 方法

随着现代科学技术的发展,各种吸波材料在军事以及民用领域的重要性显得越来越突出[9-13]。例如,隐身技术中通过在飞行器、导弹、舰艇和坦克等军用目标的强散射源部位涂覆有耗薄层吸波材料,以减小目标的雷达散射截面(RCS);用吸波材料设计建造无反射微波暗室,以及用于低副瓣反射面天线的边缘加载等。因此,涂层目标电磁散射问题不仅是一个理论问题,而且是有重要应用背景的实际问题。SIBCs-FDTD 方法的运用,使我们可以将涂覆目标直接从计算区域中移除,避开研究其内部复杂的电磁问题,只需要计算涂覆目标与周围空间界面上和外部的散射场,在很大程度上节省了内存需求和计算时间。因此,该方法能够有效地处理涂覆目标的电磁散射问题,为实际工程问题提供了良好的理论工具。

8.2.1　涂覆导体的时域表面阻抗边界条件

导体表面涂覆厚度为 d 的有耗介质薄层时,其表面阻抗模型[14]如图 8.6 所示。设有耗薄层和介质的复介电常数分别为

$$\varepsilon_1=\varepsilon_1'-j\frac{\sigma_1}{\omega} \tag{8.15}$$

$$\varepsilon_2=\varepsilon_2'-j\frac{\sigma_2}{\omega} \tag{8.16}$$

其中

$$\varepsilon_1'=\varepsilon_{1,r}'\varepsilon_0,\quad \varepsilon_2'=\varepsilon_{2,r}'\varepsilon_0 \tag{8.17}$$

$\varepsilon_{1,r}'$ 和 $\varepsilon_{2,r}'$ 分别为两种介质的相对介电常数。设薄涂层和衬底介质的磁导率分别为常数 μ_1 和 μ_2。

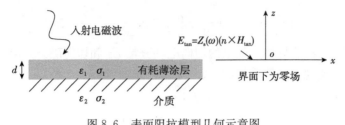

图 8.6 表面阻抗模型几何示意图

为了将薄涂层表面切向总电场与切向总磁场联系起来[14]，定义

$$\boldsymbol{E}_{\tan} = Z_s(\omega)(\boldsymbol{n} \times \boldsymbol{H}_{\tan}) \tag{8.18}$$

其中，$Z_s(\omega)$ 为表面阻抗；$\boldsymbol{n}$ 为界面的单位法向矢量。

设薄涂层的特征波阻抗为 η_1，衬底的特征波阻抗为 η_2，则有

$$\eta_1 = \sqrt{\frac{\mu_1}{\varepsilon_1}}, \quad \eta_2 = \sqrt{\frac{\mu_2}{\varepsilon_2}} \tag{8.19}$$

可以利用简单的传输线模型得到解析的表面阻抗公式[5]

$$Z_s(\omega) = \eta_1 \frac{\eta_2 + j\eta_1 \tan k_1 d}{\eta_1 + j\eta_2 \tan k_1 d} \tag{8.20}$$

其中，k_1 为薄涂层中的波数，

$$k_1 = \omega \sqrt{\varepsilon_1 \mu_1} \tag{8.21}$$

式(8.20)为本小节的基础公式。

将式(8.18)在直角坐标系中展开，有

$$E_x = -Z_s(\omega)H_y, \quad E_y = Z_s(\omega)H_x \tag{8.22}$$

下文中我们对式(8.22)中的第一个公式进行详细的推导，第二个公式有类似的推导过程，不再重复。

为了便于数值计算，这里对表面阻抗公式(8.20)中出现的正切函数采用一种简单的近似方法[14]，即

$$\tan(x) \approx \frac{x}{1 - q_1 x^2} \tag{8.23}$$

其中，$q_1 = 4/\pi^2$，这样设定参数 q_1 可使得正切函数在奇点 $x = \pi/2$ 处能够达到极值。

将式(8.19)、式(8.20)和式(8.23)分别代入式(8.22)，可得

$$\left[1 + j\sqrt{\frac{\mu_2}{\varepsilon_2}}\sqrt{\frac{\varepsilon_1}{\mu_1}}\frac{\omega\sqrt{\varepsilon_1\mu_1}d}{1 - q_1\omega^2\varepsilon_1\mu_1 d^2}\right]E_x = -\left[\sqrt{\frac{\mu_2}{\varepsilon_2}} + j\sqrt{\frac{\mu_1}{\varepsilon_1}}\frac{\omega\sqrt{\varepsilon_1\mu_1}d}{1 - q_1\omega^2\varepsilon_1\mu_1 d^2}\right]H_y \tag{8.24}$$

再将式(8.15)和式(8.16)代入式(8.24)，化简后可得

$$\left[1 - q_1\varepsilon_1'\mu_1 d^2\omega^2 + jq_1\mu_1\sigma_1 d^2\omega + \sqrt{\frac{j\omega\mu_2}{j\omega\varepsilon_2' + \sigma_2}}(j\omega\varepsilon_1' + \sigma_1)d\right]E_x$$

$$= -\sqrt{\frac{j\omega\mu_2}{j\omega\varepsilon_2' + \sigma_2}}(1 - q_1\varepsilon_1'\mu_1 d^2\omega^2 + jq_1\mu_1\sigma_1 d^2\omega)H_y - j\omega\mu_1 dH_y \tag{8.25}$$

为了应用拉普拉斯变换,对式(8.25)利用变换 $j\omega \rightarrow s$,并令

$$\hat{\eta}_2 = \sqrt{\frac{\mu_2}{\varepsilon'_2}} \tag{8.26}$$

可得

$$\left[1 + s^2 q_1 \varepsilon'_1 \mu_1 d^2 + s q_1 \mu_1 \sigma_1 d^2 + \hat{\eta}_2 \sqrt{\frac{s}{s + \frac{\sigma_2}{\varepsilon'_2}}} (s\varepsilon'_1 + \sigma_1) d \right] E_x$$

$$= -\hat{\eta}_2 \sqrt{\frac{s}{s + \frac{\sigma_2}{\varepsilon'_2}}} (1 + s^2 q_1 \varepsilon'_1 \mu_1 d^2 + s q_1 \mu_1 \sigma_1 d^2) H_y - s\mu_1 d H_y \tag{8.27}$$

对上式利用拉普拉斯逆变换,有

$$\mathcal{L}^{-1} \left(\sqrt{\frac{s}{s + \frac{\sigma_2}{\varepsilon'_2}}} \right) = \mathcal{L}^{-1} \left\{ 1 + \left(\sqrt{\frac{s}{s + \frac{\sigma_2}{\varepsilon'_2}}} - 1 \right) \right\} = \delta(t) + a e^{at} [I_0(at) + I_1(at)] U(t)$$

$$\tag{8.28}$$

其中,$a = -\sigma_2/2\varepsilon'_2$;$\delta(t)$ 为 Dirac δ 函数;$I_0(at)$ 和 $I_1(at)$ 分别为第一类零阶和一阶变形贝塞尔函数;$U(t)$ 为单位阶跃函数。

将式(8.28)代入式(8.25),并利用时域、频域对应关系 $j\omega \leftrightarrow \partial/\partial t$ 将其转换到时域中,可得

$$E_x + q_1 \varepsilon'_1 \mu_1 d^2 \frac{\partial^2 E_x}{\partial t^2} + q_1 \mu_1 \sigma_1 d^2 \frac{\partial E_x}{\partial t}$$

$$+ \hat{\eta}_2 \{ \delta(t) + a e^{at} [I_0(at) + I_1(at)] U(t) \} * \left(\varepsilon'_1 d \frac{\partial E_x}{\partial t} + \sigma_1 d E_x \right)$$

$$= -\hat{\eta}_2 \{ \delta(t) + a e^{at} [I_0(at) + I_1(at)] U(t) \}$$

$$* \left(H_y + q_1 \varepsilon'_1 \mu_1 d^2 \frac{\partial^2 H_y}{\partial t^2} + q_1 \mu_1 \sigma_1 d^2 \frac{\partial H_y}{\partial t} \right) - \mu_1 d \frac{\partial H_y}{\partial t} \tag{8.29}$$

然后根据卷积的定义,并利用 δ 函数和单位阶跃函数的性质,上式可进一步化简为

$$E_x + q_1 \varepsilon'_1 \mu_1 d^2 \frac{\partial^2 E_x}{\partial t^2} + q_1 \mu_1 \sigma_1 d^2 \frac{\partial E_x}{\partial t} + \hat{\eta}_2 \varepsilon'_1 d \frac{\partial E_x}{\partial t} + \hat{\eta}_2 \sigma_1 d E_x$$

$$+ \hat{\eta}_2 \int_0^t a e^{at} [I_0(at) + I_1(at)] \varepsilon'_1 d \frac{\partial E_x}{\partial(t - \tau)} \mathrm{d}\tau$$

$$+ \hat{\eta}_2 \int_0^t a e^{at} [I_0(at) + I_1(at)] \sigma_1 d E_x (t - \tau) \mathrm{d}\tau$$

$$= -\mu_1 d \frac{\partial H_y}{\partial t} - \hat{\eta}_2 \left(H_y + q_1 \varepsilon'_1 \mu_1 d^2 \frac{\partial^2 H_y}{\partial t^2} + q_1 \mu_1 \sigma_1 d^2 \frac{\partial H_y}{\partial t} \right)$$

$$- \hat{\eta}_2 \int_0^t a e^{at} [I_0(at) + I_1(at)] \left(H_y(t - \tau) + q_1 \varepsilon'_1 \mu_1 d^2 \frac{\partial^2 H_y}{\partial(t - \tau)^2} + q_1 \mu_1 \sigma_1 d^2 \frac{\partial H_y}{\partial(t - \tau)} \right) \mathrm{d}\tau$$

$$\tag{8.30}$$

由于上式中等式左边两个卷积积分的递推关系不一样,因此将第二个卷积积分移到

等式右侧,进一步整理可得

$$E_x + q_1\varepsilon_1'\mu_1 d^2 \frac{\partial^2 E_x}{\partial t^2} + (q_1\mu_1\sigma_1 d^2 + \hat{\eta}_2\varepsilon_1'd)\frac{\partial E_x}{\partial t} + \hat{\eta}_2\sigma_1 dE_x$$

$$+ \hat{\eta}_2\int_0^t ae^{at}[I_0(at) + I_1(at)]\varepsilon_1'd\,\frac{\partial E_x}{\partial(t-\tau)}d\tau$$

$$= -\mu_1 d\frac{\partial H_y}{\partial t} - \hat{\eta}_2\left(H_y + q_1\varepsilon_1'\mu_1 d^2\frac{\partial^2 H_y}{\partial t^2} + q_1\mu_1\sigma_1 d^2\frac{\partial H_y}{\partial t}\right)$$

$$- \hat{\eta}_2\int_0^t ae^{at}[I_0(at) + I_1(at)]\Big[\sigma_1 dE_x(t-\tau) + H_y(t-\tau)$$

$$+ q_1\varepsilon_1'\mu_1 d^2\frac{\partial^2 H_y}{\partial(t-\tau)^2} + q_1\mu_1\sigma_1 d^2\frac{\partial H_y}{\partial(t-\tau)}\Big]d\tau \tag{8.31}$$

这样,我们就得到了表面阻抗边界条件的时域形式。

8.2.2　表面阻抗边界条件在 FDTD 方法中的实现

8.2.1 节中我们得到了薄涂层界面上切向电场和磁场的关系式,下面将其应用到 FDTD 方法中。由于式(8.31)中被积函数中变形贝塞尔函数和切向电磁场分量分别具有快变和缓变特性,因此积分项可以近似为求和的形式

$$\sum_{m=0}^n F_0(m)f(E_x\big|^{n-m}, H_y\big|^{n-m}) \tag{8.32}$$

式中

$$F_0(m) = \int_{\max(0,m-1)}^m (1-|\gamma-m|)(a\Delta t)\exp(a\Delta t\gamma)[I_0(a\Delta t\gamma) + I_1(a\Delta t\gamma)]d\gamma \tag{8.33}$$

其中,$f(E_x\big|^{n-m}, H_y\big|^{n-m})$ 表示被积函数中与不同时刻电场、磁场相关的部分。

根据表面阻抗边界条件的时域表达式(8.31),可以看出薄涂层表面的切向电场与相同位置处的切向磁场有关。然而,在 FDTD 方法中,电场 $\boldsymbol{E}$ 和磁场 $\boldsymbol{H}$ 的取样在空间交替排列,并且在时间上相差半个时间步,因此这里需要做一定的近似。设薄涂层表面处 $(x,y,0) = \left(\left(i+\frac{1}{2}\right)\Delta x, j\Delta y, 0\right)$ 为电场切向分量 E_x 的节点,离散时刻为 $t=n\Delta t$,记为 $E_x\big|_{i+\frac{1}{2},j,0}^n$。而以薄涂层表面上方 $z=\Delta z/2$ 处,$t=\left(n-\frac{1}{2}\right)\Delta t$ 时刻的磁场 H_y 近似等于界面上 $z=0$ 处 $t=n\Delta t$ 时刻的磁场,即

$$H_y\big|_{i+\frac{1}{2},j,0}^n \approx H_y\big|_{i+\frac{1}{2},j,\frac{1}{2}}^{n-\frac{1}{2}} \tag{8.34}$$

下面对式(8.31)中等式左边在 $\left(i+\frac{1}{2},j,0\right)$ 节点处,$t=n\Delta t$ 时刻运用通常的中心差分近似进行离散。为了得到 $E_x\big|_{i+\frac{1}{2},j,0}^{n+1}$,这里对 E_x 的离散采用了平均值近似

$$E_x\big|_{i+\frac{1}{2},j,0}^n \approx \frac{E_x\big|_{i+\frac{1}{2},j,0}^{n+1} + E_x\big|_{i+\frac{1}{2},j,0}^{n-1}}{2} \tag{8.35}$$

这样,当薄涂层的厚度 $d \to 0$ 时,可以获得良好的数值稳定性。

对(8.31)右边的第一项在 $\left(i+\frac{1}{2}, j, \frac{1}{2}\right)$ 节点,$t=n\Delta t$ 时刻离散。而对于第二项和第三项中的 H_y,由于出现了二阶导数项,则不能直接在 $t=n\Delta t$ 时刻离散,否则会出现 $H_y|^{n+\frac{3}{2}}$(它在 $t=(n+1)\Delta t$ 时刻是未知量),因此取相同节点 $\left(i+\frac{1}{2}, j, \frac{1}{2}\right)$,$t=\left(n-\frac{1}{2}\right)\Delta t$ 时刻进行离散。利用上述离散原则,可得

$$
\frac{E_x|^{n+1}_{i+\frac{1}{2},j,0} + E_x|^{n-1}_{i+\frac{1}{2},j,0}}{2} + \frac{q_1\varepsilon'_1\mu_1 d^2}{\Delta t^2}\left(E_x|^{n+1}_{i+\frac{1}{2},j,0} - 2E_x|^{n}_{i+\frac{1}{2},j,0} + E_x|^{n-1}_{i+\frac{1}{2},j,0}\right)
$$
$$
+ \frac{q_1\mu_1\sigma_1 d^2 + \hat{\eta}_2\varepsilon'_1 d}{2\Delta t}\left(E_x|^{n+1}_{i+\frac{1}{2},j,0} - E_x|^{n-1}_{i+\frac{1}{2},j,0}\right) + \hat{\eta}_2\sigma_1 d E_x|^{n+1}_{i+\frac{1}{2},j,0}
$$
$$
+ \frac{\hat{\eta}_2\varepsilon'_1 d F_0(0)}{2\Delta t}\left(E_x|^{n+1}_{i+\frac{1}{2},j,0} - E_x|^{n-1}_{i+\frac{1}{2},j,0}\right) + \hat{\eta}_2\sum_{m=1}^{n}F_0(m)\frac{\varepsilon'_1 d}{2\Delta t}\left(E_x|^{n-m+1}_{i+\frac{1}{2},j,0} - E_x|^{n-m-1}_{i+\frac{1}{2},j,0}\right)
$$
$$
= -\frac{\mu_1 d}{\Delta t}\left(H_y|^{n+\frac{1}{2}}_{i+\frac{1}{2},j,\frac{1}{2}} - H_y|^{n-\frac{1}{2}}_{i+\frac{1}{2},j,\frac{1}{2}}\right) - \hat{\eta}_2 H_y|^{n-\frac{1}{2}}_{i+\frac{1}{2},j,\frac{1}{2}}
$$
$$
- \hat{\eta}_2\frac{q_1\varepsilon'_1\mu_1 d^2}{\Delta t^2}\left(H_y|^{n+\frac{1}{2}}_{i+\frac{1}{2},j,\frac{1}{2}} - 2H_y|^{n-\frac{1}{2}}_{i+\frac{1}{2},j,\frac{1}{2}} + H_y|^{n-\frac{3}{2}}_{i+\frac{1}{2},j,\frac{1}{2}}\right)
$$
$$
- \hat{\eta}_2\frac{q_1\mu_1\sigma_1 d^2}{2\Delta t}\left(H_y|^{n+\frac{1}{2}}_{i+\frac{1}{2},j,\frac{1}{2}} - H_y|^{n-\frac{3}{2}}_{i+\frac{1}{2},j,\frac{1}{2}}\right) - \hat{\eta}_2\sum_{m=0}^{n}F_0(m)\left[\sigma_1 d E_x|^{n-m}_{i+\frac{1}{2},j,0}\right.
$$
$$
+ H_y|^{n-m-\frac{1}{2}}_{i+\frac{1}{2},j,\frac{1}{2}}\frac{q_1\varepsilon'_1\mu_1 d^2}{\Delta t^2}\left(H_y|^{n-m+\frac{1}{2}}_{i+\frac{1}{2},j,\frac{1}{2}} - 2H_y|^{n-m-\frac{1}{2}}_{i+\frac{1}{2},j,\frac{1}{2}} + H_y|^{n-m-\frac{3}{2}}_{i+\frac{1}{2},j,\frac{1}{2}}\right)
$$
$$
\left. + \frac{q_1\mu_1\sigma_1 d^2}{2\Delta t}\left(H_y|^{n-m+\frac{1}{2}}_{i+\frac{1}{2},j,\frac{1}{2}} - H_y|^{n-m-\frac{3}{2}}_{i+\frac{1}{2},j,\frac{1}{2}}\right)\right] \tag{8.36}
$$

进一步化简得

$$
E_x|^{n+1}_{i+\frac{1}{2},j,0} = \frac{1}{A_0}\left[-\frac{1}{2}E_x|^{n-1}_{i+\frac{1}{2},j,0} - \frac{q_1\varepsilon'_1\mu_1 d^2}{\Delta t^2}\left(-2E_x|^{n}_{i+\frac{1}{2},j,0} + E_x|^{n-1}_{i+\frac{1}{2},j,0}\right)\right.
$$
$$
+ \frac{q_1\mu_1\sigma_1 d^2 + \hat{\eta}_2\varepsilon'_1 d(1+F_0(0))}{2\Delta t}E_x|^{n-1}_{i+\frac{1}{2},j,0} - \hat{\eta}_2\sigma_1 d E_x|^{n}_{i+\frac{1}{2},j,0}
$$
$$
- \hat{\eta}_2 A_s^n - \frac{\mu_1 d}{\Delta t}\left(H_y|^{n+\frac{1}{2}}_{i+\frac{1}{2},j,\frac{1}{2}} - H_y|^{n-\frac{1}{2}}_{i+\frac{1}{2},j,\frac{1}{2}}\right) - \hat{\eta}_2 H_y|^{n-\frac{1}{2}}_{i+\frac{1}{2},j,\frac{1}{2}}
$$
$$
- \hat{\eta}_2\frac{q_1\varepsilon'_1\mu_1 d^2}{\Delta t^2}\left(H_y|^{n+\frac{1}{2}}_{i+\frac{1}{2},j,\frac{1}{2}} - 2H_y|^{n-\frac{1}{2}}_{i+\frac{1}{2},j,\frac{1}{2}} + H_y|^{n-\frac{3}{2}}_{i+\frac{1}{2},j,\frac{1}{2}}\right)
$$
$$
\left. - \hat{\eta}_2\frac{q_1\mu_1\sigma_1 d^2}{2\Delta t}\left(H_y|^{n+\frac{1}{2}}_{i+\frac{1}{2},j,\frac{1}{2}} - H_y|^{n-\frac{3}{2}}_{i+\frac{1}{2},j,\frac{1}{2}}\right) - \hat{\eta}_2 B_s^n\right] \tag{8.37}
$$

其中

$$
A_0 = \frac{1}{2} + \frac{q_1\varepsilon'_1\mu_1 d^2}{\Delta t^2} + \frac{q_1\mu_1\sigma_1 d^2 + \hat{\eta}_2\varepsilon'_1 d(1+F_0(0))}{2\Delta t} \tag{8.38}
$$

$$
A_s^n = \sum_{m=1}^{n}F_0(m)\frac{\varepsilon'_1 d}{2\Delta t}\left(E_x|^{n-m+1}_{i+\frac{1}{2},j,0} - E_x|^{n-m-1}_{i+\frac{1}{2},j,0}\right) \tag{8.39}
$$

$$B_s^n = \sum_{m=0}^{n} F_0(m) \left[\frac{q_1 \varepsilon_1' \mu_1 d^2}{\Delta t^2} \left(H_y \big|_{i+\frac{1}{2},j,\frac{1}{2}}^{n-m+\frac{1}{2}} - 2 H_y \big|_{i+\frac{1}{2},j,\frac{1}{2}}^{n-m-\frac{1}{2}} + H_y \big|_{i+\frac{1}{2},j,\frac{1}{2}}^{n-m-\frac{3}{2}} \right) \right.$$
$$\left. + \frac{q_1 \mu_1 \sigma_1 d^2}{2\Delta t} \left(H_y \big|_{i+\frac{1}{2},j,\frac{1}{2}}^{n-m+\frac{1}{2}} - H_y \big|_{i+\frac{1}{2},j,\frac{1}{2}}^{n-m-\frac{3}{2}} \right) + \sigma_1 d E_x \big|_{i+\frac{1}{2},j,0}^{n-m} + H_y \big|_{i+\frac{1}{2},j,\frac{1}{2}}^{n-m-\frac{1}{2}} \right] \tag{8.40}$$

令

$$A_1 = \frac{q_1 \varepsilon_1' \mu_1 d^2}{\Delta t^2}, \quad A_2 = \frac{q_1 \mu_1 \sigma_1 d^2}{2\Delta t}, \quad A_3 = \frac{\hat{\eta}_2 \varepsilon_1' d (1 + F_0(0))}{2\Delta t}$$
$$A_4 = \sigma_1 d, \quad A_5 = \frac{\varepsilon_1' d}{2\Delta t}, \quad A_0 = \frac{1}{2} + A_1 + A_2 + A_3 \tag{8.41}$$
$$B_1 = \hat{\eta}_2 \frac{q_1 \varepsilon_1' \mu_1 d^2}{\Delta t^2} = \hat{\eta}_2 A_1, \quad B_2 = \hat{\eta}_2 \frac{q_1 \mu_1 \sigma_1 d^2}{2\Delta t} = \hat{\eta}_2 A_2, \quad B_3 = \frac{\mu_c d}{\Delta t}$$

可得

$$E_x \big|_{i+\frac{1}{2},j,0}^{n+1} = \frac{1}{A_0} \left[-\frac{1}{2} E_x \big|_{i+\frac{1}{2},j,0}^{n-1} - A_1 \left(-2 E_x \big|_{i+\frac{1}{2},j,0}^{n} + E_x \big|_{i+\frac{1}{2},j,0}^{n-1} \right) \right.$$
$$+ (A_2 + A_3) E_x \big|_{i+\frac{1}{2},j,0}^{n-1} - \hat{\eta}_2 A_4 E_x \big|_{i+\frac{1}{2},j,0}^{n}$$
$$- \hat{\eta}_2 A_s^n - B_3 \left(H_y \big|_{i+\frac{1}{2},j,\frac{1}{2}}^{n+\frac{1}{2}} - H_y \big|_{i+\frac{1}{2},j,\frac{1}{2}}^{n-\frac{1}{2}} \right) - \hat{\eta}_2 H_y \big|_{i+\frac{1}{2},j,\frac{1}{2}}^{n-\frac{1}{2}}$$
$$- B_1 \left(H_y \big|_{i+\frac{1}{2},j,\frac{1}{2}}^{n+\frac{1}{2}} - 2 H_y \big|_{i+\frac{1}{2},j,\frac{1}{2}}^{n-\frac{1}{2}} + H_y \big|_{i+\frac{1}{2},j,\frac{1}{2}}^{n-\frac{3}{2}} \right)$$
$$\left. - B_2 \left(H_y \big|_{i+\frac{1}{2},j,\frac{1}{2}}^{n+\frac{1}{2}} - H_y \big|_{i+\frac{1}{2},j,\frac{1}{2}}^{n-\frac{3}{2}} \right) - \hat{\eta}_2 B_s^n \right] \tag{8.42}$$

这样我们就得到了 FDTD 方法中表面阻抗的时间推进公式。

8.2.3　电磁波垂直入射到涂覆导体的数值算例

我们将电磁波垂直入射到涂覆导体的 SIBC-FDTD 方法的一维数值模拟结果与解析解进行对比,以验证该算法的正确性。

入射源为微分高斯脉冲

$$E(t) = (t - \tau_1) e^{-\left(\frac{t-\tau_1}{\tau_2}\right)^2} \tag{8.43}$$

当电磁波垂直入射到涂覆有耗薄涂层的介质上时,其反射系数的解析解为[14]

$$R(\omega) = \frac{Z_s(\omega) - \eta_0}{Z_s(\omega) + \eta_0} \tag{8.44}$$

其中,$Z_s(\omega)$ 为薄涂层表面阻抗,即式(8.20);η_0 为真空中的波阻抗。

图 8.7~图 8.9 分别为微分高斯脉冲垂直入射到三种不同厚度和不同介质常数的有耗薄涂层时,用 SIBC-FDTD 方法计算的反射系数幅度和相位随频率变化曲线图,同时给出了相应的反射系数解析解结果。用 SIBC-FDTD 方法数值模拟本节中的算例时,FDTD 空间步长均设为 $\Delta x = 2\text{mm}$,时间步长为 $\Delta t = \Delta x / c_0$,波源中参数 $\tau_1 = 24\Delta t, \tau_2 = 7.2\Delta t$。计算空间为 1000 个计算网格,为了防止边界所产生的电磁波反射,两端采用一阶 Mur 吸收边界。

图 8.7 所示算例中有耗薄涂层厚度为 $d = 2\text{mm}$,相对介电常数 $\varepsilon_{1,r}' = 2$,电导率

$\sigma_1 = 0.01\mathrm{S/m}$;衬底介质的相对介电常数位 $\varepsilon'_{2,\mathrm{r}} = 1$,电导率 $\sigma_1 = 0.2\mathrm{S/m}$;薄涂层和介质的相对磁导率都为 1。图 8.7(a)为反射系数幅度随频率变化曲线图,可以看出入射波频率 $0\sim 8\mathrm{GHz}$ 范围内,数值模拟结果与解析解吻合得相当好;而 $8\sim 20\mathrm{GHz}$ 的较高频段内的数值模拟结果与解析解出现了一些偏差。同时,可以发现在 $6\mathrm{GHz}$ 频率附近入射波几乎全部被吸收,这是由于该算例中薄涂层和介质的相对介电常数和电导率都很小,即使相当微弱的反射也能在曲线图上反映出来。图 8.7(b)为反射系数相位随频率变化曲线图,由图可见,数值结果与解析解符合得较好。

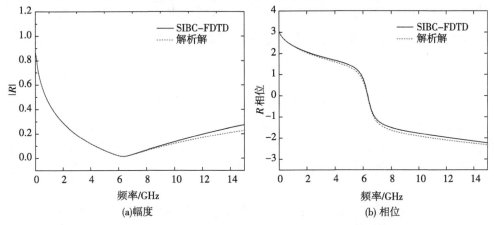

图 8.7　电磁波垂直入射到有耗介质薄涂层的反射系数

图 8.8 所示算例中有耗薄涂层厚度为 $d = 2\mathrm{mm}$,相对介电常数为 $\varepsilon'_{1,\mathrm{r}} = 10$,电导率 $\sigma_1 = 0.1\mathrm{S/m}$;涂层下面介质的相对介电常数位 $\varepsilon'_{2,\mathrm{r}} = 5$,电导率 $\sigma_2 = 80\mathrm{S/m}$;薄涂层和介质的相对磁导率都为 1。图 8.9 所计算的有耗薄涂层厚度为 $d = 1\mathrm{mm}$,相对介电常数 $\varepsilon'_{1,\mathrm{r}} = 30$,电导率 $\sigma_1 = 0.4\mathrm{S/m}$;涂层下面介质的相对介电常数位 $\varepsilon'_{2,\mathrm{r}} = 1$,电导率 $\sigma_2 = 0.5\mathrm{S/m}$。同样,从图中可以看出低率范围内数值模拟结果与解析解吻合得很好,高频段结果和解析解出现了一定偏差。

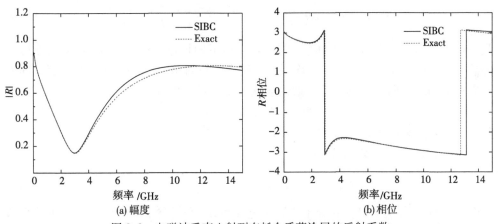

图 8.8　电磁波垂直入射到有耗介质薄涂层的反射系数

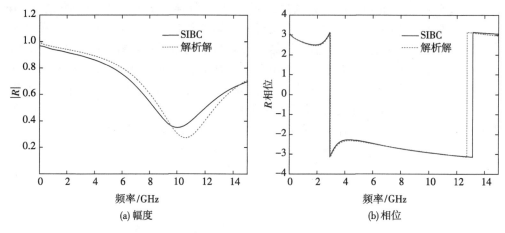

图 8.9　电磁波垂直入射有耗介质薄涂层的反射系数

综合以上三个算例分析,可以得出数值结果和解析解产生偏差的原因主要有两方面:一是由于对阻抗公式中正切函数采用简单近似方法的精度限制造成;二是由于用界面外半个网格处、半个时间步之前的磁场分量近似表示界面上的磁场分量。

8.3　电磁波斜入射到涂覆导体的并置 SIBCs-FDTD 方法

8.3.1　电磁波斜入射到涂覆导体的时域表面阻抗表达式

在导体表面涂覆厚度为 d 的有耗介质,当平行极化电磁波和垂直极化电磁波分别以 θ 角斜入射到涂层目标上时,其表面阻抗模型如图 8.10(平行极化模式,TM)和图 8.11(垂直极化模式,TE)所示。以平行极化电磁波斜入射为例,根据电磁场传输线理论,距离衬底导体 d 处的输入阻抗,即为表面阻抗的表达式

$$Z_s(\omega) = Z_1 \cos\theta_1 \frac{Z_2 \cos\theta_2 + \mathrm{j} Z_1 \cos\theta_1 \tan(k_1 d \cos\theta_1)}{Z_1 \cos\theta_1 + \mathrm{j} Z_2 \cos\theta_2 \tan(k_1 d \cos\theta_1)} \tag{8.45}$$

其中,$Z_i = \sqrt{\mu_i/\varepsilon_i}$ $(i=1,2)$ 分别为涂层和衬底的特征波阻抗;$k_1 = \omega\sqrt{\varepsilon_1 \mu_1}$ 为涂层中的波数;θ_1 和 θ_2 分别为电磁波在涂层和衬底中的折射角。涂层与外界空间交界面处切向总电场与切向总磁场满足一般的表面阻抗边界条件,即

$$\boldsymbol{E}_{\tan} = Z_s(\omega)(\hat{\boldsymbol{n}} \times \boldsymbol{H}_{\tan}) \tag{8.46}$$

其中,$Z_s(\omega)$ 为表面阻抗;$\hat{\boldsymbol{n}}$ 为界面的单位法向矢量。

对于有耗介质涂层,设其复介电常数为

$$\varepsilon_1 = \varepsilon'_{1,\mathrm{r}} \varepsilon_0 - \mathrm{j} \frac{\sigma_1}{\omega} \tag{8.47}$$

其中,$\varepsilon'_{1,\mathrm{r}}$ 和 σ_1 分别为其相对介电常数和电导率;ε_0 为真空中的介电常数。本节中有耗涂层的磁导率 μ_1 为常数。

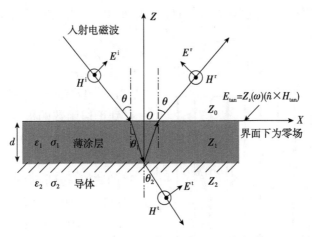

图 8.10　斜入射表面阻抗模型示意图（平行极化，TM）

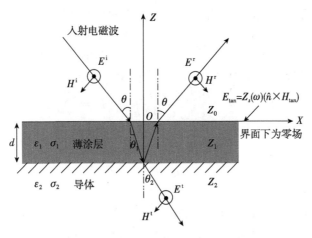

图 8.11　斜入射表面阻抗模型示意图（垂直极化，TE）

这里设衬底为理想导体时，有 $Z_2 \approx 0$，这时表面阻抗公式可简化为

$$Z_s(\omega) = \mathrm{j}Z_1 \cos\theta_1 \tan(k_1 d \cos\theta_1) \tag{8.48}$$

根据 Snell 折射定律，薄涂层中折射角与入射角可用如下表达式联系起来

$$\cos\theta_1 \left[(1 - \alpha \sin^2\theta)\frac{\mathrm{j}\omega + \beta'}{\mathrm{j}\omega + \beta}\right]^{\frac{1}{2}} \tag{8.49}$$

其中，$\alpha = \dfrac{\mu_0 \varepsilon_0}{\mu_1 \varepsilon_1'} = \dfrac{\mu_0}{\mu_1 \varepsilon_{1,\mathrm{r}}}$，$\beta = \dfrac{\sigma_1}{\varepsilon_1}$，$\beta' = \dfrac{\beta}{1 - \alpha \sin^2\theta}$。

这里与 8.3 节相同，将表面阻抗边界条件式（8.46）在直角坐标系中展开，有

$$E_x = -Z_s(\omega)H_y, \quad E_y = Z_s(\omega)H_x \tag{8.50}$$

本节中同样只对式（8.50）中的第一个公式进行详细推导，第二个公式有类似的推导过程，不再重复。

为了便于数值计算,这里对表面阻抗公式(8.48)中出现的正切函数运用连续有理近似进行处理[15]。

$$\tan(x) \approx f(x) = \sum_{s=1}^{M} \frac{a_s x}{1 - q_s x^2} \tag{8.51}$$

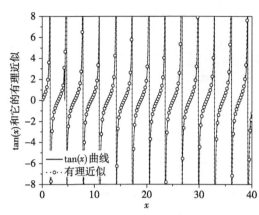

图 8.12　正切函数和它的有理近似

当 $q_1 = 4/(2s-1)^2/\pi^2$ 时可以正确地得到正切函数的极点。同时,对 a_s 合理取值用来保证有理近似的零点与正切函数 $\tan(x)$ 的零点相等。通过设定 M 的数值,得到 M 个奇点 $q_s(s=1,\cdots,M)$ 和正切函数的 M 个零点 $z_s = (s-1)\pi, s=1,\cdots,M$。这里取 $M=20, x_0 = \pi/4$ 时,得到的正切函数有理近似的图形如图 8.12 所示。从图中可以看出,这种近似方法的数值结果与正切函数本身的结果吻合得很好。

将式(8.48)和式(8.51)代入式(8.50)中的第一个式子,可得

$$E_x = \sum_{s=1}^{M} \frac{-\mathrm{j} Z_1 \cos^2\theta_1 k_1 d a_s}{1 - q_s \cos^2\theta_1 k_1^2 d^2} H_y = \sum_{s=1}^{M} E_s \tag{8.52}$$

其中

$$E_s = \frac{-\mathrm{j} Z_1 \cos^2\theta_1 k_1 d a_s}{1 - q_s \cos^2\theta_1 k_1^2 d^2} H_y \tag{8.53}$$

上式为本节公式推导的基础。

将 $Z_1, k_1, \cos\theta_1$ 代入式(8.53),可得

$$\begin{aligned}
&\Big[1 - \omega^2 q_s \mu_1 \varepsilon_1' d^2 (1 - \alpha \sin^2\theta) \frac{\mathrm{j}\omega + \beta'}{\mathrm{j}\omega + \beta} \\
&+ \mathrm{j}\omega q_s \mu_1 \sigma_1 d^2 (1 - \alpha \sin^2\theta) \frac{\mathrm{j}\omega + \beta'}{\mathrm{j}\omega + \beta} \Big] E_s \\
&= -\mathrm{j}\omega \mu_1 d a_s (1 - \alpha \sin^2\theta) \frac{\mathrm{j}\omega + \beta'}{\mathrm{j}\omega + \beta} H_y
\end{aligned} \tag{8.54}$$

利用变化 $\mathrm{j}\omega \to s$,上式变为

$$\begin{aligned}
&\Big[1 + s^2 q_s \mu_1 \varepsilon_1' d^2 (1 - \alpha \sin^2\theta) \frac{s + \beta'}{s + \beta} \\
&+ \mathrm{j}\omega q_s \mu_1 \sigma_1 d^2 (1 - \alpha \sin^2\theta) \frac{s + \beta'}{s + \beta} \Big] E_s \\
&= -\mathrm{j}\omega \mu_1 d a_s (1 - \alpha \sin^2\theta) \frac{s + \beta'}{s + \beta} H_y
\end{aligned} \tag{8.55}$$

令 $F(s) = \dfrac{s + \beta'}{s + \beta} = 1 + \dfrac{\beta' - \beta}{s + \beta}$,对其进行拉普拉斯逆变换,得

$$L^{-1}\{F(s)\} = \delta(t) + (\beta' - \beta) e^{-\beta t} \tag{8.56}$$

将式(8.56)代入式(8.55),再利用时域频域对应关系 $j\omega \to \dfrac{\partial}{\partial t}$,将式(8.55)过渡到时域

$$E_s + A_1 \frac{\partial^2 E_s}{\partial t^2} + A_1 \int_0^t (\beta' - \beta) e^{-\beta \tau} \frac{\partial^2 E_s}{\partial (t-\tau)^2} d\tau$$

$$+ A_2 \frac{\partial E_s}{\partial t} + A_2 \int_0^t (\beta' - \beta) e^{-\beta \tau} \frac{\partial E_s}{\partial (t-\tau)} d\tau$$

$$= -A_3 \frac{\partial H_y}{\partial t} - A_3 \int_0^t (\beta' - \beta) e^{-\beta \tau} \frac{\partial H_y}{\partial (t-\tau)} d\tau \tag{8.57}$$

式中,$A_1 = \varepsilon_1' A_0$,$A_2 = \sigma_1 A_0$,$A_3 = a_s A_0 / q_1 d$,$A_0 = q_s \mu_1 d^2 (1 - \alpha \sin^2 \theta)$。式(8.57)即为对水平极化电磁波斜入射到涂覆有耗薄层的导体上时,其表面阻抗边界条件在时域中的表达式。

8.3.2　并置节点表面阻抗边界条件公式在 FDTD 中的实现

采用文献[8]中的方法,在涂层与外界空间的界面处,将磁场和电场的节点并置排列,在 $t = n\Delta t$ 时刻对式(8.57)按以下原则进行离散

$$X(n\Delta t) = \alpha X\big|_0^n + \frac{\beta}{2}(X\big|_0^{n+1} + X\big|_0^{n-1})$$

$$\frac{\partial X(n\Delta t)}{\partial t} = \frac{X\big|_0^{n+1} - X\big|_0^{n-1}}{2\Delta t} \tag{8.58}$$

$$\frac{\partial^2 X(n\Delta t)}{\partial t^2} = \frac{X\big|_0^{n+1} - 2X\big|_0^n + X\big|_0^{n-1}}{\Delta t^2}$$

其中,$\alpha + \beta = 1$,$X \in \{E_s, H_y\}$,本书中取 $\alpha = 0.5$,这样可以保证算法的稳定性。

在 FDTD 方法计算过程中,每个时间步 Δt 内电场和磁场分量可以近似看成常量,于是式(8.57)中的第一个卷积积分可写成下面的卷积和形式[5]

$$\int_0^t (\beta' - \beta) e^{-\beta \tau} \frac{\partial^2 E_s}{\partial (t-\tau)^2} d\tau$$

$$= \sum_{m=0}^n \frac{E_s\big|_0^{n-m+1} - 2E_s\big|_0^{n-m} + E_s\big|_0^{n-m-1}}{\Delta t^2} \chi^m \tag{8.59}$$

其中

$$\chi^m = \int_{m\Delta t}^{(m+1)\Delta t} (\beta' - \beta) e^{-\beta \tau} d\tau$$

$$= \frac{\beta' - \beta}{\beta} e^{-\beta m \Delta t} (1 - e^{-\beta \Delta t}) \tag{8.60}$$

由于 $\chi^m = e^{-\beta \Delta t} \chi^{m-1}$,将式(8.60)代入式(8.59),容易得到

$$\int_0^t (\beta' - \beta) e^{-\beta \tau} \frac{\partial^2 E_s}{\partial (t-\tau)^2} d\tau$$

$$= \frac{E_s \big|_0^{n+1} - 2E_s \big|_0^n + E_s \big|_0^{n-1}}{\Delta t^2} \chi^0 + \varphi_1^n \tag{8.61}$$

其中

$$\chi^0 = \frac{\beta' - \beta}{\beta}(1 - \mathrm{e}^{-\beta \Delta t}) \tag{8.62}$$

$$\varphi_1^n = \frac{E_s \big|_0^n - 2E_s \big|_0^{n-1} + E_s \big|_0^{n-2}}{\Delta t^2} \chi^1 + \mathrm{e}^{-\beta \Delta t} \varphi_1^{n-1} \tag{8.63}$$

同理,式(8.57)中其他两个卷积有如下类似的处理过程,其表达式分别为

$$\int_0^t (\beta' - \beta) \mathrm{e}^{-\beta \tau} \frac{\partial E_s}{\partial (t - \tau)} \mathrm{d}\tau = \frac{E_s \big|_0^{n+1} - E_s \big|_0^{n-1}}{2\Delta t} \chi^0 + \varphi_2^n \tag{8.64}$$

式中

$$\varphi_2^n = \frac{E_s \big|_0^n - E_s \big|_0^{n-2}}{2\Delta t} \chi^1 + \mathrm{e}^{-\beta \Delta t} \varphi_2^{n-1} \tag{8.65}$$

以及

$$\int_0^t (\beta' - \beta) \mathrm{e}^{-\beta \tau} \frac{\partial H_y}{\partial (t - \tau)} \mathrm{d}\tau = \frac{H_y \big|_0^{n+1} - H_y \big|_0^{n-1}}{2\Delta t} \chi^0 + \varphi_3^n \tag{8.66}$$

其中

$$\varphi_3^n = \frac{H_y \big|_0^n - H_y \big|_0^{n-2}}{2\Delta t} \chi^1 + \mathrm{e}^{-\beta \Delta t} \varphi_3^{n-1} \tag{8.67}$$

这样,运用上述离散原则,式(8.57)最终可表示为

$$E_s \big|_0^{n+1} CA + H_y \big|_0^{n+1} CB = E_s \big|_0^n CA_1 + E_s \big|_0^{n-1} CA_2 + H_y \big|_0^{n-1} CB - A_1 \varphi_1^n - A_2 \varphi_2^n - A_3 \varphi_3^n \tag{8.68}$$

其中

$$CA = \frac{\beta}{2} + \frac{A_1}{\Delta t^2}(1 + \chi^0) + \frac{A_2}{2\Delta t}(1 + \chi^0) \tag{8.69}$$

$$CB = \frac{2A_1}{\Delta t^2}(1 + \chi^0) \tag{8.70}$$

$$CA_1 = -\alpha + \frac{2A_1}{\Delta t^2}(1 + \chi^0) \tag{8.71}$$

$$CA_2 = -\frac{\beta}{2} - \frac{A_1}{\Delta t^2}(1 + \chi^0) + \frac{A_2}{2\Delta t}(1 + \chi^0) \tag{8.72}$$

令

$$H_s = E_s \big|_0^n CA_1 + E_s \big|_0^{n-1} CA_2 + H_y \big|_0^{n-1} CB \\ - A_1 \varphi_1^n - A_2 \varphi_2^n - A_3 \varphi_3^n \tag{8.73}$$

将式(8.52)、式(8.68)及式(8.73)三式联立,可得

$$E_x \big|_0^{n+1} + H_y \big|_0^{n+1} \cdot KK = \sum_{s=1}^{20} H_s \tag{8.74}$$

其中，$KK = \sum\limits_{s=1}^{20} \dfrac{CB}{CA}$。

然后，利用平行极化电磁波斜入射时涂层界面处电场分量的一维 FDTD 公式

$$E_x\big|_0^{n+1} = E_x\big|_0^n - \frac{2}{\Delta z}\cdot\frac{\Delta t}{\varepsilon_0}\Big(H_y\big|_{\frac{1}{2}}^{n+\frac{1}{2}} - \frac{H_y\big|_0^{n+1} + H_y\big|_0^n}{2}\Big) \tag{8.75}$$

联立式(8.74)和式(8.75)，可得

$$\Big(1 + \frac{\Delta t}{\Delta x\cdot\varepsilon_0\cdot KK}\Big)E_x\big|_0^{n+1} = E_x\big|_0^n - \frac{2}{\Delta z}\cdot\frac{\Delta t}{\varepsilon_0}\left[H_y\big|_{\frac{1}{2}}^{n+\frac{1}{2}} - \frac{\dfrac{1}{KK}\sum\limits_{s=1}^{20}H_s + H_y\big|_0^n}{2}\right]$$
$$\tag{8.76}$$

$$H_y\big|_0^{n+1} = \frac{1}{KK}\Big(\sum_{s=1}^{20}H_s - E_x\big|_0^{n+1}\Big) \tag{8.77}$$

这样我们就得到了平行极化电磁波斜入射到涂覆导体时，涂层与外界空间分界面上电场和磁场节点并置排列的一维 SIBC-FDTD 迭代公式。垂直极化电磁波斜入射情况有类似的推导过程，不再重复。

8.3.3　平行极化电磁波斜入射到涂覆导体一维算例的验证

首先，我们来分析 TM 极化平面波斜入射到涂覆理想导体的例子。入射源为式(8.43)所示的微分高斯脉冲，其中波源参数 $\tau_1 = 40\Delta t$，$\tau_2 = 12\Delta t$。平行极化电磁波以 θ 角度斜入射到涂覆有耗薄涂层的理想导体上时，其反射系数的解析解为

$$R(\omega) = \frac{Z_s^{\mathrm{TM}}(\omega) - Z_0/\cos\theta}{Z_s^{\mathrm{TM}}(\omega) + Z_0/\cos\theta} \tag{8.78}$$

其中，$Z_s^{\mathrm{TM}}(\omega)$ 为平行极化电磁波斜入射到涂覆导体的表面阻抗；Z_0 为真空中的波阻抗。

采用并置和常规这两种 SIBCs-FDTD 方法计算时，空间步长为 $\Delta x = 2\mathrm{mm}$，时间步长为 $\Delta t = \Delta x/2c_0$。计算空间取 1000 个 FDTD 网格，计算时间为 4000 个时间步，为了防止边界所产生的电磁波反射，本节中所有仿真程序均采用了修正的一阶 Mur 吸收边界[4]。

图 8.13 中分别用并置节点 SIBCs-FDTD 方法和常规的磁场节点近似 SIBCs-FDTD 方法数值计算了涂覆导体对斜入射平行极化电磁波的反射系数幅度和相位，并与相应的解析解进行了对比。入射角为 $\theta = 30°$，有耗介质薄涂层的厚度为 $d = 2\mathrm{mm}$，其相对介电常数为 $\varepsilon'_{1,r} = 10$，电导率 $\sigma_1 = 2\mathrm{S/m}$，本章中有耗介质薄涂层的相对磁导率都设为 1。由图 8.13(a)可以明显看出，0~12GHz 低频范围内，两种方法所计算的反射系数幅度都与解析解吻合得很好。但当频率大于 12GHz 时，磁场节点近似 SIBCs-FDTD 方法模拟出的数值结果与解析解出现明显的偏差，而并置节点 SIBCs-FDTD 方法给出结果仍与解析解保持了很好的一致性。图 8.13(b)中反射系数相位

的计算结果同样反映出并置节点 SIBCs-FDTD 方法相比常规 SIBCs-FDTD 方法有效提高了计算精度。

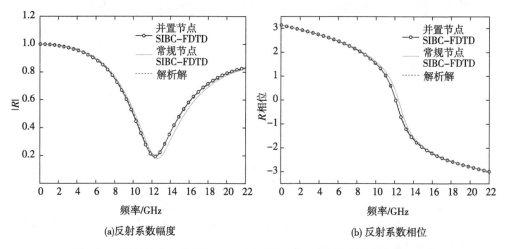

(a)反射系数幅度　　　　　　　　　　(b) 反射系数相位

图 8.13　平行极化电磁波以 $\theta=30°$ 入射角度斜入射涂覆导体的反射系数

　　图 8.14 算例数值模拟了平行极化电磁波以 $\theta=60°$ 入射角度斜入射涂覆导体的反射系数和相位。模拟参数：有耗介质薄涂层的厚度为 $d=1\text{mm}$，其相对介电常数为 $\epsilon'_{1,r}=15$，电导率为 $\sigma_1=1.5\text{S/m}$，FDTD 空间步长为 $\Delta x=1\text{mm}$，时间步长为 $\Delta t=\Delta x/2c_0$。通过与常规 SIBCs-FDTD 方法计算结果的对比，同样可以明显看出并置节点 SIBC-FDTD 方法的模拟结果与解析解吻合得更好。

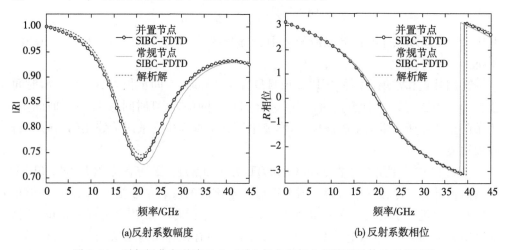

(a)反射系数幅度　　　　　　　　　　(b) 反射系数相位

图 8.14　平行极化电磁波以 $\theta=60°$ 入射角度斜入射涂覆导体的反射系数

　　下面我们用并置 SIBCs-FDTD 方法计算了平行极化电磁波分别以30°，45°和60°不同角度入射到基于金属衬底的有耗薄涂层时，其反射系数幅值随频率变化的曲线图，并与相同条件下的解析解进行了对比。如图 8.15 所示的算例中有耗介质涂层厚

度为 $d=1\text{mm}$，相对介电常数为 $\varepsilon'_{1,r}=30$，电导率为 $\sigma_1=1\text{S/m}$，薄涂层的相对磁导率为 1。从图中可以看出，入射电磁波频率 0～80GHz 范围内，三种不同入射角度下的数值模拟结果都与解析解吻合得相当好。

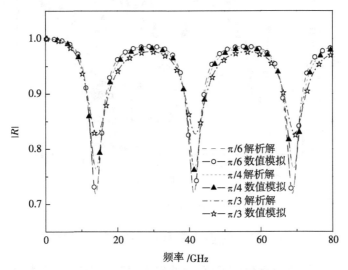

图 8.15　不同入射角时反射系数与解析解对比图(TM 极化)

图 8.16 所示算例中有耗薄涂层厚度为 $d=1\text{mm}$，相对介电常数为 $\varepsilon'_{1,r}=20$，电导率为 $\sigma_1=0.5\text{S/m}$，可以看出 0～80GHz 的频段其结果与解析解也吻合得很好。

图 8.17 所示算例中有耗薄层厚度为 $d=2\text{mm}$，相对介电常数为 $\varepsilon'_{1,r}=10$，电导率为 $\sigma_1=0.4\text{S/m}$，0～80GHz 的频段结果也基本吻合。其中产生的微小偏差是由于正切函数有理近似的精度限制所造成的。

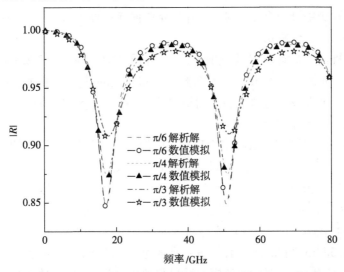

图 8.16　不同入射角时反射系数与解析解对比图(TM 极化)

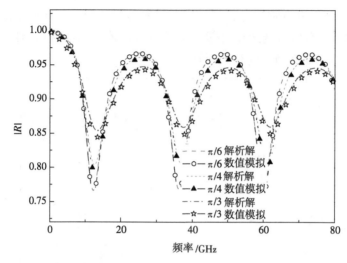

图 8.17　不同入射角时的反射系数与解析解对比图（TM 极化）

8.3.4　垂直极化电磁波斜入射到涂覆导体一维算例的验证

本节数值模拟了垂直极化（TE）平面波斜入射到涂覆理想导体的反射系数。入射源为微分高斯脉冲式(8.43)，其中波源参数 $\tau_1 = 40\Delta t, \tau_2 = 12\Delta t$。垂直极化电磁波以 θ 角度斜入射到涂覆有耗薄涂层的理想导体上时，其反射系数的解析解为

$$R(\omega) = \frac{Z_s^{\text{TE}}(\omega) - Z_0 \cos\theta}{Z_s^{\text{TE}}(\omega) + Z_0 \cos\theta} \tag{8.79}$$

其中，$Z_s^{\text{TE}}(\omega)$ 为垂直极化电磁波斜入射到涂覆导体的表面阻抗；Z_0 为真空中的波阻抗。

图 8.18 算例中计算参数分别为：有耗介质薄涂层厚度 $d = 1\text{mm}$，相对介电常数 $\varepsilon'_{1,r} = 20$，电导率 $\sigma_1 = 2\text{S/m}$。

图 8.19 算例中的计算参数分别为：有耗介质薄涂层厚度 $d = 2\text{mm}$，相对介电常数 $\varepsilon'_{1,r} = 10$，电导率 $\sigma_1 = 2\text{S/m}$。反射系数幅度和相位的计算结果通过与解析解的对比，同样反映出垂直极化电磁波斜入射情况下，并置节点 SIBC-FDTD 方法相比常规方法具有更高的数值计算精度。

下面我们用并置节点 SIBCs-FDTD 方法计算了一维情况下垂直极化（TE）电磁波分别以30°，45°和60°不同角度入射到涂覆有耗介质薄涂层的理想导体时，其反射系数幅值随频率变化的曲线图，同时给出了相应的解析解。图 8.20 所示的算例中有耗涂层厚度为 $d = 1\text{mm}$，相对介电常数为 $\varepsilon'_{1,r} = 30$，电导率为 $\sigma_1 = 1\text{S/m}$，薄涂层的相对磁导率都为 1。图 8.21 中有耗薄涂层厚度为 $d = 1\text{mm}$，相对介电常数为 $\varepsilon'_{1,r} = 20$，电导率为 $\sigma_1 = 0.5\text{S/m}$；图 8.22 中有耗薄层厚度为 $d = 2\text{mm}$，相对介电常数为 $\varepsilon'_{1,r} = 10$，电导率为 $\sigma_1 = 0.4\text{S/m}$。图中数值模拟结果与解析解都呈现出很好的一致性。

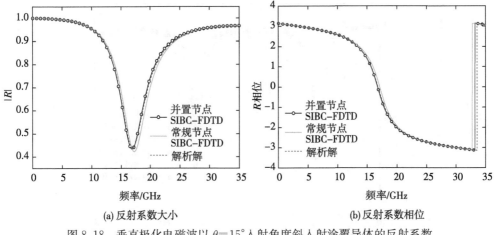

(a) 反射系数大小　　　　　　　　　　　(b) 反射系数相位

图 8.18　垂直极化电磁波以 $\theta=15°$ 入射角度斜入射涂覆导体的反射系数

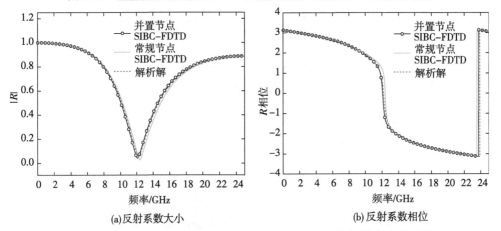

(a) 反射系数大小　　　　　　　　　　　(b) 反射系数相位

图 8.19　垂直极化电磁波以 $\theta=35°$ 入射角度斜入射涂覆导体的反射系数

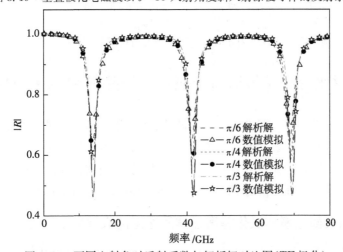

图 8.20　不同入射角时反射系数与解析解对比图(TE 极化)

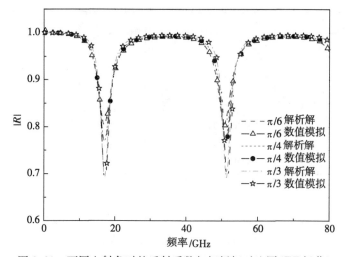

图 8.21 不同入射角时的反射系数与解析解对比图（TE 极化）

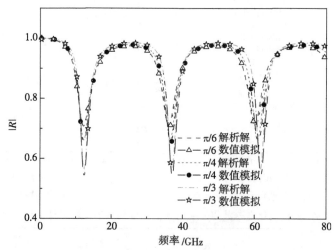

图 8.22 不同入射角时的反射系数与解析解对比图（TE 极化）

8.4 非磁化等离子体涂覆金属目标的并置 SIBCs-FDTD 方法

进一步将并置节点表面阻抗边界条件（SIBCs）推广应用于非磁化等离子体涂覆三维金属目标的模型。与一维情况相比，三维情况下的问题要复杂得多且更具有实际应用价值。尤其对于大尺寸等离子体涂覆目标，本书提出的并置 SIBC-FDTD 方法相比常规的直接剖分网格的 FDTD 方法，极大地减小了计算内存和时间。

8.4.1 金属表面涂覆非磁化等离子体薄涂层的表面阻抗模型

非磁化等离子体介电常数为 $\varepsilon = \varepsilon_0 \varepsilon_r(\omega)$，设其相对介电常数为标量

$$\varepsilon_r = 1 - \frac{\omega_{pe}^2}{\omega^2 + \nu_e^2} - j\left(\frac{\nu_e}{\omega}\frac{\omega_{pe}^2}{\omega^2 + \nu_e^2}\right) \tag{8.80}$$

式中，ω_{pe} 为等离子体频率；ω 为电磁波频率；ν_e 为电子碰撞频率。

考虑金属立方体表面涂覆厚度为 d 的非磁化等离子体涂层的问题。等离子体涂层与外界空间交界面处切向总电场与切向总磁场满足一般的表面阻抗边界条件，即

$$E_{tan} = Z_s(\omega)(\hat{n} \times H_{tan}) \tag{8.81}$$

其中，$Z_s(\omega)$ 为表面阻抗；$\hat{n}$ 为界面的单位法向矢量，方向垂直界面向外。

如图 8.23 所示，设涂覆立方体的中心位于空间直角坐标系 xyz 的原点 O 点处。将涂覆立方体 6 个面上表面阻抗边界条件公式分别在直角坐标系中展开，共得到 12 组切向电场分量和切向磁场分量的表面阻抗边界条件公式，分别如下。

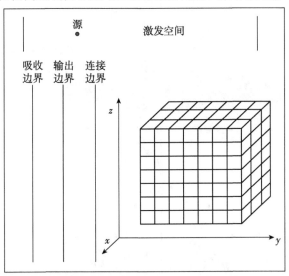

图 8.23　立方体 FDTD 计算模型示意图

立方体前表面（$x = x_{max}$）

$$E_y = -Z(\omega)H_z \tag{8.82}$$

$$E_z = Z(\omega)H_y \tag{8.83}$$

立方体后表面（$x = x_{min}$）

$$E_y = Z(\omega)H_z \tag{8.84}$$

$$E_z = -Z(\omega)H_y \tag{8.85}$$

立方体右表面（$y = y_{max}$）

$$E_z = -Z(\omega)H_x \tag{8.86}$$

$$E_x = Z(\omega)H_z \tag{8.87}$$

立方体左表面（$y = y_{min}$）

$$E_z = Z(\omega)H_x \tag{8.88}$$

$$E_x = -Z(\omega)H_z \tag{8.89}$$

立方体上表面($z = z_{max}$)

$$E_x = -Z(\omega)H_y \tag{8.90}$$

$$E_y = Z(\omega)H_x \tag{8.91}$$

立方体下表面($z = z_{min}$)

$$E_x = Z(\omega)H_y \tag{8.92}$$

$$E_y = -Z(\omega)H_x \tag{8.93}$$

　　这里以涂覆立方体上表面为例,如图 8.24 所示,给出了垂直极化(TE)和平行极化(TM)电磁波分别以 θ 角度斜入射时的表面阻抗模型:

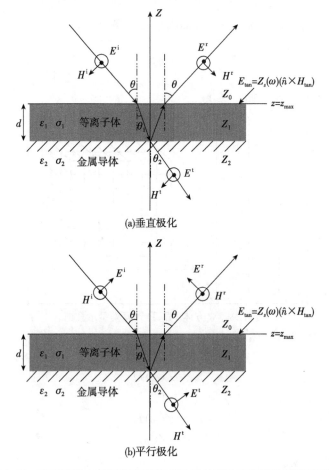

图 8.24　平面波斜入射到等离子体薄涂层的等效表面阻抗模型示意图

　　这里将金属衬底作为理想导体,当垂直极化和平行极化电磁波斜入射到等离子体涂覆目标时,其解析的表面阻抗公式分别为

$$Z_s^{TE}(\omega) = jZ_1/\cos\theta_1 \tan(k_1 d\cos\theta_1) \tag{8.94}$$

$$Z_s^{\text{TM}}(\omega) = jZ_1 \cos\theta_1 \tan(k_1 d\cos\theta_1) \tag{8.95}$$

其中，$Z_1 = \sqrt{\mu_1/\varepsilon_1}$ 为等离子体涂层的特征波阻抗；$k_1 = \omega\sqrt{\varepsilon_1\mu_1}$ 为等离子体波数；d 为等离子体涂层厚度；θ_1 为电磁波在等离子体涂层中的折射角。下文中以垂直极化电磁波为例，对式(8.94)进行详细推导，对平行极化电磁波有类似的处理过程，不再重复。

8.4.2　表面阻抗边界条件公式在时域中的推导

为了便于在 FDTD 中进行离散，对表面阻抗公式(8.94)中的正切函数同样运用 8.3 节所采用的连续有理近似进行处理，即

$$\tan(x) \approx f(x) = \sum_{s=1}^{M} \frac{a_s x}{1 - q_s x^2} \tag{8.96}$$

式中，系数 a_s 和 $q_s(s = 1, \cdots, M)$ 的取值与 8.3 节中的取值完全相同。

这样立方体上表面的表面阻抗公式(8.91)可表示为

$$E_y = \sum_{s=1}^{M} \frac{jZ_1 k_1 d a_s}{1 - q_s \cos^2\theta_1 k_1^2 d^2} H_x \tag{8.97}$$

根据 Snell 折射定律有

$$\cos\theta_1 = \sqrt{1 - \frac{\sin^2\theta}{\varepsilon_{\text{r}}}} \tag{8.98}$$

将 Z_1, k_1 和 $\cos\theta_1$ 代入式(8.97)并整理得

$$E_y = \sum_{s=1}^{M} \frac{j\omega\mu_1 d a_s}{1 - q_s \mu_1 \varepsilon_0 d^2 \omega^2 (\varepsilon_{\text{r}} - \sin^2\theta)} H_x \tag{8.99}$$

通过定义辅助变量

$$E_s = \frac{j\omega\mu_1 d a_s}{1 - q_s \mu_1 \varepsilon_0 d^2 \omega^2 (\varepsilon_{\text{r}} - \sin^2\theta)} H_x \tag{8.100}$$

则式(8.99)变为

$$E_y = \sum_{s=1}^{M} E_s \tag{8.101}$$

本书中取 $M = 20$。

将等离子体相对介电常数式(8.80)代入式(8.100)，整理可得

$$E_s - q_s\mu_0\varepsilon_0 d^2 \left[\omega^2 - \omega_{\text{pe}}^2 \frac{j\omega}{\nu_{\text{e}} + j\omega} \right] E_s + q_s\mu_0\varepsilon_0 d^2 \sin^2\theta \cdot \omega^2 E_s = j\omega\mu_0 d a_s H_x \tag{8.102}$$

再利用拉普拉斯逆变换将式(8.102)反变换到时域，可得

$$(1 + q_s\mu_0\varepsilon_0 d^2 \omega_{\text{pe}}^2) E_s(t) - q_s\mu_0\varepsilon_0 d^2 \omega_{\text{pe}}^2 \nu_{\text{e}} \int_0^t e^{-\nu_{\text{e}}\tau} E_s(t - \tau) d\tau$$

$$+ (q_s\mu_0\varepsilon_0 d^2 - q_s\mu_0\varepsilon_0 d^2 \sin^2\theta) \frac{\partial^2 E_s(t)}{\partial t^2}$$

$$= \mu_0 d a_s \frac{\partial H_y(t)}{\partial t} \tag{8.103}$$

这样我们就得到了金属立方体上表面涂覆非磁化等离子体涂层的表面阻抗边界条件在时域中的表达式。

8.4.3　三维并置节点 SIBCs-FDTD 迭代公式

接下来,引入变量 φ_s 表示式(8.103)中的卷积

$$\varphi_s = \int_0^t \mathrm{e}^{-\nu_e \tau} E_s(t-\tau)\mathrm{d}\tau \tag{8.104}$$

然后运用分段线性递推卷积(PLRC)方法

$$E_s(n\Delta t-\tau) = E_s^{n-n'} + \frac{E_s^{n-n'-1} - E_s^{n-n'}}{\Delta t}(\tau - n'\Delta t) \tag{8.105}$$

将式(8.104)离散为

$$\begin{aligned}
\varphi_s^n &= \int_0^t \mathrm{e}^{-\nu_e \tau} E_s(t-\tau)\mathrm{d}\tau \\
&= \sum_{n'=0}^{n-1} \left[E_s^{n-n'} \chi^{n'} + (E_s^{n-n'-1} - E_s^{n-n'})\xi^{n'} \right]
\end{aligned} \tag{8.106}$$

式中

$$\begin{cases}
\chi^{n'} = \dfrac{1}{\nu_e}\left[1 - \mathrm{e}^{-\nu_e \Delta t}\right]\mathrm{e}^{-\nu_e n'\Delta t} \\[2mm]
\xi^{n'} = \dfrac{1}{\nu_e}\left[\dfrac{1}{\nu_e \Delta t} - \left(1 + \dfrac{1}{\nu_e \Delta t}\right)\mathrm{e}^{-\nu_e \Delta t}\right]\mathrm{e}^{-\nu_e n'\Delta t}
\end{cases} \tag{8.107}$$

由于

$$\chi^{n'} = \mathrm{e}^{-\nu_e \tau}\chi^{n'-1} \tag{8.108}$$

$$\xi^{n'} = \mathrm{e}^{-\nu_e \Delta t}\xi^{n'-1} \tag{8.109}$$

因而式(8.106)可以进一步递归计算为

$$\begin{aligned}
\varphi_s\big|_{i,j+\frac{1}{2},k}^n &= E_s\big|_{i,j+\frac{1}{2},k}^{n-1}\chi^0 + \left(E_s\big|_{i,j+\frac{1}{2},k}^{n-1} - E_s\big|_{i,j+\frac{1}{2},k}^n\right)\xi^0 \\
&\quad + \sum_{n'=1}^{n-1}\left[E_s\big|_{i,j+\frac{1}{2},k}^{n-n'}\chi^{n'} + \left(E_s\big|_{i,j+\frac{1}{2},k}^{n-n'-1} - E_s\big|_{i,j+\frac{1}{2},k}^{n-n'}\right)\xi^{n'}\right] \\
&= E_s\big|_{i,j+\frac{1}{2},k}^n\chi^0 + \left(E_s\big|_{i,j+\frac{1}{2},k}^{n-1} - E_s\big|_{i,j+\frac{1}{2},k}^n\right)\xi^0 + \mathrm{e}^{-\nu_e \Delta t}\varphi_s\big|_{i,j+\frac{1}{2},k}^{n-1}
\end{aligned} \tag{8.110}$$

然后运用并置 SIBC 原理,将界面上切向磁场和切向电场分量的节点实现并置排列分布,在 $t=n\Delta t$ 时刻,SIBC 场分量及其导数的有限差分表达式如下:

$$X(n\Delta t) = \alpha X\big|_{i,j+\frac{1}{2},k}^n + \frac{\beta}{2}\left(X\big|_{i,j+\frac{1}{2},k}^{n+1} + X\big|_{i,j+\frac{1}{2},k}^{n-1}\right)$$

$$\frac{\partial X(n\Delta t)}{\partial t} = \frac{X\big|_{i,j+\frac{1}{2},k}^{n+1} - X\big|_{i,j+\frac{1}{2},k}^{n-1}}{2\Delta t}$$

$$\frac{\partial^2 X(n\Delta t)}{\partial t^2} = \frac{X\big|_{i,j+\frac{1}{2},k}^{n+1} - 2X\big|_{i,j+\frac{1}{2},k}^n + X\big|_{i,j+\frac{1}{2},k}^{n-1}}{\Delta t^2} \tag{8.111}$$

其中,$\alpha+\beta=1$,$X\in\{E_s,H_y\}$,本书中取 $\alpha=0.5$,这样可以保证算法的稳定性。

利用上述离散原则,再合并 $E_s\big|^{n+1}$ 同类项并化简得

$$E_s\big|^{n+1}_{i,j+\frac{1}{2},k}=\frac{1}{A_s}\Big[B1_s\,E_s\big|^{n}_{i,j+\frac{1}{2},k}+B2_s\,E_s\big|^{n-1}_{i,j+\frac{1}{2},k}$$

$$+B3_s\,\varphi_s\big|^{n}_{i,j+\frac{1}{2},k}+B4_s\Big(H_x\big|^{n+1}_{i,j+\frac{1}{2},k}-H_x\big|^{n-1}_{i,j+\frac{1}{2},k}\Big)\Big] \tag{8.112}$$

其中,系数 A_s,$B1_s$,$B2_s$,$B3_s$ 和 $B4_s$ 分别定义如下

$$A_s=\frac{\beta}{2}(1+q_s\mu_0\varepsilon_0 d^2\omega_{\mathrm{pe}}^2)+\frac{q_s\mu_0\varepsilon_0 d^2\cos^2\theta}{\Delta t^2}$$

$$B1_s=-\alpha(1+q_s\mu_0\varepsilon_0 d^2\omega_{\mathrm{pe}}^2)+\frac{2q_s\mu_0\varepsilon_0 d^2\cos^2\theta}{\Delta t^2}$$

$$B2_s=-\frac{\beta}{2}(1+q_s\mu_0\varepsilon_0 d^2\omega_{\mathrm{pe}}^2)-\frac{q_s\mu_0\varepsilon_0 d^2\cos^2\theta}{\Delta t^2} \tag{8.113}$$

$$B3_s=q_s\mu_0\varepsilon_0 d^2\nu_{\mathrm{e}}\omega_{\mathrm{pe}}^2,\quad B4_s=\frac{\mu_0 d a_s}{2\Delta t}$$

令

$$H_s\big|^{n+1}_{i,j+\frac{1}{2},k}=\frac{1}{A_s}\Big[B1_s\,E_s\big|^{n}_{i,j+\frac{1}{2},k}+B2_s\,E_s\big|^{n-1}_{i,j+\frac{1}{2},k}+B3_s\,\varphi_s\big|^{n}_{i,j+\frac{1}{2},k}-B4_s\,H_x\big|^{n-1}_{i,j+\frac{1}{2},k}\Big]$$

$$\tag{8.114}$$

则有

$$E_s\big|^{n+1}_{i,j+\frac{1}{2},k}=H_s\big|^{n+1}_{i,j+\frac{1}{2},k}+\frac{B4_s}{A_s}\cdot H_x\big|^{n+1}_{i,j+\frac{1}{2},k} \tag{8.115}$$

将式(8.115)代入式(8.101),得

$$E_y\big|^{n+1}_{i,j+\frac{1}{2},k}=\sum_{s=1}^{M}H_s\big|^{n+1}_{i,j+\frac{1}{2},k}+KK\cdot H_x\big|^{n+1}_{i,j+\frac{1}{2},k} \tag{8.116}$$

其中,$KK=\displaystyle\sum_{s=1}^{M}\frac{B4_s}{A_s}$

另一方面,由于 xoy 界面上磁场分量 H_z 为 0,电场分量 E_y 的三维 FDTD 公式可简化为

$$E_y\big|^{n+1}_{i,j+\frac{1}{2},k}=E_y\big|^{n}_{i,j+\frac{1}{2},k}+\frac{2\Delta t}{\Delta z\cdot\varepsilon_0}\left(H_x\big|^{n+\frac{1}{2}}_{i,j+\frac{1}{2},k+\frac{1}{2}}-\frac{H_x\big|^{n+1}_{i,j+\frac{1}{2},k}+H_x\big|^{n}_{i,j+\frac{1}{2},k}}{2}\right) \tag{8.117}$$

联立式(8.116)和式(8.117),可得电场分量和磁场分量的 FDTD 迭代式

$$\left(1+\frac{\Delta t}{\Delta z\cdot\varepsilon_0\cdot KK}\right)E_y\big|^{n+1}_{i,j+\frac{1}{2},k}$$

$$=E_y\big|^{n}_{i,j+\frac{1}{2},k}+\frac{2\Delta t}{\Delta z\cdot\varepsilon_0}\left(H_x\big|^{n+\frac{1}{2}}_{i,j+\frac{1}{2},k+\frac{1}{2}}+\frac{1}{2KK}\sum_{s=1}^{20}H_s\big|^{n}_{i,j+\frac{1}{2},k}-\frac{1}{2}H_x\big|^{n}_{i,j+\frac{1}{2},k}\right)$$

$$\tag{8.118}$$

$$H_x \big|_{i,j+\frac{1}{2},k}^{n+1} = \frac{1}{KK} \Big(E_y \big|_{i,j+\frac{1}{2},k}^{n+1} - \sum_{s=1}^{M} H_s \big|_{i,j+\frac{1}{2},k}^{n+1} \Big) \tag{8.119}$$

其他立方体表面上的 11 组表面阻抗公式有相同的推导过程,此处不再赘述。

另外在三维问题中,由于立方体的 12 条棱边上的法向方向无法确定,因此从严格意义上来讲,表面阻抗条件不再适用于各条棱边。本书对 12 条棱边上各节点处电场分量运用表面阻抗条件时均进行了近似处理,即用各条棱边两侧界面上相邻节点处两个磁场分量的算术平均值与真空中波阻抗 Z_0 的比值表示棱边上对应节点的电场分量,具体表达式如下所示。

对于电场分量 E_x 所在的棱边(即立方体中与 x 轴平行的 4 条棱边):

当 $y = y_{\min}$,$z = z_{\min}$时,有

$$E_x \big|_{i+\frac{1}{2},j,k}^{n+1} = \frac{1}{2Z_0} \Big(H_y \big|_{i+\frac{1}{2},j+1,k}^{n+1} + H_z \big|_{i+\frac{1}{2},j,k+1}^{n+1} \Big) \tag{8.120}$$

当 $y = y_{\min}$,$z = z_{\max}$时,有

$$E_x \big|_{i+\frac{1}{2},j,k}^{n+1} = \frac{1}{2Z_0} \Big(H_y \big|_{i+\frac{1}{2},j+1,k}^{n+1} + H_z \big|_{i+\frac{1}{2},j,k-1}^{n+1} \Big) \tag{8.121}$$

当 $y = y_{\max}$,$z = z_{\min}$时,有

$$E_x \big|_{i+\frac{1}{2},j,k}^{n+1} = \frac{1}{2Z_0} \Big(H_y \big|_{i+\frac{1}{2},j-1,k}^{n+1} + H_z \big|_{i+\frac{1}{2},j,k+1}^{n+1} \Big) \tag{8.122}$$

当 $y = y_{\max}$,$z = z_{\max}$时,有

$$E_x \big|_{i+\frac{1}{2},j,k}^{n+1} = \frac{1}{2Z_0} \Big(H_y \big|_{i+\frac{1}{2},j-1,k}^{n+1} + H_z \big|_{i+\frac{1}{2},j,k-1}^{n+1} \Big) \tag{8.123}$$

对于电场分量 E_y 所在的棱边(即立方体中与 y 轴平行的 4 条棱边):

当 $x = x_{\min}$,$z = z_{\min}$时,有

$$E_y \big|_{i,j+\frac{1}{2},k}^{n+1} = \frac{1}{2Z_0} \Big(H_x \big|_{i+1,j+\frac{1}{2},k}^{n+1} + H_z \big|_{i,j+\frac{1}{2},k+1}^{n+1} \Big) \tag{8.124}$$

当 $x = x_{\min}$,$z = z_{\max}$时,有

$$E_y \big|_{i,j+\frac{1}{2},k}^{n+1} = \frac{1}{2Z_0} \Big(H_x \big|_{i+1,j+\frac{1}{2},k}^{n+1} + H_z \big|_{i,j+\frac{1}{2},k-1}^{n+1} \Big) \tag{8.125}$$

当 $x = x_{\max}$,$z = z_{\min}$时,有

$$E_y \big|_{i,j+\frac{1}{2},k}^{n+1} = \frac{1}{2Z_0} \Big(H_x \big|_{i-1,j+\frac{1}{2},k}^{n+1} + H_z \big|_{i,j+\frac{1}{2},k+1}^{n+1} \Big) \tag{8.126}$$

当 $x = x_{\max}$,$z = z_{\max}$时,有

$$E_y \big|_{i,j+\frac{1}{2},k}^{n+1} = \frac{1}{2Z_0} \Big(H_x \big|_{i-1,j+\frac{1}{2},k}^{n+1} + H_z \big|_{i,j+\frac{1}{2},k-1}^{n+1} \Big) \tag{8.127}$$

对于电场分量 E_z 所在的棱边(即立方体中与 z 轴平行的 4 条棱边):

当 $x = x_{\min}$,$y = y_{\min}$时,有

$$E_z \big|_{i,j,k+\frac{1}{2}}^{n+1} = \frac{1}{2Z_0} \Big(H_x \big|_{i+1,j,k+\frac{1}{2}}^{n+1} + H_y \big|_{i,j+1,k+\frac{1}{2}}^{n+1} \Big) \tag{8.128}$$

当 $x = x_{\min}$，$y = y_{\max}$ 时，有

$$E_z\big|_{i,j,k+\frac{1}{2}}^{n+1} = \frac{1}{2Z_0}\left(H_x\big|_{i+1,j,k+\frac{1}{2}}^{n+1} + H_y\big|_{i,j-1,k+\frac{1}{2}}^{n+1}\right) \tag{8.129}$$

当 $x = x_{\max}$，$y = y_{\min}$ 时，有

$$E_z\big|_{i,j,k+\frac{1}{2}}^{n+1} = \frac{1}{2Z_0}\left(H_x\big|_{i-1,j,k+\frac{1}{2}}^{n+1} + H_y\big|_{i,j+1,k+\frac{1}{2}}^{n+1}\right) \tag{8.130}$$

当 $x = x_{\max}$，$y = y_{\max}$ 时，有

$$E_z\big|_{i,j,k+\frac{1}{2}}^{n+1} = \frac{1}{2Z_0}\left(H_x\big|_{i-1,j,k+\frac{1}{2}}^{n+1} + H_y\big|_{i,j-1,k+\frac{1}{2}}^{n+1}\right) \tag{8.131}$$

8.4.4 算例验证与分析

入射波为高斯脉冲

$$E_i(t) = \exp\left[-\frac{4\pi\,(t-t_0)^2}{\tau^2}\right] \tag{8.132}$$

其中，τ 和 t_0 为脉冲参数。

1. 垂直极化电磁波斜入射一维算例验证

这里首先讨论一个一维问题：垂直极化(TE)平面电磁波斜入射到理想导体表面涂覆非磁化等离子体的情况。如图 8.25 所示，分别用并置节点 SIBCs 方法和常规的磁场节点移动 SIBCs 方法计算了反射系数，并与解析解进行了对比。非磁化等离子体涂层厚度为 $d = 6\text{mm}$，参数取 $\nu_e = 300\text{GHz}$，$\omega_p = 2\pi \times 26 \times 10^9 \text{GHz}$。计算时 FDTD 空间步长为 $\Delta z = 0.375\text{mm}$，相当于电磁波频率为 80GHz 时，自由空间中一个波长剖分成 10 个计算网格；时间步长为 $\Delta t = 6.25 \times 10^{-13}\text{s}$。高斯脉冲参数为 $\tau = 80\Delta t$，$t_0 = 0.8\tau$。为了防止边界所产生的电磁波反射，两端采用修正的 Mur 吸收边界。为了便于数值比较，非磁化等离子体参数和 FDTD 计算参数在本节以下算例中均保持不变。

在图 8.25～图 8.27 所示算例中，高斯脉冲的入射角分别为 30°，45°和 60°。从这三幅图中可以明显看出，所计算的反射系数随着垂直极化平面波入射角度的变化而改变。在整个 0～80GHz 计算频率范围内，用节点并置 SIBC 方法所计算的反射系数幅度和相位都与解析解吻合得相当好。当电磁波入射角度为 $\theta = 30°$ 时，反射系数的第一个谐振出现在 25GHz 附近；当电磁波入射角度为 $\theta = 45°$ 时，反射系数的第一个谐振向右偏移，出现在 35GHz 附近；当电磁波入射角度为 $\theta = 60°$ 时，第一个谐振频率则出现在 58GHz 附近。同时，发现电磁波入射角度越大，反射系数的平均值越小，这表明更多的能量被涂覆目标吸收了。然而，在图 8.25(a)、图 8.26(a) 和图 8.27(a) 中，当频率大于 20GHz 时，移动界面处磁场 H 节点的 SIBCs 方法计算出的反射系数幅度与解析解相比出现了明显的偏差。这种偏差同样反映在图 8.25(b)、图 8.26(b) 和图 8.27(b) 所示的反射系数相位分布上。用两种方法计算的三种入射角度所对应

的反射系数的幅度误差和相位误差分别如图 8.28 所示,表明与常规的磁场节点移动方法相比,本书提出的节点并置方法与解析解吻合得更好。

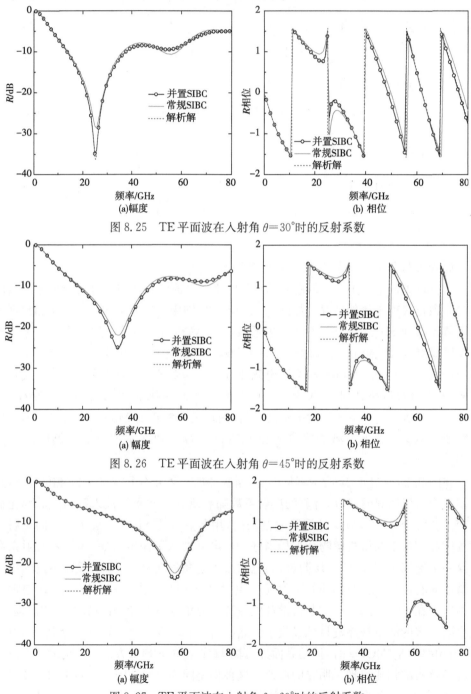

图 8.25　TE 平面波在入射角 $\theta=30°$ 时的反射系数

图 8.26　TE 平面波在入射角 $\theta=45°$ 时的反射系数

图 8.27　TE 平面波在入射角 $\theta=60°$ 时的反射系数

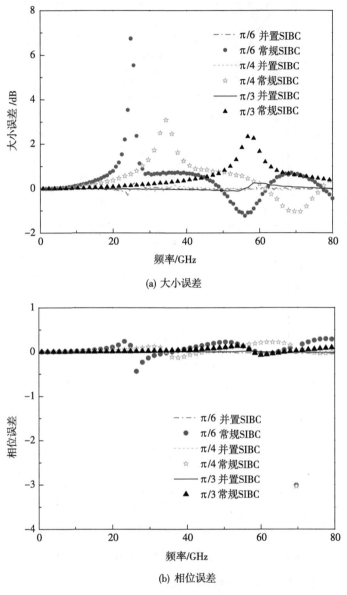

(a) 大小误差

(b) 相位误差

图 8.28　三种入射角对应反射系数的误差

　　接下来数值验证垂直极化电磁波斜入射时并置节点 SIBCs-FDTD 方法的收敛性。等离子体涂层厚度为 $d=2\text{mm}$。等离子体参数和 FDTD 参数与图 8.25 中的算例一致。选取空间步长分别为 $\Delta z=0.75\text{mm},0.625\text{mm},0.375\text{mm}$ 和 0.1875mm。图 8.29 给出了用并置节点 SIBCs-FDTD 方法所模拟的反射系数幅度和相位,并与相应的解析解进行了对比。可以明显看出算法的精度随着空间步长的减小而增加,表明该算法对垂直极化电磁波斜入射情形具有良好的数值收敛性。

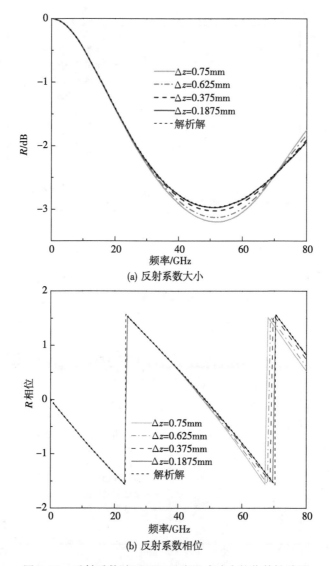

图 8.29 反射系数随 FDTD 元胞尺寸减小的收敛性验证

2. 平行极化电磁波斜入射一维算例验证

现在我们研究非磁化等离子体涂覆理想导体对斜入射平行极化电磁波的反射。等离子体厚度增大为 $d=10\text{mm}$。其他计算参数与 8.4.1 节中的算例一致。图 8.30 ～图 8.32 分别给出了电磁波以 30°,45°和 60°入射角斜入射时,其反射系数幅度和相位随电磁波频率变化的曲线图。对应的反射系数幅度和相位误差如图 8.33 所示。通过与解析解比较,同样发现节点并置 SIBCs 方法的计算结果比常规 SIBCs 方法具有更高的数值精度。此外,通过与 8.4.1 节中的算例进行比较,可以发现随着等离子体涂层厚度的增加,常规 SIBCs 方法所计算出的反射系数幅度和相位与解析解的偏差明显变大,进一步表明本书所提出的并置方法具有较高的准确性。

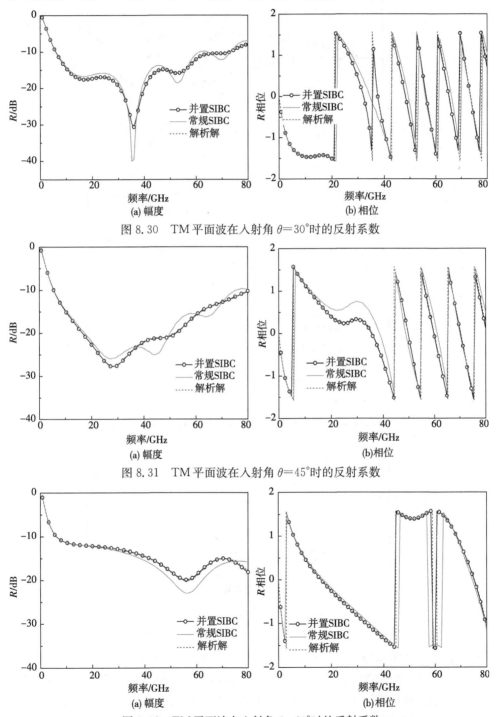

图 8.30　TM 平面波在入射角 $\theta=30°$时的反射系数

图 8.31　TM 平面波在入射角 $\theta=45°$时的反射系数

图 8.32　TM 平面波在入射角 $\theta=60°$时的反射系数

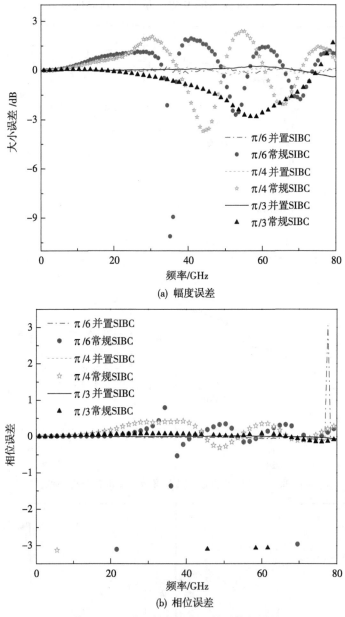

图 8.33　三种入射角对应反射系数的误差

　　等离子体涂层厚度 $d=2\text{mm}$。等离子体参数和 FDTD 参数与图 8.25 中的算例一致。选取空间步长分别为 $\Delta z=0.75\text{mm}$，0.625mm，0.375mm 和 0.1875mm。同样选取空间步长分别为 $\Delta z=0.75\text{mm}$，0.625mm，0.375mm 和 0.1875mm，对垂直极化电磁波斜入射情况下该并置节点方法的收敛性进行数值验证，如图 8.34 所示。可以看出，随着计算网格中电磁波空间取样点密集度的增加，模拟出的反射系数幅度与解析解吻合得更好,这样垂直极化波斜入射情况下算法的收敛性也得到了验证。

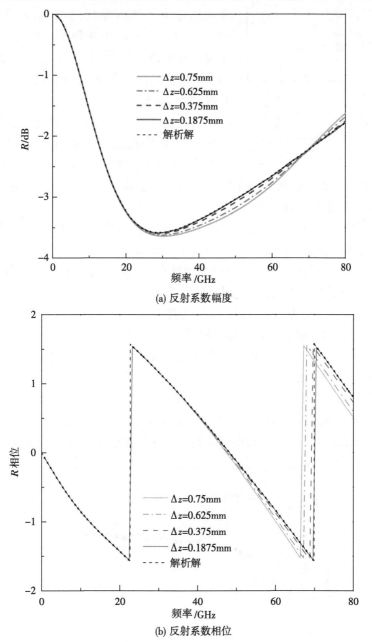

(a) 反射系数幅度

(b) 反射系数相位

图 8.34　反射系数随 FDTD 元胞尺寸减小的收敛性验证

3. 三维算例验证

前面已经验证了本书提出的方法对于一维平面界面问题的有效性及正确性。然而,实际应用中大多数模型都是三维的涂覆目标问题,因此验证该方法对三维目标的

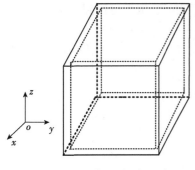

图 8.35　三维问题几何示意图

适用性尤为重要。下面分析一个金属立方体涂覆非磁化等离子体薄涂层的问题,其几何模型如图 8.35 所示。我们用两种不同的方法计算这个涂覆立方体的后向 RCS:①常规的直接在涂覆目标中严格剖分网格的 FDTD 方法;②本书提出的并置节点 SIBCs-FDTD 方法。由于立方体的 12 条棱边上的法向方向无法确定,因此从严格意义上来讲,表面阻抗条件不适用于各条棱边。本书对 12 条棱边上各节点处电场分量运用表面阻抗条件时均做了近似处理,即用各条棱边两侧界面上相邻节点处两个磁场分量的算术平均值表示棱边上的电场分量。

　　金属立方体的尺寸为 1m×1m×1m,其各个表面上非磁化等离子体涂层的厚度均为 $d=0.025$m。等离子体频率为 $\omega_p=2\pi\times26\times10^9$rad/s,等离子体碰撞频率为 $\nu_e=300$GHz。并置 SIBCs 方法计算时采用相对粗糙的网格尺寸 $\Delta x=\Delta y=\Delta z=0.025$mm;常规直接剖分网格的 FDTD 方法计算时网格尺寸为 $\Delta x=\Delta y=\Delta z=0.00625$mm。两种方法计算时,时间步长均为 $\Delta t=\Delta x/2c_0$(c_0 为真空中的光速);计算区域均采用 UPML 吸收边界。高斯脉冲沿着 z 轴正向入射,脉冲参数为 $\tau=60\Delta t,t_0=0.8\tau$。

　　图 8.36 给出了金属立方体涂覆非磁化等离子体薄层的后向 RCS 的计算结果,其中实线表示用直接剖分网格的常规 FDTD 方法所计算出的结果;黑色三角形为本书提出的并置节点 SIBC-FDTD 方法的模拟结果。可以明显看出,在所考察的频率范围内并置节点 SIBC-FDTD 方法所给出的模拟结果与参考解吻合得很好,只在谐振频率 0.12GHz 附近出现了微小的偏差。同时很容易发现,对于这种大尺寸涂覆目

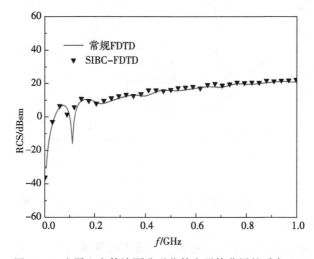

图 8.36　金属立方体涂覆非磁化等离子体薄层的后向 RCS

标,常规 FDTD 方法需要对涂覆目标进行严格的网格剖分,同时等离子体薄涂层的厚度会严重制约网格的尺寸,造成了网格剖分相对很密。并置 SIBC-FDTD 方法由于不需要对等离子体涂层和金属立方体内部进行网格剖分,只需在涂覆立方体外采用相对粗糙的网格剖分。通过这两种方法网格尺寸大小的比较,表明本书提出的并置 SIBCs 方法明显节省了大量的计算内存。因此,对于大尺寸金属目标涂覆等离子体薄涂层问题,该方法可以在很大程度上节省计算内存和提高计算效率,并且在计算精度上与常规 FDTD 方法保持很好的一致性。

参 考 文 献

[1] Peterson A F, Ray S, Mittra R. Computational Method for Electromagnetic. New York: IEEE Press, 1998.

[2] 王长清. 现代计算电磁学基础. 北京:北京大学出版社,2005.

[3] 王秉中. 计算电磁学. 北京:科学出版社,2003.

[4] 盛新庆. 计算电磁学要论. 北京:科学出版社,2004.

[5] Roger F. Harrington. Field computation by moment method (2nd edition). New York: IEEE Press, 1993.

[6] Harrington R F. 计算电磁场的矩量法. 北京:国防工业出版社,1981.

[7] 葛德彪,闫玉波. 电磁波时域有限差分方法(第三版). 西安:西安电子科技大学出版社,2011.

[8] Kobidze G. Implementation of collocated surface impedance boundary conditions in FDTD. IEEE Trans. Antennas and Propagat. ,2010,58(7):2394-2403.

[9] Hu X J, Ge D B. Study on conformal FDTD for electromagnetic scattering by targets with thin coating. Progress In Electromagnetics Research,2008,79:305-319.

[10] Ahmed S, Naqvi Q A. Electromagnetic scattering of two or more incident plane waves by a perfect electromagnetic conductor cylinder coated with a metamaterial. Progress In Electromagnetics Research,2008,10:75-90.

[11] Ruppin R. Scattering of electromagnetic radiation by a coated perfect electromagnetic conductor sphere. Progress In Electromagnetics Research,2009,8:53-62.

[12] Ahmed S, Naqvi Q A. Electromagnetic scattering from a chiral-coated nihility cylinder. Progress In Electromagnetics Research,2010,18:41-50.

[13] Hu X J, Ge D B. Study on conformal FDTD for electromagnetic scattering by targets with thin coating. Progress In Electromagnetics Research,2008,79:305-319.

[14] Kärkkäinen M K. FDTD Surface impedance model for coated conductors. IEEE Transactions on Electromagnetic compatibility,2004,46(2):222-233.

[15] Kärkkäinen M K. FDTD model of electrically thick frequency-dispersive coatings on metals and semiconductors based on surface impedance boundary conditions. IEEE Trans. Antennas and Propagat. ,2005,53(3):1174-1186.

[16] Kobidze G. Implementation of collocated surface impedance boundary conditions in FDTD. IEEE Trans. Antennas and Propagat. ,2010,58(7):2394-2403.

[17] Shi L J, Yang L X, Ma H, et al. Collocated SIBC-FDTD method for coated conductors at oblique incidence. Progress In Electromagnetics Research M,2013,30:239-252.

[18] 杨利霞,谢应涛,孔娃,等. 斜入射分层线性各向异性等离子体电磁散射时域有限差分方法分析. 物理学报,2010,59(9):6089-6095.

[19] 魏兵,葛德彪. 导电平板上任意缝隙填充各向异性介质时 TM 波散射和传输特性分析. 计算物理,2003,20(5):223-228.

[20] Shi L J, Yang L X, Ding J N. FDTD model of non-magnetized plasma coatings on metals based on collocated surface impedance boundary conditions. Waves in Random and Complex Media, 2014,24:203-217.

[21] 施丽娟,杨利霞,马辉. 导体表面涂覆有耗和等离子体薄涂层电磁散射特性的 SIBC-FDTD 分析. 全国电磁散射与逆散射学术交流会,成都,2011.

[22] Shi L J, Yang L X, Cai Z C. An efficient implementation of NPML for truncating anisotropic media. AES 2014 Symposium,Hangzhou,2014.

[23] 杨利霞,马辉,施卫东,等. 基于表面阻抗边界条件的等离子体薄涂层电磁散射的时域有限差分分析. 物理学报,2013,62(3):034102.

[24] Ma H, Yang L X, Shi L J, et al. A modified FDTD method of EM scattering of dispersive plasma thin layer. Microwave and Millimeter Wave Technology (ICMMT),2012 International Conference,2012.

[25] 施丽娟. 基于并置节点表面阻抗边界条件的改进 FDTD 方法研究. 江苏大学博士学位论文,2014.

[26] 马辉. 等离子体色散介质薄涂层电磁散射的 SIBC-FDTD 方法. 江苏大学硕士学位论文,2013.

[27] 杨利霞,葛德彪,魏兵. 电各向异性色散介质电磁散射的三维递推卷积一时域有限差分方法分析. 物理学报,2007,56(8):4509-4514.

[28] 杨利霞,谢应涛,王祎君,等. 基于拉氏变换原理的三维磁化等离子体电磁散射 FDTD 分析. 电子学报,2009,37(12):2711-2715.

[29] 杨利霞,沈丹华,施卫东. 三维时变等离子体目标的电磁散射特性研究. 物理学报,2013,62(10):104101-1-104101-6.

[30] 王飞,葛德彪,魏兵. SO-FDTD 法计算磁化等离子体层的反射透射系数. 电波科学学报,2008,23(4):704-707.

第9章 时变等离子体中电磁波电磁特性

在第 2 章中将微观的电子相对密度(不同电子密度和中性粒子密度)随时间而进行的复杂变化近似地等效到宏观的磁冷等离子体频率随时间变化的函数上去,提出了一种适合于计算时变等离子体的 FDTD 方法,并通过数值计算结果与解析解的对比,验证了该方法的准确性。本章利用该方法对时变等离子的对电磁特性进行了分析。

9.1 一维瞬变等离子体的算法验证与数值分析

9.1.1 一维瞬变等离子体电磁特性解析解的推导

瞬变等离子体是指等离子体频率在时间域上从无到有瞬间产生的一种时变情况,当时变等离子体全部填充谐振腔时,等离子体频率只是时间 t 的函数。假设等离子体在 t_0 时刻瞬间产生,则它的函数形式可以表示如下:

$$\omega_p(t)=\begin{cases}0, & t<t_0 \\ \omega_{p\_max}, & t \geqslant t_0\end{cases} \tag{9.1}$$

$\omega_p(t)$ 的变化规律如图 9.1 所示。

选取矩形金属谐振腔中全部填充瞬变等离子体作为研究模型,一维情况下,电磁波的传输方向为 z 方向,两金属板间的距离为 d,如图 9.2 所示。

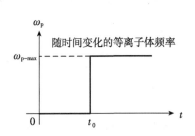
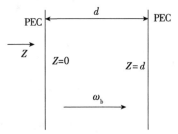

图 9.1 瞬变等离子体频率的产生过程　　图 9.2 一维矩形金属谐振腔计算模型

推导了理想情况下,谐振腔中瞬间产生等离子体后,腔内中心一点处右旋圆极化电磁波的频率的变化规律,即矩形腔的谐振频率以及振幅等的变化规律。

解析解的具体推导过程如下:首先推导出电子与中性粒子的碰撞频率 ν 为 0 时,瞬变非磁化与磁化等离子体情况下的解析解。为了分析更一般的情况,又得出了在外加磁场情况下 ν 不为 0 时的解析解。具体推导过程如下。

1. 碰撞频率为 0 时,有外加磁场情况

分别用 E^- 和 E^+ 表示谐振腔内产生等离子体前后的电场,则无时变等离子体时圆极化波的表达式如下:

$$\begin{cases} E_x^-(z,t)=E_0\sin\dfrac{n\pi z}{d}\cos(\omega_0 t+\phi_0) \\[2mm] E_y^-(z,t)=E_0\sin\dfrac{n\pi z}{d}\cos(\omega_0 t+\phi_0+\delta) \\[2mm] E_z^-(z,t)=0 \end{cases} \tag{9.2}$$

其中,$n=1,2,3,\cdots$;δ 为电场 $\boldsymbol{E}$ 的 x 分量和 y 分量的相位差,圆极化波时,$\delta=\pm\dfrac{\pi}{2}$,右旋圆极化波时,$\delta=-\dfrac{\pi}{2}$。

若令 E_x^- 的初始相位 ϕ_0 为 0,则有

$$\begin{cases} E_x^-(z,t)=E_0\sin\dfrac{n\pi z}{d}\cos\omega_0 t \\[2mm] E_y^-(z,t)=E_0\sin\dfrac{n\pi z}{d}\cos(\omega_0 t+\delta) \\[2mm] E_z^-(z,t)=0 \end{cases} \tag{9.3}$$

根据麦克斯韦方程

$$\nabla\times\boldsymbol{E}=-\mu_0\frac{\partial\boldsymbol{H}}{\partial t} \tag{9.4}$$

将其展开为标量方程

$$\begin{cases} \dfrac{\partial H_x}{\partial t}=\dfrac{1}{\mu_0}\dfrac{\partial E_y}{\partial z} \\[3mm] \dfrac{\partial H_y}{\partial t}=-\dfrac{1}{\mu_0}\dfrac{\partial E_x}{\partial z} \end{cases} \tag{9.5}$$

由式(9.4)可得

$$\begin{cases} H_x^-(z,t)=-H_0\cos\dfrac{n\pi z}{d}\sin(\omega_0 t+\delta) \\[2mm] H_y^-(z,t)=H_0\cos\dfrac{n\pi z}{d}\sin\omega_0 t \\[2mm] H_z^-(z,t)=0 \\[2mm] H_0=-E_0\dfrac{n\pi}{d\mu_0\omega_0}=\dfrac{-E_0}{\mu_0 c}=\dfrac{-E_0}{\eta_0} \end{cases} \tag{9.6}$$

其中

$$\omega_0=\frac{n\pi c}{d} \tag{9.7}$$

将 E_x^- 分解为只与空间 z 有关的函数 $f_1^-(z)$ 和只与时间 t 有关的函数 $f_2^-(t)$ 的乘积,则有

$$
\begin{cases}
E_x^-(z,t) = f_{E_{x1}}^-(z) f_{E_{x2}}^-(t) \\[2mm]
f_{E_{x1}}^-(z) = E_0 \sin \dfrac{n\pi z}{d} \\[2mm]
f_{E_{x2}}^-(t) = \cos \omega_0 t
\end{cases}
\tag{9.8}
$$

同理可得

$$
\begin{cases}
E_y^-(z,t) = f_{E_{y1}}^-(z) f_{E_{y2}}^-(t) \\[2mm]
H_x^-(z,t) = f_{H_{x1}}^-(z) f_{H_{x2}}^-(t) \\[2mm]
H_y^-(z,t) = f_{H_{y1}}^-(z) f_{H_{y2}}^-(t)
\end{cases}
\tag{9.9}
$$

$$
\begin{cases}
f_{E_{y1}}^-(z) = E_0 \sin \dfrac{n\pi z}{d}, \quad f_{E_{y2}}^-(t) = \cos(\omega_0 t + \delta) \\[2mm]
f_{H_{x1}}^-(z) = H_0 \cos \dfrac{n\pi z}{d}, \quad f_{H_{x2}}^-(t) = -\sin(\omega_0 t + \delta) \\[2mm]
f_{H_{y1}}^-(z) = H_0 \cos \dfrac{n\pi z}{d}, \quad f_{H_{y2}}^-(t) = \sin \omega_0 t
\end{cases}
\tag{9.10}
$$

加入时变磁化等离子体后,与前面部分推导类似:即将 $E_x^+(z,t)$ 表示成只与空间 z 的函数 $f_{E_{x1}}^+(z)$ 和只与时间 t 有关的函数 $f_{E_{x2}}^+(t)$ 的乘积,

$$
E_x^+(z,t) = f_{E_{x1}}^+(z) f_{E_{x2}}^+(t) = f_{E_{x1}}^+(z) f_{E_{x2}}^+(t)
\tag{9.11}
$$

将等离子体波动方程(其来源可由等离子体本构方程得出,具体推导见下面 ν 不为 0 时的一般情况)

$$
\nabla \times \nabla \times \boldsymbol{E} + \frac{1}{c^2} \frac{\partial^2 \boldsymbol{E}}{\partial t^2} + \frac{1}{c^2} \omega_p^2(t) \boldsymbol{E} + \mu_0 \omega_b \times \boldsymbol{J} = 0
\tag{9.12}
$$

展开为标量方程

$$
\begin{cases}
\dfrac{\partial^2 E_x^+}{\partial z^2} - \dfrac{1}{c^2} \dfrac{\partial^2 E_x^+}{\partial t^2} - \dfrac{1}{c^2} \omega_p^2(t) E_x^+ + \mu_0 \omega_b J_y^+ = 0 \\[3mm]
\dfrac{\partial^2 E_y^+}{\partial z^2} - \dfrac{1}{c^2} \dfrac{\partial^2 E_y^+}{\partial t^2} - \dfrac{1}{c^2} \omega_p^2(t) E_y^+ - \mu_0 \omega_b J_x^+ = 0
\end{cases}
\tag{9.13}
$$

又将麦克斯韦方程

$$
\begin{cases}
\nabla \times \boldsymbol{H} = \varepsilon_0 \dfrac{\partial \boldsymbol{E}}{\partial t} + \boldsymbol{J} \\[3mm]
\nabla \times \boldsymbol{E} = -\mu_0 \dfrac{\partial \boldsymbol{H}}{\partial t}
\end{cases}
\tag{9.14}
$$

展开为标量方程

$$\begin{cases} -\dfrac{\partial H_y^+}{\partial z} = \varepsilon_0 \dfrac{\partial E_x^+}{\partial t} + J_x^+ \\[2mm] \dfrac{\partial H_x^+}{\partial z} = \varepsilon_0 \dfrac{\partial E_y^+}{\partial t} + J_y^+ \\[2mm] \dfrac{\partial E_y^+}{\partial z} = \mu_0 \dfrac{\partial H_x^+}{\partial t} \\[2mm] \dfrac{\partial E_x^+}{\partial z} = -\mu_0 \dfrac{\partial H_y^+}{\partial t} \end{cases} \tag{9.15}$$

将式(9.8)、式(9.9)代入式(9.13)、式(9.15),取参数 $n=1$,$z=\dfrac{d}{2}$,消去关于 z 的函数,并将 $t \geqslant t_0$ 时的等离子体频率值代入,对时域方程(9.13)和(9.15)进行拉普拉斯变换到 s 域,则可得下述方程

$$F_{E_{x2}}^+ (s) [s^2 + \omega_0^2 + \omega_{p\_max}^2] - F_{J_{y2}}^+ (s) [\mu_0 \omega_b c^2] = s \tag{9.16}$$

$$F_{E_{y2}}^+ (s) [s^2 + \omega_0^2 + \omega_{p\_max}^2] + F_{J_{x2}}^+ (s) [\mu_0 \omega_b c^2] = s \cos\delta - \omega_0 \sin\delta \tag{9.17}$$

$$F_{H_{y2}}^+ (s) = a_2 \varepsilon_0 E_0 [s F_{E_{x2}}^+ (s) - 1] + a_2 E_0 F_{J_{x2}}^+ (s) \tag{9.18}$$

$$F_{H_{x2}}^+ (s) = -a_2 \varepsilon_0 E_0 [s F_{E_{y2}}^+ (s) - \cos\delta] - a_2 E_0 F_{J_{y2}}^+ (s) \tag{9.19}$$

$$F_{E_{y2}}^+ (s) = a_1 [s F_{H_{x2}}^+ (s) + \sin\delta] \tag{9.20}$$

$$F_{E_{x2}}^+ (s) = -a_1 [s F_{H_{y2}}^+ (s)] \tag{9.21}$$

其中

$$\begin{cases} a_1 = \mu_0 d H_0 / (n\pi E_0) = -1/\omega_0 \\[2mm] a_2 = d/(n\pi H_0) = -1/(\varepsilon_0 E_0 \omega_0) \end{cases} \tag{9.22}$$

下面对式(9.16)～式(9.21)中的 $F_{E_{x2}}^+ (s)$ 进行求解,具体求解过程见附录 C,结果可得

$$F_{E_{x2}}^+ (s) = \frac{a_{10} s^5 + a_{11} s^4 + a_{12} s^3 + a_{13} s^2 + a_{14} s + a_{15}}{s^6 + a_{16} s^4 + a_{17} s^2 + a_{18}} \tag{9.23}$$

其中

$$\begin{cases} a_{10} = 1 \\ a_{11} = a_5 - a_3 \cos\delta \\ a_{12} = a_9 - a_7 - a_3 a_6 \\ a_{13} = a_5 a_9 - a_3 a_8 + a_4 \cos\delta = a_5 a_9 + a_4 \cos\delta \\ a_{14} = -a_7 a_9 + a_4 a_6 \\ a_{15} = a_4 a_8 = 0 \\ a_{16} = 2 a_9 + a_3^2 \\ a_{17} = a_9^2 - 2 a_3 a_4 \\ a_{18} = a_4^2 \end{cases} \tag{9.24}$$

$$\begin{cases} a_3 = \mu_0 \omega_b \varepsilon_0 E_0 c^2 \\ a_4 = -\mu_0 \omega_b c^2 / (a_1 a_2) \\ a_5 = c^2 \mu_0 \omega_b \varepsilon_0 E_0 \cos\delta \\ a_6 = -\omega_0 \sin\delta - c^2 \mu_0 \omega_b \varepsilon_0 E_0 \\ a_7 = -c^2 \mu_0 \omega_b \sin\delta / a_2 \\ a_8 = 0 \\ a_9 = \omega_0^2 + \omega_p^2 \end{cases} \tag{9.25}$$

对式(9.23)进行因式分解,可得

$$F_{E_{x2}}^+(s) = \frac{B_1 s + C_1}{s^2 + \omega_1^2} + \frac{B_2 s + C_2}{s^2 + \omega_2^2} + \frac{B_3 s + C_3}{s^2 + \omega_3^2} \tag{9.26}$$

其中,$\omega_1,\omega_2,\omega_3,B_1,B_2,B_3,C_1,C_2,C_3$ 可以根据式(9.23)、式(9.24)计算得出。

又知

$$l^{-1}\left(\frac{Bs+C}{s^2+\omega^2}\right) = l^{-1}\left[\frac{(A\cos\phi)s + (-A\omega\sin\phi)}{s^2+\omega^2}\right] = A\cos(\omega t + \phi) \tag{9.27}$$

其中

$$\begin{cases} B = A\cos\phi \\ C = -A\omega\sin\phi \end{cases} \tag{9.28}$$

由式(9.28)可得

$$A = \frac{\sqrt{C^2 + \omega^2 B^2}}{\omega} \tag{9.29}$$

根据式(9.28)、式(9.29)可以计算出 ϕ。

联合式(9.8)、式(9.27)～式(9.29),对式(9.26)进行逆拉普拉斯变换,可得 $E_x^+(z,t)$ 为

$$E_x^+(z,t) = E_0 \sin\frac{n\pi z}{d} \sum_{i=1}^{3} A_i \cos(\omega_i t + \varphi_i) \tag{9.30}$$

由此可见,当矩形谐振腔全部填充瞬变磁化等离子体后,E_x 由原来的一个固有频率 ω_0 变成了三个新的频率 $\omega_1 \sim \omega_3$,并且 ω_1、ω_2、ω_3 的值是由 ω_0、ω_b 和 ω_{p_max} 共同决定的,由于 $\omega_1 \sim \omega_3$ 的解用符号表示比较复杂,可以直接代入参数值列出结果。例如,

(1) 给定参数:$E_0 = 1\text{V/m}, \omega_{p\_max} = 2\pi \times 50\text{GHz}, \omega_0 = 2\pi \times 10\text{GHz}, z = d/2, \omega_b = 2\pi \times 10\text{GHz}, n = 1, \delta = -\frac{\pi}{2}$ 时,根据上面的理论公式,将各参数代入式(9.23),利用 Mathematics 软件计算得

$$F_{E_{x2}}^+(s) = \frac{s^5 + 1.06599 \times 10^{23} s^3 + 4.05605 \times 10^{44} s}{s^6 + 2.09243 \times 10^{23} s^4 + 1.0567 \times 10^{46} s^2 + 6.16411 \times 10^{64}}$$

进一步分解

$$F_{E_{x2}}^+(s) = \frac{0.0383342 s}{s^2 + 5.83404 \times 10^{18}} + \frac{0.428569 s}{s^2 + 8.5144 \times 10^{22}} + \frac{0.533097 s}{s^2 + 1.24093 \times 10^{23}}$$

由此可得

$$f_1=\frac{\omega_1}{2\pi}=56.07\text{GHz}, f_2=\frac{\omega_2}{2\pi}=46.44\text{GHz}, f_3=\frac{\omega_3}{2\pi}=0.38\text{GHz}$$

其对应的模值为：$A_{f_1}=0.533\text{V/m}, A_{f_2}=0.428\text{V/m}, A_{f_3}=0.0383\text{V/m}$。

（2）给定参数：$E_0=1\text{V/m}, \omega_{p\_\max}=2\pi\times17.32\text{GHz}, \omega_0=2\pi\times10\text{GHz}, z=d/2$，$\omega_b=2\pi\times10\text{GHz}, n=1, \delta=-\frac{\pi}{2}$ 时，代入式（9.23）得

$$F_{E_{x2}}^{+}(s)=\frac{s^5+1.97457\times10^{22}s^3+6.24101\times10^{43}s}{s^6+3.55364\times10^{22}s^4+2.80573\times10^{44}s^2+6.16411\times10^{64}}$$

进一步分解

$$F_{E_{x2}}^{+}(s)=\frac{0.219139s}{s^2+2.26133\times10^{20}}+\frac{0.234143s}{s^2+1.14009\times10^{22}}+\frac{0.546718s}{s^2+2.39093\times10^{22}}$$

由此可得

$$\begin{cases} f_1=\dfrac{\omega_1}{2\pi}=24.6\text{GHz}, & f_2=\dfrac{\omega_2}{2\pi}=17\text{GHz}, & f_3=\dfrac{\omega_3}{2\pi}=2.4\text{GHz} \\ A_{f_1}=0.5467\text{V/m}, & A_{f_2}=0.2341\text{V/m}, & A_{f_3}=0.2191\text{V/m} \end{cases}$$

2. 碰撞频率为 0 时，无外加磁场情况

对于非磁化情况即 $f_b=0$ 时，式（9.23）可简化为

$$F_{E_{x2}}^{+}(s)=\frac{a_{10}s^3+a_{11}s^2+a_{12}s+a_{13}}{s^4+a_{16}s^2+a_{17}} \tag{9.31}$$

其中

$$\begin{cases} a_{10}=1 \\ a_{11}=a_5-a_3\cos\delta=0 \\ a_{12}=a_9-a_7-a_3a_6=a_9 \\ a_{13}=a_5a_9-a_3a_8+a_4\cos\delta=0 \\ a_{16}=2a_9+a_3^2=2a_9 \\ a_{17}=a_9^2-2a_3a_4=a_9^2 \end{cases} \tag{9.32}$$

$$\begin{cases} a_1=\mu_0dH_0/(n\pi E_0)=-1/\omega_0 \\ a_2=d/(n\pi H_0)=-1/(\varepsilon_0E_0\omega_0) \\ a_3=\mu_0\omega_b\varepsilon_0E_0c^2=0 \\ a_5=c^2\mu_0\omega_b\varepsilon_0E_0\cos\delta=0 \\ a_6=-\omega_0\sin\delta-c^2\mu_0\omega_b\varepsilon_0E_0=-\omega_0\sin\delta \\ a_7=-c^2\mu_0\omega_b\sin\delta/a_2=0 \\ a_8=0 \\ a_9=\omega_0^2+\omega_{p\_\max}^2 \end{cases} \tag{9.33}$$

对式（9.31）进行因式分解，可得

$$F_{E_{x2}}^{+}(s) = \frac{a_{10}s^3 + a_{11}s^2 + a_{12}s + a_{13}}{(s^2 + \omega_{up}^2)^2} = \frac{(s^2 + \omega_{up}^2)s}{(s^2 + \omega_{up}^2)^2} \qquad (9.34)$$

其中

$$\omega_{up}^2 = \omega_0^2 + \omega_{p\_max}^2 \qquad (9.35)$$

对式(9.34)进行化简

$$F_{E_{x2}}^{+}(s) = \frac{s}{s^2 + \omega_{up}^2} \qquad (9.36)$$

将式(9.36)进行逆拉普拉斯变换,并联立式(9.11)可得

$$E_x^{+}(z,t) = E_0 \sin\frac{n\pi z}{d}\cos(\omega_{up}t) \qquad (9.37)$$

由此可见,当谐振腔中瞬间加入非磁化等离子体时,虽然信号振幅未发生变化,但谐振腔内却产生了一个新的谐振频率,即谐振频率点发生了向高频漂移。

例如:当给定参数 $\omega_{p\_max} = 2\pi \times 17.32\text{GHz}, \omega_b = 0\text{GHz}, \omega_0 = 2\pi \times 10\text{GHz}, E_0 = 1\text{V/m}, z = d/2, n = 1$ 时,依据以上公式计算得

$$\begin{cases} f_{up} = \dfrac{\omega_{up}}{2\pi} = \sqrt{\omega_0^2 + \omega_{p\_max}^2}/2\pi = 20\text{GHz} \\ E_{f_{up}} = 1\text{V/m} \end{cases}$$

3. 碰撞频率不为 0,有外加磁场情况

将上面的等离子体本构方程重新写在下面,首先由麦克斯韦方程和各向异性磁化等离子本构方程出发,推导时变等离子体的波动方程

$$\nabla \times \boldsymbol{E} = -\mu_0\frac{\partial \boldsymbol{H}}{\partial t} \qquad (9.38)$$

$$\nabla \times \boldsymbol{H} = \varepsilon_0\frac{\partial \boldsymbol{E}}{\partial t} + \boldsymbol{J} \qquad (9.39)$$

$$\frac{\mathrm{d}\boldsymbol{J}}{\mathrm{d}t} + \nu\boldsymbol{J} = \varepsilon_0\omega_p^2(t)\boldsymbol{E} + \boldsymbol{\omega}_b \times \boldsymbol{J} \qquad (9.40)$$

对式(9.38)两边同时求旋度,有

$$\nabla \times \nabla \times \boldsymbol{E} = -\mu_0\frac{\partial}{\partial t}\nabla \times \boldsymbol{H} \qquad (9.41)$$

将式(9.39)代入式(9.41),可得

$$\nabla \times \nabla \times \boldsymbol{E} = -\mu_0\varepsilon_0\frac{\partial^2 \boldsymbol{E}}{\partial t^2} - \mu_0\frac{\mathrm{d}\boldsymbol{J}}{\mathrm{d}t} \qquad (9.42)$$

把式(9.40)代入式(9.42),可得

$$\nabla \times \nabla \times \boldsymbol{E} + \mu_0\varepsilon_0\frac{\partial^2 \boldsymbol{E}}{\partial t^2} + \mu_0[\varepsilon_0\omega_p^2(t)\boldsymbol{E} + \boldsymbol{\omega}_b \times \boldsymbol{J} - \nu\boldsymbol{J}] = 0 \qquad (9.43)$$

由于

$$\frac{1}{\sqrt{\mu_0\varepsilon_0}} = c \approx 3 \times 10^8\,\text{m/s} \qquad (9.44)$$

所以式(9.43)可写为

$$\nabla\times\nabla\times\boldsymbol{E}+\frac{1}{c^2}\frac{\partial^2\boldsymbol{E}}{\partial t^2}+\frac{1}{c^2}\omega_p^2(t)\boldsymbol{E}+\mu_0\omega_b\times\boldsymbol{J}-\mu_0\nu\boldsymbol{J}=0 \tag{9.45}$$

式(9.45)即为各向异性磁化时变等离子体的波动方程。

一维情况下,将式(9.45)展开,时变等离子体产生之后的情况下,可得

$$\begin{cases}\dfrac{\partial^2 E_x^+}{\partial z^2}-\dfrac{1}{c^2}\dfrac{\partial^2 E_x^+}{\partial t^2}-\dfrac{1}{c^2}\omega_p^2(t)E_x^++\mu_0\omega_b J_y^++\mu_0\nu J_x^+=0\\[3mm]\dfrac{\partial^2 E_y^+}{\partial z^2}-\dfrac{1}{c^2}\dfrac{\partial^2 E_y^+}{\partial t^2}-\dfrac{1}{c^2}\omega_p^2(t)E_y^+-\mu_0\omega_b J_x^++\mu_0\nu J_y^+=0\end{cases} \tag{9.46}$$

将麦克斯韦方程(9.38)、(9.39)展开

$$\begin{cases}-\dfrac{\partial H_y^+}{\partial z}=\varepsilon_0\dfrac{\partial E_x^+}{\partial t}+J_x^+\\[3mm]\dfrac{\partial H_x^+}{\partial z}=\varepsilon_0\dfrac{\partial E_y^+}{\partial t}+J_y^+\\[3mm]\dfrac{\partial E_y^+}{\partial z}=\mu_0\dfrac{\partial H_x^+}{\partial t}\\[3mm]\dfrac{\partial E_x^+}{\partial z}=-\mu_0\dfrac{\partial H_y^+}{\partial t}\end{cases} \tag{9.47}$$

利用式(9.8)～式(9.10)所述关系,以及

$$\begin{cases}E_x^+(z,t)=f_{E_{x1}}^+(z)f_{E_{x2}}^+(t)=f_{E_{x1}}^-(z)f_{E_{x2}}^+(t)\\[2mm]E_y^+(z,t)=f_{E_{y1}}^+(z)f_{E_{y2}}^+(t)=f_{E_{y1}}^-(z)f_{E_{y2}}^+(t)\\[2mm]H_x^+(z,t)=f_{H_{x1}}^+(z)f_{H_{x2}}^+(t)=f_{H_{x1}}^-(z)f_{H_{x2}}^+(t)\\[2mm]H_y^+(z,t)=f_{H_{y1}}^+(z)f_{H_{y2}}^+(t)=f_{H_{y1}}^-(z)f_{H_{y2}}^+(t)\end{cases} \tag{9.48}$$

将式(9.8)～式(9.10)、式(9.48)代入式(9.46)、式(9.47),取参数 $n=1$,$z=\dfrac{d}{2}$,

$E_0=1$,右旋圆极化波,即 $\delta=-\dfrac{\pi}{2}$,并将 $t\geqslant t_0$ 时的等离子体频率值代入,然后对方程进行拉普拉斯变换,得

$$F_{E_{x2}}^+(s)[s^2+\omega_0^2+\omega_{p\_max}^2]-F_{J_{y2}}^+(s)[\mu_0\omega_b c^2]-F_{J_{x2}}^+(s)[\mu_0\nu c^2]=s \tag{9.49}$$

$$F_{E_{y2}}^+(s)[s^2+\omega_0^2+\omega_{p\_max}^2]+F_{J_{x2}}^+(s)[\mu_0\omega_b c^2]-F_{J_{y2}}^+(s)[\mu_0\nu c^2]=\omega_0 \tag{9.50}$$

$$F_{H_{y2}}^+(s)=-\frac{s}{\omega_0}F_{E_{x2}}^+(s)+\frac{1}{\omega_0}-\frac{1}{\varepsilon_0\omega_0}F_{J_{x2}}^+(s) \tag{9.51}$$

$$F_{H_{x2}}^+(s)=\frac{s}{\omega_0}F_{E_{y2}}^+(s)+\frac{1}{\varepsilon_0\omega_0}F_{J_{y2}}^+(s) \tag{9.52}$$

$$F_{E_{y2}}^+(s)=-\frac{s}{\omega_0}F_{H_{x2}}^+(s)+\frac{1}{\omega_0} \tag{9.53}$$

$$F_{E_{x2}}^+(s)=\frac{s}{\omega_0}F_{H_{y2}}^+(s) \tag{9.54}$$

接下来解式(9.49)～式(9.54)六个方程,求出 $F_{E_{x2}}^{+}(s)$。

由式(9.53)、式(9.54)可得

$$F_{H_{x2}}^{+}(s) = -\frac{\omega_0}{s}F_{E_{y2}}^{+}(s) + \frac{1}{s} \tag{9.55}$$

$$F_{H_{y2}}^{+}(s) = \frac{\omega_0}{s}F_{E_{x2}}^{+}(s) \tag{9.56}$$

将式(9.55)、式(9.56)代入式(9.51)、式(9.52),整理可得

$$F_{J_{x2}}^{+}(s) = -\left(\frac{\varepsilon_0\omega_0^2}{s} + \varepsilon_0 s\right)F_{E_{x2}}^{+}(s) + \varepsilon_0 \tag{9.57}$$

$$F_{J_{y2}}^{+}(s) = -\left(\frac{\varepsilon_0\omega_0^2}{s} + \varepsilon_0 s\right)F_{E_{y2}}^{+}(s) + \frac{\varepsilon_0\omega_0}{s} \tag{9.58}$$

将式(9.57)、式(9.58)代入式(9.49)、式(9.50),并利用式(9.44)化简,整理可得

$$a \cdot F_{E_{x2}}^{+}(s) = -b \cdot F_{E_{y2}}^{+}(s) + c \tag{9.59}$$

$$a \cdot F_{E_{y2}}^{+}(s) = b \cdot F_{E_{x2}}^{+}(s) + d \tag{9.60}$$

其中

$$\begin{cases} a = s^3 + \nu s^2 + (\omega_0^2 + \omega_{p\_max}^2)s + \nu\omega_0^2 \\ b = \omega_b s^2 + \omega_b\omega_0^2 \\ c = s^2 + \nu s + \omega_b\omega_0 \\ d = (\omega_0 - \omega_b)s + \nu\omega_0 \end{cases} \tag{9.61}$$

解方程(9.59)、(9.60)可得

$$F_{E_{x2}}^{+}(s) = \frac{ac - bd}{a^2 + b^2} \tag{9.62}$$

令

$$\begin{cases} a = s^3 + a_1 s^2 + a_2 s + a_3 \\ b = b_1 s^2 + b_2 \\ c = s^2 + c_1 s + c_2 \\ d = d_1 s + d_2 \end{cases} \tag{9.63}$$

其中

$$\begin{cases} a_1 = \nu \\ a_2 = \omega_0^2 + \omega_{p\_max}^2 \\ a_3 = \nu\omega_0^2 \\ b_1 = \omega_b \\ b_2 = \omega_b\omega_0^2 \\ c_1 = \nu \\ c_2 = \omega_b\omega_0 \\ d_1 = \omega_0 - \omega_b \\ d_2 = \nu\omega_0 \end{cases} \tag{9.64}$$

最终解得

$$F_{E_{x2}}^+(s) = [s^5 + (a_1+c_1)s^4 + (a_2+a_1c_1+c_2-b_1d_1)s^3 + (a_3+a_2c_1+a_1c_2-b_1d_2)s^2$$
$$+ (a_3c_1+a_2c_2-b_2d_1)s + (a_3c_2-b_2d_2)]/[s^6+2a_1s^5+(a_1^2+2a_2+b_1^2)s^4$$
$$+ (2a_3+2a_1a_2)s^3 + (a_2^2+2a_1a_3+2b_1b_2)s^2 + 2a_2a_3s + (a_3^2+b_2^2)] \qquad (9.65)$$

对式(9.65)进行因式分解,可得

$$F_{E_{x2}}^+(s) = \frac{D_1s+G_1}{(s+\alpha_1)^2+\omega_1^2} + \frac{D_2s+G_2}{(s+\alpha_2)^2+\omega_2^2} + \frac{D_3s+G_3}{(s+\alpha_3)^2+\omega_3^2} \qquad (9.66)$$

其中,$\omega_1 \sim \omega_3$,$\alpha_1 \sim \alpha_3$,$D_1 \sim D_3$,$G_1 \sim G_3$ 可通过式(9.64)、式(9.65)计算得出。

又因为

$$\ell^{-1}\left(\frac{Ds+G}{(s+\alpha)^2+\omega^2}\right) = \ell^{-1}\left(\frac{(A\cos\varphi)s+(-A\omega\sin\varphi)}{(s+\alpha)^2+\omega^2}\right) = Ae^{-\alpha t}\cos(\omega t+\varphi) \qquad (9.67)$$

其中

$$D = A\cos\varphi, \quad G = -A\omega\sin\varphi \qquad (9.68)$$

由式(9.28)可得

$$A = \frac{\sqrt{G^2+\omega^2 D^2}}{\omega} \qquad (9.69)$$

根据式(9.28)、式(9.29)可以计算出 φ。

联合式(9.67)~式(9.69),对式(9.66)进行拉普拉斯逆变换,可得 $E_x^+(z,t)$ 为

$$E_x^+(z,t) = \sum_{i=1}^{3} A_i e^{-\alpha_i t}\cos(\omega_i t+\varphi_i) \qquad (9.70)$$

由此可见,在碰撞频率 ν 不为 0 时,谐振腔内电磁波的振幅随 ν 值呈指数衰减。

本节从理论上得出了一维矩形金属腔中添加瞬变磁化和非磁化等离子体(碰撞频率 ν 为 0 的情况下)的解析解,并讨论了更一般的情况,即在外加磁场情况下 ν 不为 0 时的解析解,为数值计算的验证提供了条件。

9.1.2　FDTD 算法验证与数值分析

用 FDTD 方法计算了矩形谐振腔中加入瞬变非磁化和磁化等离子体后的结果,并与解析解进行对比,验证了所采用的数值计算方法的准确性。

具体仿真编程计算时,采用如图 9.2 所示的一维模型,在矩形金属腔中,电磁波的传输方向为 z 方向,两金属板间的距离为 d,取 d 为 1/2 波长的整数倍。对于边界上是理想导体的问题,通过设置理想导体的边界条件即电场的切向分量为 0 来实现;在激励源的加入方面,利用总场——散射场的理论,通过在连接边界处引入正弦波作为激励源,电场的 E_x 分量和 E_y 分量仅在相位上相差 $\frac{\pi}{2}$,即右旋圆极化波。分别计算了腔中不填充任何介质和在某一时刻瞬间加入等离子体后的电场值,并将时域电磁场的值变换到频域,具体计算结果如下。

1. 时变等离子体的碰撞频率 ν 为 0 时

算例 9.1　瞬变非磁化情况。

非磁化情况,所用参数为：$\omega_0 = 2\pi \times 10\text{GHz}, \omega_{\text{p\_max}} = 2\pi \times 17.32\text{GHz}, \omega_\text{b} = 0\text{GHz}$,
$E_0 = 1\text{V/m}, z = d/2, n = 1, \delta = -\dfrac{\pi}{2}$。由 9.1.1 节的结论式(9.35)计算可得

$$\begin{cases} f_{\text{up}} = \dfrac{\omega_{\text{up}}}{2\pi} = \sqrt{\omega_0^2 + \omega_{\text{p\_max}}^2}/2\pi = 20\text{GHz} \\ E_{f_{\text{up}}} = 1\text{V/m} \end{cases}$$

FDTD 仿真结果如图 9.3 所示,图中实线表示产生等离子体前的仿真结果,虚线表示产生等离子体后的仿真结果。

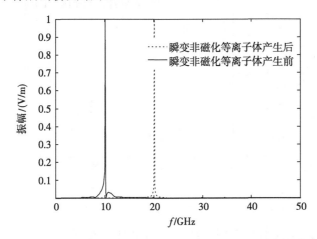

图 9.3　加入瞬变非磁化等离子体前后矩形腔的谐振频率

另外,为了便于比较,从图 9.3 中提取解析解和仿真结果的频率和振幅值,如表 9.1 所示。

表 9.1　加入瞬变非磁化等离子体前后的理论解与 FDTD 解

($\omega_{\text{p\_max}} = 2\pi \times 17.32\text{GHz}$)	理论解	FDTD 解
产生等离子体前的振幅/(V/m)	1	1
产生等离子体前的谐振频率/GHz	10	10
产生等离子体后的振幅/(V/m)	1	0.99
产生等离子体后的谐振频率/GHz	20	20.01

根据图 9.3 和表 9.1 可见,数值解与解析解的误差很小,证明了用 FDTD 计算瞬变非磁化等离子体的准确性。当谐振腔中瞬间加入非磁化等离子体时,虽然信号振幅未发生变化,但谐振频率点向高频方向产生了漂移。这一结论为新型变频器的设计提供了思路和基础。

算例 9.2 瞬变磁化情况。所用参数：$E_0=1\text{V/m}$，$\omega_{\text{p\_max}}=2\pi\times50\text{GHz}$，$\omega_0=2\pi\times10\text{GHz}$，$z=d/2$，$\omega_{\text{b}}=2\pi\times10\text{GHz}$，$n=1$，$\delta=-\dfrac{\pi}{2}$，根据 9.1.1 节的结论，该情况下的解析解为

$$\begin{cases} f_1=56.07\text{GHz}, \quad f_2=46.44\text{GHz}, \quad f_3=0.38\text{GHz} \\ A_1=0.533\text{V/m}, \quad A_2=0.428\text{V/m}, \quad A_3=0.0383\text{V/m} \end{cases}$$

FDTD 仿真结果如图 9.4 所示，图中实线表示瞬变磁化等离子体产生之前的结果，虚线表示瞬变磁化等离子体产生之后的结果。

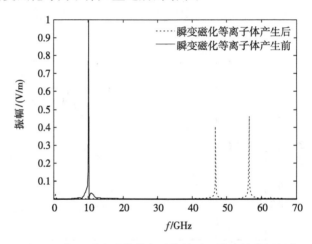

图 9.4　加入瞬变磁化等离子体前后矩形腔的谐振频率

为了便于比较，从图 9.4 中提取解析解和仿真结果的谐振频率和振幅值，如表 9.2 所示。

表 9.2　加入瞬变磁化等离子体前后的理论解与 FDTD 解

($\omega_{\text{p\_max}}=2\pi\times50\text{GHz}$)	理论解	FDTD 解
产生等离子体前的振幅/(V/m)	1	1
产生等离子体前的谐振频率/GHz	10	10
产生等离子体后的振幅/(V/m)	0.533；0.428；0.0383	0.5468；0.4584；0.037
产生等离子体后的谐振频率/GHz	56.07；46.44；0.38	56.33；46.73；0.47

从图 9.4 与表 9.2 可以看出：磁化情况下，FDTD 数值结果与解析解也非常接近，由此可验证用 FDTD 方法计算瞬变磁化等离子体的准确性。同时可以分析得出：在矩形谐振腔中瞬间加入磁化等离子体后，谐振腔内产生了新的谐振频率，为进一步的理论研究和实际应用提供了思路和基础。

算例 9.3 改变等离子体频率，瞬变磁化情况，所用参数为：$E_0=1\text{V/m}$，$\omega_{\text{p\_max}}=2\pi\times17.32\text{GHz}$，$\omega_0=2\pi\times10\text{GHz}$，$z=d/2$，$\omega_{\text{b}}=2\pi\times10\text{GHz}$，$n=1$。根据 9.1.1 节的

结论,该情况下的解析解为

$$\begin{cases} f_1 = \dfrac{\omega_1}{2\pi} = 24.6\text{GHz}, & f_2 = \dfrac{\omega_2}{2\pi} = 17\text{GHz}, & f_3 = \dfrac{\omega_3}{2\pi} = 2.4\text{GHz} \\ A_{f_1} = 0.5467\text{V/m}, & A_{f_2} = 0.2341\text{V/m}, & A_{f_3} = 0.2191\text{V/m} \end{cases}$$

FDTD 仿真结果如图 9.5 所示,图中实线表示瞬变磁化等离子体产生前的结果,虚线表示瞬变磁化等离子体产生后的结果。

为了便于比较,从图 9.5 中提取解析解和仿真结果的频率和振幅值,如表 9.3 所示。

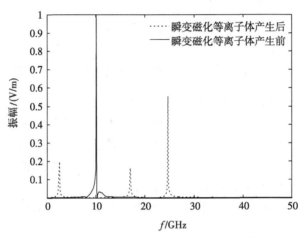

图 9.5　加入瞬变磁化等离子体前后矩形腔的谐振频率

表 9.3　加入瞬变磁化等离子体前后的理论解与 FDTD 解

($\omega_{p\_max} = 2\pi \times 17.32\text{GHz}$)	理论解	FDTD 解
产生等离子体前的振幅/(V/m)	1	1
产生等离子体前的谐振频率/GHz	10	10
产生等离子体后的振幅/(V/m)	0.5476;0.2341;0.2191	0.5635;0.2507;0.2268
产生等离子体后的谐振频率/GHz	24.6;17;2.4	24.7;17.1;2.5

从图 9.5 和表 9.3 可以看出,FDTD 数值结果与解析解也非常接近,由此可以进一步验证 FDTD 方法计算瞬变磁化等离子体的准确性。

2. 时变等离子体的碰撞频率 ν 不为 0 时

为了更加接近实际情况,还计算了在瞬变等离子体碰撞频率 ν 不为 0 时的结果,其他参数均与图 9.5 所取的相同。正如 9.1.1 节理论推导得出的结论,在 $\nu = 1\text{GHz}$ 时,加入等离子体后的电磁波振幅有所减小(与图 9.5 对比),如图 9.6 所示。

算例 9.4　所取参数:$E_0 = 1\text{V/m}, \omega_{p\_max} = 2\pi \times 17.32\text{GHz}, \omega_0 = 2\pi \times 10\text{GHz}, z = d/2, \omega_b = 2\pi \times 10\text{GHz}, n = 1, \nu = 1\text{GHz}, \delta = -\dfrac{\pi}{2}$。

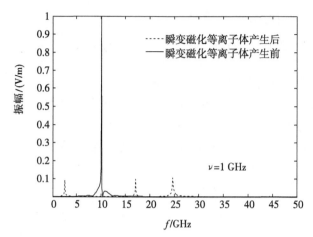

图 9.6　碰撞频率不为 0 时, 加入瞬变磁化等离子体前后矩形腔的谐振频率

　　通过以上 FDTD 仿真结果与解析解的对比, 验证了 FDTD 方法计算时变等离子体的正确性, 因此可用此方法继续分析一些解析解较难计算的复杂问题。同时也可以看出: 在矩形谐振腔中瞬间加入非磁化等离子体后, 谐振腔内电场的振幅不变, 谐振点向高频处移动; 在矩形谐振腔中瞬间加入磁化等离子体后, 谐振腔产生了新的谐振频率, 为进一步的分析和应用提供了思路和基础; 在碰撞频率不为 0 时, 新的谐振振幅有很大的衰减, 这样就对谐振频率的提取提出了难题, 怎样解决此问题是我们今后的研究方向。

9.2　一维缓变磁化等离子体的算法验证与数值分析

　　9.1 节利用 FDTD 方法计算了一维矩形谐振腔中瞬间产生等离子体的情形, 并从理论上推导出解析解, 进行了对比验证。但等离子体能够瞬间产生属于理想情况, 本节在前面的研究基础上进一步分析, 计算在金属谐振腔中缓慢产生磁化与非磁化等离子体的情形, 并且从理论上推导计算出解析解, 证明所用 FDTD 方法计算的准确性。

　　本节所研究的一维缓变等离子体全部填充谐振腔是指谐振腔中的等离子体频率在时间域上缓慢产生的一般情况, 它随时间 t 的变化情况可以用指数函数来逼近。

9.2.1　一维缓变等离子体电磁特性的理论分析

　　设等离子体频率随时间的变化情况满足如下函数关系

$$\omega_{\rm p}^2(t)=\begin{cases}0, & t<t_0 \\ \omega_{\rm p\_max}^2\left[1-\exp\left(\dfrac{-Kt}{T}\right)\right], & t\geqslant t_0\end{cases} \tag{9.71}$$

其中,T 是谐振腔固有频率的倒数,为一固定的值;K 的大小能够表示等离子体产生速度的大小,K 值越大,等离子体产生的速度越快,如图 9.7 所示。

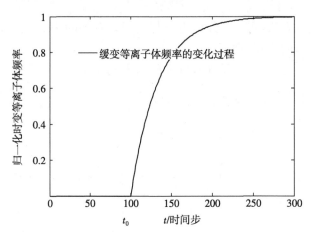

图 9.7　归一化等离子体频率的产生过程

仍采用图 9.2 作为分析模型,分别用 E^- 和 E^+ 表示产生等离子体前后的电场,则在 $t < t_0$ 时,产生等离子体前的圆极化波的表达式如下

$$\begin{cases} E_x^-(z,t) = E_0 \sin \dfrac{n\pi z}{d} \cos(\omega_0 t + \phi_0) \\[2mm] E_y^-(z,t) = E_0 \sin \dfrac{n\pi z}{d} \cos(\omega_0 t + \phi_0 + \delta) \\[2mm] E_z^-(z,t) = 0 \end{cases} \tag{9.72}$$

其中,$n = 1,2,3,\cdots$;δ 为电场 $\boldsymbol{E}$ 的 x 分量和 y 分量的相位差,圆极化波时,$\delta = \pm \dfrac{\pi}{2}$;若令 E_x^- 的初始相位 ϕ_0 为 0,则有

$$\begin{cases} E_x^-(z,t) = E_0 \sin \dfrac{n\pi z}{d} \cos\omega_0 t \\[2mm] E_y^-(z,t) = E_0 \sin \dfrac{n\pi z}{d} \cos(\omega_0 t + \delta) \\[2mm] E_z^-(z,t) = 0 \end{cases} \tag{9.73}$$

由方程(9.38)可得

$$\begin{cases} H_x^-(z,t) = -H_0 \cos \dfrac{n\pi z}{d} \sin(\omega_0 t + \delta) \\[2mm] H_y^-(z,t) = H_0 \cos \dfrac{n\pi z}{d} \sin\omega_0 t \\[2mm] H_z^-(z,t) = 0 \\[2mm] H_0 = -E_0 \dfrac{n\pi}{d\mu_0\omega_0} = \dfrac{-E_0}{\mu_0 c} = \dfrac{-E_0}{\eta_0} \end{cases} \tag{9.74}$$

其中

$$\omega_0 = \frac{n\pi c}{d} \tag{9.75}$$

根据分离变量方法,将 E_x^- 分解为只与空间 z 有关的函数 $f_1^-(z)$ 和只与时间 t 有关的函数 $f_2^-(t)$ 的乘积,则有

$$\begin{cases} E_x^-(z,t) = f_{E_{x1}}^-(z) f_{E_{x2}}^-(t) \\ f_{E_{x1}}^-(z) = E_0 \sin\frac{n\pi z}{d} \\ f_{E_{x2}}^-(t) = \cos\omega_0 t \end{cases} \tag{9.76}$$

同理可得

$$\begin{cases} E_y^-(z,t) = f_{E_{y1}}^-(z) f_{E_{y2}}^-(t), \quad H_x^-(z,t) = f_{H_{x1}}^-(z) f_{H_{x2}}^-(t), \quad H_y^-(z,t) = f_{H_{y1}}^-(z) f_{H_{y2}}^-(t) \\ f_{E_{y1}}^-(z) = E_0 \sin\frac{n\pi z}{d}, \quad f_{E_{y2}}^-(t) = \cos(\omega_0 t + \delta), \quad f_{H_{x1}}^-(z) = H_0 \cos\frac{n\pi z}{d} \\ f_{H_{x2}}^-(t) = -\sin(\omega_0 t + \delta), \quad f_{H_{y1}}^-(z) = H_0 \cos\frac{n\pi z}{d}, \quad f_{H_{y2}}^-(t) = \sin(\omega_0 t) \end{cases} \tag{9.77}$$

产生磁化等离子体后,即当 $t \geq t_0$ 时,利用分离变量法,将 $E_x^+(z,t)$ 表达如下

$$E_x^+(z,t) = f_{E_{x1}}^+(z) f_{E_{x2}}^+(t) = f_{E_{x1}}^-(z) f_{E_{x2}}^+(t) \tag{9.78}$$

麦克斯韦方程为

$$\begin{cases} \nabla \times \boldsymbol{H} = \varepsilon_0 \dfrac{\partial \boldsymbol{E}}{\partial t} + \boldsymbol{J} \\ \nabla \times \boldsymbol{E} = -\mu_0 \dfrac{\partial \boldsymbol{H}}{\partial t} \end{cases} \tag{9.79}$$

等离子体波导方程如下(具体推导见 9.1.1 节)

$$\nabla \times \nabla \times \boldsymbol{E} + \frac{1}{c^2}\frac{\partial^2 \boldsymbol{E}}{\partial t^2} + \frac{1}{c^2}\omega_p^2(t)\boldsymbol{E} + \mu_0\omega_b \times \boldsymbol{J} - \mu_0 \nu \boldsymbol{J} = 0 \tag{9.80}$$

其中

$$\omega_p^2(t) = \omega_{p\_max}^2 \left[1 - \exp\left(\frac{-Kt}{T}\right)\right] \tag{9.81}$$

将式(9.79)、式(9.80)展开为标量方程

$$\begin{cases} -\dfrac{\partial H_y^+}{\partial z} = \varepsilon_0 \dfrac{\partial E_x^+}{\partial t} + J_x^+ \\ \dfrac{\partial H_x^+}{\partial z} = \varepsilon_0 \dfrac{\partial E_y^+}{\partial t} + J_y^+ \\ \dfrac{\partial E_y^+}{\partial z} = \mu_0 \dfrac{\partial H_x^+}{\partial t} \\ \dfrac{\partial E_x^+}{\partial z} = -\mu_0 \dfrac{\partial H_y^+}{\partial t} \end{cases} \tag{9.82}$$

$$\begin{cases} \dfrac{\partial^2 E_x^+}{\partial z^2} - \dfrac{1}{c^2}\dfrac{\partial^2 E_x^+}{\partial t^2} - \dfrac{1}{c^2}\omega_p^2(t)E_x^+ + \mu_0\omega_b J_y^+ + \mu_0\nu J_x^+ = 0 \\[4mm] \dfrac{\partial^2 E_y^+}{\partial z^2} - \dfrac{1}{c^2}\dfrac{\partial^2 E_y^+}{\partial t^2} - \dfrac{1}{c^2}\omega_p^2(t)E_y^+ - \mu_0\omega_b J_x^+ + \mu_0\nu J_y^+ = 0 \end{cases} \tag{9.83}$$

由

$$\begin{cases} E_x^+(z,t) = f_{E_{x1}}^+(z)f_{E_{x2}}^+(t) = f_{E_{x1}}^-(z)f_{E_{x2}}^+(t) \\[2mm] E_y^+(z,t) = f_{E_{y1}}^+(z)f_{E_{y2}}^+(t) = f_{E_{y1}}^-(z)f_{E_{y2}}^+(t) \\[2mm] H_x^+(z,t) = f_{H_{x1}}^+(z)f_{H_{x2}}^+(t) = f_{H_{x1}}^-(z)f_{H_{x2}}^+(t) \\[2mm] H_y^+(z,t) = f_{H_{y1}}^+(z)f_{H_{y2}}^+(t) = f_{H_{y1}}^-(z)f_{H_{y2}}^+(t) \end{cases} \tag{9.84}$$

其中

$$\begin{cases} f_{E_{x1}}^-(z) = E_0\sin\dfrac{n\pi z}{d}, & f_{E_{x2}}^-(t) = \cos\omega_0 t \\[3mm] f_{E_{y1}}^-(z) = E_0\sin\dfrac{n\pi z}{d}, & f_{E_{y2}}^-(t) = \cos(\omega_0 t + \delta) \\[3mm] f_{H_{x1}}^-(z) = H_0\cos\dfrac{n\pi z}{d}, & f_{H_{x2}}^-(t) = -\sin(\omega_0 t + \delta) \\[3mm] f_{H_{y1}}^-(z) = H_0\cos\dfrac{n\pi z}{d}, & f_{H_{y2}}^-(t) = \sin\omega_0 t \end{cases} \tag{9.85}$$

并由已知拉普拉斯变换对

$$e^{s_0 t}\varepsilon(t) \leftrightarrow \frac{1}{s - s_0}, \quad \mathrm{Re}[s] > \mathrm{Re}[s_0] \tag{9.86}$$

根据拉普拉斯变换的复频移性质,若

$$f(t) \leftrightarrow F(s), \quad \mathrm{Re}[s] > \sigma_0 \tag{9.87}$$

且有复常数

$$s_a = \sigma_a + \mathrm{j}\omega_a \tag{9.88}$$

则

$$f(t)e^{s_a t} \leftrightarrow F(s - s_a), \quad \mathrm{Re}[s] > \sigma_0 + \sigma_a \tag{9.89}$$

将式(9.84)代入式(9.82)、式(9.83),取参数 $n=1$,$z=\dfrac{d}{2}$,消去关于 z 的函数,利用上述拉普拉斯变换对及其性质将以上各式转换到 s 域,整理可得

$$F_{H_{y2}}^+(s) = -\frac{s}{\omega_0}F_{E_{x2}}^+(s) + \frac{1}{\omega_0} - \frac{1}{\varepsilon_0\omega_0}F_{J_{x2}}^+(s) \tag{9.90}$$

$$F_{H_{x2}}^+(s) = \frac{s}{\omega_0}F_{E_{y2}}^+(s) + \frac{1}{\varepsilon_0\omega_0}F_{J_{y2}}^+(s) \tag{9.91}$$

$$F_{E_{y2}}^+(s) = -\frac{s}{\omega_0}F_{H_{x2}}^+(s) + \frac{1}{\omega_0} \tag{9.92}$$

$$F_{E_{x2}}^+(s) = \frac{s}{\omega_0}F_{H_{y2}}^+(s) \tag{9.93}$$

$$F_{E_{x2}}^+(s)[s^2+\omega_0^2+\omega_{p\_max}^2]-F_{J_{y2}}^+(s)[\mu_0\omega_bc^2]-F_{J_{x2}}^+(s)[\mu_0\nu c^2]=s+\omega_{p\_max}^2F_{E_{x2}}^+(s+\alpha)$$
$$(9.94)$$

$$F_{E_{y2}}^+(s)[s^2+\omega_0^2+\omega_{p\_max}^2]+F_{J_{x2}}^+(s)[\mu_0\omega_bc^2]-F_{J_{y2}}^+(s)[\mu_0\nu c^2]=\omega_0+\omega_{p\_max}^2F_{E_{y2}}^+(s+\alpha)$$
$$(9.95)$$

其中，$\alpha=\dfrac{K}{T}$，T 是固有频率的倒数，为一定值；K 表示等离子体产生的速度，K 值越大，α 越大，指数函数衰减得越快，等离子体产生得越慢。解方程组(9.90)～(9.95)，具体求解过程见附录 D，可得

$$\begin{cases} a\cdot F_{E_{x2}}^+(s)+b\cdot F_{E_{y2}}^+(s)=c+\omega_{p\_max}^2F_{E_{x2}}^+(s+\alpha) \\ a\cdot F_{E_{y2}}^+(s)-b\cdot F_{E_{x2}}^+(s)=d+\omega_{p\_max}^2F_{E_{y2}}^+(s+\alpha) \end{cases} \qquad (9.96)$$

其中

$$\begin{cases} a=s^2+\omega_0^2+\omega_{p\_max}^2+\dfrac{\omega_0^2\nu}{s}+s\nu \\[2mm] b=\dfrac{\omega_0^2\omega_b}{s}+s\omega_b \\[2mm] c=s+\nu+\dfrac{\omega_0\omega_b}{s} \\[2mm] d=\omega_0-\omega_b+\dfrac{\omega_0\nu}{s} \end{cases} \qquad (9.97)$$

1) 非磁化缓变等离子体时

当 ν 和 ω_b 都为 0 时，方程(9.96)的解为

$$F_{E_{x2}}^+(s)=\frac{s}{s^2+\omega_0^2+\omega_{p\_max}^2}+\frac{\omega_{p\_max}^2}{s^2+\omega_0^2+\omega_{p\_max}^2}F_{E_{x2}}^+(s+\alpha) \qquad (9.98)$$

对式(9.98)作拉普拉斯逆变换后的结果可写成如下形式

$$f_{E_{x2}}^+(t)-\frac{\omega_{p\_max}^2}{\omega_{up}^2}\sin\omega_{up}t * e^{-\alpha t}f_{E_{x2}}^+(t)=\cos\omega_{up}t \qquad (9.99)$$

其中

$$\omega_{up}^2=\omega_0^2+\omega_{p\_max}^2 \qquad (9.100)$$

下面，我们来考虑两种特殊的情况：

(1) 在衰减因子 α 很大时，即 K 值很大时，衰减量可以忽略不计，式(9.99)为

$$f_{E_{x2}}^+(t)\approx\cos\omega_{up}t \qquad (9.101)$$

由式(9.101)可知，当非磁化等离子体产生的速度很大时，谐振腔内的谐振频率向高频方向发生了漂移，并且振幅几乎没有什么衰减。

(2) 在等离子体产生速度很慢时，即 K 值较小时，α 的值也较小，则有

$$\alpha\to0:F_{E_{x2}}^+(s+\alpha)\approx F_{E_{x2}}^+(s),e^{-\alpha t}f_{E_{x2}}^+(t)\approx f_{E_{x2}}^+(t) \qquad (9.102)$$

这时式(9.98)的解为

$$F_{E_{x2}}^+(s) \approx \frac{s}{s^2 + \omega_0^2} \tag{9.103}$$

即

$$f_{E_{x2}}^+(t) \approx \cos\omega_0 t \tag{9.104}$$

当 α 取其他值时,从理论上求出具体的解比较复杂,有赖于利用数值方法,详细的解见 9.2.2 节。

2）磁化缓变等离子体时

对于 ν 为 0 的磁化等离子体,解方程(9.96)得

$$F_{E_{x2}}^+(s) = \frac{ac - bd}{a^2 + b^2} - \frac{\omega_{p\_max}^2}{a^2 + b^2} \cdot \left[aF_{E_{x2}}^+(s+\alpha) - bF_{E_{y2}}^+(s+\alpha) \right] \tag{9.105}$$

$$\begin{cases} a = s^2 + \omega_0^2 + \omega_{p\_max}^2, \quad b = \dfrac{\omega_0^2 \omega_b}{s} + s\omega_b \\ c = s + \dfrac{\omega_0 \omega_b}{s}, \quad d = \omega_0 - \omega_b \end{cases} \tag{9.106}$$

代入参数可具体计算出确切的解。

例如,取参数:$\omega_0 = 2\pi \times 10\mathrm{GHz}, \omega_b = 2\pi \times 10\mathrm{GHz}, \omega_p = 2\pi \times 17.32\mathrm{GHz}, \nu = 0\mathrm{Hz},$
$E_0 = 1\mathrm{V/m}, z = d/2, n = 1, \delta = -\dfrac{\pi}{2}, K = 100$,代入可得

$$\begin{aligned}
F_{E_{x2}}^+(s) = &(6.23389 \times 10^{67} s + 1.24678 \times 10^{56} s^2 + 1.98008 \times 10^{46} s^3 \\
&+ 3.9477 \times 10^{34} s^4 + 1.01974 \times 10^{24} s^5 + 2 \times 10^{12} s^6 + s^7) \\
&/(6.15286 \times 10^{88} + 1.23057 \times 10^{77} s + 2.80577 \times 10^{68} s^2 \\
&+ 5.61031 \times 10^{56} s^3 + 3.58096 \times 10^{46} s^4 + 7.10583 \times 10^{34} s^5 \\
&+ 1.03553 \times 10^{24} s^6 + 2 \times 10^{12} s^7 + s^8)
\end{aligned} \tag{9.107}$$

分解、整理得

$$\begin{aligned}
F_{E_{x2}}^+(s) = &\frac{2.77643 \times 10^{-8}}{1 \times 10^{12} + s} + \frac{0.0000690596 + 0.218927 s}{2.25755 \times 10^{20} - 0.000314544 s + s^2} \\
&+ \frac{-0.00520769 + 0.234168 s}{1.14038 \times 10^{22} + 0.00840367 s + s^2} + \frac{0.0038791 + 0.546905 s}{2.38996 \times 10^{22} + 0.0151298 s + s^2} \\
= &\frac{0.218927(s - 0.000157272) + 6.8878 \times 10^{-15} \times (2\pi \times 2.39133 \times 10^9)}{(s - 0.000157272)^2 + (2\pi \times 2.39133 \times 10^9)^2} \\
&+ \frac{0.234168(s + 0.004201835) - 5.8058 \times 10^{-14} \times (2\pi \times 16.9959 \times 10^9)}{(s + 0.004201835)^2 + (2\pi \times 16.9959 \times 10^9)^2} \\
&+ \frac{0.546905(s + 0.0075649) - 1.67 \times 10^{-15} \times (2\pi \times 24.6046 \times 10^9)}{(s + 0.0075649)^2 + (2\pi \times 24.6046 \times 10^9)^2}
\end{aligned} \tag{9.108}$$

由拉普拉斯变换对及其性质

$$Ae^{-\alpha t}\cos\omega t \longleftrightarrow A\frac{s+\alpha}{(s+\alpha)^2 + \omega^2} \tag{9.109}$$

$$Ae^{-\alpha t}\sin\omega t \longleftrightarrow A\,\frac{\omega}{(s+\alpha)^2+\omega^2} \tag{9.110}$$

对式(9.108)进行拉普拉斯逆变换,有

$$
\begin{aligned}
E_{x2}^+ =\ & 0.218927 e^{0.000157272t}\cos(2\pi\times2.39133\times10^9 t)\\
& +0.234168 e^{-0.004201835t}\cos(2\pi\times16.9959\times10^9 t)\\
& +0.546905 e^{-0.0075649t}\cos(2\pi\times24.6046\times10^9 t)\\
& +6.8878\times10^{-15} e^{0.000157272t}\sin(2\pi\times2.39133\times10^9 t)\\
& -5.8058\times10^{-14} e^{-0.004201835t}\sin(2\pi\times16.9959\times10^9 t)\\
& -1.67\times10^{-15} e^{-0.0075649t}\sin(2\pi\times24.6046\times10^9 t)
\end{aligned}
\tag{9.111}
$$

由于 e 的指数项与余弦函数的频率相比趋于高阶无穷小,正弦函数的振幅与余弦函数的振幅相比趋于高阶无穷小,所以上式近似为

$$
\begin{aligned}
E_{x2}^+ \approx\ & 0.218927\cos(2\pi\times2.39133\times10^9 t)\\
& +0.234168\cos(2\pi\times16.9959\times10^9 t)\\
& +0.546905\cos(2\pi\times24.6046\times10^9 t)
\end{aligned}
\tag{9.112}
$$

即新产生的三个频率点的振幅和相位分别为

$$A_1 = 0.218927, \quad f_1 = 2.39133\text{GHz}$$
$$A_2 = 0.234168, \quad f_2 = 16.9959\text{GHz}$$
$$A_3 = 0.546905, \quad f_3 = 24.6046\text{GHz}$$

下面考虑两种特殊情况:

(1) 当 α 较大时,式(9.105)中的衰减项很小,可以忽略不计。在外加磁场频率等于谐振腔固有频率时,式(9.106)中 $d=0$,此时有

$$F_{E_{x2}^+}(s) \approx \frac{s^5+s^3(2\omega_0^2+\omega_{p\_max}^2)+s(\omega_0^4+\omega_0^2\omega_{p\_max}^2)}{s^6+s^4(3\omega_0^2+2\omega_{p\_max}^2)+s^2(3\omega_0^4+2\omega_0^2\omega_{p\_max}^2+\omega_{p\_max}^2)+\omega_0^6} \tag{9.113}$$

取参数:$f_0=\dfrac{\omega_0}{2\pi}=10\text{GHz}$,$f_b=\dfrac{\omega_b}{2\pi}=10\text{GHz}$,$f_{p\_max}=\dfrac{\omega_{p\_max}}{2\pi}=17.32\text{GHz}$,$\nu=0\text{Hz}$,$E_0=1\text{V/m}$,$z=d/2$,$n=1$,$\delta=-\dfrac{\pi}{2}$,利用 Mathematics 计算可得

$$F_{E_{x2}^+}(s) \approx \frac{0.218927s}{2.25755\times10^{20}+s^2}+\frac{0.234168s}{1.14038\times10^{22}+s^2}+\frac{0.546905s}{2.38996\times10^{22}+s^2} \tag{9.114}$$

对上式进行拉普拉斯逆变换后有

$$
\begin{aligned}
f_{E_{x2}^+}(t) \approx\ & 0.22\cos(2\pi\times2.4\times10^9 t)+0.23\cos(2\pi\times17\times10^9 t)\\
& +0.55\cos(2\pi\times24.6\times10^9 t)
\end{aligned}
\tag{9.115}
$$

将式(9.115)与式(9.8)进行对比可以发现,在缓变等离子体产生前后,谐振腔内的电磁波发生了很大的变化:由原来的单个谐振频率(10GHz)变为了 3 个频率(2.4GHz、17GHz、24.6GHz),并且各谐振点的振幅不同。

(2) 当 α 极小时,式(9.105)可以进一步解为

$$\alpha \to 0 : F_{E_{x2}}^+(s) \approx \frac{(a-\omega_{p\_max}^2)c-bd}{(a-\omega_{p\_max}^2)^2+b^2} \tag{9.116}$$

取与前面相同的参数,利用 Mathematics 计算可得

$$F_{E_{x2}}^+(s) \approx \frac{20346.4+0.333334s}{3.94781\times10^{21}+s^2} + \frac{-80538.8+0.333333s}{3.94785\times10^{21}-342867s+s^2} + \frac{60192.2+0.333333s}{3.94785\times10^{21}+342867+s^2}$$

$$\approx \frac{s}{(2\pi\times10^{10})^2+s^2} \tag{9.117}$$

即

$$f_{E_{x2}}^+(t) \approx \cos(2\pi\times10^{10}t) \tag{9.118}$$

通过式(9.118)与式(9.8)进行对比可知,在缓变等离子体产生的速度极小时,谐振腔内的电磁波并没有什么变化。

当 α 取其他值时,从理论上求出具体的解比较复杂,需要借助于数值计算方法来解决,详细的解见 9.2.2 节。

9.2.2　FDTD 算法验证与数值分析

利用前面推导的 FDTD 递推式进行编程计算,并与 9.1 节理论分析的结论相互印证,证明了所推导的数值方法的准确性,又在此基础上计算了一些理论上较难求出具体解的算例,得到一些结论。

仿真计算时,利用图 9.2 所示的一维模型。即在矩形金属腔中,电磁波的传输方向为 z 方向,两金属板间的距离为 d,取 d 为 1/2 波长的整数倍。在编程时,对于边界上是理想导体的问题,通过设置理想导体的边界条件即电场的切向分量为 0 来实现;在激励源的加入方面,利用总场——散射场的理论[1],通过在连接边界处引入正弦波作为激励源,电场的 E_x 分量和 E_y 分量仅在相位上相差 $\frac{\pi}{2}$,即右旋圆极化波。

分别计算了腔中不填充任何介质和等离子体频率从某一时刻开始缓慢产生情况下的电场值,并将时域电磁场的值变换到频域,具体计算结果如下。

1. 非磁化缓变等离子体频率漂移分析

算例 9.5　非磁化情况,所用参数为:$\omega_0=2\pi\times10\mathrm{GHz}$,$\omega_{p\_max}=2\pi\times17.32\mathrm{GHz}$,$\omega_b=0\mathrm{GHz}$,$E_0=1\mathrm{V/m}$,$z=d/2$,$n=1$,$\delta=-\frac{\pi}{2}$,$K=100$。根据第 9.2.1 节的理论式(9.101)计算得

$$f_{up}=\frac{\omega_{up}}{2\pi}=\sqrt{\omega_0^2+\omega_{p\_max}^2}/2\pi=20\mathrm{GHz}$$

FDTD 仿真结果如图 9.8 所示。图 9.8(a)~(f)依次表示缓变非磁化等离子体产生的速度由快到慢的过程,图中实线为缓变非磁化等离子体产生前的仿真结果,虚

线表示缓变非磁化等离子体产生后的仿真结果。

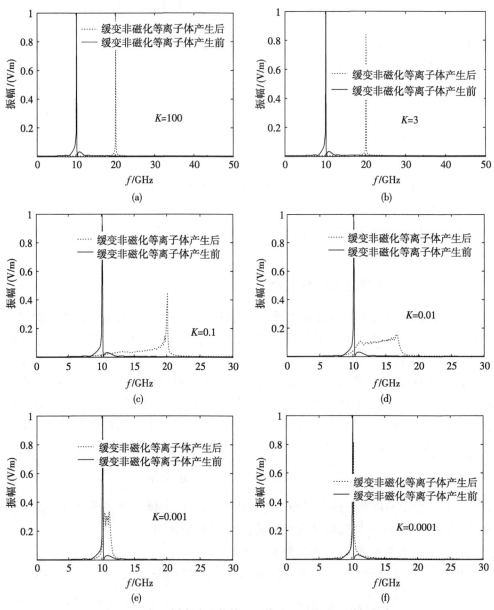

图 9.8　加入缓变非磁化等离子体前后矩形腔的谐振频率

2. 磁化缓变等离子体频率漂移分析

算例 9.6　为了验证前面分析的准确性,采用 FDTD 方法编程计算来对比。选用同算例 9.3 同样的参数:$E_0 = 1\text{V/m}$, $z = d/2$, $n = 1$, $\delta = -\dfrac{\pi}{2}$, $\nu = 0\text{Hz}$, $\omega_b = 2\pi \times 10\text{GHz}$, $\omega_{p\_max} = 2\pi \times 17.32\text{GHz}$, $\omega_0 = 2\pi \times 10\text{GHz}$。

　　FDTD 仿真结果如图 9.9 所示。图 9.9(a)～(f)依次表示在磁化等离子体产生的不同速度情况下(由快到慢),不同时间段内的时域电场值变换到频域后的结果,图中实线表示缓变磁化等离子体产生前的结果,虚线表示缓变磁化等离子体产生后的结果。

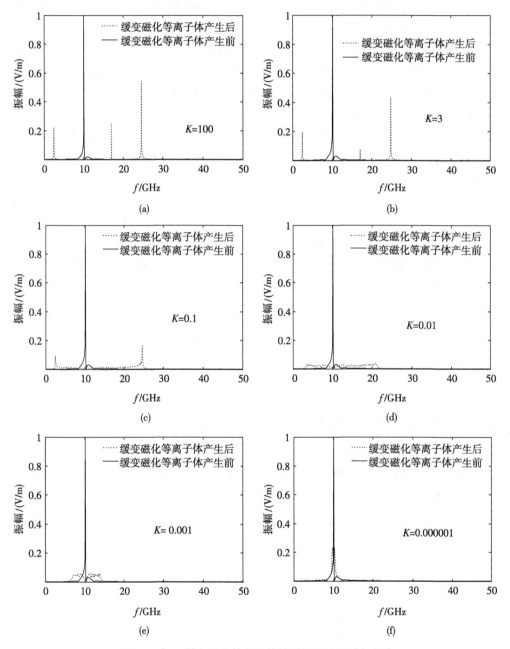

图 9.9　加入缓变磁化等离子体前后矩形腔的谐振频率

当 α 很大时,根据式(9.115)可得:$f_1=\dfrac{\omega_1}{2\pi}=24.6\text{GHz}$,$f_2=\dfrac{\omega_2}{2\pi}=17\text{GHz}$,$f_3=\dfrac{\omega_3}{2\pi}=$

2.4GHz。当 α 很小时,根据第 2.3.1 的式(9.118)可得:$f=\dfrac{\omega}{2\pi}=10\text{GHz}$。因此,从图 9.9(a)和(f)与理论值式(9.115)、式(9.118)的对比,可以验证用 FDTD 方法计算磁化时变等离子体的正确性。

利用此方法继续计算了一些理论上较难解决的一些问题。可以看到,在等离子体产生的速度很大($K=100$)时,如图 9.9(a)所示,谐振腔中产生了新的谐振频率;但是当等离子体产生的速度变小($K=3$)时,如图 9.9(b)所示,各谐振点的振幅有所衰减,并且衰减的速度不同;当 $K=0.1$ 时,新增频率点数较少;等离子体产生的速度继续变小($K=0.01$),如图 9.9(d)所示,并不能够找到某一谐振点,但谐振腔的谐振带宽得到了展宽;在等离子体产生的速度极小($K=0.000001$)时,如图 9.9(f)所示,谐振腔的谐振频率不变。

通过以上 FDTD 仿真结果与解析解对比的几个算例,验证了所推导分析时变等离子体算法的正确性。同时还计算了一些理论上较难计算出具体值的情况。可以得出结论:在矩形谐振腔中加入缓变磁化等离子体后,如果等离子体产生的速度较大,则谐振腔会产生新的谐振频率,并且各频率点的衰减速率互不相同,频率越高,衰减越快,但是当等离子体产生的速度小于一定值($K<0.1$)时,谐振腔内会产生一个振幅很小的谐振带,当等离子体产生的速度趋于 0 时,谐振腔的谐振频率将不会有所改变。

9.3　一维复杂变化等离子体的算法验证与数值分析

9.3.1　一维复杂变化等离子体电磁特性的理论分析

本节所讨论的在时间域上复杂变化的等离子体问题是指等离子体频率在某一时刻快速产生,然后稳定地持续一段时间后又缓慢消失的过程。由于瞬变磁化和瞬变非磁化等离子体的情况已经在 9.1 节详细讨论过,而对与复杂变化磁化等离子体较难获得解析解,本节则主要对复杂变化非磁化等离子体缓慢消失的部分作简单的分析。

复杂变化时变等离子体频率随时间变化的规律如图 9.10 所示,则它的函数形式可以表示如下:

$$\omega_{\text{p}}^2(t)=\begin{cases}0, & t<\tau' \\ \omega_{\text{p\_max}}^2, & \tau'\leqslant t\leqslant\tau'' \\ \omega_{\text{p\_max}}^2\text{e}^{-\frac{bt}{\tau}}, & t>\tau''\end{cases} \tag{9.119}$$

第 9 章　时变等离子体中电磁波电磁特性 ・ 217 ・

其中,T 是谐振腔固有频率的倒数,为一固定的值;b 的大小能够表示等离子体消失的快慢,b 值越大,等离子体消失的速度越快。

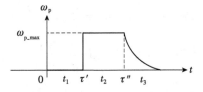

图 9.10　随时间变化的等离子体频率

采用图 9.2 所示分析模型,分析比较谐振腔中 3 种不同状态下电磁波的情况:①腔内不填充任何介质,见图 9.10 中 t_1 时刻;②腔内填充快速产生的瞬变等离子体,见图 9.10 中 t_2 时刻;③产生的等离子体持续一段时间后,将随时间缓慢消失,见图 9.10 中 t_3 时刻。

分别用 E'、E'' 和 E''' 表示在 t_1、t_2 和 t_3 时刻的电场,则在 $t < \tau'$ 时,即矩形腔内不填充任何介质时,右旋圆极化波的表达式如下:

$$\begin{cases} E'_x(z,t)=E_0 \sin \dfrac{n\pi z}{d}\cos\omega_0 t \\[2mm] E'_y(z,t)=E_0 \sin \dfrac{n\pi z}{d}\cos\left(\omega_0 t-\dfrac{\pi}{2}\right) \\[2mm] E'_z(z,t)=0 \end{cases} \tag{9.120}$$

其中,设 E'_x 的初始相位为 0,$n=1,2,3,\cdots$。

将式(9.120)代入方程(9.38)可得

$$\begin{cases} H'_x(z,t)=-H_0 \cos \dfrac{n\pi z}{d}\sin\left(\omega_0 t-\dfrac{\pi}{2}\right) \\[2mm] H'_y(z,t)=H_0 \cos \dfrac{n\pi z}{d}\sin\omega_0 t \\[2mm] H'_z(z,t)=0 \\[2mm] H_0=-E_0 \dfrac{n\pi}{d\mu_0\omega_0}=\dfrac{-E_0}{\mu_0 c}=\dfrac{-E_0}{\eta_0} \end{cases} \tag{9.121}$$

其中

$$\omega_0=\frac{n\pi c}{d} \tag{9.122}$$

根据分离变量方法,将 E'_x 分解为只与空间 z 有关的函数 $f'_1(z)$ 和只与时间 t 有关的函数 $f'_2(t)$ 的乘积,则有

$$\begin{cases} E'_x(z,t)=f'_{E_{x1}}(z)f'_{E_{x2}}(t) \\[2mm] f'_{E_{x1}}(z)=E_0 \sin \dfrac{n\pi z}{d} \\[2mm] f'_{E_{x2}}(t)=\cos\omega_0 t \end{cases} \tag{9.123}$$

同理可得

$$
\begin{cases}
E_y'(z,t)=f_{E_{y1}}'(z)f_{E_{y2}}'(t), \quad H_x'(z,t)=f_{H_{x1}}'(z)f_{H_{x2}}'(t), \quad H_y'(z,t)=f_{H_{y1}}'(z)f_{H_{y2}}'(t) \\
f_{E_{y1}}'(z)=E_0\sin\dfrac{n\pi z}{d}, \quad f_{E_{y2}}'(t)=\cos\left(\omega_0 t-\dfrac{\pi}{2}\right), \quad f_{H_{x1}}'(z)=H_0\cos\dfrac{n\pi z}{d} \\
f_{H_{x2}}'(t)=-\sin\left(\omega_0 t-\dfrac{\pi}{2}\right), \quad f_{H_{y1}}'(z)=H_0\cos\dfrac{n\pi z}{d}, \quad f_{H_{y2}}'(t)=\sin\omega_0 t
\end{cases}
$$

$$(9.124)$$

产生磁化等离子体后，即当 $\tau'\leqslant t\leqslant\tau''$ 时，利用分离变量法，将 $E_x''(z,t)$ 表达如下

$$E_x''(z,t)=f_{E_{x1}}''(z)f_{E_{x2}}''(t)=f_{E_{x1}}''(z)f_{E_{x2}}''(t) \tag{9.125}$$

从麦克斯韦方程(9.38)、(9.39)和各向异性时变磁化等离子体的本构方程(9.40)出发，可推导出时变等离子体的波动方程如下

$$\nabla\times\nabla\times\boldsymbol{E}+\mu_0\varepsilon_0\frac{\partial^2\boldsymbol{E}}{\partial t^2}+\mu_0\left[\varepsilon_0\omega_p^2(t)\boldsymbol{E}+\omega_b\times\boldsymbol{J}-\nu\boldsymbol{J}\right]=0 \tag{9.126}$$

由于

$$\frac{1}{\sqrt{\mu_0\varepsilon_0}}=c\approx3\times10^8\,\mathrm{m/s} \tag{9.127}$$

所以式(9.43)可写为

$$\nabla\times\nabla\times\boldsymbol{E}+\frac{1}{c^2}\frac{\partial^2\boldsymbol{E}}{\partial t^2}+\frac{1}{c^2}\omega_p^2(t)\boldsymbol{E}+\mu_0\omega_b\times\boldsymbol{J}-\mu_0\nu\boldsymbol{J}=0 \tag{9.128}$$

一维情况下，将式(9.45)展开，得

$$
\begin{cases}
\dfrac{\partial^2 E_x''}{\partial z^2}-\dfrac{1}{c^2}\dfrac{\partial^2 E_x''}{\partial t^2}-\dfrac{1}{c^2}\omega_p^2(t)E_x''+\mu_0\omega_b J_y''+\mu_0\nu J_x''=0 \\[2mm]
\dfrac{\partial^2 E_y''}{\partial z^2}-\dfrac{1}{c^2}\dfrac{\partial^2 E_y''}{\partial t^2}-\dfrac{1}{c^2}\omega_p^2(t)E_y''-\mu_0\omega_b J_x''+\mu_0\nu J_y''=0
\end{cases}
\tag{9.129}
$$

一维情况下的麦克斯韦方程组，可写为标量形式如下

$$
\begin{cases}
-\dfrac{\partial H_y''}{\partial z}=\varepsilon_0\dfrac{\partial E_x''}{\partial t}+J_x'', \quad \dfrac{\partial H_x''}{\partial z}=\varepsilon_0\dfrac{\partial E_y''}{\partial t}+J_y'' \\[2mm]
\dfrac{\partial E_y''}{\partial z}=\mu_0\dfrac{\partial H_x''}{\partial t}, \quad \dfrac{\partial E_x''}{\partial z}=-\mu_0\dfrac{\partial H_y''}{\partial t}
\end{cases}
\tag{9.130}
$$

将式(9.123)、式(9.9)代入式(9.46)、式(9.130)，并且将 $\tau'\leqslant t\leqslant\tau''$ 时 $\omega_p(t)$ 的值代入，取参数 $n=1$，$z=\dfrac{d}{2}$，消去关于 z 的函数，并转换到 s 域，解方程组，最后求出 $F_{E_{x2}}''(s)$ 为

$$F_{E_{x2}}''(s)=\frac{s^5+e_7 s^4+e_8 s^3+e_9 s^2+e_{10}s+e_{11}}{s^6+e_1 s^5+e_2 s^4+e_3 s^3+e_4 s^2+e_5 s+e_6} \tag{9.131}$$

其中

$$\begin{cases} e_1 = 2a_1, \quad e_2 = a_1^2 + 2a_2 + b_1^2, \quad e_3 = 2a_3 + 2a_1a_2 \\ e_4 = (a_2^2 + 2a_1a_3 + 2b_1b_2), \quad e_5 = 2a_2a_3, \quad e_6 = a_3^2 + b_2^2 \\ e_7 = a_1 + c_1, \quad e_8 = a_2 + a_1c_1 + c_2 - b_1d_1 \\ e_9 = a_3 + a_2c_1 + a_1c_2 - b_1d_2, \quad e_{10} = a_3c_1 + a_2c_2 - b_2d_1 \\ e_{11} = a_3c_2 - b_2d_2 \end{cases} \tag{9.132}$$

$$\begin{cases} a_1 = \nu, \quad a_2 = \omega_0^2 + \omega_{p\_max}^2, \quad a_3 = \nu\omega_0^2 \\ b_1 = \omega_b, \quad b_2 = \omega_b\omega_0^2 \\ c_1 = \nu, \quad c_2 = \omega_b\omega_0 \\ d_1 = \omega_0 - \omega_b, \quad d_2 = \nu\omega_0 \end{cases} \tag{9.133}$$

在 $\nu = 0$ 且无外加磁场情况下,式(9.65)可写为

$$F''_{E_{x2}}(s) = \frac{s}{s^2 + \omega_{up}^2} \tag{9.134}$$

其中

$$\omega_{up}^2 = \omega_0^2 + \omega_{p\_max}^2 \tag{9.135}$$

对式(9.134)进行拉普拉斯逆变换后可得

$$E''_x(z,t) = E_0 \sin\frac{n\pi z}{d}\cos\omega_{up}t \tag{9.136}$$

同样,也可以得出电场 E_y 其他分量的解

$$E''_y(z,t) = E_0 \sin\frac{n\pi z}{d} \cdot \frac{\omega_0}{\omega_{up}}\sin\omega_{up}t \tag{9.137}$$

由此可见,在第②种状态下,即当谐振腔中瞬间加入非磁化等离子体时,虽然信号振幅未发生变化,但谐振频率点却发生了向高频移动。

继续分析第③种状态下的情况,令 $\frac{b}{T} = \beta$,非磁化等离子体有 $\omega_b = 0$,当 $t > \tau''$ 时,将式(9.119)、式(9.136)、式(9.137)代入等离子体波动方程,变换到 s 域,有

$$\begin{cases} F'''_{E_{x2}}(s)[s^2 + \omega_0^2] + F'''_{E_{x2}}(s+\beta)\omega_{p\_max}^2 = s \\ F'''_{E_{y2}}(s)[s^2 + \omega_0^2] + F'''_{E_{y2}}(s+\beta)\omega_{p\_max}^2 = \omega_{up} \cdot \frac{\omega_0}{\omega_{up}} = \omega_0 \end{cases} \tag{9.138}$$

将式(9.138)中的前两式做拉普拉斯逆变换,有

$$\begin{cases} f'''_{E_{x2}}(t) + e^{-\beta t}f'''_{E_{x2}}(t) * \frac{\omega_{p\_max}^2}{\omega_0}\sin\omega_0 t = \cos\omega_0 t \\ f'''_{E_{y2}}(t) + e^{-\beta t}f'''_{E_{y2}}(t) * \frac{\omega_{p\_max}^2}{\omega_0}\sin\omega_0 t = \sin\omega_0 t \end{cases} \tag{9.139}$$

考虑两种特殊情况:

(1) 当 β 值很大时,则指数衰减得很快,即等离子体快速消失,此时有

$$\begin{cases} f'''_{E_{x2}}(t) \approx \cos\omega_0 t \\ f'''_{E_{y2}}(t) \approx \sin\omega_0 t \end{cases} \tag{9.140}$$

（2）当 β 值极小时，此时 $\beta\rightarrow 0$，有

$$\begin{cases} f'''_{E_{x2}}(t)\approx\cos\omega_{up}t \\ f'''_{E_{y2}}(t)\approx\dfrac{\omega_0}{\omega_{up}}\sin\omega_{up}t \end{cases} \tag{9.141}$$

当 β 取其他值时，从理论上求出具体的解比较复杂，需要借助于数值计算方法来解决，详细的解见 9.3.2 节。

9.3.2　算法验证与数值分析

1.复杂时变非磁化等离子体情况

算例 9.7　所用参数：$\omega_0=2\pi\times 10\mathrm{GHz}$，$E_0=1\mathrm{V/m}$，$\omega_{\mathrm{p\_max}}=2\pi\times 17.32\mathrm{GHz}$，$n=1$，$\omega_b=0\mathrm{GHz}$，$z=d/2$。根据式（9.135）计算可得②状态下谐振腔的谐振频率为

$$f_{up}=\frac{\omega_{up}}{2\pi}=\sqrt{\omega_0^2+\omega_{\mathrm{p\_max}}^2}/2\pi=20\mathrm{GHz}$$

FDTD 仿真结果如图 9.11 所示，依次计算了谐振腔中 3 种不同时间段内的电场，然后将其傅里叶变换到频域，得到 3 种不同状态下的频谱图。图中实线表示谐振腔中不填充任何介质时的谐振频率，虚线表示等离子体快速产生后并持续一段时间，

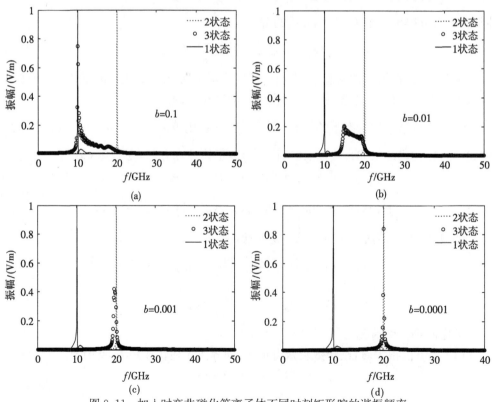

图 9.11　加入时变非磁化等离子体不同时刻矩形腔的谐振频率

即②状态下的频谱图,圆圈表示等离子体持续一段时间后缓慢消失的过程中,即③状态下的频谱图。

从图 9.11 中可以分析出如下结论,当谐振腔内快速产生非磁化等离子体后,谐振腔的谐振频率向高频移动,移动后的谐振频率为 $\omega_{up}=\sqrt{\omega_0^2+\omega_{p\_max}^2}$(见图中虚线)。在瞬变等离子体稳定地持续一段时间后,按照不同的速度缓慢消失,即③状态下的频域电磁波。由图 9.11(a)可见,当等离子体快速消失时,谐振频率会恢复到原来的固有频率 ω_0,等离子体消失的速度由快到慢,谐振频率也从原来的 ω_0 向 ω_{up} 处移动。由图 9.11(c)和(d)可见,当 $b \leqslant 0.001$ 时,谐振频率近似地等于 ω_{up}。在图 9.11(b)中,即 $b=0.01$ 时,谐振频率不再是一个谐振点,而是一条振幅较小的谐振带。图 9.11(a)和(d)也可以从数值上与 9.3.1 节理论分析结果式(9.140)、式(9.141)进行相互验证,能够证明所有 FDTD 方法计算时变非磁化等离子体的准确性。

2. 复杂时变磁化等离子体情况

算例 9.8　利用 FDTD 方法计算谐振腔内全部填充时变磁化等离子体的情形,依次计算了谐振腔中心一点处的右旋圆极化波在不同时间段内的电场 E_x,然后将各时间段内的时域 E_x 进行傅里叶变换到频域。选择外加磁场频率与等离子体频率相同的情况,所用参数为:$E_0=1\text{V/m}$,$\omega_0=2\pi\times10\text{GHz}$,$\omega_b=2\pi\times10\text{GHz}$,$\omega_{p\_max}=2\pi\times17.32\text{GHz}$,$\nu=0\text{Hz}$。FDTD 仿真结果如图 9.12 所示,图中实线表示谐振腔中不填充任何介质时的谐振频率,虚线表示等离子体快速产生后并持续一段时间状态下的频谱图,圆圈表示等离子体持续一段时间后缓慢消失过程中的频谱图。

计算结果表明,当谐振腔内快速产生磁化等离子体后,谐振腔内产生了新的谐振频率(见图中虚线)。由图 9.12(a)～(d)即磁化等离子体由快到慢消失的顺序可见,谐振频率由①状态下的值向②状态靠拢,当 $b=0.01$ 时(见图 9.12(a)中的圆圈部分),谐振频率是三条振幅较小的谐振带,谐振点的频谱得到了展宽。由于磁等离子体这种特殊的色散介质,它的密度、外加磁场等的时变会体现在等离子体频率、外加磁场频率随时间的变化,当电磁波在填充时变磁等离子体的谐振腔中反复振荡时,通过式(2.3),变换到频域,可以很明显地表现出时变磁等离子体在频域对电磁波的作用。

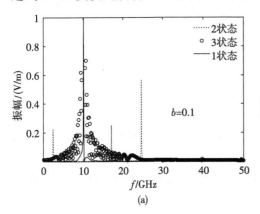

(a)

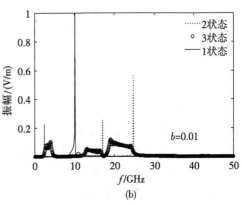

(b)

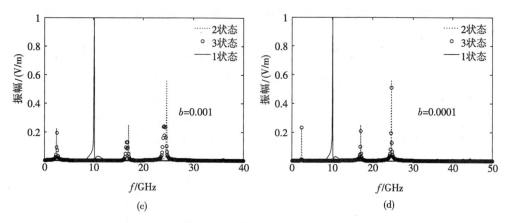

图 9.12　加入时变磁化等离子体不同状态下矩形腔的谐振频率

9.4　一维部分填充时变等离子体对电磁波的频域影响

前面利用 FDTD 方法计算了一维时变等离子体的有关问题,并从理论上推导出了解析解,验证了所用 FDTD 方法的准确性。本节在前面工作的基础上进一步分析,计算矩形谐振腔中部分填充时变等离子体的情况,并与谐振腔中部分填充非时变等离子体时的结果进行对比分析,得到了一些结论。

部分填充时变等离子体的等离子体频率 $\omega_p(r,t)$ 是时间和空间的函数,表征了等离子体随时间和空间的变化情况。它随时间变化的规律如图 9.10 所示。它的函数形式可以表示如下

$$\omega_p^2(z,t)=\begin{cases}0, & z<\dfrac{d}{2}-\dfrac{d_1}{2}\\[2mm]\omega_{p\_max}^2 f(t), & \dfrac{d}{2}-\dfrac{d_1}{2}\leqslant z\leqslant\dfrac{d}{2}+\dfrac{d_1}{2}\\[2mm]0, & z>\dfrac{d}{2}+\dfrac{d_1}{2}\end{cases} \qquad (9.142)$$

其中

$$f(t)=\begin{cases}0, & t<\tau'\\[1mm]1, & \tau'\leqslant t\leqslant\tau''\\[1mm]e^{-\frac{bt}{T}}, & t>\tau''\end{cases} \qquad (9.143)$$

其中,T 是谐振腔固有频率的倒数,为一固定的值;b 的大小能够表示等离子体消失的快慢,b 值越大,等离子体消失的速度越快。

利用前面推导的 FDTD 方法计算一维矩形金属谐振腔内部分填充时变与非时变等离子体的情形,模型如图 9.13 所示。

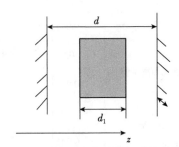

图 9.13　一维矩形金属谐振腔计算模型

9.4.1　部分填充非时变等离子体

为了便于比较,首先计算了谐振腔中不填充任何介质时的情况,记录的是右旋圆极化波在谐振腔中心一点处的 E_x 变换到频域后的值,如图 9.14 所示。

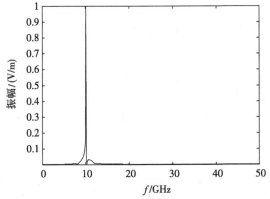

图 9.14　谐振腔不填充任何介质情况下的频域电磁波

算例 9.9　所用等离子体参数为:$\omega_0 = 2\pi \times 10\text{GHz}$,$\omega_{p\_max} = 2\pi \times 17.32\text{GHz}$,$\omega_b = 0\text{GHz}$,$\nu = 0\text{GHz}$。谐振腔内部分填充非时变非磁化等离子体的情况,如图 9.15 所示。图 9.15(a)~(d)是非时变非磁化等离子体的占空比由小到大的情形。

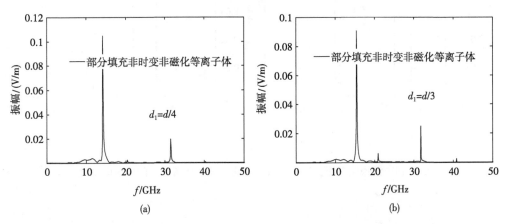

(a)　　　　　　　　　　　　　　　　　　　　　(b)

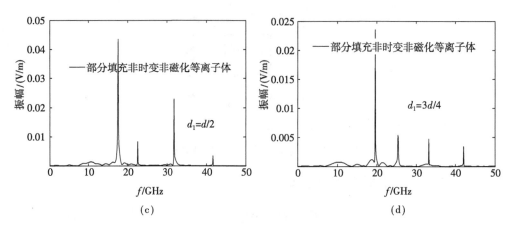

图 9.15　谐振腔内部分填充非时变非磁化等离子体情况下的频域电磁波

　　谐振腔的固有谐振频率是 10GHz,如图 9.14 所示。但是部分填充非时变非磁化等离子体后,谐振腔内产生了一些新的谐振频率点,并且非时变非磁化等离子体的占空比越大,新的谐振点越多(图 9.15),谐振点越向两边漂移,振幅也越来越小。

　　算例 9.10　谐振腔内部分填充非时变磁化等离子体的情况,计算非时变磁化等离子体时所用的等离子体参数为:$\omega_0 = 2\pi \times 10\text{GHz}$,$\omega_{p\_max} = 2\pi \times 17.32\text{GHz}$,$\omega_b = 0\text{GHz}$,$\nu = 0\text{Hz}$。FDTD 仿真结果如图 9.15 所示。图 9.16(a)和(b)是非时变磁化等离子体在不同占空比情形下的结果。

　　当谐振腔内部分填充非时变磁化等离子体后,振幅减小,新增谐振点数相比填充非时变非磁化情形下更多,并且非时变磁化等离子体的占空比越大,新增频率点越多越复杂(图 9.16)。

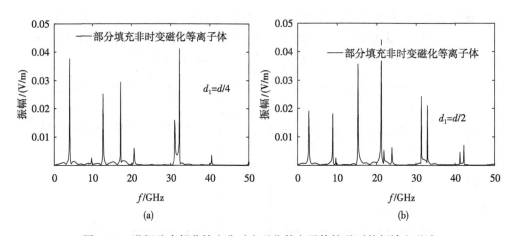

图 9.16　谐振腔内部分填充非时变磁化等离子体情况下的频域电磁波

9.4.2　部分填充瞬变等离子体

一维情况下,两边为理想导体,中间部分填充等离子体,等离子体的厚度为 d_1,谐振腔的长度为 d。计算了图 9.10 中所示 τ'' 时刻之前谐振腔内中心一点处电场的时域波形,并对其进行傅里叶变换,从谐振频率的角度分析部分填充时变等离子体对电磁波的影响。

算例 9.11　部分填充瞬变非磁化等离子体,分别列出了瞬变非磁化等离子体的不同占空比情况下的时域电场和频域电场。其中所用到的参数为: $\omega_0 = 2\pi \times 10\text{GHz}, \omega_{\text{p\_max}} = 2\pi \times 17.32\text{GHz}, \omega_b = 0\text{GHz}, \nu = 0\text{GHz}$。

仿真结果如图 9.17 所示,其中,图 9.17(a)、(c) 和 (e) 为时域波形,图 9.17(b)、(d) 和 (f) 为时域电场变换到频域后的结果。在图 9.17(b)、(d) 和 (f) 中,实线表示谐振腔内未填充任何介质情况下的频域电场,虚线表示谐振腔中部分填充瞬变非磁化等离子体后的频域电场。

从图 9.17 中可以看出,谐振腔内部分填充瞬变非磁化等离子体后,产生了多个新的谐振频率,并且新的谐振频率点数目的多少与瞬变等离子体占空比的大小成反比,占空比越大,新的谐振频率点的数目越少。

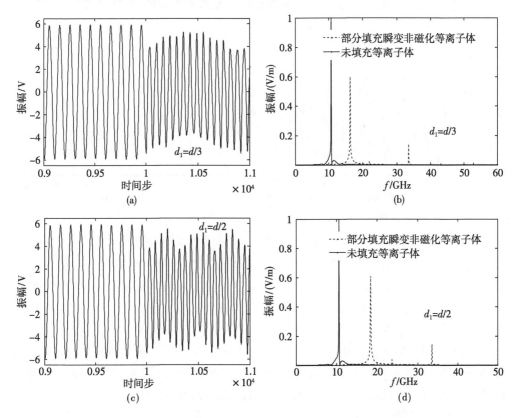

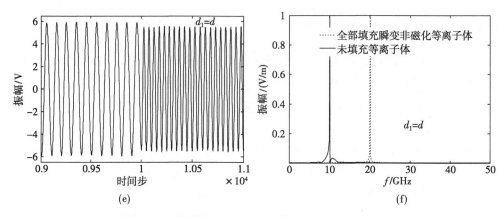

图 9.17 部分填充瞬变非磁化等离子体时的电磁波

算例 9.12 为了分析相同情况下碰撞频率 ν 对谐振腔内电磁波的影响,计算了 ν 不为 0 时的电场。选用参数为:$\omega_0 = 2\pi \times 10\mathrm{GHz}, \omega_{p\_max} = 2\pi \times 17.32\mathrm{GHz}, \omega_b = 0\mathrm{GHz}, \nu = 1\mathrm{GHz}$。

仿真结果如图 9.18 所示。图 9.18(a) 为时域结果,图 9.18(b) 为时域电场变换到频域后的结果。在图 9.18(b) 中,实线表示谐振腔内未填充任何介质情况下的频域电场,虚线表示谐振腔中部分填充瞬变非磁化等离子体后的频域电场。

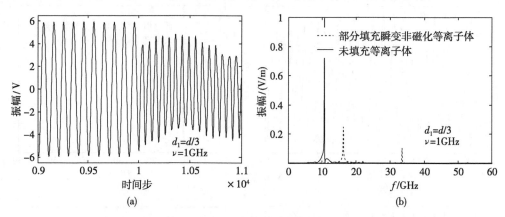

图 9.18 瞬变非磁化等离子体的碰撞频率不为 0 时的电磁波

通过图 9.18 与图 9.17 的对比可以发现,当矩形腔中部分填充瞬变等离子体的碰撞频率不为 0 时,谐振点不变,但是各谐振点处的振幅将会有所减小,碰撞频率对等离子体中的电磁波有很明显的衰减作用。当碰撞频率 ν 值很大时,电磁波的振幅几乎衰减为 0,由于振幅值很小,在图上很难看清,所以并未附图。

算例 9.13 为了分析相同情况下外加磁场对谐振腔内电磁波的影响,计算了外加磁场频率 f_b 不为 0 情况下的电磁波,并画出了时域波形图和频域谐振图。选用参数为:$\omega_0 = 2\pi \times 10\mathrm{GHz}, \omega_{p\_max} = 2\pi \times 17.32\mathrm{GHz}, \omega_b = 2\pi \times 10\mathrm{GHz}, \nu = 0\mathrm{GHz}$。

仿真结果如图 9.19 所示。图 9.19(a)为时域结果,图 9.19(b)为时域电场变换到频域后的结果。在图 9.19(b)中,实线表示谐振腔内未填充任何介质情况下的频域电场,虚线表示谐振腔中部分填充瞬变磁化等离子体后的频域电场。

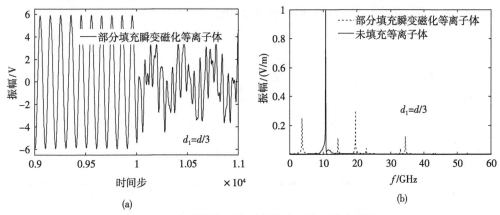

图 9.19　部分填充瞬变磁化等离子体时的电磁波

通过图 9.19 与图 9.17 的对比可以发现,当有外加磁场存在的情况下,腔中还会在低频处产生一个谐振分量,这一频率分量比较特别,我们将会在以后的研究中进一步加以讨论。

9.4.3　部分填充复杂时变非磁化等离子体

本节计算了谐振腔内填充时变非磁化等离子体的情况,等离子体频率随时间的变化过程如图 9.10 所示,变化函数关系见式(9.119)、式(9.143)。采用图 9.2 所示模型,分析比较谐振腔中 3 种不同状态下的电磁波的情况:①腔内不填充任何介质,见图 10 中 $0\sim\tau'$ 时间内;②腔内部分填充快速产生的瞬变等离子体,见图 10 中 $\tau'\sim\tau''$ 时间内;③产生的等离子体持续一段时间后,将随时间缓慢消失,见图 10 中 τ'' 以后的时间段。计算了时变等离子体的占空比、消失速度等对频域电磁波的影响。

算例 9.14　所用到的参数为:$\omega_{p\_max}=2\pi\times17.32GHz$,$\omega_0=2\pi\times10GHz$,$\omega_b=0GHz$,$\nu=0GHz$。依次计算了复杂时变非磁化等离子体的占空比为 1/3、1/2、1 的情况。

FDTD 仿真结果如图 9.20～图 9.22 所示。其中,图(a)~(c)依次表示非磁化等离子体快速产生后,由快到慢消失的过程。图中实线为产生等离子体前,即①状态下的仿真结果;虚线表示部分填充非磁化等离子体快速产生后并持续一段时间,即②状态下的仿真结果;圆圈表示部分填充非磁化等离子体缓慢消失的过程,即③状态下的仿真结果。

通过图 9.20～图 9.22 可以得出如下结论:当谐振腔内部分填充快速产生的非磁化时变等离子体后,谐振腔内产生了新的谐振频率(见图中虚线所示②状态下的频

域电磁波);在非磁化时变等离子体稳定地持续一段时间后,按不同的速度消失时,
③状态内频域电磁波的值是在①状态和②状态之间的情况移动的,等离子体消失得
越快,③状态下的电磁波就越接近于①状态下的电磁波,在 $b=0.01$ 时,③状态下谐
振腔内产生了一条谐振带,如图(b)中虚线所示。

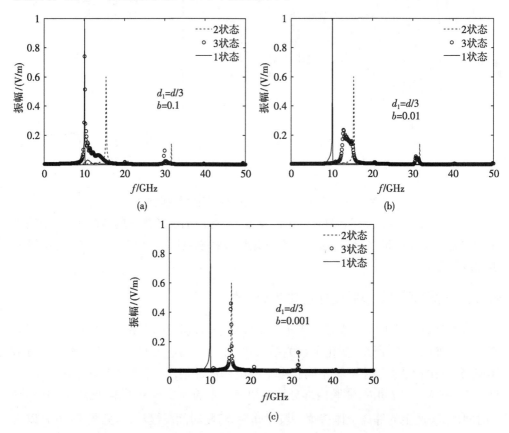

图 9.20　时变非磁化等离子体的占空比为 1/3 时对电磁波的影响

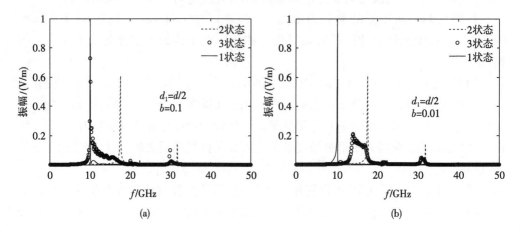

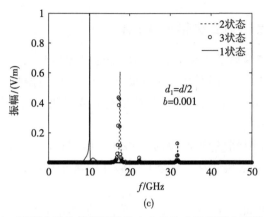

图 9.21　时变非磁化等离子体的占空比为 1/2 时对电磁波的影响

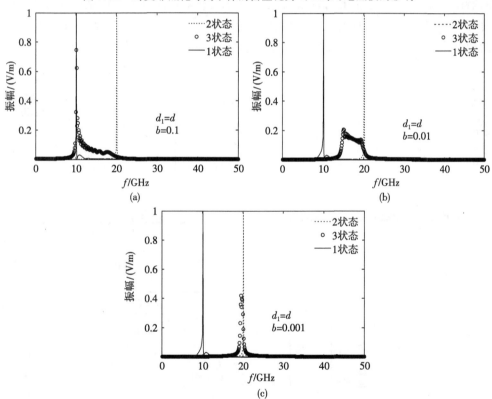

图 9.22　时变非磁化等离子体的占空比为 1 时对电磁波的影响

　　另外,通过图 9.20~图 9.22 的相互对比可以发现,在部分填充非磁化时变等离子体各参数相同的情况下,新的谐振频率点与时变等离子体的占空比的关系比较复杂,但总体来说,部分填充非磁化时变等离子体的占空比越小,谐振腔的谐振频率点数越多、振幅越小、分布越分散;非磁化时变等离子体的占空比越大,谐振腔的谐振频率点越集中。

9.4.4 部分填充复杂时变磁化等离子体

部分填充的时变等离子体频率随时间的变化过程如图 9.10 所示,函数表达式见式(9.119)、式(9.143)。采用图 9.2 所示模型,分析比较谐振腔中 3 种不同时间段内右旋圆极化波 E_x 的频域情况,计算了部分填充时变磁化等离子体的占空比、消失速度等对谐振频率的影响。

算例 9.15 所用到的参数为:$\omega_0 = 2\pi \times 10\mathrm{GHz}$,$\omega_b = 10\mathrm{GHz}$,$\omega_{p\_max} = 2\pi \times 17.32\mathrm{GHz}$,$\nu = 0\mathrm{GHz}$,依次计算了复杂时变磁化等离子体的占空比为 1/3、1/2、1 的情况。

FDTD 仿真结果如图 9.23～图 9.25 所示,图中实线为腔内不填充任何介质时的谐振频率,即①状态下的仿真结果;虚线表示磁化等离子体快速产生后并持续一段时间,即②时间段内的频谱图;圆圈表示磁化等离子缓慢消失的过程中,即③状态下的频谱图。图(a)～图(c)依次表示磁化等离子体快速产生后,由快到慢消失的过程。

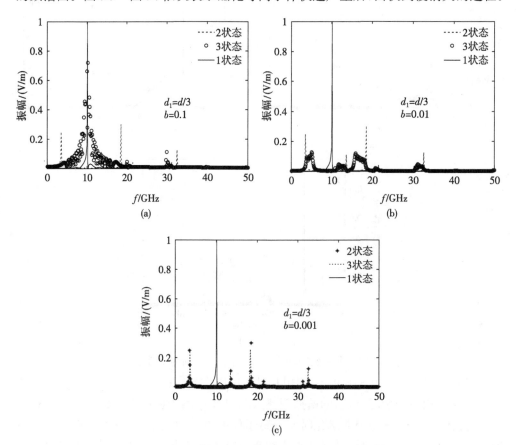

图 9.23 时变磁化等离子体的占空比为 1/3 时对电磁波的影响

通过图 9.23～图 9.25 可以分析得出以下结论:当谐振腔部分填充快速产生的磁化等离子体后,谐振腔内会产生多个新的谐振频率点(见图中虚线所示);谐振频率点会随着等离子体消失的快慢而移动(见图中圆圈所示),等离子体消失得越快,③状态下的电磁波就越接近于①状态下的电磁波,在 $b=0.01$ 时,③状态下的谐振腔内产

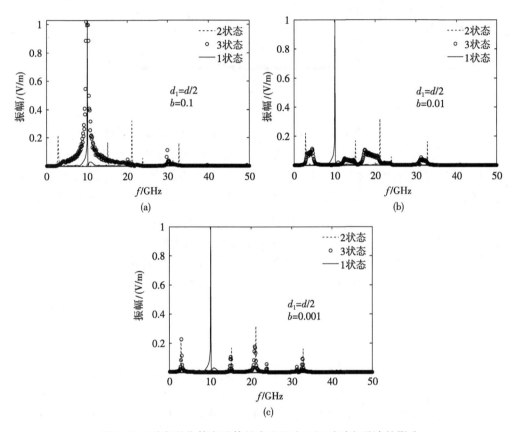

图 9.24　时变磁化等离子体的占空比为 1/2 时对电磁波的影响

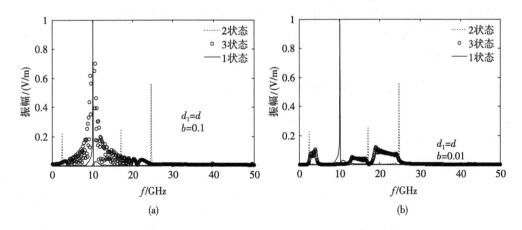

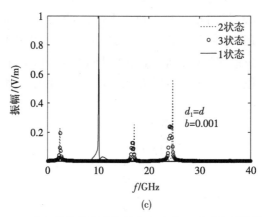

图 9.25　时变磁化等离子体的占空比为 1 时对电磁波的影响

生了若干条谐振带,频谱展宽,如图 9.23(b)、图 9.24(b)和图 9.25(b)中圆圈所示;还可以通过设置等离子体频率随时间变化的函数关系来改变不同时刻内谐振腔内的谐振频率,例如,在①、②、③三种状态时,谐振腔内的谐振频率点并不相同;另外,通过图 9.23～图 9.25 的相互对比可以发现,在时变等离子体各参数相同的情况下,时变等离子体的占空比越大,谐振腔新的谐振频率越向两边漂移。

　　与非时变情况下的结果对比,可以发现时变磁等离子体还可以对展宽磁波的频谱,这是非时变等离子体所达不到的。由于等离子体频率、外加磁场频率随时间的变化,从频域角度,通过式(2.3)可以看到时变、空变磁化等离子体对电磁波的频率作用。

9.5　三维谐振腔中填充时变等离子体后的特性

　　利用第 2 章所推导的适用于解决三维时变磁化和非磁化等离子体问题的 FDTD 方法,仿真计算了三维矩形谐振腔中填充时变等离子体后的特性。具体编程计算时,对于边界上是理想导体的问题,通过设置理想导体的边界条件即电场的切向分量为 0 来实现;在激励源的加入方面,利用总场——散射场的理论,通过连接边界引入正弦波作为激励源。

9.5.1　瞬变非磁化等离子体情形

　　仿真计算了谐振腔中全部填充或部分填充瞬变非磁化等离子体的情况,等离子体随时间的变化规律如下。

　　全部填充时

$$\omega_p^2(t)=\begin{cases}0, & t<\tau \\ \omega_{p\_max}^2, & t\geqslant\tau\end{cases} \tag{9.144}$$

z 方向部分填充时

$$\omega_p^2(z,t)=\begin{cases}0, & z<\dfrac{L_z}{2}-\dfrac{d_1}{2}\text{或 }z>\dfrac{L_z}{2}+\dfrac{d_1}{2}\\[2mm]\omega_{p\_max}^2 f(t), & \dfrac{L_z}{2}-\dfrac{d_1}{2}\leqslant z\leqslant\dfrac{L_z}{2}+\dfrac{d_1}{2}\end{cases}\qquad(9.145)$$

$$f(t)=\begin{cases}0, & t<\tau\\1, & t\geqslant\tau\end{cases}\qquad(9.146)$$

x、y、z 方向部分填充时

$$\omega_p^2(z,t)=\begin{cases}\omega_{p\_max}^2 f(t), & (x、y、z)\in\text{等离子体域}\\0, & (x、y、z)\notin\text{等离子体域}\end{cases}\qquad(9.147)$$

等离子体频率随时间的变化情况如图 9.26 所示。

TM$_{111}$ 模:矩形金属谐振腔的尺寸为:$L_x=2$cm,$L_y=$
4cm,$L_z=6$cm,故该谐振腔的固有谐振频率为 8.75GHz。
FDTD 网格剖分的尺寸为:$d_x=d_y=d_z=\delta=0.00125$m,
对于等离子体这种特殊的色散介质,为达到稳定性条件,
选取 $tw=\dfrac{dz}{c}=4$,所以每个时间步的大小为 $dt=\dfrac{dz}{tw\cdot c}\approx$
1.04×10^{-12}s。

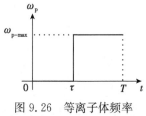

图 9.26　等离子体频率
随时间的变化情况

算例 9.16　首先计算了谐振腔中全部填充时变等离子体的情况,设置 $\omega_{p\_max}=$
$\omega_0=2\pi\times8.75$GHz,$\omega_b=0$,$\upsilon=0$。利用 FDTD 方法仿真计算了 14000 个时间步,令
$\tau=T/2$,提取谐振腔中心一点处的电场,仿真结果如图 9.27 和图 9.28 所示。

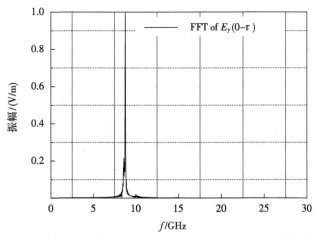

图 9.27　瞬变非磁化等离子体产生之前的谐振频率

从图可以看出,在 $0\sim\tau$ 时间段内,等离子体的频率为 0,此时谐振腔的谐振频率
并没有变化(为 8.75GHz),但当谐振腔内的非磁化等离子体瞬间快速产生后,即 $\tau\sim$
T 时间段内,谐振频率发生了向上漂移的现象,取前面所示的参数,此时腔内的谐振

频率为原固有频率的$\sqrt{2}$倍(见图 9.28)。

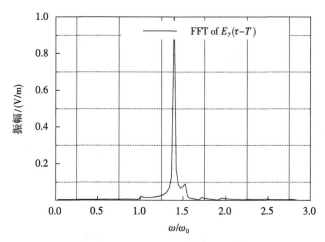

图 9.28　瞬变非磁化等离子体产生后的谐振频率比

算例 9.17　计算了谐振腔中沿 z 方向部分填充、在 xoy 面上全部填充时变等离子体的情况,如图 9.29 所示,等离子体随时间变化的函数关系式见式(9.145)、式(9.146),选取参数与算例 9.16 相同,$\omega_{\text{p\_max}}=\omega_0=2\pi\times8.75\text{GHz}$,$\omega_b=0$,$\upsilon=0$。占空比设置为 1/2,即 $d_1=\dfrac{d}{2}$,填充的时变等离子体位于谐振腔的中间,提取谐振腔中心一点处的电场,FDTD 仿真结果如图 9.30 所示。

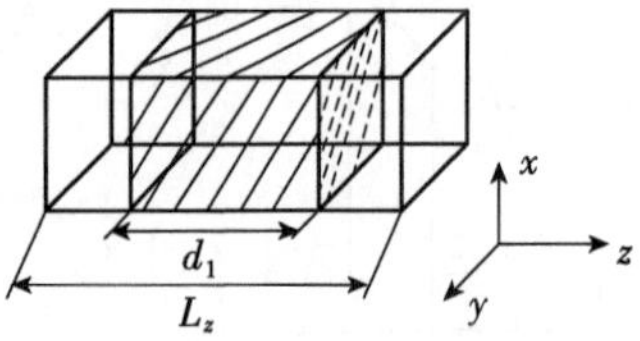

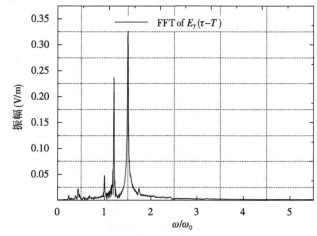

图 9.29　谐振腔沿 z 方向部分
填充、在 xoy 面上全部填充
时变等离子体模型

图 9.30　沿 z 方向部分填充、在 xoy 面上全部填充瞬变
非磁化等离子体后的谐振频率比

算例 9.18　计算了谐振腔中沿 x、y、z 方向都部分填充瞬变非磁化等离子体的情况,时变等离子体在各方向的占空比均为 $\dfrac{1}{2}$,如图 9.31 所示,选取参数与算例

9.16 相同，$\omega_{p\_max} = \omega_0 = 2\pi \times 8.75\text{GHz}$，$\omega_b = 0$，$\upsilon = 0$。FDTD 仿真结果如图 9.32 所示。

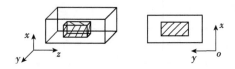

图 9.31　谐振腔沿各方向均部分填充时变等离子体模型

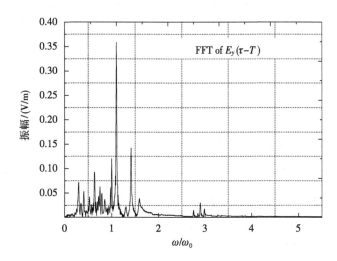

图 9.32　沿各方向均部分填充瞬变非磁化等离子体后的谐振频率比

通过图 9.31 和图 9.32 可以看出，当谐振腔内部分填充瞬变非磁化等离子体后，腔内会产生新的谐振频率，并且新增频率点数会随着时变等离子体占空比的减小而增多。

9.5.2　瞬变磁化等离子体情形

利用第 2 章所推导的计算时变磁化等离子体的 FDTD 算法，仿真计算了谐振腔内全部填充瞬变磁化等离子体的情况，等离子体随时间的变化规律见式（9.144）和图 9.26。将三维谐振腔中心一点处的时域电场变换到频域，分别讨论了等离子体频率最大值的大小、外加磁场、瞬变磁化等离子体的占空比对谐振腔内电磁波频域特性的影响，FDTD 仿真结果如下。

算例 9.19　谐振腔内全部填充瞬变磁化等离子体，矩形金属谐振腔的尺寸为：$L_x = 2\text{cm}$，$L_y = 4\text{cm}$，$L_z = 6\text{cm}$，故该谐振腔的固有谐振频率为 8.75GHz，TM_{111} 模。FDTD 网格剖分的尺寸为：$d_x = d_y = d_z = \delta = 0.00125\text{m}$，时间步的大小为 $dt = 1.04 \times 10^{-12}\text{s}$。外加磁场频率与谐振腔固有频率相同，$\omega_b = \omega_0 = 2\pi \times 8.75\text{GHz}$，$\nu = 0\text{GHz}$，分析瞬变等离子体频率的最大值 ω_{p_max} 对谐振频率的影响。

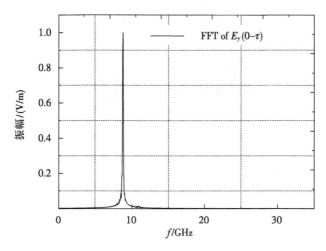

图 9.33 瞬变磁化等离子体产生之前的谐振频率

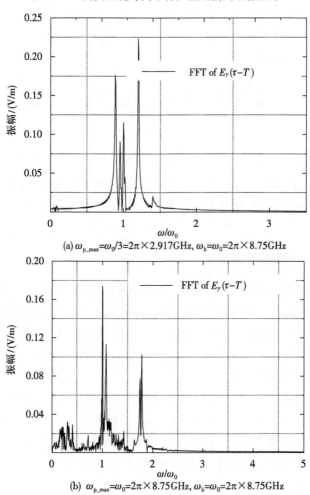

(a) $\omega_{p\_max}=\omega_0/3=2\pi\times2.917\mathrm{GHz}$, $\omega_b=\omega_0=2\pi\times8.75\mathrm{GHz}$

(b) $\omega_{p\_max}=\omega_0=2\pi\times8.75\mathrm{GHz}$, $\omega_b=\omega_0=2\pi\times8.75\mathrm{GHz}$

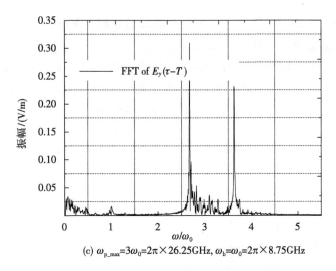

(c) $\omega_{p\_max}=3\omega_0=2\pi\times26.25\text{GHz}$, $\omega_b=\omega_0=2\pi\times8.75\text{GHz}$

图 9.34　瞬变磁化等离子体产生后的谐振频率比

通过图 9.34 可以看出,当谐振腔全部填充瞬变磁化等离子体后,不仅谐振频率发生了漂移,而且谐振腔内产生了新的谐振频率,新增频率点随着等离子体频率的增大而向高频处移动。

算例 9.20　沿 z 方向部分填充、在 xoy 面上全部填充瞬变磁化等离子体,矩形金属谐振腔的尺寸为:$L_x=2\text{cm}$,$L_y=4\text{cm}$,$L_z=6\text{cm}$,故该谐振腔的固有谐振频率为 8.75GHz,TM_{111} 模。FDTD 网格剖分的尺寸为:$d_x=d_y=d_z=\delta=0.00125\text{m}$,时间步的大小为 $\text{d}t=1.04\times10^{-12}\text{s}$。外加磁场频率与谐振腔固有频率相同,$\omega_b=\omega_0=2\pi\times8.75\text{GHz}$,$\omega_{p\_max}=\omega_0=2\pi\times8.75\text{GHz}$,$\nu=0\text{GHz}$,占空比为 1/2。FDTD 仿真结果如图 9.35 所示。

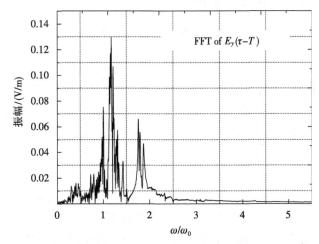

图 9.35　沿 z 方向部分填充、在 xoy 面上全部填充瞬变磁化等离子体后的谐振频率比

算例9.21　谐振腔中沿 x、y、z 方向都部分填充瞬变非磁化等离子体,如图9.31所示。金属谐振腔的尺寸为:$L_x=2\text{cm}$,$L_y=4\text{cm}$,$L_z=6\text{cm}$,故该谐振腔的固有谐振频率为 8.75GHz,TM$_{111}$ 模。FDTD 网格剖分的尺寸为:$d_x=d_y=d_z=\delta=0.00125\text{m}$,时间步的大小为 $\mathrm{d}t=1.04\times10^{-12}\text{s}$,$\omega_0=2\pi\times8.75\text{GHz}$,$\omega_{\text{p\_max}}=2\pi\times8.75\text{GHz}$,$\omega_b=2\pi\times8.75\text{GHz}$,$\nu=0\text{GHz}$,时变等离子体在各方向的占空比均为 1/2,仿真结果如图9.36所示。

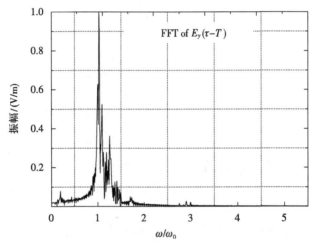

图 9.36　沿各方向均部分填充瞬变磁化等离子体后的谐振频率比

通过图9.34~图9.36可以看出,当谐振腔填充瞬变磁化等离子体后,谐振腔内会产生新的谐振点和谐振带,瞬变磁化等离子体的空间占空比越小,新的谐振带就越宽。

9.5.3　缓变非磁化等离子体情形

设等离子体频率随时间的变化情况满足如下函数关系

$$\omega_p^2(t)=\omega_{\text{p\_max}}^2\Big[1-\exp\Big(\frac{-Kt}{T}\Big)\Big] \tag{9.148}$$

其中,T 是 FDTD 计算时所用时间步的总数;$t=1,2,3,\cdots,T$;K 的大小能够表示等离子体产生速度的大小,K 值越大,等离子体产生的速度越快,如图9.37所示。

编程仿真时,FDTD 网格剖分的尺寸为:$d_x=d_y=d_z=\delta=0.00125\text{m}$,时间步的大小为 $\mathrm{d}t=1.04\times10^{-12}\text{s}$。金属谐振腔的尺寸为:$L_x=2\text{cm}$,$L_y=4\text{cm}$,$L_z=6\text{cm}$,故该谐振腔的固有谐振频率为 8.75GHz,TM$_{111}$ 模。

算例9.22　全部填充缓变非磁化等离子体。为了研究等离子体产生速度对电磁波频率特性的影响,只改变参数 K,其他参数不变,设置 $\omega_b=0\text{GHz}$,$\nu=0\text{GHz}$,$\omega_{\text{p\_max}}=\omega_0=2\pi\times8.75\text{GHz}$,同样将谐振腔中心一点处的时域电场变换到频域,计算得出数据如图9.38所示。

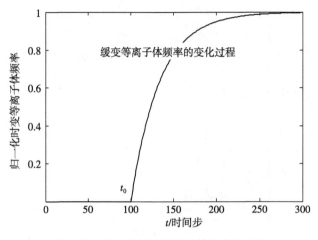

图 9.37　归一化缓变等离子体的产生过程

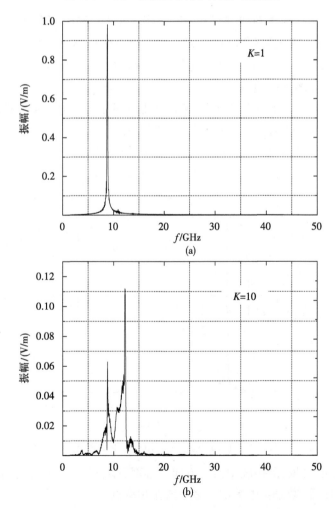

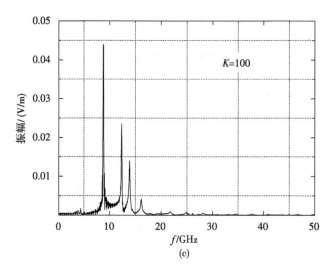

(c)

图 9.38　谐振腔中全部填充缓变非磁化等离子体后的谐振频率

由图 9.38 可以看出,当非磁化等离子体产生速度很小时,对谐振频率几乎没什么影响(见图 9.38 中 $K=1$ 时),非磁化等离子体产生得越快,结果越靠近于图 9.28 所示瞬变非磁化等离子体的情况。

算例 9.23　z 方向上部分填充缓变非磁化等离子体的情况,模型如图 9.29 所示。$\omega_0=2\pi\times8.75\mathrm{GHz}, \omega_{\mathrm{p\_max}}=2\pi\times8.75\mathrm{GHz}, \omega_{\mathrm{b}}=2\pi\times8.75\mathrm{GHz}, \nu=0\mathrm{GHz}, K=100, d_1=d/2$,即缓变非磁化等离子体在 z 方向的占空比为 $1/2$。FDTD 计算出结果,提取中心一点处的时域 E_y 变换到频域,结果如图 9.39 所示。

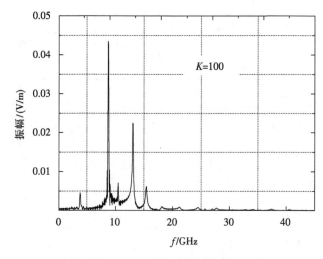

图 9.39　沿 z 方向部分填充、在 xoy 面上全部填充缓变非磁化等离子体后的谐振频率

通过图 9.39 可见,谐振腔中沿 z 方向中心部分填充、在 xoy 面上全部填充缓变非磁化等离子体后,谐振腔中新增了多个谐振频率点。

算例 9.24　谐振腔两旁填充缓变非磁化等离子体情况,如图 9.40 所示模型。$\omega_0 = 2\pi \times 8.75\text{GHz}$, $\omega_{\text{p\_max}} = 2\pi \times 8.75\text{GHz}$, $\omega_\text{b} = 2\pi \times 8.75\text{GHz}$, $\nu = 0\text{GHz}$, $K = 100$,同样提取谐振腔中心一点处的时域 E_y 变换到频域,FDTD 仿真结果如图 9.41 所示。

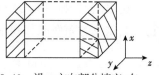

图 9.40　沿 z 方向部分填充、在 xoy 面上全部填充时变等离子体模型

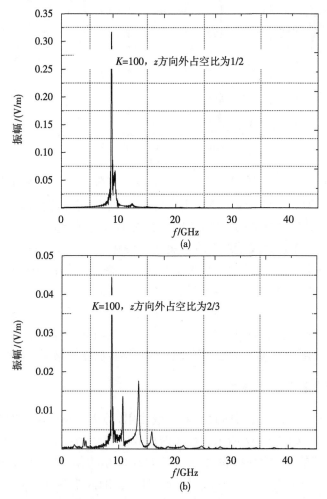

图 9.41　沿 z 方向两侧部分填充、在 xoy 面上全部填充缓变非磁化等离子体后的谐振频率

　　当等离子体填充在两侧时,谐振腔中心处的电场在频域中变化并不大,由此可见,当电磁波位于时变等离子体时,这种色散介质对它的影响比较大。

　　算例 9.25　利用图 9.29 所示模型,谐振腔中沿 x、y、z 方向都部分填充缓变非磁化等离子体。缓变非磁化等离子体在各方向的占空比均为 $1/2$, $\omega_0 = 2\pi \times 8.75\text{GHz}$, $\omega_{\text{p\_max}} = 2\pi \times 8.75\text{GHz}$, $\omega_\text{b} = 2\pi \times 8.75\text{GHz}$, $\nu = 0\text{GHz}$, $K = 100$。FDTD 计算结果如图 9.42 所示。

　　从图 9.42 和图 9.39 与图 9.38(c)的对比可看出,当等离子体的占空比减小时,它对电磁波的频率漂移和频谱展宽作用也减小。

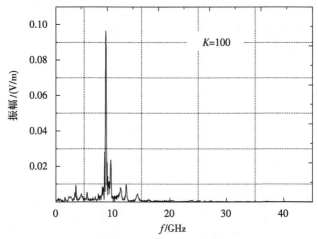

图 9.42　沿各方向均部分填充缓变非磁化等离子体后的谐振频率

　　本节利用 FDTD 方法仿真计算了谐振腔中全部填充和部分填充缓慢产生的非磁化等离子体后频域电磁波的特性,然后与腔内不填充任何介质时的情况进行了对比,得出如下结论:矩形金属谐振腔填充缓变非磁化等离子体后,谐振腔内产生了多个新增的谐振频率;新增谐振频率与缓变非磁化等离子体产生的速度有关,当非磁化等离子体产生速度很小时,对谐振频率的影响很小,非磁化等离子体产生得越快,结果越靠近于瞬变非磁化等离子体的情况,即谐振频率点向高频方向发生了漂移;缓变非磁化等离子体的占空比对谐振频率也有一定的影响,其中,谐振腔中沿 z 方向部分填充、在 xoy 面上全部填充缓变非磁化等离子体后,谐振腔新增谐振频率的效果最明显。

9.5.4　缓变磁化等离子体情形

　　分析缓变磁化等离子体对电磁波的频域作用,等离子体频率随时间的变化函数关系见式(9.148),如图 9.37 所示。金属谐振腔的尺寸为:$L_x=2\text{cm}$,$L_y=4\text{cm}$,$L_z=6\text{cm}$,故该谐振腔的固有谐振频率为 8.75GHz,TM_{111} 模。编程仿真时,FDTD 网格剖分的尺寸为:$d_x=d_y=d_z=\delta=0.00125\text{m}$,时间步的大小为 $\mathrm{d}t=1.04\times10^{-12}\text{s}$。利用第 2 章推导的 FDTD 方法分别计算了缓变磁化等离子体全部填充,在 z 方向部分填充、xoy 面上全部填充,以及在 x、y、z 方向均部分填充矩形金属谐振腔的情况,并讨论了缓变磁化等离子体产生的速度(K 值大小)对电磁波的频率影响。

　　算例 9.26　全部填充缓变磁化等离子体。研究等离子体产生速度对电磁波频率特性的影响,只改变参数 K,其他参数不变。谐振腔的固有谐振频率为 $\omega_0=2\pi\times8.75\text{GHz}$,设置 $\omega_{\text{p\_max}}=\omega_0=2\pi\times8.75\text{GHz}$,$\omega_\text{b}=\omega_0=2\pi\times8.75\text{GHz}$,$\nu=0\text{GHz}$,提取谐振腔中心一点处的时域电场,然后将其变换到频域,计算得出数据如图 9.43 所示。

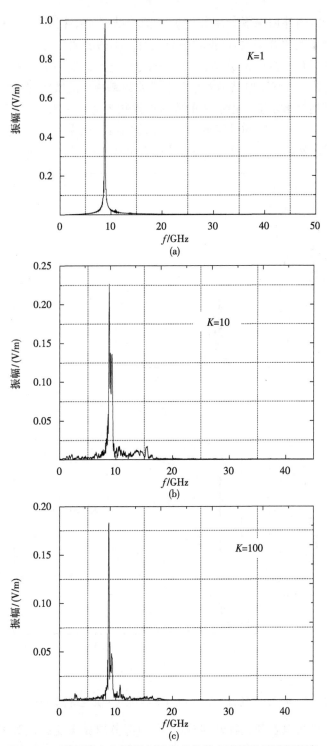

图 9.43　谐振腔中全部填充缓变磁化等离子体后的谐振频率

　　从上图可见,当外加磁场频率和谐振腔固有谐振频率相等时,该矩形谐振腔内TM$_{111}$的谐振频率变化并不大,谐振频率只是有微小的展宽。

　　算例 9.27　沿 z 方向部分填充、在 xoy 面上全部填充缓变磁化等离子体,如图 9.29所示模型。研究外加磁场大小对电磁波频率特性的影响,只改变外加磁场频率ω_b的大小,其他参数不变。谐振腔的固有谐振频率为 $\omega_0 = 2\pi \times 8.75\mathrm{GHz}$,设置 $\nu = 0\mathrm{GHz}$,$\omega_{p\_max} = \omega_0 = 2\pi \times 8.75\mathrm{GHz}$,$K = 100$,$z$ 方向占空比为 $1/2$。提取谐振腔中心一点处的时域电场,然后将其变换到频域,计算得出数据如图 9.44 所示。

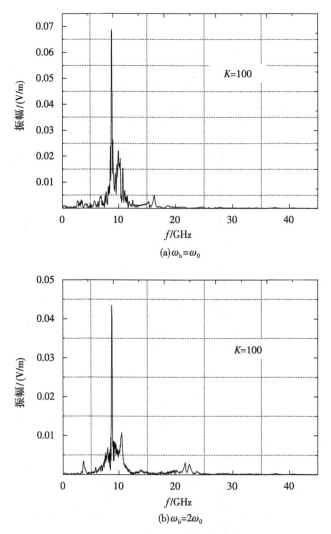

(a)$\omega_b = \omega_0$

(b)$\omega_b = 2\omega_0$

图 9.44　沿 z 方向部分填充、在 xoy 面上全部填充缓变磁化等离子体后的谐振频率比

　　从图 9.44 中可以发现,当谐振腔沿 z 方向部分填充缓变磁化等离子体后,与全部填充的情况相比,频谱有很明显的展宽,在外加磁场频率不等于谐振腔固有频率

时,频谱展宽更加明显,如图 9.44(b)所示。

算例 9.28　x、y、z 方向上均部分填充缓变磁化等离子体,如图 9.31 所示模型。谐振腔的固有谐振频率为 $\omega_0 = 2\pi \times 8.75\mathrm{GHz}$,设置 $\nu = 0\mathrm{GHz}$,$\omega_{\mathrm{p\_max}} = \omega_0 = 2\pi \times 8.75\mathrm{GHz}$,$\omega_\mathrm{b} = \omega_0 = 2\pi \times 8.75\mathrm{GHz}$,$K = 100$,$x$、$y$、$z$ 方向占空比为 1/2。提取谐振腔中心一点处的时域电场,然后将其变换到频域,仿真结果如图 9.45 所示。

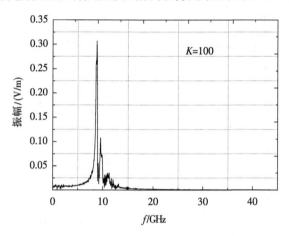

图 9.45　沿 x、y、z 方向均部分填充缓变磁化等离子体后的谐振频率

通过图 9.45 与图 9.44(a)、图 9.43(c)的对比,得出相同参数条件下,缓变磁化等离子体产生的速度相同,谐振腔沿 z 方向部分填充缓变磁化等离子体后的频谱展宽最明显。

本节利用第 2 章推导的 FDTD 方法仿真计算了谐振腔中全部填充和部分填充缓慢产生的磁化等离子体后电磁波的频域特性,然后与腔内不填充任何介质时的情况、腔内填充缓变非磁化等离子体的情况进行了对比,得出如下结论:矩形金属谐振腔填充缓变磁化等离子体后,谐振腔内新增了谐振频率,并且频谱得到了展宽;新增谐振频率与缓变磁化等离子体产生的速度有关,新的谐振频率分量的振幅与缓变磁化等离子体产生的速度有关,磁化等离子体产生得越慢,谐振腔的新的频率分量的振幅越小;缓变磁化等离子体的占空比对工作频率带宽也有一定的影响,其中,谐振腔中沿 z 方向部分填充、在 xoy 面上全部填充缓变磁化等离子体后,谐振腔内频谱展宽的效果最明显。

9.6　时变等离子体目标的电磁散射特性分析

9.6.1　时变非磁化等离子体球的电磁散射特性

等离子体角频率最大值为 $\omega_\mathrm{p} = 2\pi \times 28.7 \times 10^9\,\mathrm{rad/s}$,等子离体球半径为 $r = 3.75\mathrm{mm}$,

等离子体碰撞频率 $\nu=20\text{GHz}$。缓变情况下 $K=10$。空间计算的离散网格大小为 $\delta=0.05\text{mm}$，等离子体球经离散后的半径为 75δ，$\Delta t=\delta/2c_0$，高斯脉冲沿 Z 轴入射，$\tau=60\Delta t$。图 9.46 给出了非时变、突变和缓变情况下非磁化等离子球的后向同极化雷达散射截面仿真图。

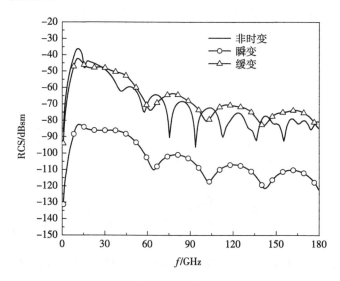

图 9.46　时变非磁化等离子体球的后向同极化 RCS

仿真结果显示，非磁化瞬变等离子体球的 RCS 最小。瞬变和缓变非磁化等离子体球的 RCS 趋势相同，缓变非磁化等离子体球的 RCS 比瞬变非磁化等离子体球的 RCS 大。非时变非磁化等离子体球的 RCS 与时变的有明显的区别。由此可以看出，时变条件对电磁波的散射特性有影响。

9.6.2　时变磁化等离子体球的电磁散射特性

选取参数同 9.6.1 节相同，且等离子体回旋频率 $\omega_b=30\text{GHz}$。图 9.47 给出了非时变、突变和缓变的情况下磁化等离子球的后向同极化雷达散射截面，图 9.48 给出了相同情况下交叉极化的雷达散射截面。

仿真结果显示：同极化情况下，磁化瞬变等离子体球的 RCS 最小。瞬变和缓变磁化等离子体球的 RCS 趋势相同，缓变磁化等离子体球的 RCS 要比瞬变磁化等离子体球的 RCS 大。而在交叉极化的情况下，瞬变和缓变磁化等离子体球的 RCS 趋势相同，而磁化瞬变等离子体球的 RCS 最小，缓变磁化等离子体球的 RCS 最大，其次是非时变磁化等离子体球的 RCS。无论是同极化还是交叉极化情况下，非时变磁化等离子体球的 RCS 与时变的有明显的区别，由此可以看出，时变条件对电磁波的散射特性有影响。

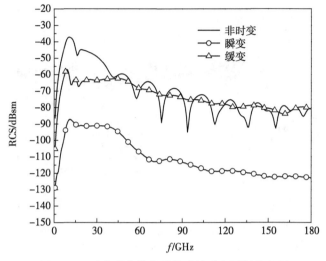

图 9.47 时变磁化等离子体球的后向同极化 RCS

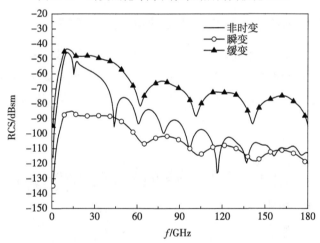

图 9.48 时变磁化等离子体球的交叉极化 RCS

9.6.3 时变非磁化等离子体涂覆金属球的电磁散射特性

等离子体频率最大值为 $\omega_p=2\pi\times28.7\times10^9\,\mathrm{rad/s}$,金属球的半径 $r=0.01\mathrm{m}$,等离子体碰撞频率 $\nu=300\mathrm{GHz}$。缓变情况下 $K=100$。空间计算的离散网格大小为 $\delta=0.05\mathrm{mm}$,$\Delta t=\delta/2c_0$,高斯脉冲沿 Z 轴入射,$\tau=45\Delta t$。外围涂覆的等离子层厚度取五层为 $2.5\mathrm{mm}$。图 9.49 给出了未涂覆等离子体的金属球、非时变、瞬变和缓变情况下非磁化等离子体涂覆金属球的后向同极化雷达散射截面。

仿真结果显示:未涂覆等离子体的金属球和瞬变非磁化等离子体涂覆金属球的同极化 RCS 最大且相差很小,其次是缓变非磁化等离子体金属球的的同极化 RCS,RCS 最小的是非时变非磁化等离子体涂覆金属球的情况。

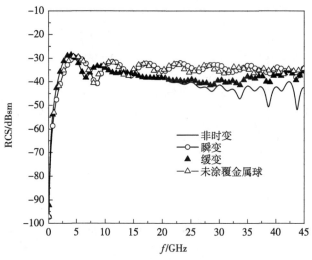

图 9.49　时变非磁化等离子体涂覆金属导体球的同极化 RCS

9.6.4　时变磁化等离子体涂覆金属球的电磁散射特性

选取参数同 9.6.3 节相同,且等离子体回旋频率 $\omega_b = 30\text{GHz}$。图 9.50 给出了未涂覆等离子体的金属球、非时变、瞬变和缓变情况下磁化等离子涂覆金属球后向同极化雷达散射截面。图 9.51 给出了相同情况下交叉极化的雷达散射截面。

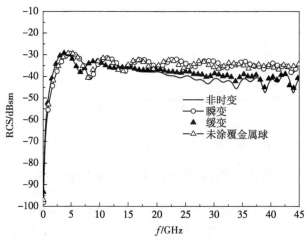

图 9.50　时变磁化等离子体涂覆金属导体球的同极化 RCS

仿真结果显示:同极化情况下,未涂覆等离子体的金属球和瞬变磁化等离子体涂覆金属球的同极化 RCS 最大且相差很小,其次是缓变磁化等离子体金属球的同极化 RCS,RCS 最小的是非时变磁化等离子体涂覆金属球的情况。而在交叉极化的情况下,未涂覆等离子体的金属球的 RCS 最大,其次是非时变磁化等离子体涂覆金属球的 RCS 和缓变磁化等离子体涂覆金属球的 RCS 相差很小且趋势相同,最小的是瞬

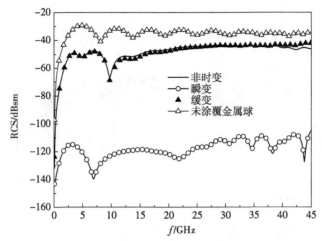

图 9.51　时变磁化等离子体涂覆金属导体球的交叉极化 RCS

变磁化等离子体涂覆金属球的交叉极化 RCS。由此可以看出,在相同条件下,磁化等离子体层涂覆金属导体球的交叉极化 RCS 随着等离子体频率产生的不同而变化很大。

9.6.5　时变非磁化等离子体涂覆导弹的电磁散射特性

战斧式巡航导弹主要的外形参数为[16]:全长 2.62m,直径 0.52m,最大翼展 2.62m,即如图 9.52 所示,对其在 FDTD 计算中的离散网格尺寸定义如下:$\Delta x = \Delta y = \Delta z = \delta = 0.02$m。

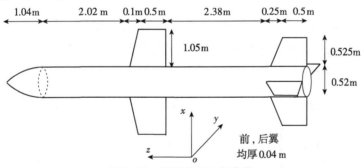

图 9.52　导弹外形几何参数

入射平面波为高斯脉冲,其中 $\tau = 30\Delta t$,$\Delta t = \delta / (2c)$ 及 $t_0 = 0.8\tau$。脉冲迎头入射,后向接收。在前侧机翼外围涂覆 10 个网格的等离子体层,前翼上下厚度均为 5 网格的等离子体层。仿真计算在前侧机翼处涂覆磁化等离子体层的战斧式巡航导弹的电磁散射特性。其中磁化等离子体频率的产生分为三种情况:非时变、瞬变和缓变,等离子体频率最大值为 $\omega_p = 2\pi \times 20 \times 10^9$ rad/s。等离子体碰撞频率 $\nu = 300$GHz,缓变情况下 $K = 13$。

图 9.53 给出了同极化情况下时变非磁化等离子体涂覆战斧式巡航导弹的同极化 RCS。

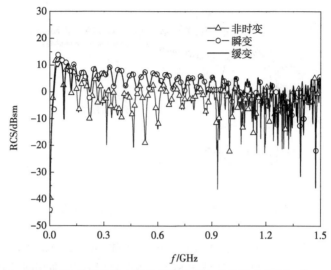

图 9.53　时变非磁化等离子体涂覆战斧式巡航导弹的同极化 RCS

图 9.53 可见,在低频部分,非时变情况下非磁化等离子体层涂覆战斧式巡航导弹的 RCS 略小,瞬变和缓变情况下的非磁化等离子体层涂覆战斧式巡航导弹的 RCS 差别不大;在高频部分,等离子体频率随时间变化对非磁化等离子体层涂覆战斧式巡航导弹的 RCS 影响较大,但瞬变和缓变情况下的 RCS 差别仍不明显。

9.6.6　时变磁化等离子体涂覆导弹的电磁散射特性

选取参数同 9.6.5 节的参数相同,且等离子体回旋频率 $\omega_b = 30\text{GHz}$。图 9.54 和图 9.55 分别给出了在磁化等离子体频率不随时间变化情况下,仿真计算了涂覆磁

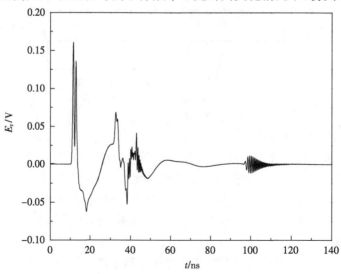

图 9.54　战斧式巡航导弹的后向散射的同极化时域波形

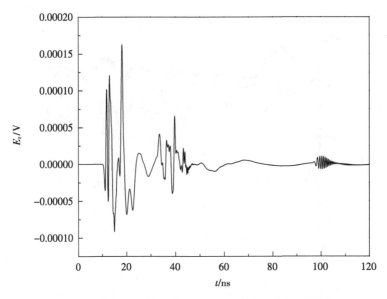

图 9.55　战斧式巡航导弹的后向散射的交叉极化时域波形

化等离子体层的战斧式巡航导弹,得到其同极化时域波形和交叉极化时域波形。

图 9.56 和图 9.57 分别给出了同极化情况下和交叉极化情况下时变磁化等离子体涂覆战斧式巡航导弹的 RCS。

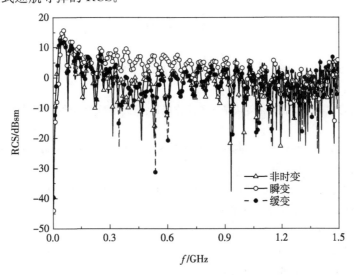

图 9.56　磁化等离子体层涂覆战斧式巡航导弹的同极化 RCS

从图 9.57 可以看出,同极化的情况下,在低频部分,非时变情况下的磁化等离子体层涂覆战斧式巡航导弹的 RCS 略小,其次是缓变情况,RCS 最大的是瞬变磁化等离子体层涂覆战斧式巡航导弹的 RCS;在高频部分,等离子体频率随时间变化对RCS 影响较大。而从磁化等离子体层涂覆战斧式巡航导弹的交叉极化 RCS 图

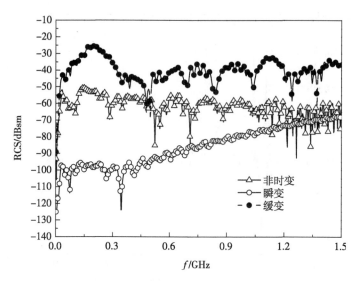

图 9.57　磁化等离子体层涂覆战斧式巡航导弹的交叉极化 RCS

(图 9.57)可以明显看出：缓变情况下，磁化等离子体层涂覆战斧式巡航导弹的 RCS 最大，其次是非时变情况下的 RCS 的值，瞬变情况下的磁化等离子体层涂覆战斧式巡航导弹的 RCS 最小。

参 考 文 献

[1] 刘少斌,袁乃昌. 温度、密度对目标等离子体隐身效果影响的 FDTD 发现. 航空计算技术,2003, 33(1):8-12.

[2] 肖晴,马力,张萌. 时变非磁化等离子光子晶体禁带特性. 南昌大学学报(理科版),2009,33(3): 265-267.

[3] 杨利霞,谢应涛,王祎君,等. 一种适于 1 维磁等离子体电磁波传输特性的 FDTD 分析. 强激光 与粒子束,2009,21(11):1710-1714.

[4] 葛德彪,闫玉波. 电磁波时域有限差分方法. 第二版,西安:西安电子科技大学出版社,2005.

[5] 刘少斌,莫锦军,袁乃昌. 各向异性磁化等离子体 JEC-FDTD 算法. 物理学报,2004,53(3): 783-787.

[6] Mendonca J T,Oliveira L,Silva E. Mode coupling theory of flash ionization in a cavity. IEEE Trans. Plasma Sci. ,1996,24:147-151.

[7] Banos A,Jr Mori W B,Dawson J M. Computation of the electric and magnetic fields induced in a plasma created by ionization lasting a finite interval of time. IEEE Trans. Plasma Sci. ,1993,21: 57-69.

[8] 杨利霞,马辉,施卫东,等. 基于表面阻抗边界条件的等离子体薄涂层电磁散射的时域有限差分 分析. 物理学报,2013,62(3):034102.

［9］杨利霞,沈丹华,施卫东.三维时变等离子体目标的电磁散射特性研究.物理学报,2013, 62(10):104101.

［10］葛德彪,闫玉波.电磁波时域有限差分方法.西安:西安电子科技大学出版社,2005:1-168.

［11］杨利霞.复杂介质电磁散射的 FDTD 算法及相关技术研究.西安:西安电子科技大学,2006.

［12］杨利霞,于萍萍,马辉,等.瞬变等离子体中电磁波频率漂移特性研究.电波科学学报,2012, 27(1):18-23.

［13］杨利霞,于萍萍,郑召文,等.基于 FDTD 的时变等离子体中电磁波频域特性研究.系统工程 与电子技术,2013,35(6):1148-1154.

［14］于萍萍.基于 FDTD 的时变等离子体中电磁波传输特性研究.江苏大学硕士学位论文,2012.

［15］沈丹华.时变等离子体目标的电磁散射特性及相关并行算法的研究.江苏大学硕士学位论 文,2014.

［16］郑奎松,葛德彪,魏兵.导弹目标的 FDTD 建模与 RCS 计算.系统工程与电子技术,2004, 26(7):896-899.

第 10 章　一维等离子体光子晶体带隙特性

本章利用第 2 章提出的磁化等离子体的 LTJEC-FDTD 算法计算了一维垂直入射情况下非磁化和磁化等离子体光子晶体结构的不同等离子体参数的反射系数和透射系数,从中得出了光子带隙的变化特性。然后利用斜入射情况下的修正 FDTD 算法,计算出斜入射情况下的非磁化和磁化等离子体光子晶体的各种不同参数情况下的反射系数,进而分析斜入射情况下 TE 和 TM 模的光子带隙特性。

10.1　一维垂直入射等离子体光子晶体

10.1.1　一维垂直入射等离子体光子晶体的模型

等离子体光子晶体(PPC)的物理模型如图 10.1 所示,从图中可知等离子体光子晶体由 7 层介质、6 层等离子体构成。电磁波垂直入射到该一维等离子体光子晶体结构。入射波波形为微分高斯脉冲即 $E(t) = -A\dfrac{t-t_0}{\tau}\exp\left[-\dfrac{(t-t_0)^2}{2\tau^2}\right]$,其中 $A = 4.67, t_0 = 22\times10^{-12}\,\text{s}, \tau = 5.4\times10^{-12}\,\text{s}$,FDTD 参数为空间步长 $\text{d}z = 7.5\times10^{-5}\,\text{m}$,时间步长 $\text{d}t = \dfrac{\text{d}z}{2c} = 1.25\times10^{-13}\,\text{s}$。

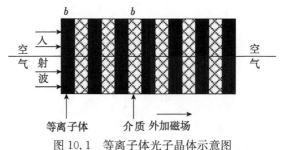

图 10.1　等离子体光子晶体示意图

利用第 2 章提出的磁化等离子体的 LTJEC-FDTD 算法,可以计算出一维垂直入射情况下非磁化和磁化等离子体光子晶体结构的不同等离子体参数的反射系数和透射系数,从中得出光子带隙的变化特性。

10.1.2　非磁化等离子体光子晶体的带隙特性

1. 碰撞频率对光子禁带的影响

等离子频率为 $\omega_p = 2\pi\times10\text{GHz}$,计算碰撞频率分别为 $\nu = 0.1\text{GHz}, 20\text{GHz},$

80GHz 的反射和透射率频谱图,如图 10.2 所示。

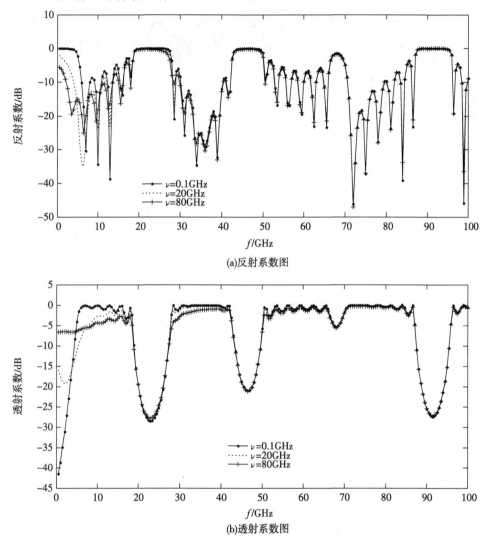

(a)反射系数图

(b)透射系数图

图 10.2　非磁化 PPC 结构带隙随碰撞频率变化的规律图

　　从图 10.2 可知,光子禁带受等离子体碰撞频率的影响微乎其微,无论是光子禁带的宽度还是周期性基本保持不变。不过低频相对于高频情况,其影响却较为明显,这一点不管是从反射系数还是从透射系数来看均表现明显。所以通过改变等离子体碰撞频率很难实现对光子禁带的拓展,这一点可以在下面将要讨论的一维斜入射和二维等离子体光子晶体中均可得出类似的结论。

　　2.等离子体频率对光子禁带的影响

　　碰撞频率为 $\nu=10\text{GHz}$,等离子体频率分别为 $\omega_p=2\pi\times1\text{GHz},2\pi\times20\text{GHz},2\pi\times40\text{GHz}$ 的反射和透射率频谱图,如图 10.3 所示。

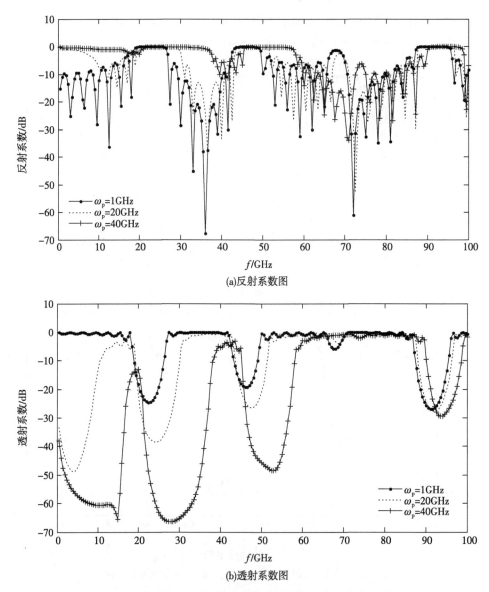

图 10.3　非磁化 PPC 结构带隙随等离子体频率变化的规律图

从图 10.3 可看出，等离子体频率较小时光子禁带的周期性较为明显，而当等离子体频率逐渐增大时，光子禁带的周期特性受到越来越明显的破坏而逐渐消失。但是另一方面，等离子频率的增大却使光子禁带得到拓宽。由反射系数图 10.3(a)中光子禁带来看，当等离子体频率增加到一定值时，其光子禁带的第一禁带呈现出低通滤波器特性，并且其带宽随着等离子频率的增大而展宽，这主要是由于等离子的固有特性所决定的：当电磁波频率小于等离子体频率时，其介电常数为负，此时电磁波将完全被等离子体板所反射。所以可以通过改变等离子体频率来控制禁带的宽度、设定带通值,达到类似于滤波器的特性,而相对于常规滤波器的优点在于,无需改变其结构特性却可到达不同电磁波频率的过滤。

10.1.3 磁化等离子体光子晶体的带隙特性

1.碰撞频率对光子禁带的影响

等离子体回旋频率和等离子体频率分别为 $\omega_b=10\text{GHz}$,$\omega_p=2\pi\times30\text{GHz}$,等离子体碰撞频率分别为 $\nu=0.1\text{GHz},20\text{GHz},80\text{GHz}$ 时的 RCP 和 LCP 波的反射率、透射率频谱图,如图 10.4 和图 10.5 所示。

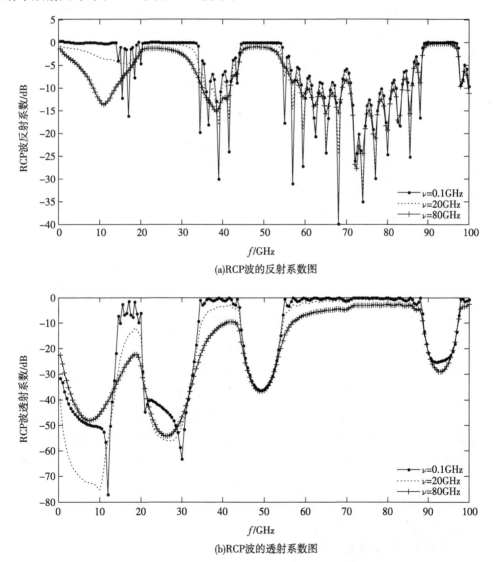

(a)RCP波的反射系数图

(b)RCP波的透射系数图

图 10.4　磁化 PPC 结构带隙随碰撞频率变化的规律图(RCP 波)

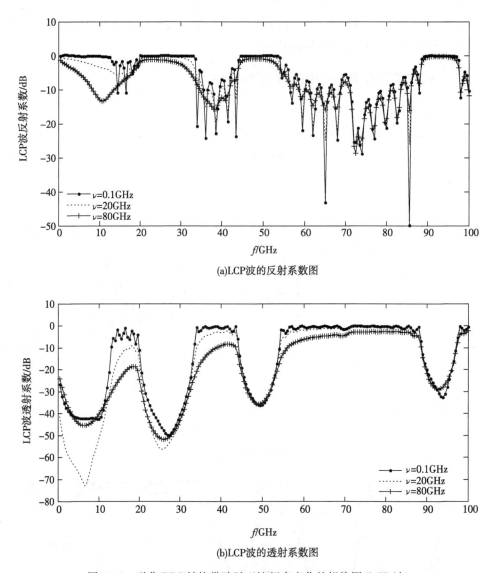

(a)LCP波的反射系数图

(b)LCP波的透射系数图

图10.5 磁化PPC结构带隙随碰撞频率变化的规律图(LCP波)

从图10.4和图10.5中可以看出,无论是左旋还是右旋圆极化波,随着等离子体碰撞频率的增大,其反射系数和透射系数的幅度均变小。这是由于随着等离子体碰撞频率的增大,等离子体内的电子更加频繁地与中性粒子和离子碰撞而使电磁波的能量转换为等离子体的内能。尽管如此,等离子碰撞频率对光子禁带的周期特性和禁带宽度却影响不大,且禁带的中心频率也基本保持不变。因此,改变等离子体碰撞频率很难达到改变光子禁带的目的。

2.等离子体频率对光子禁带的影响

等离子体回旋频率和等离子体碰撞频率分别为$\omega_b=10\text{GHz}$,$\nu=10\text{GHz}$,计算等

离子体频率分别为 $\omega_p=2\pi\times 1GHz,2\pi\times 20GHz,2\pi\times 40GHz$ 时的 RCP 和 LCP 波的反射和透射率频谱图,如图 10.6 和图 10.7 所示。

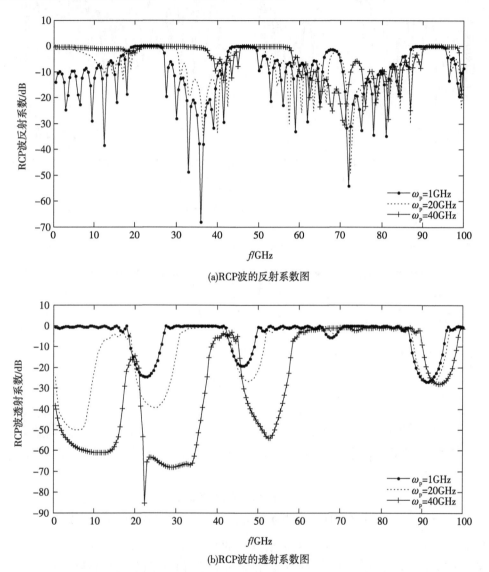

(a)RCP波的反射系数图

(b)RCP波的透射系数图

图 10.6　磁化 PPC 结构带隙随等离子体频率变化的规律图(RCP 波)

从反射系数图可以看出,无论是左旋还是右旋圆极化波,等离子体频率对其光子带隙的影响完全相同。当等离子体频率较小时,其光子带隙的周期特性非常明显。随着等离子体频率的不断增大,其光子带隙的周期性将逐渐变差,但是光子禁带的宽度却得到明显展宽。从透射系数来看,在低频段时左旋和右旋的透射系数的振幅有明显的不同,表明等离子体吸收其电磁波的能量多少有所不同。尽管如此,由于通常

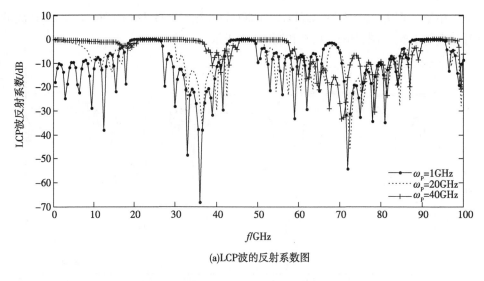

(a)LCP波的反射系数图

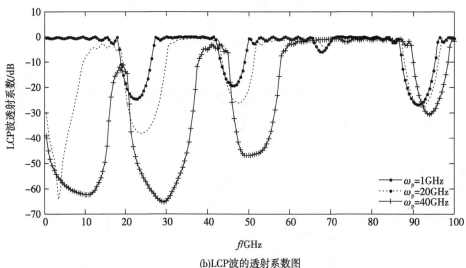

(b)LCP波的透射系数图

图 10.7　磁化 PPC 结构带隙随等离子体频率变化的规律图(LCP 波)

情况下以 10dB 定义带宽,因此对光子禁带的影响没有任何意义。所以等离子体频率的改变可以较好地控制禁带的宽度、设定带通值,但禁带的周期特性将被破坏。同时随着等离子体频率增大,禁带中心频率明显向高频移动。

3. 等离子体回旋频率对光子禁带的影响

等离子碰撞频率和等离子频率分别为 $\nu=10\text{GHz}$,$\omega_p=2\pi\times30\text{GHz}$,计算等离子体回旋频率分别为 $\omega_b=0.1\text{GHz}$,20GHz,80GHz 时 RCP 波和 LCP 波的反射和透射率频谱图,如图 10.8 和图 10.9 所示。

从图中可以看出,等离子体回旋频率对左旋极化波产生的光子禁带周期性影响不大,禁带保持较好的周期特性,而且对禁带带宽的影响也不大,禁带的中心频率略向高频方向移动;对右旋极化波产生的光子禁带周期性影响较大,并且随着电子回旋频率的不断增大对不同频段范围的电磁波具有不同程度的影响;对低频段的电磁波影响较大,而对高频段的电磁波的影响微乎其微,这一点同样体现在不同频段范围的光子带隙。处于低频段的光子带隙随着电子回旋频率的不断增大将向高频展宽,其中心频率也略微向高频移动,而处于高频范围的光子带隙却基本不变。

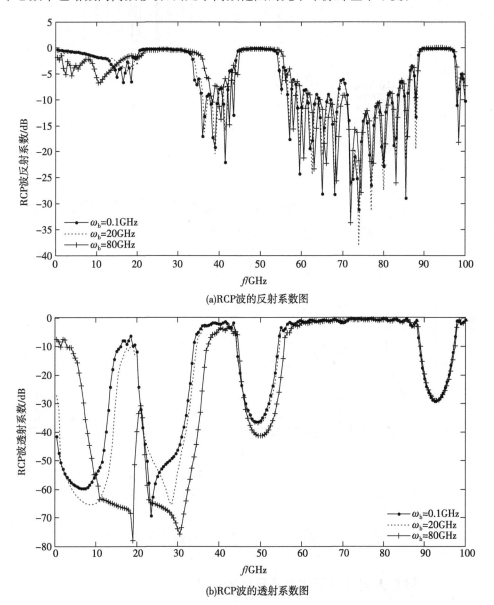

(a)RCP波的反射系数图

(b)RCP波的透射系数图

图 10.8　磁化 PPC 结构带隙随等离子体回旋频率变化的规律图(RCP 波)

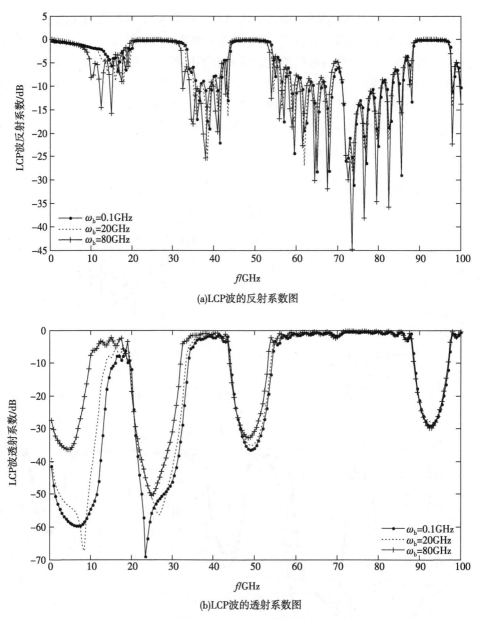

(a)LCP波的反射系数图

(b)LCP波的透射系数图

图 10.9　磁化 PPC 结构带隙随等离子体回旋频率变化的规律图(LCP 波)

10.2　一维斜入射等离子体光子晶体

10.2.1　一维斜入射等离子体光子晶体的模型

等离子体光子晶体(PPC)的物理模型如图 10.10 所示,由图可知等离子体光子晶体由 7 层介质、6 层等离子体构成。电磁波垂直入射到该一维等离子体光子晶体结构。入射波波形为微分高斯脉冲即 $E(t)=-A\dfrac{t-t_0}{\tau}\exp\left[-\dfrac{(t-t_0)^2}{2\tau^2}\right]$，其中 $A=4.67,t_0=22\times10^{-12}\,\mathrm{s},\tau=5.4\times10^{-12}\,\mathrm{s}$，FDTD 参数为空间步长 $\mathrm{d}z=7.5\times10^{-5}\,\mathrm{m}$，时间步长 $\mathrm{d}t=\dfrac{\mathrm{d}z}{2c}=1.25\times10^{-13}\,\mathrm{s}$。

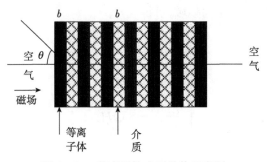

图 10.10　等离子体光子晶体示意图

一维斜入射等离子体光子晶体结构反射系数和透射系数的计算，不能直接使用第 2 章的 LTJEC-FDTD 算法，需要对 LTJEC-FDTD 算法进行修正。

10.2.2　斜入射情况的修正 FDTD 方法

1. TE$_z$ 波 FDTD 迭代式

设介质层 2(等离子体平板)的厚度为 d，XOZ 面为入射面，TE$_z$ 波以角 θ 由介质 1(真空)斜入射到介质层 2(等离子体平板)。设下边界处为 $z=0$，上边界处为 $z=d$，等离子体内所有向上传输的波传播方向相同，模型如图 10.11 所示。

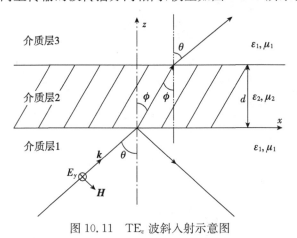

图 10.11　TE$_z$ 波斜入射示意图

将麦克斯韦旋度方程在直角坐标下进行展开，可得 TE$_z$ 波在介质 1(真空)中的时域麦克斯韦方程

$$\begin{cases} \dfrac{\partial H_x}{\partial z} - \dfrac{\partial H_z}{\partial x} = \varepsilon_0 \dfrac{\partial E_y}{\partial t} \\[2mm] \dfrac{\partial E_y}{\partial z} = \mu_0 \dfrac{\partial H_x}{\partial t} \\[2mm] \dfrac{\partial E_y}{\partial x} = -\mu_0 \dfrac{\partial H_z}{\partial t} \end{cases} \tag{10.1}$$

将方程(10.1)经傅里叶变换到频域,可得

$$\begin{cases} \dfrac{\partial H_x}{\partial z} - \dfrac{\partial H_z}{\partial x} = \mathrm{j}\omega\varepsilon_0 E_y \\[2mm] \dfrac{\partial E_y}{\partial z} = \mathrm{j}\omega\mu_0 H_x \\[2mm] \dfrac{\partial E_y}{\partial x} = -\mathrm{j}\omega\mu_0 H_z \end{cases} \tag{10.2}$$

上述方程的一维解为

$$\begin{cases} E_{y1D} = E_0\, \mathrm{e}^{\mathrm{j}k\sin\theta x + \mathrm{j}\omega t} \\[2mm] H_{z1D} = -\sin\theta \dfrac{E_0}{\eta_0} \mathrm{e}^{\mathrm{j}k\sin\theta x + \mathrm{j}\omega t} \end{cases} \tag{10.3}$$

将方程(10.3)的解代入方程(10.2)再做逆傅里叶变换,则方程(10.2)转化成一维形式为

$$\begin{cases} \dfrac{\partial E_{y1D}}{\partial z} = \mu_0 \dfrac{\partial H_{x1D}}{\partial t} \\[2mm] \dfrac{1}{\cos^2\theta}\dfrac{\partial H_{x1D}}{\partial z} = \varepsilon_0 \dfrac{\partial E_{y1D}}{\partial t} \end{cases} \tag{10.4}$$

同理,对介质2(等离子体),先将对应的时域麦克斯韦方程转换到频域,则有

$$\begin{cases} \dfrac{\partial E_{y1D}}{\partial z} = \mu \mathrm{j}\omega H_{x1D} \\[2mm] \dfrac{k_2^2}{k_{2z}^2}\dfrac{\partial H_{x1D}}{\partial z} = \varepsilon \mathrm{j}\omega E_{y1D} \end{cases} \tag{10.5}$$

由相位匹配原理可得

$$k_{1x}^2 = k_{2x}^2 \tag{10.6}$$

故有

$$k_{2z}^2 = k_2^2 - k_{2x}^2 = k_2^2 - k_{1x}^2 \tag{10.7}$$

方程(10.5)可写为

$$\begin{cases} \dfrac{\partial E_{y1D}}{\partial z} = \mu \mathrm{j}\omega H_{x1D} \\[2mm] k_2^2 \dfrac{\partial H_{x1D}}{\partial z} = (k_2^2 - k_{1x}^2)\varepsilon \mathrm{j}\omega E_{y1D} \end{cases} \tag{10.8}$$

方程(10.8)第二式可变为

$$\omega^2\mu\varepsilon_0\varepsilon_r\frac{\partial H_{x1D}}{\partial z}=(\omega^2\mu\varepsilon_0\varepsilon_r-\omega^2\mu\varepsilon_0\sin^2\theta)\varepsilon_0\varepsilon_r j\omega E_{y1D}$$

$$\Rightarrow\frac{\partial H_{x1D}}{\partial z}=\left(1-\frac{\sin^2\theta}{\varepsilon_r}\right)\varepsilon_0\varepsilon_r j\omega E_{y1D} \tag{10.9}$$

$$\Rightarrow\frac{\partial H_{x1D}}{\partial z}=(\varepsilon_r-\sin^2\theta)\varepsilon_0 j\omega E_{y1D}$$

麦克斯韦方程频域形式可以写为

$$\begin{cases}\dfrac{\partial E_{y1D}}{\partial z}=\mu_0 j\omega H_{x1D}\\[2mm]\dfrac{\partial H_{x1D}}{\partial z}=(\varepsilon_r-\sin^2\theta)\varepsilon_0 j\omega E_{y1D}\end{cases} \tag{10.10}$$

同理,有

$$\begin{cases}\dfrac{\partial E_{x1D}}{\partial z}=\mu_0 j\omega H_{y1D}\\[2mm]\dfrac{\partial H_{y1D}}{\partial z}=(\varepsilon_r-\sin^2\theta)\varepsilon_0 j\omega E_{x1D}\end{cases} \tag{10.11}$$

联合方程(10.10)和方程(10.11),将其写为矩阵形式

$$\begin{cases}\dfrac{\partial \boldsymbol{E}}{\partial z}=\mu_0 j\omega \boldsymbol{H}\\[2mm]\dfrac{\partial \boldsymbol{H}}{\partial z}=(\boldsymbol{\varepsilon}_r-\sin^2\theta\boldsymbol{I})\varepsilon_0 j\omega \boldsymbol{E}\end{cases} \tag{10.12}$$

其中,$\boldsymbol{E}=\begin{bmatrix}E_{x1D}\\E_{y1D}\end{bmatrix}$,$\boldsymbol{H}=\begin{bmatrix}H_{y1D}\\H_{x1D}\end{bmatrix}$。

磁化等离子体介电系数与电导率的关系为[1]

$$\boldsymbol{\varepsilon}_r=\boldsymbol{I}+\frac{\boldsymbol{\sigma}}{j\omega\varepsilon_0} \tag{10.13}$$

将方程(10.13)代入方程(10.12)并通过逆拉普拉斯变换到时域,可得

$$\frac{\partial \boldsymbol{H}}{\partial t}=\frac{1}{\mu_0}\frac{\partial \boldsymbol{E}}{\partial z} \tag{10.14}$$

$$\frac{\partial \boldsymbol{H}}{\partial z}=\left(\boldsymbol{I}+\frac{\boldsymbol{\sigma}}{j\omega\varepsilon_0}-\sin^2\theta\boldsymbol{I}\right)\varepsilon_0 j\omega \boldsymbol{E}$$

$$\Rightarrow\frac{\partial \boldsymbol{H}}{\partial z}=\left(\frac{\boldsymbol{\sigma}}{j\omega\varepsilon_0}+\cos^2\theta\boldsymbol{I}\right)\varepsilon_0 j\omega \boldsymbol{E}$$

$$\Rightarrow\frac{\partial \boldsymbol{E}}{\partial t}=\frac{1}{\varepsilon_0\cos^2\theta}\left(\frac{\partial \boldsymbol{H}}{\partial z}-\boldsymbol{\sigma}\boldsymbol{E}\right) \tag{10.15}$$

$$\Rightarrow\frac{\partial \boldsymbol{E}}{\partial t}=\frac{1}{\varepsilon_0\cos^2\theta}\left(\frac{\partial \boldsymbol{H}}{\partial z}-\boldsymbol{J}\right)$$

其中,$\boldsymbol{J}=\begin{bmatrix}J_{x1D}\\J_{y1D}\end{bmatrix}$。

又知

$$\frac{\mathrm{d}\boldsymbol{J}}{\mathrm{d}t}+\nu\boldsymbol{J}=\varepsilon_0\omega_{\mathrm{p}}^2\boldsymbol{E}+\boldsymbol{\omega}_{\mathrm{b}}\times\boldsymbol{J} \tag{10.16}$$

将式(10.14)～式(10.16)联立有

$$\begin{cases} \dfrac{\partial\boldsymbol{E}}{\partial z}=\mu_0\dfrac{\partial\boldsymbol{H}}{\partial t} \\[2mm] \dfrac{\partial\boldsymbol{E}}{\partial t}=\dfrac{1}{\varepsilon_0\cos^2\theta}\Big(\dfrac{\partial\boldsymbol{H}}{\partial z}-\boldsymbol{J}\Big) \\[2mm] \dfrac{\mathrm{d}\boldsymbol{J}}{\mathrm{d}t}+\nu\boldsymbol{J}=\varepsilon_0\omega_{\mathrm{p}}^2\boldsymbol{E}+\boldsymbol{\omega}_{\mathrm{b}}\times\boldsymbol{J} \end{cases} \tag{10.17}$$

其中,$\boldsymbol{E}=\begin{bmatrix}E_{x1\mathrm{D}}\\E_{y1\mathrm{D}}\end{bmatrix},\boldsymbol{H}=\begin{bmatrix}H_{y1\mathrm{D}}\\H_{x1\mathrm{D}}\end{bmatrix},\boldsymbol{J}=\begin{bmatrix}J_{x1\mathrm{D}}\\J_{y1\mathrm{D}}\end{bmatrix}$。

根据已有 LTJEC-FDTD 的方法处理式(10.17)第三式,可得其 FDTD 迭代形式为

$$\begin{bmatrix}J_x\big|_k^{n+\frac{1}{2}}\\[2mm]J_y\big|_k^{n+\frac{1}{2}}\end{bmatrix}=\mathrm{e}^{-\nu\Delta t}\begin{bmatrix}\cos\omega_{\mathrm{b}}\Delta t & -\sin\omega_{\mathrm{b}}\Delta t\\[2mm]\sin\omega_{\mathrm{b}}\Delta t & \cos\omega_{\mathrm{b}}\Delta t\end{bmatrix}\begin{bmatrix}J_x\big|_k^{n-\frac{1}{2}}\\[2mm]J_y\big|_k^{n-\frac{1}{2}}\end{bmatrix}$$

$$+\varepsilon_0\omega_{\mathrm{p}}^2\Delta t\cdot\mathrm{e}^{-\frac{\nu\Delta t}{2}}\begin{bmatrix}\cos\dfrac{\omega_{\mathrm{b}}\Delta t}{2} & -\sin\dfrac{\omega_{\mathrm{b}}\Delta t}{2}\\[3mm]\sin\dfrac{\omega_{\mathrm{b}}\Delta t}{2} & \cos\dfrac{\omega_{\mathrm{b}}\Delta t}{2}\end{bmatrix}\begin{bmatrix}E_x\big|_k^{n}\\[2mm]E_y\big|_k^{n}\end{bmatrix} \tag{10.18}$$

因此式(10.17)其余两式对应的一维麦克斯韦方程的 FDTD 迭代式可写为

$$\begin{cases}\boldsymbol{H}^{n+\frac{1}{2}}\Big(k+\dfrac{1}{2}\Big)=\boldsymbol{H}^{n-\frac{1}{2}}\Big(k+\dfrac{1}{2}\Big)+\dfrac{\Delta t}{\mu_0\Delta z}\big[\boldsymbol{E}^n(k+1)-\boldsymbol{E}^n(k)\big]\\[3mm]\boldsymbol{E}^{n+1}(k)=\boldsymbol{E}^n(k)+\dfrac{\Delta t}{\varepsilon_0\cos^2\theta\Delta z}\Big[\boldsymbol{H}^{n+\frac{1}{2}}\Big(k+\dfrac{1}{2}\Big)-\boldsymbol{H}^{n+\frac{1}{2}}\Big(k-\dfrac{1}{2}\Big)\Big]-\dfrac{\Delta t}{\varepsilon_0\cos^2\theta}\boldsymbol{J}^{n+\frac{1}{2}}(k)\end{cases} \tag{10.19}$$

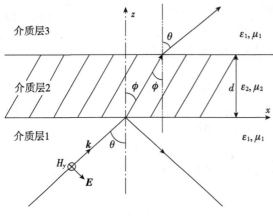

图 10.12　TM$_z$ 波斜入射示意图

2. TM$_z$ 波 FDTD 迭代式

设介质层 2(等离子体平板)的厚度为 d,XOZ 面为入射面,TM$_z$ 波以 θ 角由介质 1(真空)斜入射到介质层 2(等离子体平板)。设下边界处为 $z=0$,上边界处 $z=d$,等离子体内所有向上传输的波传播方向相同,模型如图 10.12 所示。

将麦克斯韦旋度方程在直角坐标下进行展开,可得 TM$_z$ 波在介质 1(真空)中的时域麦克斯韦方程

$$\begin{cases} \dfrac{\partial E_x}{\partial z} - \dfrac{\partial E_z}{\partial x} = -\mu_0\,\dfrac{\partial H_y}{\partial t} \\[2mm] -\dfrac{\partial H_y}{\partial z} = \varepsilon_0\,\dfrac{\partial E_x}{\partial t} \\[2mm] \dfrac{\partial H_y}{\partial x} = \varepsilon_0\,\dfrac{\partial E_z}{\partial t} \end{cases} \tag{10.20}$$

将方程(10.20)转换到一维形式

$$\begin{cases} \dfrac{\partial H_{y1D}}{\partial z} = -\varepsilon_0\,\dfrac{\partial E_{x1D}}{\partial t} \\[2mm] \dfrac{1}{\cos^2\theta}\dfrac{\partial E_{x1D}}{\partial z} = -\mu_0\,\dfrac{\partial H_{y1D}}{\partial t} \end{cases} \tag{10.21}$$

同理,对介质 2(等离子体),先将对应的时域麦克斯韦方程转换到频域,则

$$\begin{cases} \dfrac{\partial H_{y1D}}{\partial z} = -\varepsilon \mathrm{j}\omega E_{x1D} \\[2mm] \dfrac{k_2^2}{k_{2z}^2}\dfrac{\partial E_{x1D}}{\partial z} = -\mu \mathrm{j}\omega H_{y1D} \end{cases} \tag{10.22}$$

由相位匹配原理可得

$$k_{1x}^2 = k_{2x}^2 \tag{10.23}$$

故有

$$k_{2z}^2 = k_2^2 - k_{2x}^2 = k_2^2 - k_{1x}^2 \tag{10.24}$$

方程(10.22)可写为

$$\begin{cases} \dfrac{\partial H_{y1D}}{\partial z} = -\varepsilon \mathrm{j}\omega E_{x1D} \\[2mm] k_2^2\,\dfrac{\partial E_{x1D}}{\partial z} = -(k_2^2 - k_{1x}^2)\mu \mathrm{j}\omega H_{y1D} \end{cases} \tag{10.25}$$

对方程(10.25)第二式可变为

$$\omega^2\mu\varepsilon_0\varepsilon_r\,\dfrac{\partial E_{x1D}}{\partial z} = -(\omega^2\mu\varepsilon_0\varepsilon_r - \omega^2\mu\varepsilon_0\,\sin^2\theta)\mu \mathrm{j}\omega H_{y1D}$$

$$\Rightarrow \dfrac{\partial E_{x1D}}{\partial z} = -\left(1 - \dfrac{\sin^2\theta}{\varepsilon_r}\right)\mu \mathrm{j}\omega H_{y1D} \tag{10.26}$$

$$\Rightarrow \dfrac{\partial E_{x1D}}{\partial z} = -\left(\dfrac{\varepsilon_r - \sin^2\theta}{\varepsilon_r}\right)\mu \mathrm{j}\omega H_{y1D}$$

令

$$\xi_{y1D} = \left(\dfrac{\varepsilon_r - \sin^2\theta}{\varepsilon_r}\right)H_{y1D} \tag{10.27}$$

则方程(10.26)变为

$$\dfrac{\partial E_{x1D}}{\partial z} = -\mu \mathrm{j}\omega \xi_{y1D} \tag{10.28}$$

将上式转换到时域,可得

$$\dfrac{\partial E_{x1D}}{\partial z} = -\mu\,\dfrac{\partial \xi_{y1D}}{\partial t} \tag{10.29}$$

将上述方程写为

$$
\begin{cases}
\dfrac{\partial H_{y1D}}{\partial z} = -\varepsilon j\omega E_{x1D} \\[2mm]
\dfrac{\partial E_{x1D}}{\partial z} = -\mu j\omega \boldsymbol{\xi}_{y1D} \\[2mm]
\boldsymbol{\xi}_{y1D} = \left(\dfrac{\varepsilon_r - \sin^2\theta}{\varepsilon_r}\right) H_{y1D}
\end{cases}
\tag{10.30}
$$

同理，另一对有相同形式

$$
\begin{cases}
\dfrac{\partial H_{x1D}}{\partial z} = -\varepsilon j\omega E_{y1D} \\[2mm]
\dfrac{\partial E_{y1D}}{\partial z} = -\mu j\omega \boldsymbol{\xi}_{x1D} \\[2mm]
\boldsymbol{\xi}_{x1D} = \left(\dfrac{\varepsilon_r - \sin^2\theta}{\varepsilon_r}\right) H_{x1D}
\end{cases}
\tag{10.31}
$$

将方程(10.30)和方程(10.31)合并成矩阵形式有

$$
\begin{cases}
\dfrac{\partial \boldsymbol{H}}{\partial z} = -\varepsilon_0 \boldsymbol{\varepsilon}_r j\omega \boldsymbol{E} \\[2mm]
\dfrac{\partial \boldsymbol{E}}{\partial z} = -\mu_0 j\omega \boldsymbol{\xi} \\[2mm]
\boldsymbol{\xi} = \left(\dfrac{\varepsilon_r - \sin^2\theta}{\varepsilon_r}\right) \boldsymbol{H}
\end{cases}
\tag{10.32}
$$

其中，$\boldsymbol{E} = \begin{bmatrix} E_{x1D} \\ E_{y1D} \end{bmatrix}$，$\boldsymbol{H} = \begin{bmatrix} H_{y1D} \\ H_{x1D} \end{bmatrix}$，$\boldsymbol{\xi} = \begin{bmatrix} \boldsymbol{\xi}_{y1D} \\ \boldsymbol{\xi}_{x1D} \end{bmatrix}$。

根据文献[1]，磁化等离子体的相对介电常数 ε_r 为矩阵，可写为

$$
\boldsymbol{\varepsilon}_r = \boldsymbol{I} + \frac{\boldsymbol{\sigma}}{j\omega\varepsilon_0}
\tag{10.33}
$$

将方程(10.33)代入方程(10.32)然后转换到时域

$$
\begin{cases}
\dfrac{\partial \boldsymbol{H}}{\partial z} = -\varepsilon_0 \left(1 + \dfrac{\boldsymbol{\sigma}}{j\omega\varepsilon_0}\right) j\omega \boldsymbol{E} \\[2mm]
\dfrac{\partial \boldsymbol{E}}{\partial z} = -\mu_0 j\omega \boldsymbol{\xi} \\[2mm]
\left(1 + \dfrac{\boldsymbol{\sigma}}{j\omega\varepsilon_0}\right) \boldsymbol{\xi} = \left(\boldsymbol{I} + \dfrac{\boldsymbol{\sigma}}{j\omega\varepsilon_0} - \sin^2\theta \boldsymbol{I}\right) \boldsymbol{H}
\end{cases}
$$

$$
\Rightarrow
\begin{cases}
\dfrac{\partial \boldsymbol{H}}{\partial z} = -\varepsilon_0 \dfrac{\partial \boldsymbol{E}}{\partial t} - \boldsymbol{\sigma}(t) * \boldsymbol{E} \\[2mm]
\dfrac{\partial \boldsymbol{E}}{\partial z} = -\mu_0 \dfrac{\partial \boldsymbol{\xi}}{\partial t} \\[2mm]
\dfrac{\partial \boldsymbol{\xi}}{\partial t} = \cos^2\theta \dfrac{\partial \boldsymbol{H}}{\partial t} + \dfrac{1}{\varepsilon_0} \left[\boldsymbol{\sigma}(t) * \boldsymbol{H}(t) - \boldsymbol{\sigma}(t) * \boldsymbol{\xi}(t)\right]
\end{cases}
\tag{10.34}
$$

又由文献[1]和[2],可知

$$\boldsymbol{\sigma}(t)=\varepsilon_0\omega_p^2 e^{-\nu t}\begin{pmatrix}\cos\omega_b t & -\sin\omega_b t\\ \sin\omega_b t & \cos\omega_b t\end{pmatrix}=\varepsilon_0\omega_p^2 e^{\boldsymbol{\Omega}} \tag{10.35}$$

其中,$\boldsymbol{\Omega}=\begin{pmatrix}\nu & \omega_b\\ -\omega_b & \nu\end{pmatrix}$。

令

$$\begin{cases}\boldsymbol{\varphi}(t)=e^{-\nu t}\begin{pmatrix}\cos\omega_b t & -\sin\omega_b t\\ \sin\omega_b t & \cos\omega_b t\end{pmatrix}*\boldsymbol{E}(t)\\[12pt] \boldsymbol{\chi}(t)=e^{-\nu t}\begin{pmatrix}\cos\omega_b t & -\sin\omega_b t\\ \sin\omega_b t & \cos\omega_b t\end{pmatrix}*\boldsymbol{\xi}(t)\\[12pt] \boldsymbol{\psi}(t)=e^{-\nu t}\begin{pmatrix}\cos\omega_b t & -\sin\omega_b t\\ \sin\omega_b t & \cos\omega_b t\end{pmatrix}*\boldsymbol{H}(t)\end{cases} \tag{10.36}$$

则方程(10.34)变为

$$\begin{cases}\dfrac{\partial \boldsymbol{H}}{\partial z}=-\varepsilon_0\dfrac{\partial \boldsymbol{E}}{\partial t}-\varepsilon_0\omega_p^2\boldsymbol{\varphi}(t)\\[10pt] \dfrac{\partial \boldsymbol{E}}{\partial z}=-\mu_0\dfrac{\partial \boldsymbol{\xi}}{\partial t}\\[10pt] \dfrac{\partial \boldsymbol{\xi}}{\partial t}=\cos^2\theta\dfrac{\partial \boldsymbol{H}}{\partial t}+\omega_p^2[\boldsymbol{\psi}(t)-\boldsymbol{\chi}(t)]\end{cases} \tag{10.37}$$

将方程(10.37)进行 FDTD 离散,类似于 LT-JEC 方法处理上述卷积,则有

$$\boldsymbol{\xi}^{n+\frac{1}{2}}\left(k+\frac{1}{2}\right)=\boldsymbol{\xi}^{n-\frac{1}{2}}\left(k+\frac{1}{2}\right)-\frac{\Delta t}{\mu_0\Delta z}[\boldsymbol{E}^n(k+1)-\boldsymbol{E}^n(k)] \tag{10.38}$$

$$\boldsymbol{H}^{n+\frac{1}{2}}\left(k+\frac{1}{2}\right)=\boldsymbol{H}^{n-\frac{1}{2}}\left(k+\frac{1}{2}\right)+\frac{1}{\cos^2\theta}\left[\boldsymbol{\xi}^{n+\frac{1}{2}}\left(k+\frac{1}{2}\right)-\boldsymbol{\xi}^{n-\frac{1}{2}}\left(k+\frac{1}{2}\right)\right]$$

$$+\frac{\Delta t\omega_p^2}{\cos^2\theta}\left[\boldsymbol{\chi}^n\left(k+\frac{1}{2}\right)-\boldsymbol{\psi}^n\left(k+\frac{1}{2}\right)\right] \tag{10.39}$$

$$\boldsymbol{\chi}^n\left(k+\frac{1}{2}\right)=e^{-\nu\Delta t}\begin{pmatrix}\cos\omega_b\Delta t & -\sin\omega_b\Delta t\\ \sin\omega_b\Delta t & \cos\omega_b\Delta t\end{pmatrix}\boldsymbol{\chi}^{n-1}\left(k+\frac{1}{2}\right)$$

$$+\Delta t\cdot e^{-\frac{\nu\Delta t}{2}}\begin{pmatrix}\cos\dfrac{\omega_b\Delta t}{2} & -\sin\dfrac{\omega_b\Delta t}{2}\\[8pt] \sin\dfrac{\omega_b\Delta t}{2} & \cos\dfrac{\omega_b\Delta t}{2}\end{pmatrix}\boldsymbol{\xi}^{n-1/2}\left(k+\frac{1}{2}\right) \tag{10.40}$$

$$\boldsymbol{\psi}^n\left(k+\frac{1}{2}\right)=e^{-\nu\Delta t}\begin{pmatrix}\cos\omega_b\Delta t & -\sin\omega_b\Delta t\\ \sin\omega_b\Delta t & \cos\omega_b\Delta t\end{pmatrix}\boldsymbol{\psi}^{n-1}\left(k+\frac{1}{2}\right)$$

$$+\Delta t\cdot e^{-\frac{\nu\Delta t}{2}}\begin{pmatrix}\cos\dfrac{\omega_b\Delta t}{2} & -\sin\dfrac{\omega_b\Delta t}{2}\\[8pt] \sin\dfrac{\omega_b\Delta t}{2} & \cos\dfrac{\omega_b\Delta t}{2}\end{pmatrix}\boldsymbol{H}^{n-1/2}\left(k+\frac{1}{2}\right) \tag{10.41}$$

$$E^{n+1}(k) = E^n(k) - \frac{1}{\varepsilon_0} \frac{\Delta t}{\Delta z} \left[H^{n+\frac{1}{2}}\left(k+\frac{1}{2}\right) - H^{n+\frac{1}{2}}\left(k-\frac{1}{2}\right) \right] - \Delta t \omega_p^2 \boldsymbol{\varphi}^{n+\frac{1}{2}}(k) \qquad (10.42)$$

$$\boldsymbol{\varphi}^n\left(k+\frac{1}{2}\right) = e^{-\nu\Delta t} \begin{bmatrix} \cos\omega_b\Delta t & -\sin\omega_b\Delta t \\ \sin\omega_b\Delta t & \cos\omega_b\Delta t \end{bmatrix} \boldsymbol{\varphi}^{n-1}\left(k+\frac{1}{2}\right)$$

$$+ \Delta t \cdot e^{-\frac{\nu\Delta t}{2}} \begin{bmatrix} \cos\dfrac{\omega_b\Delta t}{2} & -\sin\dfrac{\omega_b\Delta t}{2} \\ \sin\dfrac{\omega_b\Delta t}{2} & \cos\dfrac{\omega_b\Delta t}{2} \end{bmatrix} E^{n-\frac{1}{2}}\left(k+\frac{1}{2}\right) \qquad (10.43)$$

为了便于编程,可以统一不同介质下的 FDTD 迭代式,故可以将上述公式退化到真空中即 $\sigma=0$,此时真空中的 FDTD 迭代式可以写成如下形式

$$\boldsymbol{\xi}^{n+\frac{1}{2}}\left(k+\frac{1}{2}\right) = \boldsymbol{\xi}^{n-\frac{1}{2}}\left(k+\frac{1}{2}\right) - \frac{\Delta t}{\mu_0 \Delta z}\left[E^n(k+1) - E^n(k)\right] \qquad (10.44)$$

$$H^{n+\frac{1}{2}}\left(k+\frac{1}{2}\right) = H^{n-\frac{1}{2}}\left(k+\frac{1}{2}\right) + \frac{1}{\cos^2\theta}\left[\boldsymbol{\xi}^{n+\frac{1}{2}}\left(k+\frac{1}{2}\right) - \boldsymbol{\xi}^{n-\frac{1}{2}}\left(k+\frac{1}{2}\right)\right]$$

$$\qquad (10.45)$$

$$E^{n+1}(k) = E^n(k) - \frac{1}{\varepsilon_0}\frac{\Delta t}{\Delta z}\left[H^{n+\frac{1}{2}}\left(k+\frac{1}{2}\right) - H^{n+\frac{1}{2}}\left(k-\frac{1}{2}\right)\right] \qquad (10.46)$$

3. 修正的 Mur 吸收边界

由于该算法是应用于斜入射情况,此时 Mur 吸收边界也要作相应的改变,即空间步长 dz 改为在 Z 方向上的投影 $dz\cos\theta$,其表达式为如下形式:

左截断边界处

$$E^{n+1}(k) = E^n(k+1) + \frac{c\,dt - dz\cos\theta}{c\,dt + dz\cos\theta}\left[E^{n+1}(k+1) - E^n(k)\right] \qquad (10.47)$$

右截断边界处

$$E^{n+1}(k) = E^n(k-1) + \frac{c\,dt - dz\cos\theta}{c\,dt + dz\cos\theta}\left[E^{n+1}(k-1) - E^n(k)\right] \qquad (10.48)$$

4. 修正的连接边界

根据文献[3]中连接边界理论,对于 TE$_z$ 波情况,只需在原有的连接边界形式上乘以角度因子 $\cos\theta$,很容易得到其形式如下

$$E^{n+1}(k_0) = E^{n+1}(k_0)_{\text{FDTD}} + \frac{\Delta t}{\varepsilon_0 \Delta z \cos^2\theta} H_i^{n+\frac{1}{2}}\left(k_0 - \frac{1}{2}\right) \qquad (10.49)$$

$$H^{n+\frac{1}{2}}\left(k_0 - \frac{1}{2}\right) = H^{n-\frac{1}{2}}\left(k_0 - \frac{1}{2}\right)_{\text{FDTD}} + \frac{\Delta t}{\mu_0 \Delta z} E_i^n(k_0) \qquad (10.50)$$

对于 TM$_z$ 波情况,尽管其迭代式有三个变量 E, H, ξ,但在真空中 H, ξ 是相同的,因此连接边界可以写成如下形式

$$E^{n+1}(k_0) = E^{n+1}(k_0)_{\text{FDTD}} + \frac{\Delta t}{\varepsilon_0 \Delta z} H_i^{n+\frac{1}{2}}\left(k_0 - \frac{1}{2}\right) \qquad (10.51)$$

$$H^{n+\frac{1}{2}}\left(k_0 - \frac{1}{2}\right) = H^{n-\frac{1}{2}}\left(k_0 - \frac{1}{2}\right)_{\text{FDTD}} + \frac{\Delta t}{\mu_0 \Delta z \cos^2\theta} E_i^n(k_0) \qquad (10.52)$$

5.磁化等离子体板算例验证

为了检验上述算法的正确性,计算了以 θ 角斜入射到磁化碰撞等离子体板的反射系数。入射电磁波为高斯脉冲的导数,峰值频率为 50GHz,100GHz 时下降 10dB。等离子体参数为 $\nu=20\mathrm{GHz}$；$\omega_\mathrm{b}=100\mathrm{GHz}$；$\omega_\mathrm{p}=2\pi\times28.7\mathrm{Grad/s}$；计算空间步长为 $75\mu\mathrm{m}$,时间步长为 $0.125\mathrm{ps}$,两端采用修正的 Mur 吸收边界。计算结果如图 10.13 和图 10.14 所示。其中,图 10.13(a)和(b)分别为不同入射角下磁化等离子体板 TE$_z$ 波 RCP 波和 LCP 波的反射系数。图 10.14(a)和(b)分别为不同入射角下磁化等离子体板 TM$_z$ 波 RCP 波和 LCP 波的反射系数。

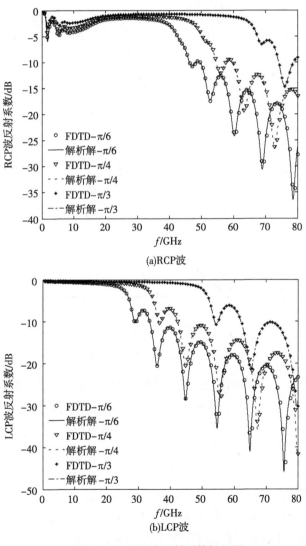

(a)RCP波

(b)LCP波

图 10.13　TE$_z$ 波反射系数振幅图

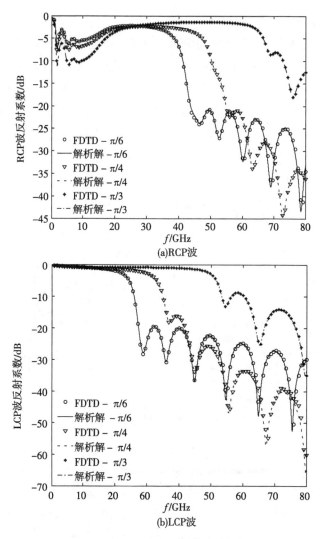

图 10.14　TM$_z$ 波反射系数振幅图

图 10.13 和图 10.14 中同时提供了不同入射角磁化等离子体板的反射系数的解析解,计算结果表明本书提出的斜入射 FDTD 算法的正确性。从图 10.13 和图 10.14 的计算结果还可以看出,不同的入射角对反射系数的影响很大。

需要说明的是,该方法在计算大角度入射的反射系数效果不好,主要原因是根据数值稳定性条件 $dz = 2c \cdot \cos\theta \cdot dt$ 可知,当入射角 $\theta \rightarrow 90°$ 和 dt 固定时,空间步长 $dz \rightarrow 0$,这在程序实现时是一个很大的问题。而在反射系数为 0 即布儒斯特角情况时,其计算精度是较差的。为了更好地解决上述问题,同时也为了更好地研究大入射角对光子禁带特性的影响,本书提出了一种简单且易于求解的等效输入阻抗方法,进行计算分层介质的问题,公式推导详见附录 E。

10.2.3   非磁化等离子体光子晶体的带隙特性

1. 入射角 θ 对光子禁带的影响

选定的参数为 $\omega_b=0$，$\omega_p=2\pi\times10\text{GHz}$，$\nu=1\text{GHz}$，$d=2b=3\text{mm}$，$\varepsilon_{r1}=4$，$T=1/2$。为了更加清晰地表现出入射角对光子禁带的影响，采用等效输入阻抗方法(见附录E)计算该等离子体光子晶体的反射系数。

图 10.15 给出了 $\theta=0,45°,60°,89°$ 时 TE_z 波和 TM_z 波的非磁化等离子体反射

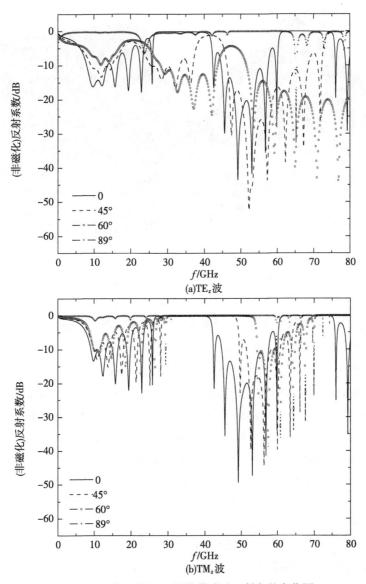

图 10.15   非磁化 PPC 结构带隙随入射角的变化图

系数振幅图。图 10.16 给出了入射角、入射波频率及反射系数三者关系的三维图。从图中可以看出,对于 TE_z 波,反射系数随入射角从 $0°\sim90°$ 变化不是单调变化,而是反射系数振幅开始随入射角增加而减小,然后又逐渐增大。从三维图中可以清晰地看出,在入射波频率为 50GHz 左右,反射系数接近于零,也就是说此时没有反射波,出现了全折射现象,可将这种现象应用于极化滤波,即当包含垂直极化和平行极化的电磁波斜入射时,可以在特定的频率段滤除平行极化波,仅保留垂直极化波。对于 TM_z 波,反射系数随入射角的增大而增大,且光子禁带展宽,向高频移动。

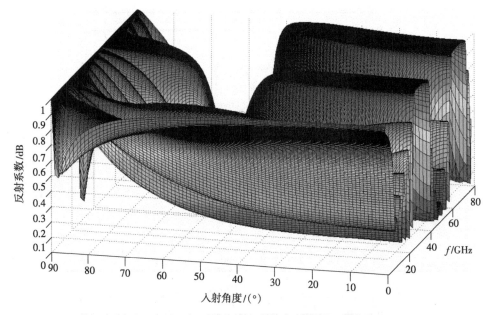

图 10.16 TE_z 波下非磁化 PPC 结构带隙的三维变化图

2. 碰撞频率对光子禁带的影响

选定参数为:$\theta=\pi/4$,$\omega_p=2\pi\times20GHz$,$d=2b=3mm$,$T=1/2$,$\varepsilon_r=4$。当取不同的碰撞频率时,图 10.17(a)和(b)分别为 TM_z 波和 TE_z 波的反射系数。

从图中可以看出,等离子体碰撞频率对两种极化波的反射系数振幅影响明显不同,对 TM_z 波影响较小,而对 TE_z 波的影响较大。尽管如此,碰撞频率对两种波模的光子带隙的周期特性影响却不明显,禁带仍然能够保持较好的周期特性。除此之外,等离子碰撞频率的增大对所有的光子禁带宽度均不能够改变其宽度。因此,等离子体碰撞频率对两种波模均不能展开其光子禁带的宽度和中心频率,仅能够改变其反射波的幅值。

3. 等离子体频率对光子禁带的影响

给定参数为:$\nu=20GHz$,$\theta=\pi/4$,$d=2b=3mm$,$T=1/2$,$\varepsilon_r=4$,计算等离子频率 $\omega_p=1GHz$,10GHz,40GHz 的 TM_z 波和 TE_z 波下非磁化等离子体反射系数振幅图,

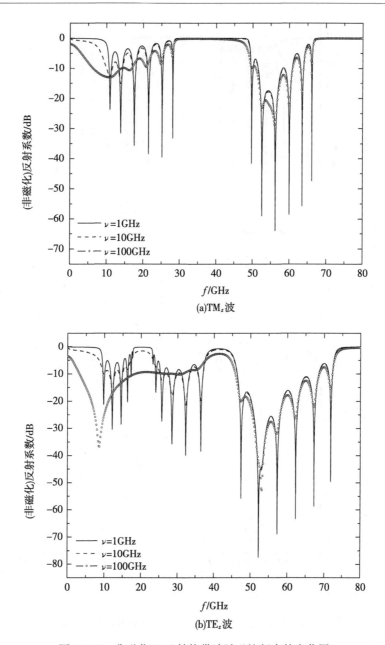

图 10.17　非磁化 PPC 结构带隙随碰撞频率的变化图

如图 10.18 所示。

　　从图中可以看出,TM$_z$ 波和 TE$_z$ 波的通带大致相同。等离子体频率越小,光子禁带的周期性越明显;随着等离子体频率增大,禁带中心频率明显向高频移动,光子禁带的周期性变差,但是光子禁带却得到了拓展。当等离子体频率增加到一定值时,等离子光子晶体的反射系数陡然增大,电磁波将很难穿过光子晶体。这主要是因为

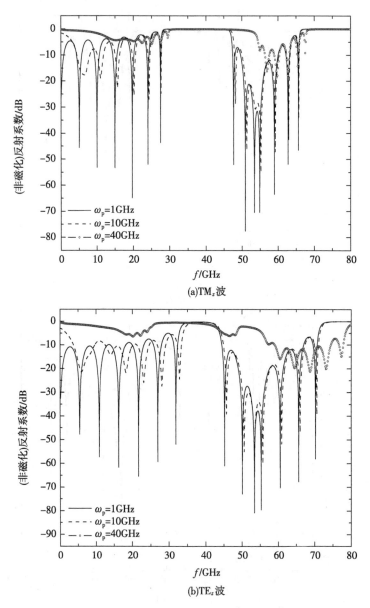

图 10.18　非磁化 PPC 结构带隙随等离子体频率的变化图

只有入射波的频率大于等离子体频率时,电磁波才能在等离子体中传播;当入射波的频率远小于等离子体频率时,入射电磁波将完全被反射。所以通过改变等离子体频率可以很好地控制禁带的宽度、设定带通值,但禁带的周期特性也会被破坏。

4. 晶格厚度对光子禁带的影响

给定参数:$\nu=20\text{GHz}$,$\omega_p=2\pi\times20\text{GHz}$,$\theta=\pi/4$,$T=1/2$,$\varepsilon_r=4$。当取不同的晶格厚度时,图 10.19 给出了 TM_z 波和 TE_z 波的反射系数图。

从图中可以看出,随着晶格厚度 b 的增大,光子带隙的周期性逐渐变差,而光子带隙数目却不断增多;当晶格厚度 b 增大到一定程度时,光子禁带几乎消失且周期性也几乎消失。只有选择适当的晶格厚度 b,光子禁带才存在,所以可通过改变晶格厚度来调整光子晶体的禁带特性。

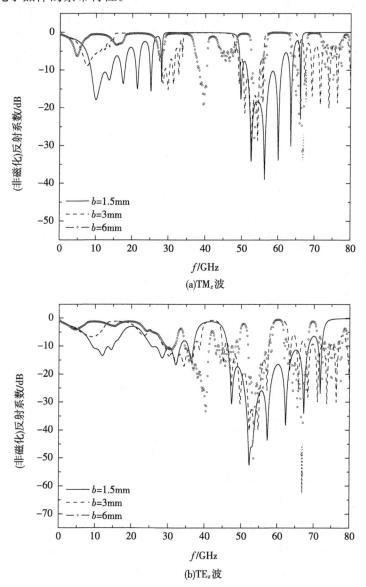

图 10.19　非磁化 PPC 结构带隙随晶格厚度的变化图

5. 占空比对光子禁带的影响

给定参数:$\nu = 20\mathrm{GHz}, \omega_\mathrm{p} = 2\pi \times 20\mathrm{GHz}, d = 2b = 3\mathrm{mm}, \theta = \pi/4, \varepsilon_\mathrm{r} = 4$。图 10.20 给出了 $T = 2/3, 1/2, 1/3$ 时 TM_z 波和 TE_z 波的非磁化等离子体反射系数振幅图。

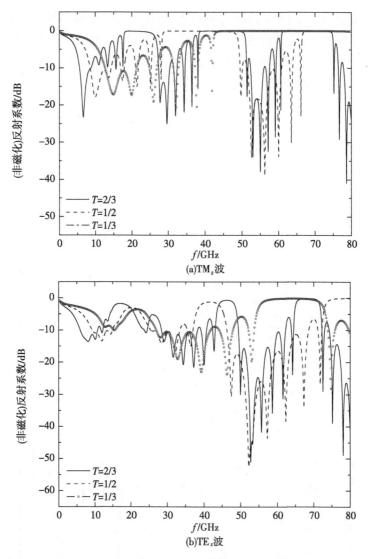

图 10.20　非磁化 PPC 结构带隙随占空比的变化图

　　从图中可以看出,无论是 TM$_z$ 波还是 TE$_z$ 波,占空比 T 越小,光子晶体的带隙越宽。从 TM$_z$ 波的反射系数来看,当占空比为 1/3 时,其禁带相当于占空比为 2/3 时的第二禁带和第三禁带的总和;从 TE$_z$ 波的反射系数来看,占空比为 1/3 时的禁带宽度也远超过占空比为 2/3 时的禁带宽度。因此可以看出,占空比能够极大地拓宽光子禁带。从两种波模的反射系数看出,光子禁带的中心频率变化并非随着占空比的变化呈单调变化。对于 TM$_z$ 波,中心频率先随着占空比的减少逐渐地向低频移动,当占空比为 1/2 时达到极小值,然后随着占空比的减少逐渐向高频移动。对于 TE$_z$ 波,中心频率的变化规律却呈现出完全相反的规律特性。

6.介电常数 ε_r 对光子禁带的影响

给定参数：$\nu=20\mathrm{GHz}$，$\omega_p=2\pi\times20\mathrm{GHz}$，$d=2b=3\mathrm{mm}$，$T=1/2$，$\theta=\pi/4$。当取不同的介电常数时，图 10.21 为 TM_z 波和 TE_z 波的反射系数。

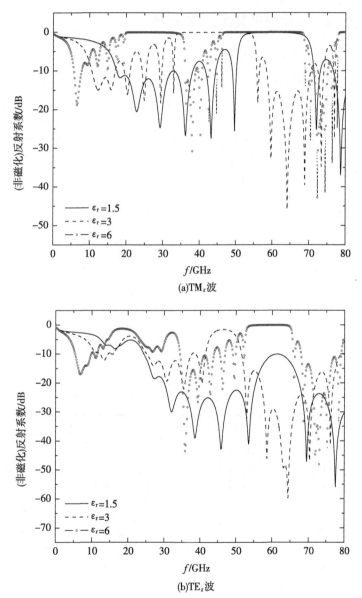

(a)TM_z 波

(b)TE_z 波

图 10.21　非磁化 PPC 结构带隙随介电常数的变化图

从图可以看出，对于 TE_z 波，只有当介电常数达到一定值时(图中显示的为 ε_r 等于 3)，该 PPC 结构才会出现较明显的光子禁带，且具有较好的周期特性；而对于 TM_z 波，当介电常数较小时(图中显示的为 ε_r 等于 1.5)，该 PPC 结构仍然具有相当明显的光子禁带和良好的周期特性。无论是 TM_z 波还是 TE_z 波,尽管光子禁带宽度很难随着介电常数的增大而展开,但是其光子禁带的数目却明显随着介电常数的增大而增多。因此,通过改变介质的介电常数可以调节光子晶体的禁带特性。

10.2.4 磁化等离子体光子晶体的带隙特性

1. 入射角 θ 对光子禁带的影响

给定参数:$\nu=20GHz, \omega_p=2\pi\times20GHz, d=2b=3mm, T=1/2, \varepsilon_r=4$。图 10.22 和图 10.23 给出了不同入射角 θ 时 TM_z 波和 TE_z 波磁化等离子体 RCP 波和 LCP

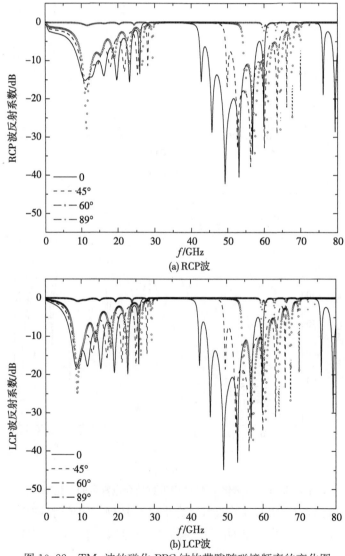

(a) RCP波

(b) LCP波

图 10.22 TM_z 波的磁化 PPC 结构带隙随碰撞频率的变化图

波的反射系数振幅图。为了更好地研究 TE$_z$ 波入射角 θ 对光子带隙的影响,图 10.24
和图 10.25 给出了磁化等离子体的 RCP 波和 LCP 波的反射系数三维图。

从图中可以看出,TE$_z$ 波的反射系数随入射角从 $0°\sim90°$ 变化不是单调的,而是
反射系数振幅开始随入射角增加而减小,然后又逐渐增大。这一现象可以从三维图
中更加清晰地看到,无论是 RCP 波还是 LCP 波,反射系数在 50GHz 左右减小到零,
这时意味着电磁波中没有 TE$_z$ 波,因此可应用于极化滤波中。TM$_z$ 波的反射系数随
入射角的增大而增大,且光子禁带展宽,向高频移动。

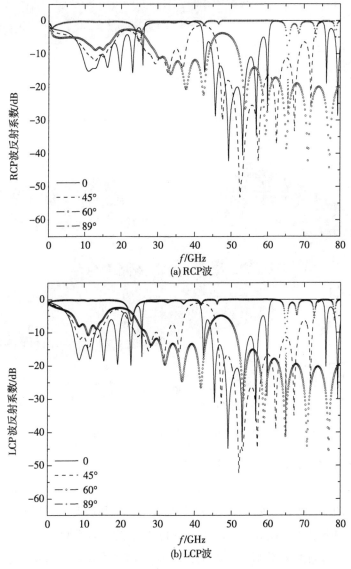

图 10.23 TE$_z$ 波的磁化 PPC 结构带隙随碰撞频率的变化图

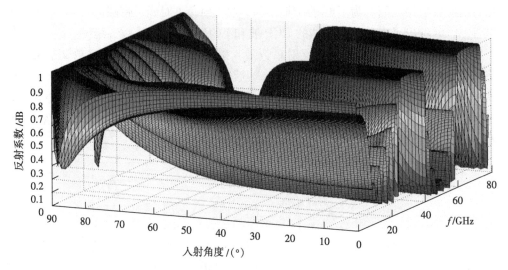

图 10.24 TE$_z$ 波磁化等离子体 RCP 波的反射系数三维图

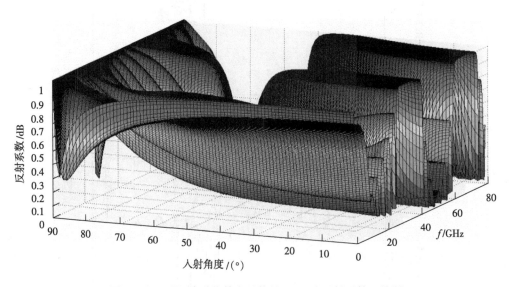

图 10.25 TE$_z$ 波磁化等离子体的 LCP 波反射系数三维图

2. 等离子体碰撞频率对光子禁带的影响

给定参数：$\theta = \pi/4$, $\omega_p = 2\pi \times 20\text{GHz}$, $d = 2b = 3\text{mm}$, $T = 1/2$, $\varepsilon_r = 4$。当取不同的碰撞频率时，图 10.26(a) 和 (b) 分别为 TM$_z$ 波的 RCP 波和 LCP 波的反射系数，图 10.27(a) 和 (b) 分别为 TE$_z$ 波的 RCP 波和 LCP 波的反射系数。

从图中可以看出，对 TM$_z$ 波，当等离子体碰撞频率不断增加时，无论是 RCP 还是 LCP 波的光子禁带基本不受影响，且其周期性保持良好；对于 TE$_z$ 波，随着等离子体碰撞频率的增大,RCP 波和 LCP 波的衰减都随之增大,而且当 ν 达到 100GHz 时,光子晶体在低频处的禁带特性发生显著改变,导致其禁带的消失。因此,等离子体碰撞频率对该 PPC 结构的光子禁带有相当大的影响,在设计相关器件时应该将该情况加以考虑。

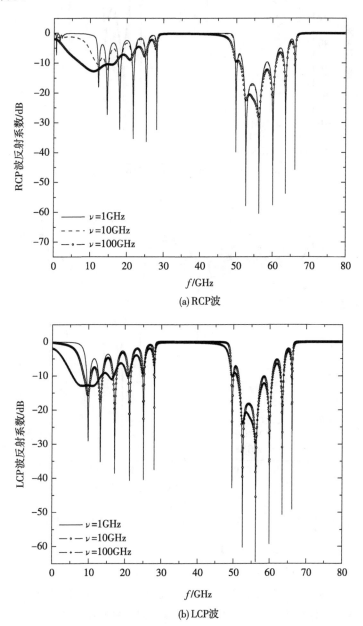

图 10.26　TM_z 波的磁化 PPC 结构带隙随等离子体碰撞频率的变化图

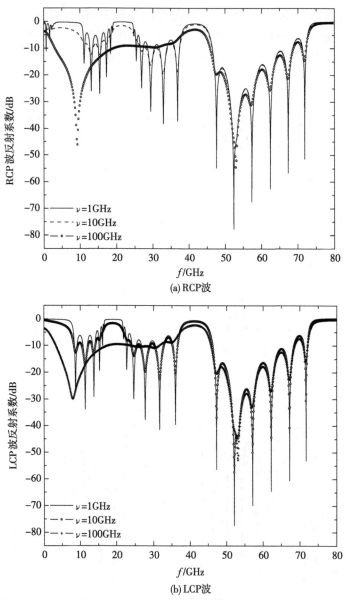

图 10.27　TE$_z$ 波的磁化 PPC 结构带隙随等离子体碰撞频率的变化图

3. 等离子体频率对光子禁带的影响

给定参数:$\nu=20$GHz,$\theta=\pi/4$,$d=2b=3$mm,$T=1/2$,$\varepsilon_r=4$。当取不同的等离子体频率时,图 10.28(a)和(b)分别为 TE$_z$ 波的 RCP 波和 LCP 波的反射系数,图 10.29(a)和(b)分别为 TM$_z$ 波的 RCP 波和 LCP 波的反射系数。

等离子体频率越小,光子禁带的周期性越明显;等离子体频率越大,光子禁带的周期性越差,但是禁带却得到了拓展,反射系数的值也越小。随着等离子体频率增

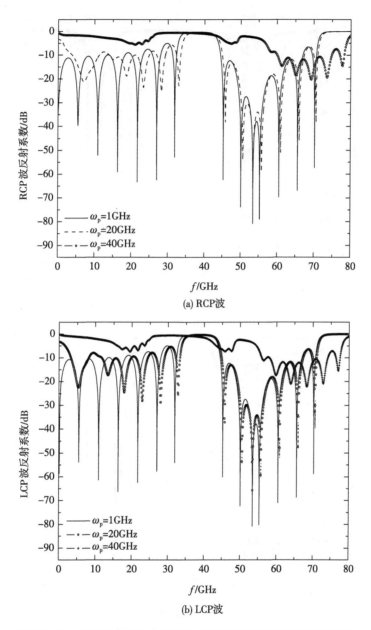

(a) RCP波

(b) LCP波

图 10.28　TE$_z$ 波的磁化 PPC 结构带隙随等离子体频率的变化图

大,禁带中心频率明显向高频移动。当等离子体频率增加到一定值时,光子晶体的反射系数陡然减小。这是因为只有入射波的频率大于等离子体频率时,电磁波才能在等离子体中传播;当入射波的频率远小于等离子体频率时,入射电磁波将完全被反射。所以通过改变等离子体频率可以很好地控制禁带的宽度、设定带通值,但禁带的周期特性也会被破坏。

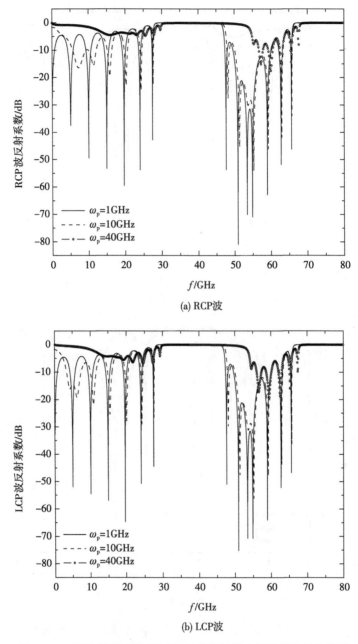

(a) RCP波

(b) LCP波

图 10.29　TM_z 波的磁化 PPC 结构带隙随等离子体频率的变化图

4.等离子体回旋频率对光子带隙的影响

　　给定参数：$\nu=20GHz$，$\omega_p=2\pi\times20GHz$，$\theta=\pi/4$，$T=1/2$，$\varepsilon_r=4$。当取不同的等离子体回旋频率时，图 10.30(a) 和 (b) 分别为 TM_z 波的 RCP 波和 LCP 波的反射系数，图 10.31(a) 和 (b) 分别为 TE_z 波的 RCP 波和 LCP 波的反射系数。

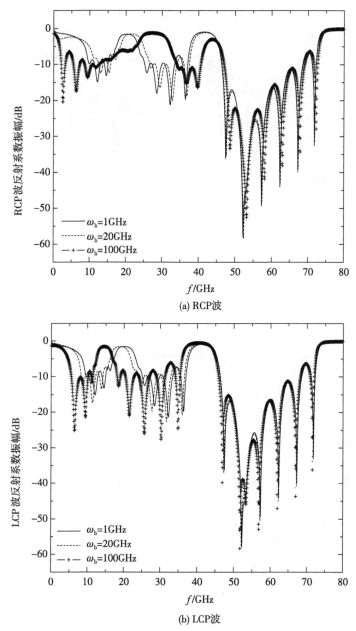

(a) RCP波

(b) LCP波

图 10.30　TM$_z$ 波的磁化 PPC 结构带隙随等离子体回旋频率的变化图

从图中可以看出,对于 TE$_z$ 波,无论是 RCP 波还是 LCP 波,等离子体的电子回旋频率对光子带隙的宽度和中心频率的影响均较小,仅对光子带隙左右两边的旁瓣振幅有一定的影响。而对于 TM$_z$ 波,当等离子体回旋频率改变时,对一定范围内的左旋和右旋圆极化波的反射系数产生了较大影响,而对较高频段内的电磁波影响较小。其中对左旋和右旋低频段的光子带隙的影响又有所不同,对于 RCP 波,当电子

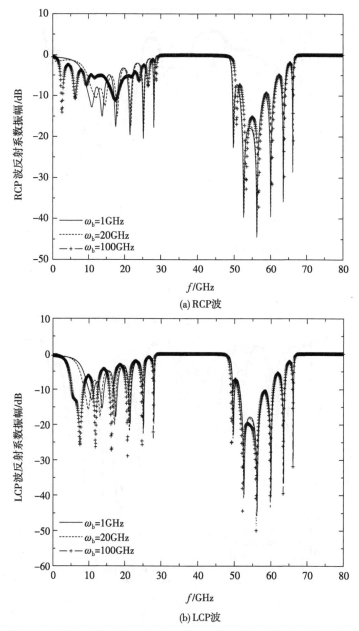

图 10.31　TE$_z$ 波的磁化 PPC 结构带隙随等离子体回旋频率的变化图

回旋频率不断增大时,其光子带隙中心频率不断向高频移动;而对于 LCP 波,其规律恰好相反,即光子带隙的中心频率随着等离子体回旋频率的增大而向低频移动。

5. 晶格厚度对光子禁带的影响

给定参数:$\nu=20\text{GHz}$,$\omega_p=2\pi\times20\text{GHz}$,$\theta=\pi/4$,$T=1/2$,$\varepsilon_r=4$。图 10.32 给出了 $b=1.5\text{mm}$,3mm,6mm 时 TM$_z$ 波磁化等离子体 RCP 波和 LCP 波的反射系数振

幅图。图 10.33 给出了 $b=1.5$mm，3mm，6mm 时 TE_z 波磁化等离子体的 RCP 波和 LCP 波的反射系数振幅图。

　　从图中可以看出，随着晶格厚度 b 的增大，光子带隙的周期性逐渐变差，而光子带隙数目却不断增多。当晶格厚度 b 增大到一定程度时，光子禁带几乎消失且周期性也几乎消失。只有选择适当的晶格厚度 b，光子禁带才存在。所以可通过改变晶格厚度来调整光子晶体的禁带特性。

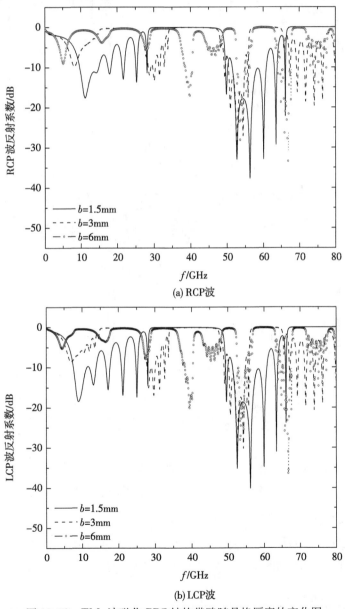

(a) RCP波

(b) LCP波

图 10.32　TM_z 波磁化 PPC 结构带隙随晶格厚度的变化图

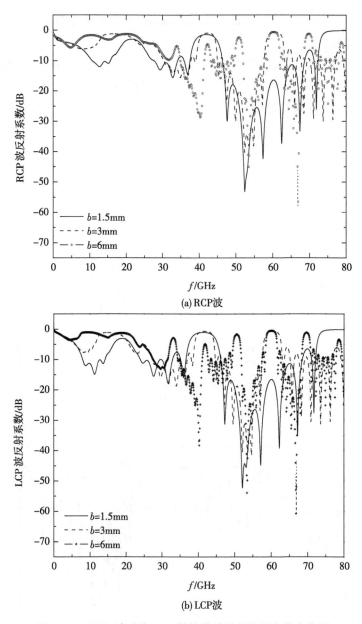

(a) RCP波

(b) LCP波

图 10.33　TE$_z$ 波磁化 PPC 结构带隙随晶格厚度的变化图

6. 占空比对光子禁带周期特性的影响

给定参数：$\nu=20\mathrm{GHz}$，$\omega_\mathrm{p}=2\pi\times20\mathrm{GHz}$，$d=2b=3\mathrm{mm}$，$\theta=\pi/4$，$\varepsilon_\mathrm{r}=4$。当取不同的占空比时，图 10.34 和图 10.35 分别给出了 TM$_z$ 波和 TE$_z$ 波的 RCP 波和 LCP 波的反射系数。

从图中可以看出，无论是 TM$_z$ 波中的 RCP 波和 LCP 波还是 TE$_z$ 波中的 RCP

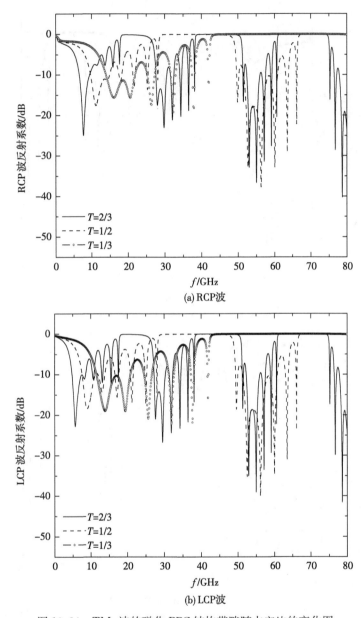

(a) RCP波

(b) LCP波

图 10.34　TM$_z$ 波的磁化 PPC 结构带隙随占空比的变化图

波和 LCP 波,占空比 T 越小,光子晶体的带隙越宽。从 TM$_z$ 波的反射系数来看,当占空比为 1/3 时,其禁带相当于占空比为 2/3 时的第二禁带和第三禁带的总和;从 TE$_z$ 波的反射系数来看,占空比为 1/3 时的禁带宽度也远超过占空比为 2/3 时的禁带宽度。因此,可以看出占空比能够极大地拓宽光子禁带。从两种波模的反射系数看出,光子禁带的中心频率变化却并非随着占空比的变化呈单调的变化。对于 TM$_z$ 波,中心频率先随着占空比的减少逐渐地向低频移动,当占空比为 1/2 时达到极小

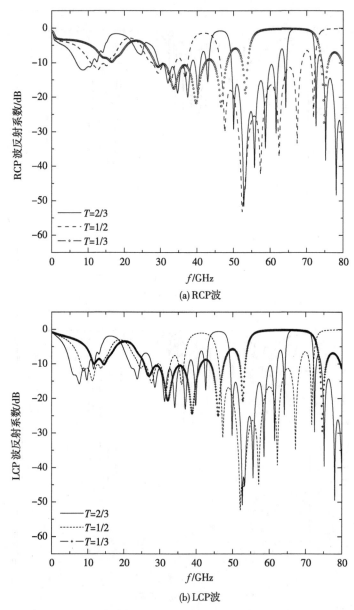

(a) RCP波

(b) LCP波

图 10.35　TE$_z$ 波的磁化 PPC 结构带隙随占空比的变化图

值,然后随着占空比的减少逐渐向高频移动。对于 TE$_z$ 波,中心频率的变化规律却呈现出完全相反的规律特性。

　　7. 介电常数对光子禁带的影响

　　给定参数:$\nu=20\mathrm{GHz}$,$\omega_\mathrm{p}=2\pi\times20\mathrm{GHz}$,$d=2b=3\mathrm{mm}$,$T=1/2$,$\theta=\pi/4$。当取不同的介电常数时,图 10.36 和图 10.37 分别为 TM$_z$ 波和 TE$_z$ 波的 RCP 波和 LCP 波的反射系数。

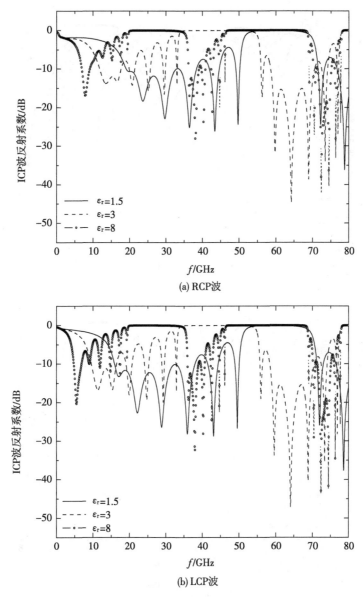

(a) RCP波

(b) LCP波

图 10.36　TM_z 波的磁化 PPC 结构带隙随介电常数的变化图

从图可以看出,对于 TE_z 波,只有当介电常数达到一定值时(图中显示的为 ε_r 等于 3),该 PPC 结构才会出现较为明显的光子禁带,且具有较好的周期特性;而对于 TM_z 波,当介电常数较小时(图中显示的为 ε_r 等于 1.5),该 PPC 结构仍然具有相当明显的光子禁带和良好的周期特性。无论是 TM_z 波还是 TE_z 波,尽管光子禁带宽度很难随着介电常数的增大而展开,但是其光子禁带的数目却明显随着介电常数的增大而增多。因此,通过改变介质的介电常数可以调节光子晶体的禁带特性。

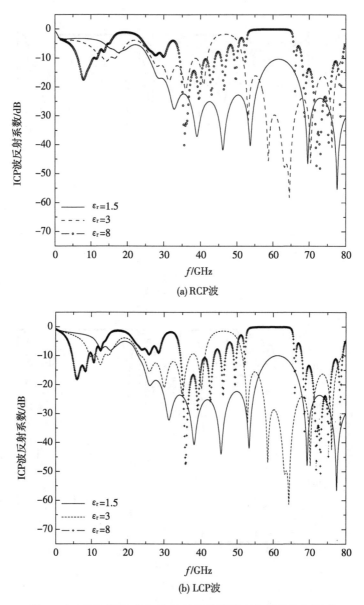

图 10.37 TE$_z$ 波的磁化 PPC 结构带隙随介电常数的变化图

10.3 $\omega_p(z)$的空变函数关系式和图形

对于第 2 章中式(2.3)的时变等离子体频率 $\omega_p(r,t)$,可以表示成关于空间 z 变化的函数 $\omega_p(z)$,表征了等离子体频率随着空间的变化情况。$\omega_p(z)$在空间位置的取值随着函数 z 的变化而不同,若 $\omega_p(z)$为高斯脉冲形式的周期函数

$$\omega_\mathrm{p}(z)=\omega_\mathrm{p}\times\mathrm{e}^{-4\pi\frac{(z-n\Lambda)^2}{k^2}}$$

其中,k 为高斯脉冲函数的宽度,k 越大等离子体频率变化越缓,k 越小等离子体频率变化越迅速;Λ 为等离子体介质和普通介质的总宽度;n 为介质板层数。$\omega_\mathrm{p}(z)$ 的时变函数关系式图形如图 10.38 所示。

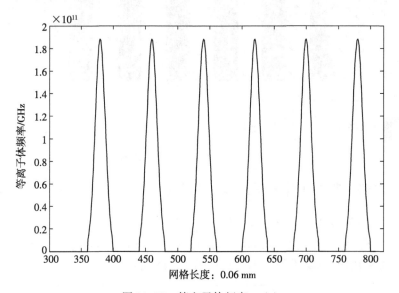

图 10.38　等离子体频率 $\omega_\mathrm{p}(z)$

图 10.38 显示了等离子体频率随着空间网格呈现规律性的高斯脉冲形式的周期性变化,其中,横轴代表空间的网格分布情况,纵轴代表等离子体频率的取值大小。

10.4　一维垂直入射空变等离子体光子晶体的带隙特性

10.4.1　一维垂直入射空变等离子体光子晶体的模型

等离子体光子晶体的物理模型如图 10.39 所示,等离子体光子晶体由 7 层介质、6 层等离子体构成。电磁波垂直入射到该一维等离子体光子晶体结构。入射波波形为微分高斯脉冲即 $E(t)=-A\dfrac{t-t_0}{\tau}\exp\left[-\dfrac{(t-t_0)^2}{2\tau^2}\right]$,其中 $A=4.67,t_0=22\times10^{-12}\,\mathrm{s}$,$\tau=5.4\times10^{-12}\,\mathrm{s}$,$a$ 为普通介质宽度,b 为等离子体介质宽度。$a=b=2.4\mathrm{mm}$,FDTD 的计算参数空间步长 $\mathrm{d}z=60\times10^{-6}\,\mathrm{m}$,时间步长 $\mathrm{d}t=\dfrac{\mathrm{d}z}{2c}=1.0\times10^{-14}\,\mathrm{s}$。

利用第 2 章提出的时变等离子体的 LTJEC-FDTD 算法,可以计算出一维垂直入射情况下非磁化和磁化空变等离子体光子晶体结构的不同等离子体参数的反射系数和透射系数,从中得出了光子带隙的变化特性。

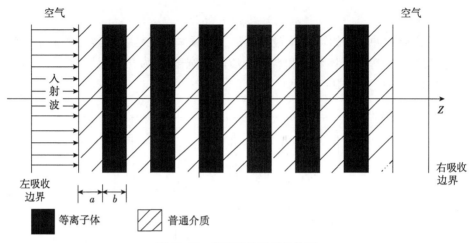

图 10.39　等离子体光子晶体图

10.4.2　非磁化等离子体光子晶体的带隙特性

对于空变非磁化($\omega_b=0$)等离子体,计算中,$\omega_p=2\pi\times10^9\,\mathrm{rad/s}$,碰撞频率 $\nu=0$,分别计算了不同脉冲宽度 $k=0.6\mathrm{mm},1.2\mathrm{mm},2.4\mathrm{mm}$ 与均匀等离子体频率的反射系数和透射系数,计算结果如图 10.40 和图 10.41 所示。

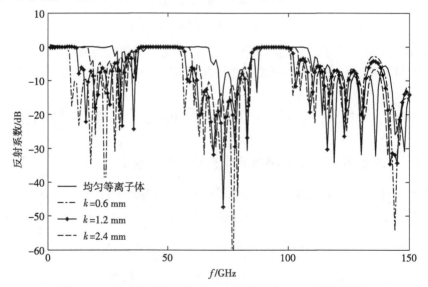

图 10.40　非磁化情况下空变 PPC 与非空变 PPC 反射系数图

图 10.40 和图 10.41 给出的是空变情况下 PPC 与非空变情况下 PPC 的反射系数和透射系数频谱图。从图中可以清楚地看到,无论是反射系数还是透射系数,空变等离子体频率的反射系数与均匀介质反射系数有非常大的差别,等离子体光子晶体的禁带随着高斯脉冲函数宽度 k 的变化而有规律地变化,随着 k 的逐渐变小,光子晶

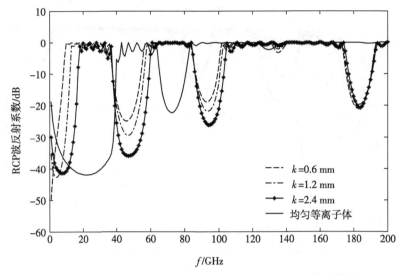

图 10.41　非磁化情况下空变 PPC 与非空变 PPC 透射系数图

体的禁带中心频率也逐渐向低频方向移动,但光子晶体的周期性并没有改变。这说明通过改变 $\omega_p(z)$ 的高斯脉冲形式的函数宽度对 PPC 结构的禁带形成是可控的。

10.4.3　磁化等离子体光子晶体的带隙特性

对于磁化($\omega_b = 10\text{GHz}$)等离子体情形,计算中,$\omega_p = 2\pi \times 10\text{GHz}$,碰撞频率 $\nu = 10\text{GHz}$,分别计算了不同脉冲宽度 $k = 0.6\text{mm}, 1.2\text{mm}, 2.4\text{mm}$ 与均匀等离子体频率的反射系数和透射系数频谱对比图,如图 10.42 和图 10.43 所示。

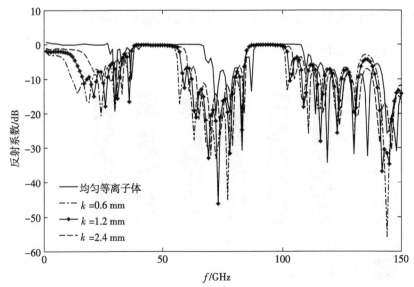

图 10.42　磁化情况下空变 PPC 与非空变 PPC 反射系数图

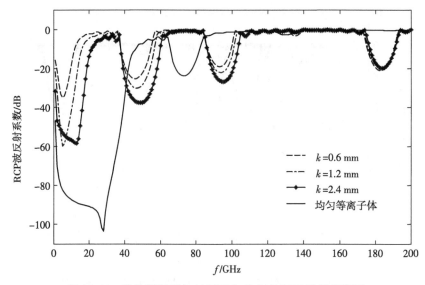

图 10.43　磁化情况下空变 PPC 与非空变 PPC 透射系数图

由图 10.42 和图 10.43 可以看出,在磁化情况下,无论是反射系数还是透射系数,其等离子体光子晶体的禁带仍然随着高斯脉冲函数宽度 k 的变化而有规律地变化,随着 k 的逐渐变小,光子晶体的禁带逐渐变大,但光子晶体的周期性并没有改变。这说明通过改变 $\omega_p(z)$ 的高斯脉冲形式的函数宽度对 PPC 结构的禁带形成是可控的。

10.5　一维斜入射空变等离子体光子晶体的带隙特性

10.5.1　一维斜入射空变等离子体光子晶体的模型及数值分析

等离子体光子晶体(PPC)的物理模型如图 10.44 所示,等离子体光子晶体由 7

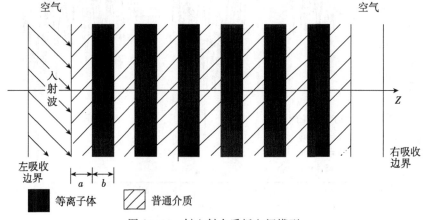

图 10.44　斜入射介质板空间模型

层介质、6 层等离子体构成。电磁波斜入射到该一维等离子体光子晶体结构。入射波波形为微分高斯脉冲即 $E(t) = -A\dfrac{t-t_0}{\tau}\exp\left[-\dfrac{(t-t_0)^2}{2\tau^2}\right]$，其中 $A = 4.67, t_0 = 22\times10^{-12}\,\mathrm{s}, \tau = 5.4\times10^{-12}\,\mathrm{s}$，FDTD 参数为空间步长 $\mathrm{d}z = 60\times10^{-6}\,\mathrm{m}$，时间步长 $\mathrm{d}t = \dfrac{\mathrm{d}z}{2c} = 1.0\times10^{-14}\,\mathrm{s}$。

10.5.2　一维斜入射空变等离子体光子晶体的 FDTD 算法

一维斜入射空变等离子体光子晶体的 FDTD 算法与一维斜入射非空变等离子体光子晶体的 FDTD 算法推导过程相同，推导结果中只要将非空变 TE_z 波 FDTD 迭代式(10.18)变为

$$
\begin{pmatrix} J_x\big|_k^{n+\frac{1}{2}} \\[2mm] J_y\big|_k^{n+\frac{1}{2}} \end{pmatrix} = \mathrm{e}^{-\nu\Delta t}\begin{pmatrix} \cos\omega_{\mathrm{b}}\Delta t & -\sin\omega_{\mathrm{b}}\Delta t \\[2mm] \sin\omega_{\mathrm{b}}\Delta t & \cos\omega_{\mathrm{b}}\Delta t \end{pmatrix}\begin{pmatrix} J_x\big|_k^{n-\frac{1}{2}} \\[2mm] J_y\big|_k^{n-\frac{1}{2}} \end{pmatrix}
$$

$$
+\varepsilon_0\omega_{\mathrm{p}}^2(z)\Delta t\cdot \mathrm{e}^{-\nu\frac{\Delta t}{2}}\begin{pmatrix} \cos\dfrac{\omega_{\mathrm{b}}\Delta t}{2} & -\sin\dfrac{\omega_{\mathrm{b}}\Delta t}{2} \\[3mm] \sin\dfrac{\omega_{\mathrm{b}}\Delta t}{2} & \cos\dfrac{\omega_{\mathrm{b}}\Delta t}{2} \end{pmatrix}\begin{pmatrix} E_x\big|_k^{n} \\[2mm] E_y\big|_k^{n} \end{pmatrix} \tag{10.53}
$$

将非空变 TM_z 波 FDTD 迭代式(10.42)变为

$$
\boldsymbol{E}^{n+1}(k) = \boldsymbol{E}^n(k) - \frac{1}{\varepsilon_0}\frac{\Delta t}{\Delta z}\left[\boldsymbol{H}^{n+\frac{1}{2}}\left(k+\frac{1}{2}\right) - \boldsymbol{H}^{n+\frac{1}{2}}\left(k-\frac{1}{2}\right)\right] - \Delta t\omega_{\mathrm{p}}^2(z)\boldsymbol{\varphi}^{n+\frac{1}{2}}(k) \tag{10.54}
$$

其他结果都相同。

利用改进的空变等离子体光子晶体的 FDTD 算法，并选用均匀等离子体频率所得反射系数与非空变等离子体光子晶体的反射系数进行算例验证，模型为 1 层等离子体介质板两边为空气，角度取 $30°$，等离子体频率设为 $\omega_{\mathrm{p}} = 2\pi\times10^9\,\mathrm{rad/s}$。计算时，FDTD 的空间步长为 $60\,\mu\mathrm{m}$，时间步长为 $0.02\mathrm{ps}$。两端采用 Mur 吸收边界，入射波为微分高斯脉冲。分别计算了在斜入射情况下 TE 波反射系数图和 TM 波反射系数图。模型图如图 10.45 所示，计算结果如图 10.46 和图 10.47 所示。

从图 10.45 和图 10.46 可以看出，无论是 TE 波还是 TM 波，其中 FDTD 解的等离子体频率 $\omega_{\mathrm{p}}(z) = \omega_{\mathrm{p}}\times\mathrm{e}^{-4\pi\frac{(z-n\Delta)^2}{k^2}}, k = \infty$；理论解的等离子体频率 $\omega_{\mathrm{p}}(z) = \omega_{\mathrm{p}}, \omega_{\mathrm{p}} = 2\pi\times10^9\,\mathrm{rad/s}$。数值解和理论解的结果完美一致，验证了空变等离子体算法的准确性。

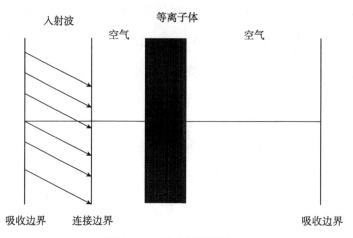

图 10.45 斜入射算例模型

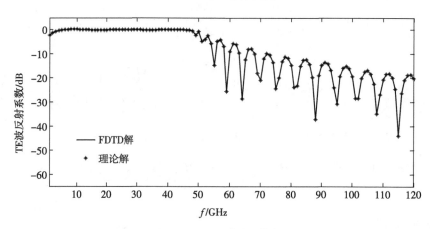

图 10.46 TE 波验证算例

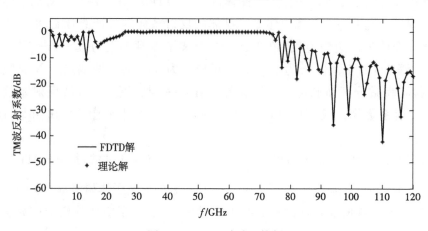

图 10.47 TM 波验证算例

10.5.3　非磁化等离子体光子晶体的带隙特性

在斜入射非磁化等离子体光子晶体的计算中,选定参数 $\omega_b=0$,$\omega_p=2\pi\times10\text{GHz}$,$\nu=0$,$\varepsilon_{r1}=3$,$\omega_p(z)=\omega_p\times\mathrm{e}^{-4\pi\frac{(z-\Delta n)^2}{k^2}}$,分别计算了等离子体频率的三个不同脉冲宽度 $k=0.3\text{mm}$(5 个网格)、$k=1.2\text{mm}$(20 个网格)、$k=2.4\text{mm}$(40 个网格)下的反射系数,TE 波图形如图 10.48 所示,TM 波反射系数图形如图 10.49 所示。

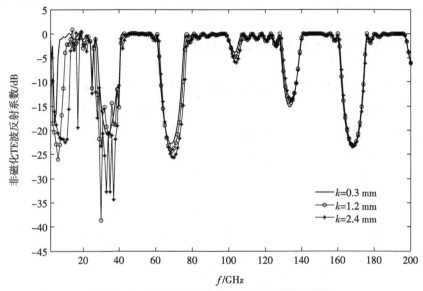

图 10.48　TE 波不同角度空变反射系数频谱图

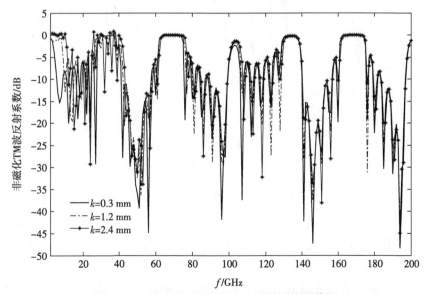

图 10.49　TM 波不同角度空变反射系数频谱图

图 10.48 和图 10.49 分别给出了非磁化情况下 $k=0.3\text{mm}$、1.2mm、2.4mm 的反射系数图,k 取值的大小表示等离子体频率变化的快慢(k 越大,表示等离子体频率的变化越缓慢;k 越小,表示等离子体频率变化得越快)。由图 10.48 和图 10.49 还可以看出,无论在 TE 波还是在 TM 波中,虽然在斜入射的情况下其带隙变化没有垂直入射明显,但是等离子体光子晶体形成的带隙大小仍然会随着等离子体频率的变化而变化。因此,在斜入射情况下还是可以用等离子体频率来控制其带隙的大小。

10.5.4　磁化等离子体光子晶体的带隙特性

在斜入射磁化等离子体光子晶体的计算中,选取参数 $\omega_\text{p}(z)=\omega_\text{p}\times\text{e}^{-4\pi\frac{(z-\Delta n)^2}{k^2}}$,其中 ω_p 为常数,取 $\omega_\text{p}=2\pi\times10\text{GHz}$,碰撞频率 $\nu=10\text{GHz}$,分别计算了等离子体频率的三个不同脉冲宽度 $k=0.3\text{mm}$(5 个网格)、$k=1.2\text{mm}$(20 个网格)、$k=2.4\text{mm}$(40 个网格)下的反射系数,TE 波反射系数图形如图 10.50 所示,TM 波反射系数图形如图 10.51 所示。

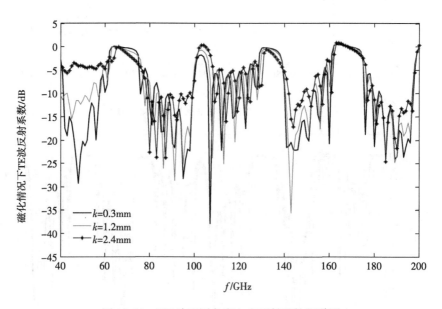

图 10.50　TE 波不同角度空变反射系数频谱图

图 10.50 和图 10.51 分别给出了在磁化情况下 $k=0.3\text{mm}$、1.2mm、2.4mm 时的反射系数图,k 取值的大小表示等离子体频率变化的快慢(k 越大,表示等离子体频率的变化越缓慢;k 越小,表示等离子体频率变化得越快)。由图 10.50 和图 10.51 还可以看出,无论在 TE 波还是在 TM 波中,虽然在斜入射的情况下等离子体光

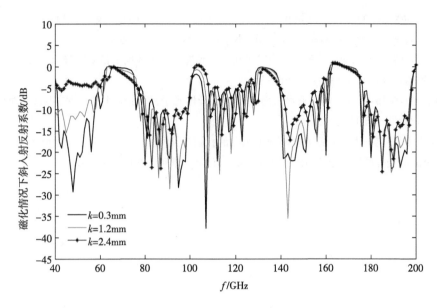

图 10.51　TM 波不同角度空变反射系数频谱图

子晶体形成的带隙大小随着等离子体频率的变化而变化,但其变化规律与非磁化情况下基本相同。因此,在斜入射情况下仍然可以用等离子体频率来控制其带隙大小的。

参 考 文 献

[1] Kalluri D K. Electromagnetics of Complex Media:Frequency Shifting by a Transient Magnetoplasma Medium. Boca Raton:CRC Press,1999.

[2] Lee J H,Kalluri D K. Three-Dimensional FDTD simulation of electromagnetic wave transformation in a dynamic inhomogeneous magnetized plasma. IEEE Tran. Antennas Propagat,1999,47(7): 1146-1151.

[3] 葛德彪,闫玉波. 电磁波时域有限差分方法. 西安:西安电子科技大学出版社,2005.

[4] 杨利霞,谢应涛. 电磁波传输时域有限差分方法及仿真. 计算机仿真,2009,26(11):360-363.

[5] 杨利霞,谢应涛,王袆君,等. 一种适于 1 维磁等离子体电磁波传输特性的 FDTD 分析. 强激光与粒子束,2009,21(11):1710-1714.

[6] Xie Y T,Yang L X. Study of bandgap characteristics of 2D plasma photonic crystal with oblique incidence:TM case. Chinese Physics B, 2011,20(6):1-6.

[7] Yang L X,Xie Y T,Yu P P. Study of bandgap characteristics of 2D magnetoplasma photonic crystal by using novel FDTD method. Microwave and Optical Technique Letters,2011,53(8): 1778-1784.

[8] Yang L, Xie Y, Yu P, et al. Electromagnetic bandgap analysisi of 1D magnetized PPC with oblique incidengce. Progress In Electromagnetics Research M, 2010, 12: 39-50.

[9] 杨利霞, 谢应涛, 孔娃, 等. 斜入射分层线性各向异性等离子体电磁散射时域有限差分方法分析. 物理学报, 2010, 59(9): 6089-6095.

[10] 杨利霞, 陈伟, 施卫东, 等. 垂直入射空变等离子体光子晶体带隙特性研究. 电波科学学报, 2013, 28(1): 105-110.

[11] 谢应涛. 等离子体光子晶体电磁带隙分析及时域算法研究. 江苏大学硕士学位论文, 2011.

[12] 陈伟. 空变等离子体光子晶体带隙特性研究. 江苏大学硕士学位论文, 2013.

第 11 章　二维等离子体光子晶体带隙特性

等离子体在两个方向上呈周期性分布,而在第三个方向上无限延展的光子晶体称为理想二维等离子体光子晶体。而二维等离子体光子晶体层是指二维等离子体光子晶体沿一个方向仍为无限周期,而在另一个周期方向上为有限层。

本章在一维等离子体光子晶体的基础上,采用磁化等离子体时域有限差分算法解决等离子体各向异性且色散问题,通过周期边界的引入将无限大周期结构转换为单个元胞的有限区域的计算,实现了抽象模型向实际计算模型的转变。

11.1　周期边界条件

通常周期结构是在一个或多个方向上具有周期性,由于其特有的性质被广泛应用于工程各个领域。例如,频率选择表面(frequency selective surface, FSS)[1]是典型的周期结构,其较早地被制成诸如导弹罩、天线阵列以及光波滤波器等器件,获得了良好的效果。近年来,电磁禁带结构(the electromagnetic bandgap, EBG)[2]因其能良好地控制电磁波而备受人们的关注。因此,研究周期结构不仅具有理论意义,更具有应用价值。

为了能够准确地预测周期结构的电磁特性,时域有限差分(FDTD)方法一直被广泛应用于分析这类问题。通常周期结构具有近似无穷大的周期单元,这给模拟带来了相当大的计算负担。为解决该问题,发展了单个周期元胞结合周期边界的抽象模型,极大地减小了计算的负担,从而极大地提高了计算效率。

该问题待解决的难点在于基于 Floquent 理论[3]发展而来的周期边界如何在时域有限差分方法中实现。由于周期边界条件是关于频率的表达式,而 FDTD 方法是时域方法,需经逆傅里叶变换到时域,方可进行 FDTD 迭代。

在基于详细研究切向波数不变法的基础上,将其应用于二维周期结构。然后将此 FDTD 周期边界同第 2 章中处理等离子体的 LTJEC-FDTD 算法相结合,提出 FDTD/PBC 技术并用于分析等离子体周期结构,通过计算任意周期长度的无限大均匀等离子体板算例模型的反射系数,并同对应的解析解相比较,验证了该技术的可行性;并与平面波展开法相比较,进一步验证了该算法的可行性。除此之外,又提出了一种新型 FDTD 周期边界条件,它可被视为双平面波的改良方法,其优点在于无需将实部和虚部分别迭代,其变量将减小一半,极大地提高了计算效率,并通过算例验证了该方法的可行性。

11.1.1　Floquet 定理

考虑一维周期结构，如图 11.1 所示。设入射平面波为 TM_z 波

$$E_z = E_0 \cdot \exp[j(\omega t - k_x x - k_y y)] \tag{11.1}$$

则空间沿 x 方向相距为 m 个周期的两点之间场为

$$\tilde{\psi}(x+mT_x, y, \omega) = \tilde{\psi}(x, y, \omega)\exp(-jmk_x T_x) \tag{11.2}$$

式中，$\tilde{\psi}$ 为电磁场（频域）的某一分量；m 为整数；T_x 为沿 x 方向的周期长度；$k_x = k\sin\theta$，θ 为入射角。上式即为 Floquet 定理。式(11.2)的时域形式为（取 $m=1$）

$$\psi(x+T_x, y, t) = \psi\left(x, y, t-\frac{T_x}{\nu_{\phi x}}\right) \tag{11.3}$$

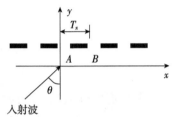

图 11.1　一维周期结构

式中，$\nu_{\phi x} = \dfrac{c}{\sin\theta}$ 为沿 x 方向相速。注意到上式将式(11.2)中两点之间"相移"$k_x T_x$ 过渡为时间的"推迟"。式(11.2)和式(11.3)分别为 Floquet 定理的频域和时域表示式。

设图 11.1 中 A、B 两点沿 x 方向相距为 T_x（周期），即 $x_B = x_A + T_x$，则由式(11.2)有

$$\tilde{\psi}(x_B, y, \omega) = \tilde{\psi}(x_A, y, \omega)\exp(-j\Phi_x), \quad \Phi_x = k_x T_x = 2\pi\frac{T_x \sin\theta}{\lambda}$$

$$\tilde{\psi}(x_A, y, \omega) = \tilde{\psi}(x_B, y, \omega)\exp(+j\Phi_x) \tag{11.4}$$

由式(11.3)有

$$\psi(x_B, y, t) = \psi\left(x_A, y, t-\frac{T_x}{\nu_{\phi x}}\right)$$

及

$$\psi(x_A, y, t) = \psi\left(x_B, y, t+\frac{T_x}{\nu_{\phi x}}\right) \tag{11.5}$$

11.1.2　FDTD/PBC 规则

1. 周期边界的 FDTD 公式推导

目前所有的周期边界条件都是基于 11.1.1 节中的 Floquet 理论发展而来的。如图 11.2 所示，沿 x 方向呈周期排列，其周期长度为 h，在 $x=0$ 和 $x=h$ 的两边界在频域上满足下列关系

$$E(x=0, y, z) = E(x=p, y, z)e^{jk_x h}$$
$$H(x=0, y, z) = H(x=p, y, z)e^{jk_x h} \tag{11.6}$$

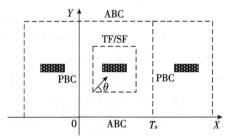

图 11.2　斜入射周期结构示意图

式(11.6)中的指数项代表相位差，k_x 表示 x 方向上的波数。T_x 表示周期长度，θ 为入射角，PBC 表示周期边界条件，TF/SF 表示总场/散射场，ABC 表示吸收边界条件。

当入射角 $\theta = 0$ 时，则 $k_x = 0$，单元周期元胞边界上不存在时延差，此时周期边界易于实现。

当入射角 $\theta \neq 0$ 时，传统的思路是将入射角看成不变量，根据 $k_x = k_0 \sin\theta = 2\pi f \sqrt{\mu\varepsilon} \sin\theta$ 的关系式，将式(11.6)通过傅里叶逆变换到时域，可得

$$\boldsymbol{E}(x=0,y,z,t) = \boldsymbol{E}(x=p,y,z,t+h\sin\theta/c)$$
$$\boldsymbol{H}(x=0,y,z,t) = \boldsymbol{H}(x=p,y,z,t+h\sin\theta/c)$$
(11.7)

根据式(11.7)可知，在进行电场和磁场迭代时，当前时刻 t 的电场和磁场将用到未来时刻 $t+h\sin\theta/c$ 的电场和磁场的值，因此如果直接利用该形式的边界条件将违背因果关系。因此，出现了如双波法和"分量场"方法，解决该问题。

现在如果 k_x 为不变量，频率 f 和入射角 θ 均为变化的量，k_x，f 和 θ 三者仍然满足关系 $k_x = k_0\sin\theta = 2\pi f \sqrt{\mu\varepsilon} \sin\theta$。经过这样的思路转换，重新审视式(11.6)，其中的指数项则为常数，此时再通过逆傅里叶变换到时域，则有

$$\boldsymbol{E}(x=0,y,z,t) = \boldsymbol{E}(x=p,y,z,t)\mathrm{e}^{jk_x h}$$
$$\boldsymbol{H}(x=0,y,z,t) = \boldsymbol{H}(x=p,y,z,t)\mathrm{e}^{jk_x h}$$
(11.8)

通过上述变化，此时执行该周期边界条件将类似于垂直入射情况的周期边界。

这种新型的周期边界尽管在形式上改变不大，但是其物理意义完全改变。而常规的 FDTD 形式是完全建立在入射角不变的情况下推导得到的，因此在将这种新型周期边界应用于 FDTD 时，FDTD 也必将作相关的修正。下面均以 TM 为例推导周期边界的 FDTD 形式，TE 波可同理求得。将图 11.2 中的二维周期结构转换为如图 11.3 所示 FDTD 计算模型。上下为 UPML 吸收边界，左右为切向波数不变法的周期边界。

以二维 TM$_z$（仅有 H_x，H_y，E_z）波为例，对于周期边界上 H_z 的节点，FDTD 计算中涉及周期边界外侧的 E_y 节点，利用式(11.8)有

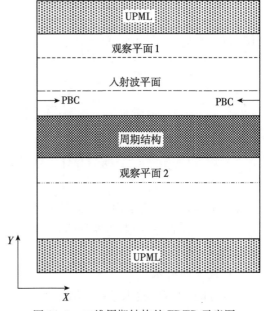

图 11.3 二维周期结构的 FDTD 示意图

$$H_y^{n+\frac{1}{2}}\left(1-\frac{1}{2},j\right)=H_y^{n+\frac{1}{2}}\left(M-\frac{1}{2},j\right)\times e^{jk_x\times(M-1)\times\Delta y}$$

$$H_y^{n+\frac{1}{2}}\left(M+\frac{1}{2},j\right)=H_y^{n+\frac{1}{2}}\left(1+\frac{1}{2},j\right)\times e^{-jk_x\times(M-1)\times\Delta y} \tag{11.9}$$

式中,$i=1$ 和 $i=M$ 分别为左、右周期边界;k_x 为 x 轴上的波数;Δy 为 y 轴上的空间步长。上式表明,左(右)边界外侧节点的场值可以用右(左)边界内侧节点值代替。因而,对于位于周期边界上的 E_z 节点,其 FDTD 公式可写为

$$E_z^{n+1}(1,j)=E_z^n(1,j)+\frac{\Delta t}{\varepsilon_0}\left[\begin{array}{c}\dfrac{H_y^{n+\frac{1}{2}}\left(1+\frac{1}{2},j\right)-H_y^{n+\frac{1}{2}}\left(M-\frac{1}{2},j\right)}{\Delta x}\\[2mm]-\dfrac{H_x^{n+\frac{1}{2}}\left(1,j+\frac{1}{2}\right)-H_x^{n+\frac{1}{2}}\left(1,j-\frac{1}{2}\right)}{\Delta y}\end{array}\right] \tag{11.10}$$

$$E_z^{n+1}(M,j)=E_z^n(M,j)+\frac{\Delta t}{\varepsilon_0}\left[\begin{array}{c}\dfrac{H_y^{n+\frac{1}{2}}\left(1+\frac{1}{2},j\right)-H_y^{n+\frac{1}{2}}\left(M-\frac{1}{2},j\right)}{\Delta x}\\[2mm]-\dfrac{H_x^{n+\frac{1}{2}}\left(M,j+\frac{1}{2}\right)-H_x^{n+\frac{1}{2}}\left(M,j-\frac{1}{2}\right)}{\Delta y}\end{array}\right] \tag{11.11}$$

上式也不再涉及周期结构单元以外的节点。

同理,对于 TE 波,位于周期边界上的 H_z 节点,其 FDTD 公式可写为

$$H_z^{n+1}(1,j)=H_z^n(1,j)-\frac{\Delta t}{\mu_0}\left[\begin{array}{c}\dfrac{E_y^{n+\frac{1}{2}}\left(1+\frac{1}{2},j\right)-E_y^{n+\frac{1}{2}}\left(M-\frac{1}{2},j\right)}{\Delta x}\\[2mm]-\dfrac{E_x^{n+\frac{1}{2}}\left(1,j+\frac{1}{2}\right)-E_x^{n+\frac{1}{2}}\left(1,j-\frac{1}{2}\right)}{\Delta y}\end{array}\right] \tag{11.12}$$

$$H_z^{n+1}(M,j)=H_z^n(M,j)-\frac{\Delta t}{\mu_0}\left[\begin{array}{c}\dfrac{E_y^{n+\frac{1}{2}}\left(1+\frac{1}{2},j\right)-E_y^{n+\frac{1}{2}}\left(M-\frac{1}{2},j\right)}{\Delta x}\\[2mm]-\dfrac{E_x^{n+\frac{1}{2}}\left(M,j+\frac{1}{2}\right)-E_x^{n+\frac{1}{2}}\left(M,j-\frac{1}{2}\right)}{\Delta y}\end{array}\right] \tag{11.13}$$

上式也不再涉及周期结构单元以外的节点。

必须注意的是,周期边界延伸到 UPML 吸收边界内,除此之外电场和磁场均以复数形式进行迭代。

2. 波源的引入

常规的 FDTD 技术是在入射角不变的情况下,通过连接边界进而引入波源。然而此处的入射角是变化,而非固定的,因此传统的连接边界技术无法完全应用到新型的周期边界,必须进行相关的修正。

以 TM_z 为例,当电磁波照射到周期结构上时,其入射波的切向分量可以表示为

$$E_z^{\text{inc}} = E_0$$

$$H_x^{\text{inc}} = -\frac{E_0}{\eta}\cos\theta = -\frac{E_0}{\eta}\sqrt{1-\left(\frac{k_x}{k_0}\right)^2} \tag{11.14}$$

式中,η 为真空中的阻抗。

在式(11.14)中,H_x^{inc} 与入射角有关,很难将其转换到时域。因此传统的将电场和磁场同时进行入射波加入的连接边界技术不能得以实现。现在只在连接边界处加入电场的切向分量 E_z^{inc} 就可以避免上述问题,但是此时连接边界处的波源将不再是单向行波,而是同时向 Y 的两个方向传播。对于散射场,可以通过总场与入射场相减得到。此时,总场和入射场分别拥有各自的计算迭代空间,总场中放置需要计算的周期结构,而入射场中完全为真空即整个计算空间中为同种介质(真空)将不发生反射进而该空间中的总场即为入射场。

同理,对于 TE_z 波,可以用类似的方法引入波源。

波源采用调制高斯脉冲,且在入射平面上存在相位差,可以表示为

$$E_z^{\text{inc}}(x,t) = \exp\left[-\frac{(t-t_0)^2}{2\sigma_t^2}\right]\exp(j2\pi f_0 t)\exp(-jk_x x) \tag{11.15}$$

其中,$BW \times 2\pi = 2 \cdot (3\sigma_f) = 2 \cdot \dfrac{3}{\sigma_t} \Rightarrow \sigma_t = \dfrac{3}{\pi \times BW}$,$BW$ 为带宽;$t_0 = 3\sigma_t - 5\sigma_t$;$f_0 = \dfrac{k_x c_0}{2\pi} + \dfrac{BW}{2}$ 为中心频率,c_0 为真空中的光速。

3. 等离子体的 FDTD 迭代式

由第 2 章 LTJEC-FDTD 算法的等离子体的迭代式可得 TE 波的 FDTD 离散式为

$$E_x\Big|_{i,j+\frac{1}{2}}^{n+\frac{1}{2}} = E_x\Big|_{i,j+\frac{1}{2}}^{n-\frac{1}{2}} + \frac{\Delta t}{\varepsilon_0}\frac{H_z\big|_{i,j+1}^{n} - H_z\big|_{i,j}^{n}}{\Delta y} - \frac{\Delta t}{\varepsilon_0} \cdot J_x\Big|_{i,j+\frac{1}{2}}^{n} \tag{11.16}$$

$$E_y\Big|_{i+\frac{1}{2},j}^{n+\frac{1}{2}} = E_y\Big|_{i+\frac{1}{2},j}^{n-\frac{1}{2}} - \frac{\Delta t}{\varepsilon_0}\frac{H_z\big|_{i+1,j}^{n} - H_z\big|_{i,j}^{n}}{\Delta x} - \frac{\Delta t}{\varepsilon_0} \cdot J_y\Big|_{i+\frac{1}{2},j}^{n} \tag{11.17}$$

$$H_z\Big|_{i,j}^{n+1} = H_z\Big|_{i,j}^{n} - \frac{\Delta t}{\mu_0}\left[\frac{E_y\big|_{i+\frac{1}{2},j}^{n+\frac{1}{2}} - E_y\big|_{i-\frac{1}{2},j}^{n+\frac{1}{2}}}{\Delta x} - \frac{E_x\big|_{i,j+\frac{1}{2}}^{n+\frac{1}{2}} - E_x\big|_{i,j-\frac{1}{2}}^{n+\frac{1}{2}}}{\Delta y}\right] \tag{11.18}$$

$$
\begin{aligned}
J_x\Big|_{i,j+\frac{1}{2}}^{n} &= e^{-\nu\Delta t}\Big[\cos\omega_b\Delta t \cdot J_x\Big|_{i,j+\frac{1}{2}}^{n-1} - \sin\omega_b\Delta t \times 0.25 \times \Big(J_y\Big|_{i+\frac{1}{2},j}^{n-1} + J_y\Big|_{i+\frac{1}{2},j+1}^{n-1}\\
&\quad + J_y\Big|_{i-\frac{1}{2},j}^{n-1} + J_y\Big|_{i-\frac{1}{2},j+1}^{n-1}\Big)\Big] + \varepsilon_0\omega_p^2\Delta t e^{-\nu\frac{\Delta t}{2}} \cdot \Big[\cos\frac{\omega_b\Delta t}{2} \cdot E_x\Big|_{i,j+\frac{1}{2}}^{n-\frac{1}{2}}\\
&\quad - \sin\frac{\omega_b\Delta t}{2} \times 0.25 \times \Big(E_y\Big|_{i+\frac{1}{2},j}^{n-\frac{1}{2}} + E_y\Big|_{i+\frac{1}{2},j+1}^{n-\frac{1}{2}} + E_y\Big|_{i-\frac{1}{2},j}^{n-\frac{1}{2}} + E_y\Big|_{i-\frac{1}{2},j+1}^{n-\frac{1}{2}}\Big)\Big]
\end{aligned}
$$

$$\tag{11.19}$$

$$J_y \big|_{i+\frac{1}{2},j}^{n} = \mathrm{e}^{-\nu \Delta t} \Big[\cos\omega_b \Delta t \cdot J_y \big|_{i+\frac{1}{2},j}^{n-1} + \sin\omega_b \Delta t \times 0.25 \times \Big(J_x \big|_{i,j-\frac{1}{2}}^{n-1} + J_x \big|_{i,j+\frac{1}{2}}^{n-1}$$

$$+ J_x \big|_{i+1,j-\frac{1}{2}}^{n-1} + J_x \big|_{i+1,j+\frac{1}{2}}^{n-1} \Big) \Big] + \varepsilon_0 \omega_p^2 \Delta t \mathrm{e}^{-\frac{\nu \Delta t}{2}} \cdot \Big[\cos \frac{\omega_b \Delta t}{2} \cdot E_y \big|_{i+\frac{1}{2},j}^{n-\frac{1}{2}}$$

$$+ \sin \frac{\omega_b \Delta t}{2} \times 0.25 \times \Big(E_x \big|_{i,j-\frac{1}{2}}^{n-\frac{1}{2}} + E_x \big|_{i,j+\frac{1}{2}}^{n-\frac{1}{2}} + E_x \big|_{i+1,j-\frac{1}{2}}^{n-\frac{1}{2}} + E_x \big|_{i+1,j+\frac{1}{2}}^{n-\frac{1}{2}} \Big) \Big]$$

$$(11.20)$$

TM 波的 FDTD 迭代式为

$$H_x \big|_{i,j+\frac{1}{2}}^{n+\frac{1}{2}} = H_x \big|_{i,j+\frac{1}{2}}^{n-\frac{1}{2}} - \frac{\Delta t}{\mu_0} \frac{E_z \big|_{i,j+1}^{n} - E_z \big|_{i,j}^{n}}{\Delta y} \tag{11.21}$$

$$H_y \big|_{i+\frac{1}{2},j}^{n+\frac{1}{2}} = H_y \big|_{i+\frac{1}{2},j}^{n-\frac{1}{2}} + \frac{\Delta t}{\mu_0} \frac{E_z \big|_{i+1,j}^{n} - E_z \big|_{i,j}^{n}}{\Delta x} \tag{11.22}$$

$$E_z \big|_{i,j}^{n+1} = E_z \big|_{i,j}^{n} + \frac{\Delta t}{\varepsilon_0} \Bigg[\frac{H_y \big|_{i+\frac{1}{2},j}^{n+\frac{1}{2}} - H_y \big|_{i-\frac{1}{2},j}^{n+\frac{1}{2}}}{\Delta x} - \frac{H_x \big|_{i,j+\frac{1}{2}}^{n+\frac{1}{2}} - H_x \big|_{i,j-\frac{1}{2}}^{n+\frac{1}{2}}}{\Delta y} \Bigg] - \frac{\Delta t}{\varepsilon_0} J_z \big|_{i,j}^{n+\frac{1}{2}}$$

$$(11.23)$$

$$J_z \big|_{i,j}^{n+\frac{1}{2}} = \mathrm{e}^{-\nu \Delta t} J_z \big|_{i,j}^{n-\frac{1}{2}} + \varepsilon_0 \omega_p^2 \Delta t \mathrm{e}^{-\frac{\nu \Delta t}{2}} E_z \big|_{i,j}^{n} \tag{11.24}$$

4. 数值验证

将等离子体板看成任意周期长度的周期结构,厚度为 $d=9.375\mathrm{mm}$,等离子体参数为 $\omega_p=50\mathrm{GHz}$,$\nu=20\mathrm{GHz}$,$\omega_b=0$,纵向(Y 轴)方向采用各 8 个网格的 UPML 边界,x 轴方向采用切向波数不变的周期边界条件,空间步长 $\delta=0.25\mathrm{mm}$,时间步长 $\mathrm{d}t=\delta/2c$,入射波源中带宽 $BW=20\mathrm{GHz}$,计算结果如图 11.4 和图 11.5 所示。现通过 k_x-frequency 平面功率反射系数图,提取出入射角固定情况下的功率反射系数图。当入射角固定为 θ 时,则可计算出切向波数为 $k_x=\omega\sqrt{\mu\varepsilon}\cos\theta$。此时 k_x 介于两个已知的固定切向波数 k_{x1},k_{x2} 之间($k_{x1} \leqslant k_x < k_{x2}$),为了更加精确地计算反射系数,可采用线性差值的方法计算其反射系数,故有

$$\Gamma(f,k_x) = \frac{\Gamma(f,k_{x1}) \cdot (k_{x2}-k_x) + \Gamma(f,k_{x2}) \cdot (k_x-k_{x1})}{k_{x2}-k_{x1}} \tag{11.25}$$

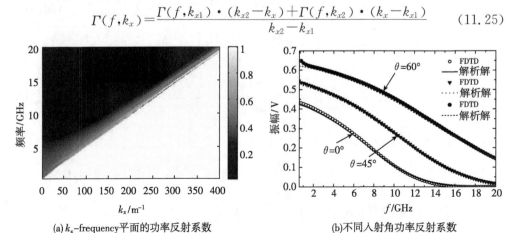

(a) k_x-frequency 平面的功率反射系数

(b) 不同入射角功率反射系数

图 11.4　TM 波 k_x-frequency 平面的功率反射系数图

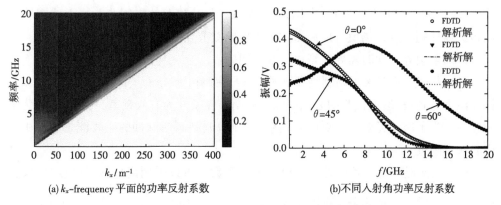

(a) k_x-frequency 平面的功率反射系数

(b)不同入射角功率反射系数

图 11.5　TE 波 k_x-frequency 平面的功率反射系数图

图 11.4(b)和图 11.5(b)比较了在不同入射角下 FDTD 和解析解的计算结果。可以看出,FDTD 计算结果同解析解吻合得相当好,表明该周期边界条件计算等离子体周期结构是有效的。

11.1.3　新型周期边界法

根据上述方法,同时结合双波法处理周期边界的思路,得到一种新型的周期边界。该周期边界条件相对于双波法其效率将大大提高,不需要像双波法那样必须将 FDTD 迭代式分为实部和虚部分别迭代;相对于切向波数不变法,它无需改变任何 FDTD 边界条件,完全可以利用传统的 FDTD 代码进行实现。因此该方法易于实现且具有较高效率。

1. 新型周期边界法的 FDTD 推导

分析的问题如图 11.2 所示,同样根据 Floquent 理论可知

$$\boldsymbol{E}(x=0,y,z)=\boldsymbol{E}(x=p,y,z)\mathrm{e}^{\mathrm{j}k\cdot\cos\theta\cdot h}$$
$$\boldsymbol{H}(x=0,y,z)=\boldsymbol{H}(x=p,y,z)\mathrm{e}^{\mathrm{j}k\cdot\cos\theta\cdot h} \tag{11.26}$$

其中,$k=\omega/c_0$ 表示真空中的波数。

现令 ω 和 θ 均为不变量,则上述频率周期边界经逆傅里叶变换可得

$$\boldsymbol{E}(x=0,y,z,t)=\boldsymbol{E}(x=p,y,z,t)\mathrm{e}^{\mathrm{j}\omega/c_0\cdot\cos\theta\cdot h}$$
$$\boldsymbol{H}(x=0,y,z,t)=\boldsymbol{H}(x=p,y,z,t)\mathrm{e}^{\mathrm{j}\omega/c_0\cdot\cos\theta\cdot h} \tag{11.27}$$

式(11.27)为时域的周期边界,同样解决了时间的"推迟"问题。

同样以二维 TM_z(仅有 H_x,H_y,E_z)波为例,对于周期边界上 H_z 的节点,FDTD 计算中涉及周期边界外侧的 E_y 节点,再利用式(11.27)可得其离散形式为

$$H_y^{n+1/2}\left(1-\frac{1}{2},j\right)=H_y^{n+1/2}\left(M-\frac{1}{2},j\right)\times\mathrm{e}^{\mathrm{j}\omega/c_0\cdot\cos\theta\times(M-1)\times\Delta y}$$
$$H_y^{n+1/2}\left(M+\frac{1}{2},j\right)=H_y^{n+1/2}\left(1+\frac{1}{2},j\right)\times\mathrm{e}^{-\mathrm{j}\omega/c_0\cdot\cos\theta\times(M-1)\times\Delta y} \tag{11.28}$$

式中，$i=1$ 和 $i=M$ 分别为左、右周期边界；Δy 为 y 轴上的空间步长。上式表明左（右）边界外侧节点的场值可以用右（左）边界内侧节点值代替。

该周期边界实现时需要注意以下几个问题：

（1）入射波源需采用调制高斯脉冲 $E_i(t)=\exp\left[-4\pi\,(t-t_0)^2/\tau^2\right]\cdot\exp(\mathrm{j}\omega t)$。该波源为宽频段，但是仅其中心频率满足周期边界条件为有效频率，其他频率均为无效频率。为了减小无效频率对中心频率的影响，调制高斯脉冲的主要能量应集中在中心频率附近。

（2）如何提取中心频率处的反射和透射系数。可以采用离散傅里叶变换，仅提取在 ω 处的磁场（或电场）的幅度和相位，则有 $H_z(\omega)=\dfrac{1}{N}\sum\limits_{n=1}^{N}H_z^n(n\Delta t)\exp(-\mathrm{j}\omega n\Delta t)$，因此其功率反射和透射系数为

$$P_r(\omega)=\left|\frac{H_z^{\text{refletion}}(\omega)}{H_z^{\text{inc}}(\omega)}\right|^2,\quad P_t(f)=\left|\frac{H_z^{\text{transmission}}(\omega)}{H_z^{\text{inc}}(\omega)}\right|^2$$

2. 算法验证

计算模型如图 11.2 所示，上下为 8 个网格的 UPML 吸收边界，左右为该周期边界。FDTD 的空间步长为 $\delta=0.25\text{mm}$，时间步长为 $\mathrm{d}t=\delta/2c$。背景为空气，散射体（$\varepsilon_r=4.2$）边长为 18 个元胞的方柱，周期为 36 个元胞。分别计算了 $\theta=45°，60°$ 的功率反射和透射系数，并与基于平面波的散射矩阵（PWE）方法（推导见附录 F）进行了比较。

从图 11.6 可看出，两种方法的计算结果一致，表明了该新型周期边界条件的可行性。

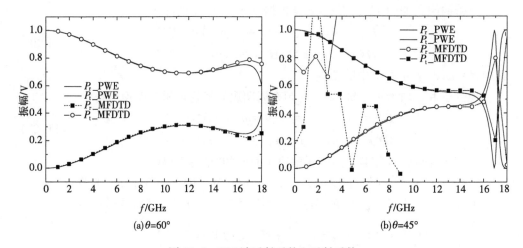

图 11.6　TM 波反射系数和透射系数

11.2 二维垂直入射等离子体光子晶体带隙特性

11.2.1 二维等离子体光子晶体的模型

等离子体光子晶体的物理模型如图 11.7 所示，从图中可知等离子体光子晶体由 6 层介质、5 层等离子体构成。电磁波垂直入射到该一维等离子体光子晶体结构。入射波波形为微分高斯脉冲即 $E(t)=-\dfrac{t-t_0}{\tau}\exp\left[-\dfrac{(t-t_0)^2}{2\tau^2}\right]$，其中 $f_0=30\text{GHz}$，$t_0=22\times10^{-12}\text{s}$。计算时，取 $\omega_p=400\text{GHz}$，空间步长 $\delta=0.25\text{mm}$，时间步长 $dt=\delta/2c$，计算时间步为 20000 步，设入射电磁波为微分高斯脉冲，取 $\tau=150\Delta t$，$t_0=0.8\tau$。选择圆形等离子体柱时，其半径为 $r=2\text{mm}(8\delta)$；选择椭圆形等离子体柱时，其长轴 $a=8\text{mm}(32\delta)$，短轴 $b=2\text{mm}(8\delta)$，选择空气为背景介质，即 $\varepsilon_{2r}=1$。

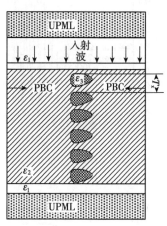

图 11.7 等离子体光子晶体的物理模型

单个元胞的 FDTD 计算模型如图 11.7 所示，其中 $\varepsilon_1=\varepsilon_0$ 为空气的介电常数，ε_2 为背景介质的介电常数，ε_3 为散射体的介电常数，在其中放置 N 个完全相同的散射体（其形状可以为任意形式）形成光子晶体，周期长度为 T_x。左右两边为周期边界（PBC）条件，上下为 UPML 吸收边界，入射平面波自上而下垂直入射到整个计算区域。

11.2.2 背景为普通介质的 PPC 带隙研究

二维周期结构的 FDTD 计算模型如图 11.7 所示，背景为普通介质，散射体为等离子体，周期间距 $a=9\text{mm}(36\delta)$，距离平面波的入射位置 10 个网格，并且在此方向的前后两端采用各 8 个网格的 UPML 边界，垂直于入射方向采用周期边界条件，空间步长 $\delta=0.25\text{mm}$，时间步长 $dt=\delta/2c$，计算时间步为 60000 步，设入射电磁波为微分高斯脉冲，取 $\tau=150\Delta t$，$t_0=0.8\tau$。

1. 等离子体频率对光子带隙的影响

选择边长 $d=4\text{mm}(18\delta)$ 等离子体方柱为散射体，空气为背景介质，即 $\varepsilon_{2r}=1$，散射体数目 $N=6$，而不同极化波的等离子参数却有所不同。TM 波时等离子体参数为 $\nu=0\text{GHz}$，$\omega_p=200\text{GHz}$、250GHz、300GHz，TE 波时为 $\nu=0\text{GHz}$，$\omega_b=0\text{GHz}$，$\omega_p=800\text{GHz}$、850GHz、900GHz，其反射和透射系数如图 11.8(a) 和 (b) 以及图 11.9(a) 和

(b)所示。

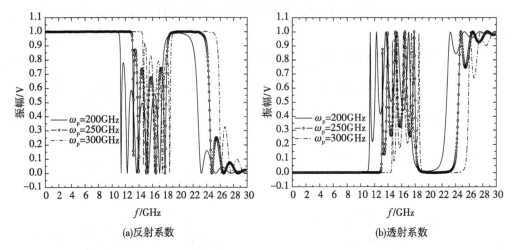

图 11.8　不同等离子频率下 TM 波的反射和透射系数

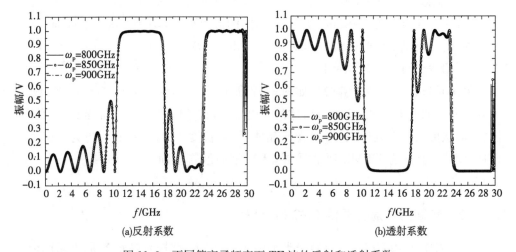

图 11.9　不同等离子频率下 TE 波的反射和透射系数

从图中看出,当 $\omega_p = 200\text{GHz}$ 时,第一禁带为 $0 \sim 10\,\text{GHz}$,第二禁带为 $18.5 \sim 22\,\text{GHz}$;当 $\omega_p = 250\text{GHz}$ 时,其第一禁带为 $0 \sim 13\,\text{GHz}$,第二禁带为 $19 \sim 23\,\text{GHz}$;而当 $\omega_p = 300\text{GHz}$ 时,其第一禁带为 $0 \sim 15.5\,\text{GHz}$,第二禁带为 $19 \sim 26\,\text{GHz}$。

从上述数据可以很明显地看出,随着等离子体频率的不断增大,TM 波的光子禁带得到明显展宽,其中心频率不断向高频移动。而对 TE 波,等离子体频率的改变对反射和透射系数几乎没有影响,因此等离子体频率对 TE 波的光子禁带宽度和周期特性没有任何影响。所以,该等离子体光子晶体对 TM 和 TE 波模的光子禁带具有完全不同的影响效果。

2.碰撞频率对带隙的影响

选择边长 $d=4mm(18\delta)$ 等离子体方柱为散射体,空气为背景介质,即 $\varepsilon_{2r}=1$,散射体数目 $N=6$,而不同极化波的等离子参数却有所不同。TM 波时等离子体参数为 $\omega_p=300GHz$,$\nu=0GHz$、$10GHz$、$40GHz$,其反射和透射系数如图 11.10(a) 和(b)所示。TE 波时等离子体参数为 $\omega_b=0GHz$,$\omega_p=900GHz$,$\nu=0GHz$、$10GHz$、$40GHz$,其反射和透射系数如图 11.11(a)、(b)所示。

从图中看出,随着等离子体碰撞频率的不断增大,无论是 TM 波还是 TE 波,其反射和透射系数振幅明显减小。从图中可以看出,等离子体碰撞频率的增大使 TM 波的反射系数在所有频率上均有减少,而 TE 波的反射系数仅在光子禁带内减少较为明显,在禁带外却微乎其微。因此,通过改变等离子体碰撞频率很难改变光子带隙的宽度。

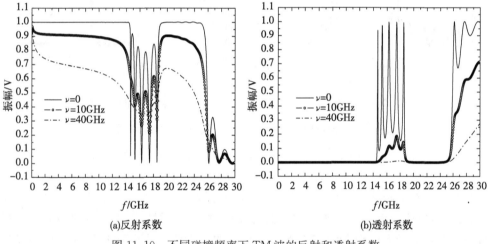

图 11.10　不同碰撞频率下 TM 波的反射和透射系数

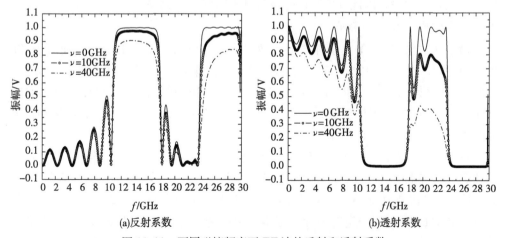

图 11.11　不同碰撞频率下 TE 波的反射和透射系数

3. 电子回旋频率对带隙的影响

从 FDTD 迭代式可知,只有 TE 波与电子回旋频率有关,而 TM 波与此无关。选择边长 $d=4\text{mm}(18\delta)$ 等离子体方柱为散射体,空气为背景介质,即 $\varepsilon_{2r}=1$,散射体数目 $N=6$。选择等离子体参数为 $\omega_b=0\text{GHz}$、20GHz、50GHz、80GHz,$\omega_p=900\text{GHz}$,$\nu=10\text{GHz}$,TE 波的反射和透射系数如图 11.12(a)和(b)所示。

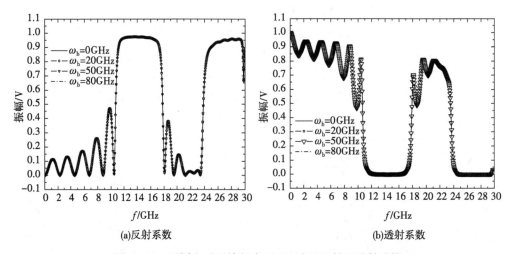

(a)反射系数   (b)透射系数

图 11.12 不同电子回旋频率下 TE 波的反射和透射系数

从图中可以看出,电子回旋频率对 TE 波的反射和透射系数没有任何影响,这是一个相当有趣并且值得注意的结论。该结论似乎表明此时等离子体的各向异性介质特性并没有对电磁波产生任何作用。这可以解释为在 z 方向无穷大且外加磁场沿 z 轴方向时,电磁波仅在 xoy 平面内传播,同时当垂直入射情况时,此时 TE 波的电场分量仅存在一个方向(x 轴或者 y 轴)上,此时的 TE 波类似于 TM 波,而 TM 波又与电子回旋频率无关。因此 TE 波也应该与电子回旋频率无关。

4. 占空比对带隙的影响

对于 TM 波,选择等离子体方柱为散射体,其边长 $d=10\delta$、18δ、24δ,而对于 TE 波,选择边长 $d=10\delta$、18δ、30δ。空气为背景介质,即 $\varepsilon_{2r}=1$,散射体数目 $N=6$,TM 波时等离子参数为 $\omega_p=300\text{GHz}$,$\nu=2\text{GHz}$,其反射和透射系数图如 11.13(a)和(b)所示。TE 波时等离子体参数为 $\omega_p=900\text{GHz}$,$\nu=2\text{GHz}$,$\omega_b=10\text{GHz}$,其反射和透射系数如图 11.14(a)和(b)所示。

从图中可以看出,对于 TM 波,当占空比为 7.7% 即 $L=10$ 时,其第一禁带为 0～9GHz,第二禁带为 17～21GHz;当占空比达到 25% 即 $L=18$ 时,其第一禁带为 0～16GHz,第二禁带为 20～27.5GHz;当占空比达到 69.4% 即 $L=24$ 时,其第一禁带为 0～22GHz,第二禁带超出了计算范围。由此可知,随着占空比的增加,该等离子体光子晶体结构的所有光子禁带迅速向高频展宽,其中心频率也不断向高频移动。

而对于 TE 波,光子禁带的规律变化却完全相反,随着占空比的增加,光子禁带的中心频率不断向低频移动,并且在相同频段内其光子禁带数目也不断增加。因此,通过改变占空比可以很容易使光子禁带得到拓宽。

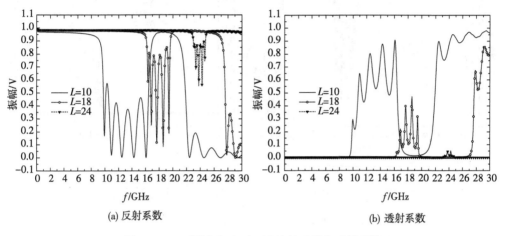

图 11.13　不同占空比下 TM 波的反射和透射系数

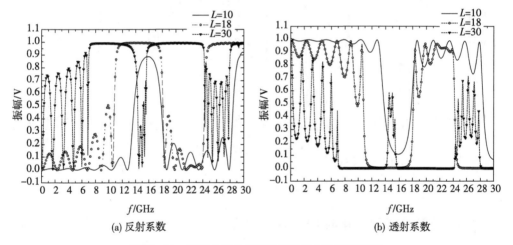

图 11.14　不同占空比下 TE 波的反射和透射系数

5. 散射体数目对带隙的影响

选择边长 $d=4\text{mm}(18\delta)$ 等离子体方柱为散射体,空气为背景介质,即 $\varepsilon_{2r}=1$,TM 波时等离子参数为 $\omega_p=300\text{GHz}$, $\nu=2\text{GHz}$,其反射和透射系数如图 11.15(a)和(b)所示。TE 波时等离子体参数为 $\omega_p=900\text{GHz}$, $\nu=2\text{GHz}$, $\omega_b=10\text{GHz}$,其反射和透射系数如图 11.16(a)和(b)所示。散射体数目 $N=6,10,15$。

从图中可以看出,无论是 TM 波还是 TE 波,随着散射体层数的增加,其反射和透射系数的旁瓣数将不断增加,但是其光子禁带的宽度和中心频率没有任何改变。

因此通过增大散射体层数很难改变光子禁带的目的。

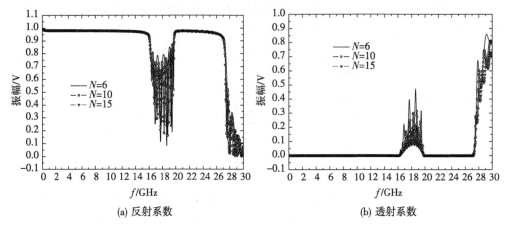

图 11.15　不同散射体数目下 TM 波的反射和透射系数

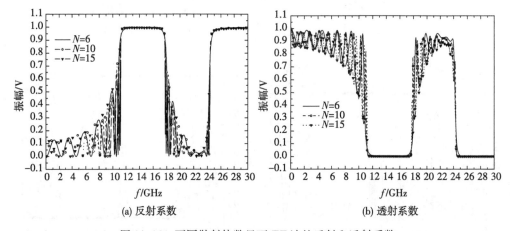

图 11.16　不同散射体数目下 TE 波的反射和透射系数

11.2.3　背景为等离子体的 PPC 带隙研究

　　二维周期结构的 FDTD 计算模型如图 11.7 所示,背景为等离子体,散射体为普通介质方柱,其相对介电常数 ε_{3r},边长 $d=4$mm,周期间距 $a=9$mm,距离平面波的入射位置 10 个网格,并且在此方向的前后两端采用各 8 个网格的 UPML 边界,垂直于入射方向采用周期边界条件,空间步长 $\delta=0.25$mm,时间步长 $dt=\delta/2c$,计算时间步为 80000 步;设入射电磁波为微分高斯脉冲,取 $\tau=150\Delta t, t_0=0.8\tau$。

　　1. 等离子体频率对带隙的影响

　　背景为等离子体,其参数分别为 $\nu=0$GHz,$\omega_p=30$GHz、60GHz、100GHz,散射体的相对介电常数为 $\varepsilon_{3r}=2$,图 11.17(a)、(b)分别为 TM 波的反射和透射系数。

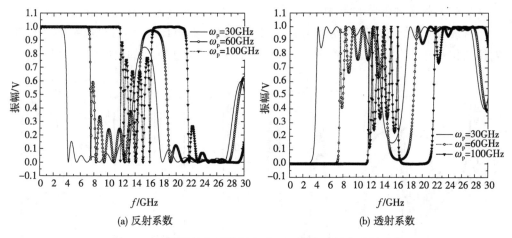

(a) 反射系数　　　　　　　　　　　(b) 透射系数

图 11.17　不同等离子体频率下 TM 波的反射和透射系数

　　背景为等离子体,其参数分别为 $\nu=2\mathrm{GHz}$,$\omega_\mathrm{b}=10\mathrm{GHz}$,$\omega_\mathrm{p}=1\mathrm{GHz}$、$3\mathrm{GHz}$、$5\mathrm{GHz}$,散射体的相对介电常数为 $\varepsilon_{3\mathrm{r}}=4$,图 11.18(a)、(b)分别为 TE 波的反射和透射系数。

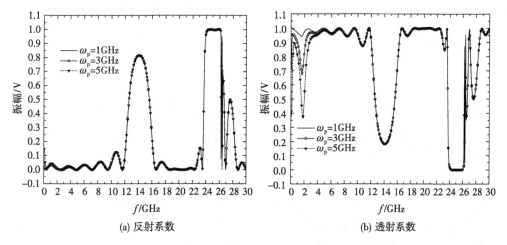

(a) 反射系数　　　　　　　　　　　(b) 透射系数

图 11.18　不同等离子体频率下 TE 波的反射和透射系数

　　从图中可以看出,对于 TM 波,当 $\omega_\mathrm{p}=30\mathrm{GHz}$ 时,其第一禁带为 0~3GHz,第二禁带却并不明显;当 $\omega_\mathrm{p}=60\mathrm{GHz}$ 时,其第一禁带为 0~7GHz,第二禁带为 15~17GHz;当 $\omega_\mathrm{p}=100\mathrm{GHz}$ 时,其第一禁带为 0~12GHz,第二禁带为 17~22GHz。因此,随着等离子体频率的增加,该磁化 PPC 结构的光子禁带不断展宽,其中心频率不断向高频移动。但是对于 TE 波,其反射系数和透射系数除只在低频段部分略有变化外,在其他频段上几乎没有改变,因此该 PPC 结构很难实现对 TE 波的光子禁带的拓宽。

2.碰撞频率对带隙的影响

背景为等离子体,其参数分别为 $\nu=0\text{GHz}$、10GHz、25GHz,$\omega_b=0\text{GHz}$,$\omega_p=60\text{GHz}$,散射体的相对介电常数为 $\varepsilon_{3r}=5$,图 11.19(a)、(b)分别为 TM 波的反射和透射系数。

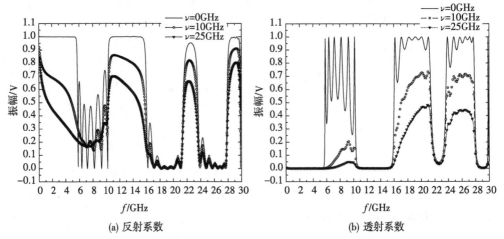

(a) 反射系数   (b) 透射系数

图 11.19 不同碰撞体频率下 TM 波的反射和透射系数

背景为等离子体,其参数分别为 $\nu=2\text{GHz}$、8GHz、30GHz,$\omega_b=10\text{GHz}$,$\omega_p=5\text{GHz}$,散射体的相对介电常数为 $\varepsilon_{3r}=4$,图 11.20(a)、(b)分别为 TE 波的反射和透射系数。

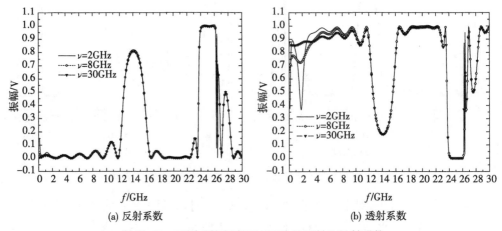

(a) 反射系数   (b) 透射系数

图 11.20 不同碰撞频率下 TE 波的反射和透射系数

从图中可以看出,对于 TM 波,随着等离子体碰撞频率的增加,其反射系数和透射系数振幅在所有频率上均不断地降低,甚至当碰撞频率达到一定值时,其光子禁带发生严重变形导致部分光子禁带的消失。而对于 TE 波,等离子体碰撞频率的增加却几乎不改变反射系数的振幅,因此等离子体碰撞频率对 TE 波的光子禁带很难产生影响。

3.电子回旋频率对带隙的影响

背景为等离子体，其参数分别为 $\nu=5\text{GHz}$，$\omega_p=30\text{GHz}$，$\omega_b=0\text{GHz}$、50GHz、100GHz，散射体的介电常数为 $\varepsilon_{3r}=6$，图 11.21(a)、(b) 分别为 TE 波的反射和透射系数。

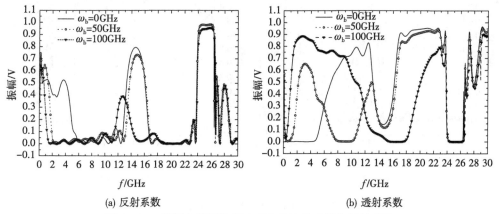

(a) 反射系数　　　　　　　　　　　　(b) 透射系数

图 11.21　不同电子回旋频率下 TE 波的反射和透射系数

从图中可以看出，改变电子回旋频率将影响 TE 波的反射系数和透射系数。但是随着电子回旋频率的增加，仅影响第一波峰及其之前频段范围的反射系数幅值，而对于其后的频段范围的反射系数影响较小，而对光子禁带的宽度和中心频率几乎没有影响。因此改变电子回旋频率很难拓宽光子禁带以及改变其中心频率。

4.散射柱介电常数对带隙的影响

背景为等离子体，其参数为 $\nu=0\text{GHz}$，$\omega_b=0\text{GHz}$，$\omega_p=60\text{GHz}$，散射体的相对介电常数分别为 $\varepsilon_{3r}=2$、3.5、5，图 11.22(a)、(b) 分别为 TM 波的反射和透射系数。

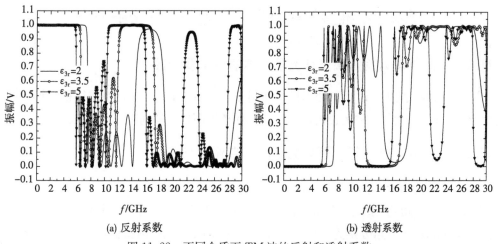

(a) 反射系数　　　　　　　　　　　　(b) 透射系数

图 11.22　不同介质下 TM 波的反射和透射系数

背景为等离子体,其参数为 $\nu=8\text{GHz},\omega_b=10\text{GHz},\omega_p=5\text{GHz}$,散射体的相对介电常数分别为 $\varepsilon_{3r}=2$、4、5.5,图 11.23(a)、(b)分别为 TE 波的反射和透射系数。

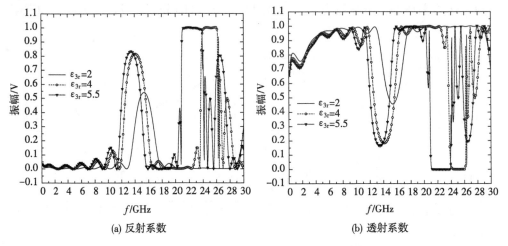

(a) 反射系数　　　　　　　(b) 透射系数

图 11.23　不同介质下 TE 波的反射和透射系数

从图中可以看出,无论是 TM 波还是 TE 波,改变散射体的介电常数将影响反射和透射系数的幅值。对于 TM 波,当 $\varepsilon_{3r}=2$ 时,其第一禁带为 0~7.5GHz,第二禁带为 16~18GHz;当 $\varepsilon_{3r}=3.5$ 时,其第一禁带为 0~6.8GHz,第二禁带为 12~17GHz;当 $\varepsilon_{3r}=5$ 时,其第一禁带为 0~5.8GHz,第二禁带为 10~16GHz。因此第一禁带的带宽变窄,其他禁带宽度均变宽,同时其中心频率不断向低频移动。对于 TE 波,随着散射体介电常数不断增大,其光子禁带的中心频率不断向低频移动。因此,改变散射体的介电常数将直接改变光子禁带的宽度及其中心频率。

11.3　二维斜入射等离子体光子晶体带隙研究

11.3.1　二维斜入射等离子体光子晶体的模型及参数

二维周期结构的 FDTD 计算模型如图 11.24 所示,Y 轴方向为 6 行正方形方柱置于空气中。散射体方柱为边长 $d=3\text{mm}(12\delta)$ 等离子体,周期间距 $T_x=11.5\text{mm}(46\delta)$。

11.3.2　斜入射情况等离子体光子晶体带隙研究

1. 入射角对带隙的影响

改变入射角,观察光子禁带特性变化。对于 TM 波,等离子体参数为 $\nu=0\text{GHz}$,$\omega_p=250\text{GHz}$,入射角分别为 $\theta=0°$、30°、45°。采用同验证算例类似的过程,可得到入射角固定情况下的功率反射系数随入射角变化的图,如 11.25 所示。对于 TE 波,等

离子体参数为 $\omega_p = 850\text{GHz}, \nu = 0, \omega_b = 0$，入射角分别为 $\theta = 0°$、$30°$、$45°$，可得到入射角固定情况下的功率反射系数随入射角变化的曲线图，如图 11.26 所示。

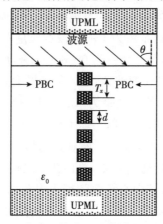

图 11.24　等离子体光子晶体周期结构示意图

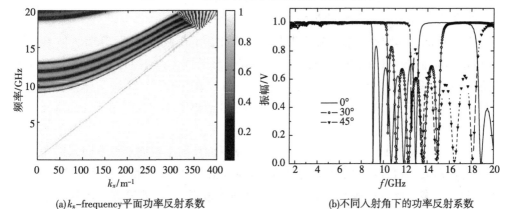

(a) k_x–frequency 平面功率反射系数　　　　　　(b) 不同入射角下的功率反射系数

图 11.25　TM 波功率反射系数随入射角的变化图

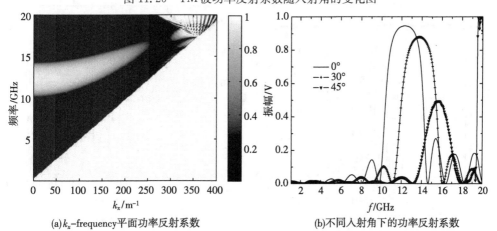

(a) k_x–frequency 平面功率反射系数　　　　　　(b) 不同入射角下的功率反射系数

图 11.26　TE 波功率反射系数随入射角的变化图

由图 11.25 可知,(a)是利用上述周期边界条件直接计算出来的反射系数,由于不同于常规意义上的反射系数,其物理涵义不太明确,因此可以根据式(11.25)很容易地将图(a)转换为(b)中入射角固定的反射系数。同理,对图 11.26,其(b)图可由(a)图得到。对于 TM 波,反射系数为 1 的频段看成是光子禁带,从图 11.25(b)中可以看出,当入射角 $\theta=0°$ 时,其第一禁带为 $0\sim8.9\,\mathrm{GHz}$,形成了高通滤波器,第二禁带为 $13.2\sim17.4\,\mathrm{GHz}$,形成了带通滤波器;当入射角增大到 $\theta=30°$ 时,其第一禁带明显向高频展宽为 $0\sim9.9\,\mathrm{GHz}$,其第二禁带为 $15.4\sim19.6\,\mathrm{GHz}$,相对于 $\theta=0°$ 时的第二禁带的中心频率明显向高频移动;当入射角增大到 $\theta=45°$,其第一禁带当向高频移动至为 $0\sim11.8\,\mathrm{GHz}$,而第二禁带已经超出了所观察的频段($>20\,\mathrm{GHz}$)范围,因此该等离子体光子晶体第一禁带形成高通滤波器,并且其上限频率随着入射角的增大而增大,其第二禁带形成带通滤波器,其中心频率随着入射角的增大而向高频方向移动。对于 TE 波,从图中可以看出,随着入射角的增大,反射系数振幅明显变小,并且其带隙明显向高频移动。

2. 等离子体频率对带隙的影响

改变等离子体频率,观察光子禁带特性变化。TM 波情况下,等离子体参数为 $\nu=0\,\mathrm{GHz}$,$\omega_\mathrm{p}=150\,\mathrm{GHz}$、$200\,\mathrm{GHz}$、$250\,\mathrm{GHz}$,其他参数同上。图 11.27 给出了不同入射角下的功率反射系数随等离子体变化图。TE 波情况下,等离子体参数为 $\nu=0\,\mathrm{GHz}$,$\omega_\mathrm{p}=800\,\mathrm{GHz}$、$850\,\mathrm{GHz}$、$900\,\mathrm{GHz}$,图 11.28 给出了不同入射角下的功率反射系数随等离子体频率变化图。

图 11.27 和图 11.28 为通过 k_x-frequency 平面反射系数而求得不同入射角下的功率反射系数。对 TM 波,从图中可看出,在入射角 $\theta=30°$ 时,等离子体频率 $\omega_\mathrm{p}=150\,\mathrm{GHz}$,其第一禁带形成 $0\sim6.8\,\mathrm{GHz}$ 的高通滤波器,而随着等离子体频率增大到 $200\,\mathrm{GHz}$ 和 $250\,\mathrm{GHz}$ 时,其第一禁带形成的高通滤波器上限频率分别增大到 $8.4\,\mathrm{GHz}$

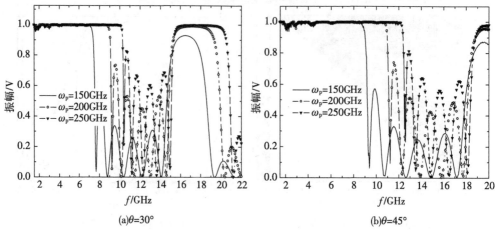

(a)$\theta=30°$　　　　　　　　　　　(b)$\theta=45°$

图 11.27　TM 波不同入射角下的功率反射系数随等离子频率的变化图

和 9.9GHz;而第二禁带在等离子频率 ω_p＝150GHz 时并不明显,但是当频率增大到 200GHz 和 250GHz 时,形成了上下限频率分别为 15.8～17.5GHz 和 15.8～ 20.1GHz 的带通滤波器,从图中可看出第二禁带的下限频率随着等离子体频率的增大几乎不发生变化,而上限频率明显向高频移动,因此其带宽将明显展宽。入射角 θ＝45°时,可得到类似的结论。对 TE 波,从图中可以看出,等离子体频率的改变对反射系数几乎没有影响,因此等离子体频率对 TE 波的光子禁带宽度和周期特性没有任何影响。所以,该等离子体光子晶体对 TM 和 TE 波模的光子禁带具有完全不同的影响效果。

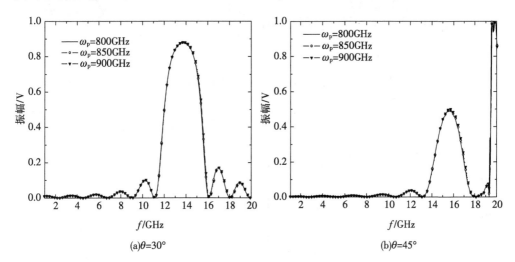

图 11.28　TE 波不同入射角下的功率反射系数随等离子频率的变化图

3. 等离子体碰撞频率对带隙的影响

改变等离子体碰撞频率,观察光子禁带特性变化。TM 波情况下,等离子体参数为 ω_p＝150GHz,ν＝0GHz、10GHz、20GHz,其他参数同上。图 11.29 给出了 TM 波不同入射角下的功率反射系数随等离子体碰撞频率变化图。TE 波情况下,等离子体参数为 ω_p＝850GHz,ν＝0GHz、20GHz、40GHz,图 11.30 给出了 TE 波不同入射角下的功率反射系数随等离子体碰撞频率变化图。

图 11.29 和图 11.30 同样是通过 k_x-frequency 平面反射系数而求得不同入射角下的功率反射系数。从图 11.29 和图 11.30 中可看出,无论是 TM 波还是 TE 波,随着等离子体碰撞频率的增大,等离子体光子晶体的反射系数曲线趋于平坦,上下波动越来越小,其数值趋向于零,其光子禁带也越来越不明显。这一点在物理上是容易解释的,因为当等离子体碰撞频率增大时,意味着等离子体内部将吸收更多的电磁波能量转换为其本身的热量,而由于发送的电磁波能量是一定的,因此其反射和透射系数必将减小。所以通过改变等离子体的碰撞频率很难实现对光子禁带的拓展。

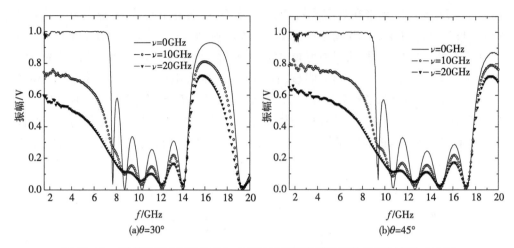

图 11.29　TM 波不同入射角下的功率反射系数随等离子体碰撞频率的变化图

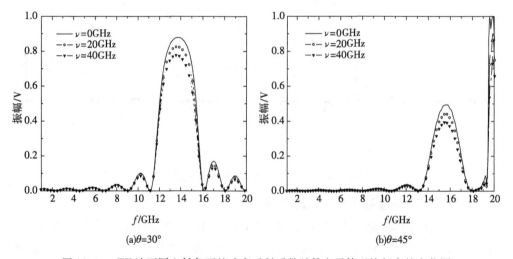

图 11.30　TE 波不同入射角下的功率反射系数随等离子体碰撞频率的变化图

11.4　二维空变等离子体光子晶体的带隙特性

11.4.1　二维等离子体光子晶体的模型及参数

等离子体光子晶体的物理模型如图 11.31 所示,可知等离子体光子晶体由 6 层介质、5 层等离子体构成。电磁波垂直入射到该等离子体光子晶体结构。入射波波形为微分高斯脉冲即 $E(t) = -\dfrac{t-t_0}{\tau}\exp\left[-\dfrac{(t-t_0)^2}{2\tau^2}\right]$,其中 $f_0 = 30\text{GHz}$, $t_0 = 22 \times 10^{-12}\text{s}$。计算时,取 $\omega_p = 400\text{GHz}$,空间步长 $\delta = 0.25\text{mm}$,时间步长 $dt = \delta/2c$,计算时

间步为 20000 步；设入射电磁波为微分高斯脉冲，取 $\tau=150\Delta t, t_0=0.8\tau$。选择圆形等离子体柱时，其半径长 $r=2\text{mm}(8\delta)$；选择椭圆形等离子体柱时，其长轴 $a=8\text{mm}$ (32δ)，短轴 $b=2\text{mm}(8\delta)$，选择空气为背景介质，即 $\varepsilon_{2r}=1$。

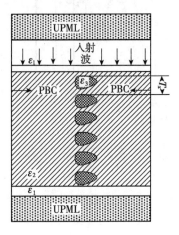

图 11.31　等离子体光子晶体的物理模型

单个元胞的 FDTD 计算模型如图 11.31 所示，其中 $\varepsilon_1=\varepsilon_0$ 为空气的介电常数，ε_2 为背景介质的介电常数，ε_3 为散射体的介电常数，在其中放置 N 个完全相同的散射体（其形状可以为任意形式）形成光子晶体，周期长度为 T_x。左右两边为周期边界（PBC）条件，上下为 UPML 吸收边界，入射平面波自上而下垂直入射到整个计算区域。

11.4.2　散射体为矩形时非磁化空变等离子体光子晶体的带隙特性

1. 等离子体频率随 x 轴以脉冲形式的变化

等离子体频率的空间周期性高斯脉冲函数形式的变化关系式为：$\omega_p(x)=\omega_p\cdot e^{-4\pi\cdot\frac{(x-x_0)^2}{k^2}}$，其中，$\omega_p=2000\text{GHz}$，碰撞频率 $\nu=0$，$\omega_b=0$ 的反射系数图，如图 11.32 所示。其中实线表示脉冲宽度 $k=64$ 个网格时的反射系数，方形表示 $k=32$ 个网格时的反射系数，星形表示 $k=16$ 个网格时的反射系数。

从图中可以看出，当脉冲宽度 $k=64$ 个网格时，其反射系数的第一禁带为 $0\sim130\,\text{GHz}$，第二禁带为 $190\sim280\,\text{GHz}$；当 $k=32$ 个网格时，其反射系数的第一禁带为 $0\sim80\,\text{GHz}$，第二禁带为 $140\sim220\,\text{GHz}$；当 $k=16$ 个网格时，其反射系数的第一禁带为 $0\sim50\,\text{GHz}$，第二禁带为 $170\sim210\,\text{GHz}$。从上述数据可以很明显地看出，随着 k 的逐渐变小（等离子体频率的变化由慢变快），TM 波的光子禁带逐渐减小，其中心频率向低频方向移动，振幅也有略微下降，但是其禁带的周期性规律没有被破坏。因此，通过改变 x 轴的等离子体频率可以实现对禁带拓展的控制。

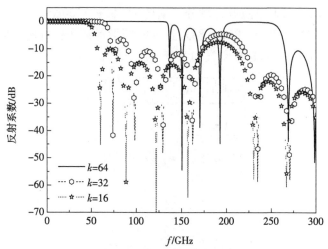

图 11.32　非磁化情况下等离子体频率随着 x 轴变化的反射系数图

2.等离子体频率随 y 轴以脉冲形式的变化

等离子体频率的空间周期性高斯脉冲函数形式的变化关系式为：$\omega_{\mathrm{p}}(x)=\omega_{\mathrm{p}} \cdot \mathrm{e}^{-4\pi \cdot \frac{(y-y_0)^2}{k^2}}$，其中，$\omega_{\mathrm{p}}=2000\mathrm{GHz}$，碰撞频率 $\nu=0$，$\omega_{\mathrm{b}}=0$ 的反射系数图，如图 11.33 所示。其中实线表示脉冲宽度 $k=64$ 个网格时的反射系数，方形表示 $k=32$ 个网格时的反射系数，星形表示 $k=16$ 个网格时的反射系数。

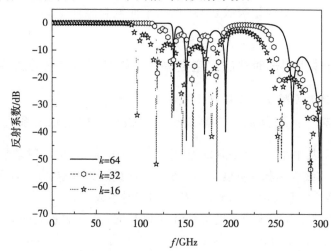

图 11.33　非磁化情况下等离子体频率随着 y 轴变化的反射系数图

从图中可以看出，当脉冲宽度 $k=64$ 个网格时，其反射系数的第一禁带为 $0\sim$ 130 GHz，第二禁带为 $200\sim250$ GHz；当 $k=32$ 个网格时，其反射系数的第一禁带为 $0\sim110$ GHz，第二禁带为 $190\sim230$ GHz；当 $k=16$ 个网格时，其反射系数的第一禁带为 $0\sim90$ GHz，第二禁带为 $180\sim210$ GHz。从上述数据可以看出，随着 k 的逐渐变小(等离子体频率的变化由慢变快),等离子体光子晶体的光子禁带逐渐减小,其中心频率向低频方向移动,其禁带的周期性规律没有被破坏。因此,通过改变 y 轴的等离子体频率可以实现对禁带拓展的控制。

3. 等离子体频率随 x,y 轴同时以脉冲形式的变化

等离子体频率的空间周期性高斯脉冲函数形式的变化关系式为: $\omega_p(x,y) = \omega_p \cdot e^{-4\pi \cdot \left[\frac{(x-x_0)^2}{k_1^2} + \frac{(y-y_0)^2}{k_2^2}\right]}$,其中, $\omega_p = 2000\text{GHz}$,碰撞频率 $\nu = 0$, $\omega_b = 0$ 的反射系数图,如图 11.34 所示。其中实线表示脉冲宽度 $k = 64$ 个网格时的反射系数,方形表示 $k = 32$ 个网格时的反射系数,星形表示 $k = 16$ 个网格时的反射系数。

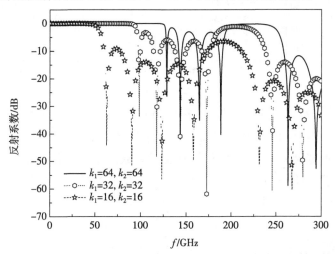

图 11.34　非磁化情况下等离子体频率随着 x,y 轴变化的反射系数图

从图中可以看出,当脉冲宽度 $k = 64$ 个网格时,其反射系数的第一禁带为 $0\sim 130\text{ GHz}$,第二禁带为 $200\sim 260\text{ GHz}$;当 $k = 32$ 个网格时,其反射系数的第一禁带为 $0\sim 10\text{ GHz}$,第二禁带为 $180\sim 220\text{ GHz}$;当 $k = 16$ 个网格时,其反射系数的第一禁带为 $0\sim 60\text{ GHz}$,第二禁带为 $170\sim 210\text{ GHz}$ 。从上述数据可以看出,随着 k 的逐渐变小(等离子体频率的变化由慢变快),等离子体光子晶体的光子禁带逐渐减小,其中心频率向低频方向移动,其禁带的周期性规律没有被破坏。因此,通过改变 x、y 轴的等离子体频率可以实现对禁带拓展的控制。

11.4.3　散射体为矩形时磁化空变等离子体光子晶体的带隙特性

1. 等离子体频率随 x 轴以脉冲形式的变化

等离子体频率的空间周期性高斯脉冲函数形式的变化关系式为: $\omega_p(x) = \omega_p \cdot e^{-4\pi \cdot \frac{(x-x_0)^2}{k^2}}$,其中, $\omega_p = 4000\text{GHz}$,碰撞频率 $\nu = 0$, $\omega_b = 2000\text{GHz}$ 的反射系数图,如图 11.35 所示。其中实线表示脉冲宽度 $k = 64$ 个网格时的反射系数,方形表示

$k=32$ 个网格时的反射系数,星形表示 $k=16$ 个网格时的反射系数。

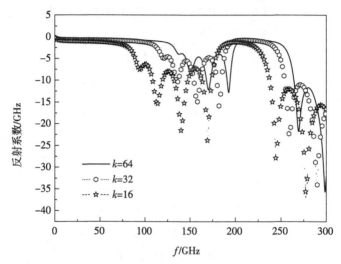

图 11.35　磁化情况下等离子体频率随着 x 轴变化的反射系数图

图 11.35 中给出的是在磁化情况下等离子体频率随着 x 轴变化的反射系数图,可以看出当脉冲宽度 $k=64$ 个网格时,其反射系数的第一禁带为 $0\sim130$ GHz,第二禁带为 $200\sim260$ GHz;当 $k=32$ 个网格时,其反射系数的第一禁带为 $0\sim110$ GHz,第二禁带为 $190\sim240$ GHz;当 $k=16$ 个网格时,其反射系数的第一禁带为 $0\sim70$ GHz,第二禁带为 $180\sim210$ GHz。从上述数据可以很明显地看出,在磁化情况下,随着 k 的逐渐变小,TM 波的光子禁带逐渐减小,其中心频率向低频方向移动,振幅也有略微下降。因此,在磁化情况下,通过改变 x 轴的等离子体频率可以实现对禁带拓展的控制。

2. 等离子体频率随 y 轴以脉冲形式的变化

等离子体频率的空间周期性高斯脉冲函数形式的变化关系式为:$\omega_{\mathrm{p}}(x)=\omega_{\mathrm{p}}\cdot\mathrm{e}^{-4\pi\cdot\frac{(y-y_0)^2}{k^2}}$,其中,$\omega_{\mathrm{p}}=4000$GHz,碰撞频率 $\nu=0$,$\omega_{\mathrm{b}}=2000$GHz 的反射系数图,如图 11.36 所示。其中实线表示脉冲宽度 $k=64$ 个网格时的反射系数,方形表示 $k=32$ 个网格时的反射系数,星形表示 $k=16$ 个网格时的反射系数。

图 11.36 中给出的是在磁化情况下等离子体频率随着 y 轴变化的反射系数图,可以看出,当脉冲宽度 $k=64$ 个网格时,其反射系数的第一禁带为 $0\sim140$ GHz,第二禁带为 $200\sim260$ GHz;当 $k=32$ 个网格时,其反射系数的第一禁带为 $0\sim110$ GHz,第二禁带为 $200\sim240$ GHz;当 $k=16$ 个网格时,其反射系数的第一禁带为 $0\sim80$ GHz,第二禁带为 $180\sim200$ GHz。从上述数据可以看出,在磁化情况下,随着 k 的逐渐变小,TM 波的光子禁带逐渐减小,其中心频率也向低频方向移动,振幅也有略微下降。因此,在磁化情况下,通过改变 y 轴的等离子体频率可以实现对禁带拓展的控制。

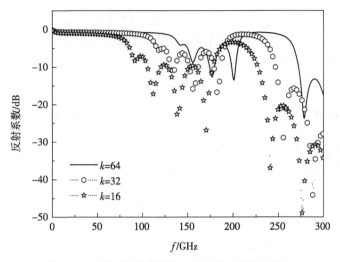

图 11.36　等离子体频率随 y 轴变化的反射系数图

3.等离子体频率随 x,y 轴同时以脉冲形式的变化

等离子体频率的空间周期性高斯脉冲函数形式的变化关系式为：$\omega_p(x,y) = \omega_p \cdot e^{-4\pi \cdot \left[\frac{(x-x_0)^2}{k_1^2} + \frac{(y-y_0)^2}{k_2^2}\right]}$，其中，$\omega_p = 4000\text{GHz}$，碰撞频率 $\nu = 0$，$\omega_b = 2000\text{GHz}$ 的反射系数图，如图 11.37 所示。其中实线表示脉冲宽度 $k=64$ 个网格时的反射系数，方形表示 $k=32$ 个网格时的反射系数，星形表示 $k=16$ 个网格时的反射系数。

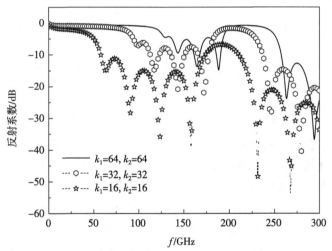

图 11.37　等离子体频率随 x,y 轴变化的反射系数图

图 11.37 中给出的是在磁化情况下等离子体频率随着 x,y 轴变化的反射系数图，可以看出当脉冲宽度 $k=64$ 个网格时，其反射系数的第一禁带为 $0\sim120\,\text{GHz}$，第二禁带为 $200\sim240\,\text{GHz}$；当 $k=32$ 个网格时，其反射系数的第一禁带为 $0\sim90\,\text{GHz}$，第二禁带为 $190\sim220\,\text{GHz}$；当 $k=16$ 个网格时，其反射系数的第一禁带为 $0\sim$

50 GHz,第二禁带为 180~200 GHz。从上述数据可以看出,在磁化情况下,随着 k 的逐渐变小,TM 波的光子禁带逐渐减小,其中心频率也向低频方向移动,振幅也有略微下降。因此,在磁化情况下,通过改变 x,y 轴的等离子体频率可以实现对禁带拓展的控制。

11.4.4　散射体为圆形时非磁化空变等离子体光子晶体的带隙特性

1.等离子体频率随 x 轴以脉冲形式的变化

等离子体频率的空间周期性高斯脉冲函数形式的变化关系式为:$\omega_p(x)=\omega_p \cdot e^{-4\pi \cdot \frac{(x-x_0)^2}{k^2}}$,其中,$\omega_p=4000\text{GHz}$,碰撞频率 $\nu=0$,$\omega_b=0$ 的反射系数图,如图 11.38 所示。其中,实线表示脉冲宽度 $k=64$ 个网格时的反射系数,方形表示 $k=16$ 个网格时的反射系数,星形表示 $k=4$ 个网格时的反射系数。

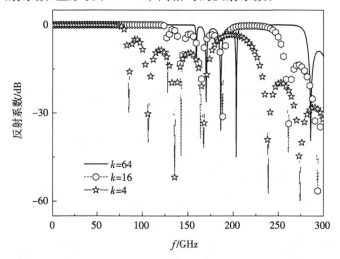

图 11.38　非磁化情况下等离子体频率随着 x 轴变化的反射系数图

从图中可以看出,当脉冲宽度 $k=64$ 个网格时,其反射系数的第一禁带为 0~170 GHz,第二禁带为 200~280 GHz;当 $k=16$ 个网格时,其反射系数的第一禁带为 0~130 GHz,第二禁带为 180~230 GHz;当 $k=4$ 个网格时,其反射系数的第一禁带为 0~70 GHz,第二禁带为 170~210 GHz。从上述数据可以很明显地看出,随着 k 的逐渐变小(等离子体频率的变化由慢变快),TM 波的光子禁带逐渐减小,其中心频率也向低频方向移动,振幅也有略微下降。因此,通过改变 x 轴的等离子体频率可以实现对禁带拓展的控制。

2.等离子体频率随 y 轴以脉冲形式的变化

等离子体频率的空间周期性高斯脉冲函数形式的变化关系式为:$\omega_p(y)=\omega_p \cdot e^{-4\pi \cdot \frac{(y-y_0)^2}{k^2}}$,其中,$\omega_p=4000\text{GHz}$,碰撞频率 $\nu=0$,$\omega_b=0$ 的反射系数图,如图

11.39 所示。其中,实线表示脉冲宽度 $k=64$ 个网格时的反射系数,方形表示 $k=16$ 个网格时的反射系数,星形表示 $k=4$ 个网格时的反射系数。

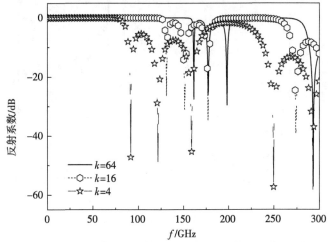

图 11.39　非磁化情况下等离子体频率随着 y 轴变化的反射系数图

从图中可以看出,当脉冲宽度 $k=64$ 个网格时,其反射系数的第一禁带为 $0\sim160\text{ GHz}$,第二禁带为 $190\sim280\text{ GHz}$;当 $k=16$ 个网格时,其反射系数的第一禁带为 $0\sim100\text{ GHz}$,第二禁带为 $180\sim250\text{ GHz}$;当 $k=4$ 个网格时,其反射系数的第一禁带为 $0\sim70\text{ GHz}$,第二禁带为 $170\sim230\text{ GHz}$。从上述数据可以看出,随着 k 的逐渐减小,TM 波的光子禁带逐渐减小,其中心频率也向低频方向移动,但其周期性并没有改变。因此,通过改变 y 轴的等离子体频率可以实现对禁带拓展的控制。

3. 等离子体频率随 x,y 轴同时以脉冲形式的变化

等离子体频率的空间周期性高斯脉冲函数形式的变化关系式为: $\omega_{\text{p}}(x,y)=\omega_{\text{p}} \cdot \mathrm{e}^{-4\pi \cdot \left[\frac{(x-x_0)^2}{k_1^2}+\frac{(y-y_0)^2}{k_2^2}\right]}$,其中, $\omega_{\text{p}}=4000\text{GHz}$,碰撞频率 $\nu=0$ 的反射系数图,如图 11.40 所示。其中,实线表示脉冲宽度 $k_1=64(x\ \text{轴})$, $k_2=32(y\ \text{轴})$ 个网格时的反射系数,方形表示脉冲宽度 $k_1=16$, $k_2=16$ 个网格时的反射系数,星形表示脉冲宽度 $k_1=4$, $k_2=8$ 个网格时的反射系数。

从图中可以看出,当脉冲宽度 $k_1=64(x\ \text{轴})$, $k_2=32(y\ \text{轴})$ 个网格时,其反射系数的第一禁带为 $0\sim160\text{GHz}$,第二禁带为 $190\sim270\text{ GHz}$;当 $k_1=16$, $k_2=16$ 个网格时,其反射系数的第一禁带为 $0\sim80\text{ GHz}$,第二禁带为 $170\sim230\text{ GHz}$;当 $k_1=4$, $k_2=8$ 个网格时,其反射系数的第一禁带为 $0\sim30\text{ GHz}$,第二禁带为 $160\sim200\text{ GHz}$。从上述数据可以看出,随着 k_1,k_2 有规律地逐渐减小,TM 波的光子禁带也在缓慢变小,振幅也随之下降,其中心频率逐渐向低频方向移动,但其周期性并没有被破坏。因此,通过同时改变 x,y 轴的等离子体频率可以实现对禁带拓展的控制。

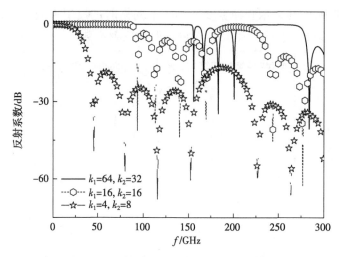

图 11.40　非磁化情况下等离子体频率随着 x,y 轴变化的反射系数图

11.4.5　散射体为圆形时磁化空变等离子体光子晶体的带隙特性

1. 等离子体频率随 x 轴以脉冲形式的变化

等离子体频率的空间周期性高斯脉冲函数形式的变化关系式为：$\omega_{\mathrm{p}}(x)=\omega_{\mathrm{p}}\cdot\mathrm{e}^{-4\pi\cdot\frac{(x-x_0)^2}{k^2}}$，其中，$\omega_{\mathrm{p}}=4000\mathrm{GHz}$，碰撞频率 $\nu=0$，$\omega_{\mathrm{b}}=2000\mathrm{GHz}$ 的反射系数图，如图 11.41 所示。其中，实线表示脉冲宽度 $k=64$ 个网格时的反射系数，方形表示 $k=16$ 个网格时的反射系数，星形表示 $k=4$ 个网格时的反射系数。

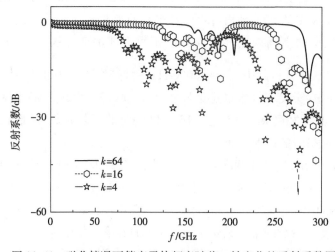

图 11.41　磁化情况下等离子体频率随着 x 轴变化的反射系数图

从图中可以看出，当脉冲宽度 $k=64$ 个网格时，其反射系数的第一禁带为 $0\sim150$ GHz，第二禁带为 $210\sim280$ GHz；当 $k=16$ 个网格时，其反射系数的第一禁带为

$0\sim110$ GHz,第二禁带为 $200\sim240$ GHz;当 $k=4$ 个网格时,其反射系数的第一禁带为 $0\sim70$ GHz,第二禁带为 $170\sim210$ GHz。从上述数据可以明显地看出,在磁化情况下,随着 k 的逐渐变小,TM 波的光子禁带逐渐减小,其中心频率也向低频方向移动,振幅也有略微下降。因此,在磁化情况下,通过改变 x 轴的等离子体频率可以实现对禁带拓展的控制。

2. 等离子体频率随 y 轴以脉冲形式的变化

等离子体频率的空间周期性高斯脉冲函数形式的变化关系式为:$\omega_{\mathrm{p}}(y)=\omega_{\mathrm{p}}\cdot\mathrm{e}^{-4\pi\cdot\frac{(y-y_0)^2}{k^2}}$,其中,$\omega_{\mathrm{p}}=4000$ GHz,碰撞频率 $\nu=0$,$\omega_{\mathrm{b}}=2000$ GHz 的反射系数图,如图 11.42 所示。其中,实线表示脉冲宽度 $k=64$ 个网格时的反射系数,方形表示 $k=16$ 个网格时的反射系数,星形表示 $k=4$ 个网格时的反射系数。

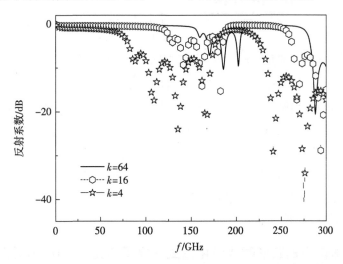

图 11.42 磁化情况下等离子体频率随着 y 轴变化的反射系数图

从图中可以看出,当脉冲宽度 $k=64$ 个网格时,其反射系数的第一禁带为 $0\sim150$ GHz,第二禁带为 $200\sim290$ GHz;当 $k=16$ 个网格时,其反射系数的第一禁带为 $0\sim120$ GHz,第二禁带为 $180\sim250$ GHz;当 $k=4$ 个网格时,其反射系数的第一禁带为 $0\sim70$ GHz,第二禁带为 $160\sim220$ GHz。从上述数据可以看出,在磁化情况下,随着 k 逐渐减小,TM 波的光子禁带逐渐减小,其中心频率也向低频方向移动,但其周期性并没有改变。因此,通过改变 y 轴的等离子体频率可以实现对禁带拓展的控制。

3. 等离子体频率随 x,y 轴同时以脉冲形式的变化

等离子体频率的空间周期性高斯脉冲函数形式的变化关系式为:$\omega_{\mathrm{p}}(x,y)=\omega_{\mathrm{p}}\cdot\mathrm{e}^{-4\pi\cdot\left[\frac{(x-x_0)^2}{k_1^2}+\frac{(y-y_0)^2}{k_2^2}\right]}$,其中,$\omega_{\mathrm{p}}=4000$ GHz,碰撞频率 $\nu=0$,$\omega_{\mathrm{b}}=2000$ GHz 的反射系数图,如图 11.43 所示。其中,实线表示脉冲宽度 $k_1=64(x$ 轴$)$,$k_2=32(y$ 轴$)$ 个网格时的反射系数,方形表示脉冲宽度 $k_1=16$,$k_2=16$ 个网格时的反射系数,星形

表示脉冲宽度 $k_1=4,k_2=8$ 个网格时的反射系数。

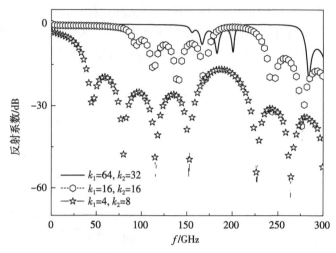

图 11.43　磁化情况下等离子体频率随着 x,y 轴变化的反射系数图

　　从图可以看出,在磁化情况下,等离子体频率随着 x,y 轴变化的反射系数图还是有明显的不同处,当脉冲宽度 $k_1=64(x$ 轴$),k_2=32(y$ 轴$)$ 个网格时,其反射系数的第一禁带为 0～150 GHz,第二禁带为 210～270 GHz;当 $k_1=16,k_2=16$ 个网格时,其反射系数的第一禁带为 0～80 GHz,第二禁带为 170～230 GHz;当 $k_1=4,k_2=8$ 个网格时,其反射系数的第一禁带为 0～30 GHz,第二禁带为 160～210 GHz。由此可以看出,随着 k_1,k_2 的减小,其禁带的宽度逐渐减小,振幅也开始下降,所以通过改变 x,y 轴仍然可以控制其禁带的拓展。

11.4.6　散射体为椭圆形时非磁化空变等离子体光子晶体的带隙特性

　　1. 等离子体频率随椭圆长轴以脉冲形式的变化

　　等离子体频率的空间周期性高斯脉冲函数形式的变化关系式为:$\omega_p(x)=\omega_p \cdot e^{-4\pi \cdot \frac{(x-x_0)^2}{k^2}}$,其中,$\omega_p=4000$GHz,碰撞频率 $\nu=0$,$\omega_b=0$ 的反射系数图,如图 11.44 所示。其中,实线表示脉冲宽度 $k=64$ 个网格时的反射系数,方形表示 $k=16$ 个网格时的反射系数,星形表示 $k=4$ 个网格时的反射系数。

　　从图中可以看出,当脉冲宽度 $k=64$ 个网格时,其反射系数的第一禁带为 0～160 GHz,第二禁带为 200～300 GHz;当 $k=16$ 个网格时,其反射系数的第一禁带为 0～110 GHz,第二禁带为 170～250 GHz;当 $k=4$ 个网格时,其反射系数的第一禁带为 0～70 GHz,第二禁带为 150～210 GHz。从上述数据可以看出,随着 k 有规律地逐渐减小,光子禁带也在缓慢变小,与散射体为圆形的相比,其变化更加明显,振幅也随之下降,其中心频率逐渐向低频方向移动,但其周期性并没有被破坏。因此,通过

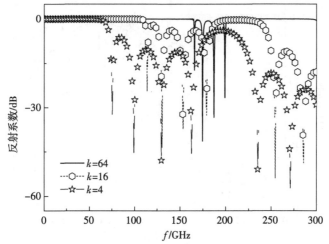

图 11.44　非磁化情况下等离子体频率随着长轴变化的反射系数图

同时改变椭圆长轴的等离子体频率可以实现对禁带拓展的控制。

2. 等离子体频率随椭圆长轴和短轴同时以脉冲形式的变化

等离子体频率的空间周期性高斯脉冲函数形式的变化关系式为：$\omega_p(x, y) = \omega_p \cdot e^{-4\pi \cdot \left[\frac{(x-x_0)^2}{k_1^2} + \frac{(y-y_0)^2}{k_2^2}\right]}$，其中，$\omega_p = 4000\text{GHz}$，碰撞频率 $\nu = 0$，$\omega_b = 0\text{GHz}$ 的反射系数图，如图 11.45 所示。其中图(a)实线表示脉冲宽度 $k_1 = 64$(长轴)，$k_2 = 64$(短轴)个网格时的反射系数，方形表示脉冲宽度 $k_1 = 8$，$k_2 = 64$ 个网格时的反射系数，星形表示脉冲宽度 $k_1 = 1$，$k_2 = 64$ 个网格时的反射系数。图(b)实线表示脉冲宽度 $k_1 = 64$，$k_2 = 64$ 个网格时的反射系数，方形表示脉冲宽度 $k_1 = 64$，$k_2 = 8$ 个网格时的反射系数，星形表示脉冲宽度 $k_1 = 64$，$k_2 = 1$ 个网格时的反射系数。

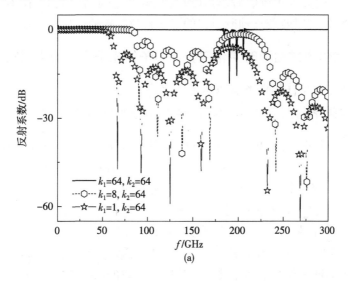

(a)

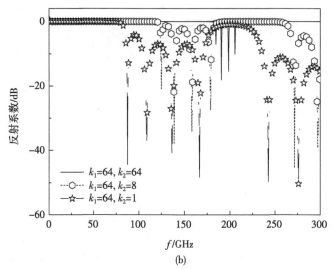

(b)

图 11.45　非磁化情况下等离子体频率随着长轴和短轴同时变化的反射系数图

图 11.45 给出的是在非磁化情况下等离子体频率随着长轴和短轴同时变化的反射系数图。图(a)为控制短轴为固定的频率,长轴以一定的倍数减小,当 $k_1=64,k_2=64$ 时,其第一禁带为 0～190 GHz,第二禁带为 200～300 GHz;当 $k_1=8,k_2=64$ 时,其第一禁带为 0～80 GHz,第二禁带为 180～220 GHz;当 $k_1=1,k_2=64$ 时,其第一禁带为 0～50 GHz,第二禁带为 180～210 GHz。图(b)为控制长轴为固定的频率,短轴以一定的倍数减小,当 $k_1=64,k_2=64$ 时,其第一禁带为 0～190 GHz,第二禁带为 200～300 GHz;当 $k_1=64,k_2=8$ 时,其第一禁带为 0～100 GHz,第二禁带为 180～230 GHz;当 $k_1=1,k_2=64$ 时,其第一禁带为 0～60 GHz,第二禁带为 180～210 GHz。从上述数据中可以看出,在改变长轴和短轴的情况下,长轴对 PPC 禁带的控制更加明显,同时改变长轴所引起的反射系数振幅的变化比短轴更加明显。

11.4.7　散射体为椭圆形时磁化空变等离子体光子晶体的带隙特性

1. 等离子体频率随椭圆长轴以脉冲形式的变化

等离子体频率的空间周期性高斯脉冲函数形式的变化关系式为:$\omega_p(x)=\omega_p\cdot e^{-4\pi\cdot\frac{(x-x_0)^2}{k^2}}$,其中,$\omega_p=4000$GHz,碰撞频率 $\nu=0$,$\omega_b=2000$ GHz 的反射系数图,如图 11.46所示。其中实线表示脉冲宽度 $k=64$ 个网格时的反射系数,方形表示 $k=16$ 个网格时的反射系数,星形表示 $k=4$ 个网格时的反射系数。

从图中可以看出,在磁化情况下,其反射系数与非磁化情况下有一定的区别。当脉冲宽度 $k=64$ 个网格时,其反射系数的第一禁带为 0～160 GHz,第二禁带为 200～300 GHz;当 $k=16$ 个网格时,其反射系数的第一禁带为 0～110 GHz,第二禁带为170～250 GHz;当 $k=4$ 个网格时,其反射系数的第一禁带为 0～70 GHz,第二

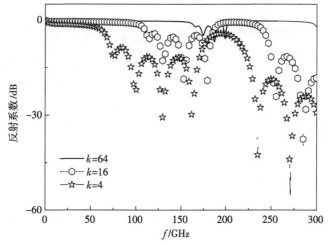

图 11.46　磁化情况下等离子体频率随着长轴变化的反射系数图

禁带为 150～210 GHz。从上述数据可以看出,随着 k 有规律地逐渐减小,光子禁带也在缓慢变小,振幅也随之下降,其中心频率逐渐向低频方向移动,但其周期性并没有被破坏。因此,无论在磁化还是非磁化情况下,通过同时改变椭圆长轴的等离子体频率都可以实现对禁带拓展的控制。

2. 等离子体频率随椭圆长轴和短轴同时以脉冲形式的变化

等离子体频率的空间周期性高斯脉冲函数形式的变化关系式为:$\omega_p(x,y) = \omega_p \cdot e^{-4\pi \cdot \left[\frac{(x-x_0)^2}{k_1^2} + \frac{(y-y_0)^2}{k_2^2}\right]}$,其中,$\omega_p = 4000$ GHz,碰撞频率 $\nu = 0$,$\omega_b = 2000$ GHz 的反射系数图,如图 11.47 所示。其中图(a)实线表示脉冲宽度 $k_1 = 64$(长轴),$k_2 = 64$(短轴)个网格时的反射系数,方形表示脉冲宽度 $k_1 = 8$,$k_2 = 64$ 个网格时的反射系数,星

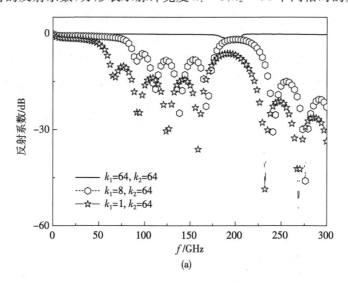

(a)

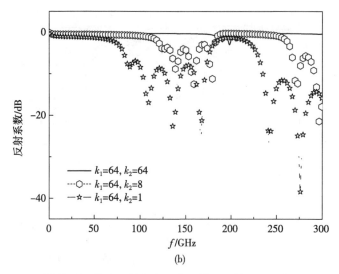

图 11.47　磁化情况下等离子体频率随着长轴和短轴同时变化的反射系数图

形表示脉冲宽度 $k_1=1, k_2=64$ 个网格时的反射系数。图(b)实线表示脉冲宽度 $k_1=64, k_2=64$ 个网格时的反射系数,方形表示脉冲宽度 $k_1=64, k_2=8$ 个网格时的反射系数,星形表示脉冲宽度 $k_1=64, k_2=1$ 个网格时的反射系数。

　　图 11.47 给出的是在磁化情况下等离子体频率随着长轴和短轴同时变化的反射系数图。图(a)为控制短轴为固定的频率,长轴以一定的倍数减小,当 $k_1=64, k_2=64$ 时,其第一禁带为 0～180GHz,第二禁带为 200～300 GHz;当 $k_1=8, k_2=64$ 时,其第一禁带为 0～80 GHz,第二禁带为 180～220 GHz;当 $k_1=1, k_2=64$ 时,其第一禁带为 0～50 GHz,第二禁带为 180～210 GHz。图(b)为控制长轴为固定的频率,短轴以一定的倍数减小,当 $k_1=64, k_2=64$ 时,其第一禁带为 0～190 GHz,第二禁带为 200～300 GHz;当 $k_1=64, k_2=8$ 时,其第一禁带为 0～100 GHz,第二禁带为 180～230 GHz;当 $k_1=64, k_2=1$ 时,其第一禁带为 0～60 GHz,第二禁带为 180～210 GHz。从上述数据中可以看出,磁化情况和非磁化情况一样,在改变长轴和短轴的情况下,长轴对 PPC 禁带的控制更加明显,同时改变长轴所引起的反射系数振幅的变化也比短轴更加明显。

参 考 文 献

[1] Ben A. Munk. Frequency Selective Surfaces: Theory and Design. New York: Wiley-Interscience Publication, 2000.

[2] Yang F. Electromagnetic Band Gap Structures in Antenna Engineering. New York: Cambridge University Press, 2008.

[3] Brillouin L. Wave Propagation in Periodic Structures, 2nd editionn. New York: Dover Publications, 2003.

[4] Aminian A,Rahmat-Samii Y. Spectral fdtd:a novel technique for the analysis of oblique incident plane wave on periodic structures. IEEE Transactions on Antennas and Propagation,2006, 54(6):1818-1825.

[5] 苏纬仪,杨涓,魏昆,等. 金属平板前等离子体的电磁波功率反射系数计算分析. 物理学报, 2003,52(12) 3102-3106.

[6] 冯恩信. 电磁场与电磁波(第二版). 西安:西安交通大学出版社,2005.

[7] Jia H T,Yasumoto K. A novel formulation of the fourier model method in S-matrix form for arbitrary shaped gratings. International Journal of Infrared and Millimeter Waves, 2004, 25(11):1591-1609.

[8] Yasumoto K. Electromagnetic Theory and Applications for Photonic Crystals. Boca Raton:CRC Press,2006.

[9] 沈林放,何赛灵,吴良. 等效介质理论在光子晶体平面波展开分析方法中的应用. 物理学报, 2002,51(5):1133-1138.

[10] 杨利霞,王祎君,王刚. 基于拉氏变换原理的三维磁化等离子体电磁散射 FDTD 分析. 电子学报,2009,37(12):2711-2715.

[11] 杨利霞,谢应涛. 电磁波传输时域有限差分方法及仿真. 计算机仿真,2009,26(11):360-363.

[12] 杨利霞,谢应涛,王祎君,等. 一种适于 1 维磁等离子体电磁波传输特性的 FDTD 分析 . 强激光与粒子束,2009,21(11):1710-1714.

[13] Xie Y T,Yang L X. Study of bandgap characteristics of 2D plasma photonic crystal with oblique incidence:TM case. Chinese Physics B,2011,20(6):1-6.

[14] Yang L X,Xie Y T,Yu P P. Study of bandgap characteristics of 2D magnetoplasma photonic crystal by using novel FDTD method. Microwave and Optical Technique Letters,2011,53(8): 1778-1784.

[15] Yang L,Xie Y,Yu P,et al. Electromagnetic bandgap analysisi of 1D magnetized PPC with oblique incidengce. Progress in Electromagnetics Research M,2010,12:39-50.

[16] 杨利霞,谢应涛,孔娃,等. 斜入射分层线性各向异性等离子体电磁散射时域有限差分方法分析. 物理学报,2010,59(9):6089-6095.

[17] 杨利霞,陈伟,施卫东,等. 垂直入射空变等离子体光子晶体带隙特性研究. 电波科学学报, 2013,28(1):105-110.

[18] 郑召文,杨利霞. 各向异性等离子体衬底的二维光子晶体带隙特性分析. 激光与光电子进展, 2012,49(5):051602-1-6.

[19] 谢应涛. 等离子体光子晶体电磁带隙分析及时域算法研究. 江苏大学硕士学位论文,2011.

[20] 陈伟. 空变等离子体光子晶体带隙特性研究. 江苏大学硕士学位论文,2013.

第 12 章　周期金属纳米结构表面等离子体激元

表面等离子体也被称为表面等离子体激元(surface plasmon polartons,SPPs),是沿着金属和介电质界面传播的一种电磁表面波,能够被电子或者被光波激发。它在表面处场强可以达到最大值,而在垂直于界面方向呈指数衰减。利用表面等离子体可以将对光的控制维度从三维降到二维,实现对光的有效调控,在纳米尺度上实现电磁场的局域增强。由于表面等离子体的传播不受经典光学衍射极限的限制,表现出对金属亚波长尺度及介电性质的高度敏感性,使得其在超分辨率纳米光刻、表面增强光谱、近场光学、超透镜、高密度数据存储、负折射现象、磁光效应等领域的应用大放光彩。

此外,由于金属颗粒特有的光学特性而引起的表面等离子体共振(surface plasmon resonance,SPR)受到了包括物理学家、化学家、生物学家等多个领域研究人员的广泛关注。尤其是周期性金属纳米粒子阵列的超透射现象,以及利用表面等离子体共振效应增强太阳能电池的光吸收效率成为相关领域科学家研究的热点。

12.1　周期结构的金属纳米粒子阵列透射谱

随着纳米技术的迅猛发展,纳米材料的制备技术与表面等离子体学的结合带来了一系列引人注目的进展,由于贵金属纳米颗粒在入射光的照射下其自由电子会发生振荡,形成局域表面等离激元共振的光学特性,使之在纳米科技领域倍受关注。现在通过采用各种化学和物理方法,各种各样的金属纳米材料和结构能够被制备出来,而表面等离子性质受到金属结构的尺寸、形状、介电环境等影响的特点使得研究和调控等离子共振频率成为可能,也为设计和研制出新颖的基于表面等离子共振性质的应用型结构奠定了基础。

金属纳米粒子阵列的重要特性是能够对特定频率的入射光起到透射增强的作用,即当入射光频率与金属纳米粒子表面附近的自由电子振荡频率相匹配时,形成局域表面等离激元共振,从而增强透射功率,尤其是多个纳米粒子耦合作用时,可以获得更多的电场增强。通常来说,对金属颗粒的表面等离子体激元共振特性影响较大的因素主要有颗粒大小、几何结构、组成成分以及周围的物理环境等。本节基于时域有限差分方法,以贵金属金、银、铜三种纳米颗粒组成的圆形纳米粒子阵列为例,分别分析了阵列周期长度变化、纳米粒子半径变化以及纳米粒子间距变化对圆形纳米粒子阵列透射功率的影响,同时也分析了引入缺陷后金属纳米粒子阵列的透射谱。

12.1.1　金属色散介质的 FDTD 迭代式推导

以 TE 波为例由麦克斯韦方程可得

$$\nabla \times \boldsymbol{E} = -\mu_0 \frac{\partial \boldsymbol{H}}{\partial t} \tag{12.1}$$

$$\nabla \times \boldsymbol{H} = \varepsilon_0 \frac{\partial \boldsymbol{E}}{\partial t} \tag{12.2}$$

经傅里叶变换到频域得

$$\nabla \times \boldsymbol{E} = -\mu_0 \mathrm{j}\omega \boldsymbol{H} \tag{12.3}$$
$$\nabla \times \boldsymbol{H} = \varepsilon_0 \mathrm{j}\omega \boldsymbol{E} \tag{12.4}$$

根据金属 Drude 模型,金属的介电常数为

$$\varepsilon_{\mathrm{r}} = 1 - \frac{\omega_{\mathrm{p}}^2}{\omega^2} \tag{12.5}$$

将式(12.5)代入式(12.4)得

$$\nabla \times \boldsymbol{H} = \varepsilon_0 \mathrm{j}\omega \left(1 - \frac{\omega_{\mathrm{p}}^2}{\omega^2}\right) \boldsymbol{E}$$

$$\Rightarrow \nabla \times \boldsymbol{H} = \varepsilon_0 \mathrm{j}\omega \boldsymbol{E} + \frac{\varepsilon_0 \omega_{\mathrm{p}}^2}{\mathrm{j}\omega} \boldsymbol{E} \tag{12.6}$$

令 $\boldsymbol{J} = \dfrac{\varepsilon_0 \omega_{\mathrm{p}}^2}{\mathrm{j}\omega} \boldsymbol{E}$,则式(12.6)可改写为

$$\nabla \times \boldsymbol{H} = \varepsilon_0 \mathrm{j}\omega \boldsymbol{E} + \boldsymbol{J} \tag{12.7}$$

经逆傅里叶变换得到时域表达式

$$\nabla \times \boldsymbol{H} = \varepsilon_0 \frac{\partial \boldsymbol{E}}{\partial t} + \boldsymbol{J} \tag{12.8}$$

再对 $\boldsymbol{J}$ 进行整理后进行逆傅里叶变换可得

$$\boldsymbol{J} = \frac{\varepsilon_0 \omega_{\mathrm{p}}^2}{\mathrm{j}\omega} \boldsymbol{E} \Rightarrow \mathrm{j}\omega_{\mathrm{p}} \boldsymbol{J} = \varepsilon_0 \omega_{\mathrm{p}}^2 \boldsymbol{E} \Rightarrow \frac{\partial \boldsymbol{J}}{\partial t} = \varepsilon_0 \omega_{\mathrm{p}}^2 \boldsymbol{E} \tag{12.9}$$

对式(12.9)采用 LT-JE 差分离散可得

$$J_x \big|_{i,j+\frac{1}{2}}^{n} = J_x \big|_{i,j+\frac{1}{2}}^{n-1} + \varepsilon_0 \omega_{\mathrm{p}}^2 \Delta t \, E_x \big|_{i,j+\frac{1}{2}}^{n-\frac{1}{2}} \tag{12.10}$$

$$J_y \big|_{i+\frac{1}{2},j}^{n} = J_y \big|_{i+\frac{1}{2},j}^{n-1} + \varepsilon_0 \omega_{\mathrm{p}}^2 \Delta t \, E_y \big|_{i+\frac{1}{2},j}^{n-\frac{1}{2}} \tag{12.11}$$

对式(12.1)和式(12.8)差分离散得

$$E_x \big|_{i,j+\frac{1}{2}}^{n+\frac{1}{2}} = E_x \big|_{i,j+\frac{1}{2}}^{n-\frac{1}{2}} + \frac{\Delta t}{\varepsilon_0} \left[\frac{H_z \big|_{i,j+1}^{n} - H_z \big|_{i,j}^{n}}{\Delta y} \right] - \frac{\Delta t}{\varepsilon_0} \cdot J_x \big|_{i,j+\frac{1}{2}}^{n} \tag{12.12}$$

$$E_y \big|_{i+\frac{1}{2},j}^{n+\frac{1}{2}} = E_y \big|_{i+\frac{1}{2},j}^{n-\frac{1}{2}} - \frac{\Delta t}{\varepsilon_0} \left[\frac{H_z \big|_{i+1,j}^{n} - H_z \big|_{i,j}^{n}}{\Delta x} \right] - \frac{\Delta t}{\varepsilon_0} \cdot J_y \big|_{i+\frac{1}{2},j}^{n} \tag{12.13}$$

$$H_z \big|_{i,j}^{n+1} = H_z \big|_{i,j}^{n} - \frac{\Delta t}{\mu_0} \left[\frac{E_y \big|_{i+\frac{1}{2},j}^{n+\frac{1}{2}} - E_y \big|_{i-\frac{1}{2},j}^{n+\frac{1}{2}}}{\Delta x} - \frac{E_x \big|_{i,j+\frac{1}{2}}^{n+\frac{1}{2}} - E_x \big|_{i,j-\frac{1}{2}}^{n+\frac{1}{2}}}{\Delta y} \right] \tag{12.14}$$

同理,可得到 TM 波情况下的差分离散公式

$$J_z^{n+\frac{1}{2}}(i,j)=J_z^{n-\frac{1}{2}}(i,j)+\varepsilon_0\omega_{\mathrm{p}}^2\Delta tE_z^n(i,j) \tag{12.15}$$

$$H_x^{n+\frac{1}{2}}\left(i,j+\frac{1}{2}\right)=H_x^{n-\frac{1}{2}}\left(i,j+\frac{1}{2}\right)-\frac{\Delta t}{\mu_0}\left[\frac{E_z^n(i,j+1)-E_z^n(i,j)}{\Delta y}\right] \tag{12.16}$$

$$H_y^{n+\frac{1}{2}}\left(i+\frac{1}{2},j\right)=H_y^{n-\frac{1}{2}}\left(i+\frac{1}{2},j\right)+\frac{\Delta t}{\mu_0}\left[\frac{E_z^n(i+1,j)-E_z^n(i,j)}{\Delta x}\right] \tag{12.17}$$

$$E_z^{n+1}(i,j)=E_z^n(i,j)+\frac{\Delta t}{\varepsilon_0}\left[\frac{H_y^{n+\frac{1}{2}}\left(i+\frac{1}{2},j\right)-H_y^{n+\frac{1}{2}}\left(i-\frac{1}{2},j\right)}{\Delta x}\right.$$

$$\left.-\frac{H_x^{n+\frac{1}{2}}\left(i,j+\frac{1}{2}\right)-H_x^{n+\frac{1}{2}}\left(i,j-\frac{1}{2}\right)}{\Delta y}\right]-\frac{\Delta t}{\varepsilon_0}J_z^{n+\frac{1}{2}}(i,j)$$

$$\tag{12.18}$$

12.1.2 数值验证

将厚度为 200nm 的等离子体板看成是任意周期长度的周期结构,入射光垂直投射到板上,通过 FDTD 方法和理论法[1]计算得到的 TE 波和 TM 波反射功率对比图,如图 12.1 和图 12.2 所示。从图中可以看出,FDTD 的计算结果和解析解得到的结果符合得很好。在 FDTD 计算中,空间步长 $\delta=2.5$nm,时间步长 $dt=\delta/2c$,Y 轴方向采用 8 个网格的 UPML 边界,X 轴方向采用垂直入射情况下的周期边界条件。

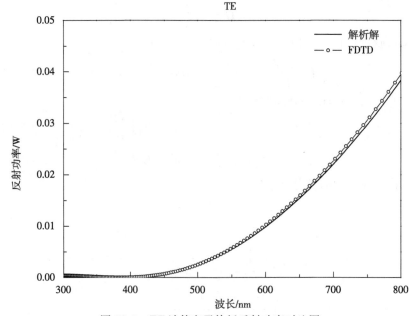

图 12.1　TE 波等离子体板反射功率对比图

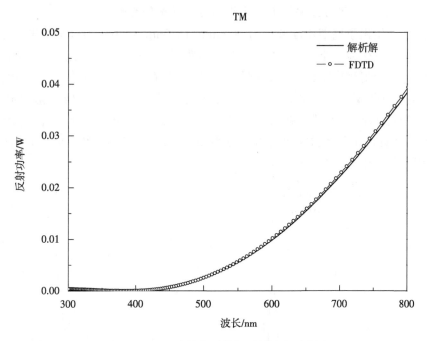

图 12.2 TM 波等离子体板反射功率对比图

12.1.3 计算模型

金属纳米粒子阵列的计算模型如图 12.3 所示,四个完全相同的金属纳米粒子沿 Y 方向排列,粒子的半径为 r,纳米粒子之间的间距为 d,周期长度为 L。

在 FDTD 计算中,采用的空间网格 $\Delta x = \Delta y = 5\text{nm}$,上下采用 UPML 吸收边界,左右采用周期边界条件(PBC),入射波垂直照射金属纳米粒子阵列。仿真计算的初始参数定为:$r = 80\text{nm}, d = 40\text{nm}, L = 1000\text{nm}$。

12.1.4 金属纳米粒子阵列透射谱

周期性排列的纳米粒子阵列存在一个很宽的光子禁带,当入射光的频率与金属中自由电子的集体振荡频率相匹配,即产生等离子体共振时,将会在光学禁带中产生一些等离激元共振峰值,影响纳米粒子阵列的透射功率。通过

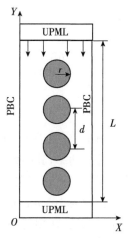

图 12.3 金属纳米粒子阵列结构示意图

改变纳米粒子阵列周期长度、粒子半径以及粒子之间的间距,详细分析了这些因素对金、银、铜三种金属纳米粒子阵列透射功率的影响。

1. 周期长度变化对金属纳米粒子阵列透射功率的影响

图 12.4 给出了周期长度分别为 1000nm、1570nm、1970nm 时,金纳米粒子阵列的透射功率,其中粒子半径 $r=80$nm,粒子间距 $d=40$nm。由于是周期性的圆形纳米粒子排列,透射谱中都存在很宽的光子禁带,而且在光子禁带中存在一些很强烈的透射峰值。在周期长度为 1000nm 时,禁带中的透射峰功率达到 68%;随着周期长度的增加,透射功率有所下降;周期长度为 1970nm 时,透射功率下降 45%。从图中可以看出,周期长度的变化对透射谱中光子禁带的宽度没有明显影响,但是周期长度增加,会引起禁带中透射功率的下降。

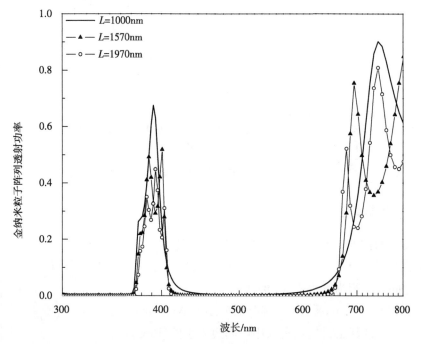

图 12.4　周期长度变化时金纳米粒子阵列的透射谱

图 12.5 中给出了周期长度分别为 1000nm、1570nm、1970nm 时,银纳米粒子阵列的透射功率,其中粒子半径 $r=80$nm,粒子间距 $d=40$nm。从图中可以看出,这三种周期长度下都存在 300~650nm 的透射禁带,且禁带中都出现了等离激元共振峰。周期长度为 1000nm 时,透射功率最大,随着周期长度增加,透射功率降低。与金纳米阵列相比,在相同的周期长度 1000nm,金的透射功率达 68%,而银纳米粒子阵列的透射功率只有 38%。可见,金属材料的区别对纳米粒子阵列的影响很大。

图 12.6 给出了周期长度分别为 1000nm、1570nm、1970nm 时,铜纳米粒子阵列的透射功率,其中粒子半径 $r=80$nm,粒子间距 $d=40$nm。从图中可以看出,与金、银纳米粒子阵列相同,都存在一个很宽的透射禁带,且禁带中都出现了等离激元共振峰。在周期长度为 1000nm 时,铜纳米粒子阵列的透射功率最大达到 57%,效果优于

银纳米粒子阵列。随着周期长度增加,透射功率也随之降低,透射禁带宽度几乎不变。

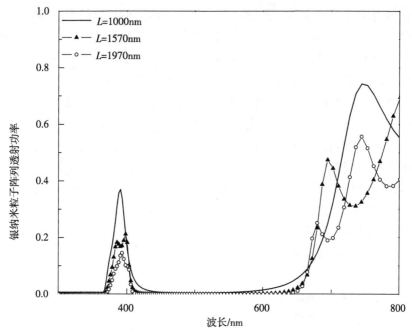

图 12.5　周期长度变化时银纳米粒子阵列透射谱

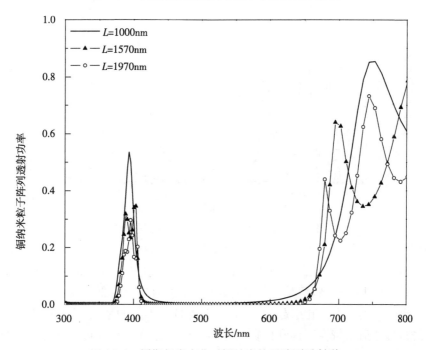

图 12.6　周期长度变化时铜纳米粒子阵列透射谱

通过周期变化对纳米粒子球的透射功率曲线分析,可知三种金属纳米粒子阵列透射谱中都存在宽度范围为 300～650nm 的透射禁带,且在禁带中存在强烈的透射峰值。在周期长度相同的情况下,金纳米粒子阵列的透射功率最高,铜纳米粒子阵列次之。得到的结论是,周期长度的变化对透射谱中光子禁带的宽度没有明显影响,但是周期长度增加,会引起禁带中透射功率的下降。

2.纳米粒子半径变化对金属纳米粒子阵列透射功率的影响

在金纳米粒子阵列中,纳米粒子的半径也是影响等离子体谐振频率的一个重要因素。图 12.7 给出了金属粒子半径 r 分别为 60nm、80nm、100nm 时的透射谱,其中 $l=1000$nm,$d=40$nm。从图中可以看出,当粒子半径增大时,透射峰朝高频方向移动且宽度变窄。当粒子半径由 80nm 增加到 100nm 时,透射功率由 69% 降低到 52%,透射峰的中心波从 380nm 移动到 440nm 处且阵列中的光子禁带向高频拓宽。由此可见,等离子体共振峰波长对阵列中粒子半径十分敏感,当半径增大时,共振峰红移现象十分明显。因此,我们可以选择适合的纳米粒子球半径使共振峰出现在可见光红外波段需要的波长位置。

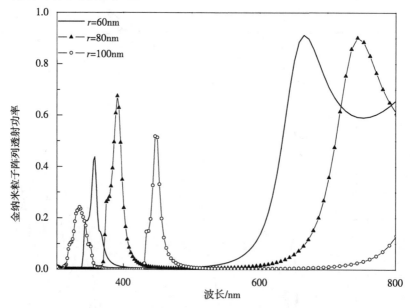

图 12.7 粒子变化时金纳米粒子阵列透射谱

图 12.8 给出了银纳米粒子半径 r 分别为 60nm、80nm、100nm 时的透射谱,其中 $l=1000$nm,$d=40$nm。从图中可以看出,当粒子半径由 60nm 增加到 80nm 时,透射功率由 18% 上升到 39%,但是粒子半径再增大,透射功率降低。这是由于粒子半径过大,导致粒子间动态极化引起的。同时,随着粒子半径的增大,等离子共振峰发生红移现象,且透射禁带宽度得到拓宽。等离子体共振峰的红移可以通过调节纳米粒子半径来实现对需要波长位置的选择。

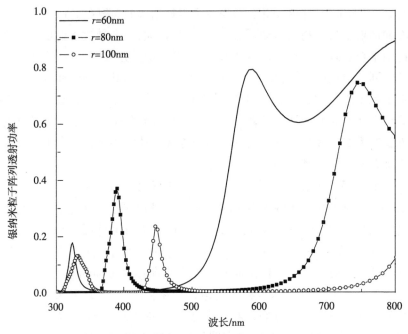

图 12.8　粒子半径变化时银纳米粒子阵列的透射谱

图 12.9 给出了铜纳米粒子半径 r 分别为 60nm、80nm、100nm 时的透射谱,其中 $l=1000$nm,$d=40$nm。从图中可以看出,铜纳米粒子阵列透射功率随粒子半径变化

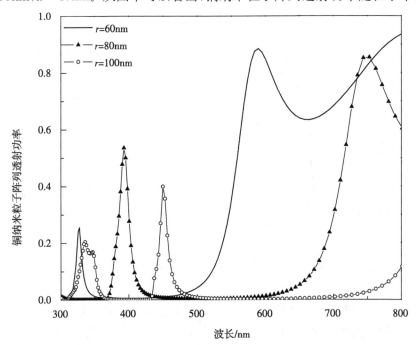

图 12.9　纳米粒子半径变化时铜纳米粒子阵列的透射谱

的趋势与金、银纳米粒子阵列相同,即当粒子半径增大时,透射功率有所上升,且等离子共振峰和透射禁带向高频移动,但是粒子半径过大,也会导致透射功率的降低。

通过纳米粒子阵列半径变化对纳米粒子球的透射功率图形分析,可知三种金属纳米粒子阵列透射谱中,随着粒子半径的增大,等离子体共振峰红移现象明显且宽度变窄。由于粒子间的动态极化作用,粒子半径过大会导致透射功率下降。根据粒子半径对等离子体激元共振波长的调控,可以选择适合的球半径使共振峰出现在可见光近红外波段需要的波长位置。这种新型的等离子体激元器件会在纳米尺度的集成光学或传感器领域中得到应用。

3. 纳米粒子间距变化对金属纳米粒子阵列透射功率的影响

图 12.10 为金纳米粒子阵列在不同粒子间距情况下的透射谱,三条曲线分别对应粒子之间的间距 d 为 40nm、60nm 以及 80nm。从图中可以看出,在这三种情况下,透射谱中都存在着一个很宽的光学禁带,并且随着粒子间距的增大,禁带朝长波方向移动,宽度略微拓宽。同时,在透射禁带中都存在着很强的透射峰值,当粒子间距从 40nm 增大到 80nm 时,纳米粒子的透射功率由 67% 上升至 88%,且在间距为 80nm 时,等离子体共振峰值分裂为两个透射峰,透射率均在 80% 以上。随着粒子之间间距的增加,等离子体的共振峰也有明显的红移现象,禁带中的透射峰从 380nm 移动到 460nm。

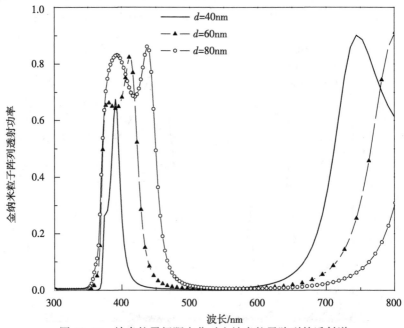

图 12.10　纳米粒子间距变化时金纳米粒子阵列的透射谱

图 12.11 为银纳米粒子阵列在不同粒子间距情况下的透射谱,粒子之间的间距 d 为 40nm、60nm 以及 80nm。从图中可以看出,当粒子间距从 40nm 增大到 60nm

时,粒子阵列的透射功率从 38% 上升至 61%,等离子共振峰的中心频率从 380nm 处移动到 420nm,且透射禁带的宽度向高频移动,略微拓宽。在间距为 80nm 时,与金纳米粒子阵列相同,等离子体共振峰值也分裂为两个透射峰,透射功率均在 60% 以上。

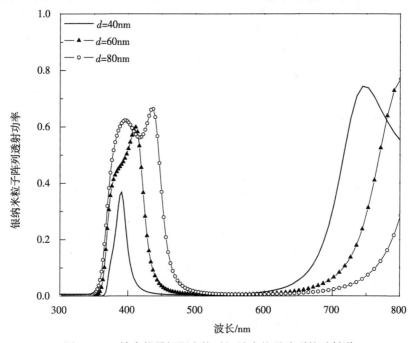

图 12.11　纳米粒子间距变换时银纳米粒子阵列的透射谱

图 12.12 为铜纳米粒子阵列在不同粒子间距情况下的透射谱,粒子之间的间距 d 为 40nm、60nm 以及 80nm。从图中可以看出,透射禁带中存在强烈的透射峰,透射功率均在 50% 以上,特别是粒子间距达到 80nm 时,分裂的两个透射峰中,其中一个的透射功率达到了 81%。同时,随着粒子之间间距的增加,透射禁带的中心频率向高频移动,带宽得到拓宽。

通过纳米粒子阵列粒子间距变化对纳米粒子球的透射功率曲线分析,可知三种金属纳米粒子阵列透射谱中存在很强烈的透射峰值,且随着间距的增大,透射峰出现红移现象。这是由于当间距增大时,用来驱动谐振所用的能量减小,导致了光谱线的红移。在粒子间距都达到 80nm 时,透射峰值会分裂成两个透射峰,透射功率上升明显。

以上详细讨论了在周期长度变化、粒子半径变化以及粒子间距变化对金、银、铜三种圆形纳米粒子阵列透射功率的影响。周期长度的变化对金属纳米粒子阵列中透射功率的影响不大;粒子半径变化过大会引起透射功率的下降,并且随着粒子半径的增大,透射峰有着明显的红移现象;当粒子之间距离变化时,等离子体共振峰值会移动并且会分裂成两个共振峰值,透射功率得到显著上升,这种谐振主要是由于邻近粒子之间的电磁场耦合引起的。

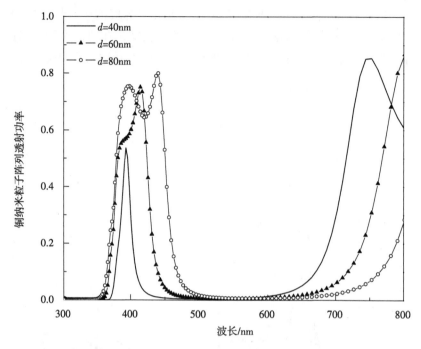

图 12.12　粒子间距变化时铜纳米粒子阵列的透射谱

12.1.5　引入缺陷的金属纳米粒子阵列透射谱

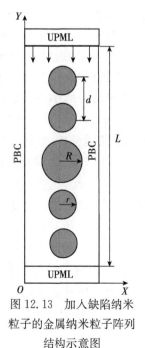

图 12.13　加入缺陷纳米粒子的金属纳米粒子阵列结构示意图

　　在周期性结构中加入点缺陷或线缺陷来改变周期性结构的光学特性,从而能够用于制造各种光学器件,如滤波器、光波导以及发光二级管等。在 12.1.4 节中详细讨论了在不同粒子间距、粒子半径以及不同周期长度下,周期性的金属纳米粒子阵列的透射谱。结果表明,在光学禁带中会存在表面等离子体共振,并且是影响金属纳米粒子阵列透射功率的主导因素。本节在周期性金属纳米粒子阵列中引入缺陷纳米粒子,讨论缺陷纳米粒子大小对等离子体特性以及金属纳米粒子阵列透射功率的影响。

　　1.加入缺陷纳米粒子的金属纳米粒子阵列结构模型

　　加入缺陷纳米粒子的金属纳米粒子阵列计算模型如图 12.13 所示,缺陷粒子放置在纳米粒子阵列的中间,半径为 R,其余是四个完全相同的金属纳米粒子,半径为 r,纳米粒子之间的间距为 d,周期长度为 L。

　　在 FDTD 计算中,采用的空间网格 $\Delta x = \Delta y = 5\text{nm}$,

上下采用 UPML 吸收边界,左右采用周期边界条件(PBC),入射波垂直照射金属纳米粒子阵列。仿真计算的初始参数定为 $r=80$nm,$d=40$nm,$L=1000$nm。缺陷纳米粒子的半径 R 分别取 60nm、80nm、100nm。

2. 缺陷纳米粒子大小对金属纳米粒子阵列透射功率的影响

图 12.14 给出了改变金纳米粒子阵列中单个中间粒子半径的透射谱变化情况,中间粒子的半径 R 分别为 60nm、80nm、100nm,其余粒子半径均为 80nm。从图中可以看出,引入缺陷后,随着缺陷粒子半径的增大,光学禁带朝长波方向移动,即红移现象很明显,而且禁带宽度得到拓宽。随着中间层粒子的半径增大,透射峰值变得很小,当中间粒子半径从 80nm 增大到 100nm 时,透射功率由 78% 下降到 8% 左右;当中间粒子半径为 80nm 时,即金属纳米粒子阵列不含缺陷情况下,此时的透射峰值具有最大值。这些现象是由中间粒子与邻近粒子相互作用引起的。当粒子半径增大或者减小时,透射峰峰值均减小。

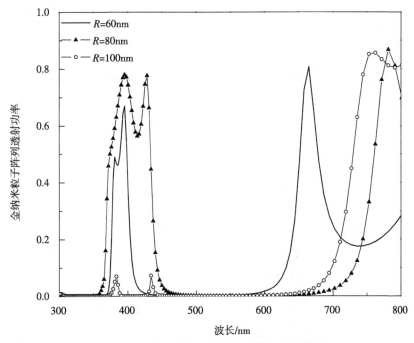

图 12.14　引入缺陷后金纳米粒子阵列透射谱

图 12.15 给出了改变银纳米粒子阵列中单个中间粒子半径的透射谱变化情况,中间粒子的半径 R 分别为 60nm、80nm、100nm,其余粒子半径均为 80nm。从图中可以看出,在中间粒子半径从 60nm 增大到 80nm 时,透射峰分裂成两个明显的透射峰值,但透射功率从 70% 下降到 50% 左右。当中间粒子半径增大到 100nm 时,透射功率几乎降低至 0.1%,在光谱中呈现一条很宽的光学禁带,适用于滤波器的选择。

图 12.16 给出了改变铜纳米粒子阵列中单个中间粒子半径的透射谱变化情况,

中间粒子的半径 R 分别为 60nm、80nm、100nm，其余粒子半径均为 80nm。从图中可以看出，随着缺陷粒子半径的增大，光学禁带的中心频率朝长波方向移动，且禁带宽

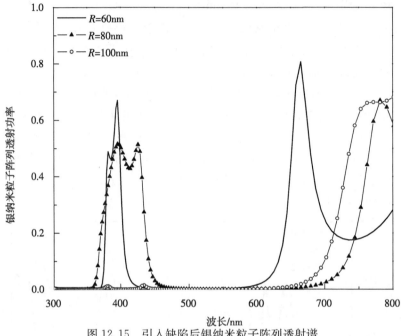

图 12.15　引入缺陷后银纳米粒子阵列透射谱

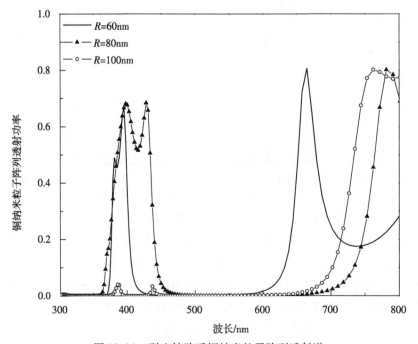

图 12.16　引入缺陷后铜纳米粒子阵列透射谱

度拓宽。同时,缺陷粒子半径增大至 100nm 时,透射功率急速下降,变化趋势与引入缺陷的金纳米粒子阵列相同,即中间粒子半径增大或者减小时,透射峰峰值均减小。

在金属纳米粒子阵列中引入粒子缺陷,透射禁带的带宽有所拓宽,等离子体谐振峰发生红移现象,且由于缺陷的存在而产生变化。这使得表面等离激元以及谐振波长具有可调节性,这些可人为操控的因素可以极大地扩展了周期纳米粒子阵列的应用领域,如应用于一些波长选择器件、小尺寸的非线性光学传感器以及滤波器等。

12.2 周期结构的薄膜太阳能电池光吸收效率

太阳能作为一种可再生和清洁的能源,无论是在解决全球能源危机还是在改善环境上都拥有着巨大的潜力。作为将光能转换成电能的太阳能电池,近几十年里受到了人们越来越广泛的关注和重视。目前,厚度在 $180 \sim 300\,\mu m$ 的晶体硅片是生产和应用最广泛的太阳能材料,但是在将硅锭切割成硅片的过程中会损失约 40% 的硅锭。对于价格取决于成本材料以及加工过程的大多数太阳能电池来说,这样很难降低生产成本。因此,厚度在 $1 \sim 2\,\mu m$ 的薄膜太阳电池引起越来越多人的关注和研究。但是所有薄膜太阳能电池对接近禁带能量的光非常不敏感。因此,通过对薄膜太阳能电池结构的合理设计来提高太阳光的吸收效率显得尤为重要。

太阳能电池的设计中,最重要的一点是对光线的捕捉能力。在传统的硅结构太阳能电池中,主要是通过在太阳能电池表面刻蚀出 $2 \sim 10\,\mu m$ 大小的金字塔结构进行光线的捕获。因为这种结构能够在很大范围的角度内使散射光进入太阳能电池内,从而增加了光在电池中的有效光路径长度,达到提高光吸收率的效果。然而,这种方法对于厚度仅在几微米级别上的薄膜太阳能电池显然不适用。对于增强薄膜太阳能电池光吸收的一种方法是,在太阳能电池结构中加入金属纳米颗粒产生表面等离激元共振。因此,通过在薄膜太阳能电池的结构设计中加入金属纳米颗粒,可以激发表面等离激元共振来增强光的散射,使光进入薄膜吸收材料的光学路径大大增加,从而提高电池的光吸收效率。此外,表面等离子体共振的共振频率强烈地依赖于形成纳米粒子的材料、形状、大小等因素,因此我们可以通过调节金属纳米颗粒的尺寸,来优化薄膜太阳能电池的吸收效率。

本节将时域有限差分方法(FDTD)与周期边界条件(PBC)相结合,以周期结构的薄膜太阳能电池为例,选取金、银和铜这三种金属材料,研究加入金属纳米颗粒后电池的光吸收效率,也讨论了金属颗粒的形状和尺寸大小对电池光吸收效率的影响。

12.2.1 计算模型

本书所计算模拟的是一个二维的薄膜太阳能电池周期结构,单元结构图如图 12.17 所示。在该周期结构中,四层介质材料从上往下首先是铟锡氧化物(ITO),

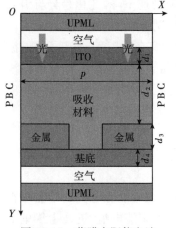

图 12.17　薄膜太阳能电池
单元周期结构示意图

其次是吸收材料——非晶硅（α-Si），然后是金属纳米颗粒——银，最后基底是二氧化硅（SiO_2）。这四类介质的介电常数可以从文献[2]和文献[3]中查得。

在 FDTD 计算中，选择图 12.18 所示的三种不同形状的金属纳米颗粒作为研究对象，即金属材料银以方形、圆形及半圆形的形态周期有序地附着在太阳能电池的基底材料 SiO_2 上，结构的周期为 P。

图 12.18(a)中为方形结构的金属纳米颗粒计算元胞，边长为 d_3。该图只显示了吸收材料和基底，其他部分结构均与图 12.17 相同。同样地，图 12.18(b)和(c)分别对应为方形的内接圆形和内接半圆形结构的金属纳米颗粒计算元胞，半径均为 r。计算中的参数 $d_1 = 25nm$，$d_2 = 120nm$，$d_3 = 80nm$，$r = 40nm$，$d_4 = 50nm$，$P = 250nm$。采用的空间网格 $\Delta x = \Delta y = 5nm$，上下采用 UPML 吸收边界，左右采用周期边界条件（PBC）。

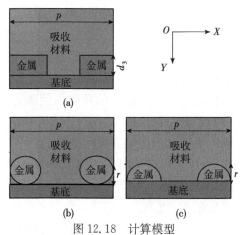

(a)

(b)　　　(c)

图 12.18　计算模型

12.2.2　仿真结果

金属纳米颗粒增强太阳能电池光吸收效率的主要原因为：增加光散射和增强近场光密度。两种原因都受金属纳米颗粒（包括尺寸、形状和材料等）、半导体的吸收系数以及太阳能电池的结构等影响。本书以方形、圆形、半圆形的三种金属纳米颗粒形状为例，分析了不同金属纳米颗粒形状对薄膜太阳能电池光吸收功率的影响，同时也分析了在相同形状下，纳米金属颗粒尺寸大小对太阳能电池光吸收功率的影响。

1. 方形金属颗粒对薄膜太阳能电池光吸收功率的影响

图 12.19 为方形金颗粒边长 d_3 分别为 80nm、90nm 和 100nm 时的薄膜太阳能

电池光吸收功率图。

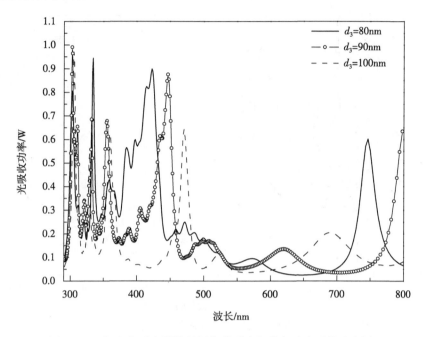

图 12.19   加入方形金颗粒的周期薄膜太阳能电池光吸收功率图

从图中可以看出,随着方形金颗粒边长从 80nm 增大到 90nm,光吸收功率在波长 310nm 左右从 80% 上升为 98% 左右,这是由于在该波段处出现表面等离激元峰值使得光吸收功率达到最大值,可见增大颗粒的尺寸有助于对光的吸收。但是尺寸较大时,也会引起光吸收功率的降低。从图中可以明显看出,当边长增大到 100nm,在 400～500 nm 波段,光吸收功率下降到 60%,且吸收功率的范围向长波段移动。这是因为颗粒尺寸较大时会引起动态极化和表面等离激元共振峰衰减的问题。在颗粒尺寸较大时,导带电子在颗粒间穿梭运动不再保持一致,这会减弱金颗粒中心的极化场,从而使金颗粒对电子回复力大大减小,因此颗粒的等离激元共振峰会发生红移的现象。金颗粒的等离激元共振峰随着颗粒尺寸增大发生红移的现象对于在太阳能电池中的应用是有利的,这可以使金颗粒对提高电池的光吸收功率在更加长的波段范围发挥作用。

图 12.20 为方形银属颗粒边长 d_3 分别为 80nm、90nm 和 100nm 时的薄膜太阳能电池光吸收功率图。从图中可以看出,在方形银颗粒边长为 80nm 时,光吸收功率在 300nm 处达到 98% 左右,吸收效果非常好,在 420nm 左右,光吸收效率也接近 90%。但是随着尺寸的增大,光吸收效率开始下降,特别在增大到 100nm 时,光吸收功率在 480nm 处降低为 50%。可以看出,金属尺寸较大时,金属颗粒中心的极化场会有所减弱,使金属颗粒对电子回复力大大减小,因此颗粒的等离激元共振峰发生衰

减,对光吸收功率的影响很大。随着颗粒尺寸的增大,红移现象也比较显著。

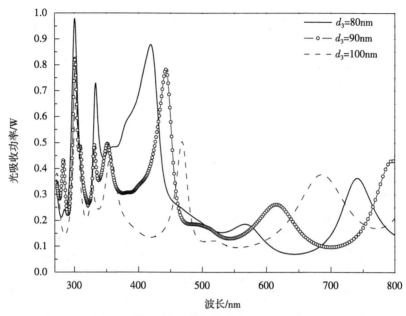

图 12.20　加入方形银颗粒的周期薄膜太阳能电池光吸收功率图

图 12.21 为方形银颗粒边长 d_3 分别为 80nm、90nm 和 100nm 时的薄膜太阳能电池光吸收功率图。从方形铜颗粒的光谱图中可以得出,与方形金颗粒类似方形银颗粒对吸收效率的影响趋势是一样的,即随着边长的增大,吸收效率得到提高,但是

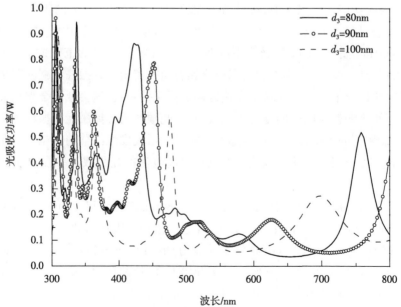

图 12.21　加入方形铜颗粒的周期薄膜太阳能电池光吸收功率图

尺寸较大,吸收效率也会下降,特别是在 400～500 nm 表现非常明显且出现红移现象。

　　图 12.22 为方形金属颗粒边长均为 90nm 时,比较了金、银、铜这三种金属对薄膜太阳能电池光吸收功率的影响。从图中可以看出,在方形金属颗粒边长相同的情况下,金颗粒的光吸收功率最好,在 320nm 处光吸收功率达到 98%,同时在 440nm左右,又出现第二等离激元共振峰值,吸收功率接近于 90%。从整个波段看来,金的光吸收效率都高于银和铜,铜的光吸收功率次之。因此,在方形结构的金属颗粒中,可以选择金颗粒来提高薄膜太阳能电池的光吸收效率。

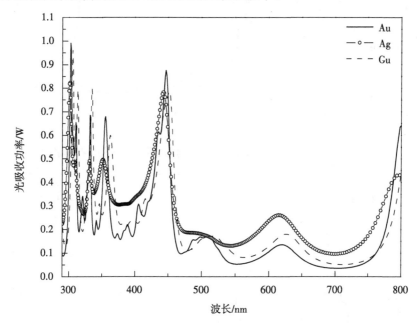

图 12.22　方形金属颗粒边长为 90nm 时,三种金属光吸收功率对比图

2.圆形金属颗粒对薄膜太阳能电池光吸收功率的影响

　　图 12.23 为圆形金颗粒半径分别为 40nm、45nm 和 50nm 时的光吸收功率光谱图。从图中可以看出,圆形金颗粒在 400～600 nm 波段,随着半径的不同,吸收功率都达到了 90% 以上,尤其在半径为 45nm 时,光吸收功率达到 96%;而且随着半径的增加,最大光吸收功率的波段覆盖范围也从 400～450 nm 波段分别移动到了 450～480nm 波段和 510～550 nm 波段。这是由于圆金属颗粒半径增大出现的红移现象。

　　图 12.24 为圆形银颗粒半径分别为 40nm、45nm 和 50nm 时的光吸收功率光谱图。从图中可以看出,金属银颗粒随着半径增大,光吸收功率有所提高,在半径为45nm 时达到 95%,覆盖的波段范围为 430～495 nm。但是,同样的颗粒,尺寸较大时会引起动态极化和表面等离激元共振峰衰减的问题,从而导致光吸收功率的降低。同时从图中也能看到显著的红移现象。

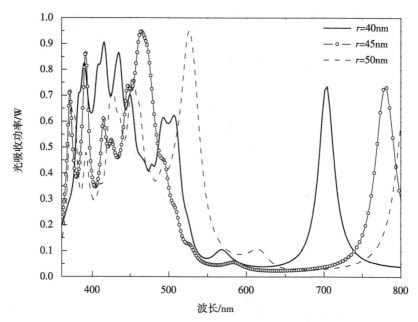

图 12.23　加入圆形金颗粒的周期薄膜太阳能电池光吸收功率图

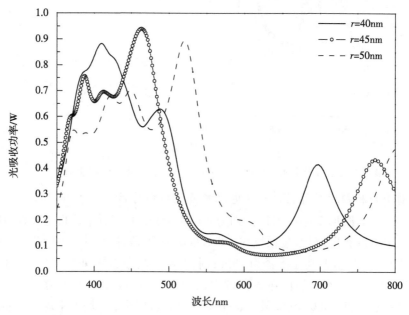

图 12.24　加入圆形银颗粒的周期薄膜太阳能电池光吸收功率图

　　图 12.25 为圆形铜颗粒半径分别为 40nm、45nm 和 50nm 时的光吸收功率光谱图。从图中可以看出,在铜颗粒半径为 45nm 时,光吸收功率达到了 98%,在 400nm 左右光吸收功率也达到了 80%,相对于半径为 40nm 和 50nm 的光吸收功率来说,效果比较显著。

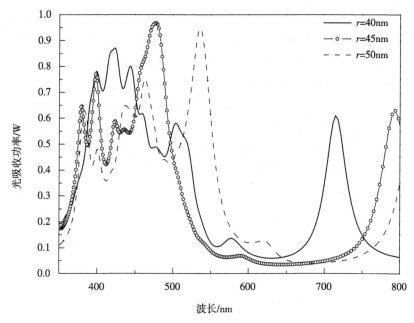

图 12.25　加入圆形铜颗粒的周期薄膜太阳能电池光吸收功率图

图 12.26 为圆形金属颗粒半径均为 45nm 时,比较了金、银、铜这三种金属对薄膜太阳能电池光吸收功率的影响。从图中可以看出,当圆金属颗粒的半径相同时,在 440~500 nm 波段,铜金属的颗粒相对于银和金来说光吸收功率最大,可以达到

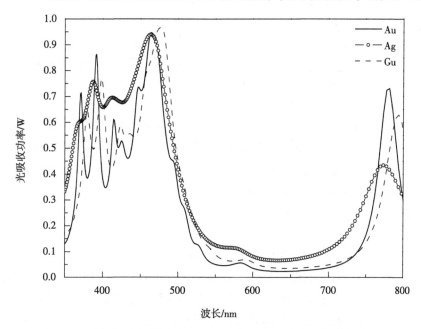

图 12.26　圆形金属颗粒半径为 45nm 时,三种金属光吸收功率对比图

90%。但是在 400nm 波段以下,金颗粒的光吸收功率效果最好。此外,在 510～740nm 波段,三种金属的光吸收功率达到低谷。因此,可以根据所需要的不同波段来选择不同的圆金属颗粒,使得光吸收功率达到最佳值。

3. 半圆形金属颗粒对薄膜太阳能电池光吸收功率的影响

图 12.27 为半圆形金颗粒半径分别为 40nm、45nm 和 50nm 时的光吸收功率光谱图。从图中可以看出,当半圆形的金颗粒半径为 40nm 时,最大的光吸收功率仅为 75%,但是随着半径增大到 45nm 时,在 430nm 处最大光吸收功率接近于 100%。但是由于金属颗粒尺寸较大时会引起表面等离激元共振峰衰减,因此并不能一味地增大半径尺寸,从图中也可以明显看出,半径为 50nm 时,光吸收功率有所下降。

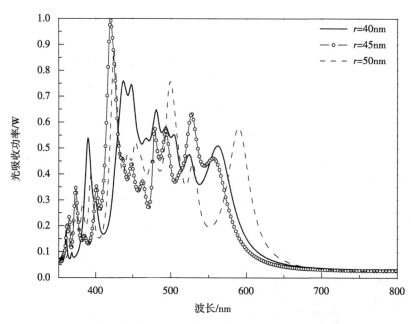

图 12.27　加入半圆形金颗粒的周期薄膜太阳能电池光吸收功率图

图 12.28 为半圆形银颗粒半径分别为 40nm、45nm 和 50nm 时的光吸收功率光谱图。从图中可以看出,对于半圆形的银颗粒,330nm 以下的波段,不同的半径尺寸光吸收效率都可以达到 90% 以上,在 350nm 处出现光吸收功率的低谷。在 400～600nm 波段,半径为 45nm 时的吸收效果相对于半径 40nm 和 50nm 的吸收效果,较好。

图 12.29 为半圆形铜颗粒半径分别为 40nm、45nm 和 50nm 时的光吸收功率光谱图。从图中观察到,半圆形的铜颗粒在半径为 45nm 时,光吸收功率达到最大值,为 96%。在 300nm 左右,三种半径尺寸的铜颗粒吸收效果都比较好,但是在 350nm 处出现吸收功率的低谷。同时,随着波段的增加,半径为 40nm 和 50nm 的光吸收功率明显下降。

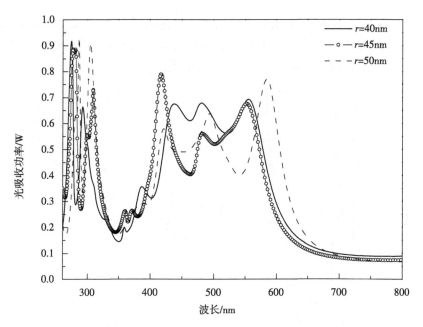

图 12.28　加入半圆形银颗粒的周期薄膜太阳能电池光吸收功率图

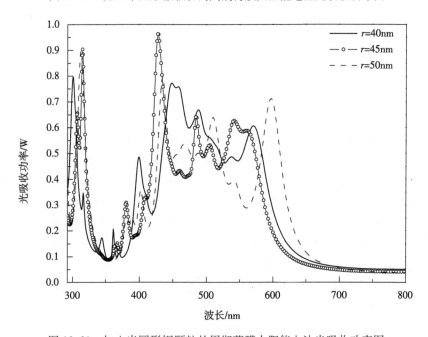

图 12.29　加入半圆形铜颗粒的周期薄膜太阳能电池光吸收功率图

图 12.30 为半圆形金属颗粒半径均为 45nm 时,比较了金、银、铜这三种金属对薄膜太阳能电池光吸收功率的影响。从图中可以看出,相同半径的半圆形金属颗粒,金的吸收功率效果最好,分别在 280nm、320nm 以及 430nm 处;光吸收功率都比银颗

粒和铜颗粒高,且在 430nm 处的光吸收功率几乎达到了 100%。铜的光吸收效果次之。因此,在尺寸相同的情况下,可以根据金属材质对光吸收功率的影响来选择合适的金属颗粒,达到薄膜太阳能电池光吸收的最优化。

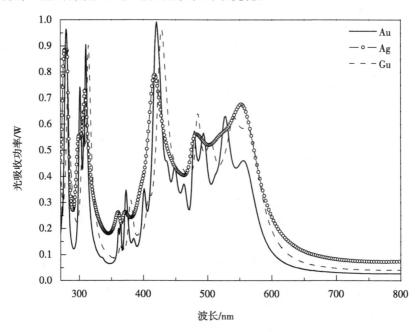

图 12.30　半圆形金属颗粒半径为 45nm 时,三种金属光吸收功率对比图

12.2.3　综合分析

图 12.31 为方形、圆形以及半圆形的金纳米颗粒对薄膜太阳能电池光吸收功率的光谱对比图。其中圆形和半圆形均为为方形的内接圆,半径为 45nm,方形边长为 90nm。从图中可以看出,对于金纳米颗粒,在 350nm 波段以下,所计算的三种形状的金颗粒吸收功率都可以达到 95% 以上。但是,随着波长的增加,在 410~590 nm 波段,半圆形金颗粒的吸收效果相对于方形和圆形更好,在 430nm 处几乎达到 100%,圆形金颗粒吸收功率在 460nm 波段也可以达到 95%,方形金颗粒的吸收效果相对来说不太理想。由此可见,金属颗粒的形状对光吸收效果影响很大,从整个波段来看,半圆形的金颗粒吸收效果最好,圆形次之。

图 12.32 为方形、圆形以及半圆形的银纳米颗粒对薄膜太阳能电池光吸收功率的光谱对比图。其中圆形和半圆形均为为方形的内接圆,半径为 45nm,方形边长为 90nm。从图中可以看出,在 350nm 以下,圆形银颗粒和半圆形银颗粒的吸收效果比方形银颗粒的吸收效果好。在 350~520 nm 波段,圆形银颗粒的吸收功率最大达到 95%,吸收效果在三者之中最好。从整个波段看来,圆形银颗粒的吸收效果最好,半圆形次之,方形的光吸收效果较差。由此可见,对于金属银,可以选择圆形的银纳米

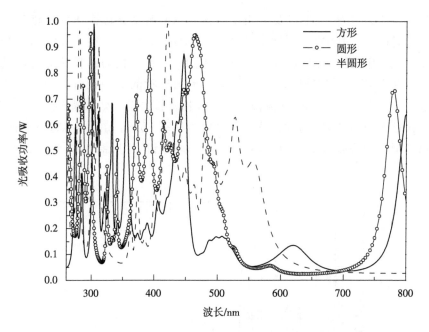

图 12.31 金颗粒在不同形状下的光吸收功率图对比

方形边长为 90nm,圆形和半圆形半径都为 45nm

颗粒来提高薄膜太阳能电池的光吸收率。

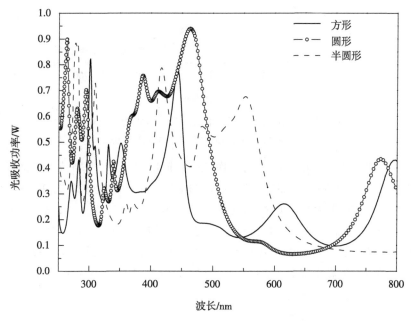

图 12.32 银颗粒在不同形状下的光吸收功率图对比

方形边长为 90nm,圆形和半圆形半径都为 45nm

图 12.33 为方形、圆形以及半圆形的银纳米颗粒对薄膜太阳能电池光吸收功率的光谱对比图。其中圆形和半圆形均为方形的内接圆,半径为 45nm,方形边长为 9nm。从图中可以看出,在 350nm 波段以下,三种形状的铜颗粒光吸收功率都可以达到 90% 以上,但是随着波段的增大,不同形状的铜颗粒对光吸收效率的影响非常明显。在 400~500 nm 波段,圆形和半圆形的吸收效果都达到了 95%,而方形铜颗粒的吸收效果不理想,最高吸收功率只有 75%。由此可知,对于铜颗粒,圆形和半圆形的吸收效果比较好,对于整个波段来讲,圆形铜颗粒的光吸收效果更好一些。

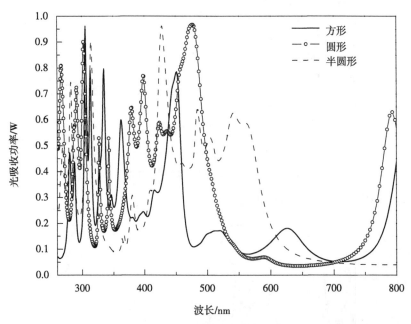

图 12.33　铜颗粒在不同形状下的光吸收功率图对比
方形边长为 90nm,圆形和半圆形半径都为 45nm

目前,在提高太阳能电池的光电转换效率的同时,大幅度地缩减光电池设备的成本是人们最为关注的问题。而金属纳米颗粒由于其优异的光学性能,能够大幅度提高太阳能电池的光吸收和转换效率,这对于节约电池的制造成本、大幅推广其应用具有重要的意义。由于金属纳米颗粒对波长与其尺寸接近的光会有强烈的散射和吸收作用,所以尺寸较大的金属纳米颗粒对光的吸收效果比较好,但是尺寸较大会引起动态极化和表面等离激元辐射衰减增加,导致高阶等离激元模式的出现,发生红移现象。

参 考 文 献

[1] 袁敬闳,莫怀德. 等离子体中的波. 成都:电子科技大学出版社,1990.

[2] Chen W,Choy W C H,He S L. Efficient and rigorous modeling of light emission in planar multilayer organic light-emitting diodes. Disp. Technol,2007,3(2),110-117.

[3] Yang L X,Li L,Kong W,et al. Metal nanoparticles influence on light absorbed power of thin-film solar cell with periodic structure. Optik,2012.

[4] 葛德彪,闫玉波. 电磁波时域有限差分方法(第三版). 西安:西安电子科技大学出版社,2011.

[5] Yang L X,Xie Y T,Yu P P. Study of bandgap characteristics of 2D magnetoplasma photonic crystal by using M-FDTD method. Microwave and optical technology letters,2011,53(8):1778-1784.

[6] Johnson P B,Christy R W. Optical Constants of the Noble Metals. PVB,1972,6(12):15.

[7] Li L,Yang L X,Kong W. Investigation on size of metal nano-particles influencing on light absorbed power of thin-film solar cell by modified FDTD method. 2012 International Conference on Microwave and Millimeter Wave Technology,Shenzhen,2012,5:1981-1984.

[8] Li L,Chen W,Kong W,et al. Band-gap properties investigation of PPC using the equivalent input-impedance method. 2012 International Conference on Microwave and Millimeter Wave Technology,Shenzhen,2012,3:839-842.

[9] 李玲. 周期金属纳米结构表面等离子体共振现象分析及应用研究. 江苏大学硕士学位论文,2013.

附　录　A

矩阵 $\boldsymbol{A}(t)$ 的求解

$$J(s)=(s\boldsymbol{I}-\boldsymbol{\Omega})^{-1}J_0+\varepsilon_0\omega_p^2\frac{1}{s}(s\boldsymbol{I}-\boldsymbol{\Omega})^{-1}\boldsymbol{E} \tag{A.1}$$

对式(A.1)进行拉普拉斯逆变换,从而得到一个时域的 $\boldsymbol{J}(t)$ 为

$$\boldsymbol{J}(t)=\boldsymbol{A}(t)J_0+\varepsilon_0\omega_p^2\boldsymbol{K}(t)\boldsymbol{E} \tag{A.2}$$

令

$$\boldsymbol{A}=(s\boldsymbol{I}-\boldsymbol{\Omega})=\begin{bmatrix} s+\nu & \omega_{bz} & -\omega_{by} \\ -\omega_{bz} & s+\nu & \omega_{bx} \\ \omega_{by} & -\omega_{bx} & s+\nu \end{bmatrix} \tag{A.3}$$

于是式(A.1)即变为

$$J(s)=\boldsymbol{A}^{-1}J_0+\varepsilon_0\omega_p^2\frac{1}{s}\boldsymbol{A}^{-1}\boldsymbol{E} \tag{A.4}$$

其中

$$\boldsymbol{A}^{-1}=(s\boldsymbol{I}-\boldsymbol{\Omega})^{-1}=\frac{1}{|\boldsymbol{A}|}\boldsymbol{A}^* \tag{A.5}$$

$$|\boldsymbol{A}|=(s+\nu)^3+\omega_{bx}\omega_{by}\omega_{bz}-\omega_{bx}\omega_{by}\omega_{bz}+(s+\nu)(\omega_{bx}^2+\omega_{by}^2+\omega_{bz}^2)=(s+\nu)^3+(s+\nu)\omega_b^2 \tag{A.6}$$

$\omega_b^2=\omega_{bx}^2+\omega_{by}^2+\omega_{bz}^2$, $\boldsymbol{A}^*$ 为 $\boldsymbol{A}$ 的伴随矩阵。易得到如下矩阵

$$\boldsymbol{A}^{-1}=\frac{1}{|\boldsymbol{A}|}\boldsymbol{A}^*$$

$$=\frac{1}{(s+\nu)^3+(s+\nu)\omega_b^2}\begin{bmatrix} (s+\nu)^2+\omega_{bx}^2 & \omega_{bx}\omega_{by}-(s+\nu)\omega_{bz} & \omega_{bx}\omega_{bz}+(s+\nu)\omega_{by} \\ \omega_{bx}\omega_{by}+(s+\nu)\omega_{bz} & (s+\nu)^2+\omega_{by}^2 & \omega_{by}\omega_{bz}-(s+\nu)\omega_{bx} \\ \omega_{bx}\omega_{bz}-(s+\nu)\omega_{by} & \omega_{by}\omega_{bz}+(s+\nu)\omega_{bx} & (s+\nu)^2+\omega_{bz}^2 \end{bmatrix} \tag{A.7}$$

对公式(A.4)进行拉普拉斯逆变换可以拆分成两个部分,一部分是 $\boldsymbol{A}^{-1}$;另一部分是 $\frac{1}{s}\boldsymbol{A}^{-1}$;对 $\boldsymbol{A}^{-1}$ 进行拉普拉斯逆变换就是对矩阵 $\boldsymbol{A}^{-1}$ 中的每个元素进行拉普拉斯逆变换,对 $\frac{1}{s}\boldsymbol{A}^{-1}$ 进行拉普拉斯逆变换就是把 $\frac{1}{s}$ 乘以矩阵 $\boldsymbol{A}^{-1}$ 中的每个元素,然后再进行拉普拉斯逆变换。

记

$$\boldsymbol{A}^{-1}=\begin{bmatrix} a_{11} & a_{12} & a_{13} \\ a_{21} & a_{22} & a_{23} \\ a_{31} & a_{32} & a_{33} \end{bmatrix} \tag{A.8}$$

（1）对 $\boldsymbol{A}^{-1}$ 进行拉普拉斯逆变换的推导。

$$a_{11}=\frac{(s+\nu)^2+\omega_{\mathrm{bx}}^2}{(s+\nu)^3+(s+\nu)\omega_{\mathrm{b}}^2}=\frac{(s+\nu)^2}{(s+\nu)^3+(s+\nu)\omega_{\mathrm{b}}^2}+\frac{\omega_{\mathrm{bx}}^2}{(s+\nu)^3+(s+\nu)\omega_{\mathrm{b}}^2} \quad (\mathrm{A}.9)$$

a_{11} 可分解为 $\dfrac{(s+\nu)^2}{(s+\nu)^3+(s+\nu)\omega_{\mathrm{b}}^2}$ 和 $\dfrac{\omega_{\mathrm{bx}}^2}{(s+\nu)^3+(s+\nu)\omega_{\mathrm{b}}^2}$ 两项。

令 $s=s+\nu$，使用频移性质 $\mathrm{e}^{-\nu t}$ 得到，第 1 项为

$$L^{-1}\left\{\frac{(s+\nu)^2}{(s+\nu)^3+(s+\nu)\omega_{\mathrm{b}}^2}\right\}=L^{-1}\left\{\frac{s^2}{s^3+s\omega_{\mathrm{b}}^2}\right\}\mathrm{e}^{-\nu t}=L^{-1}\left\{\frac{s}{s^2+\omega_{\mathrm{b}}^2}\right\}\mathrm{e}^{-\nu t} \quad (\mathrm{A}.10)$$

拉普拉斯逆变换即为 $\cos\omega_{\mathrm{b}}t\mathrm{e}^{-\nu t}$。

第 2 项为

$$L^{-1}\left\{\frac{\omega_{\mathrm{bx}}^2}{(s+\nu)^3+(s+\nu)\omega_{\mathrm{b}}^2}\right\}=L^{-1}\left\{\frac{1}{s(s^2+\omega_{\mathrm{b}}^2)}\right\}\omega_{\mathrm{bx}}^2\mathrm{e}^{-\nu t}=L^{-1}\left\{\frac{\dfrac{1}{s}-\dfrac{s}{s^2+\omega_{\mathrm{b}}^2}}{\omega_{\mathrm{b}}^2}\right\}\omega_{\mathrm{bx}}^2\mathrm{e}^{-\nu t}$$

$$(\mathrm{A}.11)$$

拉普拉斯逆变换即为 $\dfrac{1-\cos\omega_{\mathrm{b}}t}{\omega_{\mathrm{b}}^2}\omega_{\mathrm{bx}}^2\mathrm{e}^{-\nu t}$，则最终 a_{11} 的逆拉普拉斯变换为

$$L^{-1}\{a_{11}\}=\cos\omega_{\mathrm{b}}t\mathrm{e}^{-\nu t}+\omega_{\mathrm{bx}}^2\mathrm{e}^{-\nu t}\frac{1-\cos\omega_{\mathrm{b}}t}{\omega_{\mathrm{b}}^2}=\mathrm{e}^{-\nu t}\left(\cos\omega_{\mathrm{b}}t+\omega_{\mathrm{bx}}^2\frac{1-\cos\omega_{\mathrm{b}}t}{\omega_{\mathrm{b}}^2}\right)$$

$$(\mathrm{A}.12)$$

令 $C_1=\dfrac{1-\cos\omega_{\mathrm{b}}t}{\omega_{\mathrm{b}}^2}$，则

$$L^{-1}\{a_{11}\}=\mathrm{e}^{-\nu t}(\cos\omega_{\mathrm{b}}t+\omega_{\mathrm{bx}}^2C_1) \quad (\mathrm{A}.13)$$

同理可得

$$a_{22}=\frac{(s+\nu)^2+\omega_{\mathrm{by}}^2}{(s+\nu)^3+(s+\nu)\omega_{\mathrm{b}}^2}, \quad a_{33}=\frac{(s+\nu)^2+\omega_{\mathrm{bz}}^2}{(s+\nu)^3+(s+\nu)\omega_{\mathrm{b}}^2}$$

经过拉普拉斯逆变换为

$$L^{-1}\{a_{22}\}=\mathrm{e}^{-\nu t}(\cos\omega_{\mathrm{b}}t+\omega_{\mathrm{by}}^2C_1) \quad (\mathrm{A}.14)$$

$$L^{-1}\{a_{33}\}=\mathrm{e}^{-\nu t}(\cos\omega_{\mathrm{b}}t+\omega_{\mathrm{bz}}^2C_1) \quad (\mathrm{A}.15)$$

对矩阵中的 a_{12} 进行逆拉普拉斯变换

$$a_{12}=\frac{\omega_{\mathrm{bx}}\omega_{\mathrm{by}}-(s+\nu)\omega_{\mathrm{bz}}}{(s+\nu)^3+(s+\nu)\omega_{\mathrm{b}}^2}=\frac{\omega_{\mathrm{bx}}\omega_{\mathrm{by}}}{(s+\nu)^3+(s+\nu)\omega_{\mathrm{b}}^2}-\frac{(s+\nu)\omega_{\mathrm{bz}}}{(s+\nu)^3+(s+\nu)\omega_{\mathrm{b}}^2} \quad (\mathrm{A}.16)$$

a_{12} 也可以拆分成两项，其中第 1 项为

$$L^{-1}\left\{\frac{\omega_{\mathrm{bx}}\omega_{\mathrm{by}}}{(s+\nu)^3+(s+\nu)\omega_{\mathrm{b}}^2}\right\}=\omega_{\mathrm{bx}}\omega_{\mathrm{by}}L^{-1}\left\{\frac{1}{s(s^2+\omega_{\mathrm{b}}^2)}\right\}\mathrm{e}^{-\nu t}=\omega_{\mathrm{bx}}\omega_{\mathrm{by}}L^{-1}\left\{\frac{\dfrac{1}{s}-\dfrac{s}{s^2+\omega_{\mathrm{b}}^2}}{\omega_{\mathrm{b}}^2}\right\}\mathrm{e}^{-\nu t}$$

$$(\mathrm{A}.17)$$

拉普拉斯逆变换为 $\omega_{\mathrm{bx}}\omega_{\mathrm{by}}\mathrm{e}^{-\nu t}\dfrac{1-\cos\omega_{\mathrm{b}}t}{\omega_{\mathrm{b}}^2}=\omega_{\mathrm{bx}}\omega_{\mathrm{by}}\mathrm{e}^{-\nu t}C_1$。

第 2 项为

$$L^{-1}\left\{\frac{(s+\nu)\omega_{\mathrm{bz}}}{(s+\nu)^3+(s+\nu)\omega_{\mathrm{b}}^2}\right\}=L^{-1}\left\{\frac{s}{s^3+s\omega_{\mathrm{b}}^2}\right\}\omega_{\mathrm{bz}}\mathrm{e}^{-\nu t}$$
$$=L^{-1}\left\{\frac{1}{s^2+\omega_{\mathrm{b}}^2}\right\}\omega_{\mathrm{bz}}\mathrm{e}^{-\nu t}=L^{-1}\left\{\frac{\omega_{\mathrm{b}}}{s^2+\omega_{\mathrm{b}}^2}\right\}\frac{1}{\omega_{\mathrm{b}}}\omega_{\mathrm{bz}}\mathrm{e}^{-\nu t} \tag{A.18}$$

拉普拉斯逆变换为 $\omega_{\mathrm{bz}}\mathrm{e}^{-\nu t}\sin\omega_{\mathrm{b}}t\dfrac{1}{\omega_{\mathrm{b}}}$。

令 $S_1=\dfrac{\sin\omega_{\mathrm{b}}t}{\omega_{\mathrm{b}}}$，则 $\omega_{\mathrm{bz}}\mathrm{e}^{-\nu t}\sin\omega_{\mathrm{b}}t\dfrac{1}{\omega_{\mathrm{b}}}=\omega_{\mathrm{bz}}\mathrm{e}^{-\nu t}S_1$，于是 a_{12} 的逆拉普拉斯变换为

$$L^{-1}\{a_{12}\}=\omega_{\mathrm{bx}}\omega_{\mathrm{by}}\mathrm{e}^{-\nu t}C_1-\omega_{\mathrm{bz}}\mathrm{e}^{-\nu t}S_1=\mathrm{e}^{-\nu t}(\omega_{\mathrm{bx}}\omega_{\mathrm{by}}C_1-\omega_{\mathrm{bz}}S_1) \tag{A.19}$$

同理

$$L^{-1}\{a_{13}\}=\omega_{\mathrm{bx}}\omega_{\mathrm{bz}}\mathrm{e}^{-\nu t}C_1+\omega_{\mathrm{by}}\mathrm{e}^{-\nu t}S_1=\mathrm{e}^{-\nu t}(\omega_{\mathrm{bx}}\omega_{\mathrm{bz}}C_1+\omega_{\mathrm{by}}S_1) \tag{A.20}$$
$$L^{-1}\{a_{21}\}=\omega_{\mathrm{bx}}\omega_{\mathrm{by}}\mathrm{e}^{-\nu t}C_1+\omega_{\mathrm{bz}}\mathrm{e}^{-\nu t}S_1=\mathrm{e}^{-\nu t}(\omega_{\mathrm{bx}}\omega_{\mathrm{by}}C_1+\omega_{\mathrm{bz}}S_1) \tag{A.21}$$
$$L^{-1}\{a_{23}\}=\omega_{\mathrm{by}}\omega_{\mathrm{bz}}\mathrm{e}^{-\nu t}C_1-\omega_{\mathrm{bx}}\mathrm{e}^{-\nu t}S_1=\mathrm{e}^{-\nu t}(\omega_{\mathrm{by}}\omega_{\mathrm{bz}}C_1-\omega_{\mathrm{bx}}S_1) \tag{A.22}$$
$$L^{-1}\{a_{23}\}=\omega_{\mathrm{bx}}\omega_{\mathrm{bz}}\mathrm{e}^{-\nu t}C_1-\omega_{\mathrm{by}}\mathrm{e}^{-\nu t}S_1=\mathrm{e}^{-\nu t}(\omega_{\mathrm{bx}}\omega_{\mathrm{bz}}C_1-\omega_{\mathrm{by}}S_1) \tag{A.23}$$
$$L^{-1}\{a_{32}\}=\omega_{\mathrm{by}}\omega_{\mathrm{bz}}\mathrm{e}^{-\nu t}C_1+\omega_{\mathrm{bx}}\mathrm{e}^{-\nu t}S_1=\mathrm{e}^{-\nu t}(\omega_{\mathrm{by}}\omega_{\mathrm{bz}}C_1+\omega_{\mathrm{bx}}S_1) \tag{A.24}$$

所以最终经过拉普拉斯逆变换后的矩阵 $\boldsymbol{A}(t)$ 为

$$\boldsymbol{A}^{-1}=\boldsymbol{A}(t)=\mathrm{e}^{-\nu t}\begin{bmatrix}C_1\omega_{\mathrm{bx}}^2+\cos\omega_{\mathrm{b}}t & C_1\omega_{\mathrm{bx}}\omega_{\mathrm{by}}-S_1\omega_{\mathrm{bz}} & C_1\omega_{\mathrm{bx}}\omega_{\mathrm{bz}}+S_1\omega_{\mathrm{by}}\\ C_1\omega_{\mathrm{bx}}\omega_{\mathrm{by}}+S_1\omega_{\mathrm{bz}} & C_1\omega_{\mathrm{by}}^2+\cos\omega_{\mathrm{b}}t & C_1\omega_{\mathrm{by}}\omega_{\mathrm{bz}}-S_1\omega_{\mathrm{bx}}\\ C_1\omega_{\mathrm{bx}}\omega_{\mathrm{bz}}-S_1\omega_{\mathrm{by}} & C_1\omega_{\mathrm{by}}\omega_{\mathrm{bz}}+S_1\omega_{\mathrm{bx}} & C_1\omega_{\mathrm{bz}}^2+\cos\omega_{\mathrm{b}}t\end{bmatrix} \tag{A.25}$$

其中 $C_1=\dfrac{1-\cos\omega_{\mathrm{b}}t}{\omega_{\mathrm{b}}^2},S_1=\dfrac{\sin\omega_{\mathrm{b}}t}{\omega_{\mathrm{b}}}$。

(2)对 $\dfrac{1}{s}\boldsymbol{A}^{-1}$ 进行逆拉普拉斯变换的推导。

根据拉普拉斯变换的积分性质，已知 $f(t)$ 与 $F(s)$ 是拉普拉斯变换对，则有

$$L\left[\int_0^t f(\tau)\mathrm{d}\tau\right]=\frac{1}{s}F(s) \tag{A.26}$$

由上述性质可得

$$K(t)=L^{-1}\left[\frac{1}{s}A(s)\right]=\int_0^t A(\tau)\mathrm{d}\tau \tag{A.27}$$

即 $K(t)$ 是 $A(t)$ 在 $0\sim t$ 的积分。由此可对矩阵 $A(t)$ 中的每一项求积分得到 $K(t)$ 为

$$K(t)=\frac{\mathrm{e}^{-\nu t}}{\omega_{\mathrm{b}}^2+\nu^2}\begin{bmatrix}C_2\omega_{\mathrm{bx}}\omega_{\mathrm{by}}+C_3 & C_2\omega_{\mathrm{bx}}\omega_{\mathrm{by}}-C_4\omega_{\mathrm{bz}} & C_2\omega_{\mathrm{bx}}\omega_{\mathrm{bz}}+C_4\omega_{\mathrm{by}}\\ C_2\omega_{\mathrm{by}}\omega_{\mathrm{bx}}+C_4\omega_{\mathrm{bz}} & C_2\omega_{\mathrm{by}}\omega_{\mathrm{by}}+C_3 & C_2\omega_{\mathrm{by}}\omega_{\mathrm{bz}}-C_4\omega_{\mathrm{bx}}\\ C_2\omega_{\mathrm{bx}}\omega_{\mathrm{bz}}-C_4\omega_{\mathrm{by}} & C_2\omega_{\mathrm{bz}}\omega_{\mathrm{by}}+C_4\omega_{\mathrm{bx}} & C_2\omega_{\mathrm{bz}}\omega_{\mathrm{bz}}+C_3\end{bmatrix} \tag{A.28}$$

其中

$$C_2=(\mathrm{e}^{\nu t}-1)/\nu-\nu C_1-S_1,\quad C_3=\nu(\mathrm{e}^{\nu t}-\cos\omega_{\mathrm{b}}t)+\omega_{\mathrm{b}}\sin\omega_{\mathrm{b}}t$$
$$C_4=\mathrm{e}^{\nu t}-\cos\omega_{\mathrm{b}}t-\nu S_1$$

附　录　B

根据式(6.6),其中

$$A^{-1}=(\mathrm{j}\omega I-\varOmega)^{-1}=\frac{1}{|A|}A^{*} \tag{B.1}$$

$$
\begin{aligned}
|A| &=(\mathrm{j}\omega+\nu)^{3}+\omega_{\mathrm{b}x}\omega_{\mathrm{b}y}\omega_{\mathrm{b}z}-\omega_{\mathrm{b}x}\omega_{\mathrm{b}y}\omega_{\mathrm{b}z}+(\mathrm{j}\omega+\nu)(\omega_{\mathrm{b}x}^{2}+\omega_{\mathrm{b}y}^{2}+\omega_{\mathrm{b}z}^{2})\\
&=(\mathrm{j}\omega+\nu)^{3}+(\mathrm{j}\omega+\nu)\omega_{\mathrm{b}}^{2}
\end{aligned} \tag{B.2}
$$

$\omega_{\mathrm{b}}^{2}=\omega_{\mathrm{b}x}^{2}+\omega_{\mathrm{b}y}^{2}+\omega_{\mathrm{b}z}^{2}$,$A^{*}$ 为 A 的伴随矩阵。易得到如下矩阵

$$
\begin{aligned}
A^{-1}=\frac{1}{|A|}A^{*}&=\frac{1}{(\mathrm{j}\omega+\nu)^{3}+(\mathrm{j}\omega+\nu)\omega_{\mathrm{b}}^{2}}\\
&\times\begin{bmatrix}
(\mathrm{j}\omega+\nu)^{2}+\omega_{\mathrm{b}x}^{2} & \omega_{\mathrm{b}x}\omega_{\mathrm{b}y}-(\mathrm{j}\omega+\nu)\omega_{\mathrm{b}z} & \omega_{\mathrm{b}x}\omega_{\mathrm{b}z}+(\mathrm{j}\omega+\nu)\omega_{\mathrm{b}y}\\
\omega_{\mathrm{b}x}\omega_{\mathrm{b}y}+(\mathrm{j}\omega+\nu)\omega_{\mathrm{b}z} & (\mathrm{j}\omega+\nu)^{2}+\omega_{\mathrm{b}y}^{2} & \omega_{\mathrm{b}y}\omega_{\mathrm{b}z}-(\mathrm{j}\omega+\nu)\omega_{\mathrm{b}x}\\
\omega_{\mathrm{b}x}\omega_{\mathrm{b}z}-(\mathrm{j}\omega+\nu)\omega_{\mathrm{b}y} & \omega_{\mathrm{b}y}\omega_{\mathrm{b}z}+(\mathrm{j}\omega+\nu)\omega_{\mathrm{b}x} & (\mathrm{j}\omega+\nu)^{2}+\omega_{\mathrm{b}z}^{2}
\end{bmatrix}
\end{aligned} \tag{B.3}
$$

根据附录 A 的推导直接给出 A^{-1} 为

$$
A^{-1}=\frac{1}{(s+\nu)^{3}+(s+\nu)\omega_{\mathrm{b}}^{2}}\begin{bmatrix}
(s+\nu)^{2}+\omega_{\mathrm{b}x}^{2} & \omega_{\mathrm{b}x}\omega_{\mathrm{b}y}-(s+\nu)\omega_{\mathrm{b}z} & \omega_{\mathrm{b}x}\omega_{\mathrm{b}z}+(s+\nu)\omega_{\mathrm{b}y}\\
\omega_{\mathrm{b}x}\omega_{\mathrm{b}y}+(s+\nu)\omega_{\mathrm{b}z} & (s+\nu)^{2}+\omega_{\mathrm{b}y}^{2} & \omega_{\mathrm{b}y}\omega_{\mathrm{b}z}-(s+\nu)\omega_{\mathrm{b}x}\\
\omega_{\mathrm{b}x}\omega_{\mathrm{b}z}-(s+\nu)\omega_{\mathrm{b}y} & \omega_{\mathrm{b}y}\omega_{\mathrm{b}z}+(s+\nu)\omega_{\mathrm{b}x} & (s+\nu)^{2}+\omega_{\mathrm{b}z}^{2}
\end{bmatrix} \tag{B.4}
$$

根据文献[57],若:$f(t)$ 为有始信号,则 $f(t)$ 的单边拉普拉斯变换 $F_{\mathrm{L}}(S)$ 与 $f(t)$ 的傅里叶变换 $F_{F}(\mathrm{j}\omega)$ 之间有一定联系。这种联系依据 $f(t)$ 的拉普拉斯变换 $F_{\mathrm{L}}(S)$ 的收敛横坐标 σ_{0} 的值不同而分成三种情况:

(1) $\sigma_{0}>0$,拉普拉斯变换存在而傅里叶变换不存在;

(2) $\sigma_{0}<0$,$F_{\mathrm{L}}(S)|_{s=\mathrm{j}\omega}=F_{F}(\mathrm{j}\omega)$;

(3) $\sigma_{0}=0$,$F_{\mathrm{L}}(S)|_{s=\mathrm{j}\omega}\neq F_{F}(\mathrm{j}\omega)$,但 $F_{\mathrm{L}}(S)$ 与 $F_{F}(\mathrm{j}\omega)$ 都存在,且存在一定关系。

1) $\nu\neq0$ 矩阵　$A(t)$ 的推导

在本书中 $\sigma_{0}=-\nu$,而 ν 为等离子碰撞频率,是个正值,所以在此用 s 替换 $\mathrm{j}\omega$,即 $s=\mathrm{j}\omega$。那么矩阵 A^{-1} 可变换为

$$
A^{-1}=\frac{1}{|A|}\begin{bmatrix}
(s+\nu)^{2}+\omega_{\mathrm{b}x}^{2} & \omega_{\mathrm{b}x}\omega_{\mathrm{b}y}-(s+\nu)\omega_{\mathrm{b}z} & \omega_{\mathrm{b}x}\omega_{\mathrm{b}z}+(s+\nu)\omega_{\mathrm{b}y}\\
\omega_{\mathrm{b}x}\omega_{\mathrm{b}y}+(s+\nu)\omega_{\mathrm{b}z} & (s+\nu)^{2}+\omega_{\mathrm{b}y}^{2} & \omega_{\mathrm{b}y}\omega_{\mathrm{b}z}-(s+\nu)\omega_{\mathrm{b}x}\\
\omega_{\mathrm{b}x}\omega_{\mathrm{b}z}-(s+\nu)\omega_{\mathrm{b}y} & \omega_{\mathrm{b}y}\omega_{\mathrm{b}z}+(s+\nu)\omega_{\mathrm{b}x} & (s+\nu)^{2}+\omega_{\mathrm{b}z}^{2}
\end{bmatrix} \tag{B.5}
$$

其中,$|A|=(s+\nu)^{3}+(s+\nu)\omega_{\mathrm{b}}^{2}$。这个矩阵和之前的矩阵完全一样,因此得到

$$A^{-1} = A(t) = \mathrm{e}^{[\Omega t]} = \mathrm{e}^{-\nu t} \begin{bmatrix} C_1 \omega_{\mathrm{b}x}^2 + \cos\omega_{\mathrm{b}}t & C_1 \omega_{\mathrm{b}x}\omega_{\mathrm{b}y} - S_1\omega_{\mathrm{b}z} & C_1 \omega_{\mathrm{b}x}\omega_{\mathrm{b}z} + S_1\omega_{\mathrm{b}y} \\ C_1 \omega_{\mathrm{b}x}\omega_{\mathrm{b}y} + S_1\omega_{\mathrm{b}z} & C_1 \omega_{\mathrm{b}y}^2 + \cos\omega_{\mathrm{b}}t & C_1 \omega_{\mathrm{b}y}\omega_{\mathrm{b}z} - S_1\omega_{\mathrm{b}x} \\ C_1 \omega_{\mathrm{b}x}\omega_{\mathrm{b}z} - S_1\omega_{\mathrm{b}y} & C_1 \omega_{\mathrm{b}y}\omega_{\mathrm{b}z} + S_1\omega_{\mathrm{b}x} & C_1 \omega_{\mathrm{b}z}^2 + \cos\omega_{\mathrm{b}}t \end{bmatrix}$$

$$\text{(B. 6)}$$

其中

$$C_1 = \frac{1 - \cos\omega_{\mathrm{b}}t}{\omega_{\mathrm{b}}^2}, \quad S_1 = \frac{\sin\omega_{\mathrm{b}}t}{\omega_{\mathrm{b}}}$$

2）$\nu = 0$ 时矩阵 $A(t)$ 的推导

存在一种特殊情况，当 $\nu = 0$ 时，$\sigma_0 = 0$。碰撞等离子体变为非碰撞等离子体。公式需要重新推导，下面推导当 $\nu = 0$ 时的等离子体公式。

重写等离子体方程

$$\frac{\mathrm{d}\boldsymbol{J}}{\mathrm{d}t} + \nu\boldsymbol{J} = \varepsilon_0 \omega_{\mathrm{p}}^2 \boldsymbol{E} + \omega_{\mathrm{b}} \times \boldsymbol{J} \tag{B. 7}$$

$$\frac{\mathrm{d}\boldsymbol{J}}{\mathrm{d}t} = \varepsilon_0 \omega_{\mathrm{p}}^2 \boldsymbol{E} + \omega_{\mathrm{b}} \times \boldsymbol{J} \tag{B. 8}$$

式(B. 8)也可以写成

$$\begin{bmatrix} \dfrac{\mathrm{d}J_x}{\mathrm{d}t} \\ \dfrac{\mathrm{d}J_y}{\mathrm{d}t} \\ \dfrac{\mathrm{d}J_z}{\mathrm{d}t} \end{bmatrix} = \varepsilon_0 \omega_{\mathrm{p}}^2 \begin{bmatrix} E_x \\ E_y \\ E_z \end{bmatrix} + \boldsymbol{\Phi} \begin{bmatrix} J_x \\ J_y \\ J_z \end{bmatrix} \tag{B. 9}$$

其中

$$\boldsymbol{\Phi} = \begin{pmatrix} 0 & -\omega_{\mathrm{b}z} & \omega_{\mathrm{b}y} \\ \omega_{\mathrm{b}z} & 0 & -\omega_{\mathrm{b}x} \\ -\omega_{\mathrm{b}y} & \omega_{\mathrm{b}x} & 0 \end{pmatrix}$$

式(B. 9)可以写为

$$\frac{\mathrm{d}\boldsymbol{J}}{\mathrm{d}t} = \varepsilon_0 \omega_{\mathrm{p}}^2 \boldsymbol{E} + \boldsymbol{\Phi}\boldsymbol{J} \tag{B. 10}$$

根据时域频域对应关系：$\dfrac{\partial f(t)}{\partial t} \Rightarrow \mathrm{j}\omega f(\omega)$，上式可以改写为

$$\mathrm{j}\omega\boldsymbol{J}(\omega) = \varepsilon_0 \omega_{\mathrm{p}}^2 \boldsymbol{E}(\omega) + \boldsymbol{\Phi}\boldsymbol{J}(\omega)$$

$$(\mathrm{j}\omega\boldsymbol{I} - \boldsymbol{\Phi})\boldsymbol{J}(\omega) = \varepsilon_0 \omega_{\mathrm{p}}^2 \boldsymbol{E}(\omega) \tag{B. 11}$$

$$\boldsymbol{J}(\omega) = (\mathrm{j}\omega\boldsymbol{I} - \boldsymbol{\Phi})^{-1} \varepsilon_0 \omega_{\mathrm{p}}^2 \boldsymbol{E}(\omega)$$

令 $\boldsymbol{A} = \mathrm{j}\omega\boldsymbol{I} - \boldsymbol{\Phi}$，则式(B. 11)式变为

$$\boldsymbol{J}(\omega) = \boldsymbol{A}^{-1} \varepsilon_0 \omega_{\mathrm{p}}^2 \boldsymbol{E}(\omega) \tag{B. 12}$$

其中

$$\boldsymbol{A}^{-1}=(\mathrm{j}\omega\boldsymbol{I}-\boldsymbol{\Phi})^{-1}=\frac{1}{|\boldsymbol{A}|}\boldsymbol{A}^{*}$$

$$|\boldsymbol{A}|=(\mathrm{j}\omega)^{3}+(\mathrm{j}\omega)\omega_{\mathrm{b}}^{2}$$

易得到如下矩阵

$$\boldsymbol{A}^{-1}=\frac{1}{|\boldsymbol{A}|}\begin{bmatrix}(\mathrm{j}\omega)^{2}+\omega_{\mathrm{bx}}^{2} & \omega_{\mathrm{bx}}\omega_{\mathrm{by}}-(\mathrm{j}\omega)\omega_{\mathrm{bz}} & \omega_{\mathrm{bx}}\omega_{\mathrm{bz}}+(\mathrm{j}\omega)\omega_{\mathrm{by}}\\ \omega_{\mathrm{bx}}\omega_{\mathrm{by}}+(\mathrm{j}\omega)\omega_{\mathrm{bz}} & (\mathrm{j}\omega)^{2}+\omega_{\mathrm{by}}^{2} & \omega_{\mathrm{by}}\omega_{\mathrm{bz}}-(\mathrm{j}\omega)\omega_{\mathrm{bx}}\\ \omega_{\mathrm{bx}}\omega_{\mathrm{bz}}-(\mathrm{j}\omega)\omega_{\mathrm{by}} & \omega_{\mathrm{by}}\omega_{\mathrm{bz}}+(\mathrm{j}\omega)\omega_{\mathrm{bx}} & (\mathrm{j}\omega)^{2}+\omega_{\mathrm{bz}}^{2}\end{bmatrix}\quad(\mathrm{B}.13)$$

$$=\begin{bmatrix}a_{11} & a_{12} & a_{13}\\ a_{21} & a_{22} & a_{23}\\ a_{31} & a_{32} & a_{33}\end{bmatrix}$$

对 a_{11} 进行傅里叶变换, a_{11} 可以拆分为两项, 即 $\frac{(\mathrm{j}\omega)^{2}}{(\mathrm{j}\omega)^{3}+(\mathrm{j}\omega)\omega_{\mathrm{b}}^{2}}$ 和 $\frac{\omega_{\mathrm{bx}}^{2}}{(\mathrm{j}\omega)^{3}+(\mathrm{j}\omega)\omega_{\mathrm{b}}^{2}}$。

第 1 项:

$$\frac{(\mathrm{j}\omega)^{2}}{(\mathrm{j}\omega)^{3}+(\mathrm{j}\omega)\omega_{\mathrm{b}}^{2}}=\frac{\mathrm{j}\omega}{(\mathrm{j}\omega)^{2}+\omega_{\mathrm{b}}^{2}}=\frac{\mathrm{j}\omega}{\omega_{\mathrm{b}}^{2}-\omega^{2}}\quad(\mathrm{B}.14)$$

$$\frac{\mathrm{j}\omega}{\omega_{\mathrm{b}}^{2}-\omega^{2}}=\frac{\mathrm{j}\omega}{\omega_{\mathrm{b}}^{2}-\omega^{2}}+\frac{\pi}{2}\left[\delta(\omega-\omega_{\mathrm{b}})+\delta(\omega+\omega_{\mathrm{b}})\right]-\frac{\pi}{2}\left[\delta(\omega-\omega_{\mathrm{b}})+\delta(\omega+\omega_{\mathrm{b}})\right]$$

$$=\frac{\mathrm{j}\omega}{\omega_{\mathrm{b}}^{2}-\omega^{2}}+\frac{\pi}{2}\left[\delta(\omega-\omega_{\mathrm{b}})+\delta(\omega+\omega_{\mathrm{b}})\right]-\frac{1}{4}\left[2\pi\delta(\omega-\omega_{\mathrm{b}})+2\pi\delta(\omega+\omega_{\mathrm{b}})\right]$$

$$(\mathrm{B}.15)$$

根据傅里叶变换公式变换对

$$f(t)=u(t)\cos\alpha t\leftrightarrow F(\omega)=\frac{\mathrm{j}\omega}{\alpha^{2}-\omega^{2}}+\frac{\pi}{2}\left[\delta(\omega-\omega_{0})+\delta(\omega+\omega_{0})\right]$$

$$f(t)=\mathrm{e}^{\mathrm{j}\alpha t}\leftrightarrow F(\omega)=2\pi\delta(\omega-\alpha)$$

上式对应的傅里叶变换为

$$u(t)\cos\omega_{\mathrm{b}}t-\frac{1}{4}\left(\mathrm{e}^{\mathrm{j}\omega_{\mathrm{b}}t}+\mathrm{e}^{-\mathrm{j}\omega_{\mathrm{b}}t}\right)=u(t)\cos\omega_{\mathrm{b}}t-\frac{1}{4}\left(\cos\omega_{\mathrm{b}}t+\mathrm{j}\sin\omega_{\mathrm{b}}t+\cos\omega_{\mathrm{b}}t-\mathrm{j}\sin\omega_{\mathrm{b}}t\right)$$

$$=u(t)\cos\omega_{\mathrm{b}}t-\frac{1}{2}\cos\omega_{\mathrm{b}}t=\frac{1}{2}\cos\omega_{\mathrm{b}}t$$

$$(\mathrm{B}.16)$$

第 2 项:

$$\frac{\omega_{\mathrm{bx}}^{2}}{(\mathrm{j}\omega)^{3}+(\mathrm{j}\omega)\omega_{\mathrm{b}}^{2}}=\omega_{\mathrm{bx}}^{2}\frac{\dfrac{1}{\mathrm{j}\omega}-\dfrac{\mathrm{j}\omega}{(\mathrm{j}\omega)^{2}+\omega_{\mathrm{b}}^{2}}}{\omega_{\mathrm{b}}^{2}}=\omega_{\mathrm{bx}}^{2}\frac{\dfrac{1}{\mathrm{j}\omega}-\dfrac{\mathrm{j}\omega}{\omega_{\mathrm{b}}^{2}-\omega^{2}}}{\omega_{\mathrm{b}}^{2}}\quad(\mathrm{B}.17)$$

$$=\omega_{\mathrm{bx}}^{2}\frac{\left(\dfrac{1}{\mathrm{j}\omega}+\pi\delta(\omega)-\pi\delta(\omega)\right)-\dfrac{\mathrm{j}\omega}{\omega_{\mathrm{b}}^{2}-\omega^{2}}}{\omega_{\mathrm{b}}^{2}}$$

根据傅里叶变换对 $f(t) = u(t) \leftrightarrow F(\omega) = \dfrac{1}{j\omega} + \pi\delta(\omega)$ 和上面的结论,第 2 项的傅里叶变换为

$$\omega_{bx}^2 \frac{\left(u(t) - \dfrac{1}{2}\right) - \dfrac{1}{2}\cos\omega_b t}{\omega_b^2} = \omega_{bx}^2 \frac{\dfrac{1}{2} - \dfrac{1}{2}\cos\omega_b t}{\omega_b^2} = \frac{1}{2}\omega_{bx}^2 \frac{1 - \cos\omega_b t}{\omega_b^2} \tag{B.18}$$

所以 a_{11} 的傅里叶变换为

$$a_{11} = \frac{1}{2}\cos\omega_b t + \frac{1}{2}\omega_{bx}^2 \frac{1 - \cos\omega_b t}{\omega_b^2} = \frac{1}{2}\left(\cos\omega_b t + \omega_{bx}^2 \frac{1 - \cos\omega_b t}{\omega_b^2}\right) \tag{B.19}$$

同理,可得 a_{22}, a_{33} 的傅里叶变换为

$$a_{22} = \frac{1}{2}\left(\cos\omega_b t + \omega_{by}^2 \frac{1 - \cos\omega_b t}{\omega_b^2}\right) \tag{B.20}$$

$$a_{33} = \frac{1}{2}\left(\cos\omega_b t + \omega_{bz}^2 \frac{1 - \cos\omega_b t}{\omega_b^2}\right) \tag{B.21}$$

对 a_{12} 进行傅里叶变换。把 a_{12} 分为两项,即 $\dfrac{\omega_{bx}\omega_{by}}{(j\omega)^3 + (j\omega)\omega_b^2}$ 和 $\dfrac{(j\omega)\omega_{bz}}{(j\omega)^3 + (j\omega)\omega_b^2}$,其中第 1 项:

$$\frac{\omega_{bx}\omega_{by}}{(j\omega)^3 + (j\omega)\omega_b^2} = \omega_{bx}\omega_{by} \frac{\dfrac{1}{j\omega} - \dfrac{j\omega}{(j\omega)^2 + \omega_b^2}}{\omega_b^2} \tag{B.22}$$

第 1 项和 a_{11} 的第 2 项形式相似,参照上式的变换,它的傅里叶变换为

$$\omega_{bx}\omega_{by} \frac{\dfrac{1}{j\omega} - \dfrac{j\omega}{(j\omega)^2 + \omega_b^2}}{\omega_b^2} \Leftrightarrow \omega_{bx}\omega_{by} \frac{\dfrac{1}{2} - \dfrac{1}{2}\cos\omega_b t}{\omega_b^2} = \frac{1}{2}\omega_{bx}\omega_{by} \frac{1 - \cos\omega_b t}{\omega_b^2} \tag{B.23}$$

第 2 项:

$$\frac{(j\omega)\omega_{bz}}{(j\omega)^3 + (j\omega)\omega_b^2} = \frac{\omega_{bz}}{(j\omega)^2 + \omega_b^2} = \frac{\omega_{bz}}{\omega_b^2 - \omega^2} = \frac{\omega_{bz}}{\omega_b} \frac{\omega_b}{\omega_b^2 - \omega^2} \tag{B.24}$$

$$\frac{\omega_{bz}}{\omega_b} \frac{\omega_b}{\omega_b^2 - \omega^2}$$

$$= \frac{\omega_{bz}}{\omega_b}\left\{\frac{\omega_b}{\omega_b^2 - \omega^2} + \frac{\pi}{2j}[\delta(\omega - \omega_b) - \delta(\omega + \omega_b)] - \frac{\pi}{2j}[\delta(\omega - \omega_b) - \delta(\omega + \omega_b)]\right\}$$

$$= \frac{\omega_{bz}}{\omega_b}\left\{\frac{\omega_b}{\omega_b^2 - \omega^2} + \frac{\pi}{2j}[\delta(\omega - \omega_b) + \delta(\omega + \omega_b)] - \frac{1}{4j}[2\pi\delta(\omega - \omega_b) + 2\pi\delta(\omega + \omega_b)]\right\}$$

$$\tag{B.25}$$

根据傅里叶变换对

$$f(t) = u(t)\cos\alpha t \leftrightarrow F(\omega) = \frac{j\omega}{\alpha^2 - \omega^2} + \frac{\pi}{2}[\delta(\omega - \omega_0) + \delta(\omega + \omega_0)]$$

$$f(t) = e^{j\alpha t} \leftrightarrow F(\omega) = 2\pi\delta(\omega - \alpha)$$

第 2 项的傅里叶变换为

$$\frac{\omega_{\mathrm{bz}}}{\omega_{\mathrm{b}}}\left[u(t)\sin\omega_{\mathrm{b}}t-\frac{1}{4\mathrm{j}}(\mathrm{e}^{\mathrm{j}\omega_{\mathrm{b}}t}-\mathrm{e}^{\mathrm{j}\omega_{\mathrm{b}}t})\right]$$

$$=\frac{\omega_{\mathrm{bz}}}{\omega_{\mathrm{b}}}\left[u(t)\sin\omega_{\mathrm{b}}t-\frac{1}{4\mathrm{j}}(\cos\omega_{\mathrm{b}}t+\mathrm{j}\sin\omega_{\mathrm{b}}t-\cos\omega_{\mathrm{b}}t+\mathrm{j}\sin\omega_{\mathrm{b}}t)\right] \quad\quad (\mathrm{B.}\,26)$$

$$=\frac{\omega_{\mathrm{bz}}}{\omega_{\mathrm{b}}}\left[u(t)\sin\omega_{\mathrm{b}}t-\frac{1}{2}\sin\omega_{\mathrm{b}}t\right]$$

$$=\frac{1}{2}\omega_{\mathrm{bz}}\frac{\sin\omega_{\mathrm{b}}t}{\omega_{\mathrm{b}}}$$

所以 a_{12} 的傅里叶变换为

$$a_{12}=\frac{1}{2}\omega_{\mathrm{bx}}\omega_{\mathrm{by}}\frac{1-\cos\omega_{\mathrm{b}}t}{\omega_{\mathrm{b}}^2}-\frac{1}{2}\omega_{\mathrm{bz}}\frac{\sin\omega_{\mathrm{b}}t}{\omega_{\mathrm{b}}}$$

$$=\frac{1}{2}\left(\omega_{\mathrm{bx}}\omega_{\mathrm{by}}\frac{1-\cos\omega_{\mathrm{b}}t}{\omega_{\mathrm{b}}^2}-\omega_{\mathrm{bz}}\frac{\sin\omega_{\mathrm{b}}t}{\omega_{\mathrm{b}}}\right) \quad\quad (\mathrm{B.}\,27)$$

因为 $a_{13}a_{21}a_{23}a_{31}a_{32}$ 和 a_{12} 有着相似的形式,所以同理可得其他的傅里叶变换

$$a_{13}=\frac{1}{2}\left(\omega_{\mathrm{bx}}\omega_{\mathrm{bz}}\frac{1-\cos\omega_{\mathrm{b}}t}{\omega_{\mathrm{b}}^2}+\omega_{\mathrm{by}}\frac{\sin\omega_{\mathrm{b}}t}{\omega_{\mathrm{b}}}\right) \quad\quad (\mathrm{B.}\,28)$$

$$a_{21}=\frac{1}{2}\left(\omega_{\mathrm{bx}}\omega_{\mathrm{by}}\frac{1-\cos\omega_{\mathrm{b}}t}{\omega_{\mathrm{b}}^2}+\omega_{\mathrm{bz}}\frac{\sin\omega_{\mathrm{b}}t}{\omega_{\mathrm{b}}}\right) \quad\quad (\mathrm{B.}\,29)$$

$$a_{23}=\frac{1}{2}\left(\omega_{\mathrm{by}}\omega_{\mathrm{bz}}\frac{1-\cos\omega_{\mathrm{b}}t}{\omega_{\mathrm{b}}^2}-\omega_{\mathrm{bx}}\frac{\sin\omega_{\mathrm{b}}t}{\omega_{\mathrm{b}}}\right) \quad\quad (\mathrm{B.}\,30)$$

$$a_{31}=\frac{1}{2}\left(\omega_{\mathrm{bx}}\omega_{\mathrm{bz}}\frac{1-\cos\omega_{\mathrm{b}}t}{\omega_{\mathrm{b}}^2}-\omega_{\mathrm{by}}\frac{\sin\omega_{\mathrm{b}}t}{\omega_{\mathrm{b}}}\right) \quad\quad (\mathrm{B.}\,31)$$

$$a_{32}=\frac{1}{2}\left(\omega_{\mathrm{by}}\omega_{\mathrm{bz}}\frac{1-\cos\omega_{\mathrm{b}}t}{\omega_{\mathrm{b}}^2}+\omega_{\mathrm{bx}}\frac{\sin\omega_{\mathrm{b}}t}{\omega_{\mathrm{b}}}\right) \quad\quad (\mathrm{B.}\,32)$$

得到所有分量的傅里叶变换后按矩阵形式排列得到 $\boldsymbol{A}^{-1}$,其中 C_1,S_1 含义同上

$$\boldsymbol{A}^{-1}=\boldsymbol{A}(t)=\frac{1}{2}\begin{bmatrix}C_1\omega_{\mathrm{bx}}^2+\cos\omega_{\mathrm{b}}t & C_1\omega_{\mathrm{bx}}\omega_{\mathrm{by}}-S_1\omega_{\mathrm{bz}} & C_1\omega_{\mathrm{bx}}\omega_{\mathrm{bz}}+S_1\omega_{\mathrm{by}}\\ C_1\omega_{\mathrm{bx}}\omega_{\mathrm{by}}+S_1\omega_{\mathrm{bz}} & C_1\omega_{\mathrm{by}}^2+\cos\omega_{\mathrm{b}}t & C_1\omega_{\mathrm{by}}\omega_{\mathrm{bz}}-S_1\omega_{\mathrm{bx}}\\ C_1\omega_{\mathrm{bx}}\omega_{\mathrm{bz}}-S_1\omega_{\mathrm{by}} & C_1\omega_{\mathrm{by}}\omega_{\mathrm{bz}}+S_1\omega_{\mathrm{bx}} & C_1\omega_{\mathrm{bz}}^2+\cos\omega_{\mathrm{b}}t\end{bmatrix} \quad (\mathrm{B.}\,33)$$

一维情况下:

当 $\nu>0$ 时

$$\boldsymbol{A}(t)=F^{-1}[\boldsymbol{A}(\omega)]=\mathrm{e}^{\boldsymbol{\Omega}t}U(t)=\mathrm{e}^{-\nu t}\begin{bmatrix}\cos\omega_{\mathrm{b}}t & -\sin\omega_{\mathrm{b}}t\\ \sin\omega_{\mathrm{b}}t & \cos\omega_{\mathrm{b}}t\end{bmatrix}U(t) \quad\quad (\mathrm{B.}\,34)$$

当 $\nu=0$ 时不满足傅里叶变换和拉普拉斯变换互换条件,但此时可直接根据傅里叶变换对,得到 σ 的时域表达式为

$$\boldsymbol{A}(t)=\frac{1}{2}\begin{pmatrix}\cos\omega_{\mathrm{b}}t & -\sin\omega_{\mathrm{b}}t\\ \sin\omega_{\mathrm{b}}t & \cos\omega_{\mathrm{b}}t\end{pmatrix}U(t)=\frac{1}{2}\mathrm{e}^{\boldsymbol{\Omega}t}U(t) \quad\quad (\mathrm{B.}\,35)$$

其中

$$\boldsymbol{\Omega}=\begin{pmatrix}0 & -\omega_{\mathrm{b}}\\ \omega_{\mathrm{b}} & 0\end{pmatrix}$$

附　录　C

瞬变磁化等离子体中 $F_{E_{x2}}^+(s)$ 的求解：

$$F_{E_{x2}}^+(s)\left[s^2+\omega_0^2+\omega_{\mathrm{p\_max}}^2\right]-F_{J_{y2}}^+(s)\left[\mu_0\omega_{\mathrm{b}}c^2\right]=s \tag{C.1}$$

$$F_{E_{y2}}^+(s)\left[s^2+\omega_0^2+\omega_{\mathrm{p\_max}}^2\right]+F_{J_{x2}}^+(s)\left[\mu_0\omega_{\mathrm{b}}c^2\right]=s\cos\delta-\omega_0\sin\delta \tag{C.2}$$

$$F_{H_{y2}}^+(s)=a_2\varepsilon_0 E_0\left[sF_{E_{x2}}^+(s)-1\right]+a_2 E_0 F_{J_{x2}}^+(s) \tag{C.3}$$

$$F_{H_{x2}}^+(s)=-a_2\varepsilon_0 E_0\left[sF_{E_{y2}}^+(s)-\cos\delta\right]-a_2 E_0 F_{J_{y2}}^+(s) \tag{C.4}$$

$$F_{E_{y2}}^+(s)=a_1\left[sF_{H_{x2}}^+(s)+\sin\delta\right] \tag{C.5}$$

$$F_{E_{x2}}^+(s)=-a_1\left[sF_{H_{y2}}^+(s)\right] \tag{C.6}$$

其中

$$\begin{cases} a_1=\mu_0 dH_0/(n\pi E_0)=-1/\omega_0 \\ a_2=d/(n\pi H_0)=-1/(\varepsilon_0 E_0\omega_0) \end{cases} \tag{C.7}$$

下面对式(C.1)~式(C.6)中的 $F_{E_{x2}}^+(s)$ 进行求解。

根据式(C.5)，用 $F_{E_{y2}}^+(s)$ 表示出 $F_{H_{x2}}^+(s)$，得

$$F_{H_{x2}}^+(s)=\frac{F_{E_{y2}}^+(s)}{a_1 s}-\frac{\sin\delta}{s} \tag{C.8}$$

由式(C.4)、式(C.8)可得

$$F_{J_{y2}}^+(s)=\frac{a_1 a_2 s\varepsilon_0 E_0\cos\delta+a_1\sin\delta-(1+a_1 a_2 s^2\varepsilon_0 E_0)F_{E_{y2}}^+(s)}{a_1 a_2 E_0 s} \tag{C.9}$$

同理，根据式(C.3)、式(C.6)得

$$F_{J_{x2}}^+(s)=\frac{a_1 a_2\varepsilon_0 E_0 s-(1+a_1 a_2\varepsilon_0 E_0 s^2)F_{E_{x2}}^+(s)}{a_1 a_2 E_0 s} \tag{C.10}$$

将 $F_{J_{y2}}^+(s)$、$F_{J_{x2}}^+(s)$ 代入式(C.1)、式(C.2)，则有

$$F_{E_{x2}}^+(s)(s^2+\omega_0^2+\omega_{\mathrm{p}}^2)-\mu_0\omega_{\mathrm{b}}c^2\,\frac{a_1 a_2 s\varepsilon_0 E_0\cos\delta+a_1\sin\delta-(1+a_1 a_2 s^2\varepsilon_0 E_0)F_{E_{y2}}^+(s)}{a_1 a_2 E_0 s}=s \tag{C.11}$$

$$F_{E_{y2}}^+(s)(s^2+\omega_0^2+\omega_{\mathrm{p}}^2)+\mu_0\omega_{\mathrm{b}}c^2\,\frac{a_1 a_2 s\varepsilon_0 E_0-(1+a_1 a_2 s^2\varepsilon_0 E_0)F_{E_{x2}}^+(s)}{a_1 a_2 E_0 s}=s\cos\delta-\omega_0\sin\delta \tag{C.12}$$

对于式(C.12)，用 $F_{E_{x2}}^+(s)$ 表示 $F_{E_{y2}}^+(s)$，整理可得

$$F_{E_{y2}}^+(s)=\frac{s\cos\delta-\omega_0\sin\delta-\mu_0\omega_{\mathrm{b}}c^2\,\dfrac{a_1 a_2\varepsilon_0 E_0 s-(1+a_1 a_2\varepsilon_0 E_0 s^2)F_{E_{x2}}^+(s)}{a_1 a_2 E_0 s}}{s^2+\omega_0^2+\omega_{\mathrm{p}}^2} \tag{C.13}$$

将式(C.13)代入式(C.11)可得

$$
F_{E_{x2}}^+(s)(s^2+\omega_0^2+\omega_p^2)-\mu_0\omega_b c^2\,\frac{a_1a_2 s\varepsilon_0 E_0\cos\delta+a_1\sin\delta}{a_1a_2 E_0 s}
$$

$$
+\mu_0\omega_b c^2(1+a_1a_2 s^2\varepsilon_0 E_0)\frac{s\cos\delta-\omega_0\sin\delta}{(s^2+\omega_0^2+\omega_p^2)a_1a_2 E_0 s}
\tag{C.14}
$$

$$
-(\mu_0\omega_b c^2)^2(1+a_1a_2 s^2\varepsilon_0 E_0)\frac{a_1a_2\varepsilon_0 E_0 s-(1+a_1a_2\varepsilon_0 E_0 s^2)F_{E_{x2}}^+(s)}{(a_1a_2 E_0 s)^2(s^2+\omega_0^2+\omega_p^2)}=s
$$

对式(C.14)整理得

$$
F_{E_{x2}}^+(s)=\frac{a_{10}s^5+a_{11}s^4+a_{12}s^3+a_{13}s^2+a_{14}s+a_{15}}{s^6+a_{16}s^4+a_{17}s^2+a_{18}}
\tag{C.15}
$$

其中

$$
\begin{cases}
a_3=\mu_0\omega_b\varepsilon_0 E_0 c^2\\
a_4=-\mu_0\omega_b c^2/(a_1a_2)\\
a_5=c^2\mu_0\omega_b\varepsilon_0 E_0\cos\delta\\
a_6=-\omega_0\sin\delta-c^2\mu_0\omega_b\varepsilon_0 E_0\\
a_7=-c^2\mu_0\omega_b\sin\delta/a_2\\
a_8=0\\
a_9=\omega_0^2+\omega_p^2
\end{cases}
\tag{C.16}
$$

$$
\begin{cases}
a_{10}=1\\
a_{11}=a_5-a_3\cos\delta\\
a_{12}=a_9-a_7-a_3 a_6\\
a_{13}=a_5 a_9-a_3 a_8+a_4\cos\delta=a_5 a_9+a_4\cos\delta\\
a_{14}=-a_7 a_9+a_4 a_6\\
a_{15}=a_4 a_8=0\\
a_{16}=2a_9+a_3^2\\
a_{17}=a_9^2-2a_3 a_4\\
a_{18}=a_4^2
\end{cases}
\tag{C.17}
$$

附　录　D

缓变磁化等离子体中 $F_{E_{x2}}^+(s)$ 的求解：

$$F_{H_{y2}}^+(s) = -\frac{s}{\omega_0}F_{E_{x2}}^+(s) + \frac{1}{\omega_0} - \frac{1}{\varepsilon_0\omega_0}F_{J_{x2}}^+(s) \tag{D.1}$$

$$F_{H_{x2}}^+(s) = \frac{s}{\omega_0}F_{E_{y2}}^+(s) + \frac{1}{\varepsilon_0\omega_0}F_{J_{y2}}^+(s) \tag{D.2}$$

$$F_{E_{y2}}^+(s) = -\frac{s}{\omega_0}F_{H_{x2}}^+(s) + \frac{1}{\omega_0} \tag{D.3}$$

$$F_{E_{x2}}^+(s) = \frac{s}{\omega_0}F_{H_{y2}}^+(s) \tag{D.4}$$

$$F_{E_{x2}}^+(s)(s^2+\omega_0^2+\omega_{\text{p\_max}}^2) - F_{J_{y2}}^+(s)(\mu_0\omega_{\text{b}}c^2) - F_{J_{x2}}^+(s)(\mu_0\nu c^2) = s + \omega_{\text{p\_max}}^2 F_{E_{x2}}^+(s+\alpha) \tag{D.5}$$

$$F_{E_{y2}}^+(s)(s^2+\omega_0^2+\omega_{\text{p\_max}}^2) + F_{J_{x2}}^+(s)(\mu_0\omega_{\text{b}}c^2) - F_{J_{y2}}^+(s)(\mu_0\nu c^2) = \omega_0 + \omega_{\text{p\_max}}^2 F_{E_{y2}}^+(s+\alpha) \tag{D.6}$$

求解方程组式(D.1)~式(D.6)中的 $F_{E_{x2}}^+(s)$，具体过程如下：

将式(D.1)代入式(D.4)，整理可得

$$F_{J_{x2}}^+(s) = -\left(\frac{\varepsilon_0\omega_0^2}{s} + s\varepsilon_0\right)F_{E_{x2}}^+(s) + \varepsilon_0 \tag{D.7}$$

将式(D.2)代入式(D.3)，整理可得

$$F_{J_{y2}}^+(s) = -\left(\frac{\varepsilon_0\omega_0^2}{s} + s\varepsilon_0\right)F_{E_{y2}}^+(s) + \frac{\varepsilon_0\omega_0}{s} \tag{D.8}$$

将式(D.7)、式(D.8)代入式(D.5)，整理可得

$$F_{E_{x2}}^+(s)\cdot\left(s^2+\omega_0^2+\omega_{\text{p\_max}}^2+\frac{\omega_0^2\nu}{s}+s\nu\right) + F_{E_{y2}}^+(s)\cdot\left(\frac{\omega_0^2\omega_{\text{b}}}{s}+s\omega_{\text{b}}\right)$$

$$= \left(s+\nu+\frac{\omega_0\omega_{\text{b}}}{s}\right) + \omega_{\text{p\_max}}^2 F_{E_{x2}}^+(s+\alpha) \tag{D.9}$$

将式(D.7)、式(D.8)代入式(D.6)，整理可得

$$F_{E_{y2}}^+(s)\cdot\left(s^2+\omega_0^2+\omega_{\text{p\_max}}^2+\frac{\omega_0^2\nu}{s}+s\nu\right) - F_{E_{x2}}^+(s)\cdot\left(\frac{\omega_0^2\omega_{\text{b}}}{s}+s\omega_{\text{b}}\right)$$

$$= \left(\omega_0-\omega_{\text{b}}+\frac{\omega_0\nu}{s}\right) + \omega_{\text{p\_max}}^2 F_{E_{y2}}^+(s+\alpha) \tag{D.10}$$

令

$$\begin{cases} a=s^2+\omega_0^2+\omega_{p\_max}^2+\dfrac{\omega_0^2\nu}{s}+s\nu \\[2mm] b=\dfrac{\omega_0^2\omega_b}{s}+s\omega_b \\[2mm] c=s+\nu+\dfrac{\omega_0\omega_b}{s} \\[2mm] d=\omega_0-\omega_b+\dfrac{\omega_0\nu}{s} \end{cases} \tag{D.11}$$

则式(D.9)和式(D.10)可写成如下形式

$$\begin{cases} a\cdot F_{E_{x2}}^+(s)+b\cdot F_{E_{y2}}^+(s)=c+\omega_{p\_max}^2 F_{E_{x2}}^+(s+\alpha) \\[2mm] a\cdot F_{E_{y2}}^+(s)-b\cdot F_{E_{x2}}^+(s)=d+\omega_{p\_max}^2 F_{E_{y2}}^+(s+\alpha) \end{cases} \tag{D.12}$$

附录 E 等效输入阻抗公式推导

以均匀平面波垂直投射到两种不同介质分界面上的情况为例。设 $z<0$ 区域的介质参数为 μ_1 和 ε_1，$z>0$ 区域的介质参数为 μ_2 和 ε_2，分界面为 xy 面，如图 E.1 所示。

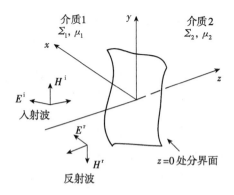

图 E.1 均匀平面波垂直投射到两种介质分界面

设入射波电场为

$$E^{\mathrm{i}} = \hat{x} E_0^{\mathrm{i}} \mathrm{e}^{-jk_1 z} \tag{E.1}$$

对应的磁场为

$$H^{\mathrm{i}} = \hat{y} \frac{E_0^{\mathrm{i}}}{Z_1} \mathrm{e}^{-jk_1 z} \tag{E.2}$$

式中，$Z_1 = \sqrt{\dfrac{\mu_1}{\varepsilon_1}}$ 是 $z<0$ 区域介质 1 的波阻抗；$k_1 = \dfrac{2\pi}{\lambda_1} = \omega \sqrt{\mu_1 \varepsilon_1}$ 是介质 1 中的波数；E_0^{i} 是在 $z=0$ 处的入射电场。波垂直投射到界面上，一部分被反射，另一部分投射到 $z>0$ 的介质 2 中。反射波是向 $-z$ 方向传播的均匀平面波，极化与入射波相同，可以写成如下形式

$$E^{\mathrm{r}} = \hat{x} E_0^{\mathrm{r}} \mathrm{e}^{jk_1 z} \tag{E.3}$$

$$H^{\mathrm{r}} = -\hat{y} \frac{E_0^{\mathrm{r}}}{Z_1} \mathrm{e}^{jk_1 z} \tag{E.4}$$

E_0^{r} 是在 $z=0$ 界面处的反射电场。定义界面反射系数 R 为

$$R = \frac{E_0^{\mathrm{r}}}{E_0^{\mathrm{i}}} = \frac{Z_2 - Z_1}{Z_2 + Z_1} \tag{E.5}$$

式中，$Z_2 = \sqrt{\dfrac{\mu_2}{\varepsilon_2}}$ 是 $z>0$ 区域介质 2 的波阻抗。

介质中入射波和反射波合成后的电场为

$$E_1 = \hat{x} E_0^i (e^{-jk_1 z} + Re^{jk_1 z})\qquad\text{(E.6)}$$

为了了解上式所表示的波的性质，将上式写为

$$E_1 = \hat{x} E_0^i (e^{-jk_1 z} - Re^{-jk_1 z} + Re^{-jk_1 z} + Re^{jk_1 z})\qquad\text{(E.7)}$$

整理后得

$$E_1 = \hat{x} E_0^i (1-R) e^{-jk_1 z} + \hat{x} 2R E_0^i \cos k_1 z\qquad\text{(E.8)}$$

可以看出，合成波包括两部分，第一部分为行波，而第二部分是驻波。因此，这种波称为驻波。当入射波和反射波同时存在而形成驻波时，驻波中任一点的总电场和总磁场之比不仅与介质参数或波阻抗有关，还与该点到分界面的距离有关。定义驻波中距离分界面为 d 的点上电场强度与磁场强度之比为该点的输入阻抗，记为 Z_{in}，即

$$Z_{in}(d) = \frac{E(z=-d)}{H(z=-d)}\qquad\text{(E.9)}$$

将合成电场和磁场的表达式代入上式得

$$Z_{in}(d) = \frac{1+Re^{j2k_1 d}}{1-Re^{j2k_1 d}} Z_1\qquad\text{(E.10)}$$

将 $R = \dfrac{Z_2 - Z_1}{Z_2 + Z_1}$ 代入上式并整理，输入阻抗又可写为

$$Z_{in}(d) = Z_1 \frac{Z_2 + jZ_1 \tan k_1 d}{Z_1 + jZ_2 \tan k_1 d}\qquad\text{(E.11)}$$

可以看出，输入阻抗不仅与介质的波阻抗有关，还与介质层的厚度、波数等有关。由此可以推广到 n 层介质，设备层介质的波阻抗分别为 $Z_1, Z_2, Z_3, \cdots, Z_i, \cdots, Z_n$，对应的波数 $k_1, k_2, k_3, \cdots, k_i, \cdots, k_n$，厚度均为 d，如图 E.2 所示。

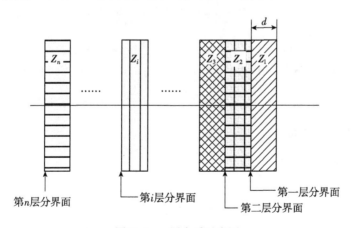

图 E.2　n 层介质示意图

利用等效的思想，可以先将第一层分界面通过上面的等效方法进行等效，得到第一层分界面处的等效输入阻抗，定义 $Z_{in}^{(1)}$ 为

$$Z_{\text{in}}^{(1)} = Z_1 \frac{Z_2 + \text{j}Z_1 \tan k_1 d}{Z_1 + \text{j}Z_2 \tan k_1 d} \tag{E.12}$$

依此类推，可得到第 i 层的等效输入阻抗 $Z_{\text{in}}^{(i)}$ 为

$$Z_{\text{in}}^{(i)} = \frac{Z_{\text{in}}^{(i-1)} + \text{j}Z_i \tan k_i d}{Z_i + \text{j}Z_{\text{in}}^{(i-1)} \tan k_i d} Z_i \tag{E.13}$$

对于斜入射的均匀平面波，不论为何种极化方式，都可以分解为两个正交的线极化波：TM_z 波（用 $E^{/\!/}$ 表示）和 TE_z 波（用 $E^{\perp}$ 表示），则

$$E = E^{\perp} + E^{/\!/} \tag{E.14}$$

设入射波的角度为 θ，当入射波进入多层介质后，会在每层分界面处出现反射和折射，定义第 i 层分界面的折射角为 θ_i。由图 E.2 可以看出，平面电磁波在第 n 层内向第 $n-1$ 层传输，通过各层介质后被反射。电磁波在分层等离子体的传输相当于在图 E.3 的等效输入阻抗中传输。

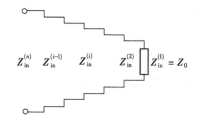

$$Z_{\text{in}}^{(n)} \quad Z_{\text{in}}^{(i-1)} \quad Z_{\text{in}}^{(i)} \quad Z_{\text{in}}^{(2)} \quad Z_{\text{in}}^{(1)} = Z_0$$

图 E.3　分层介质等效输入阻抗示意图

通过上述垂直入射的等效分析法，同理可得到均匀平面波斜入射到 n 层介质中的等效输入阻抗的一般式

$$Z_{\text{in}}^{(i)} = \frac{Z_{\text{in}}^{(i-1)} + \text{j}Z_i \tan\left[(k_i \cos\theta_i)d_i\right]}{Z_i + \text{j}Z_{\text{in}}^{(i-1)} \tan\left[(k_i \cos\theta_i)d_i\right]} Z_i \tag{E.15}$$

式中，波数 $k_i = -\omega\sqrt{\varepsilon_{r,i}}/c$（$c$ 为光速，ω 为入射角频率，$\varepsilon_{r,i}$ 为第 i 层的介电常数）；θ_i 为斜射入介质中的折射角，可由折射定律（$n_1 \sin\theta_1 = n_2 \sin\theta_2$）求得；$Z_i$ 为波阻抗：$Z_i = \sqrt{\dfrac{u_i}{\varepsilon_i}}\cos\theta_i$（$\text{TM}_z$ 波），$Z_i = \sqrt{\dfrac{u_i}{\varepsilon_i}}/\cos\theta_i$（$\text{TE}_z$ 波）；d_i 为第 i 层介质板的厚度，$Z_{\text{in}}^{(i)}$ 为第 i 层的等效输入阻抗。

附录 F　基于平面波的散射矩阵方法

散射矩阵法是微波网络中常用的计算方法,这种方法的好处在于不管网络内部结构如何复杂,只需知道或测量出端口处的相关参数,进而得到散射矩阵形式。将这种思想应用于光子晶体的计算时,即将有限厚度光子晶体等效为有限多个二端口网络的串联,最终计算出反射谱和透射谱。而网络内部可以是无限多个不同形状组成的一维光栅结构,其内部电磁场分布可以通过平面波展开方法计算得到,进而根据散射矩阵定义求解出一维光栅结构的散射矩阵。因此,下面将首先利用平面波展开法计算出一维光栅结构内部电磁场分布情况,然后通过边界条件计算出一维光栅结构的散射矩阵。考虑一维光栅,两种介质沿 x 轴交替周期排列。

这种结构存在两种电磁模式,即 TE_z 极化和 TM_z 极化,前者 $\boldsymbol{E}=E_z\hat{z}$,后者 $\boldsymbol{E}=E_x\hat{x}+E_y\hat{y}$。

F.1　TM_z 波

对于 TM_z 极化波,其麦克斯韦方程为

$$\frac{\partial E_z}{\partial y}=-\mu\frac{\partial H_x}{\partial t} \tag{F.1}$$

$$\frac{\partial E_z}{\partial x}=\mu\frac{\partial H_y}{\partial t} \tag{F.2}$$

$$\frac{\partial H_y}{\partial x}-\frac{\partial H_x}{\partial y}=\varepsilon\frac{\partial E_z}{\partial t} \tag{F.3}$$

对 $\varepsilon(x)$,$H_{x,y}$,E_z 作傅里叶级数展开

$$E_z=\sum_{m=-\infty}^{+\infty}u_m\exp[\mathrm{j}(q_m+k_x)x]\exp(\mathrm{j}\beta y) \tag{F.4}$$

$$H_{x,y}=\sqrt{\frac{\varepsilon_0}{\eta_0}}\sum_{m=-\infty}^{+\infty}S_{x,ym}\exp[\mathrm{j}(q_m+k_x)x]\exp(\mathrm{j}\beta y) \tag{F.5}$$

将式(F.4)及式(F.5)代入式(F.1)~式(F.3),则有

$$\begin{cases}\mathrm{j}\beta E_z=-\mu_0\mathrm{j}\omega H_x\\[4pt]\dfrac{\partial E_z}{\partial x}=\mu_0\mathrm{j}\omega H_y\\[4pt]\dfrac{\partial H_y}{\partial x}-\mathrm{j}\beta H_x=\varepsilon_0\varepsilon_r\mathrm{j}\omega E_z\end{cases}\Rightarrow\begin{cases}\beta E_z=-\mu_0\omega H_x\\[4pt]\dfrac{\partial E_z}{\partial x}=\mu_0\mathrm{j}\omega H_y\\[4pt]\dfrac{\partial H_y}{\partial x}-\mathrm{j}\beta H_x=\varepsilon_0\varepsilon_r\mathrm{j}\omega E_z\end{cases}$$

$$\Rightarrow \begin{cases} \beta \boldsymbol{U} = -\mu_0 \omega \boldsymbol{S}_x \\ \boldsymbol{K}\boldsymbol{U} = \mu_0 \omega \boldsymbol{S}_y \\ \boldsymbol{K}\boldsymbol{S}_y - \beta \boldsymbol{S}_x = \varepsilon_0 \omega \boldsymbol{A}\boldsymbol{U} \end{cases} \Rightarrow \boldsymbol{K}\frac{\boldsymbol{K}\boldsymbol{U}}{\mu_0\omega} + \beta\frac{\beta\boldsymbol{U}}{\mu_0\omega} = \varepsilon_0\omega\boldsymbol{A}\boldsymbol{U}$$

$$\Rightarrow \boldsymbol{K}^2\boldsymbol{U} + \beta^2\boldsymbol{U} = \mu_0\varepsilon_0\omega^2\boldsymbol{A}\boldsymbol{U}$$

$$\Rightarrow k_0^2\boldsymbol{A}\boldsymbol{U} - \boldsymbol{K}^2\boldsymbol{U} = \beta^2\boldsymbol{U}$$

$$\Rightarrow (k_0^2\boldsymbol{A} - \boldsymbol{K}^2)\boldsymbol{U} = \beta^2\boldsymbol{U} \tag{F.6}$$

其中，$\boldsymbol{A} = [A_{m,n}] = [a_{m,n}]$，$a_m = \dfrac{1}{h}\displaystyle\int_{-\frac{h}{2}}^{\frac{h}{2}} \varepsilon_r(x)\exp\left(-j\frac{2\pi m}{h}\right)\mathrm{d}x$。下面根据图 F.1 求解 S 矩阵。

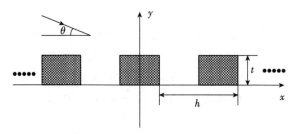

图 F.1　二维单层结构示意图

对于二维光子晶体，假设有一列向下的入射波，其反射波和透射波的电场可表示为

$$\begin{cases} E_z^i(x,y) = (\boldsymbol{U}_0^- \varphi^i)^T \boldsymbol{X} \\ E_z^r(x,y) = (\boldsymbol{U}_0^+ r)^T \boldsymbol{X} \\ E_z^r(x,y) = (\boldsymbol{U}_t t)^T \boldsymbol{X} \end{cases} \tag{F.7}$$

其中

$$\boldsymbol{U}_0^{\pm} = [u_{0mn}] = [e^{\pm j\beta_{yn}(y-t)}\delta_{mn}]$$

$$\boldsymbol{U}_t = [u_{tmn}] = [e^{-j\beta_{yn}y}\delta_{mn}]$$

$$\boldsymbol{X} = [e^{j\alpha_{-N}x}\cdots e^{j\alpha_0 x}\cdots e^{j\alpha_N x}]^T$$

$$\alpha_n = k_0\cos\theta + \frac{2\pi}{h}, \quad n = -N,\cdots,0,\cdots,N$$

$$\beta_{yn} = \sqrt{k_0^2 - \alpha_n^2}$$

光栅内部电场为

$$E_z^g(x,y) = [\boldsymbol{P}(\boldsymbol{V}^-\boldsymbol{f}^- + \boldsymbol{V}^+\boldsymbol{f}^+)]^T\boldsymbol{X} \tag{F.8}$$

其中

$$\boldsymbol{V}^- = [\nu_{mn}^-] = [e^{-j\beta_n(y-t)}\delta_{mn}]$$

$$\boldsymbol{V}^+ = [\nu_{mn}^+] = [e^{j\beta_n y}\delta_{mn}]$$

$\boldsymbol{P}$ 为 $\boldsymbol{C} = k_0^2\boldsymbol{A} - \boldsymbol{K}^2$ 的特征向量组成的矩阵，β_n 为其特征值，其中

$$\boldsymbol{K}=[\alpha_n\delta_{mn}], \quad \boldsymbol{A}=[A_{m,n}]=[a_{m-n}], \quad a_m=\frac{1}{h}\int_{-\frac{h}{2}}^{\frac{h}{2}}\varepsilon_r(x)\exp\left(-\mathrm{j}\frac{2\pi m}{h}\right)\mathrm{d}x$$

根据麦克斯韦方程即式(F.6)，可计算出磁场分量为

$$\begin{cases} H_x^i(x,y)=\dfrac{1}{\eta_0}(\boldsymbol{B}\,\boldsymbol{U}_0^-\varphi^i)^{\mathrm{T}}\boldsymbol{X} \\[2mm] H_x^r(x,y)=-\dfrac{1}{\eta_0}(\boldsymbol{B}\,\boldsymbol{U}_0^+r)^{\mathrm{T}}\boldsymbol{X} \\[2mm] H_x^t(x,y)=\dfrac{1}{\eta_0}(\boldsymbol{B}\,\boldsymbol{U}_t t)^{\mathrm{T}}\boldsymbol{X} \end{cases} \tag{F.9}$$

光栅内部磁场为

$$H_z^g(x,y)=\frac{1}{\eta_0}[\boldsymbol{PZ}(\boldsymbol{V}^-\boldsymbol{f}^- -\boldsymbol{V}^+\boldsymbol{f}^+)]^{\mathrm{T}}\boldsymbol{X} \tag{F.10}$$

其中

$$\boldsymbol{Z}=[z_{mn}]=\left[\frac{\beta_m}{k_0}\delta_{mn}\right]$$

$$\boldsymbol{B}=\left[\frac{\beta_{ym}}{k_0}\delta_{mn}\right]$$

根据边界电场和磁场切向方向在 $y=0,y=t$ 处连续可得

$$\begin{cases} E_z^i(x,t)+E_z^r(x,t)=E_z^t(x,t) \\ E_z^t(x,0)=E_z^g(x,0) \\ H_x^i(x,t)+H_x^r(x,t)=H_x^t(x,t) \\ H_x^t(x,0)=H_x^g(x,0) \end{cases} \tag{F.11}$$

将式(F.7)～式(F.10)代入式(F.11)，转换为矩阵表示为

$$\varphi^i+r=\boldsymbol{P}(\boldsymbol{f}^- +\boldsymbol{V}\boldsymbol{f}^+) \tag{F.12}$$

$$t=\boldsymbol{P}(\boldsymbol{V}\boldsymbol{f}^- +\boldsymbol{f}^+) \tag{F.13}$$

$$\boldsymbol{B}(r-\varphi^i)=\boldsymbol{PZ}(\boldsymbol{V}\boldsymbol{f}^+ -\boldsymbol{f}^-) \tag{F.14}$$

$$\boldsymbol{B}t=\boldsymbol{PZ}(\boldsymbol{V}\boldsymbol{f}^- -\boldsymbol{f}^+) \tag{F.15}$$

下面将通过式(F.12)～式(F.15)推导出 S 矩阵。

$\boldsymbol{P}^{-1}\times$式(F.12)可得

$$\boldsymbol{P}^{-1}(\varphi^i+r)=\boldsymbol{f}^- +\boldsymbol{V}\boldsymbol{f}^+ \tag{F.16}$$

$\boldsymbol{P}^{-1}\times$式(F.13)可得

$$\boldsymbol{P}^{-1}t=\boldsymbol{V}\boldsymbol{f}^- +\boldsymbol{f}^+ \tag{F.17}$$

$\boldsymbol{Z}^{-1}\boldsymbol{P}^{-1}\times$式(F.14)可得

$$\boldsymbol{Z}^{-1}\boldsymbol{P}^{-1}\boldsymbol{B}(r-\varphi^i)=\boldsymbol{V}\boldsymbol{f}^+ -\boldsymbol{f}^- \tag{F.18}$$

$\boldsymbol{Z}^{-1}\boldsymbol{P}^{-1}\times$式(F.15)可得

$$\boldsymbol{Z}^{-1}\boldsymbol{P}^{-1}\boldsymbol{B}t=\boldsymbol{V}\boldsymbol{f}^- -\boldsymbol{f}^+ \tag{F.19}$$

然后,消去未知变量 $\boldsymbol{f}^-$ 和 $\boldsymbol{f}^+$:

式(F.16)+式(F.18)可得

$$2\boldsymbol{V}\boldsymbol{f}^+=\boldsymbol{P}^{-1}(\varphi^i+r)+\boldsymbol{Z}^{-1}\boldsymbol{P}^{-1}\boldsymbol{B}(r-\varphi^i) \tag{F.20}$$

式(F.16)−式(F.18)可得

$$2\,\boldsymbol{f}^-=\boldsymbol{P}^{-1}(\varphi^i+r)-\boldsymbol{Z}^{-1}\boldsymbol{P}^{-1}\boldsymbol{B}(r-\varphi^i) \tag{F.21}$$

式(F.17)+式(F.19)可得

$$2\boldsymbol{V}\boldsymbol{f}^-=\boldsymbol{P}^{-1}t+\boldsymbol{Z}^{-1}\boldsymbol{P}^{-1}\boldsymbol{B}t \tag{F.22}$$

式(F.17)−式(F.19)可得

$$2\,\boldsymbol{f}^+=\boldsymbol{P}^{-1}t-\boldsymbol{Z}^{-1}\boldsymbol{P}^{-1}\boldsymbol{B}t \tag{F.23}$$

式(F.20)−$\boldsymbol{V}\times$式(F.23)可得

$$\boldsymbol{P}^{-1}(\varphi^i+r)+\boldsymbol{Z}^{-1}\boldsymbol{P}^{-1}\boldsymbol{B}(r-\varphi^i)=\boldsymbol{V}\boldsymbol{P}^{-1}t-\boldsymbol{V}\boldsymbol{Z}^{-1}\boldsymbol{P}^{-1}\boldsymbol{B}t \tag{F.24}$$

$\boldsymbol{V}\times$式(F.21)−式(F.22)可得

$$\boldsymbol{V}\boldsymbol{P}^{-1}(\varphi^i+r)-\boldsymbol{V}\boldsymbol{Z}^{-1}\boldsymbol{P}^{-1}\boldsymbol{B}(r-\varphi^i)=\boldsymbol{P}^{-1}t+\boldsymbol{Z}^{-1}\boldsymbol{P}^{-1}\boldsymbol{B}t \tag{F.25}$$

令 $\boldsymbol{W}_\pm=\boldsymbol{Z}^{-1}\boldsymbol{P}^{-1}\boldsymbol{B}\pm\boldsymbol{P}^{-1}$ 则式(F.24)和式(F.25)可写为

$$-\boldsymbol{W}_-\varphi^i+\boldsymbol{W}_+r=-\boldsymbol{V}\boldsymbol{W}_-t\Rightarrow\boldsymbol{W}_+r+\boldsymbol{V}\boldsymbol{W}_-t=\boldsymbol{W}_-\varphi^i \tag{F.26}$$

$$\boldsymbol{V}\boldsymbol{W}_+\varphi^i-\boldsymbol{V}\boldsymbol{W}_-r=\boldsymbol{W}_+t\Rightarrow\boldsymbol{V}\boldsymbol{W}_-r+\boldsymbol{W}_+t=\boldsymbol{V}\boldsymbol{W}_+\varphi^i \tag{F.27}$$

将式(F.26)和式(F.27)改写为矩阵形式

$$\begin{bmatrix}r\\t\end{bmatrix}=\begin{pmatrix}\boldsymbol{W}_+ & \boldsymbol{V}\boldsymbol{W}_-\\\boldsymbol{V}\boldsymbol{W}_- & \boldsymbol{W}_+\end{pmatrix}^{-1}\begin{pmatrix}\boldsymbol{W}_-\\\boldsymbol{V}\boldsymbol{W}_+\end{pmatrix}\varphi^i=\begin{bmatrix}\boldsymbol{R}^-\\\boldsymbol{T}^-\end{bmatrix}\varphi^i \tag{F.28}$$

同理,有一列向上传播的波,可得 $\boldsymbol{R}^+$, $\boldsymbol{T}^+$。因此散射矩阵 $\boldsymbol{S}$ 可写为

$$\boldsymbol{S}=\begin{pmatrix}\boldsymbol{R}^- & \boldsymbol{T}^+\\\boldsymbol{T}^- & \boldsymbol{R}^+\end{pmatrix}=\begin{pmatrix}\boldsymbol{W}_+ & \boldsymbol{V}\boldsymbol{W}_-\\\boldsymbol{V}\boldsymbol{W}_- & \boldsymbol{W}_+\end{pmatrix}^{-1}\begin{pmatrix}\boldsymbol{W}_- & \boldsymbol{V}\boldsymbol{W}_+\\\boldsymbol{V}\boldsymbol{W}_+ & \boldsymbol{W}_-\end{pmatrix} \tag{F.29}$$

F.2　TE$_z$ 波

对于 TE$_z$ 波,同理可得到 S 矩阵为

$$\boldsymbol{S}=\begin{pmatrix}\boldsymbol{R}^- & \boldsymbol{T}^+\\\boldsymbol{T}^- & \boldsymbol{R}^+\end{pmatrix}=\begin{pmatrix}\boldsymbol{W}_+ & \boldsymbol{V}\boldsymbol{W}_-\\\boldsymbol{V}\boldsymbol{W}_- & \boldsymbol{W}_+\end{pmatrix}^{-1}\begin{pmatrix}\boldsymbol{W}_- & \boldsymbol{V}\boldsymbol{W}_+\\\boldsymbol{V}\boldsymbol{W}_+ & \boldsymbol{W}_-\end{pmatrix} \tag{F.30}$$

其中

$$\boldsymbol{W}_\pm=\boldsymbol{Z}^{-1}\boldsymbol{P}^{-1}\boldsymbol{Y}^{-1}\boldsymbol{B}\pm\boldsymbol{P}^{-1},\quad \boldsymbol{C}=\boldsymbol{Y}^{-1}(k_0^2\boldsymbol{I}-\boldsymbol{K}\boldsymbol{A}^{-1}\boldsymbol{K})$$

$$\boldsymbol{Y}=[y_{nn}]=[\chi_{m-n}],\quad \chi_m=\frac{1}{h}\int_{-\frac{h}{2}}^{\frac{h}{2}}\frac{1}{\varepsilon_r(x)}\exp\left(-\mathrm{j}\,\frac{2\pi m}{h}\right)\mathrm{d}x$$